MW01406127

La Terapia Familiar en la Práctica Clínica

MURRAY BOWEN, M.D.

Copyright © 2016 Georgetown Family Center, Inc.

Todos los derechos reservados. Ninguna parte de este libro puede ser reproducida por cualquier medio, gráfico, electrónico o mecánico, incluyendo fotocopias, grabación o por cualquier sistema de almacenamiento y recuperación de información sin el permiso por escrito del editor excepto en el caso de citas breves en artículos y reseñas críticas.

ISBN: 978-0-9658-5408-5 (tapa blanda)
ISBN: 978-0-9658-5406-1 (libro electrónico)

Título de la edición original: FAMILY THERAPY IN CLINICAL PRACTICE
© 1978 by Janson Aronson, Inc. - U.S.A.

Versión española: Fernando Corral Cantó

Bowen Center for the Study of the Family/Georgetown Family Center
4400 MacArthur Blvd. NW #103. Washington, DC. 20007
202 9654400

Debido a la naturaleza dinámica de Internet, cualquier dirección web o enlace contenido en este libro puede haber cambiado desde su publicación y puede que ya no sea válido. Las opiniones expresadas en esta obra son exclusivamente del autor y no reflejan necesariamente las opiniones del editor quien, por este medio, renuncia a cualquier responsabilidad sobre ellas.

Las personas que aparecen en las imágenes de archivo proporcionadas por Thinkstock son modelos. Este tipo de imágenes se utilizan únicamente con fines ilustrativos. Ciertas imágenes de archivo © Thinkstock.

Lulu Publishing Services rev. date: 1/20/2016

AGRADECIMIENTOS

El capítulo 1 se presentó en las sesiones dedicadas a los estudios de actualidad sobre la familia de la reunión anual de la Asociación Americana de Ortopsiquiatría, Chicago, 8 de marzo, 1957.

El capítulo 2 se presentó en la reunión anual de la Asociación Americana de Ortopsiquiatría, San Francisco, mayo, 1958. Se publicó por primera vez en la *American Journal of Psychiatry*, vol. 115 (1959), pp. 1017-1020. Copyright 1959, la Asociación Americana de Psiquiatría. Reeditada con autorización.

El capítulo 3 apareció por primera vez en *Esquizofrenia - Un enfoque integrado,* editado por Alfred Auerback, pp. 147-178, copyright 1959, Ronald Press. Reeditado con autorización de John Wiley & Sons, Inc.

El capítulo 4, «Un concepto de familia en la esquizofrenia», es una reimpresión de *La etiología de la esquizofrenia,* editada por Don D. Jackson, pp. 346-370, copyright 1960, Basic Books, Inc. Publishers, Nueva York.

El capítulo 5 está reeditado con autorización del *American Journal of Orthospychiatry,* volumen 31, nº 1, enero 1961, pp. 40-60; copyright «The American Orthopsychiatric Association, Inc.» La familia como la unidad de estudio y tratamiento, se presentó en 1959 en un taller bajo la presidencia de Stephen Fleck, M.D.

El capítulo 6 fue una contribución a un debate, el enfoque terapéutico en grupo en ambientes exteriores, y es una reimpresión de *Proceedings of the 24th Annual Meeting of the Medical Society of Saimt Elizabeths Hospital,* publicado por el Hospital de Santa Elizabeths, Washington, D.C., 1961.

El capítulo 7 apareció por primera vez en *Familia, iglesia y comunidad,* editado por A. D'Agostino, pp. 81-97, P.J. Kennedy and Sons, Nueva York, 1965. Reeditado con autorización. Copyright 1965, Macmillan Publishing Co., Inc.

El capítulo 8 apareció por primera vez en *«Psicoterapia intensiva»,* editado por I. Boszormenyi-Naty y J. Framo, pp. 213-243. 1965. Reeditado con autorización de Harper and Row, Hagerstown, Md.

El capítulo 9 apareció por primera vez en *Psiquiatría comprehensiva* 7: 345-374. Reeditado con autorización de Grune & Stratton, Inc.

El capítulo 10 es una reimpresión de *Psicoterapia de grupo comprehensiva*, editado por H. Kaplan y B. Sadock, pp. 384-421, Baltimore, Williams and Wilkins, 1971.

El capítulo 11 es una reimpresión de *La terapia sistémica,* editado por J. Bradt and C. Moyniham, pp. 388-404, Washington, D.C., 1971.

El capítulo 12 apareció por primera vez en *Annals of the New York Academy of Sciences,* vol. 233 (1974), «La persona con alcoholismo», eds. F. Seixas, R. Cadoret, y S. Eggleston, pp. 115-122. Reeditado con autorización de la Academia de Ciencias de Nueva York.

El capítulo 13 se presentó en la Nathan W. Ackerman Memorial Conference, Venezuela, febrero 1974. Apareció una versión condensada bajo el mismo título en *Energía: las elecciones del hoy, las oportunidades del mañana,* ed. A. Schmalz, Washington, D.C., World Future Society, 1974.

PROLOGO A LA REEDICION EN ESPAÑOL

Tengo el gusto y el honor de escribir este Prólogo para la reedición de la traducción al español de los escritos más importantes de Murray Bowen, elaborados entre 1957 y 1977, que componen su clásico libro: *La terapia familiar en la práctica clínica*. Esta obra fue originalmente publicada, en inglés, en el año de 1978, por la editorial Jason Aroson, Inc. Estos escritos describen la evolución de la teoría familiar sistémica de Bowen, que comenzó con las primeras descripciones de los avances en el tratamiento grupal de familias con un miembro con esquizofrenia. Así mismo, esta reedición incluye el documento escrito en 1966 por Murray Bowen donde presenta la teoría de forma sistematizada por primera vez. También contiene escritos sobre los avances de la teoría y su aplicación terapéutica a lo largo de toda la década de desarrollo profesional del Dr. Bowen posterior a 1966.

Dirijo estas palabras como hija de Murray Bowen, pero también como Presidenta de *Leaders for Tomorrow* (LFT), una organización sin ánimo de lucro cuyo fin es sostener económicamente los Archivos de Murray Bowen (*Murray Bowen Archives*), que están en la Biblioteca Nacional de Medicina en Bethesda, en Maryland, y que están disponibles para investigación y consulta de cualquier persona.

Como la hija de Murray Bowen, es para mí un honor que el Centro que él mismo fundó en 1975 como *Georgetown University Family Center* (llamado *Bowen Center for the Study of the Family* después de su muerte en 1990), haya tenido la iniciativa de reeditar esta versión en español de su obra principal, y que haya puesto en marcha las medidas necesarias para asegurar la integridad de los derechos asociados a este proceso.

Como presidenta de *Leaders for Tomorrow* (LFT), es para mi un enorme placer que nuestra Junta Directiva, siguiendo la indicación de *LFT* de hacer accesible a todos el legado intelectual de Murray Bowen, tomase la decisión de apoyar al *Bowen Center* en este proyecto, proporcionando los fondos necesarios para comprar los derechos de la traducción.

Sé que mi padre, si estuviera vivo, se hubiera alegrado mucho con el compromiso asumido por ambas instituciones de asegurar que la traducción sea accesible para el público hispanohablante. Es interesante conocer que uno de los trabajos más importantes de mi padre sobre las implicaciones de la teoría, "La regresión social contemplada a través de la teoría familiar sistémica", que está incluido en este volumen, fue presentado por primera vez en una reunión de profesionales interesados en familia en la *Nathan W. Ackerman Memorial Conference*, en Cumana, Venezuela, en febrero de 1974. Como Bowen escribió en la introducción de ese artículo, "representa un punto decisivo en el prolongado esfuerzo por relacionar de modo sistemático los factores emocionales de la familia con los factores emocionales de la sociedad".

El mundo actual parece encontrarse en un estado de gran agitación. Como antropóloga sé de la importancia de contar con un marco teórico para entender el mundo, un marco que trascienda las culturas, pero que a la vez muestre respeto hacia ellas. Murray Bowen fue un científico brillante que observó la vida y las relacione existentes entre los seres humanos y el mundo natural en toda su amplitud. Su trayectoria fue la de un etólogo, un científico que estudia el comportamiento animal y las relaciones sociales en las que se fundamenta la vida. La forma en la que fue criado le proporcionó bases para su investigación etológica. Nació en Waverly, un área rural de el Estado de Tennessee, en una familia que tenía diversos negocios. Vivió con sus padres, sus abuelos paternos, sus cuatro hermanos y un tío, en una granja cercana, donde la familia trabajaba la tierra y criaba animales, produciendo prácticamente todos los alimentos que consumían en una huerta de ocho mil metros cuadrados y prados de veinte hectáreas de extensión. A lo largo de su vida, Waverley siguió siendo su "hogar" y un laboratorio para el aprendizaje que ofreció y sigue ofreciendo al mundo a través de sus escritos y enseñanzas.

Joanne Bowen, Ph.D.
Presidenta, *Leaders for Tomorrow*

PROLOGO

El Dr. Murray Bowen (1913-1990) fue un médico psiquiatra estadounidense que desarrolló una teoría familiar sistémica propia, dando lugar a una nueva manera de comprender el comportamiento de la familia humana. A partir de sus investigaciones y observaciones de las interacciones familiares realizadas en la Fundación Menninger (*Menninger Foundation*) (1947-1954), y posteriormente en el Instituto Nacional de Salud Mental (*National Institute of Mental Health NIMH*) (1954-1959), el Dr. Bowen desarrolló una teoría sobre funcionamiento humano en la que la familia es comprendida como una unidad emocional. Bowen es considerado uno de los pioneros de la perspectiva sistémica en terapia familiar.

La terapia familiar en la práctica clínica es una compilación de los escritos de Bowen publicados entre 1957 y 1974. Estos artículos reflejan la evolución de sus ideas, observándose el abandono de las interpretaciones psicoanalíticas del comportamiento humano, centradas en el individuo, y la progresiva formulación de los conceptos sistémicos de la familia. Sus ideas se desarrollaron a través de la investigación y la observación de familias, en su práctica clínica y por medio de un exhaustivo estudio de las ciencias naturales. La teoría familia sistémica de Bowen modifica el marco de referencia, al pasar de una comprensión individual del comportamiento humano a una visión del núcleo familiar como un sistema emocional. Estas ideas están fundamentadas sobre la perspectiva evolucionista y conciben la enfermedad emocional como el resultado de fuerzas que operan tanto en el ser humano como en otras formas de vida. El trabajo del Dr. Bowen representan un avance significativo hacia la creación de una ciencia del comportamiento humano.

En 1959 el Dr. Bowen se incorporó, como profesor de psiquiatría, a la la escuela de medicina *de la Georgetown University* . Allí formó en la perspectiva familiar sistémica a residentes de medicina, animándoles a aplicar estos conocimientos tanto en sus intervenciones clínicas como en sus propias familias. En ese contexto fundó el Centro de Atención a Familias de Georgetown (*Georgetown Family Center*), constituido por un instituto de enseñanza y una clínica. El Centro para Familias inició un ambicioso programa de posgrado, conferencias y simposios, con la participación de reconocidos científicos. En el año 2000 el Centro cambió su nombre al de Centro Bowen para el Estudio de la Familia (*Bowen Center for the Study of the Family*). Esta institución ha continuado su crecimiento y celebró, en el año 2015, su simposium número 52. Actualmente cuenta con un cuerpo de profesores que imparten conferencias, supervisan a otros profesionales, investigan, escriben y publican, y aplican la teoría de Bowen en el ámbito clínico, religioso, organizacional y con directivos.

La terapia familiar en la práctica clínica es una obra clásica que, transcurridos 30 años desde su primera edición, todavía ofrece una visión clarificadora y útil para comprender el modo en que las familias interactúan y manejan los retos. Es un texto clave y de suma relevancia para los clínicos que trabajan con individuos y familias, y para aquellos que buscan afrontar del mejor modo posible los problemas en las relaciones interpersonales que se presentan en las organizaciones y la sociedad. Aunque la vida de las familias varía significativamente en diferentes culturas, el proceso emocional que subyace a la vida cotidiana es significativamente similar en todas las familias alrededor del mundo.

El Bowen Center for the Study of the Family se enorgullece del relanzamiento de la publicación en español del la obra *La terapia familiar en la práctica clínica*, que permitirá al público hispanohablante acceder más fácilmente a estas ideas. Mi agradecimiento especial a la Dra. Mariana Martínez Berlanga por su esfuerzo para hacer esta reedición posible. Para más información sobre la teoría familiar sistémica de Bowen y sobre los programas que se ofrecen actualmente en el *Bowen Center*, por favor contacte con nosotros a través de www.thebowencenter.org.

Dra. Anne McKnight, Directora.
Centro Bowen para el Estudio de la Familia
Washington, D.C.

INDICE

Introduccion xv

CAPITULO 1. El tratamiento de grupos familiares con un
                      miembro esquizofrénico 1
                 Observaciones y experiencias clinicas 3
                 Resumen de las observaciones 9
                 Extension de la hipotesis y cambio en el plan de tratamiento 9

CAPITULO 2. El rol del padre en familias con un paciente
                      esquizofrénico 16
                 Resumen 21

CAPITULO 3. Las relaciones familiares en la esquizofrenia 23
                 Resumen 46

CAPITULO 4. Un concepto de familia en la esquizofrenia 48
                 Consideraciones generales sobre la esquizofrenia 49
                 Datos historicos del estudio de la familia 50
                 La evolucion de la esquizofrenia en una familia: un concepto teorico ... 55
                 Conclusion 75

CAPITULO 5. Psicoterapia familiar 77
                 Resumen 98

CAPITULO 6. Psicoterapia familiar ambulatoria 100

CAPITULO 7. La dinámica intrafamiliar en la enfermedad
                      emocional 110
                 La teoria familiar 116
                 Psicoterapia familiar 121

CAPITULO 8. Psicoterapia familiar de la esquizofrenia en el
  hospital y en la práctica privada 124
  Antecedentes 125
  Teoria familiar de la enfermedad emocional 130
  El proceso de proyeccion familiar en la esquizofrenia 135
  Esfuerzos clinicos para modificar el proceso de proyeccion
    familiar en el hospital y en la practica privada 140
  Principios y tecnicas de la psicoterapia familiar 149
  Estado actual de la psicoterapia familiar 156

CAPITULO 9. El empleo de la Teoría Familiar en la práctica clínica . 158
  Estado actual y posible futuro del movimiento familiar 161
  Orientacion clinica y teorica del autor 163
  La teoria familiar 172
  Uso clinico de la psicoterapia familiar 184
  Resumen 197

CAPITULO 10. La terapia familiar y la terapia de grupo familiar 198
  Introduccion 198
  Historia 199
  Aspectos teoricos 204
  Hipotesis 213
  Teoria de los sistemas familiares 216
  Tendencias teoricas 225
  Aspectos clinicos..228
  Terapia de grupo familiar.. 232
  Psicoterapia familiar...237
  Historia de un caso 240
  Enfoques clinicos de la diferenciacion de self......................... 245
  Las pautas de los triangulos clinicos 262
  Conclusion 264

CAPITULO 11. Principios y técnicas de la terapia multifamiliar..........265
  Observaciones historicas..265
  Los cambios en la teoria y en la terapia despues de la primera
    investigacion... 268
  Psicoterapia familiar con ambos esposos................................272
  Terapia multifamiliar..280

CAPITULO 12. El alcoholismo y la familia..285
  Conceptos teoricos 289
  Las pautas clinicas 291

La familia y la terapia sistemica 293
Resumen 295

CAPITULO 13. La regresión de la sociedad contemplada a través
                   de la teoría familiar sistémica 296
    Antecedentes 297
    Comparacion de las pautas de la familia y de la sociedad 301
    El proceso emocional y la regresion 304
    Las manifestaciones de la regresion 307
    El futuro de la regresion 309
    Resumen 310

CAPITULO 14. La terapia familiar después de veinte años 311
    Historia del movimiento familiar 312
    Diferencias corrientes entre la teoria y la terapia individual y familiar 315
    Tecnicas y metodos especificos de la terapia familiar 321
    Terapia familiar experiencial y estructurada 331
    Resumen 333
    Una teoria sistemica del funcionamiento emocional 334
    Los conceptos teoricos 335
    Antecedentes de la terapia sistemica 339
    Terapia familiar sistemica con dos individuos 342
    Resumen 349
    La teoria sistemica y los problemas de la sociedad 352
    Resumen 353

CAPITULO 15. Reacción de la familia ante la muerte 355
    El equilibrio emocional familiar y la onda de conmocion emocional ... 359
    La terapia en el momento de la muerte 363
    La funcion de los funerales 366
    Resumen 370

CAPITULO 16. La teoría en la práctica de psicoterapia 372
    Antecedentes de la teoria en psicoterapia 373
    La relacion terapeutica desde una perspectiva mas amplia 378
    La relacion terapeutica en la terapia familiar 383
    La teoria en el desarrollo de la terapia familiar 386
    La teoria familiar sistemica 390
    La teoria de bowen 399
    Resumen 430

CAPITULO 17. Una entrevista con Murray Bowen 432

CAPITULO 18. Sociedad, crisis y teoría sistémica..................457
    Diferencias entre el pensamiento convencional y el pensamiento sistemico..................460
    Supuestos e hipotesis de fondo..................461
    Conceptos teoricos..................468
    Perfiles clinicos y ejemplos..................472
    Problemas de la sociedad desde una perspectiva emocional sistemica. 486
    El hombre y su crisis ambiental..................497

CAPITULO 19. Problemas de práctica médica presentados en familias con un miembro esquizofrénico..................502
    Resumen y conclusiones..................508

CAPITULO 20. Hacia la diferenciación de self en sistemas administrativos..................510

CAPITULO 21. Sobre la diferenciación de self..................515
    Antecedentes teoricos..................518
    Los conceptos teoricos..................521
    El sistema terapeutico..................531
    El informe clinico..................534
    La historia familiar..................538
    Conceptos importantes en la diferenciacion de un self..................543
    La historia de la familia-continuacion..................557
    La experiencia familiar..................561
    La experiencia clinica de despues de la conferencia..................574
    Discusion..................578

CAPITULO 22. Hacia la diferenciación de self en la familia de origen propia..................586
    El momento decisivo..................587
    Tratamiento de los vinculos emocionales irresueltos..................592
    El aislamiento emocional..................593
    Pautas vitales..................594
    Las relaciones familiares en comparacion con las relaciones sociales.. 596
    Principios y tecnicas para ayudar a las personas a definir un self en la familia extensa..................598
    Explicaciones actuales de los resultados..................603
    Resumen..................607

Bibliografia..................609
Sobre el Autor..................615

INTRODUCCION

Este libro es una compilación de mis artículos más importantes publicados desde 1957 hasta 1977. Los artículos representan la evolución de la teoría familiar sistémica desde los primeros descriptivos de 1957 y la primera presentación sistemática de la teoría en 1966, hasta la mejora en la terapia —y extensión de la teoría— alcanzada durante los últimos diez años. Esta teoría ha seguido un desarrollo paralelo a la mayoría de los procesos evolutivos. Comenzó lentamente cuando ciertas ideas claves empezaron a fundirse en una manera diferente de comprender el fenómeno humano. Estas ideas llevan rápidamente a tantas sugerencias nuevas que dedicarse a todas a la vez se convirtió en una dificultosa tarea de equilibrio. Habría sido incorrecto intentar detenerse en una sin hacer violencia conceptual de la totalidad. La rápida evolución de la teoría es la gran responsable de que haya dejado pasar veinte años sin escribir un libro hasta ahora.

La teoría de los sistemas familiares no contiene ideas que no hayan formado parte de la experiencia humana a través de los siglos. La tarea del teórico estriba en hallar el mínimo número de piezas congruentes en el conjunto total del conocimiento humano. Y éstas deben encajar de tal manera que se pueda contar una historia sencilla acerca de la naturaleza del hombre, o de cualquier otro fenómeno que se intente describir. Para seleccionar las piezas, el teórico necesita una fórmula o croquis como guía. Sin éste, se puede sentir fácilmente tentado de manejar ideas atractivas, pero contradictorias, que pueden frustrar su objetivo a largo plazo. En mis artículos he descrito el esfuerzo disciplinado por seleccionar conceptos teóricos consistentes, que pudieran algún día conceptualizar la enfermedad emocional como un producto de aquella parcela del hombre que él tiene en común con las formas de vida inferiores. Después de 1957 hubo un intento consistente en evolucionar hacia la teoría de los sistemas y llegar más allá de los conceptos convencionales que yo había sostenido durante largo tiempo como «verdaderos». He intentado ser científicamente preciso en el uso de términos tales como *hipótesis, concepto y teoría*. El uso de estos términos ha sufrido tal abuso que es corriente que la gente diga «tengo una teoría» cuando lo apropiado sería decir «tengo una idea» o «una conjetura».

El primer punto de partida importante en el desarrollo de la teoría fue una investigación dirigida por el Instituto Nacional de Salud Mental durante los años 1954-1959. En este estudio familias enteras vivían en la sala hospitalaria con los pacientes esquizofrénicos. La línea de base para esta investigación había sido desarrollada por el trabajo clínico con esquizofrénicos en la Clínica Menninger durante el período 1946-1959. El proyecto en vivo sirvió de origen para el conocimiento de muchos hechos nuevos sobre la esquizofrenia. En 1955 condujo al desarrollo de un método de terapia familiar. En 1958 llevó a nuevas ideas teóricas acerca de la esquizofrenia. Una vez que fue posible observar pautas fijas de relación en familias con esquizofrenia, lo fue también observar versiones menos intensas de las mismas pautas en formas más leves de enfermedad emocional, así como en personas normales. La comparación de las pautas intensas de esquizofrenia con las menos intensas fue lo que definitivamente sentó la base de la teoría. En 1956 hubo estudios informales de pacientes ambulatorios con formas menos graves de enfermedad emocional. Otro proyecto paralelo tuvo que ver con la utilización de los resultados de otras investigaciones en mis propias familias nucleares y extensas. En los años cuarenta había intentado comprender mis propias familias con la teoría psicoanalítica convencional. Esto llevó a las inevitables dificultades emocionales y fue interrumpido hasta 1955, cuando emergieron nuevos hechos en la investigación de la familia. No era cuestión de escribir si se quería estar al tanto de la investigación clínica en diferentes frentes. Durante los años 1955 y 1956 hubo presentaciones informales a pequeños grupos de profesionales, pero la primera presentación formal en congresos nacionales se produjo en la primavera de 1957. Los artículos eran simples descripciones clínicas basadas principalmente en la teoría psiquiátrica convencional. Nunca se publicaron ya que su contenido se incorporó en artículos posteriores. Uno de estos primeros artículos se incluye en este volumen en beneficio de la historia.

El tiempo transcurrido desde que surgió la idea, la aplicación clínica, la elaboración de un artículo y su publicación están ilustrados en «Un concepto de familia de la esquizofrenia», que se empezó en 1957, se terminó en 1958 y finalmente se publicó en 1960 como un capítulo de *La etiología de la esquizofrenia*. El campo de la terapia familiar se estaba olvidando. Un artículo que acompañaba al de «Concepto de familia», titulado «Psicoterapia familiar», se publicó finalmente en enero de 1961.

Las primeras investigaciones sobre la familia se habían centrado en la esquizofrenia y existía el compromiso de escribir sobre ella, antes de pasar a nuevos proyectos. Por tanto, los artículos publicados entre los años 1957 y 1961 aportaron poco a los estudios paralelos que yo había emprendido. El proyecto «en vivo» se terminó en 1959. Me trasladé al Centro Médico de la Universidad de Georgetown, donde el interés se centraba en problemas emocionales menos graves. En 1959 firmé un contrato para un libro sobre una investigación en vivo. Al mismo tiempo me hallaba intensamente dedicado a la teoría. Cuando en 1960 se terminó el primer borrador del libro, un editor pensó que me encontraba lo suficientemente cerca de una nueva teoría como para emplear unos cuantos años más en ella. Esto estuvo muy de acuerdo con mi preocupación y el libro nunca se terminó de escribir.

El período 1960-1965 se centró en la teoría. Abandoné el uso de la descripción clínica al escribir, más popular en las audiencias profesionales, y cambié hacia la utilización de conceptos teóricos. El objetivo era adquirir experiencia con problemas emocionales menos graves y perfeccionar la terapia familiar como un método congruente con la teoría. Los pocos artículos de este período reflejan una mezcla de detalles acerca de la esquizofrenia y algunos de los mismos puntos en tanto en cuanto se aplicaban a problemas menos graves. Un artículo digno de atención de este período es «Psicoterapia familiar con esquizofrénicos en la práctica hospitalaria y en la práctica privada» escrito en 1963-64 como respuesta a la demanda de un capítulo sobre esquizofrenia. También entre 1959 y 1962 se llevó a cabo una minuciosa investigación multigeneracional con unas pocas familias, incluyendo un caso considerablemente detallado que retrocedía en el pasado más de trescientos años. Tales esfuerzos ocupan tanto tiempo que se podría emplear toda una vida con unas cuantas familias. Pero en 1960 ya estaba claro que todas las familias tenían un gran parecido. Decidí que la mía podría proporcionar tanto detalle como cualquier otra y sería más accesible. Aquello significó el principio del estudio multigeneracional de mi propia familia. Hasta entonces no sabía más de ella que lo que gran parte de las personas saben de las suyas: bastante información sobre los abuelos y escasa sobre los bisabuelos. En seis generaciones uno es el producto de 64 familias de origen. A partir de ahí, las cifras aumentan rápidamente. En diez generaciones son 1.024 y en quince generaciones 32.768. Desde comienzos de los años sesenta he descubierto una cantidad notable de información sobre 20 de mis 64 familias de origen, pertenecientes a períodos que van de 100 a 300 años. Durante los cinco años hasta 1965 se desarrollaron con detalle los seis conceptos entrelazados de la teoría familiar sistémica. Entonces se presentó el problema de dar forma a los conceptos como partes de una teoría unificada y presentarla por escrito. La tarea de escribirlo se realizó en los años 1965-66 y fue una de las experiencias más difíciles, frustrantes y satisfactorias de mi vida. El artículo se terminó por fin en agosto de 1966 y se publicó en octubre del mismo año. Vi en aquello la ocasión de escribir por fin un libro que versara tanto acerca de la teoría, como de la terapia familiar.

Más tarde, aquel mismo agosto, se produjo un suceso en mi familia de origen que supuso un cambio de rumbo en toda mi vida profesional. Empezó con una pequeña crisis emocional en el seno familiar. Automáticamente utilicé los nuevos descubrimientos sobre triángulos, desarrollados por escrito en el artículo de la teoría, además de alguna información extraída del estudio de la familia multigeneracional en relación con mi propia familia. Se produjo un resultado espectacular que supuso abrir una nueva vía, tanto en la teoría como en la práctica clínica. En marzo de 1967, en una conferencia nacional sobre la familia, hablé sobre la experiencia de mi propia familia en lugar de presentar un artículo metódico y didáctico. Esto ayudó a enfocar la atención nacional sobre la importancia de las familias de los propios terapeutas. A continuación, aquel mes empecé, a utilizar los nuevos hallazgos al enseñar a jóvenes terapeutas de familia. Algunos comenzaron a ir a casa para utilizar el conocimiento de «destriangular» con sus parientes. Solían volver a la conferencia con informes de éxitos y fracasos. Durante algunos años había incitado a jóvenes profesionales de la salud mental a resolver sus propios problemas personales con una terapia familiar con sus cónyuges, en lugar de hacer psicoterapia individual o psicoanálisis, y había acumulado varios años de experiencia dirigiendo la terapia familiar de estas personas. Al cabo de un año, descubrí que los miembros de la conferencia preparatoria —ninguno de los cuales hacía psicoterapia alguna, ni disponía de más de treinta minutos al mes para examinar sus propias familias en la conferencia— estaban progresando tanto o más —al tratar con sus cónyuges e hijos— que profesionales comparables en su regular terapia familiar semanal con sus cónyuges. Los meses y años siguientes se profundizó en una cuidadosa comprobación de este descubrimiento fortuito. En 1970 esta idea de trabajar con la familia de origen, en vez de la familia nuclear, evolucionó convirtiéndose en un método bastante bien definido. En 1971 se había convertido en una de las partes más importantes de los programas de enseñanza de postgraduado. En casi veinticinco años no ha habido ni un solo progreso en el estudio sobre la familia y en la terapia familiar que me haya cambiado a mí o a mi manera de tratar las familias tanto como aquél.

En enero de 1966 comenzó el desarrollo de un método especial de terapia familiar múltiple destinado a mantener el foco de interés en el proceso emocional que se configura dentro de una familia y a prevenir el proceso grupal entre las familias. Esto derivó en un método terapéutico excelente, que más tarde siguió paralelo al trabajo con familias de origen. El mayor progreso de la década pasada tuvo su comienzo en 1972 con una invitación, por parte de la Agencia de Protección Ambiental, a escribir un artículo sobre la predicción de la respuesta humana en situaciones de crisis. Desde hacía bastante tiempo estaba interesado en los modos específicos por los que procesos emocionales en una familia interactúan con procesos emocionales en la sociedad. Había planeado hablar en términos generales sobre las conclusiones. En los meses de investigación que siguieron a la elaboración de este artículos fui capaz de definir el método lo suficientemente bien como para satisfacer mi propia curiosidad teórica. En 1974 se añadió a la teoría global un nuevo concepto. El interés por temas sociales persiste y alguna vez, en un futuro no demasiado lejano, escribiré sobre ellos con el detalle necesario para que se haga más comprensible para otros.

Empecé a utilizar el término teoría familiar sistémica en 1966. Como el concepto «sistemas» adquirió un uso más generalizado en los últimos años sesenta y primeros setenta, el término teoría familiar sistémica y terapia familiar sistémica estaba siendo utilizado para cubrir un ancho y variado espectro de los enfoques teórico y terapéutico. Busqué términos y adjetivos idóneos para definir más específicamente esta teoría y este método terapéutico. Por mucho que a mí siempre me había disgustado el uso de nombres propios en tales situaciones, en 1974 cambié el nombre de esta teoría por el de teoría familiar sistémica de Bowen, o más sucintamente, la teoría de Bowen.

He intentado hacer aquí un breve resumen de la evolución de esta teoría y este método de terapia familiar durante las dos décadas transcurridas desde 1957. Espero que ofrezcan una visión panorámica de las múltiples causas entrecruzadas que han influido en la teoría; una visión quizás no fácilmente accesible a partir de una lectura inicial de mis artículos.

Murray Bowen, M.D.

CAPITULO 1

El tratamiento de grupos familiares con un miembro esquizofrénico

Con la colaboración de Robert H. Dysinger, M.D., Warren M. Brodey, M.D., y Betty Basamania, M.S.W.

Hace dos años y medio se comenzó un pequeño proyecto de investigación con el fin de estudiar la relación entre pacientes esquizofrénicos y sus madres. Los miembros normales de la familia han vivido en la sala hospitalaria con los pacientes esquizofrénicos hospitalizados. Se les puso en psicoterapia individual, tanto a los pacientes como a las madres. Al cabo de un año se incluyó a los padres en los grupos familiares y se elaboró un plan para tratar a la familia como a una unidad simple, mejor que tratar a los individuos dentro de la unidad. En el transcurso del segundo año se admitió a dos grupos familiares que consistían en padre, madre, paciente y un hermano normal.

Un desarrollo importante fue el cambio conceptual de entender la esquizofrenia como un proceso limitado al paciente, a entenderla como la manifestación de un proceso dinámico activo que implica a la familia entera. Un cambio paralelo fue el paso de una psicoterapia para el individuo a una psicoterapia para la familia como unidad.

Esta exposición será una breve descripción de la hipótesis sobre la que se basó el proyecto original, una descripción de algunas de las sorprendentes observaciones y experiencias clínicas que llevaron al cambio conceptual; la experiencia de adaptar las hipótesis cambiadas al tratamiento y algunas de las impresiones obtenidas en 14 meses de experiencia clínica desde el cambio. No se hace ningún intento de entrar en los variados y voluminosos datos del proyecto, excepto cuando tiene alguna relación con la tesis de esta exposición.

La hipótesis original se basó en la premisa de que el problema básico del carácter, sobre el cual se sobrepone más tarde la esquizofrenia clínica, es una vinculación simbiótica irresuelta con la madre. Se consideró que la simbiosis psicológica pertenece al mismo orden de fenómenos que la simbiosis biológica. La madre abandona físicamente a su hijo en el proceso del nacimiento, pero no puede abandonarlo psicológicamente. Esto puede abocar a un estado de relativa madurez física, junto con un estado de marcada inmadurez psicológica. Según la opinión generalizada, el proceso se inicia con la inmadurez emocional de la madre, que utiliza al hijo para satisfacer sus propias necesidades emocionales. La madre se siente culpable por esta utilización del hijo y, mientras ella bloquea de forma encubierta su desarrollo, intenta simultáneamente forzar al niño hacia el logro. Este, una vez inmerso, procura perpetuar la simbiosis, al mismo tiempo que se esfuerza, por otro lado, por crecer. El padre permite pasivamente que se le excluya de la intensa relación entre los dos y se dedica a su trabajo o a otros intereses exteriores. Se ha entendido la simbiosis como una detención en el desarrollo que, en un determinado momento, fue un estado normal de la relación madre-hijo.

En la hipótesis también se consideró que había una amplia gama de vinculaciones simbióticas desde las más intensas —en las que madre e hijo permanecen juntos— hasta las relaciones ordinarias más moderadas. Incluiría un gran grupo en el que el niño rompe la atadura con la madre, simplemente para duplicarla en el matrimonio o en otras relaciones a lo largo de la vida. Hill (1955) habla de matrimonios simbióticos entre los padres y madres de pacientes esquizofrénicos. Este proyecto se diseñó para tratar con una gama muy estrecha de simbiosis.

El proyecto podría llamarse con más propiedad un estudio de la simbiosis que se observa en la esquizofrenia y un intento de tratamiento específico centrado en la simbiosis, más que en la esquizofrenia. Se eligieron tres jóvenes mujeres esquizofrénicas crónicas y sus madres para el estudio inicial. Un objetivo era encontrar los ejemplos clínicos más graves posibles de vinculaciones entre pacientes esquizofrénicos y sus madres en los que el proceso simbiótico estuviera todavía activo. Esto se hizo sobre la base de que sería más fácil observar primero las características de la relación simbiótica en la forma más exagerada posible. La intensidad de la vinculación simbiótica se consideró más importante que la intensidad o la configuración de los síntomas esquizofrénicos. Se asumía que este grado de simbiosis implicaría un grado máximo de deterioro de la personalidad que, a su vez, terminaría dando una respuesta terapéutica más lenta. A las madres se les dio posibilidades de elección que variaban desde convivir con la paciente hasta vivir fuera del hospital y pasar las horas del día con la paciente. La madre más afectada eligió vivir con la paciente y las otras dos vivir fuera. Se eligió a pacientes de sexo femenino debido a que la sala hospitalaria se adaptaría mejor a las mujeres, que a hombres o a grupos mixtos.

Se planeó el programa de tratamiento a partir de la hipótesis. Por ejemplo, se consideró que la simbiosis significaba una detención en el desarrollo psicológico que había sido iniciado por un déficit psicológico de la madre. La premisa era que si se podía tratar este déficit psicológico, hasta el punto de que no ejerciera durante más tiempo una influencia sobre la paciente, entonces la detención psicológica de la paciente podría empezar a evolucionar hacia un nivel más alto de madurez sobre su propia motivación. Una piedra angular en el programa de tratamiento fue una relación terapéutica de apoyo con la madre. Se eligió una relación específica con una asistente social, considerando que sería la que cumpliría, de una manera más cercana, el criterio de la hipótesis. A la paciente se le adjudicó un terapeuta médico. El diseño básico del tratamiento desarrollado a partir de la hipótesis fue: (1) trasladar al hospital a la pareja simbiótica madre-paciente original; (2) introducir una relación terapéutica de apoyo para la madre; y (3) influenciar lo menos posible, mediante el entorno hospitalario, el curso de los sucesos psicológicos producidos entre la madre y la paciente. El medio hospitalario se planeó de manera que suministrara apoyo emocional con la máxima neutralidad y que, al mismo tiempo, ejerciera la mínima influencia sobre la relación.

OBSERVACIONES Y EXPERIENCIAS CLINICAS

Durante el primer año de estudio se obtuvo una cantidad importante de observaciones clínicas sorprendentes acerca de los tres grupos familiares madre-paciente.

1. Pautas de relación simbiótica

Las pautas de relación se vieron de forma más clara que las que mostró la experiencia en otros marcos clínicos. Existe la opinión de que el ambiente no estructurado de la sala hospitalaria fue, aquí, el factor más importante. También pareció importante el apoyo suministrado por parte del personal de la sala. La pauta de relación más característica se ha denominado «ciclos proximidad-distancia». Cuando se dejaba a las madres y a las hijas a merced de sus propios recursos, se unían muy estrechamente, disputaban, se separaban, de nuevo volvían a juntarse y repetían los ciclos una y otra vez. En la frecuencia de los ciclos se daba una gran variación. Durante un período muy intenso, una familia podía pasar hasta por dos ciclos completos en un día. La duración media del ciclo variaba entre unos días y varios meses. En las fases de proximidad, la madre y la paciente parecían tener únicamente interés cada una en la otra y sus relaciones con figuras exteriores se establecían sin perturbaciones. Cuando la proximidad aumentaba, la ansiedad crecía hasta una intensa ansiedad de incorporación. Entonces ellas luchaban y se separaban hasta que la ansiedad de la separación establecía una reunión y un nuevo ciclo. En las fases de distancia cada una se mostraba hostil con la otra e intentaba duplicar las relaciones simbióticas con figuras exteriores. Estas relaciones exteriores eran difíciles, exigentes y penosas para las figuras exteriores. No parecía que las madres y las pacientes tuvieran fuerza interna para controlar la intensidad de los ciclos. Intentaban conseguir una estructuración, un consejo o unas normas exteriores con el fin de controlar el rigor de los ciclos. Cuando el personal ciertamente suministraba, sin pretenderlo, esta estructuración externa, la claridad de los ciclos proximidad-distancia era menos evidentemente distinguible.

2. La transferencia de ansiedad

En la relación entre paciente y madre hubo un alto nivel de fluidez que no había sido tenido en cuenta en la hipótesis original. Esta había considerado que la simbiosis era un estado bastante rígido y fijo, con un alto grado de fusión de la personalidad; y del orden de los fenómenos descritos por una paciente, que una vez dijo, «Pero doctor, usted no entiende lo que pasó entre mi madre y yo. La única manera por la que podíamos separarnos era, para mí, matarla y si ella moría, yo moriría también». Hubo frecuentes observaciones consecuentes con esta hipótesis de la «fusión fija», como la de que cuando una paciente eructaba en la mesa mientras cenaban, la madre, sentada al lado, inmediatamente añadía «perdón».

La observación sorprendente fue la marcada movilidad, fluidez y penetración del proceso. Existía la opinión de que la diferencia que hay entre la hipótesis y la observación procedía de que la hipótesis había sido desarrollada a partir de la experiencia clínica con individuos y las observaciones provenían del seguimiento de la vida cotidiana de la familia como unidad. La fluidez estaba relacionada con la transferencia de ansiedad, de debilidad, de enfermedad o de psicosis de un miembro de la familia a otro.

a) Descripción de la transferencia de ansiedad

El ejemplo más común de la transferencia de ansiedad se dio de madre a paciente. La madre solía angustiarse y entonces su pensamiento se centraba en la enfermedad de la paciente. Parecía que el que esto ocurriese estaba relacionado más con el propio funcionamiento de la madre, que con la realidad del funcionamiento de la paciente. La verbalización de la madre incluía un énfasis repetido sobre la enfermedad de la paciente. Muy pronto, la ansiedad de la madre se hacía menor y los síntomas de la paciente psicótica se veían acrecentados. Este mecanismo era tan corriente que cualquier aumento de la ansiedad de la madre alertaba al personal ante un aumento de la psicosis de la paciente. Así como la tensión o la tranquilidad emocional de una criatura puede ser un sensible indicador del funcionamiento de una madre, así la paciente psicótica en contacto cotidiano con la madre puede ser un indicador más sensible del funcionamiento de la madre que la observación directa de ella misma. La naturaleza que esto tenía sugería casi una transferencia de ansiedad cuantitativa. Los casos de transferencia de paciente a madre fueron menos frecuentes. Uno muy sorprendente sucedió cuando una paciente recién admitida esta haciendo un esfuerzo vigoroso por salir de una prolongada regresión crónica. Ella avanzó positiva y firmemente. Mostró poca preocupación cuando su madre dijo «Estás débil, ve despacio», o «Recuerda la última vez que lo intentaste demasiado deprisa, te volviste loca». Cada vez que ella daba un paso positivo, la madre a las pocas horas, solía acabar en la cama con una enfermedad física de varios días de duración. Mantuvo este dominio de la situación durante varios meses y luego lo abandonó. Esta pauta de transferencia de ansiedad se presenta como la descripción de un mecanismo que se ha observado que ocurre entre las madres y las hijas, en el que ambas desempeñan roles activos.

b) Pautas de la transferencia de ansiedad

En una pauta destacada se dieron variaciones por las que parecía que tenían efecto estas transferencias. Parecía que se producían en puntos situados en la misma escala. En un término de la escala estaba la madre, que parecía que provocaba la ansiedad o la psicosis en una paciente que se siente víctima, se muestra reacia, belicosa y con resistencias. La madre hacía frecuentes comentarios directamente a la paciente, aparte a otros en presencia de la paciente o confidencialmente a otros, para decir que la paciente estaba enferma, era estúpida, débil, incompetente, inadecuada, confusa o esquizofrénica. La madre buscaba alguna opinión médica y otras de autoridad, para apoyar su afirmación. El término esquizofrenia era usado frecuentemente, una vez que formaba parte del vocabulario de la madre. El miembro paciente volvería a enfrentarse con mecanismos que variaban desde la negativa hasta el contraataque —«Tú eres la que está enferma»— de la hostilidad psicótica contra el acusador. Estos casos parecían producirse cuando la paciente estaba lo suficientemente integrada como para responder al ataque. En estas familias tan deterioradas se dieron pocos casos de éstos. La mayor parte se produjeron en el centro de la escala. En éstos, la madre imponía activamente la afirmación al miembro paciente, y éste activamente se abría a aceptarla. Esto implicaba el concepto de actividad por ambas partes. En el otro término de la escala se situaba el miembro paciente, que buscaba activamente que se le llamara enfermo y débil, y la madre que era reacia a consentir. Esto sucedió raramente, salvo en una unidad familiar. Ocurrió a menudo en la familia en que la madre estaba realmente más dañada que la hija. Se produjo en situaciones en las que la madre intentaba presionar a la hija a ser más responsable y a dar (mimar) a la madre. En este caso la hija trabajaba activamente por ser más irresponsable y desvalida que la madre y por confirmarlo con una etiqueta de estúpida. Acaeció esto en una ocasión con una madre e hija más ajustadas, cuando la hija alcanzó un nivel de funcionamiento más adecuado que la madre. La hija parecía que estaba amenazada por cualquier otro paso que pudiera hacerla responsable de su madre y ésta parecía que estaba amenazada al permitirse depender de la hija. Un punto importante fue la actividad que se desarrolló en la situación con el fin de mantener un status quo emocional. Cada madre o paciente podría retratarse a sí misma como una víctima de la otra, cuando el status quo se viera amenazado. Searles en su reciente artículo (1956) «El esfuerzo de conducir a otra persona loca» ha descrito unas observaciones similares desde la psicoterapia con pacientes esquizofrénicos.

c) *La dinámica de la transferencia de ansiedad*

Han surgido algunas ideas iniciales provisionales sobre la dinámica de la fluidez de esta relación. Las tres madres originales y las dos ulteriores son mujeres inseguras, en las que son pronunciados el uso de la negación, la formación de reacciones y la proyección. Sus deseos pasivos (deseo de ser mimadas) son grandes, pero su incapacidad para aceptar ayuda es igualmente grande. Ellas niegan su propio deseo de ser mimadas con: «Es de débiles querer mimos. Yo no soy débil. Soy fuerte. Sólo quiero mimar a mi hijo». Tres madres tenían mecanismos somáticos por los que era posible que se permitieran obtener algo de atención. Las otras dos eran las únicas que eran consecuentemente dominantes y dogmáticas. En condiciones de calma, parecían conducirse bien en el uso de la negación y la formación de reacciones. En períodos de estrés se utilizaba la proyección. Esta implicaba, en primer lugar, los propios sentimientos de la madre de impotencia, debilidad e insuficiencia. Ninguna de las familias tuvo ninguna sensación de discriminación entre los sentimientos y la realidad. Para ellas sentirse impotentes es ser impotentes. Una formulación dinámica provisional sugerida por las observaciones es que la madre proyecta su propio yo débil en el hijo, lo que provoca una orientación psicológica en la que ella es muy fuerte y el hijo es débil. Con su yo ajustado ella mima su yo débil percibido en el hijo. Un ejemplo fue la madre que alimentaba a su hijo cuando ella se sentía hambrienta. La entrega está entonces gobernada por sus propios deseos, más que por las necesidades reales del paciente. A veces, cuando su propio deseo de mimar es intenso, puede forzar al niño a que acepte su atención, lo quiera o no. Podría citar una autoridad defensora de la entrega ilimitada al niño. A veces, cuando su propia necesidad de ser mimada no es grande, puede olvidar al niño más allá de cualquiera de sus necesidades reales como persona y entonces, justificarse a sí misma con otra autoridad que aconseje a los padres ser firmes con sus hijos. Se produjeron repetidas observaciones que indicaron que la atención de la madre estaba determinada más por su propia vivencia que por la realidad de la situación.

3. Relaciones de los miembros de la familia con el personal

Hubo una intensa cohesión en las fases de proximidad de los ciclos proximidad-distancia y una separación igualmente intensa en las fases de distancia. Era una especie de fuerza magnética que las acercaba en las fases de proximidad y una fragmentación explosiva en las fases de distancia. Cuando repentinamente se fragmentaba la cohesión central de la proximidad, los pares simbióticos intentaban formar relaciones externas con las mismas cualidades que la relación simbiótica central. Las figuras externas incluían a otros familiares, miembros del personal, agentes sociales y otras figuras receptivas. Parecía que este proceso de «combinación con» figuras externas tenía lugar a un nivel inconsciente, en el que los dos miembros de la familia y las figuras externas desempeñaban roles activos. Este fue el proceso que constituyó el problema operativo más difícil para el personal. El fenómeno se anticipaba en la hipótesis y se dedicó mucha enseñanza y discusiones para proporcionar técnicas que ayudaran a los miembros del personal a permanecer objetivos y a relacionarse con las familias sin tomar parte o sin llegar a incorporarse al proceso familiar. El personal tenía un conocimiento intelectual del fenómeno excelente, pero el proceso continuó a un nivel inconsciente. Constantemente se producían situaciones en que un miembro del personal se veía implicado y luego, a través de una cadena de relaciones dentro del personal, involucraba a todo el personal en un estado de alboroto. La familia entonces se libraba de la ansiedad. El personal perdía objetividad y eficacia terapéutica. La ansiedad podía también afectar a la comunidad hospitalaria o incluso a la comunidad exterior. Las pautas de los ciclos proximidad-distancia desaparecían durante estos períodos. Los detalles de las implicaciones del personal con las familias no son materia de este artículo. El objetivo es afirmar que hubo una intensa transferencia de ansiedad entre los pares simbióticos y, especialmente en las fases de separación, la ansiedad o la enfermedad o el problema podía transferirse a una variedad de figuras receptivas dentro o fuera de la familia.

4. Relaciones con otros miembros de la familia

Otros miembros de la familia fueron también vulnerables a verse implicados en la relación madre-paciente. Una madre podía separarse de su hija hospitalizada y a las pocas horas, se reducía su ansiedad y un hijo menor tenía síntomas neuróticos incapacitantes. Las impresiones clínicas de la dinámica de esta transferencia no son materia de este artículo.

5. Otras observaciones

Para el personal era siempre una experiencia nueva y sorprendente contemplar y sentir la intensidad de las implicaciones de la madre. Durante mucho tiempo ha habido un conocimiento intelectual de esto, pero cada nueva observación provoca una reacción como si el miembro del personal lo experimentara por vez primera. Es una especie de experiencia emocional que sólo puede ser tolerada durante breves períodos sin re-represión.

RESUMEN DE LAS OBSERVACIONES

Las observaciones que aquí se describen se encuentran entre aquéllas que se separaron de la hipótesis original y que llevaron a extender la hipótesis. La más impresionante fue el carácter mudable y fluido de la vinculación madre-paciente. Más que una situación de dos personas que responden y reaccionan recíprocamente de una manera específica, era una situación de dos personas que vivían, actuaban y existían una para la otra. Había una sorprendente falta de precisión en los límites del problema, así como una ausencia de límites del yo en los pares simbióticos. La relación consistía en algo más que dos personas con un problema que les afectaba particularmente a una y a otra; parecía que era más bien, un fragmento dependiente de un grupo familiar mayor. Existía esta cualidad denominada «transferencia de ansiedad» en la que la ansiedad, la enfermedad o la psicosis podía transferirse de una a otra, a figuras familiares o, en menor grado, a miembros del personal. Los resultados de la psicoterapia indicaron además que el par simbiótico era un débil fragmento indiferenciado de un grupo mayor y que carecía por sí mismo del poder necesario para que las dos personas se diferenciaran como dos seres autónomos.

EXTENSION DE LA HIPOTESIS
Y CAMBIO EN EL PLAN DE TRATAMIENTO

Las reiteradas experiencias clínicas que hicieron necesaria la extensión de la hipótesis, con el fin de considerar que los síntomas esquizofrénicos del miembro paciente formaban parte de un proceso activo que implicaba a toda la familia, eran similares a las que se han descrito. No se cambió la idea previa sobre la simbiosis, salvo en que ahora se veía como una parte de una unidad cambiante, activa y mayor. Se decidió admitir que se incluyera a los padres en las nuevas familias. Los padres tenían que vivir lejos de sus propias familias inmediatas, tener un hijo severamente deteriorado y no más de dos hijos. Se indicó que esto podía suceder en familias en que el intenso proceso abarcaría a cuatro personas, sin implicar a parientes políticos o a múltiples hermanos. Los padres tenían que ser tan jóvenes y sanos como fuera posible, con una capacidad potencial para conseguir cambios mayores en beneficio de sus propios logros. En el segundo año se admitió a dos unidades familiares completas. La primera se admitió hace catorce meses. El padre tenía cincuenta y un años, la madre cuarenta y ciento, la hija esquizofrénica veintitrés y la hija normal quince. La paciente había sufrido constantemente accesos de pánico regresivo durante cuatro años sin remisión, a partir del tratamiento con shock masivo y terapias farmacológicas. Se admitió a la segunda familia hace siete meses. Los padres pasaban de los cuarenta años, su hijo catatónico tenía veinte y el hijo normal trece. El paciente ha empeorado progresivamente durante los cuatro años de tratamiento. Esta vez se pidió a los padres que vivieran en la sala hospitalaria. Los hermanos normales que iban al colegio pasaban los fines de semana en el hospital.

Una vez admitida la primera familia completa, se probó un enfoque de tratamiento distinto, para ver si era posible pensar en la familia como unidad y tratarla como tal. Tuvo bastante éxito la celebración habitual, durante varios meses, de una reunión para tratar asuntos discordantes entre las familias y el personal. No había sido posible acompañar estas reuniones con otras sólo del personal. Se había conseguido una experiencia clínica para ilustrar esto. Una de las madres pudo hablar con un individuo del personal y a los pocos minutos contar una versión distorsionada del comentario de éste a la hija, la cual actuaría después de acuerdo con la distorsión. Podía llegar a complicarse una distorsión añadida a otra, implicando a varios miembros del personal. Se estableció una norma por la que únicamente una persona, el psiquiatra de la sala hospitalaria, podía hablar, tanto con la madre como con la paciente, de temas importantes. Esta estructuración tampoco funcionó bien. Entonces se elaboró una norma por la que nadie podía hablar ni con la madre ni con la hija sobre estos temas hasta que la madre, la paciente y todo el personal de servicio se encontraran juntos en la misma habitación. Esto funcionó satisfactoriamente.

La mayor parte de la emoción que se suscitaba entre el personal y las familias se concentraba en la política hospitalaria y en los procedimientos de enfermería. Se celebraron reuniones abiertas que incluían a todo el personal y a los miembros de la familia con el fin de discutir los temas discordantes. Las presidía el director del proyecto. Tanto el personal como los miembros de la familia estaban entusiasmados con las reuniones. La discusión sobre problemas reales condujo a la discusión sobre problemas personales. La observación del grupo entero en la reunión proporcionó una primera imagen clara de la manera en que las tensiones intrafamiliares podían establecerse de nuevo entre el personal y la familia o, por completo, en el interior del grupo del personal. Por primera vez las tensiones entre el personal y las familias estaban a un nivel explorable.

Estas fueron las reuniones que se adaptaron a la terapia de la unidad familiar. Las reuniones se celebraron en la sala de estar del hospital con una duración de una hora al día. Asistía un promedio de dieciocho personas, divididos aproximadamente por igual entre los miembros del personal y los de la familia. Sería un período de prueba. Se pidió a la nueva familia que abandonara la psicoterapia individual y que utilizara las reuniones para discutir los problemas individuales. Los psiquiatras y los asistentes sociales asumieron la responsabilidad de señalar y clarificar las pautas de relación entre los miembros de la familia, entre las familias y el personal y, cuando fuera oportuno, entre los miembros del personal. Todas las reuniones fueron grabadas en cassettes. Tres registros escritos simultáneos adicionales incluían una serie de notas sobre el proceso psicoterapéutico, un sociograma del proceso y un resumen del contenido. Las reuniones no están estructuradas y cada miembro puede introducir cualquier tema cuando quiera.

Se hizo otro cambio en el personal. Se interrumpieron las reuniones del personal rutinarias, en las que se discutían los problemas familiares. Esto incluía las conferencias del personal y los círculos de la sala hospitalaria. Se pedía al personal que utilizara las reuniones grandes para estas conversaciones. Desde luego, no fue posible interrumpir todas las reuniones, pero se solicitaba al personal que hablara al grupo acerca de ellas. Se adoptó una norma similar a la utilizada por Jones en «La Comunidad terapéutica», por la que toda conversación mantenida confidencialmente podía exponerse en el grupo. Si se puede describir una familia perturbada —cada miembro con ansiedad, ira y secretos sobre los otros, con miedo de mencionar estas cosas al implicado, buscando una enfermera o una figura exterior con la que compartir los problemas, queriendo cada miembro del personal ser solícito y deseando escuchar y prometiendo guardar confianza, y siendo cada miembro del personal y de la familia el custodio de muchos secretos— entonces, se puede obtener una idea de las ansiedades y tensiones que pueden difundirse por un grupo. Los miembros de la familia tuvieron pocos problemas en ser capaces de hablar en el grupo y lo más importante, en presencia de los otros miembros de sus familias. El personal se mostró más ansioso al hablar en presencia de los miembros de la familia, pero esta ansiedad inicial disminuyó al poco tiempo.

El plan de la reunión se diseñó de manera que animara a la familia a participar en los problemas de los otros, para desanimar las prácticas que se había encontrado que provocaban la fragmentación de la familia y para alentar la libertad de las relaciones entre el personal y las familias. Cuando había secretos las relaciones podían llegar a ser distantes y hostiles. Por vez primera el personal tuvo una disposición satisfactoria para manejar los problemas que surgían en los miembros de la familia. El miembro del personal podía evitar relacionarse con un miembro de la familia cuando hacía referencia a un tema personal, diciendo «exponlo en el grupo». Cuando un miembro de la familia comunicaba algo personal, el miembro del personal podía transmitirlo al grupo. El personal podía alentar el establecimiento de relaciones basadas en temas neutros. Casi todas las reuniones eran muy activas. Los miembros de la familia reclamaban tiempo para que se les escuchara y competían en sacar temas difíciles. Era infrecuente que se tuviera una reunión sin fuertes emociones.

Esta exposición permitirá que se haga sólo una breve mención del esfuerzo terapéutico. Todos los miembros de la familia tienen su yo con límites pobremente definidos, si es que así puede conceptualizarse de una forma satisfactoria. Se dedica un esfuerzo considerable a ayudar al individuo a definir su propio «self» y a diferenciar el self de los otros. Algo que se observa corrientemente es una especie de proceso de proyección familiar en el que se proyecta en el paciente la debilidad familiar, éste se resiste ineficazmente y, por fin, la acepta. En el grupo se señala rigurosamente la proyección. Se emplea mucho tiempo en definir las pautas de relación intrafamiliar y, especialmente, la parte que atañe al personal cuando uno de sus miembros provoca una repetición de la pauta familiar entre el personal. Se producen muchas maniobras de apoyo al yo, como el apoyo de un miembro de la familia que se angustia en su esfuerzo por diferenciar su self de la «masa de ego familiar».

Se han dado algunas pautas de relación en las dos familias enteras. Las madres fueron los miembros de la familia dominantes, activos, los que tomaban las decisiones, asumían roles de poder y suficiencia. Los dos pacientes fueron débiles, conformistas y estuvieron dedicados a relacionarse con la madre. Los dos hermanos normales parecieron ser más maduros de lo que era de esperar por sus edades. El curso clínico cotidiano, especialmente los primeros meses, se caracterizaba por mucho desacuerdo, altas emociones, defensas, acusaciones y contradicciones. Durante un período de unos meses se produjeron en la relación de ambas madres hacia las pacientes algunas pautas de sobreprotección, cariños excesivos, demandas, críticas y lucha, de la misma manera que se había observado en las tres familias madre-paciente. El proceso seguía la pauta de algo que madres y pacientes tenían que continuar hasta el agotamiento y la separación. Los padres, sintiéndose impotentes, permanecían en la periferia. No parecían tener una identidad propia, sino que contemplaban la lucha en términos del lado de uno o del otro. Cuando un padre entraba en la relación, parecía convertirse en el agente de la madre, usando las palabras de ella, y el paciente se relacionaba con él igual que con la madre. Parecía que la psicosis del paciente se dirigía específicamente a la madre, casi punto por punto, en los temas de siempre que ellos compartían. Cuando las ansiedades del paciente alcanzaban un nivel alto la psicosis parecía «pulverizarse» sobre todos salvo la madre, dejando a ésta libre para permanecer muy cerca. Los primeros miembros que cambiaron en ambas familias fueron los padres. Fueron los primeros que se interesaron por sus propios problemas y por la parte que a ellos tocaba en el dilema familiar. Los dos trabajaron con ahínco en la tarea de encontrar sus propias identidades. Sus primeros intentos por tener convicciones propias (en lugar de prestadas) fueron débiles y autoritarias, al decir a los demás lo que tenían que hacer, decir y creer. Esta gran actividad también traía normalmente un período de calma a la familia. Durante este período, las madres continuaron preocupándose por el paciente, negando que tuvieran problemas, insistiendo que sus vidas estaban dedicadas al bienestar del paciente y, particularmente, atacando al padre ante cualquier muestra de poder. El segundo padre aún está en esta etapa. El primer padre alcanzó gradualmente el momento de una «declaración de independencia» que comunicó a la enfermera jefe, aunque parecía que estaba dirigida a su propia madre. Esto sucedió a los cinco meses de la admisión. Por primera vez su fuerza parecía mayor que los ataques de la madre y, a los diez días, salió sola con él por primera vez. Hasta este momento ella insistía que la hija psicótica les acompañara. Se fueron durante unos meses de «luna de miel», como ellos decían. Durante este tiempo la psicosis de la hija fue como una tremenda rabieta de mal humor que trataba de ganarse de nuevo a la madre. La madre era amable, firme, maternal y objetiva y la hija obtenía algunas ventajas. A los siete meses la hija menor regresó a un estado muy rebelde de demandas infantiles. Hubo un episodio en el que ella recostaba su cabeza sobre el regazo de la madre amenazando con marcharse lejos y casarse. Inmediatamente la madre tuvo una relación con su hija similar a la que tenía con la hija psicótica. El breve pánico intenso de la hija hizo que la familia temiera que ella también se psicotizara. El padre adoptó inmediatamente el rol autoritario, débil. Este nuevo ciclo prosiguió durante cinco meses hasta que el padre dio un paso adelante una vez más, seguido de un segundo cambio en la madre. Lo sorprendente es que parecía que ambos padres y madres estaban en la misma impotente trabazón en la que se encontraban los pares simbióticos y permanecieron así hasta que el padre pudo establecerse firmemente como una persona de la familia. Sólo entonces fue realmente posible que la madre comprendiera y aceptara las interpretaciones psicoterapéuticas.

El personal ha considerado que la terapia de la unidad familiar ha respondido a muchos de los problemas del proyecto. Se ha conseguido una marcada reducción de la ansiedad en todo el proyecto. Hubo períodos durante el primer año en que surgieron dudas acerca de si era posible continuar con él. Las familias se sienten más cómodas y se han comprendido y refrenado las ansiedades. Las observaciones obtenidas con la investigación son más completas y se consideran más exactas. Aquellas que se obtuvieron viendo y escuchando a un miembro de la familia en relación con su familia son diferentes a las observaciones compuestas, reunidas a partir de otras fuentes. Se sugiere que, cuando un miembro de la familia se relaciona con las vinculaciones simbióticas familiares, se comporta de forma distinta a cuando se relaciona con otras figuras. Las reuniones también suministran una descripción más clara de las implicaciones del personal con las familias. Los terapeutas han percibido que se hallaban en una relación más objetiva con la esquizofrenia, según lo que ellos vieron que era posible, al hacer o supervisar psicoterapia individual.

Es difícil valorar el grupo como un agente terapéutico. Al principio se consideraba como un método terapéutico preliminar, que probablemente iría seguido de psicoterapia individual. El personal siente ahora que el grupo puede responder al programa de tratamiento total de la familia. Se cuestiona el tamaño del grupo y la participación de tanta gente no entrenada en psicoterapia. Según lo ve el personal, es necesario un grupo como éste para hacer factible el programa ambiental.

En resumen, éste es un proyecto sobre cinco familias, con muchísimos datos y que se halla en su tercer año. El número total de sujetos clínicos y de familias es demasiado pequeño para conocer cómo se pueden aplicar estas observaciones a un grupo clínico más amplio. Lo más que puede decirse por ahora, es que se hacen observaciones sobre cinco familias con miembros psicóticos crónicos y que se obtienen en términos de la orientación teórica específica presentada en el artículo. Empezó a producirse un cambio llamativo en la percepción, por parte del personal, de la esquizofrenia al ver a todo el grupo familiar junto. En términos de respuesta terapéutica se han dado cambios significativos en los padres, en las madres y el personal. Los pacientes se encuentran mucho más serenos y tranquilos, a pesar de ser aún regresivos e infantiles. El cambio al tratamiento de la familia como unidad se considera que tiene ventajas que merecen una exploración más detallada.

CAPITULO 2

El rol del padre en familias con un paciente esquizofrénico

Con la colaboración de Robert H. Dysinger, M.D.
y Betty Basamania, M.S.W.

Con frecuencia el padre toma parte de una forma periférica en el intenso conflicto de una familia con un paciente psicótico. La intensidad del conflicto entre madre y paciente puede hacernos minusvalorar su importancia en el problema familiar. Este artículo centrará la atención sobre la función que desempeña el padre en diez familias que participan actualmente en un estudio de investigación clínica. Lidz fue uno de los primeros en centrarse específicamente en el rol del padre en estas familias (Lidz et al., 1957).

Cuatro familias, compuestas de padre, madre y pacientes esquizofrénicos severamente deteriorados han vivido juntos en una sala psiquiátrica en un centro de investigaciones y participado en una psicoterapia familiar durante períodos de hasta dos años y medio. Se ha tratado a otras seis familias con padres, madres y pacientes claramente psicóticos esquizofrénicos con terapia familiar ambulatoria durante períodos de hasta dos años. Los detalles de la orientación teórica y psicoterapéutica se han expuesto en otros artículos (Benedeck 1949, Bowen 1957a). Teóricamente, la psicosis del paciente se considera como un síntoma de un proceso que envuelve a toda la familia. Psicoterapéuticamente, se trata a la familia como si fuese un único organismo. Este informe contiene material de las diez familias. Se han efectuado observaciones minuciosas durante las veinticuatro horas del día sobre cada uno de los miembros de las familias ingresadas. Por tanto, se trata de un estudio longitudinal en el que se ha seguido día a día el ajuste de las familias durante períodos de tiempo claramente largos.

Este artículo describe al padre en la función que desempeña en la vida cotidiana de la familia. Es probable que el término «función» sea más apropiado que el término «rol» utilizado en el título del artículo. Este punto de vista podría permitir que se comparase un modelo familiar con un equipo de fútbol. Podríamos describir a un defensa en términos de su carácter físico y psicológico; o podríamos describir su adaptación individual a las exigencias de su posición defensiva; o podríamos describir su función en el equipo dentro de una sesión de juego completa. Esto último podría ser similar a la perspectiva bajo la que hemos intentado observar a los miembros de las familias en su funcionamiento conjunto como unidad familiar. Un entrenador de fútbol conoce a sus jugadores como individuos, pero cuando contempla al equipo en acción, primero centra su atención en el equipo como una unidad de funcionamiento y luego en el funcionamiento individualizado de los miembros del equipo. Pensamos que se dan ciertas ventajas teóricas y terapéuticas al examinar la familia como una unidad y también al seguir a la familia en su funcionamiento bajo situaciones cambiantes durante un período largo de tiempo. En nuestra experiencia, cada miembro de la familia funcionaba de diversas maneras, determinadas tanto por el funcionamiento recíproco de otros miembros de la familia, como por fuerzas que actuaban dentro de él. Por ejemplo, oíamos a menudo que «el padre estaba celoso de la atención materna por el paciente». En estas diez familias, esto podría ser descriptivamente exacto para una situación aislada, pero conduciría a error si se aplicara a una relación total padre-hija. Para resumir este aspecto, se considera que el padre funciona como una parte de la unidad familiar durante un prolongado período de tiempo.

El triángulo formado por padre, madre y paciente es la unidad familiar básica. Los hermanos normales también han participado en los estudios familiares, aunque el conflicto intenso permanece escrupulosamente restringido al grupo padre-madre-paciente. Los otros hermanos se aíslan enseguida fuera del meollo del conflicto entre padre, madre y paciente. Otro aspecto clínico ha sido extremadamente llamativo. Los miembros de la familia son completamente distintos en sus relaciones con figuras externas a la familia a como lo son con respecto a las figuras internas. Un padre podría funcionar exitosa y eficazmente en su trabajo y en sus relaciones sociales y, sin embargo, encontrarse en el seno del grupo familiar paralizado por la indecisión, la inmadurez y la ineficacia.

Funcionalmente existe una acentuada distancia emocional entre los padres y las madres de las diez familias. Varían considerablemente en la forma de mantener esta distancia. Un grupo de padres y madres consiguió establecer una relación positiva aunque muy formal y controlada. Entre ellos se daban pocas diferencias apreciables. Veían su matrimonio como el ideal. Declaraban que tenían una relación sexual activa y satisfactoria. Utilizaban términos convencionales de cariño mutuo, pero eliminaban de su pensamiento y de sus discusiones amplias áreas de la experiencia humana personal. En el otro extremo del espectro, un grupo de padres y madres no pudo permanecer mucho tiempo en proximidad física con los otros sin discusiones, gritos y desacuerdos. En su vida social congeniaban bien. En el medio de la escala, ocho de los grupos de padres y madres se ajustaron a combinaciones cambiantes de obstinación controlada y patente desacuerdo. Se daban cuenta de las diferencias, pero inconscientemente evitaban los temas susceptibles. Mantenían la distancia impersonal necesaria para mantener los desacuerdos al mínimo. Las familias que mostraban los desacuerdos más abiertos son las que mejor resultado han dado en la psicoterapia familiar.

Los padres y las madres aparecen igualmente inmaduros. La distancia superficial reprime una mutua interdependencia más profunda. Uno niega la inmadurez y funciona con una fachada de supersuficiencia. El otro acentúa la inmadurez y funciona con una fachada de insuficiencia. Ninguno puede funcionar en el término medio situado entre la supersuficiencia y la insuficiencia. En su vida cotidiana, la supersuficiencia de uno funciona en relación recíproca con la insuficiencia del otro. En situaciones que requieren una acción de equipo, uno funciona como el supersuficiente y el otro como el insuficiente. Ackerman (1956) y Mittelman (1956) están entre aquéllos que describen el funcionamiento recíproco de los matrimonios. Una manifestación clínica del problema es el tema «dominación-sumisión«. El supersuficiente es visto como el «dominante» y el insuficiente como el «forzado a someterse». Ambos se quejan de «dominación por» y de ser «forzados a someterse a» el otro. Ambos evitan la responsabilidad de «dominar» y la ansiedad de la «sumisión». Otro aspecto clínico es el que implica la toma de decisiones. Las familias son incapaces de tomar decisiones que son rutinarias para otras familias. Un padre afirmó esto claramente cuando dijo, «no podemos decidir juntos sobre nada. Propongo que vayamos de compras el sábado por la tarde. Ella pone objeciones. Discutimos. Ninguno cede. Terminamos no haciendo nada». Este ejemplo es válido para otras decisiones, tanto menores como mayores. Pueden quedarse sin decidir asuntos importantes que habrán de resolverse con el tiempo, las circunstancias, o mediante el consejo de un experto. Las decisiones que son «problemas a resolver» por otras familias se convierten en «cargas que han de soportar» estas familias. Esta parálisis de indecisión crea la impresión de «familias débiles». La parálisis cesa cuando un padre o una madre «domina» la familia.

En las diez familias los padres y las madres sostenían puntos de vista opuestos, intensos, cargados emocionalmente acerca del tratamiento adecuado para el paciente. Este conflicto está presente, aun cuando no haya otros. Un padre dijo «la única cuestión sobre la que nunca nos ponemos de acuerdo es cómo criar a los niños y cómo a los periquitos. Ninguno se mueve de su posición, ni cede en ningún momento». Las madres con mucha frecuencia se abren paso, mientras los padres se oponen tanto activa como pasivamente. Una vez que ella ha fallado, el padre instituye su plan mientras la madre le critica y le predice su fracaso. El ciclo se repite una y otra vez.

En todas las familias se sigue una pauta de relación familiar constante. Los padres y las madres están emocionalmente separados por la barrera de la distancia. No pueden establecer una relación cercana con ningún otro, pero cualquiera de ellos puede tenerla con el paciente si el otro cónyuge lo permite. La madre se halla generalmente próxima al paciente y se excluye al padre, o él mismo permite que se le excluya de la intensa pareja madre-paciente. El término «intenso» describe una relación ambivalente cercana en que los pensamientos de ambos, tanto positivos como negativos, afectan al otro. Lo más frecuente es que la pauta sea cambiada por la madre, quien se retira del conflicto con el paciente y dejándolo con el padre. En estas situaciones, los padres funcionan como madres sustitutivas. Puede que el padre cambie la pauta con su propia actividad, pero no puede ganarse al paciente hasta que se haya enfrentado de alguna manera con la oposición de la madre. En estas situaciones, los padres se han vuelto crueles y dominadores y las madres inadecuadas y quejumbrosas. La psicosis del paciente es un mecanismo efectivo para readaptar las relaciones familiares. En nuestra experiencia, es más fácil que la madre conquiste al paciente del dominio del padre, que el padre lo haga del de la madre.

Los padres y las madres muchas veces se reparten el tiempo del paciente igual que los padres divorciados comparten sus hijos. Esto ha sido sorprendente en las cinco familias con hijos esquizofrénicos. Los padres llevaban mucho tiempo preocupados por las vinculaciones de los hijos a sus madres. Las madres echaban la culpa de estas vinculaciones a la ausencia de interés del padre por los hijos. Ambos, padre y madre, coincidían en que los hijos necesitaban relaciones estrechas con los padres. Los cinco padres hicieron verdaderos esfuerzos por lograr esta proximidad. Uno se hizo jefe de un grupo de «boy scouts» para conseguir mayor proximidad con su hijo. Otro padre mantuvo un programa regular de actividades padre-hijo. Otro intentó «ser un camarada» para su hijo y otro intentó crear un prolongado acercamiento «hombre-a-hombre». Las madres aprobaban los esfuerzos padre-hijo, pero no abandonaron sus fuertes vinculaciones previas, y todos los intentos de los padres fracasaron. Resumiendo, los padres y las madres están divorciados emocionalmente uno del otro, pero cada uno de ellos puede establecer una relación estrecha con el paciente si el otro lo permite.

La configuración de la familia emerge nítidamente en la psicoterapia familiar. Los tres miembros asisten juntos a las sesiones terapéuticas. La tarea terapéutica consiste en analizar las relaciones intrafamiliares existentes. Hay momentos en los que uno de los miembros del trío está ausente en las sesiones. Cuando los tres miembros de la familia se encuentran presentes, el terapeuta no estructura la sesión y la familia sigue el plan de trabajo sobre su propio problema en la sesión, entonces el grupo familiar no puede evitar precipitarse en un intenso conflicto y desacuerdo familiar. El resultado es la aparición de una alta ansiedad, acción y progreso en la terapia. Si dos miembros cualesquiera del trío familiar puede evitar con éxito los puntos conflictivos, la terapia se hace más intelectual, más estéril y el seguimiento menos provechoso.

El funcionamiento relativo del padre se ha revelado de una manera evidente en los violentos cambios que se producen en el curso de la terapia familiar. La familia corriente empieza la terapia con un padre dócil, no participativo y una madre atrapada en un desorden emocional con un paciente infantil hostil. En las sesiones iniciales se enfrentan con el conflicto entre la madre y el paciente. Cuando el padre comienza a participar, el conflicto se traslada a la relación padre-madre. Al empezar el padre a afirmar su fuerza, la madre se vuelve más agresiva, más desafiante y a continuación más patentemente presa de la ansiedad. La ansiedad y las lágrimas de ella pueden motivar que él se retire de su posición. Si el padre deja de conmoverse por las lágrimas de la madre y puede permanecer como el cabeza de familia, a pesar de la ansiedad de ella, la madre entra en un período de intensa angustia de varios días. Una madre que había sido agresiva, hostil y dominante cambió en pocos días para convertirse en una persona maternal, objetiva y amable. Dijo, «es tan agradable tener por fin un hombre por marido». Otra madre dijo, «fui tan feliz al verle defenderse por sí mismo. No pude evitar pelear con él. Fue automático. Había estado esperando y esperando todo el tiempo que no se preocupara por mi ansiedad y por las cosas que yo decía». Otra madre dijo, «si él es capaz de seguir siendo un hombre, entonces yo puedo ser una mujer». Estos cambios pueden perdurar hasta que los padres tropiezan con la ansiedad. Entonces retroceden a su primera forma de funcionamiento, aunque los cambios se repiten con mayor frecuencia y menor confusión. La pauta sugiere que una familia bastante normal es una familia flexible en la que los padres y las madres pueden modificar su funcionamiento según la situación que prevalezca, sin que se amenacen entre sí. Lo primero que ha cambiado en estas familias ha sido el padre o la madre que se encuentra en la posición inadecuada, ya sea éste el padre o la madre.

Cuando los padres modifican su funcionamiento, el paciente se trastorna más. El primer cambio real que han sufrido los pacientes ha tenido lugar cuando la madre ha podido resistir en una posición firme el comportamiento infantil pegajoso del paciente. Al producirse un cambio en los padres, el personal denominaba a la proximidad existente entre los padres «la luna de miel». Cuando los padres podían mantener una proximidad en la que se implicaban uno en el otro más de lo que también lo hacían en el paciente, entonces los pacientes habían conseguido rápidos progresos. Cuando a su vez uno de los dos, el padre o la madre, se implicaba en el paciente más que en el cónyuge, el proceso psicótico se intensificaba.

En una familia se produjo un cambio diferente a lo descrito arriba. Un hijo dominaba en el hogar con sus demandas psicóticas. Sus padres, especialmente el padre, temían una agresión física en el caso de que se opusieran a él. La ansiedad alcanzó un grado elevado en el que el padre se opuso a algo. El paciente atacó. El padre lo sometió físicamente. Reinó en la casa una paz y una tranquilidad inmediatas. A la semana siguiente, los síntomas psicóticos del paciente se apaciguaron y volvió al colegio. El padre gobernó su hogar como un policía durante un mes. Su relación con el hijo había cambiado y la del hijo con la madre también, pero no se produjo cambio alguno entre el padre y la madre. El padre declaró, «no puedo continuar así». Abandonó su fuerte posición, la madre reanudó su conducta de arrebatar al hijo, y el paciente reanudó su conducta psicótica. Cada uno de los padres había modificado su relación con el hijo sin que nada cambiara entre ellos mismos.

RESUMEN

Se ha estudiado un pequeño número de padres, madres y pacientes esquizofrénicos como grupo y se ha tratado mediante psicoterapia familiar durante períodos de tiempo de hasta dos años y medio. La observación de la familia como un organismo aislado proporciona una perspectiva más distante, más amplia de lo que es posible con observaciones cercanas individualizadas de los miembros de la familia. Se intenta evitar el uso de términos y descripciones que se asocian con la más familiar perspectiva individual.

Al padre se le describe tal como se observa que funciona en términos de la perspectiva familiar, más amplia. Han surgido varias pautas destacadas al estudiar a la familia desde esta posición. Los miembros de la familia, particularmente el padre y la madre, funcionan en relación recíproca mutua. Se encuentran separados uno del otro por una barrera emocional que, de alguna manera, tiene las características de un «divorcio emocional». Tanto el padre como la madre pueden establecer una relación emocional estrecha con el paciente cuando el otro padre lo permite. La función del paciente es similar a la de un desafortunado mediador de las diferencias emocionales entre los padres. La pauta familiar más frecuente es una relación dual intensa entre la madre y el paciente que excluye al padre y de la cual él mismo permite que se le excluya. La pauta familiar cambia bajo cambiantes circunstancias familiares e individuales en el transcurso de la vida cotidiana.

CAPITULO 3

Las relaciones familiares en la esquizofrenia

Hace doscientos años Laurence Sterne (1762), en su novela *La vida y opiniones de Tristiam Shandy,* describía las relaciones familiares de una forma que resulta sorprendentemente apropiada en nuestros días. Tristam Shandy decía, «Aunque en cierto sentido, nuestra familia era realmente una máquina sencilla, ya que se componía únicamente de unos pocos engranajes, sin embargo se podía decir mucho de ella, como por ejemplo que estos engranajes se ponían en movimiento por tan diferentes resortes y que estaban conectados el uno al otro por tal variedad de extrañas reglas y estímulos, que aun siendo una máquina sencilla, tenía todo el honor y ventajas de una compleja, y poseía una cantidad de movimientos tan curiosos dentro de ella como nunca se ha visto en el interior de un taller textil holandés».

En este artículo se esbozarán algunas pautas de relación observadas en familias con un hijo o hija esquizofrénicos. Las familias han formado parte de un proyecto de investigación clínica en que padres, madres, pacientes esquizofrénicos y hermanos normales han convivido en una sala psiquiátrica en un centro de investigaciones. Cuatro de estas familias internadas en el centro han participado en estudios de investigación y en psicoterapia durante períodos de hasta dos años y medio. La duración media de la participación de los internos ha sido un año y medio. Se trató a seis familias adicionales, compuestas de padres, madres y pacientes psicóticos moderadamente afectados, con psicoterapia familiar ambulatoria durante períodos de dos años. Se trata de un estudio longitudinal que ha seguido el curso clínico de diez grupos familiares durante períodos de tiempo bastante largos. Las cuatro familias internas constituyeron la parte más importante de la investigación. Los padres asumen la mayor responsabilidad con respecto al miembro psicótico de la familia. La estructuración permite que un padre trabaje y que el hermano normal asista al colegio, pero requiere que la familia acuda a las sesiones de psicoterapia familiar diariamente. Con regularidad se hacen observaciones de cada miembro de la familia. Este estudio longitudinal de las familias tal como viven, comen, juegan y trabajan juntos durante períodos de éxito, fracaso, crisis y enfermedad física proporciona la mejor fuente de datos subjetivos y objetivos de nuestra investigación.

La orientación teórica y el enfoque psicoterapéutico seguidos en este proyecto se desarrollaron a partir de la experiencia del primer año. Durante aquel año tres pacientes esquizofrénicos y sus madres convivieron en la sala hospitalaria. Todos los pacientes y todas las madres se sometieron a psicoterapia individualizada. Los detalles de esta parte del estudio ya se han expuesto en otros artículos (Bowen et al., 1957, Bowen 1957 a, 1960). Para resumirlo brevemente, se fue incrementando la experiencia necesaria para sugerir que la relación entre madre y paciente no era más que un fragmento que formaba parte de un problema familiar mayor y que el padre desempeñaba un papel importante en él. Se amplió el campo de las hipótesis de investigación con el fin de considerar que la psicosis del paciente era la manifestación sintomática de un problema que afectaba a toda la familia. Se modificó el programa de la investigación para dar lugar a que convivieran en la sala del hospital grupos familiares completos. Se alteró el programa de la psicoterapia con objeto de hacerlo más coherente con las hipótesis de la investigación. En el nuevo programa todos los miembros de la familia asistían juntos a las sesiones psicoterapéuticas. Nosotros[1] lo hemos bautizado con el nombre de *psicoterapia familiar*. En esta orientación teórica hay dos conceptos importantes. El primero es el concepto de la familia como unidad. Intentamos pensar en la familia y referirnos a ella como si se tratase de una unidad o de un organismo. El segundo es el concepto de psicoterapia familiar. Tratamos de dirigir la psicoterapia no al individuo sino más bien a la familia como unidad.

Uno de los problemas principales resultó ser el orientarnos nosotros mismos a pensar en la familia como unidad. Todos nosotros nos hemos acostumbrado a pensar en los problemas emocionales en términos del

---

[1] «Nosotros» se refiere al personal del proyecto de investigación. Este incluye al autor, a Robert H. Dysinger, M.D., Warren M. Brodey, M.D., y Betty Basamania, M.S.S. En este artículo las palabras «nosotros» o «nuestro» se utilizarán para referirse a ideas que, en general, son aceptadas por el personal y que se incluyen en la política operativa del proyecto. «Yo» y «mi» se referirá a aspectos de mis ideas que no forman parte de la política operativa del proyecto.

individuo. Todo el cuerpo de la teoría psicológica y psicoanalítica se orienta hacia el individuo. Todos nuestros diagnósticos y términos descriptivos se aplican al individuo. Ha sido difícil cambiar esta forma automática de pensar que tenemos. Incluso después que el personal hubo logrado algún éxito en considerar a la familia como unidad, encontramos que del uso de términos psiquiátricos familiares podía resultar una inmediata vuelta atrás asociativa hacia una orientación individual secundaria. Con el fin de facilitar el cambio al enfoque de la familia como unidad, hemos intentado evitar el uso de términos asociados con el individuo y nos hemos obligado a utilizar palabras simplemente descriptivas. Otra dificultad que ha surgido en la orientación de la familia como unidad es un aspecto emocional. En nuestra experiencia cotidiana constantemente nos implicamos emocionalmente en la vida que nos rodea. Nos identificamos con la víctima, aplaudimos al protagonista y odiamos al malvado. Una familia en contacto diario con un miembro psicótico sufre un alto nivel de ansiedad y emoción. Se producen frecuentes crisis emocionales que tipifican a un miembro como a la víctima, a otro como al héroe y a otro como al malvado. Es tan fácil que el observador llegue a estar tan afectado por la emoción que pierde la objetividad. La situación emocional se complica más con los esfuerzos que cada miembro de la familia hace para encontrar, entre el personal, un aliado de su emotivo punto de vista. Los miembros del personal han tenido cuidado de separarse emocionalmente hasta el punto de poder trabajar con las familias sin verse necesariamente implicados en el vigoroso reflujo de la emoción colectiva.

Creemos que adoptar la orientación de la familia como unidad, además de la orientación individual, más corriente para nosotros, permite obtener ciertas ventajas claras. Cuando se puede retirar la atención fijada en el individuo, con el fin de encontrar una perspectiva que permita contemplar al mismo tiempo a toda la familia, además de continuar las observaciones durante largos períodos de tiempo, es posible conseguir una idea mucho más clara de las pautas generales. Hemos comparado esto con la sustitución de las lentes de un microscopio del tipo «oil-immersion» por unas lentes de baja potencia, o con el desplazamiento desde el terreno de juego al lugar más alto del estadio para contemplar un partido de fútbol. La visión desde el lugar más alto del estadio hace posible observar amplias pautas del movimiento y funcionamiento del equipo que resultarían ensombrecidas en una visión de primeros planos. Es más fácil contemplar al equipo como unidad desde esta perspectiva. Esto no resta valor a la orientación individual. De hecho, la visión distante mejora la visión cercana. Por ejemplo el alto aumento de las lentes del tipo «oil immersion» es mucho más significativo después de que ha sido posible observar un área más grande a través de las lentes de baja potencia. La perspectiva más amplia, sostenida durante largos períodos de tiempo, ayuda a colocar los fragmentos clínicos en su sitio. Por ejemplo, con frecuencia escuchamos afirmaciones como, «El padre sedujo a la hija». En nuestra experiencia con estas familias, esto podía ser descriptivamente preciso al describir una fase ocasional o transitoria de la relación entre ellos, pero impreciso y falso si se aplicase a su relación general y total. Coincidimos con aquellos que desean obtener un diagnóstico familiar además de los diagnósticos individuales. Ackerman (1956) se ha dedicado a la tarea de definir la entrelazada patología de las relaciones familiares. Mittelman (1956) ha descrito las relaciones recíprocas existentes entre los miembros de la familia. Después de trabajar en este problema durante tres años, hemos dirigido nuestros esfuerzos hacia un tipo determinado de concepto que explique la *función* de una persona en relación con otra, más que la situación estática que lleva consigo una etiqueta diagnóstica. Spiegel (1957) incluye la idea de la función en su obra sobre la teoría del rol, aunque no hace hincapié en ella específicamente.

En este artículo ha pretendido centrarme en el *funcionamiento* de una persona en relación con otra y en las amplias *pautas* de conducta, más fácilmente observables desde «el lugar más alto del estadio». No me ocuparé, en lo que me sea posible, de las características de las relaciones más específicas que se han expuesto en otros artículos. A este respecto, nuestras observaciones sobre las características específicas tienen mucho en común con el trabajo de Lidz et al. (1957; también Lidz 1958), Jackson y Bateson (1956), y Wynne et al (1958). Lo principal de este artículo será el curso clínico de una única familia. Sin embargo, antes de considerar a la familia aislada, se revisan aquí algunas de las *pautas* generales del *funcionamiento* de la familia que nos parecen más importantes. Estas pautas de funcionamiento se han presentado con más detalle en otros artículos (Bowen 1960, Bowen et al. 1959), pero tienen la suficiente importancia para la comprensión de esta exposición como para ser revisadas aquí.

Se ha alcanzado un alto nivel de conflicto emocional en las familias que participaron en la investigación. Durante períodos breves el conflicto puede estar presente de la misma manera en varios de los miembros de la familia. El conflicto tiende a localizarse en el miembro de la familia situado en la posición más débil e inadecuada. La localización se produce a través de un proceso de funcionamiento recíproco en el que participan todos los miembros de la familia. El conflicto tiende a localizarse en el miembro esquizofrénico. Cuando el conflicto emocional se «fija» en el miembro más débil por medio de un diagnóstico o por la designación de *paciente*, el problema familiar se cristaliza más en la persona del paciente y la ansiedad disminuye* enormemente en la familia. Cuando se lleva a padres y pacientes a una situación de convivencia en una sala hospitalaria, y la designación de *paciente* se deja intencionadamente ambigua, el conflicto familiar se vuelve de nuevo más fluido y cambiante. Los padres empiezan a desarrollar una intensa ansiedad y conflicto. Puede decirse con propiedad que una familia de este tipo es una *familia trastornada*.

Los miembros de la familia, y especialmente los padres, actúan de forma diferente en su trabajo y en sus relaciones sociales fuera de la familia a como lo hacen con los miembros de su familia. Los padres pueden funcionar adecuadamente y con éxito en sus trabajos y en sus relaciones sociales fuera de la familia y al mismo tiempo ser inmaduros, indecisos e inadecuados dentro de la familia. Los primeros miembros de la familia que se ven implicados en el conflicto familiar son el padre, la madre y el paciente. otros miembros de la familia se ven implicados en un grado mucho menor. Esto resultó particularmente llamativo en aquellas familias en las que los hermanos normales vivieron en la residencia hasta un año. Hubo momentos en los que los hermanos normales se vieron intensamente implicados, pero siempre pudieron separarse del conflicto dejando al padre, a la madre y al paciente inmersos en su curso cíclico. Al trío formado por el padre, la madre y el paciente lo hemos denominado la *triada interdependiente*.

Entre los padres y las madres de todas las familias existe un acentuado distanciamiento emocional. A esto lo hemos bautizado con el nombre de *divorcio emocional*. Tal como yo lo entiendo la situación empezó al principio del matrimonio con momentos alternativos de proximidad excesiva y de distanciamiento excesivo, a continuación éstos terminaron creando un distanciamiento emocional más fijo y menos ansiógeno. Algunos padres y madres conservan el distanciamiento con una relación muy formal, positiva y controlada. Estos matrimonios, con sus palabras y acciones, dan una apariencia superficial de proximidad, pero en realidad el sentimiento y la emoción son borrados de la relación entre los padres. Otros padres y madres sienten tanta emoción y existe tanta discrepancia entre ellos que utilizan el

---

*Este capítulo fue originalmente publicado como artículo en la *American Journal of Psychiatry*. Más adelante se incluyó en el libro *Family Therapy in Clinical Practice* (Bowen, 1978). En este libro la palabra "disminuye" fue equivocadamente sustituida por la palabra "aumenta", lo que comunica una idea opuesta a lo que el Dr. Bowen quiso decir. En la presente re-edición, contrario a la primera edición en español, se ha utilizado el término de acuerdo al texto original.

distanciamiento físico para mantener el «divorcio». La mayor parte de los padres y madres emplean combinaciones de actitud positiva controlada y distanciamiento físico.

En todas las familias los padres y las madres siguen una pauta fija de funcionamiento en su relación mutua. Hemos denominado a esto la «reciprocidad entre el exceso de adecuación-inadecuación». Ambos padres son igualmente inmaduros. En cualquier actividad de equipo, el que toma las decisiones que afectan a los dos se convierte en el «excesivamente adecuado» mientras que el otro se convierte en el «inadecuado» o «desvalido». Ninguno de los dos es capaz de encontrar un comportamiento intermedio entre los dos extremos. El excesivamente adecuado actúa como el dominante, autoritario, testarudo, mientras que el inadecuado lo hace como el desvalido, obediente y sometido por el dominante. Tanto la madre como el padre pueden adoptar cualquiera de las posturas, aunque finalmente se encontrará un equilibrio en el que uno es excesivamente adecuado para la mayoría de las situaciones y el otro excesivamente adecuado en menos. Tienden a resolver la ansiedad de la reciprocidad entre el exceso de adecuación-inadecuación de maneras bastante estables. Pueden reducir las situaciones de actividad en común y aumentar sus actividades individuales. Es frecuente que los padres se dediquen casi enteramente a su trabajo y las madres se encarguen por completo de la casa y los niños. Si ciertamente tropiezan con una decisión sobre algún área de actividad en común, tienen que evitar la decisión, posponerla, o afrontar la ansiedad y el conflicto en el caso de que uno «coja el toro por los cuernos» y asuma la postura excesivamente adecuada. Un ejemplo sería el caso de un padre que no tiene problemas a la hora de tomar decisiones importantes en su trabajo pero que puede acabar sufriendo un bloqueo emocional paralizante cuando él y la madre intentan decidir qué película van a ir a ver.

Todos los progenitores tienen puntos de vista marcadamente opuestos acerca de cómo entrar en relación con el paciente psicótico. Esta parece ser la actividad en común alrededor de la cual se hace más intenso el conflicto. No muestran este conflicto con respecto a los hermanos normales. Es posible que los padres no sean conscientes del desacuerdo que muestran respecto al paciente hasta que la psicoterapia se inicia. Una pauta muy corriente es la de la madre que actúa a su manera mientras que el padre se retira y no dice nada sobre su punto de vista marcadamente contrario. Es posible que la madre siga creyendo muchos años que el padre está de acuerdo con su manera de pensar y después verse repentinamente sorprendida al enterarse de su prolongada oposición. Si el padre y la madre disintieran abiertamente, podría suceder que alternasen sus planes sobre el paciente, permitiendo cada uno «que el otro lo haga a su manera para probar que se equivoca».

Dentro de la tríada interdependiente se dan ciertas pautas de relación constantes. Los padres están separados uno del otro por el divorcio emocional. No pueden tener una relación cercana mutua, pero cualquiera de los dos puede establecer una relación con el paciente si el otro lo permite. Funcionalmente, esto es similar al modo en que los padres divorciados comparten a sus hijos. Por lo general es la madre la que tiene la primera relación o «custodia» del paciente mientras el padre es excluido o él mismo permite que se le excluya de la intensa relación madre-paciente. Existen repetidas situaciones que siguen la misma pauta. La madre actúa de manera que mantiene al paciente unido a ella. Verbalmente, ella echa la culpa al padre de su falta de interés por el paciente. El padre, en realidad, ha estado haciendo un esfuerzo prolongado para ganarse al paciente a su bando. Considera su pobre relación con el paciente como un fracaso en la tarea de ser un buen padre. Cuando la madre le acusa de olvidar al paciente, intenta acercarse a él. Si el paciente muestra demasiado interés por el padre, la madre empieza a intensificar la vinculación del paciente a ella. Esta pauta tiene algunas variaciones. Las madres se encargan de que los padres y pacientes pasen juntos un tiempo regularizado; ellas lo inician, pero de tal manera que el padre funciona en este caso como un niñero más que como padre. El paciente psicótico puede volverse tan hostil y agresivo que la madre lo rechace o marche fuera. Entonces el padre entra en lo que podría ser una relación cercana, aunque, según nuestra experiencia, el padre aún hace las veces de una madre sustitutiva y la madre generalmente puede recuperar al paciente, incluso después de largas ausencias. Según mi opinión, el padre tiene que enfrentarse de alguna manera con la madre antes de poder establecer una verdadera relación paternal con el paciente.

A continuación haremos mención de la psicoterapia familiar y algunos de los profundos y patentes cambios en el funcionamiento familiar que han ocurrido durante el curso de la psicoterapia familiar. Estos cambios han sido de crucial importancia para la investigación. El primero de tales cambios se produjo inesperadamente unos seis después de admitir a la primera familia. El padre había sufrido un cambio lento pasando de ser un individuo pasivo y dócil a ser un hombre de más energía y seguridad. Una vez que hubo alcanzado un grado de asertividad mayor que la agresión y dominación de la madre, ésta atravesó inmediatamente por una serie de cambios importantes. Durante mucho tiempo ella había sido el miembro de la familia más excesivamente adecuado y fértil en recursos. En pocos días se volvió temblorosa, lacrimosa y manifiestamente ansiosa. Tenía miedo y se sentía desvalida. Si el padre se mantenía en su posición a pesar de la ansiedad de ella, al cabo de dos semanas ella se volvía una persona maternal, firme, objetiva y serena. Ella dijo «si él puede seguir siendo un hombre entonces yo puedo ser una mujer». Al resolverse el divorcio emocional el padre y la madre se dedicaban el uno al otro como si se tratase de una pareja de adolescentes que se enamoran por primera vez. Se entregaban tanto el uno al otro que ninguno de ellos podía entregarse excesivamente al paciente. Ambos eran por fin capaces, por primera vez, de ser objetivos con el paciente. Llegado a este punto, la hija esquizofrénica empezó a experimentar algunos cambios significativos hacia un funcionamiento más adecuado. El nuevo nivel de funcionamiento duró un mes y a continuación la familia, de repente, retomó el antiguo modo de funcionamiento, aunque después de esto, resultó más fácil para el padre progresar hacia un funcionamiento más adecuado y menos amenazante para que la madre abandonara la postura de exceso de adecuación. Este cambio y otros similares de otras familias alumbraron facetas del problema que antes no se habían advertido. Los cambios que experimentaron las familias durante el transcurso de la psicoterapia familiar condujeron al concepto del funcionamiento de una persona en relación a otra. Previamente a esta experiencia, habíamos pensado en términos, de «el padre *es* un tipo de persona, la madre *es* otro tipo de persona, y el paciente *se convierte en* otro tipo de persona». El proceso investigador nos había llevado en primer lugar hacia la definición de lo que creíamos que eran las características fijas de cada miembro de la familia. Después de haber contemplado en un miembro de la familia cambios que iban inmediatamente seguidos de otros cambios complementarios de otros miembros de la familia, y después de haber descubierto cambios en características que primeramente se consideraban fijas, empezamos a trabajar en el concepto de funcionamiento de una persona con relación a otra.

Las técnicas de la psicoterapia familiar se han desarrollado a partir de la observación clínica realizada en la investigación. Después que una pauta clínica se repetía suficientemente como para permitir que se ampliara el campo de pensamiento teórico, la hipótesis de trabajo se ampliaba. A continuación el enfoque psicoterapéutico se modificaba de forma que fuese tan coherente como fuese posible con las hipótesis de la investigación. De esta manera las concepciones teóricas y la psicoterapia se complementaban entre sí. Hemos intentado diferenciar la psicoterapia familiar de la individual y la de grupo. La psicoterapia individual se centra en la comprensión psicológica del individuo en términos de conceptos desarrollados para referirse al individuo. El análisis de la relación de transferencia entre el paciente y el terapeuta es una parte importante del proceso de tratamiento. Uno de nuestros logros en la psicoterapia familiar es dejar a un lado las fuertes relaciones que ya existen dentro del grupo familiar y analizar las relaciones *in situ* mejor que permitir que se transfieran a la relación con el terapeuta. Se ha hecho un gran esfuerzo para definir y evitar todo aquello que fomenta la relación individual con la consiguiente transferencia con el terapeuta. Pensamos que de esta manera es técnicamente posible que el analista se mantenga en una relación bastante objetiva con el organismo familiar. Por supuesto, el analista se mantiene esperanzadamente objetivo cuando se encuentra en una relación individual con un paciente psicótico, pero el paciente tiene la posibilidad de crear una crisis con la que puede obligar al analista a enfrentarse con ella en lugar de ponerse a analizar la situación de crisis. En la psicoterapia familiar, los padres y las madres están presentes con el fin de tratar el trastorno del paciente mientras el terapeuta queda libre como observador para analizar la situación en la que una parte del organismo familiar se levanta contra la otra. Debería ser obvio el hecho de que no se permita al terapeuta participar en el intenso proceso emocional por el que atraviesa la familia. Aun cuando el terapeuta toma partido por algún bando sin expresarlo, los otros miembros de la familia pueden advertirlo reaccionando negativamente hacia esta participación de contratransferencia. Cuando el terapeuta puede evitar las relaciones individuales, allí generalmente se desarrolla una relación dependiente con la unidad familiar, que entonces se analiza.

La psicoterapia familiar también se diferencia claramente de la psicoterapia de grupo. Un grupo psicoterapéutico es una asamblea de personas que se han reunido con un objetivo terapéutico. Los miembros del grupo son comparativamente extraños a diferencia de las fuertes relaciones independientes que se establecen entre los miembros de una familia. Un objetivo de la terapia grupal es comprender al individuo en el contexto de sus relaciones en un grupo de otros individuos.

Se utilizará el curso clínico de una sola familia que asiste a una psicoterapia ambulatoria con un único terapeuta para ilustrar los cambios que se producen en el funcionamiento familiar durante la psicoterapia y para ilustrar los principios de la psicoterapia familiar tal como se desarrollan en el proyecto de investigación. Un único terapeuta con una sola familia es el ejemplo más sencillo de nuestro esfuerzo psicoterapéutico. Las familias ingresadas se vieron metidas en complejas relaciones con el personal, otros grupos familiares y con el ambiente hospitalario. Como grupo, las familias ambulatorias han progresado más rápidamente en la terapia familiar.

A continuación se describirá una familia que ha progresado muy rápidamente y que ha mostrado cambios sorprendentes en el funcionamiento de sus relaciones. La historia familiar es muy parecida a la de otras del estudio. Los padres tenían cincuenta y tantos años. El paciente psicótico era una hija de casi treinta que había sido claramente psicótica durante seis años. El padre era un hombre de negocios impasible y de pocas palabras que había dedicado la mayor parte de sus energías a su trabajo. A menudo trabajaba por las noches y los fines de semana. En casa funcionaba como el abastecedor y el único responsable de las reparaciones y el mantenimiento del hogar. Había estado toda su vida preocupado por su seguridad financiera. La madre era una mujer emprendedora, llena de recursos agresivos, que se mantenía en sus trece aun cuando no le apeteciera. Durante sus treinta años de matrimonio, la madre se había entregado a los hijos y a la casa mientras que el padre se había consagrado a su trabajo. En la familia la madre representaba la figura excesivamente adecuada que tomaba las decisiones, mientras el padre quedaba en la periferia del círculo familiar. La hija, desde su primer brote psicótico agudo, sucedido cuando todavía asistía a la facultad, había sido la inadecuada y desvalida. De dos hijas ella era la mayor. La otra, tres años menor, había estado relativamente desligada del problema familiar. Se separó de la familia cuando acabó la Universidad y consiguió instalarse adecuadamente.

En la pequeña ciudad en la que vivían se les tenía por una familia distinguida y respetada. El padre se había trasladado a esta ciudad como el hombre soltero que pretende emprender su negocio. Conoció a la madre a través de un contacto laboral cuando ella visitaba la ciudad. Tuvieron un corto noviazgo. El dejó de trabajar unos días para la celebración de la boda. Los negocios fueron bien. A los pocos años construyeron una casa nueva en una de las mejores zonas de la ciudad. Esta casa es todavía el hogar familiar. La unidad familiar se componía de padre, madre y dos hijas. La madre quería a los hijos para «su realización como mujer». El padre quería esperar a que su futuro financiero fuera más seguro. La madre, al saber que estaba embarazada se volcó excesivamente sobre la hija. Expresaba su excesiva atención por medio de miedos, inquietudes y preocupaciones acerca de la posibilidad de que el bebé tuviera algún defecto o naciera muerto. Las preocupaciones sobre el bebé se hicieron más intensas cuando ella se separaba emocionalmente del padre. Disminuían cuando se acercaba a él. Sintió un gran alivio cuando por primera vez contempló al bebé y pudo ver por sí misma que estaba vivo y sano. Le impresionó la «gran indefensión» del bebé. Sintió una oleada de instinto maternal por proteger y cuidar a la niña. La segunda hija nunca alcanzó este grado de importancia en los pensamientos de la madre.

La excesiva atención de la madre por su primera hija perduró durante años. Al nacer la segunda hija, le impresionó la reacción de la mayor y pensó, «ella me necesita más que el bebé». A través de los años se preocupó por la evolución de la hija, su apariencia, su ropa, su pelo, su cutis, su vida social, y muchos otros aspectos de este tipo. Se preocupó menos por la segunda hija que «de alguna manera era capaz de valerse por sí misma». Durante su infancia la hija se mostraba tímida, inmadura y sumisa. Era perspicaz y aprendía velozmente, pero se hallaba muy vinculada a la madre y «nunca aprendió a relacionarse con otros niños». El padre y la madre se habían ido distanciando cada vez más en su relación. El se encontraba totalmente sumergido en su trabajo mientras la madre se dedicaba a hacer un buen trabajo con los hijos. Ella pensaba que no era un sacrificio demasiado grande todo lo que hiciese por las hijas, especialmente por la mayor, que parecía necesitar mucho más de la madre. Ante la sociedad los padres congeniaban bien. Sus relaciones sociales no eran estrechas pero pertenecían a clubes municipales y sociales y participaban activamente en la ciudad donde residían. En casa solían mantener ásperas diferencias de opinión y frecuentes discusiones, aunque evitaban los puntos delicados con el fin de provocar el mínimo desacuerdo.

Se produjeron muchos cambios en la familia durante el período de dos años en el que la hija alcanzó la adolescencia. La hija se hallaba muy vinculada a la madre. Empezó a actuar de una manera muy adulta y a negar su necesidad de la madre. En sus relaciones en el colegio había sido muy tímida e inhibida. Ahora se volvió decida, hiperactiva y apretó el acelerador en su búsqueda de amigos.

A la madre le ofrecieron un empleo y empezó a trabajar. El padre tuvo algunos contratiempos en su negocio, pero cargó con una responsabilidad adicional y comenzó a trabajar jornadas más largas. En casa los padres se trasladaron a dormitorios separados. La familia continuó este acelerado ritmo de vida durante varios años. La hija se daba cuenta vagamente de su dependencia de la madre, pero ansiaba ir a la universidad y vivir lejos del hogar para adquirir una emancipación de la familia.

La hija desarrolló su primer brote psicótico agudo mientras vivía fuera de casa en el colegio universitario. Este fue el comienzo de un período de seis años de psicosis y postración familiar. La hija psicótica fue hospitalizada y durante los años siguientes estuvo tanto en fases psicóticas agudas en hospital, como viviendo en casa con un ajuste propio de un borderline. La madre mejoró adquiriendo un nivel de funcionamiento más superadecuado y tomó las decisiones de la hospitalización en contra de las protestas de la hija. El padre tuvo una serie de contratiempos en su trabajo y al año del comienzo de la psicosis de la hija perdió su negocio. La madre fue la que mantuvo a la familia tomando todas las decisiones. Toda su atención estaba enteramente concentrada en la hija. El padre trabajó en muchos empleos diferentes, pero fue el período menos efectivo de su vida. Se oponía a las decisiones de la madre acerca de la hija, aunque, en la superficie, la apoyaba. La única que cambió durante este período fue la pequeña, que acabó sus estudios universitarios haciéndose maestra en un Estado lejano.

Durante las hospitalizaciones la hija era una paciente belicosa e hiperactiva que pasaba mucho tiempo encerrada y retraída. Fue tratada con psicoterapia individual intensiva, electroshock y drogas tranquilizantes. Durante las temporadas que pasaba en casa generalmente se aislaba o se volvía hiperactiva guiándose por sus ideas ilusorias. La vivienda familiar tuvo que se hipotecada para poder financiar el tratamiento privado. Por último se agotaron los recursos financieros familiares y ella fue trasladada a una institución estatal. Aproximadamente en ese momento el padre consiguió empezar otro negocio propio. La hija volvió a casa después de haber estado ingresada alrededor de seis meses en el hospital estatal. La vida familiar en casa fue turbulenta con muchas perturbaciones familiares y comportamientos fuera de lugar psicóticos por parte del paciente.

En este momento, a los seis años del comienzo de la psicosis, el padre, la madre y la hija comenzaron la psicoterapia familiar. La madre solicitó psicoterapia individual para la hija. En la entrevista inicial se discutió acerca de la psicoterapia familiar. A ella le entusiasmó la idea del tratamiento familiar. Lo habló con el padre y la hija. No había sitio para esta familia en el estudio con pacientes hospitalizados. Nos pusimos de acuerdo en llevar a cabo una terapia familiar ambulatoria en caso de que la familia deseara proceder con ese plan y que, de no ser así, la remitiríamos a alguien para seguir una psicoterapia individual. Como no quedaba sitio en la sala psiquiátrica de pacientes internos, si la hija requería una hospitalización era necesario que utilizaran de nuevo el hospital estatal. El padre no estaba de acuerdo. La hija decía que necesitaba libertad, no tratamientos. Se provocó otra pelea familiar. La madre se marchó de casa asegurando que sólo volvería cuando el padre y la hija hubieran concertado la primera consulta para realizar la terapia familiar. Unos diez días más tarde llamó para pedir hora.

Esta serie de acontecimientos ha sido una pauta común de las familias de la investigación. El padre o la madre que se encuentra en el estado adecuado de toma de decisiones es normalmente el que solicita el tratamiento. Los otros miembros de la familia suelen oponerse tanto activa como pasivamente. El padre o la madre que toma las decisiones pide al terapeuta que persuada a los miembros que se oponen en beneficio del esfuerzo psicoterapéutico. Los terapeutas han fracasado completamente en esta tarea, pero el padre adecuado, el que funciona como jefe de la familia, posee medios para vencer la resistencia. Hemos establecido una norma básica, respetar al que se encuentra en el estado adecuado como líder familiar y negociador. Por ejemplo, el terapeuta puede decir que quiere que un miembro de la familia sea el portavoz y negociador de acuerdos como concertar o cambiar las consultas, aunque la familia puede designar otro portavoz siempre que lo desee. Las familias con la resistencia, la emoción y el desacuerdo intrafamiliar más activos son los que han rendido más en la psicoterapia.

A continuación se hará un resumen de las ochenta y cuatro sesiones de psicoterapia familiar que en este momento han cubierto un período de quince meses. La madre decidió empezar con dos horas semanales. Nuestra primera norma básica consiste en dejar que la familia trabaje sobre su propio problema durante la sesión, mientras el terapeuta observa desde el exterior intentando comprender y analizar el proceso emocional que se desarrolla entre los miembros de la familia. El objetivo es conseguir que la familia trabaje junta sobre el problema. Cuando la familia intenta seguir este esquema terapéutico se provoca una fuerte ansiedad. Existen diversos procedimientos por los que la familia procura evitar la ansiedad. El más frecuente es que el miembro de la familia que toma las decisiones hace intervenir al terapeuta en la conversación. Además de evitar el problema familiar, esto tiende a incitar una relación individual con el terapeuta y el miembro de la familia que toma las decisiones, por tanto, se hace más dependiente del terapeuta. Algunas familias han podido mantener este apoyo del terapeuta varias semanas; ahora bien, cuando el terapeuta es capaz de escapar del «esfuerzo por trabajar en equipo» de la familia, preferiblemente analizando los empeños con que la familia trata de evitar esta estructuración, aparece otra serie de mecanismos de evitación de la ansiedad. El segundo, más frecuente, es que los padres hablan al miembro psicótico acerca de la psicosis. Recordemos el divorcio emocional entre los padres. Es extremadamente difícil que los padres discutan problemas personales que tienen entre sí, sin embargo es comparativamente fácil que cualquiera de los dos hable directamente con el paciente, y esto frecuentemente se convierte en seguida en una crítica del paciente. Otras vías por las que los padres evitan la ansiedad que existe entre ellos es hablando poco o mediante el silencio.

La madre de esta familia abrió la terapia con comentarios sobre la hija acerca de su comportamiento psicótico. La hija respondía con negaciones. Esta situación se convirtió pronto en una profunda negación y contradicción emocional de las afirmaciones de la madre. Esta expresó, «lo que me exaspera es tu cabezonería y tus gritos». La hija replicó, «lo que tú haces es lo que me hace gritar». La madre prosiguió llamando a la hija «enferma» y tratando de demostrar sus argumentos con hechos probados. En respuesta a la palabra «enferma» solía aumentar la emoción y la ansiedad de la hija. Si la ira hacia la madre crecía hasta un determinado nivel, ella se trasladaba repentinamente a sus ilusiones paranoicas, de tal forma que gritaba, con una emotividad muy alta, que mataría al novio que la había hecho tanto daño. Este novio había estado del lado de la madre en uno de los puntos de fricción en que chocaban la madre y la hija. La madre solía gritar, «Cállate, molestarás a otras personas». La hija se ponía a llorar. La madre lloraba y exclamaba que no tenía remedio. El padre hacía callar a la hija y decía a la madre «No llores, no es tan grave». Pocas cosas molestan a los padres y a las madres tanto como las expresiones psicóticas hostiles del paciente. Los miembros de la familia se afligen con las lágrimas, especialmente con las de la madre superadecuada.

El intenso conflicto que existía entre la madre y la hija duraba aproximadamente veinte horas, produciéndose dos o tres veces a la semana. Hubo dos momentos consecutivos en los que sucedió lo que sigue: la madre comenzaba a contar un cuento en el que ella era una buena madre mientras que la hija era una hija terrible y desagradecida. La hija respondía con cuentos que negaban las acusaciones de la madre, más cuentos que demostraban que ella había sido una buena hija y más cuentos que demostraban que la madre no había sabido ser una buena madre. La madre solía relatar incidentes que negaban la acusación, más incidentes que demostraban que ella había sido una buena madre y aún más incidentes para apoyar la tesis de que la hija era egoísta y desagradecida. La hija solía entonces negar la acusación, ofrecer pruebas de que ella era una buena hija, y más pruebas de que la madre era una madre horrible. El ciclo se repetía una y otra vez durante estas sesiones.

En nuestra experiencia, un terapeuta podía extraviarse si permitía verse implicado a la hora de evaluar el emotivo material histórico que surgía en tales sesiones. En estas sesiones el terapeuta se limitaba a señalar la pauta «prueba de que yo soy maravilloso-prueba de que tú eres terrible». La fuerza de la posición de la hija contra la madre parecía una buena señal. La inactividad del padre fue más acusada durante este período. Más que un participante era un espectador del problema de la familia. Tanto la madre como la hija procuraron que tomara partido, pero consiguió con éxito permanecer en la periferia. El terapeuta entonces comenzó a enfocar su interés sobre la pasividad del padre.

La experiencia clínica con los padres pasivos tenía extensos antecedentes en el campo de la terapia familiar. La pauta más extraordinaria que se ha observado en las familias de la investigación ha sido la de la madre agresiva y el padre periférico pasivo. Al cabo de aproximadamente un año del proyecto, describíamos esto al decir «El problema de la familia es tanto un acto de defecto por parte del padre como un acto de exceso por parte de la madre». Dos familias sufrieron cambios espectaculares similares a los de la familia citada anteriormente en este artículo. En estas familias lo primero que cambiaba era los padres y cuando los padres se volvían participantes activos y asertivos en el problema familiar se provocaban asombrosos cambios en toda la familia. Estos cambios generalmente solían durar unas pocas semanas y después la familia retornaba al modo de funcionamiento anterior. Dos padres retrocedieron al funcionamiento inadecuado, al sufrir enfermedades físicas poco importantes. Una vez que el primer cambio había sido posible, empezaba a ser cada vez más fácil que los padres avanzaran hacia un funcionamiento más adecuado, y menos amenazante que las madres abandonaran el funcionamiento excesivamente adecuado. A partir de estas experiencias, podemos postular que en una familia medianamente normal los padres y las madres pueden funcionar tanto en la posición fuerte como en la débil, según las demandas de la situación, sin que surjan amenazas entre ninguno de ellos.

Al personal del proyecto le habían impresionado mucho los cambios que se originaron en las familias cuando los padres pasivos empezaron a participar en el problema familiar. Pensamos que si el primer cambio que se esperaba era la actividad del padre pasivo, entonces podía facilitarse la psicoterapia centrándose en la pasividad del padre. Finalmente esto se abandonó. Concretamente una familia nos ayudó a señalar nuestro problema terapéutico. El terapeuta había estado haciendo comentarios acerca de las excusas y la retirada del padre. Si la madre estaba en casa el padre se volvía gradualmente más activo y asertivo. Ella, como todas las madres habían hecho, desafió su fuerza. Le preguntó que de dónde había sacado sus ideas. El replicó, «El doctor me indicó que debía hacerlo así». Este fue uno de los incidentes que motivó a los terapeutas a detenerse a analizar lo que sucedía en las familias en vez de tratar de influir sobre las familias en una dirección determinada.

Se llegó a esta fase de la terapia con esta familia ambulatoria al mismo tiempo que los terapeutas se estaban centrando en la pasividad de los padres.

El terapeuta dijo al padre, «Nunca opina sobre los problemas familiares. No puede ser que no tenga opiniones». El padre contestó tranquilamente, «Bueno, sí que creo que la madre se pica algunas veces». La madre respondió con furor, «¿Qué?, ¿qué has dicho?». El padre contestó, «Bueno, lo que pienso es que tú eres la que empieza alguna de estas peleas». La madre objetó, «¡Di una!. Sólo di una. Vamos y sé concreto. Dame sólo *un* ejemplo». El padre se volvió hacia el terapeuta y exclamó, «Lo ve, me han vencido». El terapeuta añadió. «Yo sólo veo que usted se deja vencer».

Durante la siguiente sesión el padre se encontró en una posición más adecuada que en la anterior. Por primera vez se hizo alguna mención de que el nuevo negocio del padre podía irse a pique. Durante las sesiones siguientes la hija se hizo cada vez más psicótica, la madre cada vez más fuerte y el padre cada vez más periférico e inadecuado. Los pacientes esquizofrénicos de nuestras familias han sido como esponjas que absorben la ansiedad familiar. Esta hija se precipitaba a auxiliar al padre ansioso, excepto cuando su ayuda tomaba forma de conductas psicóticas que estaban fuera de lugar cuando salía a la calle.

Los padres empezaron a insinuar a la hija la hospitalización. Ella se opuso enérgicamente. Este fue un momento crucial de la terapia familiar. Los padres buscaban que alguien les apoyase su idea de que la hija debía ser hospitalizada y la hija buscaba apoyo para su idea de que estaba funcionando correctamente en todo momento. Ponerse de acuerdo con los padres solía servir para que las fuerzas familiares «fijaran» el problema en la hija. Ponerse de acuerdo con la hija podía servir para retrasar las medidas que los padres tomarían con objeto de proteger a la comunidad de la irritación paranoica de la hija con la gente de la ciudad. El terapeuta procuraba permanecer neutral. Hacía afirmaciones como, «Es responsabilidad de los padres determinar cuándo no se es capaz de continuar en casa. Las personas van a los hospitales mentales cuando la familia o la sociedad lo requiere. Muchas personas muy enfermas continúan viviendo con sus familias. Determinar cuándo una familia no puede permanecer junta por más tiempo en casa es un asunto que debe decidir la familia. Los hospitales mentales ciertamente imponen situaciones difíciles a los pacientes, pero el organismo humano es capaz de crecerse cuando tiene que adaptarse a situaciones difíciles». El terapeuta decía que ellos debían tomar la decisión por sí mismos en el caso de que efectivamente resolvieran ingresar a la hija.

La madre tomó la decisión y las medidas oportunas para hospitalizarla. Esto sucedió tras diez semanas y veintiséis sesiones de terapia familiar. Se hicieron muchas llamadas telefónicas previas a la hospitalización.

Esto nos aporta algunas de las otras normas básicas de la terapia familiar. Una se refiere a las comunicaciones individuales por parte de los miembros de la familia que intentan influir sobre el terapeuta hacia un punto de vista individual por medio de llamadas telefónicas, cartas y mensajes. La norma consiste en que el terapeuta hablará de dichas comunicaciones individuales en la siguiente reunión del grupo familiar. Frecuentemente un miembro de la familia pondrá a prueba esta norma comunicando por teléfono información personal. Otra norma es que la psicoterapia familiar puede continuar con que tan sólo dos miembros de la familia estén presentes; en cambio, si sólo asiste uno, las reuniones se suspenderán hasta que por lo menos estén de nuevo dos miembros presentes. Si sólo asistiese uno, se consideraría terapia individual. Hemos comprobado que cuando están presentes juntos el padre, la madre y el paciente —y el terapeuta es capaz de mantener la estructuración terapéutica— la familia en seguida choca con el conflicto y el desacuerdo. Esto termina por suscitar una gran ansiedad, acción y progreso en la terapia. Si dos miembros cualesquiera del trío formado por el padre, la madre y el paciente consiguen evitar con éxito los temas ansiógenos, la terapia se hace más intelectual, más estéril y menos provechosa. El día en que la hija fue hospitalizada reinó entre los padres una gran tranquilidad. La madre redujo las consultas a una a la semana. Los padres conversaron acerca de las visitas que hacían al hospital, los comentarios de los doctores del hospital y el estado de la liquidación del negocio del padre.

    La hija permaneció en el hospital tres meses. La mitad del tiempo la pasaba en una desordenada sala psiquiátrica, donde peleaba y desafiaba al personal y pasaba algún tiempo en reclusión. Era especialmente reacia a los doctores que la llamaban «enferma». Estaba psicóticamente enfadada con la madre por «obligarla a estar en el hospital» y «controlar a los doctores que la cuidaban allí». Cuando la madre la visitaba se montaban escenas explosivas. La madre decidió suspender sus visitas «por el bien de la hija», aunque incitó al padre para que fuera con regularidad. Una vez que remitió la crisis aguda, la madre la visitó de nuevo. La hija acordó no mencionar las ilusiones paranoicas que trastornaban a la madre. Mantuvo la promesa pero tocó otro punto sensible que hizo que se montara una escena. Escribió una carta al terapeuta en la que se preguntaba cómo es que el terapeuta aguantaba a los padres y le pedía que la ayudase a salir del hospital. El terapeuta leyó la carta en la sesión siguiente con los padres diciendo que, ya que aquello era terapia familiar, los asuntos familiares serían discutidos con los que pudieran asistir. Si ellos lo deseaban, podían comunicar al miembro de la familia ausente que él había recibido la carta de ella y que probablemente ella estaba más familiarizada que él con los requisitos necesarios para tramitar la baja del hospital. Su crisis aguda remitió con fármacos tranquilizantes.

La hija pidió volver a las sesiones terapéuticas. Los padres consiguieron obtener un pase del hospital para que ella asistiera a una reunión familiar. Se incorporó en la sesión treinta y siete, después de haberse perdido diez sesiones. La semana siguiente asistió a dos sesiones. Se hallaba en un estado de lucidez intelectual sorprendente, pero las emociones estaban muy controladas. En los dos meses siguientes las cosas cambiaron rápidamente. Se quedó en casa para una visita de prueba. El terapeuta se tomó unas vacaciones; la madre se marchó tres semanas de vacaciones; y ella empezó a trabajar. La ausencia del terapeuta en los casos familiares causa muchos menos problemas que en la terapia individual. Hubo un momento de ansiedad antes de que la madre se fuera. La hija ofreció a la madre un gesto de «No puedo seguir sin ti». La madre empezó a cancelar el viaje que tenía planeado. El terapeuta preguntó si la madre estaba tratando a la hija como si ella estuviera realmente desvalida. El día siguiente a la partida de la madre, la hija encontró un trabajo de oficinista archivadora. Asistía a su trabajo, cuidaba la casa para el padre y hacía la comida. Se angustiaba y preocupaba extremadamente porque podía quemarse, pero la actitud desapasionada de no hacer nada del padre parecía servir de ayuda. Si la madre hubiese estado presente, habría estado indudablemente al teléfono luchando con las batallas de la hija. Durante la ausencia de la madre las sesiones terapéuticas se desarrollaron con tranquilidad y sin acontecimientos extraordinarios. El terapeuta hacía comentarios como, «¿Qué ocurrirá si se quema?, ¿se derrumbará o descompensará, o aprenderá de la experiencia?». La chica perdió su trabajo la semana que regresó la madre, aunque ella inmediatamente encontró otro por su propia iniciativa.

La terapia continuó desarrollándose sin que, después del regreso de la madre, sucediese nada extraordinario. Había habido algunos cambios. La hija estaba trabajando, pero todavía se encontraba muy ansiosa. La madre estaba más despegada y menos influenciada por la ansiedad de la hija. En vez de dedicarse a sobreproteger y aconsejar, esta vez pudo decir, «Decide lo que quieres hacer y hazlo». La hija se quejó de falta de motivación. Exclamó, «Mi ánimo, mi imaginación, mi capacidad de lucha me han abandonado. A no ser que pueda recuperar mis ganas de luchar, estoy hundida. Son los tranquilizantes. Es terrible no estar ansiosa en situaciones en las que cualquiera estaría ansioso». Suplicó a los médicos que pararan la medicación. La madre insistía que debía continuar. La cuestión de estar o no «enferma» surgió de nuevo.

Este tema y el uso de etiquetas diagnósticas es muy importante en estas familias. En las diez familias se da una pauta en la que el paciente se convierte en cabeza de turco del problema familiar. No es apropiado decir que el paciente es una «víctima» en este proceso. En nuestra experiencia, todos los padres y los pacientes participan en este proceso por el que el problema familiar se localiza en el paciente. Este ha sido un proceso cambiante de larga duración por el que atraviesa la familia. El día que finalmente el proceso cambiante recibe una etiqueta diagnóstica y se localiza oficialmente en la persona del paciente, tiene lugar un cambio importante en la familia. El proceso cambiante se fija y cristaliza más en el paciente. Este fue uno de los factores que nos llevó a entender nuestro concepto de la esquizofrenia como un proceso que afecta a toda la familia y especialmente a nuestra tarea de enfrentarnos a la familia como unidad. Generalmente hemos evitado el uso de etiquetas diagnósticas y hemos evitado especialmente el estar de acuerdo con el proceso familiar que fija el problema en el paciente. En mi opinión, ésta sería una de las principales ventajas que conseguiríamos si tuviéramos un diagnóstico familiar en lugar de diagnósticos individuales. El tema acerca del estar «enfermo» surgió de nuevo en esta familia. Ellos pidieron al terapeuta su opinión. El dijo que no le importaba la etiqueta que ellos utilizaran. Si ellos querían utilizar el término de *esquizofrénico*, él insistiría en que a la familia debía llamársele *esquizofrénica*. Si a los padres se les decía que eran *normales*, entonces el insistiría que a la hija también había que llamarle *normal*. El tema no volvió a surgir.

La terapia sufrió una detención que duró aproximadamente seis semanas después del regreso de la madre. Nadie se ponía de acuerdo ni disentía. Cada uno esperaba que el otro empezara las sesiones. Nadie tenía problemas. Intentaron introducir al terapeuta en una conversación de carácter social. El terapeuta efectuó sin éxito varios intentos de superar la detención. La hija fue la que se mostró más viva e introdujo más temas en las sesiones. El terapeuta se preguntó si el funcionamiento de ella mejoraría si él dedicaba tiempo a sus problemas. Resolvió responderla directamente la siguiente vez que ella le dirigiera la palabra precisamente a él. Se trataba de una relación individual entre el terapeuta y un miembro de la familia. De esta manera, la siguiente vez que ella le dirigió un comentario, él respondió como si se hallaran en una psicoterapia individual. Esto le gustó a la hija. Se animó. Los padres se convirtieron en espectadores interesados. En un momento dado, la madre comenzó a decir algo. El padre la cortó «Sh-h-h, veamos cómo lo hace él». En la misma semana la hija telefoneó al terapeuta dos veces. Un mensaje fue «algo dentro de mí me dice que abandone mi trabajo de oficina y busque otro de camarera o friegaplatos. Si no lo hago así, temo que mi 'yo real' quede bloqueado. Sé que mi madre se opone a ello. ¿Qué puedo hacer? ¿Puede usted ayudarme a resolverlo?». El terapeuta tras una sesión de relación individual suspendió la prueba.

Durante la siguiente sesión de terapia familiar hizo otro intento. Dijo, «La familia actúa como si se esperara que yo, el tiempo o el destino dé respuestas a sus problemas. En algún lugar puede que yo os haya hecho creer que conozco algunas de estas respuestas. En realidad, la psiquiatría nunca ha encontrado una respuesta a la esquizofrenia, aunque la premisa de la terapia familiar es que la familia puede dar con sus propias respuestas si trabaja sobre ello». Manifestó que iba a quedarse atrás y que actuaría como un observador que toma notas y no participa. Al término de la sesión la madre preguntó, «Cuando usted dice que tenemos que hacerlo por nosotros mismos, ¿quiere decir que no nos verá de nuevo?». El terapeuta preguntó a los otros qué habían entendido de sus comentarios. La madre se asombró de ver que era la única que había entendido de ese modo los comentarios. Este fue el principio de las discusiones que se originaron en casa para encontrar las diferentes interpretaciones que cada uno había dado a dichos comentarios.

La explicación de la detención que había tenido la terapia se vio más clara. La madre no había reasumido su función de jefe de la familia desde sus vacaciones. El puesto de la cabeza había quedado vacío y la familia se sentaba y miraba al terapeuta. Esto colaboró a clarificar nuestra posición sobre otra norma básica que consiste en apoyar al miembro de la familia que provoca las situaciones. Cuando los terapeutas han criticado al miembro de la familia que consigue que se hagan las cosas, se han encontrado con familias pasivas y quejumbrosas que esperan a que el terapeuta facilite las respuestas. Este problema ha tenido mayor magnitud con familias hospitalizadas.

Es muy fácil que el personal critique las acciones de los padres y de las madres, y a continuación éstos se vuelven inactivos. Ahora solemos pedir que se reconozca el esfuerzo del que crea motivación en la familia, incluso cuando sus actos parezcan traumatizantes o «esquizofrénicos». Hemos observado que los pacientes responden favorablemente a dicha actividad de un padre o una madre.

En esta familia la madre, antes de irse de vacaciones, tenía un funcionamiento claramente adecuado. Era aún la que mantenía a su familia. Tan pronto como el terapeuta hizo manifiesta su posición, se puso inmediatamente a la cabeza de la familia y tras una detención de dos meses de duración, la terapia familiar se ponía otra vez en marcha. Ella acometió un ataque vigoroso sobre la inadecuación del padre. Dijo muy emocionada,

«Estoy cansada de estar manteniéndote. No comprendo cómo he aguantado hasta este punto. Tú continuas siendo un ejecutivo desempleado mientras tu familia se muere de hambre». Esta fue la primera emoción conflictiva que surgió entre los padres. Los conflictos anteriores habían afectado a la madre y al paciente. El padre se disculpó por su estado de inadecuación. Exclamó, «Siempre te has portado así. Estoy hundido y necesito tu ayuda. Lo único que recibo son tus ásperas palabras y tus reproches desenfrenados». La madre conservó su compostura. Manifestó, «¡Me pides que te ayude! He estado manteniéndote durante varios años. Todo lo que he hecho en toda mi vida ha sido mantenerte. ¿Quieres que sea yo quién te mantenga a ti el resto de nuestras vidas?». Esta fase duró tres semanas. El padre experimentó varios cambios. Estando en un viaje de negocios sufrió un trastorno intestinal grave y fue hospitalizado. Se le aconsejó someterse a una operación voluntaria. Regresó a casa para la operación. Estuvo ingresado dos semanas perdiéndose tres sesiones. No es infrecuente que un padre que se halla en un estado de inadecuación, sufra una enfermedad física a la hora de intentar progresar hacia un funcionamiento más adecuado.

La madre logró su mayor progreso durante la ausencia del padre. Esto sucedió a los nueve meses y sesenta y dos sesiones del comienzo de la terapia. Se hizo profundamente consciente de cuánto había dedicado sus pensamientos a la hija. Se preguntó por qué había sucedido aquello, por qué había tenido los mismos sentimientos y emociones que la hija. Recordó un incidente cuando la hija, entonces una niña, se hizo daño en la cabeza. Instantáneamente, empezó a dolerle su propia cabeza exactamente en el mismo sitio en que se hirió la hija. Examinó el porqué de aquello. Llegó a la conclusión de que su vida estaba, de una forma muy extraña, conectada con la de su hija. Decidió «poner una pared invisible entre nosotros de manera que yo pudiera vivir mi vida y ella la suya». La hija confirmó esta fusión de sentimientos. Nunca había sido capaz de saber cómo se sentía ella misma. Había dependido de la madre para manifestar cómo se sentía. Cuando alguna vez tenía algún sentimiento diferente del que la madre expresaba, lo desestimaba y se sentía como la madre decía que lo hacía. Dependía de la madre para contestarla qué aspecto tenía, si le pegaban los colores y otras cosas parecidas. Fuera en el colegio, podía tener sentimientos propios siempre que un profesor o una persona parecida no le sugiriese que debía sentirse de una manera determinada. Cuando regresaba a casa solía perder otra vez su capacidad para tener sus propios sentimientos. A continuación la hija explicó la habilidad que ella tenía para conocer cómo se sentía la madre. La madre llegó a la conclusión de que los padres debieran permitir que sus hijos condujeran sus propias vidas. Aunque debía haber escuchado esto cientos de veces, reaccionó como si acabara de descubrir por sí misma una verdad fresca y nueva.

La madre activó su desembarazo emocional de la hija durante la ausencia del padre. La hija respondió a la madre con súplicas de ayuda. La madre replicó con firmeza, «Se trata de tu vida. Has de decidir tú». Mientras tanto la hija había triunfado en su trabajo. Se ganó la admiración de sus compañeros de empleo por su habilidad en la relación con el jefe, que era una mujer dominante. Cesó en el empleo a los tres meses de obtener otro mejor vinculado al campo de su preparación universitaria. Su antiguo jefe le ofreció un nuevo salario si se quedaba. La oficina le preparó una fiesta de despedida en la que ella lloró.

La madre abandonó su posición de jefe y pasaron dos semanas de poca actividad en la terapia. Entonces la hija se puso a la cabeza y comenzó a progresar. De repente se hizo socialmente popular. Se intensificaron sus relaciones con los hombres. Empezó a quedar varias noches a la semana y a volver muy tarde a casa. Comenzó a asistir a fiestas organizadas en apartamentos de hombres. Surgió el tema de la sexualidad. La madre declaró que tenía que tomar sus propias decisiones al respecto. El padre se puso nervioso. Presentó objeciones en el terreno de llegar tarde a casa, en las opiniones de los vecinos y en el hecho de trabajar durmiendo tan poco. Después de aproximadamente seis semanas de esto, la hija llamó al terapeuta para pedirle diez minutos a solas con él al término de la sesión siguiente. Afirmó que su problema era demasiado personal como para discutirlo con los padres. El terapeuta rehusó. Manifestó que se trataba de una terapia familiar y que no cambiaría las normas. Si ella solamente necesitaba hablar personalmente, tendría que buscar a otra persona. La hija habló de su problema enseguida en la siguiente sesión. Dijo que su novio le hacía demandas para tener relaciones sexuales. La madre declaró que se trataba de un problema que ella misma tenía que resolver. El padre se mostró muy ansioso y sólo hablaba de decencia. Parecía que estos comentarios estaban dirigidos por la comprobación de la reacción de los padres más que por su sentido real. En el transcurso de la semana, la hija, sin decírselo a sus padres, fijó una fecha para poner fin a la relación con el novio. Volvió tarde a casa. La madre se fue temprano a la cama, pero el padre permaneció levantado. Este fue otro cambio llamativo que experimentaron los padres. Antes de que ocurriese esto, era la madre la que se ponía nerviosa debido a la hija, mientras que el padre era objetivo y permanecía sereno. Ahora era el padre el que se preocupaba por la hija. Despertó a la madre para decirle que la hija todavía no había vuelto. Ella le armó un bullicio al padre por interrumpir su sueño. Cuando la hija y su prometido regresaron, el padre montó una escena de «segundo plano» de manera que se puso a hablar ruidosamente para que la hija y el novio pudieran oírle. En la siguiente sesión terapéutica la hija comunicó al padre que a ella no le alegraba que él se volviera loco, pero que si él tenía que volverse loco, por lo menos debería haber sido suficientemente hombre como para haber hablado directamente al novio en lugar de vociferar como un crío enfadado.

Esta serie de sucesos aportó un nuevo equilibrio entre el padre y la hija. La sesión siguiente, la número setenta y siete en cincuenta y tres semanas, resultó ser otra sesión neutra. La hija cambió de peinado pareciendo tan encantadora, segura y con dominio de sí misma como lo podría parecer una joven señorita. Los padres radiaron de orgullo y satisfacción paternales. Se había dejado de hablar sobre la sexualidad y sobre el novio. La hija se había encontrado con viejos amigos de los días de la universidad. Los había estado evitando desde su primer brote psicótico. Pensaba que ellos nunca la aceptarían de nuevo. Sintió que no podría soportar la pena que ellos podrían sentir por ella. Se había encontrado con uno de los chicos, un hombre de negocios joven que le pidió que la acompañara a una fiesta con la «vieja pandilla». Ellos conocían la pesada batalla que estaba lidiando con la psicosis, pero la aceptaron como si nada hubiera pasado, sin lástima ni ansiedad. Ella manifestó que había cambiado sus ideas acerca de las actitudes de las personas hacia los que han sido enfermos mentales. Afirmó que antes había creído que ellos reaccionaban ante ella cuando en realidad estaban reaccionando ante los miedos que a ellos mismos les producía la enfermedad mental. Ella iba conociendo a gente nueva que le preguntaba cómo había estado soltera tanto tiempo.

En las cinco sesiones siguientes la madre transformó su antigua posición adecuada en una posición débil, quejumbrosa y desvalida. Cada vez que uno de los miembros de la familia experimenta un cambio significativo, casi inmediatamente, le siguen otros cambios complementarios en los otros. Cuando el psicótico mejora, es la madre generalmente la que se vuelve sintomática. Anteriormente la hija se hubiera encontrado más desvalida en respuesta a los síntomas de la madre. Esta vez la hija se puso a la cabeza de la familia. Avisó a la madre, «No trates de descargar tus problemas sobre mí. Tengo mi propia vida por la que preocuparme». La madre replicó, «Te puedes marchar cuando quieras». La hija añadió. «Pretendo casarme y marcharme algún día pero me iré cuando yo lo desee y no antes». En la siguiente sesión la madre sugirió que la hija continuara con terapia individual. Manifestó que la hija se encontraba en ese momento en una situación libre y autosuficiente. El padre y la hija se opusieron. El terapeuta dijo que pensaba que no habían agotado todas las ventajas de la terapia familiar y que él no la cambiaría por la terapia individual. En la sesión número ochenta y cuatro la hija aún se hallaba en la posición adecuada. El padre había conseguido un empleo y llevaba en él varias semanas. Estaba avanzando hacia una posición más adecuada en relación a la madre. Este es el estado actual de una familia que continúa su psicoterapia familiar.

RESUMEN

Para estudiar y tratar a los pacientes esquizofrénicos y a sus familias se organizó un proyecto de investigación clínica en una sala psiquiátrica de un centro de investigaciones. Padres, madres, pacientes y hermanos normales han vivido juntos en la sala hasta dos años y medio. Las hipótesis teóricas consideraron los síntomas esquizofrénicos del paciente como la manifestación de un proceso activo que afectaba a toda la familia. Se desarrolló un enfoque psicoterapéutico mediante varias hipótesis de trabajo. Los miembros de la familia asistían juntos a todas las sesiones psicoterapéuticas. En el estudio han participado cuatro familias internas y seis ambulatorias sometiéndose a tratamiento con psicoterapia familiar.

Se hizo un intento de observar y referirse a la unidad familiar en vez de tener una referencia individualizada de cada miembro de la familia. Desde esta perspectiva, ciertas pautas de relación, que habían sido ensombrecidas por el más corriente enfoque individual, se vieron más claras. Se ha descrito alguna de las extensas pautas de funcionamiento de las relaciones que han podido observarse en estas diez familias del proyecto. Surgió un distanciamiento emocional entre los padres que nosotros llamamos el *divorcio emocional*. Pareció que el conflicto familiar se origina especialmente en la triada padre-madre-paciente y que afecta a los hermanos normales menos de lo que se había anticipado. Los padres se hallaban separados entre sí por el divorcio emocional, aunque cada uno de ellos podía sostener una relación cercana con el paciente siempre que el otro cónyuge lo permitiera. La configuración familiar más frecuente era aquélla en la que la madre excesivamente adecuada se encontraba atada al desvalido paciente y el padre permanecía en la periferia del intenso dúo madre-paciente.

Durante el curso de la psicoterapia familiar se produjeron cambios inesperados en las pautas familiares. Un cambio en un miembro de la familia solía verse seguido de cambios complementarios de los otros dos miembros de la triada padre-madre-paciente. Cuando el padre o la madre que se hallaba en la posición inadecuada o débil se volvía más asertivo y activo en la familia, el padre o la madre que se hallaba en la posición excesivamente adecuada o fuerte solía pasar a la inadecuada. A este proceso lo hemos denominado *la reciprocidad entre el exceso de adecuación-inadecuación* que existe entre los padres. En aquellas familias en que los padres podían resolver el divorcio emocional, el paciente psicótico empezaba a experimentar un cambio avanzando hacia un funcionamiento más maduro.

Se ha expuesto el curso de la psicoterapia familiar llevada a cabo con una familia ambulatoria. Esta familia sufrió cambios sorprendentes, aunque el que se produjo entre el padre y la madre fue menos marcado, mientras que el producido entre la madre y la paciente fue más acusado que los cambios que han tenido lugar en otras familias. En nuestra opinión, la visión teórica de la «familia como unidad» puede proporcionar valiosas aportaciones teóricas a nuestros habituales conceptos individuales y la psicoterapia familiar puede abrir un campo totalmente nuevo de posibilidades terapéuticas.

CAPITULO 4

Un concepto de familia en la esquizofrenia

La psicosis esquizofrénica del paciente es, en mi opinión, la manifestación sintomática de un proceso activo que afecta a toda la familia. Esta orientación ha experimentado una evolución a través de los tres años y medio que ha durado el proyecto de investigación clínica en el que enfermos esquizofrénicos y sus padres han vivido juntos en una sala psiquiátrica de un centro de investigaciones. Se considera el grupo familiar como un único organismo y se ve al enfermo como aquella parte del organismo familiar por medio del cual se expresan los síntomas patentes de la psicosis.

Este volumen se dedicará a los artículos que se han escrito acerca de la etiología de la esquizofrenia. Cuando se contempla la esquizofrenia como un problema familiar no estamos hablando de una enfermedad en los términos que empleamos en nuestra habitual manera de pensar para referirnos a la enfermedad, ni tiene una etiología en los términos de la manera por la que, aquellos de nosotros que pertenecemos a las ciencias médicas, estamos acostumbrados a pensar sobre la etiología. Por el contrario, una orientación familiar sí que nos permite hablar en términos del origen y la evolución de la esquizofrenia. Cuando se contempla la familia como unidad, se convierten en objeto de nuestra atención ciertas pautas clínicas que no son tan fácilmente observables desde el más corriente marco de referencia individual. En este artículo presentaré algunas observaciones clínicas importantes de la investigación familiar y trataré algunas ideas sobre la forma cómo evoluciona la esquizofrenia dentro del grupo familiar.

Expondré mi material en cuatro secciones. La primera sección tratará de algunas consideraciones generales importantes. La segunda comprenderá una información de base pertinente acerca de la investigación familiar. La tercera y más importante incluirá material clínico extraído del proyecto de investigación y unas consideraciones teóricas del concepto de familia. La cuarta sección consistirá en un resumen del concepto de familia y algunas ideas de cómo éste se relaciona con el problema general de la esquizofrenia.

CONSIDERACIONES GENERALES SOBRE LA ESQUIZOFRENIA

Como este libro demuestra, el problema de la esquizofrenia es tan fundamental y apremiante que ha sido enfocado desde muchos ángulos y perspectivas por muchas disciplinas diferentes. Cada una de estas disciplinas —ya sea la psicología, endocrinología, sociología, genética, medicina clínica o cualquier otra— ha aprendido a manejar datos de una forma determinada y también a ignorar datos que considera irrelevantes para el estudio que se realiza. De otra manera, difícilmente podría realizar su trabajo. Pero, ya que estas disciplinas tienden a ignorar o minimizar datos que pueden ser muy importantes para aquéllos que trabajan en otras distintas, no es sorprendente que algunas veces parezca que el estudio de la esquizofrenia está casi tan confuso como el enfermo; puesto que, esto es cierto, existe una gran profusión de teorías que contienen cierta evidencia, pero que tienden a ignorar o pasar por alto las aportaciones de otras disciplinas cuya base teórica y dirección de pensamiento es muy distinta.

A este respecto, ciertamente podemos recordar los versos:

> ...seis hombres del Indostán
> muy inclinados a aprender,
> que fueron a ver el elefante
> (aunque todos eran ciegos),
> todos mediante la observación
> pudieron satisfacer su deseo.

¿Fue el ciego que percibió el elefante como una pared más preciso que el que lo hizo como un árbol, o que el que lo sintió como un abanico? Tal vez no tuvieron tiempo suficiente para sentir al elefante por completo, pero ciertamente podrían haber procedido más inteligentemente reuniendo su información, en lugar de discutir basándose en conceptos parciales.

En el estudio de la esquizofrenia nos hallamos incapacitados por el mismo tipo de «ceguera». Lo que se necesita no es más que un concepto de hombre unificado, un marco de referencia que nos permita comprender las conexiones necesarias que existen entre la célula y la psique y, tal vez, entre la psique y la entidad que conocemos como alma. En este momento nos hallamos lejos de poder alcanzar esta comprensión, sin embargo, el reconocimiento de la «ceguera» parcial y de las limitaciones que tiene cada disciplina debería ir más allá, con el fin de disuadir a ese tipo de pensamiento limitado que confunde la parte con el todo.

Se expondrán estas ideas iniciales por varias razones. Una, para reiterar la creencia de que la comprensión de la esquizofrenia está precisamente delante de nuestros «ojos», que ha estado ahí desde hace mucho tiempo, y que se puede lograr un progreso mayor procurando entender por qué el hombre piensa como lo hace acerca de la esquizofrenia, en lugar de intentar comprender por qué el enfermo piensa como lo hace. Otra razón es para recordar al lector que el concepto de familia que se expone en este artículo se basa en el pensamiento psicológico. Incluso nos hemos esforzado en encontrar una perspectiva más amplia desde la cual «contemplar el elefante». Debemos recordar que una orientación psicológica tiene sus propias limitaciones conceptuales y por esto, a la larga, el concepto de familia no es sino la percepción de, todavía otro «ciego».

DATOS HISTORICOS DEL ESTUDIO DE LA FAMILIA

Esta investigación se empezó en el año 1954. La hipótesis de trabajo inicial se había desarrollado algunos años antes durante el curso de un trabajo clínico individual con enfermos esquizofrénicos y también con sus madres respectivas. La hipótesis consideraba que la esquizofrenia consistía en una entidad psicopatológica del enfermo que había estado, de un modo significativo, influenciada por la madre. Postulaba que el problema caracterial de base del enfermo, sobre el que más tarde se sobrepondrían los síntomas esquizofrénicos, era una vinculación simbiótica e irresuelta a la madre[2]. El interés inicial del estudio era la relación madre-enfermo. Tres madres y sus hijas esquizofrénicas respectivas vivieron en la sala psiquiátrica y

---

[2] Este tipo de relación simbiótica ya ha sido examinado por algunos autores. Benedek (1949) ha tratado los aspectos teóricos de la simbiosis existentes entre la madre y el hijo. Mahler (1952) ha analizado algunas implicaciones clínicas en su trabajo con niños autistas y simbióticos. Hill (1955), Lidz y Lidz (1952), y Reichard y Tillman (1950) han considerado la simbiosis en su aplicación al paciente esquizofrénico adulto. Nuestras ideas actuales sobre la simbiosis tienen mucho en común con las de Limentani (1956).

participaron todos juntos en el programa de tratamiento ambiental. Todos los enfermos y todas las madres se sometieron a una psicoterapia individual. Al encontrarse las madres y los enfermos en una situación de convivencia, despertaron interés ciertas facetas de la relación que no habían sido anticipadas en el trabajo que se realizó con cada uno individualmente ni en entrevistas conjuntas con los dos. Los detalles de la relación madre-enfermo se discutirán en el artículo después. Para resumirlo brevemente, surgió una evidencia cada vez mayor de que la madre estaba íntimamente implicada en el problema del enfermo y de que la relación madre-enfermo no era sino un fragmento que dependía de un problema familiar más amplio y, además, que el padre desempeñaba en él un papel importante.

Al término del primer año se extendió el campo de la hipótesis con el fin de hacerla más coherente con las observaciones clínicas. En este momento se consideró que la psicosis del paciente no era más que un síntoma de todo el problema familiar. Se revisó el programa de la investigación para que pudiera admitirse a familias nuevas en las que el padre y la madre vivieran con el paciente en la sala psiquiátrica. El programa psicoterapéutico se modificó con objeto de hacerlo más coherente con la nueva hipótesis de trabajo. El nuevo programa psicoterapéutico, que hemos bautizado con el nombre de «psicoterapia familiar», preveía que todos los miembros de la familia asistirían juntos a la sesiones terapéuticas[3].

Hasta el momento han vivido en la sala psiquiátrica y han participado en la terapia familiar durante casi dos años y medio cuatro familias compuestas de padre, madre y paciente. Los hermanos normales han vivido con dos de las familias durante casi un año. La sala tenía espacio suficiente para alojar a tres familias al mismo tiempo. De esta suerte, un total de tres familias compuestas de madre y paciente, y cuatro de padre, madre y paciente han participado hasta ahora en el estudio llevado a cabo con familias ingresadas. Entre estas siete familias, el máximo tiempo de participación ha sido de tres años, el mínimo, de seis meses y el tiempo medio de participación, dieciocho meses. Además se ha tratado a siete familias adicionales compuestas de padre, madre y paciente, moderadamente trastornado, mediante terapia familiar ambulatoria durante períodos de dos años. Esto hace un total de catorce familias participando en la investigación. También se ha estudiado a doce grupos familiares a través de una detallada evaluación de preadmisión. Estas familias no fueron admitidas en el proyecto, pero los datos obtenidos en

---

[3] En otro artículo (1957) se han presentado fragmentos de estas pioneras observaciones clínicas de las familias y los primeros pasos de la psicoterapia familiar.

su evaluación han suplido ciertas áreas de los datos extraídos de las catorce familias estudiadas.

Una parte importante del personal se dedicó a la creación de un ambiente en la sala hospitalaria de modo que permitiese que la familia se quedase con el paciente sin salir del marco hospitalario. Los pacientes tenían enfermedades graves y crónicas. Antes de ser admitidos en el proyecto todos habían estado hospitalizados durante varios años, ya sea de una forma continuada o periódica. Se intentó que la administración hospitalaria se adaptase lo más posible para dejar que la familia funcionara como si se encontrara en casa. En la actividad combinada de trabajo clínico y de investigación han participado a tiempo completo veinte personas; tres psiquiatras y un asistente social formaron el equipo de investigación clínica, y doce enfermeras y asistentes formaron parte del personal de la sala en turnos de ocho horas, siete días a la semana. El resto del personal incluye a un terapeuta ocupacional y varios asistentes religiosos y técnicos. Los especialistas y los miembros de otras disciplinas profesionales han colaborado a tiempo parcial.

Los padres y las madres asumían la responsabilidad principal del cuidado de los pacientes, aunque el personal médico y los enfermeros se preocupaban de hacer que los servicios estuvieran a disposición de cualquier necesidad de la familia. Los padres y las madres pedían y suplicaban al personal que se «metiera en el problema familiar» y lo resolviera pronto, de modo que en ningún momento hubo ningún problema de «intrusión» por parte del personal o de «ser excluido de» la situación familiar. La estrecha relación de «apoyo» que se mantenía con el personal les hacía posible conocer mejor a las familias aunque creaba problemas técnicos en el programa de tratamiento. Se ha discutido el hecho de cómo las observaciones que hacíamos en el marco hospitalario podían ser distintas de las que un observador obtiene en el hogar. Es imposible responder a ello. Un elemento esencial de nuestras observaciones es equivalente a la visión que el terapeuta tiene del paciente dentro de una relación psicoterapéutica.

La situación de convivencia en la sala psiquiátrica ha brindado la ocasión de obtener observaciones científicas subjetivas y objetivas que no ha sido igualada por ninguna otra de nuestras experiencias. Ello nos permite contemplar la familia como una totalidad en acción, de una forma que no sería posible con ningún otro método. Para explicarlo en pocas palabras, cada uno de los miembros de la familia tiene una percepción de ésta diferente de la que tiene cualquiera de los otros. Cada miembro de la familia actúa de manera distinta en sus relaciones sociales a como lo hace en la presencia de los otros miembros de la familia. El terapeuta que se reúne con el grupo familiar en sesiones de conversación tiene una visión de la familia diferente de cada una, o de todas, las posibles percepciones individuales de la familia. Esta visión de la «familia como unidad», crucial para nuestra orientación teórica, se analizará más adelante. La situación de convivencia en la sala proporciona además una visión de «la conversación y la acción» por las que se desarrolla el drama familiar, que no ha sido posible conseguir en las sesiones de terapia familiar más estructuradas. Hay observaciones de la familia comiendo, compartiendo cosas, trabajando y jugando juntos. Hay observaciones de la familia relacionándose con otras familias, con el personal de la sala y con el medio exterior. Hay observaciones longitudinales de la adaptación familiar al éxito, al fracaso, a la crisis y a la enfermedad grave.

Todos los cambios a que hemos sometido nuestra hipótesis de trabajo y enfoque de tratamiento se han basado en las observaciones clínicas obtenidas con las familias internas. Las enfermeras de todos los turnos han grabado testimonios de cada uno de los miembros de la familia, del grupo familiar y de la relación de éste con el ambiente. Se han grabado en cintas de cassette todas las sesiones de terapia familiar y además se han recogido tres registros escritos. Los registros escritos contienen un conjunto de notas sobre el proceso psicoterapéutico, un resumen de los contenidos verbales y un sociograma del encuentro. El material obtenido diariamente se resume después en extractos semanales y mensuales. Los datos recogidos de las familias ambulatorias han sido sustituidos casi por completo por los más detallados obtenidos de las familias internas.

El concepto de «la familia como unidad» o «la familia como organismo» es de crucial importancia para nuestra manera de enfocar la esquizofrenia. Además de las razones teóricas, que presentaré más adelante, existen razones prácticas para fundar el enfoque de la «familia como unidad». Una familia con un modo de vida en constante contacto con un miembro de la familia psicótico se encuentra en un estado de intenso conflicto y de perturbación emocional. Todos los miembros de la familia solicitan apoyo externo para su punto de vista particular. Es difícil que los terapeutas y el personal sigan siendo objetivos aunque estén preparados para manejar problemas de contratransferencia. Un observador no participante podría aspirar a lograr alguna objetividad científica, pero lo cierto es que, dentro de la tensión emocional que envuelve a estas familias, comienza a participar emocionalmente en el drama familiar precisamente de la misma manera que, cuando asiste al teatro, seguro que interiormente aplaude al héroe y odia al malo. Los miembros del personal clínico han podido obtener una objetividad razonable separándose emocionalmente del problema familiar. Una vez que se pudo alcanzar el grado de separación que se pretendía se consiguió empezar a desviar la atención puesta sobre el individuo para centrarse ya en el grupo familiar. Aunque parecía que la orientación de la familia como unidad tenía unas ventajas teóricas, fue la presencia del grupo familiar en la sala psiquiátrica y la necesidad clínica de afrontar la situación lo que obligó al personal a trabajar en la línea de una orientación de la familia como unidad. Una vez que fue posible centrarse en la familia como unidad fue como poner a un microscopio de lentes del tipo «oil immersion» lentes de baja potencia o como trasladarse del campo de juego a lo alto del estadio para contemplar el partido de fútbol. Se vieron claras las amplias pautas de forma y movimiento que habían sido ensombrecidas por una visión de primer plano. La visión de corto alcance pudo hacerse entonces más significativa desde el momento en que la visión distante fue posible.

Han existido otros factores que han hecho difícil la orientación de la familia como unidad. Todos nos hemos acostumbrado a pensar en los problemas emocionales como si se tratara de problemas individuales. Todo el cuerpo de la teoría psicológica y psicoanalítica se ha formado sobre la premisa de que se percibe a la familia a través de los ojos del enfermo. Los términos diagnósticos y descriptivos se aplican al individuo. Ha resultado difícil cambiar en nosotros esta manera automática de pensar. Con objeto de facilitar el cambio hacia el enfoque de la familia como unidad, hemos intentado desprendernos de la habitual terminología psiquiátrica tanto como ha sido posible y nos hemos obligado a utilizar palabras descriptivas sencillas. No me gustan los términos «madurez» e «inmadurez» en el sentido en que se utilizarán más adelante en el artículo, pero las he utilizado descriptivamente en un intento de evitar términos que contienen una asociación automáticamente connotativa con una orientación individual. La conceptualización de la familia ha supuesto un problema para otros profesionales que trabajan en el mismo campo. Coincidimos con aquellos que preferirían disponer de un diagnóstico familiar además de nuestros diagnósticos individuales. Ackerman (1956) y su equipo han intentado definir las interacciones que existen entre los mecanismos de defensa individuales. Mittelman (1956), trabajando con distintos miembros de una misma familia, ha descrito las relaciones recíprocas que establecen los miembros de la familia. Después de enfrentarnos durante tres años con este problema, nos estamos abriendo paso hacia un tipo de sistema que se explica con «la función», en lugar de hacerlo con la situación estática que sugiere una etiqueta diagnóstica. Esta orientación funcional ha sido adaptada por gran cantidad de investigadores. Spiegel (1957) hace hincapié en la función en su obra sobre la teoría del rol. Jackson (1958) sugiere un sistema funcional en su clasificación de estable-satisfactorio, inestable-satisfactorio, estable-insatisfactorio, inestable-insatisfactorio. Regensbury (1954) propuso una clasificación funcional de la relación marital en base a su experiencia en casuística social. Probablemente se trate de una parte del cambio que se está produciendo en el clima de los conceptos estáticos hacia los dinámicos.

LA EVOLUCION DE LA ESQUIZOFRENIA EN UNA FAMILIA: UN CONCEPTO TEORICO

Desde el comienzo de nuestro estudio de la familia me he referido a la esquizofrenia como a un proceso que requiere para su desarrollo tres o más generaciones[4]. Los datos clínicos y de investigación se presentarán por orden cronológico empezando con los abuelos y avanzando en etapas sucesivas hasta la crisis psicótica aguda del enfermo. Se han podido obtener algunos datos históricos bastante detallados correspondientes a la idea de las tres generaciones, sin embargo este campo continúa siendo aquél donde las ideas son más especulativas y los datos que la apoyan, más frágiles.

Para ilustrar los puntos que actualmente yo considero más importantes del proceso por el que atraviesan las tres generaciones se contará la breve historia de una de las familias. Los abuelos, por parte del padre (primera generación) fueron relativamente maduros y miembros muy respetados en la comunidad agrícola donde vivían. Sus ocho hijos fueron también relativamente maduros excepto un hijo (segunda generación), que era el padre del enfermo, mucho menos maduro que sus hermanos. Cuando era un chiquillo era muy dependiente de su madre. Los otros hermanos le consideraban el favorito de la madre, pero ella, o bien lo negaba afirmando que amaba a todos sus hijos por igual, o bien asentía implícitamente diciendo que habría hecho tanto por cualquiera de los otros hijos si ellos hubieran necesitado tanta atención como éste. Con la necesidad de empezar a funcionar en el mundo exterior, que llegó con la adolescencia, se volvió repentinamente distante y apartado de la madre y comenzó a funcionar mucho más adecuadamente fuera de casa. Se aplicó

---

[4] La investigación de la idea de las tres generaciones comenzó en 1955 con la afirmación de nuestro consejero, el Dr. Lewis Hill, de que la esquizofrenia requiere tres generaciones para desarrollarse. Esto no fue sino la extensión de la idea que sostenía en su libro *Psychotherapeutic Intervention in Schizophrenia* (1955). El Dr. Hill falleció en febrero de 1958 mientras se escribía este artículo, de todas formas creo que la idea de las tres generaciones queda expresada aquí como una representación bastante precisa de su pensamiento.

con dedicación al colegio y más tarde a su trabajo. Consiguió más éxito en su trabajo que sus hermanos y colegas, pero se mantenía apartado, se mostraba tímido y le incomodaban las relaciones personales estrechas. Nunca se rebeló contra sus padres, pero mantuvo una relación distante y sumisa con ellos.

En la familia por parte de la madre se siguió una pauta similar. El abuelo materno (primera generación) fue un profesional acreditado de una pequeña ciudad. La hija mayor (segunda generación) fue la madre del enfermo. Entre sus hermanos, ella era la que tenía una vinculación más fuerte con la madre. En la adolescencia, reaccionó ante la vinculación a los padres de manera distinta a como lo había hecho el padre en su familia. El obtuvo su campo de adecuación fuera de casa, mientras que ella lo obtuvo en el hogar. Súbitamente pasó de ser una chica tímida, dependiente, que no podía hacer nada sin su madre, a ser una jovencita socialmente estable y con recursos, que podía salir de casa sin ayuda. Teníamos pues dos personas con altos niveles de inmadurez, pero que se las arreglaron para negar su inmadurez y funcionar adecuadamente en ciertas áreas. Ambos eran seres solitarios y de algún modo distantes en sus relaciones con los demás. Se conocieron mientras él trabajaba en la ciudad donde ella vivía. Ninguno de los dos se había tomado en serio el tema del matrimonio antes de conocerse. A cierto nivel existía en la relación una condición de «hechos el uno para el otro», pero en la superficie parecía que su encuentro era accidental o que incluso eran indiferentes el uno para el otro. La relación accidental persistió durante un año. Se casaron inesperadamente, unos días que el marido se trasladaba a otro empleo en otro Estado. Su relación se hizo conflictiva tan pronto como empezaron a vivir juntos.

Según la idea especulativa de las tres generaciones, estos dos sujetos tendrán por lo menos un hijo con un nivel muy alto de inmadurez y es posible que este hijo desarrolle una esquizofrenia clínica al intentar adaptarse a las demandas de los adultos. Se subraya que esta proposición no es específica del origen de la esquizofrenia sino una de las pautas que se ha presentado en varias de las familias. Hemos especulado sobre las implicaciones de esta pauta. Sugiere que un niño dentro del grupo que forman los hermanos adquiere un nivel más alto de inmadurez que los demás, que la inmadurez se encuentra en aquél que tuvo la vinculación *temprana* a la madre más intensa y que la inmadurez es casi equivalente a los niveles de inmadurez combinados de los padres. Es una experiencia clínica común, de aquéllos que trabajan con maridos y esposas, que las personas eligen como consortes a los que tienen niveles idénticos de inmadurez, ahora bien con mecanismos de defensa opuestos. Con objeto de resumir esta idea de las tres generaciones baste decir que los abuelos eran relativamente maduros, sin embargo el hijo que tuvieron adquirió la combinación de sus inmadureces, siendo el que más se vinculó a la madre. Cuando este hijo contrajo matrimonio con un cónyuge de igual grado de inmadurez, y cuando se repitió el mismo proceso en la tercera generación, el resultado fue un hijo (el enfermo) con un alto grado de inmadurez, mientras que los otros hermanos alcanzaron una madurez mucho mayor. No hemos trabajado con familias de historias familiares complicadas que implicaran la muerte de un padre o una madre, divorcios, segundas nupcias o múltiples neurosis y psicosis dentro del mismo grupo de hermanos.

En la vida de recién casados de los padres se dan algunas características que son importantes desde nuestro pensamiento teórico. Un descubrimiento que se repetía en las once familias compuestas de padre, madre y enfermo ha sido la marcada distancia emocional existente entre los padres. A esto le hemos puesto el nombre de «divorcio emocional». Los padres han mantenido esta distancia de maneras bastante variadas. En un extremo estaba una familia en que los padres mantuvieron una relación muy formal y controlada. Entre ellos existían pocas diferencias claras. Veían su matrimonio como ideal. Comunicaban que sus relaciones sexuales eran activas y satisfactorias. Empleaban términos convencionales de cariño mutuo, aunque era difícil que compartieran sentimientos, pensamientos y experiencias personales. En el otro extremo estaba una familia en la que los padres no podían permanecer mucho tiempo en la presencia del otro sin discusiones y amenazas. En situaciones sociales congeniaban bien. Controlaban el conflicto a base de distanciarse físicamente uno del otro. Consideraban su matrimonio como un período de veinticinco años terribles. En el medio estaban nueve familias en las que los padres mantenían el divorcio emocional con varias combinaciones de control formal y de claro desacuerdo. Eran conscientes de sus diferencias, pero evitaban los puntos conflictivos con objeto de provocar el mínimo de discusiones. Veían sus matrimonios como situaciones difíciles que había que soportar.

En todas las familias, los padres y las madres siguen pautas fijas de funcionamiento en la situación de divorcio emocional. Ambos son igualmente inmaduros. Uno niega la inmadurez y funciona con una fachada de exceso de adecuación. El otro acentúa la inmadurez y funciona con una fachada de inadecuación. El exceso de adecuación de uno funciona en relación recíproca con la inadecuación del otro. Ninguno de los dos es capaz de funcionar en el punto medio entre el exceso de adecuación y la inadecuación. Los términos *exceso de adecuación* e *inadecuación* aluden a estados de funcionamiento, no a estados fijos. El exceso de adecuación se refiere a una fachada de funcionamiento basada en un poder que es más grande que realista. La inadecuación se refiere a una fachada de funcionamiento basada en una impotencia que es tan poco realista como la fachada de poder es poco realista en la otra dirección. Si es la madre la que funciona como excesivamente adecuada, se comporta de forma dominante y agresiva, mientras que el padre se muestra desvalido y sumiso. Si es el padre el que funciona como excesivamente adecuado, se comporta de modo cruel y autoritario, mientras que la madre se muestra desvalida y afligida.

Con frecuencia se producen ciertas situaciones recurrentes que acompañan a la reciprocidad entre el exceso de adecuación y la inadecuación. Una es «el principio de dominación-sumisión». En los temas personales, especialmente en las decisiones que afectan a ambos padres, el que toma la decisión se convierte en el excesivamente adecuado, mientras que el otro se convierte en el inadecuado. El excesivamente adecuado se siente obligado a cargar con la responsabilidad y el otro a ser un vago. El inadecuado se siente «obligado a someterse» y el otro a «dominar». El término «dominación-sumisión» fue introducido por el inadecuado, que era quien más se quejaba. Esto creó el problema de las «decisiones». Una de las características clínicas destacadas de las familias es la incapacidad de los padres para tomar decisiones. Evitan la responsabilidad y la ansiedad de la «sumisión» por medio de la huida de las decisiones. En todo momento, las decisiones quedan sin ser tomadas, abandonándolas a merced del tiempo, las circunstancias o el consejo de los expertos. Decisiones que para otras familias no son más que rutinarios «problemas sin resolver» se convierten para estas familias en «cargas pesadas que hay que soportar». La dificultad de tomar decisiones crea la impresión de que son familias débiles. Un padre ilustró claramente el problema de la decisión. Comentó, «Nunca podemos decidir juntos sobre nada. Propongo que vayamos de compras el sábado por la tarde. Ella no quiere. Discutimos. Acabamos no haciendo nada». Cuando la parálisis de la decisión se hace intensa, son las madres las que normalmente asumen la función de la toma de decisiones, en contra de la resistencia pasiva de los padres.

Existe una pauta muy constante en las razones conscientes que tienen padres y madres al elegirse el uno al otro como compañeros. Estas razones suelen ser asuntos personales que raramente se dicen el uno al otro. Este material generalmente se fragmenta y distorsiona hasta que se encuentran cómodos en la psicoterapia familiar. Los padres manifiestan que admiraban la energía, la confianza con los demás y la franqueza de la madre. Una madre declaró, «Me asustaba tanto en los grupos sociales que me solían empezar a rechinar los dientes. Aquello se me pasó. Y ahora, a los veinticinco años, oigo que mi marido pensaba de mi que era una conversadora brillante.». Las madres manifiestan que admiraban la amabilidad, la inteligencia y la seguridad de los padres. Un padre declaró, «Me daba miedo hacer cualquier cosa, pero yo asentía y ella entonces pensaba que era amabilidad». Las cualidades que se admiraban conscientemente el uno en el otro eran cualidades destacadas de las fachadas de exceso de adecuación.

En la mayoría de las familias, el conflicto entre los padres empezó a los primeros días o semanas de casarse. El conflicto comenzó a crearse con las decisiones que afectaban a problemas rutinarios de convivencia. Ocurrió un caso ilustrativo de esto entre un interno y una enfermera que se casaron en secreto dos años antes de terminar sus prácticas hospitalarias. La relación marital fue pacífica y satisfactoria hasta que empezaron a vivir juntos. De acuerdo con nuestra concepción actual, los esposos tropezaron con la ansiedad del funcionamiento recíproco entre el exceso de adecuación-inadecuación tan pronto como se vieron en una situación real que requería la colaboración. Los padres y las madres han explicado que «discutían por nada» en situaciones como el golf, un juego de cartas, un proyecto de trabajo para los dos solos. Encontraron maneras de evitar esta ansiedad. El mecanismo habitual consistía en que cada uno trabajase independientemente y evitara de este modo la actividad en común. El conflicto disminuía si una tercera o cuarta persona se encontraba presente, Varias parejas dedicaron mucho tiempo a hacer visitas o a entretener a sus amigos en casa. Las tensiones matrimoniales disminuían si uno de los dos visitaba a los padres de él o de ella. Un padre examinó con mucho detalle el período anterior a cuando tuvieron los hijos. Declaró, «Nuestra vida era un ciclo de excesiva proximidad, excesivo distanciamiento y peleas. Cuando nos aproximábamos demasiado surgían las peleas. Después nos hacíamos los locos y hablábamos sólo lo imprescindible. Uno solía empezar a hacer las paces. A continuación había un momento bueno que podía durar unas horas o unos días hasta que volvía un ciclo de excesiva proximidad, una pelea y otro ciclo. Cuando pregunté qué quería decir con excesiva proximidad, respondió, «Cuando nos aproximábamos, yo solía empezar a comportarme como un chiquillo y ella a exigir como una madre mandona. Si yo seguía comportándome como un niño indefenso ella ronroneaba como un gatito. El problema era que yo abandonaba una parte de mí cuando me sentía indefenso. Tenía una opción. Podía ceder ante ella o rebelarme. Si cedía, ella se calmaba. Si me rebelaba, ella se ponía desagradable, yo me ponía desagradable y peleábamos». En las fases de distanciamiento decía, «Hacía mejor mi trabajo cuando nos separábamos. Estaba lejos de ser lo ideal. Era entonces cuando me deprimía y me insultaba a mí mismo, aunque en cierto modo podía trabajar mejor». Sobre las fases de proximidad declaró, «Sucedían cuando uno de los dos empezaba a hacer las paces. Yo solía concluir que ella no me importaba, pero cuando ella empezaba a hacer las paces era como un pedazo de cebo que no podía resistir. Creo que era la larga duración de la proximidad lo que nos hacía responder tan rápido».

La decisión de tener un niño en estas familias fue la más difícil de todas las decisiones. El problema surgió con la primera idea de tener un bebé. La historia de una familia en la que el hijo mayor terminó siendo esquizofrénico ilustrará algunos de los aspectos fundamentales. La esposa deseaba ardientemente tener hijos para «realizarse como mujer». El marido se oponía pasivamente con argumentos de dinero y del momento adecuado. La oposición de éste ocultaba los miedos que ella tenía de no ser capaz de tener un hijo normal. La mujer quedó embarazada en un momento en que deseaba muchísimo tener un hijo. Inmediatamente le surgió un conflicto relacionado con el embarazo. Desde el principio del embarazo, casi todo su pensamiento estaba consagrado al seguimiento de la evolución del feto. Lo expresaba en forma de dudas, preocupaciones, inquietudes entorno a la normalidad y la salud del niño. Cuando se encontraba emocionalmente próxima al marido, dedicaba más sus pensamientos a él, preocupándose menos por el niño. En momentos de muchísimo distanciamiento del marido, le hubiera gustado abortar para remediar el conflicto. Durante un embarazo posterior de un niño normal, esta madre no sufrió el conflicto con la misma intensidad. Tuvo la misma clase de fantasías, pero eran mucho menos intensas. El estado conflictivo perduró hasta después que la madre pudo ver que el niño estaba vivo y sano. La madre afirmó que no había sido capaz de permitirse darse cuenta, hasta que hubo nacido el niño, de lo importante que éste era para ella. El embarazo había significado para ella una constante frustración entre «una promesa de autorrealización» y «una amenaza de que nunca pudiera hacerse realidad». Le preocupó tanto que el bebé naciera deforme, muerto o fuera deficiente mental y muriera más tarde, que llegó a decirse a sí misma, «Si va a ser deficiente mental y va a morirse, prefiero abortar ahora» y «Sé que nunca podré tener un hijo normal. Ojalá se me adelantara y tuviera un malparto».

Cuando la mujer supo por primera vez que se hallaba en estado se produjo un cambio significativo en la relación entre marido y mujer[5]. En

---

[5] Caplan (1960) señala el cambio que se produce en las relaciones entre los padres durante un embarazo. También sugiere que es posible predecir la relación que la madre puede tener con el niño a partir de las fantasías que tiene durante el embarazo.

ese momento ella se ocupó emocionalmente más del niño no nacido que del marido. El conflicto creado por la anticipación del niño persistió hasta que nació. En el momento en que la madre pudo ver que el bebé estaba vivo y bien, surgió otro cambio importante en las relaciones familiares. Concentró inmediatamente sus pensamientos en el cuidado del bebé. Cuando vio al niño por primera vez pensó, «Este pobrecito indefenso, qué pequeñito. Soy su madre y soy la única que tiene que *protegerlo y cuidarlo*». Explicó que sentía una irresistible oleada de instinto maternal que le llevaba a ocuparse del bebé. La intensidad de instinto maternal fue mucho menor con el segundo hijo que creció con normalidad. Cuando vio a este segundo hijo por primera vez, pensó, «Un nuevo bebé es algo tan pequeño. Es una maravilla que esta cosita *pueda crecer y convertirse en una persona adulta*». El primer hijo estuvo más cerca de satisfacer plenamente la necesidad que la madre tenía de otra persona importante que lo que pudo estar cualquier otra persona en la experiencia de toda su vida.

Según la concepción que actualmente tengo sobre el equilibrio que caracteriza a la relación madre-hijo, ella seguramente estaba en la posición de exceso de adecuación sobre otro ser humano; este ser le pertenecía y estaba realmente indefenso. Ella podía, en ese momento, controlar la propia inmadurez mediante su preocupación por la inmadurez de otro. Con un funcionamiento emocional más estabilizado en la relación con el hijo, la madre se convertía en una figura más estable a los ojos del padre. El podía controlar mejor su relación con ella cuando el funcionamiento de ésta no fluctuaba tan rápidamente. Tendió a establecerse en una posición más fija de apartado distanciamiento de la madre, parecido a la relación que mantenía con su propia madre. Este nuevo equilibrio emocional terminó por significar para el padre, la madre y el hijo un nuevo modo de funcionamiento. He bautizado esto con el nombre de «la triada interdependiente». El hijo era la pieza clave. Mediante la relación con el hijo, la madre podía estabilizar su propia ansiedad y funcionar con un nivel menos ansioso. Con la ansiedad de la madre más estabilizada, el padre era capaz de establecer una relación menos cargada de ansiedad con la madre.

Otras dos madres describieron unos sentimientos maternales de intensidad similar cuando vieron por primera vez al niño que más tarde sería esquizofrénico. El recuerdo de esta experiencia emocional permanecía en ellas de la misma manera que una persona recuerda la experiencia emocional más impresionante de su vida. Con los otros hijos no recuerdan haber tenido, precisamente en ese momento, sentimientos parecidos, aunque sí algunos menos intensos. El significado del hijo para estas madres recuerda a una chica psicótica que decía muchas veces, «Ojalá tuviera un hijo mío. No sé cómo podría quedarme embarazada, pero si alguna vez pudiera tener un hijo, nunca más estaría sola». Freud (1914), al escribir sobre la madre narcisista, afirmó, «En el hijo que engendran, una parte del propio cuerpo llega a ellas como un objeto diferente de ellas mismas, sobre el que pueden malgastar su narcisismo, un completo objeto de amor».

Para el propósito de esta exposición se considerará el período transcurrido desde el nacimiento del niño hasta el desarrollo de la psicosis aguda del enfermo como una única etapa en la evolución de la esquizofrenia de la familia. Se resumirán los datos recogidos en la investigación centrándose en la relación entre la madre y el hijo, la relación entre el hijo y la madre y las relaciones con el padre[6]. Las características de las relaciones son más pronunciadas durante los momentos de estrés.

Quizá se vea más clara la discusión sobre las características de estas relaciones si presento una breve historia cronológica perteneciente a una de las familias estudiadas en este período. Se trataba de una familia con una hija mayor psicótica y una hija menor normal. El padre y la madre mantenían su divorcio emocional en el matrimonio. Para los de fuera de casa, se les tenía por un matrimonio feliz. Después de unos cuantos años difíciles, al padre le fue bien en el negocio de su propiedad. La madre se consagró a la hija y al hogar. El padre invirtió su energía y pensamientos exclusivamente en el trabajo. La hija se desarrollaba bien intelectualmente, pero era muy tímida. Su problema era similar al que se ha descrito en la mayor parte de los enfermos de estas familias investigadas. Los padres comentaron, «Tiene pocos amigos íntimos. Se encuentra más a gusto con adultos. Cuando está entre niños parece que no sabe qué hacer o qué decir». Pasada la adolescencia, en el colegio se hizo más activa y decidida. Su brote psicótico apareció el primer año que pasó fuera de casa, en el colegio universitario. El negocio del padre fracasó durante el año siguiente al que la hija se había hecho psicótica. La segunda hija, cuatro años menor que la enferma, era extraordinariamente decidida y triunfaba con un mínimo esfuerzo.

---

[6] Nuestros hallazgos clínicos están cerca de los de Lidz et al. (1957), Bateson et al. (1956), Wynne et al. (1958) y otros que trabajan con pacientes esquizofrénicos y sus familias. En muchos casos la diferencia principal reside en el uso de términos distintos para explicar el mismo fenómeno. Por ejemplo, yo he empleado el término *funcionamiento recíproco,* Wynne utiliza el de *pseudomutualidad* y Jackson (1958) habla de *complementariedad* para describir el mismo fenómeno que se produce en la relación.

La relación entre la madre y la hija es la relación más activa e intensa que se ha experimentado en las familias. El término *intensa* describe una relación ambivalente en la que los pensamientos de ambos, ya sean positivos o negativos, afectan en gran manera a uno y a otro. La madre hace sobre el paciente dos demandas importantes. La más enérgica es la demanda emocional de que el enfermo siga indefenso. Es transmitida mediante vías sutiles eficaces, que están fuera de la vigilancia consciente. La otra, machacona, abierta y verbalizada pretende que el paciente llegue a ser una persona madura y con talento. El caso de una familia hospitalizada ilustrará estos niveles de procesos simultáneos separados. Un hijo psicótico estaba comiendo sólo por haber llegado tarde. La madre dejó de ayudarle. Le extendió la mantequilla, le cortó la carne, le echó la leche. Al mismo tiempo le atosigaba, con la presunción de que poseía un nivel intelectual maduro, para que creciera y aprendiera más por sí mismo. Es una casualidad que el enfermo paró de comer. Si el contenido de la acción se pudiera desligar del contenido verbal, habría que hablar de dos temas por separado. El contenido de la acción resultaría apropiado a la relación entre una madre y un chiquillo y el verbal se acomodaría mejor a la relación entre una madre y un adolescente.

Sysinger (1957) hizo un intento de aislar el contenido de la acción en una de las familias estudiadas. Para resumir este asunto, pensamos en dos niveles de proceso entre madre y paciente. Gran parte de la demanda emocional de que el enfermo siga comportándose como un niño se transmite a un nivel de acción y fuera de la esfera consciente, tanto de la madre como del paciente. El nivel verbal está generalmente en contradicción directa con el nivel de acción.

Un rasgo destacado de todas las relaciones establecidas entre la madre y el paciente son las preocupaciones, las dudas y las inquietudes que tiene la madre entorno al paciente. Es la continuación de la entrega excesiva de la madre, que ya había comenzado antes que el niño naciera. En las familias estudiadas se han observado unas pautas fijas en las preocupaciones de las madres. En general, las preocupaciones se centran en el desarrollo, el crecimiento, la conducta, la ropa y otras cosas personales de este tipo del paciente. todas las madres tienen un especial grupo de preocupaciones que conecta con sus propios sentimientos de inadecuación. Por ejemplo, una madre estaba siempre inquieta por la enfermedad y la inadecuación de sus propios órganos internos. Sus preocupaciones se centraban en el estómago, la piel, el pecho y una lista interminable de órganos enfermos de su hijo. El niño se quejaba mucho de dolores físicos. Varias madres demostraban sentimientos de inadecuación desde el momento en que dudaban de su propio atractivo físico. Sus preocupaciones se centraban en los dientes, el pelo, la constitución, la postura, la figura, la ropa, las características masculinas o femeninas y otros aspectos parecidos de los pacientes. Estos tendían a ser modelos exagerados de lo que las madres «habían luchado por que no fueran». Las madres dudaban de sus propias capacidades intelectuales. Sus preocupaciones se dirigían especialmente hacia los tests de inteligencia, las calificaciones del colegio y el funcionamiento intelectual. Los pacientes de estas dos familias parecían intelectualmente ofuscados. Para resumir lo anterior, los temas que preocupaban excesivamente a las madres acerca de los pacientes y el aspecto crucial de tener que «vérselas con los pacientes» eran idénticos a los sentimientos de inadecuación que ellas mismas experimentaban. Este aspecto es tan preciso a un nivel clínico que casi cualquier tema de la lista de quejas de las madres entorno al paciente puede considerarse como una exteriorización de las propias inadecuaciones de la madre. Si un terapeuta y otra figura externa sugiere esto, la madre e incluso el padre y el enfermo atacarán o se retirarán, o las dos cosas. No obstante, si el paciente o el padre confronta a la madre, se produce una beneficiosa reacción emocional.

Parece que el grado de respuesta negativa de los pacientes está directamente relacionado con la intensidad de las campañas organizadas con objeto de *cambiar* las «inadecuaciones» de los enfermos. El empeño que la madre pone en cambiar a los enfermos se sincroniza con la ansiedad de éstos, pero no con su situación real.

Hemos empleado el término «proyección»[7] para referirnos a muchos de los compenetrados mecanismos que tienen lugar en la relación entre la madre y el niño. Todas las madres lo han estado empleando constantemente en cada aspecto de su relación con el paciente. Según nuestra opinión, la madre puede funcionar más adecuadamente si adjudica al niño ciertos aspectos de sí misma y éste los acepta. Esto es de crucial importancia en el terreno de la inmadurez de la madre. La madre niega sus propios sentimientos de indefensión y sus deseos de ser tratada como una niña. Proyecta los sentimientos negados en el niño. Por eso percibe que el niño está indefenso y que desea ser mimado. El niño, e incluso toda la familia, acepta la percepción materna como una realidad que afecta al hijo. La madre entonces «mima»

---

[7] Se ha examinado la «proyección» de la madre en el paciente tal como aparece en la literatura. Reichard y Tillman aportaron una excelente explicación en 1950. El término «proyección» describe exactamente el mecanismo de un individuo, ahora bien, en una relación compuesta de dos personas; no describe la recíproca «introyección» del otro. El término compuesto «proyección-introyección» tampoco responde a los aspectos esenciales de este complicado mecanismo.

la indefensión del niño (sus propios sentimientos proyectados) con su yo adecuado. De este modo, una situación que empieza como *un sentimiento de la madre, termina como una realidad del hijo*. Han aparecido muchos casos de este mecanismo de las familias. Una madre alimentaba a su hijo cuando ésta tenía hambre. Cuando se sentía muy ansiosa ponía toda su atención en el hijo y justificaba sus actos citando una autoridad que recomendara amar de forma ilimitada a los hijos. En cierto sentido, al utilizar al hijo como una prolongación de sí misma, la madre podía cuidar de sus propias inadecuaciones sin tener que depender de los demás. Se presentó un caso de otro nivel de «proyección» en una madre que percibía de forma irreal que su hija tenía una voz de calidad operística. La hija pronto se dio cuenta, por sus experiencias fuera de casa, que esto no era cierto. En su casa cantaba para las amigas de la madre y actuaba como si el mito de la voz fuera verdad. Fuera de casa, ella se conducía de acuerdo con la realidad de la situación. Declaró que siguió la farsa en casa para hacer que su madre se sintiera mejor. Esta hija tenía un problema neurótico. En una familia con una psicosis, ni la hija ni la madre podrían haber advertido los límites entre la realidad y la ficción y ambas habrían continuado su actuación fuera de la realidad con respecto al mito de la buena voz en todas sus relaciones.

La «proyección» también se produce a un nivel de enfermedad física. Se trata de un mecanismo en el que el *soma de una persona es recíproco con la psique de otra*. Ha habido incontables ejemplos en que la ansiedad de una persona podía llegar a convertirse en la enfermedad física de otra. Antes de que el internista se de cuenta de esto, se producen muchas situaciones en las que una madre manifiestamente ansiosa describe al médico los síntomas del paciente. El paciente está de acuerdo con los síntomas. El médico hace un diagnóstico y receta una medicina. A las pocas horas, un proceso puede transformar la ansiedad existente en la madre en dolor que sufrirá el paciente que había sido diagnosticado y está siendo tratado. Los pediatras nos han informado que esto supone un incómodo problema en sus prácticas. Resulta mucho más fácil enfrentarse con el enfermo sumiso que con el problema subyacente. La reciprocidad somática implica a menudo una patología física definida. En una madre apareció una llamativa serie de reciprocidades de este tipo como respuesta a la rápida mejoría experimentada por un paciente regresivo. A las pocas horas de cada cambio significativo del paciente, la madre comenzaba a sufrir una enfermedad física que duraba varios días. Las respuestas somáticas incluían una infección febril respiratoria, laringitis con un grave edema en las cuerdas vocales, gastroenteritis y urticaria grave. Estos mecanismos marcadamente recíprocos son los más comunes, aunque no exclusivamente, de la relación entre madre y enfermo. Creo que el mecanismo pertenece en primer lugar a la reciprocidad que funciona entre el ficticio exceso de adecuación extremo y la ficticia inadecuación extrema.

Otra faceta de la compleja relación entre la madre y la hija fue puesta de manifiesto por una madre y una hija que se adentraron profundamente en el proceso de vincularse la una con la otra. La madre empezó a percatarse del tiempo que pasaba pensando en la hija. Nunca había sido consciente de esto antes. Afirmó que siempre había experimentado los mismos sentimientos y emociones que la hija. Se extrañó de la destreza intuitiva que tenía de sentir lo que otra sentía. Evocó un incidente ocurrido en la infancia de la hija. La niña se cayó y se hirió en la cabeza. La madre sintió que le dolía su cabeza en el lugar exacto donde se había hecho daño la hija. Estudió la explicación que podía tener esto. Llegó a la conclusión de que su propia vida estaba conectada de alguna manera compleja con la de la hija. Decidió «levantar una valla invisible entre nosotras de forma que yo pueda vivir mi vida y ella la suya». La hija confirmó esta fusión de sentimientos. Nunca había sido capaz de saber cómo se sentía. Dependía de la madre para saber como se sentía ella misma. Cuando alguna vez tenía un sentimiento que difería de lo que la madre manifestaba, ella desestimaba su propio sentimiento para sentir del modo que la madre afirmaba que ella se sentía. Había dependido de la madre para muchas cosas. Nunca sabía qué aspecto tenía, si la ropa le sentaba bien o si le pegaban los colores. Dependía de la madre para esto. Estando fuera en el colegio, durante períodos largos de tiempo, podía empezar a tener sus propios sentimientos. Cuando regresaba a casa solía perder otra vez la habilidad de conocer los propios sentimientos. Entonces la hija ponía de manifiesto la idéntica destreza intuitiva de conocer cómo se sentía la madre.

A continuación explicaremos la función que desempeña el hijo en la relación con su madre. Decir que la madre «proyecta» sus inadecuaciones sobre el niño y que éste «introyecta» automáticamente las inadecuaciones de la madre es hacer una descripción excesivamente simplificada. Con más detalle, el hijo está implicado en los mismos dos procesos que la madre, excepto que la madre inicia activamente sus demandas emocionales y verbales y el hijo se halla más dedicado a responder a las demandas maternas que a iniciar sus propias demandas. En este sentido, durante el transcurso de la vida del niño, éste intenta actuar lo mejor que puede con objeto de seguir siendo el bebé de la madre y al mismo tiempo llegar a convertirse en un adulto maduro. Creo que este problema es idéntico al que han descrito, con términos distintos, Bateson et al. (1956) en su concepto de doble vínculo.

En las familias estudiadas, la respuesta que el paciente da a las demandas maternas varía con el grado de indefensión funcional que tiene el paciente y el poder funcional que posee la madre. Un paciente muy desvalido y en estado regresivo cumplirá inmediatamente las demandas emocionales y prestará poca atención a las demandas verbales. Un paciente que se encuentra en un estado menos regresivo ofrece un indicio de resistencia a las demandas emocionales, pero disiente enérgicamente de las demandas verbales. Se requiere un nivel de poder funcional bastante elevado para que el paciente se oponga activamente a una demanda emocional con comentarios como, «Me niego a permitir que tú me trastornes». En respuesta a esta posición la madre puede angustiarse mucho o enfermar físicamente. La sumisión de un paciente inadecuado a la demanda emocional materna es casi instantánea. Tan pronto como la madre patentemente ansiosa entra en contacto directo con el paciente, la madre reduce su ansiedad y el paciente se vuelve más psicótico y regresivo. Entonces la madre, más adecuada, trata al paciente, menos adecuado, como a un bebé. Parece que la ansiedad de la madre es una señal automática para que el enfermo «ayude a la madre» convirtiéndose en su bebé. El paciente participa tan activamente en este proceso que yo no lo considero una «víctima» de la situación. En cierto sentido, los pacientes aceptan filosóficamente esta postura como una misión para la cual han nacido. En relación a esto afirmó un paciente, «Yo nací cuando mi madre necesitaba a alguien. Pudo haber sido mi hermano o mi hermana si ellos hubieran nacido en mi lugar». El paciente vive su vida como si la madre se fuera a morir sin su «ayuda» y si la madre muere, entonces él ha de morir también.

El hijo efectúa sus demandas emocionales y verbales sobre la madre explotando su posición indefensa, lastimosa. Los pacientes son adeptos a despertar en los demás simpatía y una atención excesiva. Todas las familias estudiadas han encontrado, en alguna ocasión, que sus casas estaban ajustadas a las demandas del enfermo. Los padres están tan indefensos para adoptar una posición que haga frente al paciente, como éste lo está para adoptarla contra los padres.

Abordaremos ahora las relaciones de los padres en la tríada interdependiente. Su divorcio emocional de la madre permanece bastante estable, pero puede mantener una relación íntima con el hijo siempre que la madre lo permita. Los padres siguen una pauta parecidísima a los padres divorciados que comparten sus hijos. La madre superadecuada en relación al hijo inadecuado, está a cargo del niño. El hijo no puede optar en elegir entre el padre o la madre, sin embargo puede hostigar a la madre hasta que se vaya y le deje con el padre. En ese momento el padre ocupa una posición en la que hace las funciones de madre sustitutiva. Aunque es posible que funcione en esta posición durante mucho tiempo, continúa siendo aún un representante de la madre. En nuestra experiencia no ha sido posible que un padre establezca una primera relación con el paciente mientras no modifique su propio divorcio emocional con la madre.

Las once familias estudiadas han seguido la pauta básica de madre superadecuada, paciente indefenso y padres periféricamente vinculados. Todas las madres se han inquietado por la intensidad de las vinculaciones de los hijos a ellas. Las madres creen que la vinculación se debe al desinterés paterno por el hijo. Los padres coinciden en esto. Se vio especialmente claro en las seis familias de hijos psicóticos. Todos los padres estaban preocupados por las implicaciones de homosexualidad que podían tener los hijos si continuaban vinculados a sus madres. Todos los padres afirmaban que los hijos necesitaban relaciones estrechas con sus padres para alcanzar una adecuada identificación masculina. Los seis padres trataron de acercarse a sus hijos. Todos los esfuerzos fracasaron. El más afortunado fue uno en el que padre e hijo pasaron juntos una tarde a la semana durante varios años. El padre se encontraba, con respecto al hijo, en la posición de asistente puesto al servicio de la madre. Uno de los padres decidió iniciar la tarea de ganarse al hijo. Se hizo jefe de un grupo de «boy scouts» con la secreta esperanza de que su hijo se interesara por los «boy scouts». La madre no renunció a ninguna de las vinculaciones que tenía con su hijo, de modo que éste nunca acudió a una reunión «scout».

Nuestra experiencia con hermanos normales ha sido de gran interés. Al comienzo del estudio, pensé que todos los hermanos estaban profundamente implicados en el problema familiar. Con la experiencia acumulada, ahora me inclino fuertemente a creer que el proceso esencial está limitado a la triada padre-madre-paciente. A partir de las historias clínicas y de una observación superficial existen datos que demuestran que todos los miembros de la familia se hallan de alguna manera implicados. Un ejemplo ilustrará este aspecto. Una madre tenía la normal vinculación con la hija psicótica mayor. La historia familiar indica que el padre y la hija menor se hallaban tan unidos como lo estaban la madre y la hija mayor, y las observaciones efectuadas durante los primeros seis meses tendían a confirmar esto. Durante los dos años siguientes la hija menor tomó partido por los tres miembros de la triada familiar básica, pero nunca se entregó hasta el punto de que no pudiera retirarse y abandonar la familia. Repetidas veces, los hermanos normales y los hermanos políticos se han visto implicados en el conflicto familiar durante algún tiempo, pero siempre se han replegado, de modo que la triada familiar básica subsiste, engarzada en la interdependencia triangular.

Antes de intentar seguir la pauta familiar hasta el momento del brote psicótico, volveré al principio de la relación entre la madre y el hijo y revisaré alguno de los puntos que son cruciales para entender la psicosis. De acuerdo con nuestra teoría actual, el hijo se convierte en el «otro importante» para la madre. A través del hijo, la madre es capaz de obtener un equilibrio emocional más estable, que de otra manera no habría sido posible. La «pobre indefensión» del chiquillo le permite funcionar seguramente en una posición superadecuada. La estabilidad emocional de la madre favorece entonces que el padre establezca una relación menos ansiosa con la madre. De esta manera, la indefensión funcional del niño hace posible que ambos padres alcancen un ajuste menos marcado por la ansiedad. Aunque los dos desean conscientemente que el hijo crezca y se desarrolle normalmente, actúan automáticamente manteniendo al niño en la posición indefensa. Ya he señalado los mecanismos que la madre emplea para intentar mantener el hijo indefenso. El padre también lo hace. Si el empeño de la madre por «hacer que el niño se comporte» no tiene éxito inmediato, el padre sumará su peso al esfuerzo de ella. Creo que la ansiedad es el aspecto más importante. Todas las familias estudiadas tienen una baja tolerancia a la ansiedad. Operan bajo un principio de «paz a cualquier precio». Comprometen rápidamente principios vitales importantes con la finalidad de aliviar la ansiedad del momento. Es obvio que esta política de «paz a cualquier precio» provoca de inmediato mayor ansiedad para el día siguiente, pero ellos mantienen las arriesgadas actitudes de alivio de la ansiedad del momento.

Es difícil conceptualizar los mecanismos a través de los cuales la madre o el hijo pueden sentir lo mismo que el otro o «ser para el otro». En la literatura se han propuesto algunas explicaciones posibles. ¿Por qué el hijo entra en esta situación el primero. Creo que el niño está protegiendo de forma automática sus propios intereses actuando de manera que asegure una madre menos ansiosa y más predecible. No obstante, una vez que el niño se introduce en este «ser (indefenso) para la madre» y la madre se introduce en el opuesto «ser (fuerte) para el hijo», ambos se encuentran en una atadura funcional de «ser el uno para el otro». Cuando el yo del hijo se dedica a «ser para la madre» pierde la capacidad de «ser para sí mismo». Doy más importancia al punto de vista funcional del «ser indefenso» que al punto de vista de «está indefenso». En otras palabras, considero la esquizofrenia como una indefensión funcional en contraste con conceptos que la consideran como una indefensión constitucional. Existen datos válidos que apoyan ambas posturas[8].

El proceso mediante el cual el hijo empieza a «ser para la madre» aboca a una detención en su crecimiento psicológico. Su crecimiento físico sigue normal. Cada año se produce una discrepancia mayor entre el crecimiento físico y el psicológico. La relación requiere que el hijo se entregue por completo a la madre y que la madre se consagre por completo al hijo. El estado simbiótico se encuentra precariamente equilibrado en el mejor de los casos. Como los años pasan y el niño ya no es del tamaño de un bebé, se hace aún más difícil mantener la simbiosis en equilibrio emocional. Cada uno se ve amenazado por el cambio acontecido en el otro. El hijo se ve amenazado por cualquier señal de la edad, enfermedad, ansiedad, debilidad o cambios en la actitud de la madre que puedan impedir que ella sea siempre la madre fuerte, adecuada. La madre se ve amenazada por el crecimiento, la enfermedad o cualquier otra circunstancia que pueda impedir que el hijo sea siempre su bebé. Con todo, es inevitable que ambos cambien y que la relación un día se quiebre. Los sentimientos que cada uno experimenta con relación a la pérdida del otro son equiparables con los de una muerte.

La madre amenaza al hijo de muy diversos modos. La amenaza más importante es la posibilidad de tener otro bebé y así descuidar al hijo. Creo que la selección que la madre hace de un hijo en particular para establecer una relación tan intensa está determinada por su funcionamiento inconsciente en la situación reinante en ese momento. Un buen porcentaje de madres se quedarán con la relación establecida con el primer hijo. Una madre declaró que el mayor se volvió tan sensible al nacer el segundo hijo, que fue el que más la necesitaba. Otras madres tienen sucesivas vinculaciones con cada hijo nuevo y al final retienen al más joven como a «mi pequeño». Otras eligen niños de la mitad del grupo. Una madre con cinco hijos tuvo sucesivas vinculaciones con los dos primeros y se quedó vinculada al tercero, una hija que se parecía a la madre. Otra madre mantuvo relaciones normales con sus primeros dos hijos y después se vinculó intensamente al tercero, quien nació poco después de la muerte de la madre de aquélla. El nacimiento de un hijo físicamente deforme podría satisfacer de una forma más plena las necesidades emocionales de la madre que un hijo normal.

---

[8] Bayley, Bell y Schaefer son algunos de los autores que investigan las relaciones tempranas entre la madre y el hijo. Persiguen pistas como la de si el carácter de la relación está determinado por factores que afectan a la madre.

Lo que más puede amenazar la prolongación de la simbiosis entre la madre y el hijo es el proceso de crecimiento de éste. La relación podría continuar bastante tranquila y los síntomas de la angustia de la separación podrían entrar en erupción solamente en momentos de rápido crecimiento del hijo. El crecimiento puede suscitar amenazas, rechazos, demandas y resentimiento en ambos. La simbiosis, definida como fenómeno, procura conseguir que dos seres vivos permanezcan apaciblemente en una fase grata, especial para los dos ciclos por los que atraviesan. Al principio, la simbiosis creada entre la madre y el niño es un estado normal en el curso de una vida desde el nacimiento hasta la muerte. Cuando se ve perpetuada, comienza a parecer algo extraño, viéndose amenazada por la progresión biológica del mismo proceso de la vida del que una vez formó parte.

Trataremos ahora los acontecimientos que conducen a la psicosis aguda. El rápido crecimiento del hijo en la adolescencia interfiere el equilibrio que se sostenía en la triada interdependiente. Se da un aumento de la ansiedad en los tres miembros. Los mecanismos automáticos de la madre —y también del padre— tienden a forzar al hijo a retroceder a una posición más indefensa, y los mecanismos automáticos del hijo tienden a llevarle a la sumisión. En el período adolescente el proceso de crecimiento perturba reiteradamente el equilibrio, y el proceso emocional intenta restaurarlo. Las expresiones verbales conscientes exigen que el niño sea más adulto.

En el camino que recorre el hijo desde la adolescencia hasta la psicosis aguda se transforma de ser un niño indefenso a ser un joven adulto que funciona de una manera pobre, a ser un enfermo indefenso. Me centraré en los cambios que experimenta el hijo, sin explicar específicamente los continuos mecanismos recíprocos de los padres. La adolescencia activa una ansiedad intensa en la relación simbiótica. Antes de la adolescencia, la madre se sentía tranquila mientras el hijo fuera infantil. El había manejado sus deseos de crecer con fantasías de futura grandeza. El período de crecimiento provocó la ansiedad del niño y la ansiedad de la madre, hasta que la propia relación simbiótica terminó por ser una seria amenaza. Cuando el hijo se hace más adulto, la madre se hace más infantil. Cuando él es pueril, ella pide que crezca. Después de funcionar durante varios años como un niño indefenso, tiene un «self» pequeño y está pobremente equipado para actuar sin la madre. Su dilema consiste en hallar un camino entre las fuerzas que se oponen. Se trata de un problema mayor que el de un adolescente normal que puede esperar una ayuda por parte de sus padres en su crecimiento, y que es, en el fondo, capaz de dar un primer paso prescindiendo de la familia. Antes de que el hijo pase por los problemas típicos de un adolescente normal, en este dilema, tiene que enfrentarse, en primer lugar, con el empeño que la madre pone en que él retroceda y después, con su propia necesidad de volver a ella. Una vez que se siente libre de la madre, hace frente a las relaciones exteriores careciendo de un «self» propio. Un paciente varón declaró acerca de esta dificultad, «Cuesta mucho tener a tu madre de la mano y jugar al beisbol al mismo tiempo». Una paciente joven dijo que la situación era como si existiera un «campo magnético» alrededor de la madre. Cuando se hallaba demasiado cerca de la madre, ella solía verse de repente «empujada dentro de la madre» y perder su propia identidad; cuando se hallaba demasiado lejos de la madre, no tenía «self» en absoluto.

Nuestros pacientes utilizan la negación y el aislamiento mientras aún viven en casa para escapar del «campo magnético» de la madre. Uno de nuestros pacientes cayó en una indefensión psicótica cuando tenía quince años, después de haber fracasado en sus primeros esfuerzos de funcionar sin su madre. Este fue el caso de la hija que se ha descrito en la breve historia familiar. Se volvió más decidida y segura con las figuras externas a la familia. La familia estaba convencida de que la adolescencia había resuelto su «problema de ajuste». Ella vio que podía sentirse totalmente libre de la familia cuando se trasladó al colegio universitario. Al aumentar la negación y su seguridad, consiguió hacerlo en un semestre de estancia en el colegio. Su trabajo se vio perjudicado durante el período de los primeros exámenes. El derrumbamiento psicótico se desarrolló durante varios días cuando todavía estaba aumentando la negación y redoblando su esfuerzo por «hacerlo por sí misma». En términos de nuestra perspectiva teórica, la psicosis representa un intento infructuoso de adaptar el grave daño psicológico a las demandas del funcionamiento adulto. La negación de la capacidad de la paciente y sus protestas por el empleo de la fuerza se expresaba ahora mediante verbalizaciones distorsionadas, al tiempo que su indefensión se manifestaba en comportamientos fuera de lugar debido a la psicosis.

La psicosis representaba una ruptura de la vinculación simbiótica establecida con la madre y un colapso en las prolongadas relaciones existentes en la triada interdependiente formada por padre, madre y paciente. La ansiedad de la familia aumentó mucho. La madre manipuló su ansiedad con una creciente fachada de fortaleza, especialmente con respecto al padre y al personal del hospital mental. Ella había asumido la responsabilidad de la hospitalización. La hija se mostró hostil y se rebeló abiertamente contra la madre por primera vez. La madre se enfrentó al total rechazo de la hija diciendo, «Es porque está enferma», dando a entender que la hija no se comportaría de aquel modo, caso de encontrarse bien. El padre, sin percatarse de ello, se había escurrido automáticamente retrocediendo a un funcionamiento inadecuado con relación a la extraordinariamente superadecuada madre. Sus negocios empezaron a tambalearse. Al cabo de un año llegó la quiebra, sin advertir que su fracaso podía tener alguna relación con la interdependencia funcional de la triada familiar central.

Creo que las irresueltas vinculaciones simbióticas establecidas con la madre varían desde las muy leves hasta las muy fuertes; que las leves causan poco daño, y que las psicosis esquizofrénicas se producen entre los que establecen las vinculaciones irresueltas más intensas. Existen muchas vías por las que el individuo que tiene una vinculación intensa puede encontrar alguna solución a su problema. Ciertos individuos son capaces de reemplazar a la madre original con madres sustitutivas. La indefensión funcional puede encontrar su expresión en una enfermedad somática. La persona que sufre una neurosis caracterial emplea un mecanismo de evasión para enfrentarse a la indefensión. Los pacientes de nuestras familias intentaron encontrar relaciones distantes. Se contempla el colapso psicótico como un intento de solución que ha fallado.

He empleado los términos *demanda emocional* y *proceso emocional* para explicar la simpatía emocional mediante la cual un miembro de la familia responde automáticamente al estado emocional de otro, sin tampoco ser consciente del proceso. Quizá se pueda entender esto como comunicación no verbal, pero he preferido utilizar estos términos de una manera descriptiva. El proceso es inconsciente en el sentido de que ninguna persona se da cuenta de ello, pero no es inconsciente en el uso habitual que hacemos del término. Este «proceso emocional» es profundo y parece en alguna medida referirse al *ser* de una persona. Discurre silenciosamente por debajo de la superficie entre la gente que tiene relaciones muy estrechas. Opera durante momentos de conflicto y de armonía sosegada. En gran parte de nuestras familias existe mucho conflicto y manifiesto desacuerdo y muchas historias de injusticias y fechorías entre los miembros de la familia. Es fácil que un observador acabe preocupado con el conflicto y la perturbación. Existen familias con miembros de la familia esquizofrénicos que tienen poco o ningún conflicto y ninguna historia de los factores que nosotros asociamos ordinariamente con la esquizofrenia. Creo que este proceso emocional puede estar íntimamente ligado con la esquizofrenia y es posible que la familia «silenciosa» proporcione más pistas para el proceso.

Sale a flote la cuestión de las «madres que rechazan». No hemos tenido ninguna madre que rechace en nuestro pequeño número de familias estudiadas. Todas las madres de nuestro grupo han sido «llamadas rechazadoras» por los pacientes. La cantidad de atención que las madres prestan a los pacientes depende de su nivel de ansiedad. Cuando las madres están ansiosas, revolotean y se comportan como niñas. Cuando no lo están prestan mucha menos atención. Los pacientes experimentan esta reducción de la atención como «rechazo». La impresión que tengo sobre una madre que rechaza realmente es la de aquella cuyo hijo nunca pudo formar parte del sistema defensivo de sus propias necesidades emocionales, de manera que tiene que descuidar al hijo con objeto de encontrar su gratificación en alguna otra parte.

Entre aquellas familias que se han beneficiado de la terapia familiar, hemos observado modificaciones de las pautas familiares habituales, fijas. Por ejemplo, un cambio en uno de los miembros solía verse seguido de otros cambios en los otros dos. Resultó que la observación de los cambios fue lo que llevó a la explicación del «funcionamiento recíproco entre el exceso de adecuación-inadecuación».

Hay otros cambios producidos en el curso de la terapia que son de interés teórico. Lo siguiente es una breve narración de algunos de los cambios que experimentó una familia compuesta de padre, madre e hija. El intenso conflicto que existía entre la madre y la hija ocupó los primeros meses de sesiones de terapia familiar. El padre permaneció en la periferia y en una posesión inadecuada. Empezó a participar poco a poco en los problemas familiares. El conflicto se trasladó a la relación entre la madre y el padre. Cuando el padre empezaba a tomar posiciones oponiéndose a la madre excesivamente adecuada, ésta se ponía mucho más ansiosa, desafiante y agresiva hacia él. Al final él asumía la posición del jefe de la familia, pese a la acusada ansiedad, vacilación y protestas de ella. A los pocos días aconteció en ella un cambio bastante rápido, convirtiéndose en una persona amable, maternal y objetiva. Declaró, «Es tan agradable al fin tener a un hombre por marido. Si él es capaz de seguir siendo un hombre, entonces yo seré capaz de ser una mujer». Desapareció el divorcio emocional y durante dos meses se entregaron totalmente entre sí como si se tratara de dos jóvenes amantes. La paciente intentó recuperar su perdido par simbiótico, pero la madre se mantuvo firme y la paciente consiguió algún progreso sólido. Bajo condiciones de estrés, todos ellos caían en sus primeras formas de funcionamiento, pero en seguida era más fácil que el padre adoptara una posición adecuada y menos amenazante para que la madre perdiera la posición excesivamente adecuada.

El dato más sorprendente era que cuando los padres se hallaban emocionalmente cerca, más entregados el uno al otro, de lo que estaban con respecto a la paciente, ésta mejoraba. Cuando uno de los dos se entregaba más a la paciente que al otro, la paciente inmediata y automáticamente recaía. Cuando los padres se encontraban emocionalmente cercanos, no podían equivocarse en la «dirección» de la paciente. Esta respondió bien a la firmeza, la permisividad, el castigo, el compromiso de «hablarlo» y al resto de los modos de enfocar su dirección. Cuando los padres se hallaban «divorciados emocionalmente» todas y cada una de las «maneras de enfocar la dirección» fracasaban igualmente.

CONCLUSION

La hipótesis de trabajo de este proyecto se ha basado en la suposición teórica de que la psicosis del paciente es síntoma de un problema familiar más amplio. Esta suposición contrasta con la postura teórica habitual que la considera una enfermedad o un fenómeno patológico del paciente. No ha sido posible dirigir la operación clínica y de investigación en total armonía con nuestra postura teórica. Nuestras propias limitaciones y la visión generalmente aceptada de que se trata de una enfermedad del individuo hace que sea necesario conservar parte de la orientación individual. En otras palabras, es posible que consideremos la psicosis como un problema familiar, pero, de muchas maneras fundamentales, debemos referirnos a ella como a una enfermedad del individuo. Con todo, nuestro instinto de investigación nos ha permitido adoptar una flexibilidad experimental poco frecuente, y ha sido posible lograr un grado aceptable de armonía entre la hipótesis y el proceso de investigación. Cuanto más hemos entendido la psicosis como un fenómeno familiar, más capaces hemos sido de observar un cuadro diferente de la esquizofrenia. Por eso, la hipótesis de trabajo se basa en una suposición teórica. El proceso de investigación, basado en la hipótesis, ha aportado observaciones distintas de las que pueden obtenerse a partir de otras perspectivas teóricas. El concepto de familia es la correlación que existe entre las observaciones de la investigación y la hipótesis. Nuestro proyecto ha estado en funcionamiento durante cuatro años. La hipótesis y el enfoque del proceso ha sido modificado, hasta cierto punto, cada año. En este sentido, el concepto de familia, tal como aquí se ha expuesto, podría decirse que es nuestra actual conceptualización del funcionamiento de la esquizofrenia.

Al principio del artículo afirmé que el problema teórico que tenemos con la esquizofrenia era un tanto análogo al problema del ciego y el elefante. Probablemente la analogía es más apropiada para quienes trabajan con la familia que para los demás, pero me ha sorprendido encontrar que la esquizofrenia contemplada desde la orientación familiar es muy distinta de la esquizofrenia vista como un problema individual. La esquizofrenia no cambiaba, lo único que cambiaba eran los ojos que la contemplaban. En este sentido, el concepto de familia proporciona otra posición desde la cual se puede contemplar uno de los dilemas más antiguos del hombre.

CAPITULO 5

Psicoterapia familiar

La psicoterapia familiar de este proyecto de investigación se desarrolló directamente a partir de la premisa teórica de «la familia como unidad de enfermedad». Es preciso tener algún conocimiento acerca de la premisa teórica para entender claramente el enfoque terapéutico. Abordaré primero la premisa teórica de «la familia como unidad de enfermedad» y a continuación el enfoque terapéutico de «la familia como unidad de tratamiento».

El desarrollo de la premisa teórica, analizado con detalle en otros artículos (Bowen 1957 a, 1960; Bowen et al. 1957), se resumirá brevemente. La primera hipótesis de trabajo del proyecto se desarrolló a partir de la experiencia previa de psicoterapia psicoanalítica con pacientes esquizofrénicos y con sus padres. La mejora había sido más consistente en los pacientes cuyos padres establecieron también relaciones psicoterapéuticas. Se interpretaba la esquizofrenia como una entidad psicopatológica que se hallaba dentro del paciente, que había estado influenciada en gran manera por la relación temprana del hijo con la madre. Se consideraba que el fundamento del problema caracterial, sobre el que se superponían más tarde los síntomas psicóticos, no era otro que el surgimiento de una vinculación simbiótica irresuelta con la madre. Se pensaba que la vinculación simbiótica suponía una detención del proceso de crecimiento psicológico normal, desarrollado entre la madre y el hijo, que se inició con la respuesta del niño a la madurez emocional materna. Ninguno de ambos deseaba esta respuesta y contra ella habían luchado sin éxito a lo largo de los años. Este último matiz fue importante. Cuando la hipótesis evitó «echar la culpa» a las madres se hizo posible una nueva flexibilidad teórica y clínica. Creo que la «censura», no importa cuanto se suavice o se niegue, es inherente a cualquier teoría que contemple a una persona como «causa» del problema de otro.

La hipótesis además postulaba que madre y paciente podían empezar a avanzar hacia una diferenciación mutua si ambos se sometían a psicoterapia individual.

El plan de la investigación tenía previsto que en el primer año madres y pacientes convivieran en la sala psiquiátrica, que los sujetos que integraban el personal interfirieran lo menos posible en problemas que surgieran en la relación entre los dos, y que todos recibieran psicoterapia. La hipótesis de trabajo, formulada a partir de la experiencia obtenida individualmente con las madres y los pacientes, había predicho exactamente la manera en que cada uno se relacionaría con el otro, como individuos. No predijo, ni siquiera consideró, un amplio campo de observaciones que surgieron en la situación de convivencia. La «unidad emocional» que existía entre la madre y el paciente era más intensa de lo previsto. La unidad era tan singular que cada uno de ellos podía conocer exactamente los sentimientos, pensamientos y sueños del otro. En cierto sentido podían «sentir el uno por el otro» e incluso «ser el uno por el otro». La forma que la «unidad» adoptó para relacionarse con los padres o con otras figuras externas tenía unas características. Esta unidad emocional es totalmente distinta de la separación emocional existente entre las madres y sus hijos normales. Repetidas observaciones sugerían que la unidad creada por la madre y el paciente se extendía más allá de la madre y del paciente, de modo que envolvía al padre y a otros miembros de la familia. Las madres y los pacientes se sometieron a psicoterapia individual para restaurar la armonía de la unidad, más que para diferenciarse entre sí.

Con el cambio que llevó a adoptar la hipótesis de la familia como unidad, el foco de interés se trasladó de los individuos a la «unidad familiar». En ese momento podíamos habernos quedado con la orientación individual ya conocida y centrarnos en las características de las relaciones individuales, pero disponíamos de la posibilidad, en nuestro estudio, de explorar distintas perspectivas, y había observaciones que apoyaban que la hipótesis de la «familia como unidad» era una vía provechosa de enfocar el problema. Se cambió la hipótesis con objeto de considerar la psicosis como un síntoma de un proceso activo que afectaba a toda la familia. Así como una enfermedad física generalizada podía concentrarse en un órgano, de la misma manera se interpretaba la esquizofrenia como un problema familiar generalizado que incapacitaba a un miembro del organismo familiar. Se modificó el programa de la investigación con el fin de admitir a nuevas familias en las que padres, madres, pacientes y hermanos normales pudieran convivir en la sala psiquiátrica. Se adaptó el diseño de la investigación a la unidad familiar en vez de al individuo. Por ejemplo, se adaptó el ambiente de la sala a una actividad familiar en lugar de a una actividad individual, y el personal se esforzó por pensar en términos de la unidad familiar en vez del individuo. Se cambió la psicoterapia para aplicar el enfoque de «la familia como unidad de tratamiento».

El concepto teórico de «la familia como unidad de enfermedad» es fundamental para cualquier aspecto del proceso clínico y de investigación. Es la base sobre la que se desarrolla la psicoterapia familiar como un sistema ordenado lógicamente. Los términos *familia como unidad* y *unidad familiar* se emplean como formas abreviadas de «la familia como unidad de enfermedad». A cierto nivel, este concepto parece tan sencillo y obvio que apenas merece una segunda consideración. A otro nivel, el concepto es sutil y complejo, con implicaciones de largo alcance que contienen un cambio importante en el modo de pensar del hombre sobre sí mismo y la enfermedad, y en la teoría y la práctica de la medicina. En un intento de comunicar de la forma más clara posible lo que se quiere decir con el concepto, describiré alguna de las experiencias que tuvo el personal al reemplazar la orientación individual por la de la familia como unidad.

El personal experimentó tres principales niveles de consciencia respecto al concepto de familia como unidad. El primero fue el nivel de *consciencia intelectual*. Era relativamente fácil entender el concepto a un nivel intelectual.

El segundo fue el nivel de *consciencia clínica*. Era infinitamente más complejo desarrollar el concepto en la práctica clínica que comprenderlo intelectualmente. Primero era necesario clarificar y definir mejor nuestro pensamiento. Todas las teorías, terminología, literatura, enseñanza, reglas sociales que se refieren a las personas enfermas, y las normas y principios que rigen la práctica de la medicina, se basan en una orientación individual de la familia. Resultaba difícil para el personal abandonar esta manera de pensar como «segunda naturaleza». Entonces se presentó el problema de actuar en un centro médico que consideraba «al individuo como unidad de enfermedad». La orientación individual en la medicina es estricta. Requiere que al sujeto se le llame «paciente» y que la patología individual se defina con tests y se etiquete con un «diagnóstico». Dejar de centrarse en el individuo puede ser tachado de irresponsabilidad médica. Nuestro problema consistía en buscar una manera de poner en práctica un proyecto basado en «la familia como unidad» en una institución con una orientación individual. Nuestro centro de investigaciones permitía cierta flexibilidad, imposible en un marco clínico estricto. Por ejemplo, el centro permitió poner una etiqueta diagnóstica de «sólo para investigación». En general, el centro exigió los mínimos requisitos individuales, aunque dentro de la sala de investigación se evitó el empleo de *diagnóstico* y del término *paciente*. A la hora de escribir ha surgido el mismo problema. Evitar términos como *paciente* y *esquizofrenia* se convierte en algo tan complicado que hemos resuelto el dilema temporalmente soslayando el empleo de términos familiares. En el curso de la puesta en marcha del concepto de la familia como unidad en la práctica clínica, hemos «concebido» el concepto de modo muy distinto a como lo hace la consciencia intelectual.

El tercer nivel era la *consciencia emocional*. Hubo un proceso de cambio de las identificaciones emocionales con el individuo por una consciencia emocional de la familia como unidad definida. La primera reacción emocional de un miembro del personal nuevo era normalmente la excesiva identificación con uno de los miembros de la familia, generalmente el paciente, e ira hacia el miembro de la familia más cercano al paciente, normalmente la madre. Los miembros de la familia bregaban constantemente por conseguir que los miembros del personal apoyaran sus opiniones individuales. La segunda reacción emocional solía consistir en entregarse de forma excesiva, alternativamente primero a uno y luego a otro miembro de la familia. De la tensa y excesiva entrega surgiría gradualmente una separación emocional y una capacidad incipiente para percatarse de que el problema familiar afectaba a todos.

Según mi opinión, el interés teórico acerca de la familia como unidad, más el constante contacto diario con la situación de convivencia, pone en escena esta separación automática del individuo y la creciente consciencia emocional de la familia. La separación se originó más rápidamente en aquellos que tenían un mejor control sobre la constratransferencia y sobre la implicación excesiva. Alguno de los miembros del personal no pudo librarse nunca de verse excesivamente implicado con un miembro de la familia y enfadarse con otros miembros de la familia. Es esencial que el psicoterapeuta familiar se relacione con la familia y que evite verse excesivamente implicado con un individuo. Dentro de la familia y de él mismo existen fuerzas fijas que le hacen retomar la corriente orientación individual. Cuando aumenta la ansiedad, los miembros de la familia ejercen más presión sobre las relaciones individuales. Cuando el terapeuta se muestra ansioso, es más probable que responda con una orientación individual como segunda naturaleza que «siente como correcta». Descubrí que el empleo de términos asociados con una orientación individual constituía un estímulo suficiente para hacerme volver al pensamiento individual. Yo era el responsable de la psicoterapia familiar. En el esfuerzo de mantener una orientación de la familia como unidad, evité el empleo de muchos términos psiquiátricos habituales que estaban asociados al individuo y me obligué a utilizar términos descriptivos sencillos. A otros miembros del personal se les ha dado más libertad para usar términos comunes.

Al comienzo del estudio empleábamos un término que había sido desechado porque tenía ciertas imprecisiones, pero que efectivamente daba una noción bastante clara sobre la hipotética unidad psicológica de la familia. El término *masa de ego familiar indiferenciado* sugería una idea principal de la familia como unidad. Algunos hermanos son capaces de lograr casi una completa diferenciación de la familia mientras que otros logran una menor. El que acaba volviéndose psicótico es un ejemplo de quien logra una diferenciación pequeña. A un cierto nivel todo miembro de la familia es un individuo, ahora bien, a un nivel más profundo, el grupo familiar principal es como si fuera uno. Nuestro estudio se dirige a «la masa de ego familiar indiferenciado» que se halla bajo los individuos. En la literatura el concepto que parece acercarse más a nuestra idea de la familia como unidad fue introducido por Richardson en *Patients Have Families* (1948). No desarrolló este concepto tan específicamente como nosotros, no obstante una de las secciones de su libro se titula «la familia como unidad de enfermedad» y otra «la familia como unidad de tratamiento». Con el creciente número de investigaciones acerca de la familia, términos como *la unidad familiar* y *la familia como unidad* se han hecho corrientes. Muchos investigadores han adoptado un pensamiento teórico basado en la teoría individual y empleado términos del tipo *familia como unidad* para referirse de una manera inespecífica a un grupo de miembros individuales de una familia. De acuerdo con nuestra hipótesis esto sería un «grupo familiar» más que una «familia como unidad». El término psicoterapia familiar también se emplea frecuentemente. Lo hemos utilizado para referirnos a la psicoterapia dirigida a la hipotética unidad emocional que existe dentro de la familia. Según nuestra hipótesis, una psicoterapia basada en la teoría individual y dirigida a un grupo de individuos de la misma familia sería «psicoterapia de grupo familiar», lo cual es muy distinto del método de la «psicoterapia familiar» que aquí se expone.

En una tentativa de retirar a la psicoterapia del status de un método empírico de ensayo y error, se ha incorporado a aquélla en la hipótesis de investigación, de tal modo que ésta determine el curso de la psicoterapia al tiempo que las observaciones psicoterapéuticas puedan utilizarse para ir modificando la hipótesis. Al adaptar la hipótesis al proceso clínico se dieron tres principales pasos. Cada uno tenía sus propias resistencias. El primero fue no *pensar* en términos del individuo, sino en términos de la familia como unidad. Este paso fue incorporado en la hipótesis. La resistencia que surgió contra él provino del personal. Resultaba difícil abandonar el pensamiento individual al que se estaba acostumbrado. El segundo paso consistió en *relacionarse* con la familia como unidad, en lugar de con los individuos. Este paso se incorporó en el diseño de la investigación. La resistencia surgió tanto en el personal como en las familias. En momentos de alta ansiedad, la tendencia a retomar la orientación individual estaba presente en las familias y en el personal. El tercer paso fue *tratar* a la familia psicoterapéuticamente como un único organismo. Este paso fue incorporado a la investigación con la denominación de «psicoterapia familiar». Obviamente primero era necesario *pensar* en la familia como unidad y *relacionarse* de una manera aceptablemente satisfactoria con la unidad familiar, antes de ponerse a *tratar* a la familia como unidad.

A continuación se analizará el modo en que la psicoterapia familiar fue integrada en el programa de investigación global. El primer paso consistió en plantear la hipótesis detalladamente (ver Bowen 1957 a, 1960, Bowen et al. 1957). Todas las situaciones clínicas posibles se estudiaron con antelación, se explicaron según la hipótesis y se grabaron a modo de predicciones que serían contrastadas con las observaciones clínicas. La hipótesis de trabajo era pues un anteproyecto teórico que formulaba el origen, la evolución y las características clínicas del problema familiar, que servía como base para conocer la línea clínica que se seguiría antes de que apareciese la situación clínica, y que prediciría la respuesta clínica a la psicoterapia familiar. Esto corresponde a la etapa del *pensamiento* delineada anteriormente. El segundo paso que había que dar era la elaboración de un diseño de la investigación mediante el cual la hipótesis de trabajo se pondría en práctica. Se alteró el ambiente de la sala psiquiátrica con objeto de que se adaptara lo más ajustadamente posible a la hipótesis. Por ejemplo, se planeó que la unidad familiar, en lugar del individuo, se sometería a una terapia ocupacional. Este paso correspondió a la etapa de *relación* delineada anteriormente. El tercer paso consistía en el desarrollo de una psicoterapia coherente con la hipótesis.

De esta suerte, todo el proceso se desarrolló en la línea de la hipótesis de trabajo. Las predicciones clínicas resultaron de gran utilidad. Se llevaron a cabo continuas comprobaciones entre las predicciones y las observaciones reales. Había áreas en que las predicciones resultaban sorprendentemente exactas y otras de enorme incoherencia. Las áreas de incoherencia se convirtieron después en áreas de exploración especial. Finalmente, cuando aparecían observaciones clínicas suficientes como para justificar una modificación, se reformulaba la hipótesis de trabajo, se modificaba el diseño de la investigación y la psicoterapia conforme a la reformulación de la hipótesis y se hacían nuevas predicciones. De este modo, la psicoterapia coincidía con la hipótesis punto por punto, y las observaciones que se repetían de forma coherente en la psicoterapia podían convertirse por consiguiente en la base de una alteración de la hipótesis. Fue posible introducir cambios en la psicoterapia en cualquier momento, pero sólo *después* fue posible reformular la hipótesis de *introducir cambios sobre la base de la teoría*; por el contrario, fue imposible introducir cambios en las urgencias clínicas que se basaban en el «juicio clínico» o «los sentimientos». La hipótesis de trabajo, que no es otra cosa que nuestra actual manera de concebir teóricamente la esquizofrenia, se ha expuesto con detalle en otro artículo (Bowen 1961 a).

En un proyecto como éste hay una gran riqueza de emocionantes observaciones clínicas. El mayor problema reside en la selección y clasificación de los datos. Me he dedicado más que a observar en detalle, a examinar pautas amplias de conducta y específicamente pautas amplias presentes en todas las familias. Algunas de éstas se han incorporado en la hipótesis de trabajo y han servido posteriormente como base para modificar la psicoterapia. Estas pautas de relación han sido exploradas en otros artículos (Bowen 1959, 1960; Bowen et al. 1959); no obstante, han desempeñado un papel tan relevante en la evolución de la psicoterapia que es necesario resumir algunas de ellas aquí.

Los miembros de la familia son muy distintos en sus relaciones externas sociales y de negocios de como son en las que se producen dentro de la familia. Es asombroso ver cómo un padre actúa con éxito y decisión en el trabajo y, en cambio, en relación con la madre se vuelve inseguro, acomodaticio y paralizado por la indecisión. En todas las familias ha surgido un distanciamiento emocional entre los padres, que hemos denominado «divorcio emocional». En un extremo estaban los padres que mantenían entre sí un distanciamiento suave y controlado. Los padres discrepaban pocas veces de forma drástica y veían el matrimonio como algo ideal. El matrimonio tomaba forma y contenido de proximidad en el sentido de que realizaban actos de aproximación y empleaban términos de cariño asociados con la cercanía, aunque la emoción desaparecía. Ni el marido ni la mujer podían comunicarse pensamientos íntimos, fantasías o sentimientos, aunque ambos podían comunicar pensamientos y sentimientos a otros. En el otro extremo estaban los padres que se peleaban y discutían durante los períodos de proximidad y que mantenían, la mayor parte de su tiempo, una distancia de «guerra fría» entre ellos. La mayoría de los padres mantenía el distanciamiento con variadas combinaciones de control sereno y abierta discrepancia.

El padre y la madre eran igualmente inmaduros. En las relaciones externas ambos podían ocultar la inmadurez con fachadas de madurez. En su relación mutua, especialmente cuando hacían tentativas de actuar juntos o en equipo, uno de ellos solía convertirse de inmediato en el adecuado o extraordinariamente fuerte y el otro en el inadecuado o indefenso. Ninguno de ellos podía actuar en el punto medio entre estos dos extremos. Cada uno podía funcionar en cada una de las posiciones, dependiendo de la situación. Los padres excesivamente adecuados eran crueles y autoritarios, mientras que las madres inadecuadas se mostraban indefensas y quejumbrosas. Las madres excesivamente adecuadas eran dominantes y mandonas, mientras que los padres inadecuados se mostraban pasivos y sumisos. A esto lo hemos denominado «la reciprocidad entre exceso de adecuación-inadecuación». El que toma una decisión por los dos se convierte inmediatamente en el excesivamente adecuado, quien es visto como «el que domina» al otro, el cual por su parte está «obligado a someterse». En caso de que ninguno de los dos «ceda» inmediatamente, se pelean y discuten. Ninguno desea asumir la responsabilidad de «dominar», la ansiedad de «someterse», ni la incomodidad de pelear. El divorcio emocional es un mecanismo a través del cual se puede hacer que la relación sea más cómoda. Guardan la distancia, evitan las decisiones conjuntas, buscan actividades individuales y comparten los pensamientos íntimos y los sentimientos con familiares, amigos, hijos u otras figuras externas. Con el paso de los años, los padres tienden a desarrollar pautas fijas en las que uno es normalmente el excesivamente adecuado y el otro el inadecuado. La reciprocidad entre exceso de adecuación-inadecuación y la parálisis de decisión crea un estado de extrema indefensión funcional en la familia.

Entre padre, madre y paciente existe una fuerte interdependencia que hemos denominado «triada interdependiente». Es corriente que los hermanos normales se vean bastante implicados en el problema familiar, pero no tan profundamente que no puedan separarse de la triada, dejando al padre, a la madre y al paciente entrelazados en la unidad familiar. Dentro de la triada se dan pautas fijas de funcionamiento. Uno de los padres puede establecer una relación próxima al paciente, siempre que el otro lo permita. Los padres, separados entre sí por el divorcio emocional, comparten al paciente del mismo modo que los padres divorciados comparten a sus hijos. La pauta más común es que la madre, en una posición excesivamente adecuada con respecto al paciente, posea la «custodia» del paciente, mientras que el padre se muestra distante y pasivo. Existen situaciones en que se quiebra la relación entre la madre y el paciente y seguidamente el padre empieza a actuar de la misma manera que lo había hecho la madre en la estrecha vinculación con el paciente.

Los padres sostuvieron puntos de vista fuertemente opuestos sobre muchos aspectos a diversos niveles. El tema sobre el que existe la mayor discrepancia es la dirección del paciente. Un padre y una madre con un elevado nivel de abierta discrepancia afirmaron, «Nos ponemos de acuerdo en todo menos en cómo hay que criar a los hijos y cómo hay que criar a los periquitos». Es importante que los psicoterapeutas sepan que los padres sostienen estos puntos de vista opuestos acerca del paciente, aunque éstos no se expresen. Parece que estos puntos de vista están conectados más con la oposición al otro que con una verdadera y fuerte convicción. Se han producido cambios de puntos de vista en los que uno de los padres intenta poner a prueba el punto de vista previamente adoptado por el otro. Parece que los puntos de vista encontrados sirven para mantener la identidad. Por ejemplo, el que «cede» dice que experimenta una «pérdida de identidad», «una pérdida de parte de mí mismo», e «incapacidad para conocer lo que pienso y creo». Parece que «levantar la voz» supone una manera de mantener la identidad. Las «diferencias» constituyen un apremiante problema cotidiano para los padres. Para ellos, la solución está en llegar a un acuerdo y «...eso es imposible». En realidad, sus mismas tentativas de hablar de las diferencias, ¡terminan provocando diferencias mayores! Cuanto más claramente expresa uno su punto de vista, más enérgicamente se opone el otro.

Se han formulado y definido algunos principios, reglas y técnicas de psicoterapia familiar. Los principios se derivan directamente de la hipótesis de trabajo. Las reglas establecen la estructura para adaptar los principios al proceso psicoterapéutico. Las técnicas son recursos empleados por los terapeutas para ejecutar las reglas. Por ejemplo, uno de los principios considera que la familia es una unidad psicológica. La regla establece que la familia participe como unidad en la psicoterapia familiar. En este artículo me centraré en la estructura más simple, la de una única familia sometida a psicoterapia familiar con un terapeuta, y evitaré las situaciones más complejas con múltiples terapeutas y grupos familiares atípicos.

El objetivo inicial es introducir a la familia en una duradera relación con el terapeuta en la que los miembros de la familia hacen tentativas de «trabajar en equipo» durante la sesión, con el fin de discutir y definir sus propios problemas. El terapeuta se dirige a una posición de distanciamiento imparcial, desde la cual le sea posible analizar las fuerzas intrafamiliares. Si pensamos en la familia como en un organismo, la situación tiene ciertas analogías con la estructura del psicoanálisis. El «trabajo en equipo» familiar es parecido al paciente que intenta desarrollar la libre asociación. La tarea terapéutica consiste en analizar *in situ* las relaciones intrafamiliares existentes, más que examinar la relación de transferencias surgida entre el paciente y el analista. Cuando el terapeuta se relaciona bien con la unidad familiar y evita las relaciones individuales, la unidad familiar desarrolla una dependencia del terapeuta similar a la transferencia neurótica, muy distinta de la fuerte vinculación primitiva del paciente psicótico al terapeuta.

Empezamos la psicoterapia con una sencilla explicación acerca de la premisa teórica del proyecto y la estructura de «trabajo en equipo» que caracterizará a las sesiones. Es posible que el trabajo en equipo parezca algo sencillo en la superficie, pero va directo al corazón del problema. En el camino se hallan el «divorcio emocional», la «reciprocidad entre exceso de adecuación-inadecuación» y los problemas de la «tríada interdependiente». La estructuración requiere que uno de los miembros haga de líder y abra la sesión. En el momento en que la familia es capaz de arrancar, se despierta una profunda ansiedad. La familia, mediante mecanismos definidos (equivalentes a las resistencias en la psicoterapia individual), evita la ansiedad que produce el trabajo en equipo. Cuando la ansiedad aumenta, el esfuerzo de la familia puede verse bloqueado. A este respecto creo que una de mis principales funciones es actuar como «facilitador» que les ayude a empezar el trabajo en equipo, que les acompañe cuando puedan trabajar juntos y que les ayude a empezar de nuevo cuando exista un bloqueo.

Una familia con un miembro de la familia psicótico es funcionalmente un organismo indefenso, sin un líder y con un elevado nivel de manifiesta ansiedad. Se ha enfrentado a la vida de una manera impotente e ineficaz, se ha hecho dependiente del consejo y guía de expertos externos y sus decisiones más positivas se toman en aras del alivio de la ansiedad del momento, no importando cuántas implicaciones pueda acarrear esto mañana. ¿Qué hace el terapeuta para que en este tipo de familia surja una relación de trabajo en equipo? Alguno de los principios y reglas más importantes se relacionan con este terreno. En general, el objetivo es buscar un líder para esta familia sin guía, respetar al líder familiar cuando funciona como tal y buscar maneras de evitar las relaciones individuales y la posición de omnipotencia en la cual la familia intenta emplazar al terapeuta. Una revisión de las familias del estudio ilustrará algunos de los problemas que han aparecido con los líderes familiares.

De las quince familias con padres, hubo ocho en las que las madres funcionaban claramente de forma excesivamente adecuada con relación al paciente indefenso y tomaban las decisiones que afectaban a la familia. Los padres se mostraban distantes, pasivos, críticos opuestos a las actividades maternas. Aun cuando los padres no lo expresaban abiertamente, sus pensamientos se centraban en lo que la madre hacía mal y en lo que debía hacer para corregirlo, pero no emprendían por sí mismos ninguna acción o iniciativa. Estas madres podían suscitar el esfuerzo familiar, vencer la resistencia de los padres y de los pacientes a acudir a las sesiones e iniciar el «trabajo en equipo». Estas familias han funcionado satisfactoriamente en la psicoterapia familiar.

En cuatro familias los padres actuaron como portavoces de las madres, que permanecieron en segundo plano. Una parodia de esta situación podría transcurrir como sigue: La madre dice al padre que él es quien tiene que decidir lo que hay que hacer. El replica que no sabe qué hacer. Ella añade que él tiene que decidir y a continuación le da alguna idea para ayudarle a tomar la decisión. El contesta que así lo hará. Un padre como éste es tan impotente como lo era cuando su propia madre le decía lo que tenía que hacer, lo que tenía que ponerse o cuándo cortarse el pelo. Con esta familia se demuestra claramente, en la situación no estructurada de trabajo en equipo, la impotencia del padre. Tiene que empezar la sesión. Se vuelve hacia la madre. En esta situación ella permanece callada, aunque puede que le reprenda una vez terminada la sesión. Entonces él se vuelve hacia el terapeuta empleando todos los medios a su alcance para conseguir que le diga qué tiene que hacer. Estas familias han funcionado de forma mediocre en la psicoterapia familiar. Una de las familias abandonó un año antes de que los padres pudieran empezar a trabajar en equipo. Los padres poseían una habilidad especial para leer las «instrucciones» en las experiencias faciales o en los casuales comentarios del terapeuta.

Hubo tres familias en las que parecía que los padres funcionaban como líderes y tomaban las decisiones, aunque comparativamente eran débiles y no eran más que «líderes ficticios». Las madres eran activas con los pacientes, pero con respecto a los padres se mostraban serenas. Parecía que eran importantes en alguna parte del escenario. Finalmente una de estas madres dio su versión de esto. Afirmó, «Si yo hago una sugerencia directa, él la rechaza. Por eso, sigo dándole vueltas hasta que alguna vez surge en él como una idea suya. El único problema es que a menudo la pierde y la cambia, entonces tengo que empezar todo de nuevo». Estas familias han progresado lentamente en la psicoterapia familiar.

Era relativamente fácil que las madres excesivamente adecuadas que tomaban las decisiones iniciaran el trabajo en equipo. Dos de las madres consiguieron empezar al principio de la primera sesión. La madre, separada del padre por el divorcio emocional, dirigía el primer comentario al paciente. Si la ansiedad era elevada, ella criticaba al paciente. Si era baja, utilizaba un acercamiento comprensivo como, «Dinos qué piensas. Dinos que es lo que no te gusta de nosotros». Al final se producía un furioso intercambio entre la madre y el paciente. El padre pasivo, discrepando silenciosamente de la madre, permanecía tranquilo, esperando que el terapeuta la hiciera «entrar en razón». Más tarde pedía al terapeuta que expresara su opinión profesional. La solicitud de una opinión profesional normalmente tiene lugar cuando existe una diferencia de opinión entre el padre y la madre. El terapeuta que expresa una opinión no sólo toma partido, sino que también echa a perder el «porqué» de la cuestión. Generalmente en la discordia que surge entre la madre y el paciente, el padre se identifica con la perspectiva del paciente, aunque, cuando el paciente le pide apoyo, él permanece pasivo. Si el paciente agrede a la madre, él corresponderá a la petición de la madre para hacer que el paciente se comporte. La madre que toma las decisiones puede volverse muy agresiva e incluso cruel en sus tentativas de hacer frente a la familia.

Al principio nos inclinamos a señalar la agresión de la madre, lo ilógico de sus comentarios y la pasividad del padre. Esto terminaba por poner fin a la agresión de la madre y, con ello, ésta abandonaba la posición de líder familiar. El terapeuta se encontraba entonces frente a una familia indefensa en la situación de «qué hacemos ahora». El padre pasivo respondía normalmente con un intento vacilante de ser más activo, aunque con una actitud sumisa de «el doctor dijo que». En ese momento evitamos hacer comentarios que puedan reducir la iniciativa del líder familiar. Añadimos comentarios que «apoyen» al líder familiar tales como, «Te está suponiendo un duro trabajo hacer que la familia avance junta». Estas personas han convivido desde hace años. Todos son capaces de tratarse entre sí. Cuando el terapeuta es capaz de enfrentarse a sus propias inquietudes, entonces los miembros de la familia son más capaces de emplear sus propios recursos espontáneos. Finalmente el padre pasivo, por propia iniciativa, se opone a la madre agresiva y el conflicto central se traslada, de la relación entre la madre y el paciente, a la relación entre la madre y el padre. Generalmente el padre se retrae cuando la madre se muestra airada, ansiosa o llorosa, pero al final es posible que adopte una postura desde la cual «ya no es sensible a las lágrimas de la madre». Cuando el padre puede mantener esta firme posición se produce un importante acontecimiento. La madre atravesará por unos días de intensa ansiedad y después se estabilizará en un período de objetividad firme, afable, sosegada. Una de estas madres afirmó, «Estoy tan encantada con él. Si él puede continuar siendo un hombre, yo puedo ser una mujer». Este nuevo nivel perdurará unos días o unas semanas antes de que recaiga de nuevo retrocediendo a las posiciones de madre dominante y padre pasivo, pero una vez ocurrido uno de estos cambios, es más fácil que se produzcan nuevas alteraciones.

Mi opinión acerca de la madre «dominante» ha sufrido cambios con esta experiencia. En tanto ella sienta el peso del problema familiar está altamente motivada para el cambio. Si el terapeuta es capaz de hacerla mantenerse en esa posición, ella puede provocar el cambio de la familia. No obstante, puede relajarse en su esfuerzo y endosar el problema al terapeuta en la primera oportunidad. Por ejemplo, instará al terapeuta para que convenza al padre de que debe desistir en su oposición a la psicoterapia familiar. Ella puede perfectamente tratar con el padre, pero el terapeuta fracasará. Si el terapeuta intenta ayudarla a habérselas con la familia, repentinamente descubrirá que ella se ha convertido en una persona desvalida quejumbrosa que aguarda a que él motive a su familia desvalida. Alguno de los cambios más significativos que ha experimentado la familia han sucedido cuando las madres se han «hartado» y han estallado en cólera. Una madre comentó, «Ojalá me volviera loca con más frecuencia. Hacerme la loca no sirve. Tengo que estar realmente loca». La mayoría de los callejones sin salida con que nos hemos topado en la terapia, han aparecido cuando no hemos logrado identificar al líder familiar. El terapeuta dice a la familia que espera que uno de los miembros sea el portavoz responsable de la familia a la hora de ponerse de acuerdo en lo que concierne a la psicoterapia. La familia puede sustituir al portavoz cuando lo desee, con tal que el terapeuta tenga a una persona que hable en nombre de la familia. La selección del portavoz obliga a la familia a comenzar la resolución del problema de liderazgo. Además proporciona una estructuración asequible para el terapeuta.

Hay muchos mecanismos eficaces para evitar la ansiedad del trabajo en equipo. El más destacado es el intento de implicar al terapeuta en relaciones individuales. Este mecanismo y las técnicas para enfrentarse a él se discuten a lo largo del artículo. Se hacen frecuentes comentarios burlones sobre el trabajo en equipo tales como, «Eso lo hacemos en casa. ¿Cómo va a servir?». Un padre, que anteriormente había recibido psicoterapia individual, increpó, «¿no le parece una chifladura que vengamos aquí para decir lo mismo que podíamos decir en casa?». El terapeuta respondió, «¿Existe algo más disparatado que el haber acudido a un terapeuta y actuar como si éste fuera su padre?». El mecanismo mediante el cual el padre y la madre describen al psicótico como al paciente del terapeuta y a ellos mismos como a terapeutas asistentes es sutil y complejo. Los asistentes terminan sintiéndose desvalidos y el terapeuta ha de hacerse cargo de tres individuos desvalidos. Es posible que los padres inciten al paciente a que hable y, de este modo, a que se cree una situación en la que el paciente ocupa su tiempo con una charla psicótica mientras los padres tratan de atraer la atención del terapeuta para que interprete los significados simbólicos. Varias familias, gracias a su prolongado contacto con la psiquiatría, poseen excelentes conocimientos intelectuales de la teoría psicoanalítica. Otro mecanismo es la «cháchara». El silencio puede aparecer en familias menos perturbadas. Cuando la familia está perturbada, el miembro con mayor nivel de ansiedad, es el que comenzará el parloteo. Cuanto más funcionalmente desamparada se encuentra la familia, más ingeniosa es a la hora de invocar estos mecanismos. Las familias en las que el padre hablaba en lugar de la madre eran más habilidosas en el empleo de estos mecanismos de evitación.

Los mecanismos de evitación que hacen que el terapeuta se vea involucrado en los problemas emocionales del individuo son de una relevancia mayor para la psicoterapia familiar que los mecanismos de evitación que afectan a la unidad familiar. La familia no es capaz de trabajar en equipo adecuadamente, así como tampoco el terapeuta es capaz de contemplar la unidad familiar con objetividad, si está emocionalmente implicado con un solo miembro de la familia. Probablemente no es posible que el terapeuta se relacione con la familia sin implicarse al final con los individuos. He dirigido mis esfuerzos hacia la tarea de reconocer las implicaciones individuales cuando éstas suceden y encontrar vías más eficaces para recobrar y mantener la separación emocional. Una dimensión importante de la excesiva implicación del terapeuta surge de su propio funcionamiento inconsciente. Por ejemplo, cuando me siento interiormente aplaudiendo al héroe, despreciando al malo del drama familiar o anhelando que la víctima de la familia se defienda, considero que es hora de que me ponga a examinar mi propio funcionamiento. Alguna de nuestras reglas psicoterapéuticas más importantes se han formulado con objeto de crear un ambiente favorable al terapeuta. Tomar notas ha sido una artimaña eficaz, que me ha ayudado a mantenerme imparcial. Lo juicioso de la imparcialidad, y de la toma de notas para conseguirla, se le explica a la familia al principio del tratamiento.

Los miembros de la familia logran con gran habilidad comunicarse individualmente fuera de las sesiones de psicoterapia familiar. Esperarán al final de la sesión para contar al terapeuta algo «demasiado trivial para la sesión familiar». Escriben notas personales, hacen llamadas telefónicas entre las sesiones o buscan la ocasión para contar al terapeuta «secretos» sobre los otros miembros de la familia que el terapeuta debe conocer, pero que podían resultar «nocivos» si se mencionan en la sesión familiar. No todas estas comunicaciones eran «de peso», pero una regla implícita que estipulaba que el terapeuta daría cuenta de todas las comunicaciones externas en la siguiente sesión familiar permitió prevenir con éxito las implicaciones emocionales que surgían de algunos de estos mensajes individuales.

Hay momentos en que, por razones circunstanciales como enfermedad o trabajo, no es posible que un miembro de la familia asista a las sesiones. Al principio teníamos una norma estricta que estipulaba que no se celebraría una sesión familiar a menos que estuvieran presentes como mínimo dos miembros de la familia. Esta regla pretendía evitar que surgiera una relación individual con un miembro de la familia. Recientemente hemos hecho una excepción en la regla de las dos personas. Cuando el líder familiar no está suficientemente motivado para vencer la resistencia de la familia, vemos al individuo a solas, aunque la orientación sigue centrada en la familia, se ve al líder como representante oficial de la familia y se evita discutir los problemas personales del líder. Por ejemplo, un líder familiar abrió la sesión hablando de sus propios miedos. El terapeuta cambió de conversación pasando al problema de la familia. El material personal emergerá en las sesiones familiares al final, una vez que sea posible ver cómo reaccionan los otros miembros de la familia ante el material personal. Los resultados obtenidos viendo al líder a solas han sido buenos. Cuando el otro padre se encuentra solo, simulará sentirse enfermo o indefenso o solicitará ayuda para enfrentarse a la injusticia del líder. Cuando se ve al paciente solo, los padres aflojan sus esfuerzos y dejan el problema en manos del paciente y el terapeuta.

Cuando la familia es capaz de trabajar en equipo, el terapeuta permanece relativamente inactivo. Hemos realizado hasta doce sesiones consecutivas en las que no se hizo mayor comentario que un saludo al principio de la sesión y un aviso de que el tiempo se acababa. En uno de estos momentos, el padre preguntó qué se suponía que hacía el terapeuta en las sesiones. El terapeuta replicó, «Yo creo la atmósfera. Lo que cuenta es mi presencia». El padre empezó a llamar al terapeuta «Dr. Presencia». Cuando el trabajo en equipo se suaviza, las barreras de comunicación empiezan a disminuir. Aquéllos que pertenecen a familias controladas, inhibidas, encuentran que se pueden expresar pensamientos en las sesiones familiares que no se podían decir en casa. Una madre declaró, «Es una revelación venir aquí y descubrir tantas cosas sobre los demás que nunca había sabido». Aquéllos que pertenecen a las familias en las que reina la pelea y la controversia descubren que pueden hablar mucho más tranquilamente que en casa. Un padre afirmó, «Hemos dejado de pelearnos en casa. Hemos acordado reservar los temas emocionales y las peleas para cuando lleguemos aquí. Aquí no nos volvemos tan locos, además resulta más difícil volverse loco y largarse». El período de libre comunicación durará hasta que las comunicaciones hagan emerger otra vez la ansiedad. A continuación viene un momento de resistencia con comentarios tales como «No vamos a ninguna parte. La situación familiar es peor que cuando empezamos». En base a la experiencia, hemos descubierto que ciertas comunicaciones de «sentimientos» despiertan una profunda angustia, seguida a veces por discusiones emocionales acerca de aspectos triviales. Puede ser bastante fácil que la familia retome el trabajo en equipo si el terapeuta es capaz de encontrar una relación entre la «explosión» y la comunicación de un sentimiento específico.

Se ha indagado sobre los tipos de comentarios e interpretaciones que hacemos en la psicoterapia familiar. Existe un material interminable de interés para cualquier psicoterapeuta. El trabajo en equipo, la estructura del líder familiar y la separación emocional del terapeuta siempre atraen mucho la atención. Los comentarios sobre los mecanismos de evitación intrafamiliares se detienen hasta que el terapeuta puede hablar sin impedir con ello el trabajo en equipo. Un comentario que hace que la familia deje de atender a sus propios problemas para atender al terapeuta es probablemente un comentario inoportuno. El miembro de la familia que ocupa la posición más indefensa (normalmente el paciente) cuenta emotivas historias de traumas, rechazos, opresiones e injusticias. Otros miembros de la familia dudan de la veracidad de las historias. Si el terapeuta se deja llevar por las emotivas historias, puede verse enfrascado en una ciénaga de detalles conflictivos. Evitamos las interpretaciones de contenido y nos centramos en el proceso. El material sobre detalles de contenido se obtuvo mediante reuniones en las que se agrupaba la información. Parece que hay comentarios que siempre son de utilidad como aquel de que, «La madre habla de un modo cuando se dirige al paciente y de otro cuando se dirige al padre» y «el padre mira al paciente cuando le habla, pero no lo hace cuando se dirige a la madre». Cuanto más han limitado los terapeutas sus comentarios, más activos se han vuelto los miembros de la familia al interpretarlos entre ellos. Durante un tiempo seguimos la práctica de «hacer un resumen» al término de la sesión. Las familias empezaron a detenerse cinco minutos antes del final, en espera de «la palabra» del terapeuta. Cuando se pidió a los miembros de la familia que realizasen los resúmenes ellos mismos, fueron capaces de hacerlos bastante bien.

Uno de nuestros principios más importantes se refiere a la actitud del terapeuta sobre la ansiedad. Estas familias tienen una baja tolerancia a la ansiedad. La temen, se apartan de ella y la tratan como algo horrible que debe ser evitado a toda costa. Arriesgan principios importantes de la vida por «la paz a cualquier precio». La ansiedad inhibe todas las relaciones de la familia. Los padres temen relacionarse espontáneamente entre sí por miedo a hacer o decir algo que «dañe» al otro. Los padres temen especialmente relacionarse con el paciente. Convencidos de que hicieron algo «mal» que provocó el problema del paciente, temen tocar al paciente por miedo a agravar el problema. En la psicoterapia familiar, las familias tropiezan en seguida con una profunda ansiedad. Es esencial que el terapeuta disponga de algún medio de ayudarles con la ansiedad. A través de todo el curso de la psicoterapia familiar, el terapeuta mantiene una actitud que transmite lo que sigue, «Si se soluciona el problema la ansiedad es inevitable. Cuando crece la ansiedad hay que decidir si ceder y retirarse o continuar a pesar de ello. La ansiedad no hace daño a las personas. Solamente las hace sentirse incómodas. Puede agitarte, hacerte perder el sueño, que te sientas confuso o que manifiestes síntomas físicos, pero no te matará y cesará. Las personas pueden incluso crecer y hacerse más maduras al tener que afrontar las situaciones de ansiedad. ¿Acaso tienes que seguir tratando a los demás como si fueran personas frágiles que están a punto de derrumbarse?».

En mi opinión estas familias no se encuentran *en realidad* desamparadas. Están funcionalmente indefensas. Los padres son adecuados, con recursos en sus relaciones externas. Es en la relación mutua cuando se vuelven funcionalmente indefensos. Cuando la familia es capaz de ser una unidad por sí misma y existe un líder familiar con la motivación necesaria para definir el problema y respaldar sus propias convicciones poniéndose de forma apropiada en acción, la familia puede dejar de ser una unidad vacilante, oprimida por la ansiedad y sin rumbo, para convertirse en un organismo con más recursos que tiene un problema por resolver. Todos los padres habían dedicado varios años de su vida a buscar soluciones fuera de sí mismos. Habían leído mucho, asistido a conferencias y escudriñado el consejo de los expertos para encontrar respuestas a lo que ellos habían hecho «mal» y para saber qué tenían que hacer «bien». Cuando los padres podían disponer definitivamente de la capacidad de actuar por sus convicciones internas, podían hacer cosas que los demás considerarían nocivas, pero el paciente y el resto de la familia responderían positivamente.

En la tentativa de centrarse en la familia no encajaba el énfasis de los padres en la «enfermedad» del paciente. Por ejemplo, un hijo, que procuraba no pisar las hendeduras de la acera, estaba trastornado, a menos que el padre también lo hiciera. El padre, para evitar dañar al hijo, aprobó su conducta irracional[9]. El padre se dedicó a cambiar la «enfermedad» del paciente. El terapeuta preguntó al padre cómo es que le había dado por saltar por encima de las hendeduras. Al principio del tratamiento todos los padres se mostraron solícitos y condescendientes con los enfermos e incompetentes pacientes. Cuando los padres empezaron a asumir la responsabilidad del liderazgo, se produjeron discusiones entre los padres acerca del paciente. Uno de los padres, basando sus argumentos en que «conocía el sentir del paciente» solía decir que aquel comportamiento se debía a la «enfermedad» y solicitaba comprensión, amor y amabilidad para el paciente. El otro padre solía concluir que no todo era «enfermedad» y abogaba por una dirección basada en lo que el paciente hacía, en lugar de en sus sentimientos. Parecía que las disputas tenían poco que ver con el modo de funcionar del paciente en aquella ocasión. En aquellas familias en las que ambos padres pudieron suavizar el tema de la enfermedad y relacionarse con el paciente a un nivel de realidad, los pacientes cambiaron. Una vez que una familia había emergido de su irrealidad, el paciente decía, «Mientras ellos me llamaban enfermo y me trataban como a un enfermo, me sentía de algún modo inclinado a actuar como un enfermo. Cuando dejaron de tratarme así, se me presentó la posibilidad de actuar como enfermo o actuar correctamente».

Los individuos de la familia atravesaron por un proceso de «diferenciación del self» con respecto a otros miembros de la familia. Una dimensión importante era la diferenciación emocional. Una madre afirmó que estaba levantando una pared invisible entre ella y la hija, «así yo puedo sentir lo que yo siento y ella puede sentir lo que ella siente; así yo puedo vivir mi vida y ella la suya». Era frecuente que las lágrimas de la madre le «dolieran» más al resto de la familia que a la madre. El terapeuta hizo muchas preguntas con objeto de definir el encubrimiento emocional que existía entre los miembros de la familia. Otra dimensión de la diferenciación era el «establecimiento de identidad» que es algo parecido al descubrimiento del self en la psicoterapia individual. Un caso fue el de un padre que declaró «Si nosotros dedicamos menos tiempo a trabajar con nuestro hijo y más a tratar de descubrir lo que creemos y lo que representamos, resultaría más fácil que él se encontrara a sí mismo». Los líderes de la familia fueron los primeros que empezaron a trabajar en la diferenciación del self. El otro padre cambió más lentamente, normalmente con relación al padre líder. Cuando el líder de la familia cambiaba, el nuevo líder era el siguiente en cambiar. Lo normal era que el

---

[9] Lidz y Fleck (1960) se han referido a esto como las familias que proporcionan un campo de entrenamiento de la irracionalidad.

paciente quedase rezagado; sus cambios se producían una vez que los padres se habían definido claramente.

Hubo una familia que ilustra el grado al que llegan los padres con la conducta irracional, el dramático cambio que sobrevino cuando un padre pasivo adoptó una postura firme y el llamativo cambio que se llevó a cabo cuando el terapeuta renunció a llamar «enfermo» al paciente.

El hijo psicótico, de 17 años, era hijo único de unos padres de cuarenta y tantos. Dominaba la casa con su psicosis. Un centro de conducta recomendó que se le hospitalizara. Los padres querían que siguiera en casa. Se les remitió a nuestro proyecto familiar para consulta. No quedaba sitio en la sala hospitalaria, pero resolvimos llevar a cabo una psicoterapia familiar ambulatoria en tanto los padres pudieran mantener al hijo en casa.

El hijo permaneció mucho tiempo en su habitación con la puerta cerrada. Insistía en que las persianas debían estar cerradas para evitar el ataque de enemigos de afuera. Se arrastraba por el suelo cuando cruzaba por debajo de las ventanas por miedo a que sus enemigos le viesen a través de la persiana. Se ponía furioso si su madre no se sentaba con los pies y las manos en una determinada posición. Solía exigir una comida especial, la arrojaba a la basura porque la madre no la preparaba adecuadamente y exigía más.

En la primera sesión el terapeuta hizo poco más que preguntarse cómo los padres no habían llegado a ser más que simples soldados rasos, mientras que el hijo se había convertido en el general de la familia. El padre hizo un pequeño esfuerzo por ocupar una posición. El hijo retorció el brazo al padre. A los cuatro meses (diez sesiones) de psicoterapia familiar sobrevino un cambio dramático. El hijo se había mostrado inusitadamente agresivo y los padres extraordinariamente indefensos. El padre expresó su preocupación de que el hijo podía matarle. El terapeuta propuso que se le hospitalizara si éste fuera el caso. El padre dijo que no asistiría a la sesión siguiente; se iba de vacaciones y dejaba que la madre y el paciente asentaran sus propias diferencias. Tres días después, padre, madre e hijo fueron juntos a la siguiente sesión. La familia estaba tranquila y congeniaba normalmente; no había señal de síntomas psicóticos. Después de la sesión anterior el padre había anunciado que estaba cansado de vivir en un oscuro depósito de cadáveres y que iba a abrir la persiana para que entrara el sol. El hijo amenazó matar al padre en caso de que tocara la persiana. El padre la abrió. Padre e hijo pelearon un poco y el padre venció. Los síntomas psicóticos desaparecieron. El padre mantuvo el orden en casa durante un mes. El hijo funcionó bien. La relación entre padre e hijo había cambiado y la relación entre hijo y madre también, pero la relación entre padre y madre no varió.

Transcurrido un mes, el padre dijo a la madre que ya no podía seguir así por más tiempo. Cedió en su firme posición, la madre volvió a molestar al hijo y éste volvió a la psicosis. La familia continuó durante varios meses con el desajuste psicótico crónico. Se produjo una pauta en la que los padres solían unirse contra el hijo para demostrarle que estaba «enfermo» y el hijo solía discutir enérgicamente, empleando ilusiones paranoicas para apoyar sus argumentos. Los padres solían utilizar en seguida las ilusiones como pruebas de que existía enfermedad. En un intento de dar más crédito al hijo, el terapeuta resolvió considerar la familia como una sociedad en debate, indicando que las reglas del debate permiten al polemista discutir asuntos ilógicos si él quiere. El hijo continuó discutiendo, pero a la semana estaba eligiendo como temas de discusión aspectos realistas que apoyaban sus puntos de vista. Transcurridos dieciséis meses (setenta y tres sesiones de psicoterapia familiar) el hijo afirmó, «Llevo años intentando saber qué hacer con relación al lavado de cerebro que pretenden hacerme mis padres. Ahora ya lo sé. El truco consiste en lavarles el cerebro yo a ellos, antes de que me lo hagan ellos a mí».

La familia logró un buen resultado sintomático. Redujeron las consultas a una mensual y prosiguieron con noventa y nueve sesiones en tres años. El hijo consiguió un buen ajuste social. Terminó el bachillerato y acudió a la universidad. La madre se ha buscado un empleo por primera vez en su vida.

Esta fue una familia con un padre que «hacía de líder». Los padres y las madres de estas familias no han logrado en las relaciones entre padres un cambio tan integral como las familias con líderes familiares más definidos.

Fuera de la investigación formal hemos empleado la psicoterapia familiar en muchas familias que sufren desórdenes del carácter y problemas neuróticos. Las pautas de relaciones familiares que primero se observaron en las familias «internas» están también presentes en todas las demás familias. Sin embargo, también existen diferencias llamativas. En las familias con problemas neuróticos, las pautas eran más flexibles y elásticas. La separación existente en el divorcio emocional podía ser tan grande, ahora bien ésta podía fluctuar con más facilidad. La «reciprocidad entre el exceso de adecuación-inadecuación» podía ser tan marcada, pero no existía tanta ansiedad, rigidez y parálisis de la decisión. En las familias que tenían desórdenes del carácter graves, las pautas de relaciones familiares parecían ser esencialmente las mismas que en las familias con psicosis. Las familias con neurosis eran mucho más capaces de distinguir el sentimiento del hecho y de actuar en base a la realidad. Las familias con problemas encuadrables en un nivel psicótico estaban más inclinadas a evaluar la situación con los sentimientos, a considerar los sentimientos como hechos y a actuar en base al sentimiento. Las familias con problemas neuróticos eran más capaces de considerar objetivamente el problema sin «salirse de la realidad», ni mezclar en él al terapeuta y sin llegar a paralizarse por la indecisión. Según la opinión que tengo ahora, no hay nada en la esquizofrenia que no esté también presente en todos nosotros. La esquizofrenia está constituida por la esencia de la experiencia humana muchas veces destilada. Dada nuestra incapacidad para observarnos a nosotros mismos, tenemos mucho que aprender a partir del estudio de lo menos maduro que hay en nosotros.

Al considerar el cambio de las familias de la investigación, hemos llegado a pensar en términos del cambio de las relaciones creadas entre los padres más que del cambio de los síntomas psicóticos. Los padres pueden cambiar en su relación entre ellos. Cuando se produce una alteración de una pauta rígida en la relación entre los padres, le sigue entonces un cambio en el paciente, independientemente del nivel inmediato de los síntomas psicóticos. Estos pueden experimentar un cambio dramático con relación a uno de los dos padres. Se han dado otros casos de cambio temporal parecido al de la familia citada anteriormente. Los cambios más característicos y definidos se produjeron en las familias ambulatorias con madres que tomaban decisiones. Los cambios más dramáticos ocurrieron cuando los padres asumieron el liderazgo familiar en contra de las protestas de las madres. Esto venía seguido normalmente de un período de tranquila resolución del divorcio emocional y de objetividad en la ocupación de posiciones contra las exigencias de los pacientes. Entonces los pacientes cambiaban. Hasta que observamos estos cambios, habíamos pensado que las «madres dominantes» y los «padres pasivos» eran unos rasgos de personalidad que permanecían fijos. Los padres caían de golpe en la inactividad, permitiendo pasivamente que las madres recuperaran el liderazgo y así comenzaba un nuevo ciclo. Estos cambios se repetían una o dos veces al año, seguidos de cambios cada vez más ligeros y fáciles.

Una familia consiguió resolver aceptablemente los problemas suscitados por la relación entre los padres. El paciente logró un buen ajuste. Parece que otras dos familias, aún en psicoterapia familiar, siguen esta línea. Dos familias terminaron la psicoterapia en una impotente discordancia a partir de la pérdida de la estructura de liderazgo familiar. Dos familias con padres que «hacían de líderes», incluida la familia descrita en este artículo, lograron una mejora sintomática gradual con un cambio mínimo en las relaciones entre los padres. Las familias ambulatorias funcionaron mucho más satisfactoriamente en la psicoterapia familiar. Esto no parecía que estuviese directamente relacionado con la larga duración y el elevado grado de psicosis sufrido por la mayoría de los pacientes internos. El grado de perturbación crónica era casi igual de alto en algunas de las familias ambulatorias. Las siete familias con padre interno y personal sanitario cercano no fueron nunca capaces de hacer frente a su impotencia. Una de las familias internas logró realizar algún cambio en la relación entre los padres y, junto con otras dos familias, consiguió reducir los síntomas lo suficiente como para que el paciente pudiera vivir en casa. Cuatro de las familias sólo participaron seis meses. En dos de ellas no se produjo cambio alguno. Los pacientes están en instituciones. Las otras dos familias se encuentran en este momento recibiendo psicoterapia familiar ambulatoria.

RESUMEN

Este artículo expone un método de psicoterapia familiar que se ha desarrollado como parte de un proyecto de investigación sobre la familia. La investigación se basaba en la premisa teórica de «la familia como unidad de enfermedad». El enfoque psicoterapéutico de «la familia como unidad de tratamiento» fue desarrollado a partir de la premisa teórica e incorporado como parte integral del proyecto de investigación. El objetivo de este artículo ha sido presentar una visión amplia y general de los aspectos tanto teóricos como clínicos de la psicoterapia. Para lograr esto, se ha explicado con cierto detalle la premisa teórica de «la familia como unidad de enfermedad». La descripción de la psicoterapia familiar se ha centrado en la formulación de principios generales y en la justificación de la estructuración de la psicoterapia más que en la descripción y en los detalles clínicos.

CAPITULO 6

Psicoterapia familiar ambulatoria

Resulta difícil describir un método de psicoterapia relativamente nuevo en una breve exposición. En un esfuerzo por ser tan conciso y breve como sea posible, me centraré en la orientación teórica y en los principios clínicos generales. La orientación teórica se basa en el concepto de una «unidad emocional» que supone la existencia en la familia de determinadas figuras claves. Descriptivamente la unidad emocional es equivalente a una «psique intrafamiliar», «*self* familiar» o «ego familiar». La psicoterapia está dirigida al «ego familiar» más que a los individuos de la familia.

¿Cómo puede conceptualizarse una psique familiar o un ego familiar? En 1956-57 empleé un término que fue desechado debido a determinadas imprecisiones conceptuales y después revivido por su utilidad en describir la «unidad emocional». Se trata del término *masa de ego familiar indiferenciado*. Según el concepto teórico, los niños al crecer adquieren varios niveles de «diferenciación de self» a partir de la masa de ego familiar indiferenciado. Algunos niños consiguen una diferenciación de self casi completa convirtiéndose en individuos autónomos con claras identidades de ego. Esto equivaldría a lo que entendemos comúnmente por una «persona madura». Estas personas funcionan como unidades emocionales integradas. En ningún momento pueden verse enredadas en nuevas «unidades emocionales» con otros. Según el concepto, las personas contraen matrimonio con los que poseen idénticos niveles de «diferenciación de self». Cuando una persona, que ha adquirido un elevado nivel de diferenciación de self, contrae matrimonio con otra de igual madurez, ambos pueden conseguir un acercamiento emocional y además cada uno puede mantener una clara individualidad e identidad sin la «fusión de los selfs» que se produce en los matrimonios compuestos de individuos menos diferenciados.

Si se midiera con una escala de porcentajes el grado de diferenciación de self, la persona que ulteriormente desarrolla una neurosis clínica se situaría aproximadamente en la mitad de la escala. La persona que habrá de ser padre de un descendiente esquizofrénico tiene un bajo nivel de diferenciación de self y estaría situado en un lugar cercano al término inferior de la escala. La persona que más adelante desarrolla una psicosis esquizofrénica tiene el nivel de diferenciación de self más bajo y estaría situado en el extremo inferior de la escala.

La descripción de las características que poseen los padres de un descendiente esquizofrénico servirá para ilustrar este concepto. Son sujetos con un nivel de diferenciación de self muy bajo que, de algún modo, se las arreglan para funcionar relativamente bien en su acomodación a las circunstancias de la vida. De niños no «crecen alejándose» de la masa de ego familiar como lo hacen sus hermanos más diferenciados. Permanecen emocionalmente vinculados a sus padres. Pasada la adolescencia, en un intento de funcionar sin los padres, se «desprenden» con objeto de obtener un «pseudo-self» con una «pseudo-separación» de la masa de ego familiar. Algunos consiguen esto mediante la negación y una exagerada fachada de independencia mientras aún viven con sus padres. Otros lo logran con la negación y la distancia física. Su ajuste depende del mantenimiento de una distancia emocional que los separe de la gente. Es posible que tengan éxito en su trabajo y en sus intereses académicos siempre y cuando no participen en relaciones emocionales estrechas. Al casarse con una persona con un self tan pobremente diferenciado como el suyo, terminan estando profundamente entregados el uno al otro emocionalmente. Los nuevos esposos «se funden» en una nueva masa de ego familiar indiferenciado en la que los límites del yo que debieran existir entre ellos están borrados. Entre esposos con niveles más elevados de diferenciación de self tiene lugar el mismo tipo de fenómeno, ahora bien el proceso no es tan intenso y llamativo como el que acontece entre los esposos con una pobre diferenciación de self.

Los niños que llegan a ser psicóticos son buenos ejemplos de aquellos que poseen los niveles de diferenciación de self más bajos. La principal diferencia aquí es que estas personas no logran ni siquiera un nivel de «pseudo-self» con el que puedan funcionar. Siguen actuando como apéndices dependientes de la masa de ego familiar. Algunos consiguen una diferenciación de self tan pequeña que sucumben en la psicosis en los primeros esfuerzos de funcionar independientemente de los padres. Otros consiguen mantener el «pseudo-self» durante momentos tenues o breves, pero sólo puede mantenerse cualquier separación duradera de los padres si son capaces de encontrar nuevas vinculaciones que les hagan dependientes de otras personas que les guíen y les aconsejen y de las que toman prestado el self necesario para funcionar. Su ajuste depende de la importantísima vinculación que les hace depender de otros. Pueden derrumbarse en situaciones en las que las vinculaciones dependientes se ven interrumpidas o amenazadas.

La nueva masa de ego familiar indiferenciado del marido y la mujer tiene unas características dinámicas. Ambos tienen anhelos fervientes de proximidad, pero una vez que se encuentran próximos, sus «selfs» individuales se funden en una unidad emocional con un «self común». Esto aboca a una pérdida de identidad individual, perturbación emocional y conflicto. Se refugian en una torre de marfil suficiente y establecen un distanciamiento entre sí para que cada cual conserve la mayor identidad y autonomía posible. Este distanciamiento emocional, que hemos denominado *divorcio emocional,* sirve para evitar la pérdida de identidad y el conflicto que trae consigo la proximidad. Cuanto mayor es la dependencia emocional existente entre ellos, más intensa es la perturbación y el conflicto dentro del matrimonio. Se puede reducir la intensidad de la perturbación manteniendo relaciones importantes aunque distantes dentro de sus propias familias o con nuevos amigos. Da la impresión de que cada uno de ellos extrae algo de «self» y de apoyo de las relaciones externas. Sin embargo, entre ellos siempre está presente el problema. Ambos experimentan una «pérdida de self» y cada uno ve en el otro al «dominante» o al que se apodera de su «self». En los matrimonios en los que ambos luchan activamente por conservar la identidad, ninguno de los dos «cede» ante el otro y están en permanente conflicto matrimonial. Se evita el conflicto cuando uno de ellos decide «ceder», pero esto aboca a un intercambio en el que el dominante «gana fuerza» a expensas del otro, que «pierde fuerza». El que «cede» habla a menudo espontáneamente de una «pérdida de identidad», «confusión» e «incapacidad para saber quién soy y qué represento», mientras que el otro funciona con una mayor confianza y eficacia. En algunos matrimonios es posible que uno sea voluntariamente el dependiente, quien «cede» automáticamente, convirtiéndose el otro en el dominante. En estas familias es posible que se logre un equilibrio bastante confortable desempeñando cada uno sus respectivos papeles y sin una incapacidad desmedida por parte del sumiso o del adaptativo. Otros no alcanzan un equilibrio tan fácilmente. El proceso mediante el cual el dominante se hace más fuerte a expensas del más débil puede prolongarse hasta que el más débil se vea incapacitado debido a una enfermedad física, una enfermedad emocional o un funcionamiento social personal debilitado como puede ser dedicarse a la bebida, la irresponsabilidad o la ineficacia en el trabajo. Por la brevedad de la exposición no es posible reseñar algunos casos clínicos que ilustren estos aspectos, aunque el caso de una familia servirá para explicar dos facetas del concepto. En el primer matrimonio, la mujer era la dominante, con recursos con relación a un marido que se debilitó hasta el punto de que la bebida y la irresponsabilidad le impidieron seguir trabajando. En el segundo matrimonio de ella, ésta resolvió evitar los pequeños peligros del primero y «hacerse más dependiente y femenina». Tres años después, tras una creciente ausencia de confianza y una «pérdida de identidad», tuvo que ser hospitalizada con el diagnóstico de una psicosis aguda.

En algunas familias, el desequilibrio emocional de la unidad formada por el marido y la mujer queda especialmente contenido en la «unidad» o en el círculo de sus relaciones externas. Por alguna razón, sus hijos permanecen relativamente desvinculados. En otras familias se traslada todo el peso del problema a uno, o a más de uno, de los hijos. En ellas, el problema surgido entre los padres parece ser casi completamente «solucionado» por los hijos. En un abrumador porcentaje de familias, existe una combinación de conflictos paternos y problemas de los hijos, pero ahí está ese pequeño porcentaje de familias con un gran conflicto paterno que afecta en pequeña medida a los hijos y a su vez, un pequeño porcentaje en el otro extremo de la escala en el que la relación entre los padres es serena y armoniosa, y en el que la primera manifestación de un problema familiar es un problema psicótico o neurótico del hijo. Creo que este porcentaje de familias es de una importancia crítica como prueba evidente de que *el conflicto paterno en sí mismo no puede provocar una neurosis o psicosis en los hijos y* también de que *es posible que los problemas emocionales más importantes se desarrollen en familias en las que no existe un conflicto paterno manifiesto.* En mi experiencia clínica con 156 familias, el 49 por ciento solicitaron ayuda para resolver el problema de uno de los esposos o un problema matrimonial y el 51 por ciento solicitaba ayuda para resolver el problema de un hijo. En muchos de ellos, uno solía sentirse fuertemente presionado a decidir cuál era mayor, el problema paterno o el problema del hijo, pero era curioso que las principales quejas por las que solicitaban ayuda, dividían a las familias en grupos casi idénticos.

Este método de psicoterapia está dirigido a la masa de ego familiar más que a los problemas individuales de un grupo de miembros de la familia. Este enfoque derivó de un proyecto de investigación llevado a cabo con familias que tenían como máximo un descendiente esquizofrénico perturbado. A todas las sesiones de psicoterapia asistieron juntos los dos padres, el descendiente psicótico y los hermanos normales. Los hermanos normales no poseían unos «selfs» fuertes, pero en todos los casos encontraron pronto motivos para separarse de las familias, dejando a los dos padres y al descendiente psicótico intrincados en una intensa interdependencia emocional que hemos bautizado con el nombre de *triada interdependiente*. Se trata de una unidad emocional que está por encima y más allá de cualquier otro lazo emocional. El hijo que se vuelve psicótico se halla emocionalmente «fusionado» en la unidad de ego con los padres, donde ha estado funcionando desde hace mucho tiempo como un «ego vacío», lo que permitía que los padres fuesen un «algo de ego», hasta que su crecimiento y el paso de los años hicieran de esto una situación insostenible. Es posible que estas tres personas se encuentren físicamente separadas entre sí, pero es extremadamente difícil que alguno de ellos diferencie un «self» de los otros dos. Tras varios meses de psicoterapia, uno de los padres solía configurar un «self» o «identidad» más claro; después el otro padre desarrollaba una mayor identidad y a continuación el paciente «se hacía un poco más adulto». Yo tenía la esperanza de que quizá este proceso haría que el curso cíclico continuara hasta que los tres pudieran diferenciarse como individuos autónomos. Pero esto no funcionó. Una vez que se llegaba a un punto de debilitamiento de los síntomas, solía disminuir la motivación que se requería para aumentar la diferenciación.

Recientemente he modificado el enfoque psicoterapéutico. Ahora trabajo con la triada hasta que cada uno es parte del problema familiar. Después empiezo a examinar a los padres juntos con el objetivo explícito de ayudarles a separarse del paciente y ayudar al paciente a separarse de ellos. Se ve a solas al paciente con el objetivo explícito de ayudarle a desarrollar su autonomía propia y a oponerse a su internalizada necesidad emocional de «salvar a los padres» por medio de la rendición de su «self» ante ellos. Con este enfoque se han obtenido mejores resultados clínicos.

Las familias en las que existe un hijo pre o post-adolescente afectado de un problema neurótico o conductual servirán de ayuda para ilustrar tanto el concepto teórico como la psicoterapia familiar. En estas familias, los dinamismos básicos, incluyendo el «divorcio emocional» del marido y la mujer, y la participación triádica de un hijo, son exactamente idénticos a los de las familias con un descendiente psicótico, salvo que los niveles de diferenciación de self que adquieren los padres son mucho más altos. Es más fácil que los padres «escapen de la emoción» y vean el problema objetivamente, en cuyo caso la respuesta a la terapia es más rápida. Durante unos tres años trabajé conjuntamente con los padres y los hijos en las sesiones. Esta psicoterapia seguía un proceso fijo. Los padres empezaban con la premisa básica de que habían hecho algo «mal» con el hijo y que el problema se solucionaría una vez que descubriesen lo «erróneo» y lo corrigiesen. Los padres pasaban meses tratando de comprender e interpretar el problema del hijo y elaborando programas que sirvieran para influir favorablemente sobre el hijo. Los padres evitaban los problemas que pudieran existir entre ellos. Podía suceder que el constante esfuerzo del terapeuta colaborase a atraer brevemente la atención sobre el problema paterno, pero de inmediato, ya fueran los padres o el hijo, volvían a desplazar la atención sobre el hijo. Si los padres no encontraban ningún motivo para criticar al hijo, entonces éste hacía o decía cualquier cosa que enfureciese a los padres y de este modo atraer de nuevo la atención sobre sí mismo. Este proceso podía durar meses, un año o dos, y acabar originando un debilitamiento de los síntomas del hijo, mayor actividad en los padres pasivos y menor agresividad en las madres angustiadas, pero los dinamismos familiares fundamentales no se alteraban.

La experiencia adquirida con veinte familias como ésta sugería que el problema de los padres se transmitía al hijo en el momento en que se hacía del hijo un proyecto y que quizá el problema que tenía el hijo se creaba y continuaba seguramente tanto debido a un «proyecto» que era psicológicamente «correcto» como a un «proyecto» que era «psicopatológico». Hace dos años inicié un nuevo enfoque psicoterapéutico diseñado para que *los padres elaboraran un proyecto de sí mismos*. Se preguntó a los padres si podían aceptar la premisa básica de que el problema fundamental se hallaba dentro de ellos y si podían dejar que el hijo saliera de la psicoterapia, dedicando su esfuerzo a encontrar una solución a los problemas que había entre ellos. Algunos de los mejores resultados clínicos se han obtenido dentro de un grupo de familias cuyos padres eran emocionalmente capaces de centrarse en sí mismos. En tres de estas familias no he visto nunca al hijo que sufría los síntomas, por el que la familia solicitaba tratamiento al principio. En otras familias el hijo «enfermo» no ha sido visto más que dos veces. A menudo se produce un drástico debilitamiento de los síntomas del niño a las pocas semanas de mantenerse los padres con éxito centrados en sí mismos. La psicoterapia atraviesa varias fases distintas. Durante las primeras semanas o meses los padres se dedican a hablar de las contrariedades acumuladas por cada uno respecto del otro. Normalmente esto viene acompañado de sentimientos «dolorosos», resentimiento levemente consciente o inconsciente hacia el otro, expresiones fuera de lugar y bruscos debilitamientos y fortalecimientos del divorcio emocional. A continuación sobreviene una fase más pacífica en la que cada uno de ellos está más capacitado para encarar problemas emocionales internos surgidos en el otro. Es una fase en la que se comunican fantasías, sentimientos y pensamientos internos. A menudo la concibo como «la comunicación del self interno» al otro. Este enfoque introspectivo de cada uno conduce al surgimiento de material inconsciente, infantil y sexual, y luego les invita a resolver los viejos problemas que pueden tener con sus propios padres. Algunos de los beneficios terapéuticos más importantes provienen del análisis de la intensa respuesta emocional que cada uno experimenta al ocuparse del profundo material emocional que surge en el otro. Cuando el proceso llega a este punto, el divorcio emocional empieza a resolverse de una forma duradera y el hijo se libera del proceso emocional surgido entre los padres.

La obtención de resultados favorables con los padres que podían elaborar un proyecto de sí mismos fue un punto decisivo tanto para la teoría como para la práctica de la psicoterapia familiar. En el momento en que los padres se ocupaban el uno del otro, el problema del hijo desaparecía casi por completo. Cuando los padres experimentaban una ansiedad intensa durante la terapia, los síntomas del hijo reaparecían brevemente, pero en el momento en que los padres se ocupaban de encarar sus problemas emocionales más profundos, simplemente no había una idea o razón que justificara la psicoterapia individual para el hijo. A los hijos adolescentes mayores que intentaban «independizarse de los padres» se les propuso asistir a unas sesiones psicoterapéuticas en ausencia de los padres, sobre la base de que ellos tenían algo más que un problema individual interno, que no respondería al cambio de los padres. El adolescente medio prosiguió el proceso. En todas las familias en las que los padres poseían mantener la atención sobre sí mismos, el adolescente renunciaba a «independizarse», estableciendo una nueva proximidad emocional con la familia y luego, de forma sistemática, se iba haciendo más adulto y se iba separando de la familia. Había un «hijo difícil» de 22 años que se encontraba fuera, en un colegio universitario, que no disponía de ninguna ayuda individual y tan sólo veía a sus padres durante sus cortas vacaciones. La respuesta al cambio de los padres fue casi tan radical como la del hijo pre-adolescente que vive con los padres. Se necesita más experiencia para conocer hasta qué punto el cambio de los padres se ve seguido de un cambio de la familia.

A continuación haremos una breve consideración sobre los padres que deciden elaborar un proyecto de sí mismos, pero que sencillamente no son capaces de que éste salga adelante. Algunos padres se encuentran tan emocionalmente entregados al hijo y le dedican tantos pensamientos, preocupaciones y energías psíquicas que les resulta difícil pensar o hablar acerca de otra cosa. Los esfuerzos que se hacen para dirigir los pensamientos hacia otro lado pueden resultar tan forzados y artificiales como los de la persona ansiosa que intenta entablar conversación en una fiesta. En otras familias, el hijo funciona como una «desviación emocional» para los padres. Privadas de la presencia física de la «desviación», discuten y se pelean. A estos padres les «duele» tanto lo que el otro dice y piensa, y por otra parte, las acusaciones fuera de lugar y los deseos vengativos de «hacer daño al otro» pueden llegar a ser tan intensos, que la terapia ha de ser interrumpida. Si la emoción no llega a tanto es probable que ellos sean capaces de continuar juntos. Si el conflicto es de los que producen la ruptura, resulta más productivo trabajar con los padres más motivados en solitario (este aspecto se discutirá más adelante), hasta que los dos puedan trabajar juntos. La habilidad que poseen los padres para trabajar en equipo sobre sus propios problemas depende del nivel básico de diferenciación de self que aquéllos hayan alcanzado.

A continuación nos referiremos a la psicoterapia familiar que se aplicó a las familias compuestas de marido y mujer. Mi manera de enfocarla es muy parecida a la que se aplicó a los padres de las familias en las que el problema inicial radicaba originalmente en uno de los hijos. Al principio de la terapia el marido y la mujer centran su atención el uno en el otro, no obstante la terapia puede presentar más dificultades que cuando el foco inicial se halla en un hijo. Parece que los maridos y las mujeres entre las que existía un problema anterior tienen unas defensas más rígidas entre sí que aquéllos que han desplazado parte del problema al hijo. Los problemas que tiene una familia compuesta de marido y mujer se manifiestan como una sola, o una combinación de dos áreas generales. Una es el área del conflicto marital. La otra es el área de la enfermedad o el funcionamiento deteriorado de uno de los esposos. Todos los niveles de problemas pueden estar presentes en una misma familia; de este modo, puede haber una grave perturbación en un hijo, un conflicto marital de una intensidad tal que puede llegarse a la violencia física y una psicosis borderline en uno de los padres.

Es posible que los «cónyuges conflictivos» puedan seguir asistiendo juntos a las sesiones siempre que el conflicto se halle en un estado suavizado de «tregua» o «guerra fría» y las conductas fuera de la realidad y el resentimiento no lleguen a producir la ruptura. Cuando el conflicto es intenso, un cónyuge desea generalmente la psicoterapia mientras que el otro se resiste o incluso se opone con vehemencia. Sus mecanismos conscientes e inconscientes se hallan tan implicados en maniobras ofensivas y defensivas que ninguno de los dos puede centrarse en el self en presencia del otro. En estas familias he optado por trabajar sólo con uno de ellos hasta que sean capaces de trabajar en equipo productivamente. El objetivo puede plantearse a distintos niveles. Uno es el de ayudar al que se encuentra motivado hacia la adquisición de un nivel de diferenciación de self más elevado. Otro es ayudar al que se encuentra motivado a que logre establecer cierto distanciamiento emocional, que comprenda un poco los mecanismos de ataque y contraataque, que adquiera cierta habilidad para observar el fenómeno sin responder emocionalmente y se dé cuenta del papel que él o ella desempeña en sus comportamientos fuera de la realidad y en la perpetuación del conflicto. El terapeuta evita «tomar partido», identificarse emocionalmente con alguien, participar en acusaciones contra el otro o permitir que aparezca material infantil como tema central. El material infantil se aborda una vez que el otro cónyuge está presente. Yo no dejo que esta fase de la terapia se convierta en terapia «individual», ni tampoco que se la llame terapia «individual». Cuando el que se encuentra motivado puede abordar el problema familiar de un modo constructivo y lograr un poco de confianza y dominio sobre el fenómeno de verse implicado en contrarrespuestas emocionales, suele acontecer que el otro no tarda mucho en manifestar un deseo positivo de sumarse al esfuerzo. De esta manera los dos se hallan en una posición idónea para proceder a un curso tranquilo y ordenado de psicoterapia familiar.

Cuando un cónyuge está «enfermo» o incapacitado o se le ha asignado la etiqueta de «paciente», es posible que se requieran meses de terapia individual para que esto llegue a considerarse como un problema familiar. Generalmente es el resultado de una prolongada situación en la que uno, con una «necesidad de ser fuerte», ha funcionado como el dominante, mientras que el otro, con una «necesidad de ser dependiente», ha funcionado como el débil. La motivación está dirigida hacia el debilitamiento de los síntomas más que hacia el cambio de la conocida y cómoda situación existente detrás de los síntomas. Ambos trabajaron activamente para mantener sus habituales posiciones de dominante y dependiente. Es difícil que se pongan a trabajar para intentar resolver el problema subyacente hasta que algo cambie. Cuando es el dominante el que solicita ayuda, el débil sufre normalmente un grave derrumbamiento. El dominante quiere hacer desaparecer los síntomas, pero frecuentemente abandona la tarea. Es más fácil cuando el débil busca ayuda. Yo normalmente sigo con éste individualmente, dejando que el «paciente» decida cuándo, o si el otro ha de unirse a la terapia. Se procura ayudar al «paciente» a que defina el papel que ha desempeñado en el problema familiar. Cuando el «paciente» logra cierta fuerza y confianza, induce a menudo al otro cónyuge a pasar de la psicoterapia «individual» a la psicoterapia familiar.

En resumen, he expuesto algunas características generales de un método de psicoterapia familiar que considera que el problema fundamental es una «fusión de egos» o masa de ego familiar indiferenciado y en el cual la psicoterapia está dirigida a la masa de ego familiar o a aquellos miembros de la familia más implicados en la unidad emocional indiferenciada de la familia. Un objetivo general de la terapia es facilitar a los miembros de la familia implicados el que procedan hacia un nivel más alto de diferenciación de self o hacia una identidad de ego. En determinadas situaciones resulta más provechoso incluir a todos los miembros de la familia en las sesiones de psicoterapia familiar. En otras situaciones es preferible trabajar con el miembro de la familia que se encuentra más motivado para el cambio en aquel momento. Las diversas experiencias tenidas con distintos tipos de problemas clínicos se han presentado en términos de la premisa teórica global y de los principios clínicos generales.

CAPITULO 7

La dinámica intrafamiliar en la enfermedad emocional

Durante los últimos diez años se ha despertado con gran rapidez un interés creciente sobre el tratamiento familiar de los problemas emocionales. Presentaré aquí el amplio esquema de una teoría familiar de la enfermedad emocional y un método de psicoterapia familiar desarrollado a partir de ella. Con el fin de situar esta teoría en una perspectiva más amplia repasaré brevemente los antecedentes del actual interés prestado a «la familia».

El interés teórico por la familia proviene del comienzo del psicoanálisis, desde que Freud hizo sus originales formulaciones sobre el papel que desempeñan los padres como «causa» de la enfermedad emocional. Le siguió un período de más de cincuenta años con pocos cambios en la teoría y con el tratamiento centrado casi enteramente en el «paciente». Las únicas excepciones tuvieron lugar en el campo de la psiquiatría infantil, y en parte de la asistencia social y los esfuerzos del *counseling*. Al principio de la década de los años cincuenta se habían empezado a hacer tentativas de incluir a la familia en el tratamiento. Se produjo un repentino incremento de la investigación familiar dedicada a la búsqueda de una mejor comprensión de la dinámica familiar. Una parte de las investigaciones dio lugar a nuevas teorías y a modificaciones de la teoría existente. Seguidamente surgieron innumerables variaciones de técnicas psicoterapéuticas ideadas para incluir a los diversos miembros de la familia en el proceso de tratamiento. En los últimos seis a ocho años el número de personas que trabajan con familias se ha multiplicado cada año, y expresiones como *psicoterapia familiar* y *terapia familiar* se han hecho de uso común para referirse a una amplia variedad de métodos y técnicas.

Hay poco consenso sobre qué es lo que hay de «familia» en la psicoterapia familiar y todavía menos sobre qué es lo que hay de «psicoterapia» en la psicoterapia familiar. Soy uno de los investigadores que apoyan la opinión de que determinados conceptos claves de la teoría del individuo sencillamente no pueden ser adaptados a un trabajo productivo con familias. Algunos investigadores están buscando nuevos marcos de referencia teóricos para explicar el fenómeno familiar. La mayor parte del creciente número de investigadores que trabajan con familias están empleando variaciones de técnicas de terapia grupal, restando atención a los problemas teóricos. La cuestión más importante a tratar aquí es que el interés actual prestado a la «familia» es nuevo, que ha crecido vigorosamente en pocos años desde que empezó, que está actualmente en un estado de caos no estructurado y transitorio, pero que es un movimiento nuevo, fuerte y prometedor para el futuro.

La orientación familiar que aquí presentamos es distinta de nuestra habitual orientación individual en muchos aspectos. Para mí ha resultado difícil comunicar a los demás esta orientación. En primer lugar, ha sido difícil verla con claridad en mi propio pensamiento. Luego fue todavía más difícil exponerla de modo que pudiera ser entendida por otros, que pensaban automáticamente en términos de la teoría individual. Desde que he encontrado mejores maneras de conceptualizar la idea, y desde que existen más personas capaces de «escuchar» la orientación familiar, la comunicación se ha hecho más fácil. En esta exposición he pensado hacer un repaso de los pasos importantes a través de los cuales he cambiado mi pensamiento desde una orientación individual hasta una familiar, en la esperanza de que esto sea un modo efectivo de comunicar la orientación familiar.

Mi desplazamiento del «individuo» hacia la «familia» empezó hace quince años mientras practicaba psicoterapia individual con pacientes esquizofrénicos y con varios miembros de sus familias. En esta situación es imposible ignorar el sistema de relaciones que se halla presente entre los miembros de la familia. Se focalizó la atención sobre el carácter cíclico de la relación simbiótica existente entre la madre y el paciente en la que podían estar tan próximos que se convertían en siameses emocionales, o tan distantes y hostiles que se repelían entre sí. Con el objeto de explicar el origen y el desarrollo de la esquizofrenia se incorporaron a la hipótesis las características de la relación simbiótica.

El siguiente paso importante en el cambio hacia una orientación familiar se produjo en seguida durante el transcurso de un sistemático estudio de investigación iniciado en 1954[10]. La hipótesis del trabajo anterior fue incorporada en un plan de investigación para madres que vivían «internas» en la sala psiquiátrica junto a los pacientes. Como a la investigación se le sumó el trabajo clínico llevado a cabo con familias en tratamiento ambulatorio, pudieron hacerse descubrimientos nuevos e imprevistos. La relación simbiótica madre-paciente fue más intensa de lo que se había previsto en la hipótesis y resultó que no era una entidad circunscrita a la relación madre-paciente. Más bien, era un fragmento de un sistema emocional familiar más grande en el que los padres estaban tan íntimamente implicados como las madres, que era fluido y cambiante, y que podía extenderse hasta afectar a toda la unidad familiar central, e incluso a personas que no fueran parientes. Las relaciones familiares se alternaban entre una excesiva proximidad y un excesivo distanciamiento. En las fases de proximidad, un miembro de la familia podía conocer exactamente los pensamientos, sentimientos, fantasías y sueños de otro miembro de la familia.

Esa «fusión de selfs» podía afectar a cualquier área del ego funcional. Un ego podía actuar en lugar del de otro. Un miembro de la familia podía ponerse enfermo físicamente como reacción al estrés emocional de otro miembro de la familia. El conflicto emocional presente entre dos miembros de la familia podía desaparecer con el desarrollo simultáneo de un conflicto entre otros dos miembros de la familia. En las fases de distanciamiento los miembros de la familia «emocionalmente fusionados» se separaban y cada uno de ellos «rechazaba» a los demás miembros de la familia, a los miembros del personal hospitalario o a otras personas no familiares vulnerables. Existía un inestable movimiento de fuerzas y debilidades de un miembro de la familia a otro. Era como si la familia fuera un rompecabezas gigante de fuerzas y debilidades en el que cada miembro de la familia representaba partes del mismo, y en el que había mucho intercambio de piezas.

Al término de un año, la noción de una «unidad emocional» entre la madre y el paciente se extendió a la de «unidad emocional familiar»; el plan de la investigación se modificó con objeto de que permitiera que ambos padres y los hermanos normales vivieran en la sala con los pacientes esquizofrénicos; y la psicoterapia se modificó para convertirse en un método en el que todos los miembros de la familia asistían juntos a las sesiones psicoterapéuticas. Este esfuerzo sirvió para integrar las partes importantes del rompecabezas familiar en el estudio de investigación con residentes y para elaborar un

---

[10] Llevado a cabo en el Clinical Center, National Institute of Mental Health, Bethesda, Maryland, 1954-1959.

método de psicoterapia dirigido al conjunto del «rompecabezas» más que a sus partes. La investigación formal centrada en las familias con un vástago esquizofrénico prosiguió durante cinco años. En 1959 la investigación se trasladó a un nuevo lugar[11]. Desde ese momento se han dirigido los esfuerzos hacia la ampliación de la orientación teórica de un «concepto familiar de la esquizofrenia», hacia una «teoría familiar de la enfermedad emocional» y hacia la adaptación de la psicoterapia familiar a todo el campo de la enfermedad emocional.

Las observaciones que nos resultaron llamativas en la relación madre-paciente se obtuvieron por primera vez durante los primeros meses de investigación con «residentes». ¿Por qué no habían sido posibles estas observaciones en el estudio anterior? La hipótesis teórica y los problemas clínicos habían sido idénticos a los del primer estudio. La proximidad conseguida con la convivencia podría ser la explicación de la mayor intensidad que experimentaron las relaciones simbióticas, pero el factor más importante es el que podría denominarse la «ceguera observacional» del investigador. El hombre puede no ver lo que está delante de sus ojos si ello no encaja con su marco de referencia teórico. Algunos ejemplos excelentes de este hecho seguían la teoría darwiniana de la evolución. Durante siglos el hombre ha ido tropezando con huesos de animales prehistóricos sin «verlos». El hombre creía que el mundo había sido creado tal como aparecía ante sus ojos. Los huesos no pertenecían a animales que vivieran en esa época y los consideraban «artefactos». Después de que Darwin hubo formulado su teoría, fue por fin posible «ver» las evidencias del desarrollo evolutivo humano que habían estado allí desde siempre.

Mi primer paradigma teórico fue la firme orientación individual del psicoanálisis. Fue en la práctica de esta orientación, la psicoterapia individual con distintos miembros de la misma familia, donde sucedió el primer cambio hacia una orientación familiar. Se centró la atención en la relación simbiótica formada entre madre y paciente. La evidencia clínica del más amplio fenómeno familiar se presentó en ese momento. ¿Por qué el foco de interés estaba en la relación madre-paciente? Uno puede sostener la tesis de que esta relación era tan turbulenta y obvia que enturbiaba la visión de la familia como entidad más amplia. Creo que se atendió a la relación madre-paciente porque la visión generalizada fue eclipsada por el cristalizado pensamiento individual. Resultó más fácil fijarse en la relación simbiótica puesto que

---

[11] Departamento de Psiquiatría, Georgetown University Medical Center, Washington, D.C.

ésta ya había sido explicada en la literatura profesional como una extensión de la teoría individual. Un estudio detallado del fenómeno simbiótico se convirtió en el fundamento de una hipótesis que explica ¡todo el fenómeno de la esquizofrenia!

El siguiente paso hacia una orientación familiar se llevó a efecto durante la creación de la investigación formal que se realizó con internos en 1934. El pensamiento teórico y los problemas clínicos fueron idénticos a los del estudio anterior, pero el acto de crear una situación de convivencia representó un cambio hacia la familia. Este cambio, con la intensidad de la relación madre-paciente en la situación de convivencia, hizo finalmente posible «ver» algo que había estado presente todo el tiempo. Una vez que se vio el fenómeno claramente por primera vez, fue entonces posible verlo en su forma menos intensa en familias con problemas neuróticos e incluso en familias «normales».

El punto decisivo entre la teoría individual y la familiar llegó al final del primer año de la investigación con familias internadas. Adquirieron interés importantes aspectos que ayudarán a distinguir las diferencias entre las dos orientaciones. Hasta este momento la investigación se había centrado en la relación madre-paciente. El pensamiento teórico se había basado en la teoría *individual,* cada madre y cada paciente recibía psicoterapia *individual,* y la investigación se centraba en las interrelaciones de la psicopatología *individual.* El pensamiento teórico favorecía una orientación familiar, pero las cuestiones prácticas hacían ponerse fuertemente a favor de continuar con la orientación individual. La teoría familiar estaba precariamente definida y la psicoterapia familiar parecía incomprensible. El proceso requería una responsabilidad clínica considerable, y la teoría individual y la psicoterapia individual no dejaban de ser métodos conocidos y aceptables de teoría y práctica. Un enfoque convenido podría eliminar alguna de las presiones pero todo convenio posible era teóricamente inconsistente. Se ha obtenido evidencia, más tarde confirmada, de que las tensiones intrafamiliares podrían suavizarse mientras un miembro implicado de la unidad familiar se sometiese a psicoterapia individual, para recurrir solamente cuando el tratamiento terminase. La alternativa era tratar a la familia, no al individuo, como paciente.

Yo he tenido los más fuertes recelos acerca de la idea de la «psicoterapia familiar». En aquel momento todavía creía que la única manera de alcanzar la madurez emocional era el análisis cuidadoso de la relación de transferencia entre paciente y terapeuta. Ahora pienso que la psicoterapia familiar puede ser algo más que una simple preparación para una definitiva psicoterapia individual de cada miembro de la familia. Así que la psicoterapia individual se interrumpió a pesar de las protestas y el proceso investigador se comprometió a «hacer un intento serio de psicoterapia familiar antes de retornar a la individual». Fue la entrega total lo que abrió el camino a nuevas y fascinantes dimensiones de observaciones clínicas y psicoterapéuticas, antes solapadas por el pensamiento individual. La experiencia posterior ha confirmado la primera impresión de que la cuestión «individuo-familia» es una proporción del tipo «(o) ... o». Todo compromiso de mantener una orientación familiar estricta es utilizado inmediatamente por la dinámica familiar para hacer de ella un enfoque individual, de modo que pueden perderse las únicas ventajas inherentes a la psicoterapia familiar.

Durante ocho años he estado buscando la mejor forma de conceptualizar la idea de una «unidad emocional familiar». De esta suerte el concepto más útil que he encontrado es el que representa la expresión *masa de ego familiar indiferenciado*. Hay ciertas imprecisiones en el término, pero describe idóneamente la dinámica familiar en general y ningún otro término ha resultado tan efectivo para comunicar la idea a quienes piensan en términos de la teoría individual. Lo concibo como un racimo fusionado de egos de miembros de la familia individuales, con unos límites de ego comunes. Algunos egos están completamente fusionados con la masa de ego familiar y otros menos. Algunos se hallan intensamente implicados en la masa de ego familiar en los momentos de estrés emocional y menos implicados otras veces. En situaciones de calma emocional es posible que la masa de ego familiar englobe sólo a un pequeño número de los miembros de la familia más implicados. En situaciones de estrés la fusión puede extenderse hasta abarcar a muchos miembros de la red de parientes cercanos, e incluso a personas que no son parientes. Determinado personal interno puede estar más fusionado emocionalmente en el sistema emocional familiar que ciertos parientes consanguíneos. La fusión de egos es más intensa en las familias menos maduras. En una familia con un miembro esquizofrénico, la fusión alcanza la máxima intensidad. Teóricamente, la fusión está presente en cierto grado en todas las familias, excepto en aquéllas en las que los miembros de la familia han logrado una madurez emocional completa. Teóricamente, una persona madura representa una unidad emocional autónoma que es capaz de mantener los límites de su ego en condiciones de estrés sin llegar a verse envuelto en fusiones emocionales con los demás.

En la psicoterapia familiar se considera la masa de ego familiar indiferenciado como equivalente a un único ego. La psicoterapia familiar se dirige a la masa de ego familiar sin apreciaciones específicas de los miembros de la familia individuales implicados en ese momento en ella. El psicoterapeuta familiar se relaciona con el ego familiar de la misma manera que un psicoterapeuta se relaciona con el ego individual en la psicoterapia individual. El terapeuta familiar puede elegir abordar la masa de ego familiar con todos los miembros implicados presentes en las sesiones terapéuticas, con una combinación cualquiera de miembros de la familia o con sólo un miembro de la familia presente. Los miembros específicos que yo incluyo en las sesiones psicoterapéuticas dependen de la dinámica subyacente a la masa de ego familiar, el objetivo terapéutico inmediato y el estado de la psicoterapia familiar.

La psicoterapia familiar practicada con un solo miembro de la familia no es fácil de explicar a los que defienden una orientación teórica diferente. El psicoterapeuta familiar que se relaciona con una masa de ego familiar *mediante* un solo miembro de la familia emplea un principio psicoterapéutico semejante al del terapeuta individual que se relaciona con la porción más intacta del ego de una persona, o con la parcela madura del ego individual. Los dos cónyuges, o los dos padres, cuando hablamos de familias con hijos, están igual y máximamente implicados en la masa de ego familiar. La psicoterapia familiar más rápida y productiva tiene lugar cuando estos dos profundamente implicados miembros de la familia son capaces de trabajar en equipo en la psicoterapia familiar. Cuando esto es posible, se pueden evitar muchas cuestiones periféricas. Las etapas finales de la psicoterapia familiar que va bien contienen invariablemente a los dos esposos trabajando juntos sobre sus problemas individuales y colectivos.

LA TEORIA FAMILIAR

Según la teoría familiar, los niños crecen logrando niveles variables de diferenciación de self respecto de la masa de ego familiar indiferenciada. Algunos logran casi una completa diferenciación de self y llegan a ser individuos claramente definidos con límites de ego bien definidos. Esto equivale a nuestro concepto de persona madura. Estos individuos representan unidades emocionales autónomas. Una vez que se han diferenciado de sus familias paternas, pueden acercarse emocionalmente a miembros de sus propias familias o a cualquier otra persona sin fusionarse con nuevas unidades emocionales. Las personas seleccionan como marido o como mujer a aquéllas que tienen niveles básicos de diferenciación de self idénticos. Cuando una persona bien diferenciada contrae matrimonio con otra con un nivel de diferenciación de self igualmente alto, los esposos son capaces de mantener una clara individualidad y, al mismo tiempo, tener una proximidad emocional cómoda y no amenazante entre sí. Estos esposos no llegan a estar envueltos en la «fusión de selfs» que acontece en los matrimonios con esposos menos diferenciados. En el empleo de esta terminología yo consideraría que «diferenciación de self» es equivalente a «identidad» o a «individualidad» dado que «identidad» no se confunde con el concepto psicoanalítico de «identificación». «Identidad» e «individualidad» son términos igualmente apropiados siempre que uno pueda evitar la acepción de individualidad como «diferente de». Una persona con un elevado nivel de «diferenciación de self», o «identidad», o «individualidad», es aquélla que puede estar emocionalmente próxima a los demás sin que ello suponga fusiones emocionales o pérdidas de self, o pérdidas de identidad, porque ha conseguido un nivel más alto de diferenciación de self.

En esta teoría familiar de la enfermedad emocional he colocado toda la gama del funcionamiento humano en una sola escala con el nivel de diferenciación de self más alto posible (teórica madurez completa) en el pico de la escala y el nivel inferior de inadaptación y las formas más graves de enfermedad emocional en la base. Según la teoría, la persona que tiene, o que más adelante desarrolla, una neurosis se situaría aproximadamente en el medio de la escala. El tipo de problemas conocido como trastornos caracteriales se desarrollaría en una persona con un nivel más bajo de identidad y estaría bastante por debajo de la mitad de la escala. La persona que después llega a ser padre de un vástago esquizofrénico se hallaría muy cerca del extremo más bajo de la escala. La persona que desarrolla una esquizofrenia profunda pertenece al extremo inferior de la escala.

Para ilustrar un aspecto importante de esta teoría analizaremos a las personas que se han de convertir en padres de un niño esquizofrénico. Son personas con niveles de diferenciación de self muy bajos que se las arreglan para funcionar aceptablemente en sus adaptaciones vitales. De niños, no iniciaron el uniforme proceso de «independizarse» de sus padres lo mismo que sus más diferenciados hermanos. Al contrario, permanecieron emocionalmente vinculados a sus padres. Después de la adolescencia, en el esfuerzo de funcionar sin sus padres, «se fueron precipitadamente» estableciendo «pseudo-selfs» con una «pseudo-separación» de sus padres. Quizá esto se consigue mediante la negación mientras todavía se vive en casa, o a lo mejor es reforzado por el distanciamiento físico. El joven adulto que se va de casa corriendo, para no ver jamás a sus padres de nuevo, puede que tenga una vinculación más enraizada con sus padres que otros hermanos que continúan viviendo con sus padres.

El talón de Aquiles de estos sujetos es la estrecha relación emocional. Es posible que funcionen en sus relaciones laborales y profesionales de un modo adecuado siempre que éstas sean superficiales y breves. Son vulnerables a las relaciones emocionales estrechas. Al casarse con un sujeto con una diferenciación de self igualmente pequeña terminan profundamente implicados en el aspecto emocional. Los nuevos consortes se «fusionan juntos» en una nueva masa de ego familiar y los tenues límites de ego que había entre ellos quedan borrados. Se trata de una réplica de las primeras fusiones emocionales establecidas con sus padres. Este mismo proceso, a un nivel menos intenso, sucede en personas con niveles de diferenciación de self más elevados. Es más notable, no obstante, en los niveles de diferenciación más bajos.

La persona que después desarrolla una esquizofrenia forma parte de otra faceta importante de esta teoría. En este caso, la principal diferencia está en que estas personas nunca son capaces de «desprenderse por sí mismos» para lograr un nivel aceptable de «pseudo-self». Siguen funcionando siempre como apéndices dependientes de la masa de ego familiar. Algunos alcanzan una diferenciación de self tan pobre que entran en una psicosis al esforzarse por primera vez en funcionar independientemente de sus padres, incluso mientras viven en casa. Algunos consiguen un pseudo-self suficiente para funcionar independientemente durante breves períodos de tiempo, pero toda separación de larga duración de la masa de ego paterna es sólo posible si existe otra masa de ego disponible a la cual puedan vincularse. Su adaptación a la realidad depende de la importantísima vinculación a otra persona que les guíe y aconseje, y de quien puedan tomar prestado el suficiente self para funcionar. Podrían ser capaces de mantener estas vinculaciones de dependencia en equilibrio durante toda la vida y continuar funcionando sin serias perturbaciones, pero son extraordinariamente vulnerables a cualquier amenaza o pérdida real del otro importante, y pueden hundirse en un estupor psicótico con relación a los acontecimientos de la vida que amenacen o rompan sus vínculos de dependencia.

La dinámica que subyace a la masa de ego marido-mujer supone algunos de los conceptos más importantes de esta teoría. En el momento de casarse, o en el momento que establecen una convivencia interdependiente, los nuevos marido y mujer se fusionan en una nueva masa de ego familiar. Cuanto más bajo es el nivel de diferenciación de self, más intensa es la fusión. Ambos anhelan la proximidad emocional, pero al aproximarse, los pseudo-selfs se funden en un self común, se borran las tenues fronteras del ego existentes entre ellos y se produce una pérdida de self en aras del self común. Con objeto de evitar la ansiedad suscitada por la fusión, mantienen entre sí un distanciamiento emocional suficiente para que cada uno de ellos funcione con tanto pseudo-self como le sea posible. En general, la pauta y el curso futuro de la nueva masa de ego familiar está determinada, primero por la dinámica que existe entre los dos esposos, segundo por el mantenimiento de relaciones con figuras externas a la nueva masa de ego familiar y tercero por la intensidad de la fusión de egos.

La dinámica en la que se mueven el nuevo marido y la nueva mujer está determinada por el modo en que ellos luchan por, o comparten, la fuerza de ego que poseen disponible. Llegan al matrimonio con niveles de «self» similares, pero pronto se fusionan en un self común (quizás incluso durante los intercambios emocionales producidos en el noviazgo) y después de eso, un cónyuge funciona normalmente con algo más que una simple participación equitativa de la fuerza de ego disponible. Cuando ambos cónyuges luchan por sus derechos, surge un matrimonio conflictivo. El conflicto cesa cuando alguno «cede», pero el que «cede» «pierde self» a expensas de la «ganancia de self» del otro.

La «pérdida» y «ganancia» de self son ejemplos del flujo variable de fuerzas y debilidades que puede aparecer dentro de la masa de ego familiar. Existe un grupo enorme de matrimonios en los que las diferencias son establecidas por un cónyuge que «cede» de mala gana tras, un breve período de disputa sobre los derechos. Hay otro gran grupo en el que un cónyuge se ocupa activamente en convertirse en el dependiente. Este se ofrece voluntariamente para «ceder» y para convertirse en un «self vacío» que refuerce el self del otro, de quien es dependiente. Un cónyuge que «cede» habitualmente, ya sea de mala gana o espontáneamente, puede alcanzar un estado de «self vacío» suficiente para llegar a estar incapacitado por a) una enfermedad física, b) una enfermedad emocional, o c) una disfunción social como ineficiencia en el trabajo, alcoholismo e irresponsabilidad social. Es posible que un matrimonio se estabilice de un modo permanente con un cónyuge crónicamente incapacitado por una enfermedad crónica, que parece absorber el déficit de ego que hay entre ellos. Un matrimonio así puede permanecer emocionalmente armonioso en tanto en cuanto el cónyuge incapacitado no se recupere de la enfermedad física.

Las relaciones con figuras externas a la nueva masa de ego familiar pueden influir en la intensidad del proceso que discurre entre los esposos. Por ejemplo, si uno de ellos o ambos mantienen la vinculación emocional necesaria con sus primeras masas de ego formadas con los padres, la intensidad emocional que experimentan puede atenuarse. Una mujer que trabaja podría sostener la relación conyugal relativamente estable siempre que mantenga los vínculos emocionales en el trabajo. El desenlace de las relaciones en el trabajo, sin un reemplazamiento satisfactorio, puede acabar en tensión y conflicto matrimonial. Es posible también que la estabilizadora relación externa llegue a ser una fuente de conflicto y discordia. Si ésta llega a desestabilizarse, no sólo pierde su valor estabilizador, sino que puede convertirse en una fuente de presión emocional añadida dentro del matrimonio.

Algunos cónyuges mantienen sus relaciones externas más importantes con la generación anterior, sus padres o tías o tíos; otros mantienen sus relaciones más importantes con la generación actual, sus hermanos o amigos de su misma edad; y otros con la generación futura, sus hijos o estudiantes. La mayoría extienden sus relaciones importantes a más de una generación. Un pequeño grupo de cónyuges mantendrá sus problemas emocionales confinados a una pequeña área. Son ejemplo de esto aquéllos que mantienen la inversión emocional casi exclusivamente entre sí, lo que aboca a un matrimonio conflictivo, o a uno con un cónyuge crónicamente incapacitado. Hay matrimonios conflictivos en los que el conflicto está tan contenido dentro del matrimonio que existe poca a nula entrega emocional a los hijos. Otros ejemplos son los cónyuges que desplazan el peso de los problemas de los padres a un hijo o a más de uno, propiciando una relación conyugal serena y armoniosa, pero un daño importante en el hijo. La familia estándar mantiene relaciones en numerosas áreas y recibe apoyo de, o desplaza sus problemas emocionales a, muchas áreas.

La intensidad de la fusión de egos marido-mujer es uno de los determinantes primordiales de la pauta de sucesos que sigue la nueva masa de ego familiar. Como regla general, los consortes con niveles de diferenciación de self más bajos tendrán fusiones de egos más intensas y problemas de inestabilidad más graves que los que tienen niveles de identidad más elevados. No obstante, es posible que el curso clínico dependa de la efectividad de los mecanismos para estabilizar el problema más que de la intensidad del problema. Por ejemplo, hay esposos con niveles de identidad muy bajos que encuentran mecanismos bastante efectivos a largo plazo, o permanentemente estables. Los padres de un niño que más adelante se vuelve esquizofrénico pueden, mediante el desplazamiento de una importante porción del problema de los padres hacia el hijo, mantener una adaptación moderadamente sosegada hasta que el niño desarrolla la psicosis y ya no puede funcionar por más tiempo. Es posible que una incapacidad física permanente de un esposo estabilice eficazmente un matrimonio de baja identidad en tanto en cuanto viva el incapacitado. Los esposos con niveles de identidad relativamente altos generalmente son capaces de encontrar un amplio rango de mecanismos estabilizadores efectivos, aunque cuando los esfuerzos estabilizadores fallan, estos esposos pueden experimentar casi tanta ansiedad y estrés como una familia de baja identidad.

Toda familia está motivada para buscar ayuda externa cuando sus propios mecanismos estabilizadores han fallado y los esfuerzos de la familia por resolver el problema acaban por «empeorarlo». Las familias con niveles de identidad muy altos son los que hacen los mayores progresos según las expectativas psicoterapéuticas. Están mucho más motivadas para quedarse en la psicoterapia hasta que se alcance algún tipo de solución permanente. Las familias con niveles de identidad inferiores están a la búsqueda de alivio inmediato y de otro mecanismo adaptativo que funcione un poco mejor que el último. Si consiguen un ligero alivio, es posible que se enciendan en alabanzas a la psicoterapia. Si fracasan es posible que acepten lo inevitable y abandonen el curso futuro al azar.

PSICOTERAPIA FAMILIAR

La psicoterapia familiar fue desarrollada como una parte integrante de la teoría familiar. El repaso de algunos principios de la psicoterapia ilustrará el enfoque clínico de la masa de ego familiar.

Teóricamente, se puede considerar que una masa de ego familiar comprende a los miembros de una familia nuclear, padre-madre-hijos, y que se extiende hacia el pasado en la red de parientes cercanos que engloba a todos los miembros de las familias extensas que todavía tienen dependencias emocionales irresueltas entre sí. Por ejemplo, un sujeto adulto con una antigua dependencia de sus padres irresuelta es posible que viva lejos de casa y tenga poco contacto con sus padres, sin embargo el funcionamiento de los padres o del sujeto es todavía sensible a sucesos que modifican el curso de la vida del otro. Esta dependencia emocional se considera todavía activa, aunque en reposo.

Por razones prácticas se entiende que la masa de ego familiar incluye a los miembros de la familia que se encuentran diariamente en contacto. En algunas familias, puede considerarse que los miembros de la casa están envueltos en la masa de ego familiar. Para los que viven en casas separadas, pero en contacto diario, la masa de ego familiar se extiende más allá de las fronteras del hogar.

Por razones clínicas, se considera que la masa de ego familiar abarca a aquellos miembros de la familia que se hayan más envueltos en la interdependencia emocional familiar. Esta afecta siempre al padre y a la madre, en grado máximo y por igual. En muchas familias el único hijo que es especialmente dependiente de los padres está tan implicado en la masa de ego de los padres como los padres mismos. El resto de los hijos están normalmente más diferenciados. Una opinión popular es que la psicoterapia familiar consiste en una reunión de los padres y todos los hijos en la que aprenden a comunicar y verbalizar sentimientos. En cierto sentido esto es muy beneficioso a la hora de aliviar síntomas y crear temporalmente un mejor sentimiento y una actitud favorable en la familia, pero no he encontrado que sea útil para intentar llevar a cabo una psicoterapia familiar continua preparada para resolver problemas profundos.

Como principio, este método de psicoterapia familiar se orienta hacia la masa de ego familiar, aunque el objetivo es producir el cambio más rápido posible, y yo dirijo mis esfuerzos a esa parte de la masa de ego familiar más propensa al cambio. Esta podría incluir a ambos padres si son capaces de trabajar juntos como un equipo, o uno de ellos, el más motivado, hasta que el otro exprese un deseo de sumarse al esfuerzo. Suelo eludir una relación con el miembro de la familia que ya ha sido designado «enfermo» o «paciente» por el proceso familiar. La parte más fuerte del ego familiar cumple un importante papel en la creación y el mantenimiento de la «enfermedad» de la parte débil. Para el terapeuta, llegar a ser directamente responsable del miembro de la familia «enfermo» significa olvidar el papel desempeñado por el resto de la familia y permitir que el proceso continúe. El objetivo es ayudar a que la parte más fuerte de la familia asuma la responsabilidad de la parte más débil.

Los miembros de la familia envueltos en la masa de ego familiar se hunden en una ciénaga de interdependencia emocional, quedando demasiado dependientes como para correr el riesgo de convertirse en un self libre. Los cónyuges llegan a estar tan dedicados a ser de la forma que el otro desea que sean para mejorar el funcionamiento del otro, y a ser tan exigentes para que el otro sea distinto y así perfeccionar el funcionamiento del self, que ninguno de ellos acaba por responsabilizarse del self. Cuando uno de los cónyuges es capaz de definir y mantener una identidad más definida desde esta masa de sentimientos amorfa, se da el primer paso en el proceso de recuperación. Esto implica mantener un self frente a la presión emocional del otro, y mantener la responsabilidad del self sin tanta demanda emocional sobre el otro. Una meta global de la psicoterapia familiar es ayudar a que los miembros de la familia afectados diferencien claramente «selfs» definidos respecto de la masa de ego indiferenciada. En ocasiones este proceso de diferenciación se ve facilitado por el trabajo con los miembros de las familias por separado, o con varias combinaciones de miembros de la familia, pasando de una parte del ego familiar a la otra, de la misma manera que procede el proceso de diferenciación. Las últimas etapas, con aquéllos que continúan hasta una resolución bastante completa del problema, se distinguen invariablemente porque en ellas puede contemplarse a ambos cónyuges trabajando juntos en el análisis de los problemas intrapsíquicos más profundos de cada uno.

Cuando el problema que se presenta es un matrimonio conflictivo, la estrategia que acostumbramos a adoptar es la de trabajar con uno solo, o con cada uno por separado, hasta que empiezan a trabajar juntos con tranquilidad. Si el cónyuge sintomático solicita ayuda para el self, el enfoque más fructífero ha sido el de trabajar con éste solo hasta que el «enfermo» es capaz de mantener un «self», con ambos trabajando juntos sobre el problema.

Cuando el paciente es un niño, lo mejor que se puede esperar es que se alcance un estado en el que el padre y la madre puedan trabajar juntos sobre la parte del problema familiar que les afecta sin implicar al hijo. Cuando los padres pueden seguir este procedimiento, el hijo mejorará automáticamente sin participar en la psicoterapia familiar. Cuando el niño sufre un problema muy serio —psicosis borderline, psicosis o defecto caracterial grave— se invierte tanto del self de los padres en el hijo, que es difícil que los padres puedan funcionar sin él. En estos casos, modifico el sistema utilizando cualquier fuerza familiar disponible hasta que sea posible alcanzar una estructura familiar más estable. En muchos de éstos, ha sido provechoso trabajar con cada paciente solo y ayudar a que cada uno mantenga una posición más definida con relación al hijo. Varias de estas familias se han puesto a analizar sistemáticamente el problema de los padres.

La psicoterapia familiar confiere la mayor flexibilidad y los mejores resultados de todos los métodos psicoterapéuticos que he probado. Una amplia gama de problemas resistentes a la psicoterapia individual se vuelven fluidos y abordables cuando el terapeuta es capaz de cambiar, utilizando la fuerza familiar allá donde aparezca. Con todas las ventajas psicoterapéuticas, creo que quizás uno de los mayores dividendos de «la familia» son las nuevas intuiciones que proporciona en la comprensión del fenómeno humano.

CAPITULO 8

Psicoterapia familiar de la esquizofrenia en el hospital y en la práctica privada

El método específico de psicoterapia familiar para el tratamiento de la esquizofrenia que describiremos aquí se fue desarrollando como parte integrante de una premisa teórica acerca de la naturaleza y el origen de la esquizofrenia. La premisa se amplió más tarde hasta convertirse en un «concepto familiar de la esquizofrenia» y más recientemente, en una «teoría familiar de la enfermedad emocional». Gran parte del material teórico y preliminar ha sido mencionado ya en las obras de Bowen et al. (1957); Bowen (1959 a); y Bowen, Dysinger y Basamania (1959). El concepto familiar de la esquizofrenia ha quedado expuesto en Bowen (1960) y la psicoterapia familiar de la esquizofrenia en Bowen (1961).

Presentamos aquí una serie de secciones que comienzan con conceptos teóricos amplios y van llegando, a través de una teoría más específica y de las aplicaciones clínicas de ésta, a una descripción clínica de la psicoterapia familiar. Se ha hecho un considerable hincapié en la orientación teórica. El psicoterapeuta establece y controla el medio en el que se lleva a cabo la psicoterapia, y su pensamiento teórico acerca de la naturaleza del problema que ha de tratarse determina su enfoque del mismo, los procedimientos de que se valdrá, las observaciones que hará y la forma en que responderá y reaccionará a medida que vaya avanzando la terapia. Por consiguiente, conviene conocer el énfasis teórico específico del terapeuta en toda descripción de un método de psicoterapia.

El orden específico de esta presentación es el siguiente: la primera sección constituye un breve repaso de las etapas importantes en el desarrollo de la teoría familiar. Se presenta para aclarar diferencias entre la teoría familiar y la individual, la cual concibe el trastorno emocional como una psicopatología circunscrita a la persona del paciente. Es difícil comunicar una orientación familiar a aquéllos cuyos pensamientos y sistema perceptivo operan en términos de la teoría individual. Las diferencias entre la teoría individual y la familiar se repiten en un contexto diferente en cada sección de este capítulo. La segunda sección es una consideración específica de algunos puntos importantes de la orientación teórica. La tercera es un resumen breve de la teoría familiar de la enfermedad emocional. Se interpreta la esquizofrenia como parte del espectro total de la adaptación humana. La comprensión de los tipos menos severos de enfermedad emocional puede hacer mucho en favor de la comprensión de la esquizofrenia. La cuarta sección es una descripción del proceso de proyección familiar, en virtud del cual un problema de los padres se transmite a un hijo, proceso especialmente importante en la esquizofrenia. La quinta sección es una descripción de una programa clínico que tiene como objeto modificar el proceso de proyección familiar en el hospital y en la práctica privada. La sexta sección se ocupa de principios y técnicas específicos para el uso de este método de psicoterapia familiar. La última sección constituye una estimación del estado actual del método de psicoterapia familiar que estamos presentando.

ANTECEDENTES

El trabajo inicial, en el desarrollo de la teoría familiar de la enfermedad emocional, se fundó en las experiencias previas alcanzadas a través de la psicoterapia individual de la esquizofrenia. Comenzó con un estudio clínico[12] que duró cinco años, en el cual a diversos miembros de la familia del paciente, lo mismo que a éste, se les sometió a psicoterapia individual. Al desplazar el hincapié hasta incluir a los miembros de la familia, empezó a destacarse el sistema de relación entre aquéllos. Se concentró la atención en la vinculación simbiótica de madres y pacientes. Presentó particular interés el carácter cíclico de la relación simbiótica, en la que los miembros de cada pareja de madre y paciente podían a veces sentirse tan cerca el uno del otro, que parecían «hermanos siameses emocionales» o, en otras ocasiones, tan distantes y hostiles que se repelían recíprocamente. Algunas características

---

[12] Llevado a cabo en la Menninger Clinic y en el Shawnee Guidance Center, de Topeka, Kansas, 1949-1954.

de la relación simbiótica quedaron incorporadas a una hipótesis detallada, concerniente a la etiología de la esquizofrenia.

Los pasos más importantes en el desarrollo de la teoría familiar se dieron durante un estudio formal de investigación familiar[13], en el cual los pacientes esquizofrénicos y sus familiares residieron en una sala psiquiátrica. Al comienzo de la investigación, la hipótesis del trabajo anterior se incorporó a un plan de investigación para que las madres vivieran en la sala con los pacientes esquizofrénicos. La investigación reveló características sorprendentemente «nuevas» de la relación madre-paciente, que no se habían «visto» claramente en el trabajo anterior. En la sección siguiente se describirán estas características. ¿Por qué no se habían advertido con claridad estas observaciones anteriormente? La hipótesis era la misma y las familias presentaban la misma clase de problemas clínicos. Dos factores parecían explicar el cambio. Uno de ellos fue la situación del vivir en estrecho contacto, que determinó que las acciones y las respuestas relacionales fuesen más intensas; pero el factor que nos pareció más importante fue el de la «ceguera observacional» de los investigadores. Los hombres suelen no ver lo que tienen delante de sus ojos, a menos que encaje en su marco teórico de referencia. Por ejemplo, los hombres habían estado mirando los huesos de animales prehistóricos durante siglos, sin «verlos» realmente; creían que la Tierra había sido creada exactamente como se la ve ahora y no pudieron «ver» los huesos hasta que apareció la teoría de la evolución. El trabajo inicial con las familias se basó en la teoría individual, la cual concentra tanto su atención en el paciente, que no es posible «ver» realmente a la familia. El desplazamiento hacia la hipótesis de la relación simbiótica fue un paso conducente a la orientación sobre la familia. Creo que este cambio específico estuvo determinado más por las limitaciones del pensamiento teórico, que por la precisión con que el concepto describe al fenómeno de la familia. En la literatura, ya se había descrito la relación simbiótica; era una ampliación compatible de la teoría individual y describía con precisión un campo del fenómeno de la familia. Solamente se focalizó el interés en la relación madre-paciente, porque la «ceguera observacional» dejaba en las sombras al resto del fenómeno. La investigación que tenía como objetivo la observación de «la convivencia» constituyó otro paso más hacia la orientación sobre la familia. Aunque la hipótesis todavía se expuso exactamente como en el estudio informal, la actitud subyacente a la situación de convivencia

---

[13] Llevado a cabo en el Centro Clínico del National Institute of Mental Health, Bethesda, Maryland, 1954-1959.

contribuyó a montar el escenario que permitió «ver» mejor a la familia. La creciente capacidad para «ver» a ésta, más la cada vez mayor intensidad de las características de la relación, fueron suficientes para que abriesen camino las nuevas observaciones. Una vez advertido, el fenómeno de la nueva relación se hizo tan patente que se difundió en toda la operación. Luego fue posible ver con claridad el fenómeno, durante el trabajo conjunto con familias ambulatorias en las cuales aquél tenía manifestaciones menos intensas.

El paso más importante en el desarrollo de la teoría familiar se basó en las «nuevas» observaciones, y se dio a fines del primer año de la investigación. Se amplió la hipótesis, hasta comprender a toda la familia en la premisa teórica; el diseño de la investigación se modificó para permitir que ambos padres, así como otros miembros de la familia, viviesen en la sala con el paciente, y la psicoterapia dejó de ser individual para convertirse en familiar. Durante los últimos cuatro años del estudio, la premisa teórica se definió más aún y se amplió hasta convertirla en un concepto familiar de la esquizofrenia, a la vez que la psicoterapia familiar se desarrolló como parte integrada al concepto familiar. Simultáneamente a la investigación con las familias residentes, se dio tratamiento a un número creciente de familias ambulatorias, a las que se sometió a psicoterapia familiar ambulatoria. Desde 1959, el autor se ha limitado en lo referente a psicoterapia familiar, al trabajo ambulatorio y a la práctica privada.

Los pasos más recientes en el desarrollo de la teoría familiar se basaron en la experiencia obtenida con la psicoterapia familiar, practicada con familias que no tenían problemas tan graves como la esquizofrenia. Entre éstas figuraron unas 250, cuyos problemas fueron desde las neurosis simples, hasta las de grado casi psicótico. Fue sorprendente encontrar que todos los dinamismos familiares, tan notables en la esquizofrenia, se encontraban presentes también en las familias que tenían los problemas menos graves e incluso en familias «normales» o asintomáticas. La experiencia corrobora la opinión de que solamente hay una diferencia de grado entre la esquizofrenia y la psicopatología menos grave. Los cambios efectuados durante la psicoterapia familiar tienen importancia para comprender el fenómeno familiar, y los rápidos cambios efectuados en familias con problemas neuróticos nos proporcionan una gama de observaciones imposibles de realizar con los cambios lentos e indefinidos, propios de la esquizofrenia. La experiencia alcanzada con los problemas menos graves proporcionó las observaciones necesarias para la ampliación del concepto familiar de la esquizofrenia, hasta convertirlo en la teoría familiar de la enfermedad emocional. La teoría actual considera que toda la gama del ajuste humano se encuentra en una sola escala, en uno de cuyos extremos se encuentran los niveles de madurez más altos, en tanto que en el otro están las formas más bajas de desadaptación y enfermedad emocional.

Antecedentes teóricos. Al final del primer año de investigación, la decisión de cambiar la orientación individual por la familiar puso nítidamente de manifiesto la existencia de diferencias importantes entre la teoría individual y la familiar. Durante el primer año, la orientación teórica se basó en la teoría *individual*; cada paciente y cada madre recibieron psicoterapia *individual*, y la investigación se orientó hacia la definición de la interrelación existente entre las patologías *individuales*. El cambio se fundamentó en las características recientemente observadas de la relación madre-paciente. Esta simbiosis era mucho más intensa y amplia en realidad, que lo que se había postulado en la hipótesis. La «unidad emocional» simbiótica no era una entidad en sí misma, sino un fragmento de una «unidad emocional» más amplia, de la familia. Las observaciones simultáneas de las familias ambulatorias nos indicaron que los padres se veían tan implicados como las madres en dicha unidad, y que también lo estaban otros miembros de la familia. Las relaciones familiares mostraban una sucesión de excesiva proximidad y distancia. En las fases de proximidad emocional, los sistemas intrapsíquicos de los miembros de la familia implicados estaban tan estrechamente fusionados, que resultaba imposible la diferenciación entre uno y otro. La fusión abarcaba toda la gama del funcionamiento del ego. Un ego podía funcionar por el de otro. Un miembro de la familia podía saber con precisión cuáles eran los pensamientos, fantasías, sentimientos y sueños del otro, además podía ponerse enfermo físicamente, como reacción al estrés emocional de otro. Cada detalle de la psicosis de un paciente se podía reflejar en la madre. Vimos ejemplos en que la psicosis del paciente constituía un «acting out» del inconsciente de la madre. En las fases del distanciamiento airado, algunos miembros de la familia podían «fusionarse» con otros o con algunas personas que no eran parientes, como los miembros del personal del hospital, y la otra persona se «fusionaba» también en el problema familiar. Otra manifestación de la unidad familiar era el desplazamiento fluido y espontáneo de las fuerzas y debilidades del ego, de un miembro de la familia a otro. Podía advertirse parte de una «patología» en un miembro de la familia y otras partes en los demás. Hacía pensar en un rompecabezas familiar de fuerzas y debilidades, en el que cada miembro poseía piezas del mismo y había un considerable intercambio de éstas. Dichas observaciones nos llevaron al concepto de «la familia como unidad de enfermedad». Una parte del problema total se encontraba en cada miembro de la familia, y la percepción del problema en su totalidad no podía llevarse a cabo sin examinar por separado las partes. En algunas familias, la psicoterapia individual con un solo miembros de ellas bajaba el tono del proceso emocional en toda la familia, durante períodos variables. Las observaciones realizadas durante la investigación nos hicieron pensar que la unidad emocional de la familia en su totalidad poseía las mismas características fundamentales de la simbiosis madre-paciente. Expresiones tales como *fusión emocional, estado de conexión emocional, adhesión conjunta emocional y fusión del ego,* describen con precisión el fenómeno. La hipótesis «simbiótica» fue descartada y se dirigió el pensamiento hacia el fenómeno familiar, más amplio.

En la decisión de cambiar la orientación hacia la familia, se ventilaron cuestiones teóricas y prácticas de capital importancia. Las consideraciones de índole práctica nos inclinaban a favor de la teoría y la psicoterapia individuales, dentro de los campos «conocidos» de la teoría y de la práctica; pero las observaciones nos llevaron a pensar que el fenómeno de la familia era más complejo que la interconexión de patologías individuales. El pensamiento teórico estricto se inclinaba por completo hacia la orientación de la familia; pero la hipótesis «familiar» inicial no estaba bien desarrollada y parecía incomprensible la psicoterapia de la familia. Se reflexionó sobre diversas combinaciones de las orientaciones individual y familiar, pero todo plan para realizarlas tuvo inconvenientes. Por ejemplo, la experiencia nos indicó que la psicoterapia individual podía oscurecer algunas observaciones de la familia. Después de muchas deliberaciones y a pesar de las dudas respecto a su éxito se tomó la decisión de dedicar todos los esfuerzos a la observación de investigación en la familia, la ampliación de la hipótesis familiar y a un intento de desarrollar un método de psicoterapia familiar, ya que se daría una buena oportunidad de probar su valor «antes de retornar a la orientación individual». Clínicamente, se tuvo la idea de incluir en el estudio a un número suficiente de miembros de la familia, para tener las partes esenciales del «rompecabezas familiar» en un mismo lugar y a un mismo tiempo, así como la de intentar llevar a cabo la psicoterapia estando presentes todas las «piezas». Las dudas más graves fueron despertadas por la psicoterapia de la familia. A causa de mi formación en el psicoanálisis y la psicoterapia individual, yo creía que el único camino conducente a la madurez emocional consistía en el análisis cuidadoso de la relación de transferencia entre el terapeuta y el paciente, y suponía que la «psicoterapia familiar» propuesta no podía ser más que una preparación para la psicoterapia individual, que finalmente habría que practicar con cada miembro. No obstante, se decidió suspender toda psicoterapia individual y se ideó un método de psicoterapia familiar que encajase con el problema clínico definido por la premisa teórica.

La nueva orientación hacia la familia constituyó un hito, que no hubiese sido posible alcanzar sin la «entrega total» al estudio de la familia. La premisa familiar teórica nos permitió «ver» una interesantísima y nueva dimensión de las observaciones clínicas, cuya contemplación había sido enturbiada por la teoría individual. Al cabo de un corto tiempo, se vio con evidencia que la psicoterapia familiar tenía un futuro muy prometedor. Más adelante hablaremos de algunos de los problemas que encierra una orientación hacia la familia en un ambiente «individual». Este método de psicoterapia familiar se ha venido utilizando ahora, durante ocho años, con más de 200 familias. Hemos sometido a 63 familias con un miembro esquizofrénico a psicoterapia familiar, por períodos que han oscilado entre siete semanas y siete años. Entre ellas figuran 51 familias que tenían un vástago esquizofrénico adulto gravemente afectado, diez con un cónyuge psicótico y dos con niños gravemente afectados, a los que se les diagnóstico autismo o esquizofrenia infantil.

TEORIA FAMILIAR DE LA ENFERMEDAD EMOCIONAL

Es difícil conceptualizar la unidad emocional de una familia y aún más difícil comunicar esa idea a quienes, por concentrar toda su atención en el individuo, tropiezan con dificultades para «ver» realmente a la familia. He utilizado la expresión «masa de ego familiar indiferenciado» para designar la unidad emocional de la familia. La expresión encierra algunas inexactitudes, pero describe con acierto la dinámica general de la familia y ninguna otra expresión ha resultado tan eficaz para comunicar el concepto a otros. La concibo como un racimo fusionado de egos individuales de la familia, con una frontera común. Unos egos están más completamente fusionados en la masa que otros. Algunos de ellos se siente intensamente envueltos en la masa familiar durante el estrés emocional y están relativamente despegados en otros momentos. La madre y el padre son siempre los que se ven más envueltos. A veces, la masa de egos puede incluir tan sólo a un pequeño grupo de los miembros de la familia, que son los que se ven más implicados. En otras ocasiones, la fusión activa puede incluir miembros de la red de parientes cercanos y aun animales favoritos y personas que no sean parientes. Algunas asistentas internas a menudo están más «fusionados» en la masa de ego familiar que algunos parientes consanguíneos, quienes están más diferenciados. Sonne y Speck (1961) han incluido a los animales domésticos en la psicoterapia familiar. La fusión de egos es más intensa en las familias menos maduras. En la familia que tiene un miembro esquizofrénico, la fusión entre el padre, la madre y el hijo alcanza un máximo de intensidad. Teóricamente, la fusión se presenta, hasta cierto punto, en todas las familias, salvo en aquéllas en las que sus miembros han alcanzado una madurez emocional completa. En las familias maduras, los miembros son unidades emocionales de límites bien definidos, que no participan en fusiones emocionales con otros.

Clínicamente, la masa de ego familiar indiferenciada se considera equivalente a un solo ego. La psicoterapia familiar se dirige hacia dicha masa, sin prestar consideración específica a los individuos envueltos en ella, por el momento. El psicoterapeuta se relaciona con la masa de ego familiar de la misma manera como lo hace con un solo ego en la psicoterapia individual. Qué miembros de la familia se incluyen en la psicoterapia familiar, en cualquier momento, es algo que depende de la dinámica de la masa de ego familiar y de la meta terapéutica inmediata. El terapeuta puede abordar la masa de ego familiar estando presentes todos los miembros de la familia comprometidos, ante cualquier combinación de éstos o estando presente únicamente uno de ellos. La psicoterapia familiar con un solo miembro es difícil de explicar para quienes emplean una orientación teórica diferente. El psicoterapeuta familiar que se relaciona con la masa de ego familiar *a través* de un solo miembro de la familia, emplea un principio psicoterapéutico semejante al utilizado en la psicoterapia individual cuando el terapeuta se relaciona con la «porción intacta del ego del paciente» o con «el lado maduro» del ego. Puesto que los dos cónyuges (o padres)) son los miembros de la familia más comprometidos en la masa de ego familiar, se producen los cambios familiares más rápidos cuando los progenitores son capaces de trabajar en equipo en la psicoterapia familiar. La etapa final de una psicoterapia familiar exitosa se alcanza cuando los dos cónyuges trabajan juntos para resolver sus problemas individuales y colectivos.

De acuerdo con la teoría familiar de la enfermedad emocional, los niños crecen hasta alcanzar diversos niveles de diferenciación de «self» respecto a la masa de ego familiar indiferenciado. Algunos alcanzan una diferenciación casi completa, hasta convertirse en individuos claramente definidos, cuyos egos poseen fronteras bien definidas. Esto equivale a nuestro concepto habitual de persona madura. Estos individuos forman unidades emocionales autónomas. Una vez diferenciados, pueden sentirse unidos estrechamente, en lo emotivo, a los miembros de su propia familia o a cualquier otra persona, sin fusionarse en la nueva unidad emocional: las personas tienden a casarse con otras que tienen idénticos niveles de diferenciación de self. Cuando la persona bien diferenciada contrae matrimonio con otra que haya alcanzado un nivel igualmente alto de identidad, los esposos son capaces de mantener una clara individualidad y, al mismo tiempo, sostener una proximidad emotiva intensa, madura, que no resulta amenazadora. Estos cónyuges no se ven comprometidos en la fusión de «selfs» que se produce en los matrimonios menos diferenciados.

Si toda la gama de diferenciación de self se considera sobre una sola escala, en cuya parte superior se encuentran el nivel más alto de diferenciación de self y la madurez emotiva teóricamente completa, y en la parte inferior el nivel más bajo de desadaptación y las formas más graves de enfermedad emocional, la escala relativa de posiciones de las categorías diagnósticas pertinentes a esta presentación sería la siguiente: La persona que más tarde desarrolla una neurosis ocupa algún punto hacia la mitad de la escala, la persona que posteriormente se convierte en padre de un vástago esquizofrénico pertenece al extremo inferior de aquélla, y la persona que más tarde se vuelve esquizofrénica pertenece al extremo inferior, por cuanto es un «no self» que funciona como un «self» tomado prestado de otros.

Las personas que se convierten en padres de un vástago esquizofrénico ejemplifican una importante faceta de la teoría. Son individuos con niveles muy bajos de diferenciación de self que se las arreglan de alguna manera para conducirse medianamente bien en sus ajustes vitales. Cuando niños, no inician el proceso constante de «ir creciendo y apartándose de los padres», como lo hacen sus hermanos más diferenciados. Al contrario, se mantienen indiferenciados emocionalmente en la masa de ego con sus padres. Después de la adolescencia, en un esfuerzo por funcionar sin éstos, se «desprenden» para establecer «pseudoselfs», mediante una «pseudoseparación» de la masa de ego de los padres. Esta puede alcanzarse mediante la negación, mientras se siga viviendo en casa de los padres, o puede reforzarse por una distancia física. El adulto joven que huye para no volver a ver jamás a sus padres puede tener un mayor vínculo fundamental con éstos, que los hermanos que continúan viviendo con ellos. El talón de Aquiles de estas personas es una relación emocional estrecha. Pueden funcionar con éxito en los negocios o en una profesión, mientras mantengan relaciones breves y superficiales; pero en un matrimonio con un cónyuge cuyo self está también muy poco diferenciado, se comprometen demasiado emocionalmente. Los nuevos esposos se fusionan en una nueva masa de ego familiar, en la que se borran las tenues fronteras de éstos. Es una réplica de sus anteriores fusiones emocionales con los padres. Este mismo proceso, en grado menos intenso, se produce en los esposos que han alcanzado niveles más altos de diferenciación de self; pero el proceso es muy llamativo en personas que llegan a ser padres de vástagos esquizofrénicos.

Las personas que más tarde se convierten en esquizofrénicas son ejemplo de uno de los niveles más bajos de diferenciación de self. La diferencia principal estriba en que nunca son capaces de «desprenderse» de otras personas para alcanzar un nivel adecuado de «pseudoself». Siguen funcionando como apéndices dependientes de la masa de ego familiar. Algunos logran formar un self tan precario, que se hunden en una psicosis durante sus primeros esfuerzos por funcionar independientemente de los padres. Otros alcanzan un «pseudoself» suficiente para funcionar solos durante breves períodos, pero cualquier separación prolongada de los padres se lleva a cabo únicamente si pueden encontrar una nueva masa de ego familiar a la cual engancharse como apéndices. Su ajuste vital depende del esencial vínculo a otros que los guíen y aconsejen, y de los cuales puedan tomar prestado un self suficiente para funcionar. Van por la vida sin graves problemas, pero son extremadamente vulnerables a la pérdida del otro importante, y se hunden en un «vacío psicótico» frente a los acontecimientos vitales que amenazan o trastornan sus vínculos de dependencia.

Un punto importante en la teoría familiar es la fusión que tiene lugar cuando un esposo y una esposa recién casados se incorporan a una nueva masa de ego familiar. Tal fusión es especialmente intensa en aquéllos que tienen bajos niveles de diferenciación de self. Ambos cónyuges suspiran por mantener relaciones estrechas, pero tal intimidad se transforma en una fusión de los dos «pseudoselfs» hasta formar un «self común», en el que se borran las fronteras del ego que existen entre ellos y hay una pérdida de individualidad en beneficio del nuevo yo. Para evitar la ansiedad de la fusión, guardan una distancia emocional suficiente, llamada «divorcio emocional», a fin de que cada uno pueda mantener la mayor cantidad posible de «pseudoselfs». En general, el curso de la nueva masa de ego familiar está determinado por a) la pauta de la dinámica dentro de la masa de ego y por b) las relaciones con quienes se mantienen fuera de la masa. La dinámica *dentro de la masa de ego* está determinada por la manera en que los esposos se disputan o comparten la fuerza del ego de que disponen. Normalmente, un cónyuge funciona con una parte dominante de dicha fuerza. En un extremo de la escala tenemos a los matrimonios en los que ambas partes «luchan por sus derechos». El resultado es un matrimonio cargado de conflictos. Estos se superan cuando alguno de ellos «cede». En el grupo intermedio tenemos a los matrimonios en los que las diferencias se resuelven cuando un esposo «cede» de mala gana. El cónyuge que cede «pierde fuerza» ante el otro, que la «gana». En el otro extremo de la escala tenemos a los matrimonios en los que un cónyuge se esfuerza por ser el dependiente que cede, y se convierte en un «no self» que da apoyo al yo fortalecido del otro. El cónyuge que habitualmente «cede» puede alcanzar un estado de «no self» suficiente como para quedar incapacitado con una a) enfermedad física, b) enfermedad emocional o c) disfunción social, como la ineficiencia en el trabajo, el alcoholismo o la irresponsabilidad social. Un matrimonio podría estabilizarse permanentemente si el cónyuge del «no self» quedase incapacitado por una enfermedad crónica.

Las relaciones con las personas que están fuera de la masa de ego familiar, determinan la intensidad y la amplitud de los fenómenos emocionales dentro de la misma. Las relaciones exteriores importantes se mantienen normalmente con parientes cercanos, pero pueden cumplir la misma función personas que no lo sean. Cuando las relaciones externas no son demasiado intensas, se atenúa la intensidad emocional dentro de la masa de ego. Si las relaciones con el exterior se vuelven intensas, los problemas existentes dentro de la masa se «transmiten» a la persona externa, que entonces queda fusionada en aquélla. Los cónyuges pueden conservar sus relaciones más importantes con la generación pasada, sus padres; con la generación presente, sus hermanos; o con la generación futura, sus hijos. Un pequeño porcentaje de cónyuges conserva sus problemas circunscritos casi completamente en un área pequeña. Por ejemplo, hay matrimonios que tienen problemas intensos limitados casi completamente a los cónyuges con poca o ninguna participación de sus hijos. Hay también matrimonios en los que todo el peso del problema de los padres es transmite a un solo hijo, afectado al máximo, en tanto que la relación de los progenitores se mantiene tranquila y armoniosa. En la familia estándar, los cónyuges mantienen importantes relaciones con el exterior en más de un campo y el problema se «extiende» sobre una zona más extensa del sistema familiar de relaciones.

La esquizofrenia se desarrolla en una familia en la que los padres exhiben un bajo nivel de diferenciación de self y en la cual un elevado nivel de su propia perturbación se transmite a uno o más hijos. Las variables importantes del proceso son: a) la gravedad del problema en la masa de ego de los padres y b) el grado en que la perturbación de los padres se transmite solamente a uno de los hijos, se «extiende» sobre varios de éstos o bien sobre otras relaciones con los parientes cercanos. Por ejemplo, un problema no tan grave de los padres, pero transmitido únicamente a un hijo, producirá una esquizofrenia más severa que un problema mayor «extendido» a varios hijos. Se considera a la esquizofrenia como producto de un proceso familiar en el que, en cada generación, un hijo sufre mayor perturbación que sus padres (los niños menos envueltos en el proceso pueden alcanzar niveles de diferenciación de self más altos que los de sus progenitores). El proceso se repite durante varias generaciones hasta que aparece un vástago con un bajo nivel de diferenciación de self, quien al contraer matrimonio sufrirá una perturbación en la masa de ego de los padres, suficiente como para producir esquizofrenia en un hijo. En un artículo anterior (Bowen, 1960), planteé la hipótesis de que se necesitan tres o más generaciones para que aparezca la esquizofrenia. Dicha hipótesis, basada en el concepto familiar de la esquizofrenia, consideraba que el proceso de tres generaciones puede extenderse desde padres bastante bien ajustados en la primera generación, hasta la esquizofrenia en la tercera, si los progenitores transmiten gran parte del problema conyugal a un solo hijo en cada generación. En la mayoría de las situaciones, hay diversos grados de «extensión» en el proceso de transmisión, lo cual hace que sean necesarias más de tres generaciones para el desarrollo de la esquizofrenia. En esta exposición no es posible tomar en consideración las variables que se observan en las familias con varios vástagos psicóticos, ni aquéllas que operan en el divorcio, la muerte y otros trastornos familiares graves.

EL PROCESO DE PROYECCION FAMILIAR EN LA ESQUIZOFRENIA

Dedicaré esta sección al mecanismo predominante en la esquizofrenia, en virtud del cual el problema de los padres se transmite al hijo. El proceso puede comenzar mucho antes de la concepción de éste, cuando los pensamientos, sentimientos y fantasías de la madre comienzan a prepararle un lugar en su vida al hijo. ¡Nos preguntamos si el patrón del pensamiento y la fantasía de la madre no fueron derivadas de su propia madre! El proceso cobra forma definida durante el embarazo de la madre, y continúa a lo largo de los años con manifestaciones diferentes en diversas etapas de la vida. El hijo funciona como estabilizador para los padres y convierte la inestable masa de ego padre-madre en una triada más sólida. La estabilidad de los padres depende de que el hijo funcione como el «triádico»[14]. El hijo necesita padres que sean lo más estables posible. Su existencia está tan absorta en «ser para

---

[14] A quien desarrolla una esquizofrenia se le califica convencionalmente de «psicótico», «esquizofrénico» o «paciente». Prefiero emplear el término «triádico», porque designa una parte componente de la masa de ego familiar.

los padres», que no se ocupa en tener un «self» propio. Los acontecimientos que amenazan con apartar al hijo de su función estabilizadora en la triada provocan ansiedad en los padres; por ejemplo, sucesos como el «apartarse al ir creciendo» o «irse a vivir a otra parte». El proceso emocional triádico es adaptativo y puede restablecerse a sí mismo después de la mayoría de las amenazas. Una de las mayores amenazas es el colapso psicótico que impide el funcionamiento habitual del triádico; pero el proceso puede sobrevivir ante esta amenaza y perdurar mientras los padres viven en su casa y aquél queda internado permanentemente en una institución estatal.

La expresión «proceso de proyección familiar» designa los mecanismos que operan cuando los padres y el hijo desempeñan papeles activos en la transmisión del problema de ellos a él. Para explicar el proceso en la teoría individual, sería necesario postular una «proyección» por parte de los padres y una «introyección» por parte del hijo. Los padres pueden forzar la proyección contra la resistencia, hasta que el hijo la acepta finalmente; pero la mayoría de las veces inician la proyección y el hijo la acepta. O bien, éste puede iniciar la proyección y obligar a los padres a reconocer que él es la causa del problema familiar. Los términos «acusador» y «autoacusador» describen asimismo un aspecto del proceso de proyección. En un eje del funcionamiento, las personas se dividen en «acusadoras» o «autoacusadoras». En una situación de tensión, ambas se ponen a buscar las causas que expliquen la situación. El acusador busca fuera del self; su sistema perceptivo lo conduce a buscar las causas en el otro o en el ambiente, y es incapaz de mirar dentro de sí mismo. El autoacusador advierte con precisión las causas en él mismo, pero está tan perturbado para mirar hacia su exterior, como el acusador lo está para mirar dentro de sí.

La causa *real* de cualquier situación es probablemente una combinación de factores internos y externos. Teóricamente, una persona madura puede evaluar objetivamente tanto los factores internos como los externos y *hacerse responsable de la parte que le corresponde al self*. Cuanto más inmaduras son las personas, tanto más intensas son las acusaciones y las autoacusaciones. El ejemplo siguiente ilustrará un aspecto del proceso de proyección. Las personas A y B son igualmente responsables de una situación embarazosa. A comienza a pensar: «si no hubiese sido tan torpe, no habría ocurrido esto». En ese mismo momento, B está pensando: «mira el enredo que ha provocado la torpeza de A». El proceso se completa sin que medie palabra. Ambos le echan la culpa a A, los dos son ciegos para ver el papel desempeñado por B y ambos actúan como si su diagnóstico fuese exacto. En algunas circunstancias, el acusador puede también convertirse en autoacusador y éste es un acusador vehemente. Puede llegar incluso a considerarse a sí mismo como causa de inundaciones, tormentas y terremotos. Cuando la carga de la autoacusación resulta excesiva, puede pasar a convertirse en furioso acusador. El autoacusador es tan irresponsable como el acusador, por lo que toca a asumir responsabilidad del self.

Las más de las veces el problema de los padres se proyecta sobre el hijo por obra de la madre, mientras el padre la apoya. Ella es una persona inmadura, con hondos sentimientos de inadecuación y que busca fuera de sí misma la causa de su ansiedad. La proyección conduce a miedos y preocupaciones por la salud y adecuación del hijo. La proyección busca pequeñas inadecuaciones, defectos y fracasos funcionales en el hijo; centra la atención sobre ellos, los agranda y exagera hasta convertirlos en graves deficiencias. En cada episodio del proceso de proyección se descubren tres pasos principales. Estos son importantes en el tratamiento ulterior de la esquizofrenia. Al primero lo llamaremos *sentimiento-pensamiento*. Comienza con un *sentimiento* en la madre, que se transforma luego en un *pensamiento* acerca de los defectos del hijo. El segundo paso lo llamaremos *examen-etiquetado;* en él, la madre busca y diagnostica en el hijo el defecto que mejor armoniza con su sentimiento. Este es el paso del «examen-diagnóstico clínico». El tercero, llamado del *tratamiento,* es aquél en el que actúa respecto al niño y lo trata como si su diagnóstico fuese exacto. El sistema de proyección puede crear sus propios defectos. Por ejemplo, la madre *siente* y *piensa* respecto al niño como si éste fuese un bebé (hay un yo infantil en la persona más madura), lo *llama* bebé y lo *trata* como a tal. Cuando el hijo acepta la proyección se *vuelve* más infantil. La ansiedad de la madre alimenta la proyección. Cuando la causa de su ansiedad se localiza fuera de la madre, la ansiedad disminuye. Para el niño, la aceptación de la proyección como realidad representa un precio bajo para conseguir una madre más calmada. Ahora el hijo *es* un poco más inadecuado. Cada vez que acepta otra proyección, añade algo a su creciente estado de inadecuación funcional.

El sistema de proyección puede utilizar también defectos menores existentes. Algunos de éstos requieren el examen y diagnóstico de un experto, para confirmar su presencia. Los padres van de médico en médico, hasta que un diagnóstico confirma finalmente la existencia del «temido» defecto. Toda anormalidad descubierta en exámenes físicos, análisis de laboratorio y pruebas psicológicas puede facilitar también el proceso de proyección. La proyección familiar puede precipitarse sobre una anomalía congénita e inocua, recientemente descubierta, y convertirla en una grave incapacidad. La función importante del proceso es localizar la «causa» y confirmar que está fuera de la madre. Basta con escuchar a una de esas madres durante unos cuantos minutos, para oírla invocar opiniones externas, diagnósticos y pruebas para validar la proyección.

El proceso de proyección llega a una etapa crítica cuando el triádico se hunde en una psicosis y ya no puede actuar como absorbente de la proyección familiar. Por lo común, la ansiedad familiar es elevada. No es la psicosis misma la que causa aquélla, sino la incapacidad de este triádico para seguir cumpliendo su función habitual en la triada. La ansiedad familiar es menos intensa cuando la psicosis se desarrolla lentamente o el psicótico está tranquilo, dispuesto a cooperar, y sigue cumpliendo los fines de la proyección de los padres. Estos pueden llegar al extremo de no solicitar ayuda para el psicótico tranquilo, a menos que una persona ajena o algún agente los obligue. La ansiedad intensa se produce cuando el colapso psicótico es repentino y el individuo psicótico no solamente se rebela contra la aceptación de la proyección, sino que se convierte en un «acusador» vehemente, que niega la existencia de un problema, al mismo tiempo que causa problemas con su conducta irresponsable.

Los tres pasos del proceso de proyección familiar se ponen de relieve cuando la familia solicita auxilio psiquiátrico para el colapso del psicótico. La ansiedad de los padres motiva una propensión creciente a llamarlo «enfermo», a confirmar la enfermedad con un diagnóstico, e iniciar un programa de tratamiento. Cuando el diagnóstico se confirma y el hijo se convierte en «paciente», se completa otra proyección familiar y se reduce la ansiedad de los padres. *El paso que lleva a la enfermedad mental probablemente es el que tiene mayor importancia crítica en la larga serie de crisis de proyección familiar.* Una de las proposiciones teóricas y psicoterapéuticas más importantes de la teoría familiar gira en torno a este punto. El enfoque psiquiátrico habitual consiste en examinar pacientes, confirmar la presencia de la patología mediante un diagnóstico y recomendar un tratamiento adecuado. La consulta psiquiátrica encaja, paso a paso, con el proceso de proyección familiar. De tal manera, un principio que el tiempo ha consagrado como buena práctica médica sirve para confirmar el proceso de proyección de los padres en la familia, para cristalizar y fijar la enfermedad emocional en el paciente y contribuir a convertir en crónica e irreversible la enfermedad. En la sección siguiente de este capítulo se describe un enfoque terapéutico de este dilema, basado en la teoría familiar de la enfermedad emocional.

Muchos años de exitosa proyección de los padres preceden al paso que lleva hasta la enfermedad mental. En algunas familias, el trabajo de cimentación es tan completo y los miembros de la familia están tan fijos en sus posiciones funcionales,[15] que «el paso» no hace sino reconocer oficialmente lo que ya ha ocurrido. En estas familias, el triádico acepta fácilmente la proyección y la nueva designación de «paciente», y el contrato operante entre la familia y el psiquiatra es aquél en virtud del cual éste asume su responsabilidad por el producto final del prolongado proceso de la proyección familiar. Son remotas las posibilidades de modificar el proceso familiar. En otras familias, «el paso» es más grande; el triádico se opone a su diagnóstico y designación de «paciente», y si el psiquiatra evita ponerse de lado de los padres en la proyección, el pronóstico es más favorable para la modificación del proceso familiar. Funcionalmente, «el paso» es aquél en virtud del cual el problema familiar se proyecta sobre el paciente triádico y queda fijado en él, mediante un diagnóstico. Cuando el psiquiatra acepta la responsabilidad del tratamiento de la enfermedad del «paciente», condone la exteriorización del problema de los padres sobre aquél, se hace responsable del paciente (el problema familiar queda separado de la familia) y permite a los padres seguirse proyectando sobre el hijo, sin hacer a éstos responsables de las consecuencias de su proyección. A menudo, los padres se convierten en estudiosos de la enfermedad emocional y utilizan términos y conceptos psiquiátricos para facilitar más la proyección sobre el paciente. Por consiguiente, el enfoque psiquiátrico acostumbrado para tratamiento de la psicosis es tal que la familia, el paciente, el psiquiatra y la

---

[15] El término «rol» tal como lo ha definido Spiegel (1960), sería más preciso que el de «posiciones funcionales», pero no he podido adaptar coherentemente los conceptos de rol a este trabajo. En vez de permitir un uso vago e incoherente de la teoría del rol, he empleado otros términos descriptivos.

N.T. (Nota del Traductor): Me adhiero al tratamiento que Jesús M. de Miguel hace de esta terminología: «La lengua castellana sólo ofrece una palabra (Enfermedad) para denominar el estado de alteraciones psíquicas y/o somáticas en el ser humano. El mundo anglosajón sin embargo, emplea tres: disease, illness y sickness. Coe, entre otros, ha llamado la atención sobre los matices respectivos de estos tres términos; DISEASE es un estado objetivo, caracterizado por un funcionamiento defectuoso del organismo biológico, en general una anormalidad fisiológica; lo que en castellano llamaríamos 'estar enfermo'. ILLNESS es, en cambio, un estado subjetivo en el cual una persona no se siente bien, y sufre por ello. Se utiliza plenamente para referirse a las enfermedades mentales. Es equivalente a lo que en castellano llamaríamos 'sentirse enfermo'. Finalmente, SICKNESS viene a referir LA ENFERMEDAD en general, y puede incluir los distintos tipos de desviaciones sociales, no meramente las biomédicas. En contrapartida, la lengua anglosajona no diferencia con el término HEALTH entre Salud y Sanidad, como en castellano». JESUS M. DE MIGUEL: *Sociología de la Medicina*. Ed. Vicens. Universidad. 1978, p. 27.

sociedad desempeñan, todos, un papel en el «acting out» y la perpetuación de la proyección familiar, en convertir el problema del paciente en crónico y crear una situación que permite a la proyección familiar subsistir mucho después de que el paciente se ha convertido en responsabilidad permanente del Estado. Hay situaciones ambulatorias en las que el psiquiatra muestra una mayor eficacia, aun en lo que respecta a facilitar el proceso de proyección familiar. Por ejemplo, la psicoterapia individual de un «paciente» que aún vive con sus padres puede apoyar al paciente lo suficiente como para que prosiga en su papel de absorbente excepcionalmente eficaz de la proyección de los padres.

Una última característica clínica del proceso de proyección familiar, importante para esta presentación, es la falta de responsabilidad respecto al «self» en quienes participan en el proceso de proyección. Un «acusador» que proyecta su problema sobre otros no es responsable del self. El «autoacusador» es igualmente irresponsable. Se acusa para aliviar la ansiedad y no hacerse cargo de sí mismo. Nuestro concepto de «enfermar»(disease) y «enfermedad» (illness)[N.T.] considera el problema como una disfunción, determinada por fuerzas que están más allá del control o la responsabilidad de la familia.

ESFUERZOS CLINICOS PARA MODIFICAR EL PROCESO DE PROYECCION FAMILIAR EN EL HOSPITAL Y EN LA PRACTICA PRIVADA

El programa para vivir en la sala psiquiátrica y la psicoterapia familiar se diseñaron de manera que modificasen el proceso de proyección familiar. Esta sección está consagrada al manejo clínico de los tres pasos del proceso de proyección familiar: a) *pensamiento* del triádico como enfermo; b) *diagnóstico* del «paciente» como persona enferma. En esta sección habrá que incluir también una discusión clínica sobre la *responsabilidad*. El esfuerzo clínico consistió en *pensar* y *actuar* respecto a las familias de acuerdo con la orientación familiar. Esto quiere decir que se evitó emplear los conceptos «enfermo», «enfermedad» y «paciente»y el uso del diagnóstico y el tratamiento del triádico (o cualquier otro miembro de la familia) como si fuese un enfermo. No fue posible alcanzar más que un éxito parcial con las familias internadas, pero el esfuerzo nos proporcionó muchos conocimientos acerca de la esquizofrenia, y la experiencia ha resultado valiosísima para la psicoterapia familiar subsiguiente. Un repaso de los esfuerzos clínicos con las familias nos proporcionará una nueva visión de las diferencias entre las teorías individual y familiar, y nos hará vislumbrar las profundidades del cambio que supone un desplazamiento hacia la teoría y la psicoterapia familiares.

Las costumbres sociales, las leyes que gobiernan a la enfermedad y a los trastornos mentales, y nuestros principios fundamentales de la práctica médica, consagrados por el tiempo, están todos orientados hacia la teoría individual de la enfermedad. La práctica médica y la estructura hospitalaria se adhieren estrictamente a los principios de «enfermedad-paciente-diagnóstico-tratamiento». Toda pequeña desviación del procedimiento estándar puede causar una reacción en una organización hospitalaria o médica. Este estudio se llevó a cabo en un hospital de investigaciones, lo cual permitió alguna flexibilidad en las operaciones, que no es posible en una institución consagrada estrictamente al servicio médico; se realizó un esfuerzo considerable por adelantarse a los problemas que surgirían en la investigación y para propiciar la mayor «libertad de investigación» posible, respecto al uso forzoso de principios y procedimientos individuales. La administración del hospital se interesó en facilitar la investigación, pero cuando se definieron mejor los problemas, se vio claramente que un administrador médico puede «interpretar», pero no cambiar, la estructura médica. Aparte de la flexibilidad permitida para cualquier investigación y algunas interpretaciones favorables que hizo la administración de hospital, la investigación se llevó a cabo conforme a la estructura médica de rutina. En mi calidad de director del programa, yo era responsable ante el hospital de todos y cada uno de los elementos del procedimiento individual. En el interior de la sala se estableció un medio ambiente distinto. Muchas personas han dicho que esta investigación no debería haberse efectuado en un hospital, por las actitudes tradicionales de los hospitales acerca de la enfermedad. Por otra parte, esos mismos problemas se plantearon incluso en la práctica privada de la psicoterapia familiar, a causa de una actitud semejante ante la enfermedad por parte de las instituciones legales y médicas de la sociedad. Por ejemplo, el «acting out» peligroso del miembro psicótico de una familia puede exponer al terapeuta a que se le acuse de negligencia en el cumplimiento de sus deberes médico-legales; se le podrá acusar de que debió considerar que el psicótico era un paciente que requería hospitalización.

Durante el primer año, antes de iniciada la orientación familiar, se tropezó con algunos problemas. Tres madres y tres pacientes participaron en el estudio; a las primeras se les permitió vivir en la misma habitación del paciente, o vivir fuera y pasar el día con él. Una madre decidió vivir en la habitación de la hija, las otras dos prefirieron no hacerlo. En lo que se hizo hincapié fue en la «presencia» de las madres. No se les exigió que actuasen como madres. A la madre que decidió residir en el hospital se le pidió que llenase los requisitos administrativos de los «pacientes» y, aunque se le dio el diagnóstico de «control normal» y se redujo al mínimo su calidad de paciente, se le consideró como tal. Las otras madres tenían como privilegio comer en la sala y participar en actividades del hospital. Se consideró que deberían tener parte en los cuidados del paciente, pero nunca ejercieron tareas por las que pudiesen hacerse responsables en el estudio. El personal era el responsable de los pacientes y las madres eran «visitantes» privilegiados. El sistema permitió realmente crear una situación ideal a las madres, para la libre proyección de sus problemas sobre las pacientes; no se las haría responsables de alterar al paciente, para después decirle a la enfermera: «su paciente se ha trastornado» y luego regresar a casa. Los resultados del tratamiento fueron medianamente buenos, a juzgar por las normas individuales, pero la psicoterapia individual mantuvo divididos los problemas familiares. Problemas de importancia capital pudieron eludirse, confiando en que el otro se enfrentaría a ellos, y ninguna familia fue más allá de la actitud pasiva consistente en cooperar mientras esperaba que la cambiasen.

Al optar por la orientación familiar, se exigió a todos los miembros de la familia que se internasen. A los padres y los hermanos normales se les dio el diagnóstico de «control normal», y a los miembros psicóticos de la familia el de «esquizofrenia». Los miembros de la familia fueron sometidos a todos los registros y procedimientos de rutina, a que se somete a los «pacientes». Mediante pases para «pacientes», válidos por setenta y dos horas, se permitió a los padres proseguir su trabajo regular, y a otros miembros de la familia participar en actividades externas. Las ausencias por más de setenta y dos horas daban lugar a una «alta» y una nueva admisión. El mantenimiento del proyecto en un hospital requirió innumerables admisiones, «altas», exámenes físicos y estudios rutinarios de laboratorio, para estar a la altura de las normas del buen cuidado médico hacia los pacientes. La estructura administrativa permitió algunos ahorros de tiempo en los procedimientos de esa índole, pero no toleró la eliminación de ninguno.

Una parte importante del programa clínico para el tratamiento del proceso de proyección familiar, consistió en obligar a los padres a responsabilizarse del miembro psicótico de la familia. Los médicos y el personal de enfermería les prestarían ayuda, pero no se harían directamente responsables de los «pacientes». Se exigió que uno de los progenitores hiciese compañía constantemente al «paciente». Cuando ambos se encontrasen fuera de la sala al mismo tiempo, tendrían que pedir a las enfermeras que se hiciesen cargo de los «pacientes». Pasaron casi dos años antes de que el personal comenzase a ejecutar medianamente bien el programa clínico. Al llevar a cabo el plan, tropezamos con tres grupos principales de problemas.

El primero de ellos tuvo que ver con la orientación médica individual del personal. Los miembros del personal estaban acostumbrados a pensar en términos del individuo, a «asumir responsabilidades por el paciente», a «simpatizar» con éste y enfadarse con los padres. Se necesitó tiempo y contactos íntimos con las familias para que el personal *conociese* la orientación familiar. Los primeros esfuerzos realizados para el cambio de conceptos y términos, fueron pura «comedia». Poco después de que el personal dejó de utilizar el término «paciente», la jefa de enfermeras protestó contra la inutilidad del cambio de palabras; tres años más tarde, escribió un artículo titulado: «The patient is the family» (Kvarnes, 1959). Entre los términos que sustituyeron a los de «enfermo», «enfermedad» y «esquizofrenia», figuraron los de «disfunción», «incapacidad» y «colapso funcional». Entre los términos que sustituyeron el de «paciente» figuraron los de «perturbado», «incapacitado», «colapsado» y «triádico». A su debido tiempo, la orientación hacia la familia se hizo casi tan cómoda como la antigua; sobre todo cuando las familias comenzaron a reaccionar favorablemente a dicho enfoque.

El segundo grupo de problemas estuvo estrechamente conectado con el primero. La dirección del hospital exigía una orientación individual, lo cual entraba en conflicto con las normas generales del director de la sala de investigaciones. El personal cumplió los requisitos individuales mínimos establecidos por el hospital, pero dentro de la sala trató de pensar y actuar conforme a la orientación familiar. La administración del hospital calificó de «paciente» a cada miembro de la familia y exigió que los médicos se hiciesen responsables de los «pacientes» confiados a su cuidado. Dentro de la sala no había «pacientes», sino «miembros de la familia», y se exigió a los padres que asumieran la responsabilidad de todos ellos. Las familias comprendieron las dos orientaciones y se convirtieron en estudiosas de las sutiles diferencias que existen entre las dos.

El tercer grupo de problemas se presentaba dentro de la familia. El proceso de proyección familiar es muy fuerte. Posee una asombrosa capacidad para utilizar la estructura existente, proyectar el problema sobre el «triádico» y culpar al medio ambiente del problema externalizado. Cuando el personal ya no aceptó la misma responsabilidad de antes, en lo referente al funcionamiento emocional en las familias, el proceso familiar encontró nuevas maneras de hacer responsable al personal. Puesto que el médico tenía a su cargo la salud física de sus «pacientes», un creciente número de problemas familiares comenzó a manifestarse como enfermedad física y las familias hicieron un uso abusivo del médico de la sala y de la estructura médica, para hacer responsable al personal. Finalmente, el personal creó un sistema equivalente a un médico en la práctica privada. Se estableció en la sala una clínica, a la que se fijó un horario regular de servicio y, para los problemas de rutina, las familias pedían citas. Las habitaciones de la familia (dormitorios dobles en la sala) eran equivalentes a hogares particulares. Los miembros de la familia acudían a la «clínica» para consulta y volvían al «hogar», donde se hacían responsables del cumplimiento del tratamiento recomendado. Se proporcionó a las familias muchos medicamentos para que los conservaran en sus «hogares». Este tipo de arreglos fueron posibles gracias a que se realizaron en una unidad de investigación.

Una serie de acontecimientos nos permitirá entender con mayor claridad el problema de la «responsabilidad». Se dejó a los padres en libertad de llevar a los «pacientes» a la comunidad, «cuando fuesen capaces de controlar la conducta psicótica». Podían solicitar la compañía de un miembro del personal, si no estaban seguros de su capacidad para manejar la situación. Hubo quejas frecuentes de los comerciantes y otros ciudadanos del lugar, así como de otros departamentos del hospital, que denunciaron conductas perturbadoras. Cada incidente fue discutido con las familias. Estas trataron de restar importancia a los incidentes, llamándolos desacuerdos o exageraciones; echando la culpa a la gente por su incapacidad de comprender la enfermedad emocional; diagnosticando al querellante con los calificativos de persona malhumorada, quisquillosa, neurótica; o poniéndose a discutir si la queja estaba o no justificada. Luego, las familias prometían poner más cuidado. El personal pasó por un período de excesivo apoyo a las familias, consistente en señalarles los límites de las zonas de tolerancia y en ayudarles a comprender la conducta perturbada y a tratar la misma. La frecuencia de los incidentes siguió siendo la misma; pero se produjeron en lugares poco comunes o en circunstancias de las que «nada nos habían dicho». Por último, nos dimos cuenta de que la actitud del personal algo tenía que ver con el problema. Al proporcionar ayuda y recomendaciones, el personal dudaba de la capacidad de los padres para encontrar sus propias soluciones. Se había regañado a las familias por sus errores, pero no se les había dicho exactamente qué era lo que se quería de ellas.

Cuando nos dimos cuenta de esto, les dijimos que el proyecto de investigación requería que los padres asumieran la responsabilidad de los miembros perturbados de la familia y que gozaban de considerable libertad para ir y venir en la comunidad, mientras pudiesen controlar la conducta de aquéllos. Se les recordó que vivíamos en una comunidad en la que las personas tenían los mismos miedos y preocupaciones con relación a la enfermedad mental que las personas de cualquier otra parte del mundo, que teníamos una responsabilidad ante la comunidad y que la meta era evitar quejas, justificadas o injustificadas. Se dijo a las familias que se las consideraba obligadas a conocer las reglas de la comunidad y del hospital, y que era condición para seguir participando en el proyecto de investigación que no hubiese quejas a causa de la conducta perturbada fuera de la sala. Desaparecieron las quejas del hospital y de la comunidad. Los padres anteriormente irresponsables se convirtieron en todo lo contrario. Cuando los miembros perturbados de la familia se alteraban, los padres ponían en acción sus propios sistemas de control. Cuando una alteración se hacía demasiado grande, la familia pedía permiso a las demás familias para cerrar la sala durante algunos días, hasta que se calmase el trastornado. Esta experiencia, confirmada ahora por otras subsiguientes, nos aportan testimonios de que los padres de un vástago esquizofrénico, que comúnmente funcionan como personas impotentes e irresponsables, son capaces de actuar responsablemente cuando es necesario. Mi propia conducta como director del programa desempeñó un importante papel. Ante la dirección del hospital me había comprometido a suprimir los incidentes y cuando actué con mayor responsabilidad, me fue posible exigir a las familias que se condujesen también de la misma manera. Es interesante señalar que durante los períodos en que los padres funcionaban con sentido de responsabilidad, las familias hicieron los mayores adelantos en las reuniones diarias de psicoterapia.

Las familias residentes nos proporcionaron una experiencia única y muy reconfortante desde el punto de vista de las investigaciones, pero el ambiente de un hospital no es el más apto para propiciar el cambio en la psicoterapia familiar. Fue posible que las familias alcanzasen un nivel bastante satisfactorio de responsabilidad en lo tocante al miembro psicótico de la familia, pero los padres pasaron a ser excesivamente dependientes de los recursos hospitalarios puestos a su disposición, lo cual entorpeció el desarrollo de sus propios recursos. Se han alcanzado mayores éxitos en la psicoterapia familiar cuando las familias se han hecho cargo del cuidado del psicótico en el hogar.

Los mejores resultados clínicos por lo que toca a tratar el proceso de proyección familiar, se han alcanzado en el trabajo ambulatorio y en la práctica privada. La ansiedad alimenta el proceso que conduce a las cuestiones de «enfermedad-paciente-diagnóstico-tratamiento». En los primeros esfuerzos clínicos, también yo me opuse frecuentemente al proceso de proyección. El enfoque más productivo había consistido en procurar no verse enredado en las cuestiones del proceso de proyección familiar y dirigir la atención hacia la ansiedad de los padres, que alimenta la proyección. Unas cuantas horas dedicadas a uno o a ambos padres bastan a menudo para aliviar la ansiedad inmediata y convertir la situación en un esfuerzo psicoterapéutico familiar tranquilo y productivo. Cuando la ansiedad familiar es muy elevada y no es posible evitar las cuestiones de enfermedad-diagnóstico del proceso de proyección, expongo mi punto de vista teórico con la mayor claridad posible y me niego tranquilamente a participar en toda acción que tenga como objeto concentrar el problema en el paciente, o a seguir trabajando con la familia, a menos que los padres estén dispuestos a reconocer la parte de responsabilidad que les toca en el problema.

Las cuestiones del proceso de proyección familiar cobran nitidez cuando se propone por primera vez la hospitalización a causa de un trastorno psicótico agudo, especialmente cuando la persona psicótica afirma que no está enferma y el proceso de proyección está basado en un diagnóstico y hospitalización. Se adelanta mucho cuando pueden evitarse el diagnóstico y la hospitalización, y el proceso de proyección puede modificarse antes de que la familia dé este importantísimo paso en la confirmación de la enfermedad emocional. Si es necesaria la hospitalización, prefiero que sea por otras razones y no por la «enfermedad». Describo seguidamente la manera cómo enfoco actualmente la situación en mi trabajo ambulatorio y en la práctica privada. Son tres las razones principales para recomendar la hospitalización: a) La familia la solicita porque ha llegado al límite su tolerancia de los trastornos en el hogar. b) La comunidad la exige a causa de los perjuicios causados a la misma. c) La persona perturbada la pide por sí misma. La primera razón es la más importante para mi exposición. Cuando se trata la cuestión de la hospitalización, la familia espera que el psiquiatra utilice la enfermedad como razón para efectuarla. Con este punto de vista, se le dice al paciente que está enfermo y debe internarse para su tratamiento. Al hacerse responsable de la hospitalización el psiquiatra, la familia le dice al paciente: «nos apena que estés enfermo y tengas que internarte en el hospital. Te tratarán bien. Queremos que vuelvas a casa cuando te pongas bien». De acuerdo con el concepto familiar, esta sucesión de acontecimientos encierra deformaciones de la realidad. la primera es la de los conceptos de «enfermo» y «hospital». El grado de «enfermedad» no es la razón verdadera que determina la hospitalización. Las familias mantienen grados severos de «enfermedad» en el hogar, en tanto la persona se comporta bien. La verdadera razón es que la familia quiere sacar de su casa la conducta perturbadora.

La hospitalización se realiza más por la familia que por el paciente. Otra deformación está encerrada en la expresión «cuando te pongas *bien*». Esto quiere decir realmente: «cuando ya no trastornes a la familia».

Un ego perturbado puede hacer frente a los graves hechos de una mala conducta, pero le resulta más difícil enfrentar las deformaciones de la realidad contenidas en los alegatos de «enfermedad». El ego de la persona que está haciendo resistencia no advierte «enfermedad» en su propio sistema perceptivo, y se encuentra en desventaja cuando se la hospitaliza por una razón que no puede descubrir dentro de sí misma. Si insiste en su propia percepción de que no está enferma, entonces se rebela y entra en conflicto con su ambiente. Si acepta su «enfermedad», reconoce algo que no puede advertir dentro de sí misma y comienza a depender del ambiente, para que éste le enseñe lo que debe saber acerca de su «enfermedad». Se han alcanzado increíbles adelantos cuando la familia acepta la responsabilidad de la hospitalización y utiliza como razón la «conducta». Si la situación lo permite dedico varios días o semanas a tratar este punto, antes de hospitalizar a una persona por «enfermedad». Por ejemplo, un hijo psicótico había estado resistiéndose a la hospitalización durante varias semanas. El esfuerzo se dirigió a ayudar a los padres a utilizar «la familia» como razón. Cuando la madre dijo finalmente: «¿lo harás por nosotros, para darnos algún alivio?», el hijo respondió tranquilamente: «Esta es la primera proposición justa que he oído. Firmaré mi admisión en cuanto me presenten los papeles». La familia puede utilizar la fuerza, como cuando dice: «te mandamos al hospital porque estamos hartos de tu comportamiento y de los problemas que creas en el hogar», sin las complicaciones y castigos que pueden desprenderse del uso de la «enfermedad» como razón. En estas circunstancias, los pacientes conciben el hospital de otra manera; el progreso es normalmente rápido y las permanencias en aquél son breves. En la siguiente sección se presenta un caso clínico que ejemplifica algunos de los puntos tratados.

Los principios válidos para el concepto de «enfermedad» son aplicables en muchos cambios no relacionados específicamente con el proceso de proyección familiar. El ejemplo siguiente está tomado de una situación en la que nada tuvo que ver una familia. A un paciente hospitalizado que se estaba recuperando se le permitió dar su primer paseo por la ciudad. Al comenzar a subir al autobús para regresar al hospital, se quedó paralizado, pues oyó voces que lo amenazaban con las más terribles consecuencias si entraba al vehículo. Su conducta detuvo al autobús en medio de un tráfico intenso y la compañía de transporte se quejó al hospital de que permitía salir a «pacientes demasiado enfermos para andar por la ciudad». Su médico le prohibió salir del hospital a causa de su «conducta», no por su enfermedad. Se le dijo que no se le iba a dejar salir del hospital, por su «comportamiento» en la parada del autobús, y que cuando fuese capaz de conducirse de manera que no llamase la atención o no molestase a otros, le permitirían probar de nuevo. Al cabo de una semana le dieron otro pase para ir a la ciudad y poco después se le dio de alta y volvió a su trabajo. Más tarde, durante su psicoterapia, reconstruyó la serie de acontecimientos. Después de su restricción, dedicó días enteros a practicar la manera de comportarse normalmente, a pesar de las voces. Alcanzó tanto éxito, que regresó al trabajo mientras las voces todavía se dejaban oír. La restricción causada por una conducta le proporcionó algo que podía entender, sobre lo cual podía reflexionar y que podía cambiar. Si se le hubiese circunscrito al hospital a causa de su «enfermedad», sobre la que no ejercía ningún control, tal vez no le hubiese quedado más remedio que ponerse a esperar a que la enfermedad se fuese.

Muchos esfuerzos se han dedicado a evitar el uso de los conceptos «enfermedad» y «paciente», así como la utilización del «diagnóstico», aunque este esfuerzo puede parecer irrealista cuando el triádico está perturbado e incapacitado. ¿Cuán válido es el esfuerzo y cuáles son los resultados? Todavía no he visto que un proceso de proyección familiar haya quedado completamente resuelto en una familia donde haya un caso grave de esquizofrenia. Cuando la familia está tranquila, el proceso desaparece; pero si se produce ansiedad de nuevo, reaparece. A veces, los padres logran controlar con éxito la parte que les toca en el proceso, pero entonces el triádico comienza a actuar como inadecuado y perturbado, de tal manera que los obliga a reconocer su «petición de enfermedad». La persona esquizofrénica no está orientada a volverse «normal», y desempeña un importante papel en la perpetuación del *status quo*. Mendell (1958) ha utilizado un enfoque diferente del dilema de diagnosticar únicamente al paciente. Somete a pruebas psicológicas a todos los miembros claves de la familia, que luego se utilizan como testimonio autorizado para fundar un diagnóstico que abarca a todos los miembros. Luego se trata a cada persona «enferma» mediante psicoterapia de grupo, pero cada miembro de la familia forma parte de un grupo distinto.

Cuando se tratan problemas menos graves que el de la esquizofrenia, el evitar la secuencia «enfermo-paciente-diagnóstico» constituye un beneficio directo que ayuda a la masa de ego familiar a alcanzar un nivel superior de diferenciación de self. Cuando la familia alcanza dicho nivel, el proceso de proyección desaparece permanentemente. Ofrezco a continuación uno de los innumerables ejemplos que se podrían poner. Un esposo de treinta y tantos años de edad se había sometido durante cuatro años a psicoanálisis, con mediano éxito, pero era un «neurótico compensado» que tenía su enfermedad bajo control. La esposa era la adecuada que lo protegía de situaciones que lo pudiesen trastornar. En un período posterior de conflicto matrimonial, la esposa solicitó nuevamente ayuda psiquiátrica. El esposo se negó a participar y ella comenzó sola la psicoterapia familiar. Su sistema de pensamiento-sentimiento estaba totalmente ocupado por la «neurosis» del esposo. Al principio de la psicoterapia familiar se le preguntó si podía dejar de considerarlo y llamarlo neurótico y de tratarlo como persona perturbada, a lo que ella respondió: «de acuerdo, ¿pero qué otro término podré usar? ¿Conocen ustedes un término mejor?». Se le sugirió que «jugase» a que su esposo no era enfermo, débil ni neurótico. La sugerencia no pareció dar en el blanco. Unos dos meses más tarde dijo: «he estado trabajando de acuerdo con lo que me dijeron. Ya no lo llamo neurótico, ni lo trato como tal, pero pongo a Dios por testigo de que no puedo dejar de seguirlo considerando como neurótico». El esposo reaccionó ante el cambio con una campaña de impotencia, en la que se llamó neurótico y rogó a su cónyuge que se compadeciese maternalmente de su impotencia. La esposa se negó a ceder a sus demandas. El se enfadó, la acusó de no quererlo y durante una semana se comportó como un individualista que le quería decir: «no te necesito». Después, se unió a ella en la psicoterapia familiar y lograron la solución de su problema. Desde el comienzo de su matrimonio, el esposo había sido un «paciente» potencial, «real» o compensado, y la esposa había sido una «madre» que se había hecho cargo de sus diversos grados de incapacidad. Ahora, por vez primera, se habían librado del problema y alcanzado la capacidad de ser dos personas adultas en su matrimonio.

PRINCIPIOS Y TECNICAS DE LA PSICOTERAPIA FAMILIAR

La primera psicoterapia familiar estructurada se practicó con las familias internadas para el estudio de investigación. Ambos padres, el vástago esquizofrénico y los hermanos normales acudieron juntos a las sesiones de psicoterapia. Se empleó una psicoterapia no directiva, en la que los miembros de la familia «trataron de resolver juntos el problema familiar». El terapeuta funcionó como catalizador para facilitar el trabajo conjunto y como observador participante, lo suficientemente «distante» para poder observar objetivamente e interpretar el proceso familiar. La psicoterapia siguió un curso definido. Los hermanos normales no tardaron en encontrar razones para separarse del esfuerzo familiar y dejaron a sus padres y al psicótico interconectados en una intensa dependencia recíproca emocional, a la cual he llamado «tríada interdependiente». El cambio en ésta fue lento y pareció dirigirse hacia una diferenciación en tres selfs distintos. Un cónyuge lograba elevarse hasta un nivel de funcionamiento más seguro y parecía haber logrado un self mejor definido, con un nivel superior de identidad. Luego, el otro cónyuge pareció recorrer el mismo proceso y después el triádico dio señales de haber «crecido un poquito». A veces estos ciclos se extendieron por un año. Se confió en que el curso cíclico proseguiría, hasta que los tres se transformasen en individuos bien diferenciados. No ocurrió tal cosa. Algunas familias prosiguieron a lo largo de unos cuantos ciclos e interrumpieron la psicoterapia durante un período asintomático o se valieron de un airado incidente familiar como razón para detenerla. Otras avanzaron muy rápidamente durante algunos meses y luego se detuvieron de pronto, cuando los síntomas ya no les produjeron tantas molestias.

Una serie de experiencias condujo a una modificación del esfuerzo por trabajar con la tríada para llegar a la diferenciación. Ofrecemos seguidamente un buen ejemplo: la hija, a la que le faltaban pocos años para cumplir treinta, se había pasado la mayoría de los seis años anteriores en instituciones. El padre, la madre y la hija asistían juntos a las sesiones de psicoterapia. Se hicieron rápidos avances. Al cabo de seis meses, la hija estaba trabajando y después de un año había llegado a un nivel de funcionamiento tan seguro y adecuado como nunca he visto en el período de recuperación de un esquizofrénico. Estaba exenta de culpabilidad y defensividad en lo que respecta al período psicótico. La intensidad del patrón a que se sujetaba la relación de los padres (madre agresiva, ansiosa, y padre sumiso) había pasado a ocupar el plano del fondo, y éstos vivían tranquila y fecundamente. La hija habló de mudarse a su propio apartamento y los padres «estuvieron de acuerdo». La hija solicitó psicoterapia «individual» para sí, pero el plan implicaba que los padres interrumpieran su participación y el terapeuta se opuso. Los tres siguieron juntos la psicoterapia. El día que la hija les anunció que ya había decidido y arreglado definitivamente su mudanza, los padres —que anteriormente habían estado tranquilos— comenzaron a manifestar ansiedad, a rogarle a la hija, atacarla, mostrarse impotentes, y el antiguo proceso de proyección familiar retornó en toda su intensidad. La hija decidió «renunciar a sus propias metas vitales» durante un tiempo, «para ayudar a sus padres». Poco a poco, su funcionamiento comenzó a empeorar y seis meses después había perdido su empleo y caído en otra grave regresión. Después de otros diez meses, la devolvieron a una institución. He aquí un ejemplo de reacción familiar, cuando el triádico trata de separarse de sus padres. Al enfrentarse con la ansiedad de éstos, el self en embrión del triádico regresó precipitadamente hacia la masa de ego familiar, «para salvar a los padres». En años recientes se ha modificado la psicoterapia para ayudar a la familia durante esta crisis de separación. Tan pronto como los padres y el triádico se percatan del papel que cada uno de ellos desempeña en el proceso familiar, se trata a los padres juntos con la meta explícita de ayudarlos a separar sus vidas de la del triádico, y a éste se le trata a solas con la meta explícita de ayudarle a funcionar sin los padres y resistirse a su «reflejo» emocional automático para «salvar a aquéllos» (para convertirse en objeto de proyección de los padres) cuando están ansiosos. Se han obtenido mejores resultados con este procedimiento, pero encierra una relación mayor «de apoyo» a cada bando de la familia, y el nivel fundamental de diferenciación de self no cambia.

Cuando la esquizofrenia es grave, la masa de ego familiar no es solamente «indiferenciada» sino, según mi experiencia, «indiferenciable». Todavía no conozco una solución razonable al problema fundamental que presenta una familia con esquizofrenia grave. La unidad emocional en la esquizofrenia está muy por encima de cualesquiera otros vínculos. El hijo está emocionalmente «soldado» a la masa de ego con sus padres, donde funciona como un «ego vacío» que les permite a éstos ser «algo de ego». Las tres personas podrán estar separadas físicamente, pero parece imposible para cualquiera de ellas diferenciarse como self, de las otras dos. Si el triádico vivo lejos del hogar y mantiene vínculos de dependencia que no envuelven a los padres, los tres miembros de la tríada se sienten más cómodos. Los padres funcionan «tomando prestado self» de fuera de sí mismos y proyectando sus inadecuaciones sobre otros. En esta situación, los padres no advierten en ellos mismos un problema y carecen de motivos para solicitar psicoterapia familiar. Si el trío se reúne, la antigua fusión emocional comienza a operar inmediatamente. La sistemática «diferenciación de self» a partir de la masa de ego familiar se produce en una amplia gama de problemas menos severos que el de la esquizofrenia. El proceso de diferenciación es especialmente rápido en el caso de problemas de grado neurótico. Los padres pueden ponerse a diferenciar sus selfs de los de sus hijos (con cambio espontáneo en éstos), de los de sus propios progenitores, y el de uno respecto al de otro; pueden alcanzar altos niveles de identidad. Cuanto más grave es el problema familiar, tanto más probable es que la familia interrumpa la psicoterapia tan pronto como se consiga una mejoría sintomática, como ocurre en las familias con esquizofrenia. Sin embargo, ha habido familias con problemas psicóticos transitorios o «fronterizos» en un miembro de la misma, en las cuales la psicoterapia ha proseguido hasta alcanzar la «diferenciación de selfs» respecto a la masa de ego familiar. Ha sido mi meta encontrar el camino para la solución completa del problema subyacente, cuando hay esquizofrenia grave. Algunas familias han continuado la psicoterapia familiar por cinco o siete años y han alcanzado ajustes medianamente exentos de síntomas, pero sin lograr ningún cambio en el problema fundamental. En los últimos tres años se han hecho esfuerzos por conseguir que participen algunos parientes cercanos claves en la psicoterapia familiar, para añadir más «fuerza» a la masa de ego familiar. Este esfuerzo es demasiado nuevo como para ofrecer un informe extenso de él aquí, pero los resultados iniciales son alentadores.

Aunque la psicoterapia familiar no ha tenido éxito por lo que toca a resolver el problema subyacente en casos de esquizofrenia grave, sí ha sido eficaz al ayudar a las familias a conseguir ajustes asintomáticos, sin cambio del problema subyacente. Ofrezco seguidamente un ejemplo de buen ajuste asintomático mediante una breve psicoterapia familiar: una madre de 45 años de edad se encontraba en su segundo episodio psicótico agudo. En ocasión del primer episodio, había estado hospitalizada durante un año, se la había sometido a terapia por electroshock y a psicoterapia, y después, durante dos años había sido tratada con psicoterapia ambulatoria. El segundo episodio psicótico se presentó tres años más tarde. El esposo se mostró ansioso y solícito con relación al pensamiento y la conducta hiperactivos y extravagantes de su esposa. Esta reaccionó a las reacciones de aquél con un aumento de síntomas psicóticos. El esposo convino en intentar la psicoterapia familiar, manteniendo a la esposa en el hogar. El esposo se esforzó por convertir la enfermedad de la esposa en responsabilidad del terapeuta, mientras seguía proyectando su ansiedad sobre ella. Yo me esforcé por concentrarme en la ansiedad del esposo, en eludir la responsabilidad directa por la enfermedad de la esposa y en conseguir que su marido se hiciese responsable del problema familiar. Exhibió considerable responsabilidad mientras tuvo a la esposa en el hogar y al cabo de dos semanas, solicitó que la hospitalizasen porque estaba «demasiado enferma» como para quedarse en casa. Sostuve mi punto de vista de que lo mejor para la esposa era el hogar, pero que podía obtener la hospitalización si había llegado a su límite de tolerancia de las tensiones existentes en su casa. Le pidió a un pariente que lo ayudase a vigilar la conducta de la esposa. Cuando el pariente se «hartó» de la situación, me preguntó si podía darle a la esposa «tratamiento de shock». Me negué a participar en dicho tratamiento y hubo un intercambio de palabras entorno a lo que él entendía por «shock». Por su propia iniciativa, dio comienzo a un programa muy firme de control, en el que los «privilegios» de la esposa estuvieron determinados por la capacidad de ésta para controlar su propia conducta. Al cabo de diez días, los síntomas psicóticos habían desaparecido y el «resultado perfecto», que la familia comenta con grandes elogios, ha continuado durante cinco años. La familia recibió catorce sesiones de psicoterapia familiar durante un período de siete semanas.

La familia siguiente, comprendida dentro de los límites de perturbación en que aún es posible la diferenciación completa de selfs, ejemplifica varios principios y técnicas importantes de la psicoterapia familiar. En este caso, el proceso de proyección familiar se contrarrestó evitando la hospitalización. Otro principio importante queda ejemplificado por la técnica que consiste en ejecutar la terapia familiar tratando transitoriamente a un solo miembro de la familia. Se trataba de una familia con un hijo de 17 años de edad, agudamente trastornado, que tenía un problema de grado psicótico fronterizo y que había sido un problema de conducta cada vez más grande desde la adolescencia. Nunca había sido bueno su ajuste a la escuela, y las instituciones de enseñanza habían dedicado muchos esfuerzos a diagnosticar y comprender el problema, incluirlo en programas especiales, y habían recomendado varias veces que se le tratase con psicoterapia. Los padres trataron de enfrentar los problemas de conducta haciendo uso de la «disciplina», que en realidad era una serie de coléricas represalias contra la mala conducta de su hijo. Este reaccionaba con estallidos violentos, coléricos, que asustaban a los padres. Se oponía a la proyección de los padres, llamándolos «enfermos». La psicoterapia nunca había ido más allá de la simple consulta psiquiátrica, porque el hijo insistía en que no estaba «enfermo» y los padres se sentían paralizados porque el hijo no estaba dispuesto a cooperar.

En las semanas que precedieron a la consulta, la ansiedad del hijo había aumentado hasta mantenerse totalmente apartado de la familia y pasarse las tardes y las noches vagando por la comunidad. Iba desaliñado, su conducta y su manera de vestir eran extravagantes, al parecer tenía alucinaciones y ya no era capaz de cumplir rutinas escolares sencillas. Asustaba a algunos maestros y personas de la comunidad. Cuando en la escuela se sugirió que lo hospitalizasen, el padre solicitó ayuda para hacerlo. No estuve de acuerdo con el plan de hospitalización inmediata y en cambio les ofrecí entrevistas para la evaluación previa a la psicoterapia familiar. El hijo insistía en que su único problema eran los padres y que no necesitaba psiquiatra. Los padres se sentían extremadamente ansiosos, pero estaban dispuestos a recibir psicoterapia familiar para sí mismos y dejar al hijo fuera del esfuerzo familiar, hasta que expresase un deseo positivo de recibir psicoterapia. Los «acting outs» del hijo en la escuela y en la comunidad no parecían ser demasiado importantes como para correr el riesgo de un esfuerzo psicoterapéutico familiar. Las autoridades de la escuela estuvieron de acuerdo en «esperar los acontecimientos», pues interpretaron mal la recomendación del terapeuta en el sentido de no hospitalizar al muchacho y creyeron que debía permanecer en la escuela.

Unos días después, informaron que la conducta del chico había asustado a algunos maestros. Las autoridades de la escuela habían avanzado, desde hacía tiempo, en el camino del proceso de proyección familiar que consiste en *pensar, diagnosticar* y *tratar* al hijo como «enfermo». Se les recordó que el terapeuta no había recomendado que el muchacho siguiese en el colegio, y se les pidió que tomasen decisiones sobre la base de la conducta y ya no de su «enfermedad», es decir, que enviasen al muchacho a su casa cuando su conducta no cumpliese las reglas de la escuela. Algunos maestros temieron que se «heriría» al muchacho si se le enfrentaba a la realidad; preferían disculpar su conducta mediante su «enfermedad». Otros maestros, a quienes agradó el permiso para tratar la conducta en vez de preocuparse por la «enfermedad», tomaron decisiones más firmemente realistas y la situación mejoró notablemente.

Los padres hicieron pocos adelantos en sus primeras sesiones de psicoterapia familiar conjunta. Sentían gran ansiedad y no hacían más que pensar en las inadecuaciones del hijo. A pesar de esto, la ansiedad del hijo menguó y al cabo de dos semanas, ni la escuela ni la comunidad presentaron quejas de él. El hijo declaró que le agradaba que los padres estuviesen tratando de resolver finalmente su propio problema. En la psicoterapia, los padres estaban en tan grande desacuerdo fundamental acerca del hijo, que sus «selfs» se neutralizaban el uno al otro. Su esfuerzo desemboca en la misma falta de dirección «sin yo», que había caracterizado al ambiente del hogar. Se sugirió que uno de los dos se sometiese individualmente a la psicoterapia y que decidiesen cuál debería hacerlo. Durante los seis meses siguientes, la madre fue el único miembro de la familia que asistió a las sesiones de psicoterapia familiar. Puesto que en estas situaciones el esfuerzo se dirige a que uno de los padres logre alcanzar un nivel de identidad más elevado, se alentó a la madre para que definiese un «self», aclarase sus propias creencias y convicciones y, sobre todo, mantuviese su punto de vista en importantes cuestiones familiares, sin perder self en el campo emocional de la familia. Hizo progresos y comenzó a aparecer un self bastante definido, surgido de la «masa sin self»de la familia. Por primera vez, la madre comenzó a enfrentarse a las situaciones familiares penosas, controlando su propio self en vez de tratar de cambiar el self de otros.

Al cabo de unos meses, la conducta del hijo fue «casi normal»en la escuela y en la comunidad, pero su problema se manifestaba en forma de «acting outs» en la familia. Por lo general, es un indicio alentador que el «acting out» en la comunidad se desplace y vuelva a la familia. Mientras la madre se ocupaba más de su propio problema y menos de los de la familia, el padre comenzó a «sentir» los problemas del hijo. Hubo un breve período de intimidad entre ellos dos, seguido de un conflicto. El padre se convirtió en «disciplinario» estricto, a lo cual reaccionó el hijo con un «acting out» agresivo, particularmente dirigido al padre.

La fase siguiente de la psicoterapia comenzó unos ocho meses después del inicio de la psicoterapia familiar, cuando el exasperado padre pidió que le dedicaran tiempo de la psicoterapia familiar. Nos comunicó que la situación familiar era peor que nunca, pero al cabo de unas cuantas sesiones comenzó a definir un «self» y una posición para sí mismo en la familia. Hizo progresos más rápidos que la madre. Después de un breve período, sus pensamientos, sentimientos y acciones se dirigieron más a la madre que al hijo. Unos tres meses después de haber comenzado, se produjo un período de evidente conflicto entre los padres. Estos unieron rápidamente sus fuerzas y empezó otro período de proyección del problema familiar sobre el hijo. El conflicto entre ellos menguó, y el hijo tuvo otro período de regresión y conducta irresponsable dentro de la familia. Los padres se enfadaron con él, quien los seguía llamando «enfermos» y no hacía ningún esfuerzo por ayudar a resolver el problema familiar. El hijo solicitó tiempo de psicoterapia para sí mismo, y fue la primera vez que se le trató, desde la evaluación efectuada casi un año antes.

La fase siguiente de la psicoterapia familiar consistió en tratar al hijo a solas, aparte de las sesiones familiares semanales a las que los padres asistían juntos. El hijo hizo algunos adelantos, pero no tardó en ver con claridad que si iba a la psicoterapia, era solamente porque sus padres se lo pedían, y se limitaba a «salvar las apariencias». Los padres estaban haciendo pocos adelantos en lo referente a su parte del problema. En tales situaciones es común que la motivación de ellos se reduzca y comiencen a depender del triádico para resolver todo el problema. Al cabo de dos meses, el hijo decidió interrumpir las consultas, diciendo que volvería más tarde, cuando sintiese necesidad de la psicoterapia. Los padres iniciaron de nuevo la proyección sobre el hijo, que empezó otra vez a manifestar «acting outs» en la familia. Gracias al problema tangible proporcionado por el «acting out» del hijo, fueron capaces de concentrar su atención en un problema familiar y luego emprender, por primera vez conjuntamente, la solución de su propio problema.

Hasta la actualidad, esta familia ha recibido setenta y dos sesiones de psicoterapia familiar, en el transcurso de dieciocho meses. El hijo ha logrado obtener calificaciones que le han permitido aprobar el curso en la escuela, por primera vez en mucho tiempo, y se sintió motivado a conseguir un trabajo a tiempo parcial; pero su déficit académico es grande y le falta todavía por lo menos otro año de enseñanza secundaria. Los padres mantienen la concentración sobre su propio problema en la psicoterapia familiar, pero avanzan más cauta y lentamente en la investigación de sus propios problemas intrapsíquicos de lo que sería característico en padres de familias menos perturbadas. La familia posee un nivel de diferenciación de self superior al que es común en una familia que tiene un caso de esquizofrenia grave en el triádico. La capacidad del hijo para oponerse al proceso de proyección familiar, y la de los padres para alcanzar un nivel medianamente efectivo de self en situaciones agudas, es más característica del self que lo que se puede encontrar en otros casos de esquizofrenia grave. En la mayoría de las familias que tienen este nivel de perturbación, los padres piensan en terminar la psicoterapia cuando se alcanza algún nivel de mejoramiento sintomático. La actual motivación de los padres para continuar nos indica que tal vez puedan llegar a una solución razonable del problema subyacente.

ESTADO ACTUAL DE LA PSICOTERAPIA FAMILIAR

Es curioso que el método de la psicoterapia familiar, que se inició con el estudio de la esquizofrenia, haya demostrado ser eficaz para resolver el problema subyacente en el caso de enfermedades emocionales menos graves, e ineficaz para resolver el problema familiar que subyace a la esquizofrenia. Con todo, esto tiene implicaciones prácticas y teóricas. Desde el punto de vista práctico, ya no trato la esquizofrenia con la esperanza de que el proceso fundamental logre cambiarse mediante las técnicas actuales de psicoterapia familiar. Al principio tuve la esperanza de que la tríada padre-madre-paciente constituiría una unidad autónoma, encerrada en sí misma, dentro de la cual el problema podría resolverse sin dar apoyo a cada individuo por separado. Pero resultó no ser autónoma. Ahora abordo la esquizofrenia con la idea de que es necesario que el terapeuta preste algún «apoyo» emocional a la masa de ego familiar, pero tiene sentido teórico y práctico dirigir a menos una parte del «apoyo» a los padres que forman parte de la tríada, y no solamente al paciente.

Teóricamente, la experiencia con familias refuerza la creencia cada vez mayor de que la esquizofrenia llegará a explicarse finalmente como fenómeno emocional, si nos la representamos como un proceso de esta índole que abarca varias generaciones. La esquizofrenia es tan fija y estacionaria en la tríada padre-madre-paciente, como en el paciente; pero hay pruebas que indican que el proceso puede invertirse en la masa de ego familiar en la cual crecieron los padres, si se puede someter a terapia a los miembros de la familia de origen.

Yo entiendo el proceso de proyección familiar como un fenómeno natural, que se desarrolla como cualquier otro fenómeno de la naturaleza, cuando hay condiciones favorables para él. Al mismo tiempo, creo que las «condiciones favorables» podrán ser controladas y modificadas por el hombre, cuando conozcamos mejor la forma en que se desenvuelve el proceso. En la psicoterapia familiar está implícita la suposición de que el proceso de proyección familiar no es algo que tenga que ocurrir, y que los padres pueden hacerse responsables de un self cuando es necesario, pero como los padres de una persona esquizofrénica crecieron como receptores triádicos de procesos de proyección familiar semejantes, pero menos intensos, en sus propias familias y en las que no era posible asumir la responsabilidad del self, a tales padres les resulta difícil asumirla ahora, salvo durante períodos esporádicos. Además hay que decir que, a un nivel práctico, les resulta más fácil y conveniente a la profesión médica y a la sociedad asumir la responsabilidad del problema familiar proyectado (el paciente psicótico), que tratar de hacer responsables a los padres del paciente. La utilización de la estructura médica que lleva a cabo la familia, consistente en el «examen, diagnóstico y tratamiento» para apoyar la causa del proceso de proyección familiar, constituye un problema monumental para cuya solución no se tienen procedimientos fáciles.

Si la estructura médica no existiese, las familias se las arreglarían para encontrar otras maneras de hacer responsable al ambiente. Se alcanza una notable ventaja terapéutica cuando los terapeutas pueden tratar el proceso de proyección familiar sin tener que hacer un diagnóstico de enfermedad en el miembro perturbado de la familia.

CAPITULO 9

El empleo de la Teoría Familiar en la práctica clínica

En poco más de una década, la psiquiatría familiar ha pasado de ser algo relativamente desconocido a ocupar una posición de reconocida importancia en el campo psiquiátrico. La expresión *terapia familiar,* o alguna variación de ésta, es conocida por cualquier lego en la materia. ¿Cuál es el origen y el estado actual del «movimiento familiar»?. Creo que se trata de un «movimiento», y como tal intentaré abordarlo en este artículo. Puesto que ni siquiera los líderes del movimiento familiar se ponen de acuerdo sobre algunos de los aspectos teóricos y terapéuticos importantes, cualquier intento de explicar o describir el movimiento familiar representará la tendencia y la opinión del autor. En este artículo expondré algunas ideas mías acerca de las circunstancias que impulsaron el movimiento familiar y otras sobre su estado actual y futuro potencial. El cuerpo principal del artículo consistirá en una exposición de mi propia orientación teórica, que nos proporcione un bosquejo del empleo clínico de la psicoterapia familiar.

Pienso que el movimiento familiar empezó a primeros y a mediados de los años cincuenta y creció a partir de un intento de encontrar métodos de tratamiento más eficaces para los problemas emocionales más graves. En general, creo que se desarrolló como una extensión del psicoanálisis, que durante los años treinta había alcanzado por fin una amplia aceptación como método de tratamiento. El psicoanálisis aportó conceptos y tratamientos útiles para la masiva necesidad de la Segunda Guerra Mundial, y surgió una «nueva» era de la psiquiatría. En el transcurso de unos cuantos años la psiquiatría se convirtió en una especialidad esperanzadora, prometedora para miles de jóvenes médicos. El número de miembros de la American Psychiatric Association ascendió de 3.684 en 1945 a 8.534 en 1955. La teoría psicoanalítica disponía de explicaciones para toda la gama de problemas emocionales, pero las técnicas de tratamiento psicoanalítico estándar no eran efectivas para los problemas emocionales más graves. Los curiosos jóvenes psiquiatras comenzaron a experimentar con múltiples variedades de métodos de tratamiento. Creo que el estudio de la familia fue uno de estos nuevos campos de interés.

Hay quienes dicen que el movimiento familiar no es nuevo y que su origen se remonta a veinticinco años o más. Existen pruebas que sustentan la tesis de que el actual hincapié que se pone en la familia evolucionó con lentitud cuando las pioneras formulaciones psicoanalíticas sobre la familia fueron llevadas a la práctica clínica. En 1909 Freud redactó un informe sobre el tratamiento del «Pequeño Hans» en el que trabajó con el padre en vez de con el hijo. En 1921 Flugel publicó su famoso libro, *The PsychoAnalytic Study of the Family*. Fue en este momento cuando se desarrolló el análisis infantil y el inicio del movimiento de dirección infantil cuando el trabajo, por parte de un asistente social o un terapeuta secundario, con los padres, además de la psicoterapia central practicada con el niño, se convirtió en el procedimiento estándar. Seguidamente, los principios de dirección infantil fueron adaptados al trabajo con adultos tanto en ambientes internos como ambulatorios, en los cuales un asistente social o un terapeuta secundario trabajaba con los parientes a fin de completar la psicoterapia central practicada con el paciente. Con esta primera toma de conciencia teórica y clínica sobre la importancia de la familia, resulta apropiada la afirmación de que «la familia» no es algo nuevo. No obstante, creo que la dirección familiar actual es suficientemente importante, nueva y distinta como para contemplarla como un movimiento. Haré un repaso de algunos de los aspectos teóricos y clínicos que han revelado ser importantes para este desarrollo.

La teoría psicoanalítica se formuló a partir de un estudio detallado del paciente individual. Los conceptos relativos a la familia provenían de las percepciones del paciente más que de observaciones directas de la familia. Desde esta postura teórica, el foco de atención estaba centrado en el paciente, mientras que la familia quedaba al margen del campo inmediato de interés teórico y terapéutico. La teoría individual se erigió sobre un modelo médico con sus conceptos sobre la etiología, el diagnóstico de la patología del paciente y el tratamiento de la enfermedad individual. Inherentes al modelo se hallan las sutiles implicaciones de que el paciente es la víctima indefensa de una enfermedad o de fuerzas malévolas que escapan a su control. Se planteó un dilema conceptual cuando se consideró que la persona más importante para la vida de un paciente era la causa de su enfermedad y la génesis de su patología. Los psiquiatras se percataban de que el modelo fallaba e intentaron atenuar la rigidez implícita de los conceptos, pero lo fundamental del modelo no cambió. Por ejemplo, el concepto de inconsistencia postulaba que el padre podía al mismo tiempo estar haciendo daño inconscientemente cuando intentaba ayudar a su hijo. Esto era distinto de lo que podría suceder si el daño hubiese sido intencional o si se tratara de un acto irresponsable de omisión, pero el padre todavía continuaba siendo «patogénico». Se buscó la manera de modificar las etiquetas diagnósticas e incluso se sugirió prescindir de ellas, pero un *paciente* necesita un *diagnóstico* para su *enfermedad,* ya que la psiquiatría aún funciona con un modelo médico.

Uno de los avances más significativos del movimiento familiar, que lo distingue de trabajos anteriores sobre «la familia», es el cambio en el proceso fundamental de tratamiento. Desde los comienzos del psicoanálisis, el análisis y la resolución de la transferencia eran el factor terapéutico central para el tratamiento de la enfermedad emocional. Pese a sufrir modificaciones a través de las distintas «escuelas», la «relación terapéutica» es la modalidad fundamental empleada por la mayoría de los psiquiatras. La naturaleza confidencial, personal y privada de la relación es considerada como la esencia de toda buena terapia. Con el paso de los años han aparecido métodos, reglas e incluso leyes que mantienen esta reserva. A partir del inicio del movimiento de dirección infantil se ha intentado integrar a la familia en el «tratamiento», aunque se protegía la «terapéutica» relación paciente-terapeuta contra la intrusión, y a la familia se le asignaba una importancia secundaria. Entre quienes iniciaron el movimiento familiar actual se hallaban psiquiatras que, además de prestar atención al dilema del paciente, empezaron a tener en cuenta la dimensión familiar del problema.

Creo que el movimiento familiar actual surgió gracias a ciertos investigadores diferentes, cada uno trabajando por separado, que empezaron con una concepción teórica o clínica de que la familia era algo importante. Cuando el foco de interés pasó del individuo a la familia, se vieron confrontados con el dilema de descubrir y conceptualizar el sistema de relaciones familiares. La teoría individual no disponía de un modelo conceptual del sistema de relaciones. Cada investigador «por propio acuerdo» conceptualizaba sus observaciones. Uno de los progresos de mayor interés está reflejado en las maneras cómo los investigadores han explorado por primera vez el sistema y cómo estos conceptos han sido modificados a lo largo de los últimos diez años. Se empleaban expresiones para referirse a la distorsión y a la rigidez, el funcionamiento recíproco, «la interrelación», la «atadura», «la confusión» del sistema. A continuación ilustraremos algunas de las expresiones empleadas por varios de los investigadores pioneros. Lidz et al. (1957) empleaban el concepto de «cisma y sesgo», mientras que Wynne y sus colaboradores (1958) empleaban el de «pseudomutualidad». Ackerman, uno de los pioneros en este terreno, expuso un modelo conceptual en su artículo de 1956, «Patología entremezclada en las relaciones familiares». También desarrolló un método terapéutico que él llama «terapia familiar», el cual podría ser explicado como la observación, demostración e interpretación a la familia de lo que está «entremezclado» tal como aparece en las sesiones familiares. Jackson y sus colaboradores (Bateson et al. 1956) emplearon un modelo diferente basado en el concepto de «doble vínculo». Cuando me di cuenta de su postura original, estaba empleando la teoría de la comunicación para explicar el sistema de relaciones y la teoría individual para explicar el funcionamiento del individuo. Su «terapia familiar conjunta», que interpreto como la unión de los individuos en la terapia familiar, era coherente con su esquema conceptual. Por mi parte, concebí que previamente existía una «confusión» emocional, la «masa de ego familiar indiferenciado», y elaboré un método terapéutico que bauticé con la expresión de *psicoterapia familiar,* cuya meta es ayudar a los individuos a diferenciarse de la «masa». Otros investigadores utilizaron una gama de expresiones ligeramente distintas para describir y conceptualizar el mismo fenómeno familiar. Conforme transcurren los años, los conceptos originales tienden a ser menos diferentes.

ESTADO ACTUAL Y POSIBLE FUTURO DEL MOVIMIENTO FAMILIAR

El movimiento familiar se halla actualmente en lo que he denominado un «saludable y no estructurado estado de caos». Los primeros investigadores llegaron a la «terapia familiar» tras una fase de investigación clínica preliminar. Probablemente ha habido una excepción a esta afirmación general recogida por Bell (1961), uno de los pioneros en este campo. Interpretó equivocadamente una aseveración sobre la psicoterapia aplicada a la familia, tras lo cual descubrió su propio plan para empezar a tratar a los miembros de la familia juntos. Una vez introducida la idea de la «terapia familiar», el número de terapeutas familiares empezó a multiplicarse cada año. Muchos se orientaban hacia la terapia familiar desde su postura en la teoría individual. Los terapeutas de grupo modificaron la terapia grupal a fin de trabajar con la familia. Consiguientemente, la expresión *terapia familiar* se está empleando para referirse a tal variedad de métodos, procedimientos y técnicas distintas que se ha convertido en una expresión carente de significado, so pena que se añada alguna explicación o definición. Pienso que esto es «saludable», puesto que una vez que un terapeuta comienza a tratar a varios miembros de la familia juntos y se enfrenta con nuevos fenómenos clínicos no explicados por la teoría individual, descubre que muchos conceptos previos resultan superfluos, y se ve obligado a buscar nuevos conceptos teóricos y nuevas técnicas terapéuticas. Las conferencias acerca de la familia, cada vez más frecuentes, se convierten en foros donde se debaten experiencias y nuevos caminos adoptados para entender el fenómeno familiar.

Un elevado porcentaje de terapeutas está empleando el término *familia* para designar métodos de terapia en los que dos o más generaciones (generalmente padres e hijos) asisten juntos a las sesiones, la expresión *terapia conyugal* cuando se ve a ambos consortes juntos, y *terapia individual* cuando es tratado por el terapeuta un solo miembro de la familia. El concepto más ampliamente aceptado de «terapia familiar» tanto dentro de la profesión como por el público es el de una reunión de familias completas (comúnmente padres e hijos) junto con el terapeuta, donde la familia adquiere la capacidad de verbalizar y comunicar pensamientos y sentimientos, donde el terapeuta aguarda sentado a su lado para facilitar el proceso e intervenir con comentarios e interpretaciones. A esto lo he denominado *terapia de grupo familiar*. Según mi experiencia ésta puede ser sorprendentemente eficaz para mejorar la comunicación familiar. Tal vez, una leve mejoría en la comunicación puede producir cambios significativos en el sistema emocional, e incluso un momento de regocijo. Con todo, no he podido emplearla como método duradero para resolver los problemas de fondo.

A pesar de que quizás el movimiento familiar continúe centrándose en la «terapia» durante muchos años, pienso que la mayor contribución aportada a la «familia» procede de la teoría. Creo que el movimiento familiar descansa sobre una base sólida; que apenas hemos arañado la superficie de la investigación familiar, y que la «familia» cobrará importancia con cada generación que pase. El estudio de la familia confiere un orden de modelos teóricos nuevo para reflexionar sobre el hombre y sus relaciones con la naturaleza y el universo. La familia humana es un *sistema* que pienso sigue las leyes de los sistemas naturales. Creo que una comprensión del sistema familiar tal vez abra caminos que superen los conceptos estáticos y se orienten hacia conceptos funcionales de los sistemas. Tengo la confianza de que la familia puede dar respuesta al dilema planteado por el modelo médico psiquiátrico, que los conceptos familiares pondrán finalmente las bases de una teoría inédita y distinta acerca de la enfermedad emocional y que a su vez contribuirá al progreso de la ciencia y la práctica de la medicina.

ORIENTACION CLINICA Y TEORICA DEL AUTOR

El objetivo central de esta exposición es analizar un sistema terapéutico y teórico específico en el que la teoría familiar sirve como boceto para el terapeuta para practicar la psicoterapia familiar, y al mismo tiempo, como marco teórico útil para múltiples problemas clínicos. Una orientación familiar se separa tanto de una orientación individual de la familia que hay que experimentarlo para poder apreciarlo. Es difícil que un persona acostumbrada a pensar según la teoría individual, y que no ha pasado por experiencias clínicas con familias, «escuche»los conceptos familiares. Algunas personas son más capaces de escuchar ideas teóricas abstractas, mientras que otras escuchan sencillos casos clínicos. La primera parte de esta sección pretende servir de puente entre las orientaciones individual y familiar. Con el fin de proporcionar diversos puentes, incluiremos toda una gama de observaciones clínicas, ideas abstractas generales, conceptos teóricos y algunas de mis experiencias en el desplazamiento que me llevó de un marco conceptual individual a otro familiar.

Mi experiencia con familias me ha ocupado doce años y unas 10.000 sesiones de observación de familias en psicoterapia familiar. Durante los cinco primeros años de práctica familiar también apliqué algo de psicoterapia individual y tenía varios pacientes bajo tratamiento psicoanalítico. La expresión *psicoterapia familiar* la reservaba para el proceso en el que dos o más miembros de la familia eran tratados a la vez. El esfuerzo técnico consistía en analizar el proceso emocional ya existente entre los miembros de la familia y en tratar de mantenerse libre emocionalmente, lo que he llamado «permanecer fuera de transferencia». Analizaremos esto más adelante. Durante aquellos años empleé la expresión *psicoterapia individual* para referirme al proceso en el que se trataba sólo a un miembro de la familia. No me había enfrentado debidamente con mi propio comportamiento emocional, ni tampoco había desarrollado técnicas que me permitiesen eludir una transferencia cuando ya había planteado una distinción del tipo «(o)...o» entre la psicoterapia familiar y la individual. Entendía que era *familiar* cuando el proceso emocional quedaba circunscrito a la familia, e *individual* cuando esto no era posible. Durante aquellos años estaba surgiendo otro proceso evolutivo. Después de haber pasado miles de horas sentado con las familias, se hizo cada vez más inconcebible tratar a una sola persona sin «ver» a todos los miembros de su familia sentados como fantasmas a su lado. Esta visión de una persona como fragmento de un sistema familiar más amplio ha guiado mi modo de pensar y reaccionar ante el individuo, y ha modificado mi enfoque básico de la psicoterapia. Durante el transcurso de los últimos siete años mi práctica se ha dedicado enteramente a la psicoterapia «familiar», aunque se ocupa aproximadamente una tercera parte de las sesiones con el tratamiento de un solo miembro de la familia. La mayor parte de la experiencia clínica ha tenido lugar en la práctica privada, en la que se ve a un promedio de cuarenta familias en un máximo de treinta sesiones a la semana. En los últimos años, sólo unas pocas familias han sido tratadas más de una vez a la semana, y el número de las que tienen consultas menos frecuentes va decreciendo cada vez más. Ha resultado difícil comunicar la idea de evitar la transferencia, así como la de la psicoterapia «familiar» con un solo miembro de la familia. Tengo la esperanza de que esto se verá más claro a través de la lectura de este artículo.

Al observar a los miembros de la familia juntos se ponen de manifiesto muchas facetas del fenómeno humano que quedarían enturbiadas con cualquier composición de entrevistas individuales. Toda persona que se expone a observaciones cotidianas de las familias en tanto se «relacionan» e «interactúan» se enfrenta con un mundo inédito de datos clínicos que no encajan con los modelos conceptuales de tipo individual. Empleo los términos de «relacionarse» e «interactuar» porque éstos son algunos de los términos inapropiados que se han utilizado para explicar el fenómeno familiar. En la actualidad, los miembros de la familia *son, hacen, actúan, interactúan, comunican, fingen* y *adoptan posturas* de tantos modos que acaba resultando difícil establecer una estructura y un orden. Existe algo erróneo en cada término expresado por separado. Hasta el momento, la investigación familiar se ha orientado hacia la selección de varios campos de estudio detallados y controlados. En 1957 uno de mis colaboradores (Dysinger) realizó un estudio titulado «El diálogo de la acción en una relación interna», que supuso un intento de eliminar ciertas palabras y crear un «diálogo» coherente a partir de una secuencia de acción vulgar entre una madre y su hija. Birdwhistell (1952) y Scheflen (1964) han hecho una contribución significativa con su precisa definición de la «cinética», un sistema de «lenguaje corporal» que funciona de forma automática en todas las relaciones. Una de las áreas de estudio comunes ha sido la «comunicación», que en el nivel más simple es comunicación verbal. Se han producido diversos estudios sobre el lenguaje y sobre las distintas comunicaciones que se expresan mediante matices del tono de voz, de la inflexión y de las formas de hablar; comunicaciones que toda persona aprende en su infancia y usa sin «saber» que los conoce. Bateson, Jackson, y sus colaboradores, a partir del análisis de la comunicación verbal, desarrollaron el concepto de «doble vínculo», que tiene que ver con los mensajes conflictivos que encierra un mismo juicio. También está el aspecto de la comunicación no verbal y la percepción extrasensorial que influye de modo importante en algunas familias. El empleo de términos como «comunicación» o sistema «transaccional» conlleva la ventaja de que se presta a un análisis científico más preciso. El inconveniente es la estrechez del concepto y la necesidad de añadir a éste una interpretación extensa. Por ejemplo, desde la teoría de la «comunicación» se hace necesario suponer toda una gama de comunicación emocional, extrasensorial, no verbal, conductual y verbal, además de otras modalidades como una reacción visceral de un miembro de la familia al cambio del estado de ánimo, o nivel de ansiedad, de otro. No obstante, nos aproximamos a la familia; cada investigador tiene que elegir su propia manera de entender el fenómeno familiar.

Un grupo destacado de pautas clínicas, presentes en cierta medida en todas las familias, nos dará una rápida visión del sistema de relaciones familiares. Siguen la pauta general del proceso familiar que diagnostica, clasifica y asigna características a determinados miembros de la familia. Las observaciones a veces se ponen a prueba de una forma razonablemente coherente, temporalmente coherente o incoherente con respecto a las declaraciones familiares acerca de la situación. El «proceso de proyección familiar» a través del cual el problema familiar se transmite a un miembro de la familia tras años de manifestaciones machaconas, y a continuación se cristaliza mediante un diagnóstico, ha sido tema de análisis detallado en otro artículo (1956a). Las asignaciones familiares que sobrecalifican son tan irrealista como las que descalifican, aunque es más probable que estas últimas entren en la esfera del psiquiatra. A veces el sujeto que ha sido diagnosticado ofrece resistencia al pronunciamiento familiar y propicia un debate familiar; o bien se resiste y acepta alternativamente; o invita a que se produzca, en cuyo caso las características que se le habían asignado se convierten en *hecho* real. La familia discute sobre cuestiones como el «rechazo», el «amor» y la «hostilidad», lo que apremiará al terapeuta a revaluar el propio empleo de dichos términos. Tal como entiendo el «rechazo», es uno de los mecanismos más eficaces para mantener en equilibrio un sistema de relaciones. Permanece constantemente entre las personas, generalmente sin ser mencionado. En cierto momento del proceso familiar alguien provoca un enredo con respecto al «rechazo» y se levanta la polémica. Cuando el rechazo está presente en el interior de la familia, aquél que lo alega es por lo común el que más rechaza al otro, en lugar de ser al revés. Las declaraciones positivas sobre la presencia o ausencia de «amor», junto con las reacciones y contrarreacciones, pueden aparecer en escena mientras no existan pruebas objetivas de que ha cambiado el «amor» dentro de la familia. *Sea* lo que *sea* el amor, es un hecho que los miembros de la familia reaccionan enérgicamente ante las declaraciones sobre él. El mal uso o abuso del concepto «hostilidad» es otro de la misma categoría. Lo mismo puede aplicarse a términos como «masculino», «femenino», «agresivo», «pasivo», «homosexual» y «alcohólico».

El empleo de la palabra *alcohólico* nos proporciona un buen ejemplo. En una familia, dos generaciones de descendientes calificaban a un abuelo de alcohólico. Este había sido normal y satisfactoriamente responsable excepto con relación a su esposa, que era una mujer muy ansiosa. Encontró una razón para alejarse de ella y ciertamente se dedicó a la bebida. La etiqueta que le puso la esposa fue aceptada por los hijos y transmitida a los nietos. Una reciente consulta de otra familia nos ilustra otro aspecto del problema. Una mujer había expuesto los detalles del alcoholismo de su marido. Pregunté cual era la opinión del marido sobre el problema. Este convino en que sufría un verdadero problema de alcoholismo. Cuando indagué cuánto bebía, exclamó encolerizado, «¡Escuche amigo!, ¡Cuando le digo que tengo un problema con el alcohol, es porque lo tengo!». Al preguntarle cuántos días había faltado al trabajo a causa de la bebida, contestó, «¡Uno!, pero cogí una buena aquella vez». Puede ser enormemente inexacto atribuir plena veracidad a declaraciones como «Era un alcohólico». Es posible que sea exacto y también que transmita un *hecho* acerca del sistema de relaciones que dichas declaraciones sean oídas como el caso de, «Un miembro de la familia *dijo* que el otro era un alcohólico». Esto mismo se puede aplicar a toda la gama de expresiones utilizadas en el sistema de relaciones familiares.

Me gustaría que se entendiera el concepto de la familia como sistema. Por el momento no me meteré en qué clase de sistema. No hay ninguna palabra o término que sea apropiado sin que se le añada después una explicación, que por otra parte podrá distorsionar el concepto de *sistema*. La familia, *es* un sistema en el que a un cambio en una de sus partes le sigue un cambio compensatorio de otras partes del mismo sistema. Prefiero concebir la familia como un conjunto de sistemas y subsistemas. Los sistemas operan a todos los niveles de eficacia, desde un funcionamiento óptimo hasta la disfunción y el fracaso total. También es preciso pensar en términos de sobrefuncionamiento, que puede oscilar entre sobrefuncionamiento compensado y descompensado.

Como ejemplo puede servir el caso de la taquicardia (sobrefuncionamiento del corazón) de un atleta en una actividad física enérgica, hasta la taquicardia que antecede a un paro cardíaco y la muerte. El funcionamiento de todos los sistemas depende del de los sistemas superiores de los cuales forman parte, así como de sus subsistemas. A nivel general, el sistema solar representa un subsistema de un sistema superior, el universo. La molécula es uno de los subsistemas más pequeños que se han definido. A otro nivel, el proceso de evolución es un sistema que transcurre lentamente a través de largos períodos de tiempo. Tenemos suficientes conocimientos acerca de la evolución para identificar las pautas generales de su función, en cambio conocemos menos sobre los sistemas más extensos de los cuales la evolución no es otra cosa que un subsistema. Podemos mirar hacia atrás y hacer suposiciones sobre los factores que incidieron en el último cambio evolutivo, pero nuestra falta de conocimientos acerca de los sistemas más extensos nos obliga a tener que conformarnos con hacer suposiciones sobre el curso futuro de la evolución.

Desde que observo a las familias he intentado definir y conceptualizar algunas de las pautas familiares más extensas y más restringidas cuando se repiten una y otra vez, así como cuando las pautas antiguas se atenúan y las nuevas empiezan a destacarse. La investigación empezó con la esquizofrenia que sufría un miembro de la familia con un estado de disfunción y colapso total, y donde las pautas eran tan intensas que no podían dejar de verse, pero era necesario trabajar con toda la gama de disfunciones humanas para detectar las pautas bajo una perspectiva más amplia. Uno de los aspectos más importantes de la disfunción humana es que existe un grado de sobrefuncionamiento idéntico en otra parte del sistema familiar. En realidad, la disfunción y el sobrefuncionamiento coexisten. En cierto sentido, se trata de un mecanismo que opera suave, flexible y recíprocamente, donde uno de los miembros de la familia se comporta automáticamente de forma sobrecargada para compensar la disfunción de otro, que se encuentra temporalmente enfermo. Por tanto, en los estados de sobrefuncionamiento y disfunción más crónicos y fijos se pierde la flexibilidad. Como ejemplo serviría el caso de la madre dominante (se comporta de forma sobrecargada) y el padre pasivo. El individuo que «sobrefunciona» cree frecuentemente que esto es necesario para compensar el pobre funcionamiento del otro. Tal vez resulte válido para el caso de enfermedad temporal de uno de los cónyuges, ahora bien, está demostrado que la disfunción surge más tarde para compensar la sobrecarga del otro. No obstante, el sobrefuncionamiento-disfunción es un mecanismo recíproco. En artículos anteriores (Bowen, 1960) he denominado a esto la «reciprocidad entre el exceso de adecuación-inadecuación». Cuando la disfunción se acerca al no funcionamiento es cuando aparecen los síntomas. A menudo las familias no tratan de buscar auxilio hasta que la flexibilidad del sistema se ha perdido y el funcionamiento de un miembro está seriamente dañado. Cuando el mecanismo avanza más allá de un cierto punto, la ansiedad lo conduce hacia un incremento repentino y brusco tanto del sobrefuncionamiento como de la disfunción. La fuerte presión puede «atascar los circuitos» del incapacitado en forma de colapso paralizante. Hasta en ese momento, la recuperación puede comenzar con un ligerísimo decremento del sobrefuncionamiento, o un leve descenso de la disfunción. Algunas pautas funcionales destacadas que se han observado en las familias han sido formuladas como conceptos integrantes de la teoría familiar de la enfermedad emocional. Sería más exacto decir «disfunción familiar». Las pautas familiares extensas de la enfermedad emocional están también presentes en la enfermedad física y en la disfunción social como el comportamiento irresponsable y la delincuencia. Los conceptos integrantes (subsistemas) creo que están entre las variables más decisivas de la disfunción humana. Los síntomas que se manifiestan en una parte cualquiera de la familia representan una prueba de disfunción, ya sean emocionales, físicos, conflictivos o sociales. Gracias al empeño de contemplar todos los síntomas emocionales como prueba de disfunción familiar, más que como fenómeno intrapsíquico, se han obtenido unos resultados verdaderamente prometedores.

El «terapeuta» también ajusta su concepto de la familia al de sistema. Se trata de un sistema teórico-terapéutico combinado donde la teoría determinada la terapia, y las observaciones obtenidas en la terapia pueden a su vez modificar la teoría. El diseño original, expuesto en otro artículo (Bowen, 1961) se ha mantenido, a pesar de que tanto la teoría como la terapia se han modificado constantemente. Desde los primeros días de la investigación se observó una separación emocional cada vez mayor en las familias. Cuanto más las observa uno, más fácil resulta separarse de los límites conceptuales estrechos de la teoría individual; y cuanto más se separa uno de la teoría individual, más fácilmente se ven las pautas familiares. La primera psicoterapia familiar fue predominantemente observacional, planteándose cuestiones que facilitaron mayor información sobre las observaciones. Con el transcurso de los años, las familias «de investigación» han avanzado más en la psicoterapia familiar que aquéllas en las que la meta primordial era la «terapia». Esto contribuyó a establecer un tipo de orientación que ha convertido a todas las familias en familias «de investigación». He experimentado que cuanto más aprende un terapeuta sobre la familia, más aprende la familia sobre sí misma; y cuanto más aprende ésta, más aprende el terapeuta, en un ciclo que se extiende. En el proceso observacional de las primeras familias, algunas fueron capaces de restaurar el funcionamiento familiar sin mucha «intervención terapéutica». Las familias que alcanzaron mayor éxito siguieron cursos considerablemente coherentes al llevar a cabo esto. Después de eso, ya podíamos «intervenir» y contar a las nuevas familias los éxitos y fracasos de las anteriores, ahorrándoles horas y meses interminables de experimentación del tipo «ensayo y error». En general, el terapeuta se convirtió en una especie de «experto» en la comprensión de los sistemas familiares y un «ingeniero» capaz de contribuir a que la familia se restaurara a sí misma hasta alcanzar un equilibrio en su funcionamiento.

El objetivo final era ayudar a que los miembros de la familia llegasen a convertirse en «expertos en sistemas» que pudiesen saber tanto del sistema familiar que la familia lograse su propio reajuste sin la ayuda de un experto externo, siempre y cuando el sistema familiar se hallase en tensión. Se alcanza la situación óptima cuando el sistema familiar es capaz de iniciar un cambio hacia la recuperación, asistiendo a las sesiones los miembros importantes de la familia. En algunas se «empeoró» durante la terapia, el «indefenso» se iba haciendo más indefenso según reaccionaba al sobrefuncionamiento del otro. Algunas pelean un poco en este momento y en seguida se inclinan hacia la recuperación, otros acaban de una vez por todas. En estas situaciones, se ha descubierto que es más productivo trabajar con una parte de la reciprocidad hasta que la familia es capaz de trabajar junta sin fortalecer el «vínculo». Es mucho más fácil que el sujeto que funciona de forma sobrecargada «atenúe» el sobrefuncionamiento, que se eleve el sujeto que lo hace pobremente. Si el primero se halla motivado, veo a éste solo durante una fase de la psicoterapia «familiar» en la que se persigue el objetivo de liberar el sistema inmovilizado y restaurar la flexibilidad necesaria para que la familia trabaje junta. Desde mi orientación, un sistema teórico que «piensa» en términos de la familia y orienta su trabajo hacia la mejora del sistema familiar *es* psicoterapia familiar.

Con este sistema teórico-terapéutico, siempre se le plantea al terapeuta el problema inicial de establecer la orientación del sistema. A la mayoría de las familias se las ha diagnosticado por su disfunción. Piensan en términos del modelo médico y esperan que el terapeuta cambie al miembro de la familia diagnosticado, o tal vez los padres esperan que el terapeuta les muestra o explique cómo cambiar al hijo, sin tener que comprender ni modificar la parte que les toca en el sistema familiar. Con muchas familias resulta asombrosamente sencillo que el terapeuta establezca su orientación familiar y la mantenga ayudándolas a comprender y tomar las decisiones oportunas para modificar el sistema. Para contribuir al establecimiento de esta orientación eludo el diagnóstico de cualquier miembro de la familia y otros conceptos del modelo médico como «enfermo» o «paciente». Me opongo firmemente a la tendencia que tiene la familia de verme como «terapeuta». Por el contrario, procuro presentarme en las primeras entrevistas como «especialista» en problemas familiares y como «supervisor» del esfuerzo familiar a lo largo del largo proceso. Cuando el terapeuta permite que se le convierta en un «sanador» o un «restaurador», la familia entra en la disfunción esperando que el terapeuta haga su trabajo.

Desde que estamos considerando a la familia como sistema, he omitido hablar de qué clase de «sistema» se trata. La familia es más de un sistema diferente. Puede designarse exactamente como un sistema social, un sistema cultural, un sistema de juegos, un sistema comunicacional, un sistema biológico, o cualquier otra designación. Para los propósitos de este sistema teórico-terapéutico entiendo la familia como una combinación de sistemas «emocional» y «relacional». El término «emocional» alude a la energía que mueve al sistema y «relacional» a las formas cómo éste se expresa. Bajo la relación se incluye la comunicación, la interacción y otras modalidades de relación.

Existieron presuposiciones básicas sobre el hombre y la naturaleza de la enfermedad emocional, formuladas parcialmente antes de la investigación familiar, que gobernaban el pensamiento teórico y la opción de los distintos conceptos teóricos, y éstas ya incluían el sentido de sistema «emocional». Se estudiaba al hombre como un ensamblaje evolutivo de células que ha llegado a lo que es hoy gracias a cientos de millones de años de adaptación y desadaptación evolutiva, y que está evolucionando hacia otros cambios. En este sentido, el hombre está directamente relacionado con toda la materia viva. Al elegir los conceptos teóricos, hemos intentado mantenerlos en armonía con una visión del hombre como ser protoplasmático. El hombre se distingue de otros animales en el tamaño de su cerebro y en su capacidad de razonar y pensar. Con su capacidad intelectual ha empleado un gran esfuerzo en ensalzar su singularidad y las «diferencias» que le separan de otras formas de vida, mientras que ha dedicado poco esfuerzo en comparación para entender las conexiones que él tiene con ellas. Una premisa fundamental es que el hombre piensa sobre sí mismo, y lo que dice de sí mismo difiere en muchos sentidos de lo que *es*. Se considera la enfermedad emocional como un fenómeno mucho más profundo de lo que se ha concebido en la teoría psicológica actual. Existen mecanismos emocionales tan automáticos como los reflejos y que acontecen de forma tan predecible como la fuerza que mantiene la cara del girasol orientada hacia el sol. Creo que las leyes que rigen el funcionamiento emocional humano son tan regulares como las que gobiernan otros sistemas naturales y que la dificultad de comprender el sistema se debe al razonamiento humano que niega su existencia más que a su complejidad. En la literatura aparecen opiniones contradictorias sobre la definición de las conexiones entre la *emoción* y los *sentimientos*. Considero operativamente un sistema emocional como algo profundo que está en contacto con los procesos celulares y somáticos, y un sistema de sentimientos como un puente que contacta por un lado con partes del sistema emocional y por otro con el sistema intelectual. En la práctica clínica he distinguido claramente entre sentimientos que tienen que ver con la conciencia subjetiva y opiniones que tienen que ver con los aspectos lógicos y racionales del sistema intelectual. El sentido en que las personas dicen «Siento que...» cuando quieren decir, «Creo que...» es tan semejante que muchas emplean las dos palabras como sinónimas. Pese a la exactitud de las ideas que respaldan la selección de estos conceptos, lo cierto es que desempeñan un papel decisivo en su selección.

Hemos intentado que la terminología sea lo más simple y descriptiva posible. En esto han intervenido varios factores. El esfuerzo de entender la familia como un sistema funcional siempre cambiante y fluido fue entorpecido por el empleo de conceptos fijos, estáticos expresados en su mayor parte con la terminología psiquiátrica convencional. En los comienzos de la investigación familiar, el empleo relajado de términos psiquiátricos como «deprimido», «histérico» y «compulsivo» impidió llegar a descripciones y comunicaciones precisas. Nos esforzamos en prohibir el empleo de jerga psiquiátrica entre los miembros del personal investigador, a fin de utilizar palabras descriptivas sencillas. Era una empresa que valía la pena. Resulta difícil comunicarse con los colegas sin hacer uso de términos corrientes. En los primeros años dediqué mi trabajo a detectar alguna clase de correlación entre los conceptos familiares y la teoría psicoanalítica. Al producir comunicaciones escritas y profesionales, el empleo de determinados términos corrientes suscita fuertes controversias en torno a su empleo y definición apropiada. Cuando la polémica llegaba más allá de intercambios productivos de opinión y se convertía en discusiones cíclicas que no llevaban a ninguna parte, gastando tiempo y energías, optaba por explicar el fenómeno familiar con términos que no provocaran discusiones, de manera que la investigación prosperase lo más posible, dejando la integración de los conceptos individuales y familiares para alguna generación futura. Pese a que el empleo de la expresión «psicoterapia familiar» encierra algunas inexactitudes, lo he seguido utilizando por ser el término medio que mejor concilia la teoría con la práctica, y porque sirve para explicársela a los profesionales que tienen alguna relación con ella.

LA TEORIA FAMILIAR

El concepto principal de esta teoría es el de «masa de ego familiar indiferenciado». Se trata de una unidad emocional conglomerada que posee todos los niveles de intensidad, desde la familia en que se manifiesta con más fuerza hasta aquélla en que es casi imperceptible. La relación simbiótica creada entre una madre y su hijo representa un fragmento de una de las versiones más intensas. El padre se halla igualmente implicado con la madre y con el hijo, y los otros hijos participan, en menor medida, con diversos grados de intensidad. La cuestión fundamental que hemos de tratar en este momento es la del proceso emocional que acontece dentro de la masa de ego familiar nuclear (padre, madre e hijos) en forma de pautas fijas de reactividad emocional. El grado en que un miembro de la familia puede verse involucrado depende del nivel básico de implicación en la masa de ego familiar. El número de miembros de la familia afectados depende de la intensidad del proceso, así como del estado funcional de las relaciones individuales con respecto a la «masa» central en ese instante. En situaciones de estrés, el proceso puede envolver a toda la familia nuclear, a toda una gama de miembros de la familia más periféricos y hasta a personas que no son parientes sino representantes de agentes sociales, de clínicas, escuelas y juzgados. En momentos de calma, es posible que el proceso permanezca reducido a un pequeño segmento de la familia, como la relación simbiótica, donde el proceso emocional discurre entre la madre y el hijo, quedando el padre apartado de la intensa dualidad.

La expresión *masa de ego familiar indiferenciado* ha sido más útil que exacta. Definida con precisión, las cuatro palabras no encajan juntas, pero esta expresión ha resultado ser la más eficaz a la hora de comunicar el concepto de manera que otros lo pudieran «oír». A su vez, las cuatro palabras, cada una de las cuales transmite una parte esencial del concepto, han suministrado unas coordenadas para permitir la extensión teórica de la idea. Clínicamente, los mejores ejemplos del sistema de relaciones que comporta la masa de ego familiar indiferenciado se encuentran en las versiones más intensas de ésta, tales como la relación simbiótica o el fenómeno de «locura entre dos» («folie á deux»). La proximidad emocional puede ser tan intensa que los miembros son capaces de conocer los sentimientos, pensamientos, fantasías y sueños del otro. Las relaciones son cíclicas. Existe una fase de calma, cómoda intimidad. Esta puede pasar a ser una excesiva intimidad incómoda, ansiosa cuando el «self» de uno se incorpora al «self» del otro. Entonces sobreviene una fase de rechazo distante en que ambos se repelen mutuamente. En algunas familias la relación puede repetir el ciclo a intervalos frecuentes. En otras, el ciclo permanece moderadamente fijo durante mucho tiempo, como sucede en la fase de rechazo indignado mediante el que dos personas pueden estar esquivándose durante años, o toda la vida. En esta fase, es posible que cada uno de ellos *renuncie* de manera parecida a involucrarse con otro miembro de la familia, o con otras figuras externas a la familia. Dentro del sistema emocional familiar, las tensiones emocionales van surgiendo en una secuencia regular de alianzas y rechazos. El fundamento de un sistema emocional es el triángulo. En los momentos de calma, dos miembros del triángulo permanecen en una cómoda alianza emocional, mientras que el tercero, en la desfavorable posición de «extraño», trata de ganar el favor de uno de los otros o bien lo rechaza, lo que tal vez esté planeado para ganar su favor. En situaciones de tensión, el «extraño» ocupa la posición favorable y los dos que se han involucrado emocionalmente demasiado presumiblemente se esforzarán por implicar al tercero en el conflicto. Cuando aumenta la tensión, éste afectará cada vez más a figuras exteriores, discurriendo los circuitos emocionales por una serie de triángulos emocionales interrelacionados. En las situaciones de menor implicación, el proceso emocional se convierte o se transforma en un sutil proceso de reacción emocional, que tal vez se podría comparar con una relación emocional en cadena. Estos mecanismos pueden definirse en las últimas etapas de la psicoterapia familiar. Por ejemplo, la sonrisa de un miembro de la familia puede provocar como respuesta una acción, y ésta una fantasía en torno a un sueño de otro, seguido de un «cambio de tema» a modo de broma por otro.

La teoría contiene tres conceptos teóricos importantes. El primero tiene que ver con el grado de «diferenciación de self» de una persona. Lo contrario de diferenciación es el grado de «indiferenciación» o «fusión de ego». Se han intentado clasificar todos los niveles de funcionamiento humano, empleando un sólo continuo. En un extremo de la escala está la versión más intensa de la masa de ego familiar indiferenciado, donde la «indiferenciación» y la «fusión de ego» domina el campo y existe poca «diferenciación de self». La relación simbiótica y el fenómeno de «locura entre dos» («folie á deux») constituyen ejemplos de estados clínicos en los que se da una fusión de ego intensa. En el otro extremo de la escala, lo que domina el campo es la «diferenciación de self», habiendo pocas demostraciones manifiestas de fusión de ego. Las personas que se sitúan en este extremo de la escala representan los niveles más elevados de funcionamiento humano. Otro concepto tiene que ver con el sistema de relaciones que hay *dentro* de la masa de ego familiar nuclear, con las fuerzas emocionales *externas* y con los sistemas emocionales creados en las situaciones laborales y sociales que influyen en el curso del proceso que atraviesa la masa de ego familiar. En este concepto tiene importancia el «proceso de proyección familiar» a través del cual se transmiten los problemas de los padres a los hijos. Las pautas de este proceso se han incorporado a un tercer concepto que se refiere a la interrelación multigeneracional de campos emocionales y a la transmisión, por parte de los padres, de diversos grados de «madurez» o «inmadurez» a múltiples generaciones. Por razones prácticas, la expresión *masa de ego familiar* alude al núcleo familiar que comprende al padre, la madre y los hijos de las generaciones presente y futura. La expresión «familia extensa» alude a toda la red de parientes vivos, aunque en las situaciones clínicas cotidianas normalmente se refiere al sistema de tres generaciones que incluye a los abuelos, los padres y los hijos. La expresión *campo emocional* se refiere al proceso emocional que aparece en cualquier área que en ese momento se esté considerando.

La *escala de diferenciación de self* supone una tentativa de conceptualizar todo el funcionamiento humano en un mismo continuo. Esta teoría no dispone de un concepto de «normal». Definir medidas de lo «normal» en los distintos ámbitos del funcionamiento físico humano ha sido algo relativamente fácil, en cambio los intentos de establecer lo «normal» en lo tocante al funcionamiento emocional han resultado artificiosos. Como línea de base de este sistema teórico, se ha asignado al específico perfil de «completa diferenciación de self», que equivaldrá a la madurez completa, un valor de 100 sobre una escala que va de 0 a 100. El nivel más bajo de «no-self», o dicho de otra manera, el nivel más alto de «indiferenciación» corresponde al extremo inferior de la escala. Presentaremos varias de las características muy generales que poseen personas de diversos niveles.

Los que se sitúan en el cuarto inferior de la escala (0 a 25) son los que poseen el grado de «fusión de ego» más intenso y la «diferenciación de self» más pequeña. Viven en un mundo «sentimental», si es que no son tan desgraciados que han perdido la capacidad de «sentir». Dependen de lo que los demás sienten acerca de ellos. Gran parte de la energía vital es dedicada a mantener el sistema de relaciones en que se hallan inmersos ––«amando», «siendo amados», reaccionando contra el fracaso en la consecución de amor o buscando alguna comodidad–– pues no queda energía para más. No son capaces de diferenciar entre un sistema «sentimental» y uno «intelectual».

Las decisiones más importantes de la vida se basan en lo que «siente» como correcto o sencillamente cómodo. Son incapaces de utilizar el «diferenciado yo» (Yo soy-yo creo-yo hago-yo no hago) en sus relaciones con los demás. Su empleo del «yo» está limitado al narcisista «yo quiero-me duele-defiendo mis derechos». Se van haciendo adultos como apéndices dependientes de las masas de ego de sus padres y, en el curso de sus vidas, tratan de encontrar otros vínculos de dependencia de los cuales puedan tomar prestada la fuerza necesaria para funcionar. Algunos son capaces de mantener un sistema suficiente de vínculos de dependencia logrando funcionar sin síntomas a lo largo de la vida. Para los que se sitúan en la parte más alta de este grupo esto es más posible. Un «no-self» que es lo suficientemente apto como para complacer a su jefe quizá podría ser un empleado mejor que si disfrutase de algo de «self». Esta escala no tiene nada que ver con las categorías diagnósticas. En el grupo todos tienen ajustes débiles, se ven fácilmente afectados por desequilibrios emocionales y disfunciones que pueden durar mucho tiempo o ser permanentes. Este grupo abarca a aquéllos cuyos ajustes son marginales y a aquéllos cuyos esfuerzos han fracasado. En la punta extrema inferior se hallan aquéllos que no pueden sobrevivir fuera de las paredes protectoras de una institución. Comprende a los «desposeídos» de la sociedad, pertenecientes muchos de ellos al grupo socioeconómico más bajo, y a los de grupos socioeconómicos más altos con fusiones de ego intensas. En la escala, yo pondría al esquizofrénico agudo en el 10, o más abajo, y a sus padres no más arriba del 20. Todavía tengo que ver en la psicoterapia familiar una persona de este grupo que logre un nivel «básico» de diferenciación de self más elevado. Muchos consiguen un moderado alivio de los síntomas, aunque la energía vital se dirige hacia la comodidad. Si son capaces de lograr la desaparición de algún síntoma con la formación de un vínculo de dependencia del que puedan tomar prestada la fuerza, se quedan satisfechos con el resultado.

Las personas que se sitúan en el segundo cuarto de la escala (20 a 50) son las que poseen fusiones de ego menos intensas, así como un self pobremente definido, o bien una capacidad incipiente para diferenciar el self. Estamos hablando en general, ya que un sujeto con un rango de 30 manifiesta muchas características de personas que puntúan más bajo en la escala, y las que se encuentran entre 40 y 50 poseen más características de personas de un segmento superior de la escala. Esta proporciona una oportunidad para describir a las personas «sentimentales». En la mitad inferior se trata de un mundo cada vez más sentimental exceptuando aquéllos que pertenecen al extremo inferior, quienes probablemente son demasiados desgraciados como para sentir. Una típica persona sentimental es aquella que es sensible a toda armonía o disonancia emocional que se refiera a él. Los sentimientos pueden remontarse hacia las alturas en forma de alabanza o aprobación o bien precipitarse en un anonadamiento por la desaprobación. Se consume tanta energía vital en «amar» y buscar «amor» que resta poca energía para la autodeterminación, la actividad dirigida a objetivos. Las decisiones importantes de la vida se basan en lo que se siente como correcto. El éxito de las pretensiones laborales o profesionales es determinado por la aprobación de los superiores y del sistema de relaciones, más que por el valor inherente a su trabajo. Los individuos pertenecientes a este grupo son ciertamente conscientes de las opiniones y creencias del sistema intelectual, ahora bien el «self» incipiente está por lo común tan fusionado con los sentimientos que se expresa en forma de autoritarismo dogmático, de sumisión a una disciplina o de oposicionismo rebelde. Una convicción puede llegar a fusionarse tanto en un sentimiento que se convierte en una «causa». En la parte inferior de este grupo aparecen algunos «no-selfs» claramente típicos. Tienen personalidades cambiantes que, careciendo de creencias y convicciones propias, se adaptan enseguida a la ideología predominante. Normalmente prosiguen con el sistema que mejor complementa su sistema emocional. Para evitar alterar el sistema emocional apelan a la autoridad externa, para sostener su posición en la vida. Es probable que empleen los valores culturales, la religión, la filosofía, las leyes, los libros de normas, la ciencia, la medicina y otras fuentes parecidas. En lugar de utilizar el «yo creo» de la persona más diferenciada, es más fácil oírles decir «la ciencia ha demostrado...» y posiblemente saquen la ciencia, la religión o la filosofía fuera de contexto para «demostrar» cualquier cosa. No es apropiado correlacionar esta escala con las categorías clínicas, pero las personas situadas en la parte inferior de este segmento de la escala, bajo situaciones de estrés, desarrollarán episodios psicóticos transitorios, problemas de delincuencia u otros síntomas de esta calidad. Los que ocupan la zona superior de la escala desarrollarán problemas neuróticos. La diferencia fundamental entre este segmento y el cuarto más bajo de la escala consiste en que estos sujetos poseen cierta capacidad de diferenciación de self. He tenido unas cuantas familias entre 25 y 30 que han alcanzado niveles de diferenciación bastante elevados. Se trata de una situación de *posibilidad* aunque de *poca probabilidad*. La mayoría de los individuos con esta puntuación perderán la motivación cuando se restaure el equilibrio emocional y los síntomas desaparezcan. La *probabilidad* de que se logre *diferenciación* es mucho más alta en puntuaciones que oscilan entre 35 y 50.

Las personas situadas en el tercer cuarto de la escala (50 a 75) gozan de niveles de diferenciación más elevados y el grado de fusión de ego es muy inferior. Poseen opiniones y creencias bastante bien definidas sobre las cuestiones esenciales, aunque la presión hacia la conformidad es fuerte, y bajo estrés suficiente, es probable que transijan en sus principios y tomen decisiones basados en sentimientos, en vez de poner en riesgo el displacer de los demás al defender sus convicciones. A menudo permanecen callados y eluden expresar opiniones que pudieran hacerles quedar al margen de la multitud y alterar el equilibrio emocional. Los individuos de este grupo emplean más su energía en actividades dirigidas a objetivos y reservan menos para conservar el equilibrio del sistema emocional. Bajo suficiente estrés, pueden desarrollar síntomas emocionales o físicos bastante serios, pero éstos son más episódicos y la recuperación es mucho más rápida.

Los sujetos del cuarto superior de la escala (75 a 100) son individuos a los que nunca he tratado en mi trabajo clínico y que raramente he conocido en mis relaciones sociales y profesionales. Al considerar la escala global, resulta completamente imposible que uno posea todas las características que asignaría al valor 100. Dentro de este grupo tomaré en consideración a aquéllos que caen entre el 85 y el 95, que gozarían de muchas de las características de una persona «diferenciada». Se trata de individuos con principios, orientados a objetivos, que ostentan muchas cualidades denominadas «internamente dirigidas». Empiezan a independizarse de sus padres en la infancia. Siempre están seguros de sus creencias y convicciones, no siendo en ningún momento dogmáticos o de ideas fijas. Son capaces de escuchar y evaluar el punto de vista ajeno y desechar viejas creencias en favor de otras nuevas. Sienten una seguridad interna de que su comportamiento no ha de verse afectado ni por la alabanza, ni por la crítica de los demás. Son capaces de respetar el self y la identidad de otra persona sin juzgarla ni llegar a involucrarse emocionalmente en el intento de modificar su curso de vida. Asumen toda la responsabilidad de su self y están seguros de su responsabilidad ante la familia y la sociedad. Son conscientes de una manera realista de que dependen de sus semejantes. Gracias a la capacidad de conservar el funcionamiento emocional circunscrito a los límites del self, están libres para moverse por cualquier sistema de relaciones y participar en todo un espectro de intensas relaciones sin que surja una «necesidad» del otro que pueda perjudicar el funcionamiento. En una relación de esta suerte el «otro» no se siente «utilizado». Se casan con personas de idénticos niveles de diferenciación. Como cada uno posee un self bien definido, no emergen problemas o dudas acerca de la masculinidad o la femineidad. Cada uno respeta el self y la identidad del otro. Son capaces de mantener selfs bien definidos y al mismo tiempo participar en relaciones emocionales intensas. Se hallan libres para suavizar los límites del ego a fin de disfrutar el placer derivado de compartir los «selfs» en el terreno de la sexualidad o en otra experiencia emocional intensa sin reservas y con la total garantía de que también pueden desligarse de esta clase de fusión emocional y emprender un comportamiento autodirigido a voluntad.

Estas breves caracterizaciones de segmentos amplios de la escala nos proporcionan una visión global del sistema teórico que concibe el funcionamiento humano con un mismo continuo. Esta escala tiene que ver con niveles de diferenciación *básicos*. Otro aspecto importante es el que se refiere a los niveles de diferenciación *funcionales* que aparece tan marcado en la mitad inferior de la escala, ya que el concepto de niveles *básicos* puede resultar desorientador. Cuanto más intenso es el grado de fusión de ego en mayor medida aparece el «pedir prestado» y el «prestar», el «dar» y el «compartir»self dentro de la masa de ego familiar. Es tanto más probable que la «fuerza» que contiene la masa de ego cambie cuanto más marcadas son las discrepancias en los niveles funcionales de self. Son sorprendentes los cambios rápidos ocasionales. Uno de los mejores ejemplos que demuestran esto es el del esquizofrénico regresivo, que alcanza un funcionamiento poderoso en recursos cuando sus padres enferman, sólo para hundirse nuevamente cuando aquéllos se han recuperado. Otros cambios son tan predeterminados que las personas se preguntan cómo un cónyuge tan fuerte puede casarse con otro tan débil. Un ejemplo notable de esto es el del marido excesivamente adecuado que funciona bien en su trabajo quizá a un nivel cuantificable en 55, que recibe la presión de una mujer muy casera con fobias, que bebe demasiado, o sufre de artritis y posee un nivel de funcionamiento de 15. En esta situación, el nivel básico estaría aproximadamente en 35. Existen fluctuaciones en la parte superior de la escala pero éstas son menos marcadas y es más fácil estimar los niveles básicos. Los individuos que puntúan alto en la escala apenas experimentan cambios funcionales. Hay otras características que se aplican a toda la escala. Cuanto más baja es la puntuación de un sujeto, más se atiene éste a dogmas religiosos, valores culturales, supersticiones y creencias desfasadas, y menos capaz es de desprenderse de sus opiniones sostenidas rígidamente. Cuanto más baja es la puntuación, más hace del rechazo, la carencia de amor o la injusticia un «caso federal», y más exige una recompensa por los daños sufridos. Cuanto más baja, más responsabiliza a los demás de su self y su felicidad, más intensas son las fusiones de ego y más drásticos son los mecanismos como la distancia emocional, el aislamiento, el conflicto, la violencia y la enfermedad física, a fin de controlar la emoción de «excesiva intimidad». Cuanto más intensas son las fusiones de ego, más elevada es la incidencia de estar en contacto con lo intrapsíquico de otra persona y mayor es la oportunidad de poder conocer intuitivamente lo que esta persona piensa y siente. En general, cuanto más bajo puntúa un sujeto en la escala, más maltrecha queda la comunicación significativa.

El sistema de relaciones en la masa de ego familiar nuclear. El ejemplo de un matrimonio de cónyuges situados entre el 30 y el 35 nos aportará una idea acerca de varios conceptos de este sistema teórico. Cuando eran pequeños ambos esposos estaban vinculados de forma dependiente a sus padres. Pasada la adolescencia, en el esfuerzo de funcionar de un modo autónomo, o bien negaron la dependencia aún cuando todavía vivían en el hogar, o bien recurrieron a la separación y a la distancia física para lograr la autonomía. Ambos pueden funcionar moderadamente bien en tanto en cuanto mantengan relaciones distantes o superficiales. Son vulnerables a la intimidad pero a la vez son «alérgicos» a ella. Para cada uno de ellos el matrimonio supone duplicar las características esenciales de las masas de ego originales. Se fusionan conjuntamente en una «nueva masa de ego familiar» borrándose las fronteras del ego e incorporándose los dos «pseudoselfs» a un «self común». Cada uno utiliza mecanismos, previamente empleados en sus familias de origen, al tratar con el otro. Por ejemplo, el que se escapa precipitadamente de su propia familia tenderá a hacer lo mismo en el matrimonio. El mecanismo más corriente es el empleo del distanciamiento emocional necesario para que cada uno funcione con un aceptable nivel de «pseudoself». El curso futuro de esta masa de ego familiar nueva dependerá de toda una gama de mecanismos que operan *dentro* de la masa de ego familiar, y de otros que operan *fuera*, en sus relaciones con el sistema de la familia extensa.

Dentro de la masa de ego familiar, los cónyuges emplean mecanismos importantes para controlar la intensidad de la fusión de ego. a) *El conflicto conyugal* en el que un cónyuge lucha por una participación igualitaria del self común y ninguno cede ante el otro. b) *Disfunción de un cónyuge.* La pauta corriente es que se produce un momento breve de conflicto seguido de una disposición por parte de un esposo a «ceder» de mala gana con objeto de mitigarlo. Normalmente ambos cónyuges observan que el self «cede», pero uno de los dos cede más. Otra de las pautas consiste en que uno de los cónyuges decide voluntariamente ser el «no-self» para servir de apoyo al otro del cual se hace dependiente. El cónyuge que pierde «self» por este mecanismo podría llegar a funcionar a un nivel tan bajo que ambos se convierten en candidatos propicios a una enfermedad, que puede ser física, emocional o social. Algunos matrimonios siguen durante años esta pauta del funcionamiento satisfactorio de uno y la enfermedad crónica del otro. c) *Transmisión del problema a uno o más hijos*. Este es uno de los mecanismos más frecuentes para enfrentarse a los problemas de la masa de ego familiar. Hay pocas familias en las que éstos quedan aceptablemente circunscritos a una de las tres áreas. Pocas con conflictos conyugales graves en las que uno de los esposos queda indemne, y no se transmite a los hijos. También hay pocas sin conflictos conyugales, ni disfunción en uno de los cónyuges y en las que todo el peso del problema conyugal no recaiga en uno de los hijos. Es posible que no aparezcan síntomas significativos hasta pasada la adolescencia, cuando el hijo se hunde en una disfunción psicótica u otra de grado semejante. En la mayoría de las familias el problema existente entre los esposos se «extenderá» a las tres áreas. Las pocas familias en las que el problema permanece circunscrito a una sola área son importantes desde un punto de vista teórico. El hecho de que algunas familias tengan conflictos conyugales intensos sin que los hijos sufran daño alguno demuestra que el conflicto conyugal no produce, por sí mismo, problemas en éstos. El hecho de que se pueden desarrollar trastornos graves en los hijos de matrimonios sosegados y armoniosos añade más evidencia de que éstos pueden producirse sin que exista conflicto. Se pueden asignar medidas cuantitativas a la intensidad del problema de los esposos. El sistema opera como si hubiera cierta cantidad de «inmadurez» que fuese absorbida por él mismo. En gran parte, ella queda encasillada por la grave disfunción de un miembro de la familia. Es posible que un padre o una madre se convierta en una especie de «protección» contra el trastorno grave de los hijos. En el terreno de la transmisión a los hijos, el proceso de proyección familiar se focaliza en determinados hijos, dejando relativamente libres al resto. Por supuesto, hay familias en las que la «cantidad» de inmadurez es tan grande que aparece un conflicto conyugal muy intenso, una disfunción grave en uno de los esposos, una seria implicación de los hijos, un conflicto con las familias de origen y además una «inmadurez» flotante.

Los mecanismos que operan *fuera* de la masa de ego familiar nuclear son importantes para determinar el curso y la intensidad del proceso que se lleva a cabo *dentro* de la familia nuclear. Cuando se da un grado de fusión yoica significativo, se produce también una actividad de tomar prestado y compartir la fuerza del ego entre la familia nuclear y la familia de origen. En momentos de estrés, la familia nuclear puede estabilizarse gracias al contacto emocional con una familia de origen, de la misma manera que puede ser trastornada por el estrés de la familia de origen. En general, la intensidad del proceso en una familia nuclear se ve atenuada por los contactos activos con las familias de origen. Se detecta una pauta llamativa que ilustraremos mediante el siguiente ejemplo: el padre se separó de la familia para acudir a la universidad. No tuvo más contacto que el de algunas visitas escasas y breves, cartas ocasionales y tarjetas de Navidad. Se había casado con una mujer que mantenía estrecho contacto con su familia, incluyendo frecuentes intercambios de cartas y regalos, reuniones familiares regulares y visitas a los miembros desperdigados del clan. Cinco de los seis hermanos del padre siguieron esta misma pauta de separarse de la familia de origen. La madre tenía cuatro hermanos, todos ellos se casaron con personas que se adhirieron a la órbita emocional de su familia. Esta pauta es tan corriente que a estas familias les he puesto el nombre de explosivas y adherentes. El cónyuge que se separa de su familia original no resuelve el vínculo emocional. La antigua relación permanece «latente» y puede ser revivida con el contacto emocional. A través de la «activa» relación con la familia adherente, el sistema familia nuclear se hace sensible a los acontecimientos que se producen dentro de la familia extensa adherente. En otras familias nucleares ambos esposos están por lo común mucho más dependientes entre sí, y el proceso emocional de la familia tiende a ser más intenso. La familia corriente en la que los dos cónyuges se hallan emocionalmente separados de sus familias originales tiende a verse más involucrada en sistemas emocionales en situaciones laborales y sociales. Un ejemplo sería una familia en la que el lazo emocional exterior principal era la duradera dependencia emocional del padre con respecto a su jefe en el trabajo. A las pocas semanas del fallecimiento repentino de este jefe, uno de los hijos, en ese momento adolescente, sufría una grave disfunción con un problema conductual. Se sometió al padre aisladamente a una psicoterapia familiar durante un breve período restaurando el equilibrio emocional de la familia, lo suficiente para que los padres se pusieran a trabajar productivamente en la resolución de la interdependencia que había entre los padres. Para comprender el problema global y elaborar un programa de psicoterapia familiar es importante conocer las pautas de relación que se siguen en el sistema de la familia extensa.

El Proceso de transmisión multigeneracional. Uno de los conceptos centrales de este sistema teórico es la pauta que emerge a través de las generaciones cuando los padres transmiten diversos niveles de inmadurez a sus hijos. En la mayoría de las familias los padres transmiten parte de su inmadurez a uno o más hijos. Para ejemplificar esta pauta multigeneracional en su forma más gráfica y extrema, empezaré con los padres que poseen un nivel medio de diferenciación y presupondré que en cada generación los padres proyectan una gran parte de su inmadurez a un sólo hijo, creando de este modo un trastorno máximo en un niño de cada generación. También presumiré que en cada generación un niño crece relativamente al margen de las demandas emocionales y presiones de la masa de ego familiar y en tal situación alcanza el nivel de diferenciación más alto posible. Sería absolutamente imposible que esta pauta sucediese generación tras generación, pero sirve para ilustrar el modelo. El ejemplo corriente con padres que puntúan 50 en la escala. Tienen tres hijos. El hijo más implicado aparece sobre el 35 de la escala, muy por debajo del nivel básico de los padres aunque no llega al máximo grado de perturbación con la primera generación. Otro hijo alcanza el 50, el mismo nivel básico de los padres. Un tercero crece relativamente al margen de los problemas de la masa del ego familiar y se erige con un nivel de 60, mucho más alto que los padres. Si consideramos que el hijo de 35 se casa con una persona también de 35, las características de personalidad de este matrimonio variarán según el modo cómo esta masa de ego familiar maneje sus problemas. Una proyección familiar máxima puede tener lugar en un matrimonio sereno en el casi toda la preocupación se dirige a la salud, el bienestar y el logro del hijo más afectado, que tal vez aparecerá con un nivel bajo cercano a 20. Podrían tener otro hijo que creciese fuera de la masa de ego familiar con un nivel de 45, muy por encima de los padres. Es difícilmente probable tener dos hijos, uno de 20 y otro de 45. El de 20 está siempre en la zona de peligro y es vulnerable a todo el espectro de problemas humanos. En sus primeros años puede ser que aparezca como un superdotado de la escuela, para después precipitarse en un colapso emocional en la adolescencia. Es posible que con ayuda especial acabe los estudios, pase unos cuantos años sin rumbo fijo y termine encontrando a una esposa cuyas «necesidades» de otra persona sean tan grandes como las suyas. A este nivel de fusión yoica los problemas son demasiado grandes para contenerlos en una sola dimensión. Probablemente tengan gran cantidad de problemas matrimoniales, de salud y sociales de modo que el conflicto será excesivamente grande como para que sea proyectado únicamente a un hijo. Tendrían un hijo de 10, otro de 15 y otro que crecería aparte de la masa familiar con un nivel de 30, muy por encima del nivel básico de los padres. Los que están en 10 y en 15 son candidatos propicios para experimentar un colapso funcional completo en forma de esquizofrenia o conducta criminal. Esto ilustra las primeras afirmaciones de que se precisaban tres generaciones por lo menos para que una persona adquiriera el nivel de «no-self» que precede a la entrada en una esquizofrenia. En una situación normal la inmadurez progresaría hasta alcanzar un punto muy inferior. También, en toda generación hay hijos que avanzan hacia arriba en la escala, aunque en la familia promedio la progresión hacia arriba es mucho más lenta que lo que se ha mostrado con el ejemplo.

Hay que advertir que las cifras que representan los niveles de la escala utilizadas en los ejemplos anteriores son meramente ilustrativas de los principios generales que gobiernan el sistema teórico. El cambio de niveles funcionales que acontece en la mitad inferior de la escala puede responder a tal diversidad de modificaciones hora a hora y semana a semana, durante años buenos y malos, que sólo después de tener conciencia de las variables particulares más operativas a lo largo de un período de tiempo para una familia dada, se pueden establecer niveles aproximados. Lo más importante en el caso de la situación clínica es el nivel general y la pauta que se sigue. Los niveles referidos en el concepto multigeneracional son estrictamente esquemáticos y el propósito es meramente ilustrativo. Los postulados de este concepto se derivaron de un material histórico que cubre tres o cuatro generaciones de cerca de 100 familias, y diez o más generaciones de ocho familias.

Hay otro concepto teórico que ha combinado con mi propio trabajo y que se emplea con todas las familias en psicoterapia. Se trata de los perfiles de personalidad en función de las posiciones que ocupan entre los hermanos, tema que ha sido tratado por Toman (1961) en *Family Constellation*. Creo que su obra es una de las contribuciones más valiosas para el conocimiento de la familia de los últimos años. Sostiene la tesis de que las características de personalidad están determinadas por la posición que se ocupa entre los hermanos, así como la constelación familiar en la que uno cree. He descubierto que sus perfiles de personalidad son considerablemente precisos, especialmente entre aquéllas que se sitúan en el medio de mi escala de diferenciación de self. Desde luego, hizo su estudio con familias «normales» y no trató de estimar otras variables. Tampoco consideró las alteraciones de personalidad del hijo que es objeto de proyección familiar. Un ejemplo de este cambio lo constituye una familia con dos hijos. La mayor, la más implicada en el sistema emocional familiar, se caracterizó por tener el perfil de «la pequeña». La menor, menos involucrada en el sistema emocional de los padres, se mostró con las características de una hija mayor. La mayoría de sus perfiles contienen una mezcla de características adultas e infantiles. Cuanto más alto puntúa una persona en la escala, más predominan las cualidades adultas y viceversa.

USO CLINICO DE LA PSICOTERAPIA FAMILIAR

Espero que los conceptos teóricos ayuden a que el lector piense en términos de los sistemas familiares más que en categorías diagnósticas y en la dinámica individual. Cada aspecto de la teoría tiene su aplicación en la evaluación clínica y la psicoterapia familiar. Expondremos esta sección dividida en tres partes principales: a) examen de los campos familiares, b) el proceso de «diferenciación de self» en la psicoterapia familiar, y c) principios y técnicas de psicoterapia familiar.

Examen de los campos familiares. Este es un término empleado para designar un proceso de «evaluación» familiar utilizado en la entrevista inicial con todas las familias a las que veo. Está concebido para obtener un volumen de información real en poco tiempo. La información junto con la teoría familiar sirve para llegar a una formulación de las pautas generales que sigue el funcionamiento de la masa de ego familiar durante por lo menos dos generaciones. Esta formulación se emplea para planificar la psicoterapia. Inicialmente, obtener esta información requería gran cantidad de sesiones. Con la práctica, y una cautelosa estructuración de la entrevista, así como una familia apreciablemente sencilla, es posible realizar en una sola sesión un examen apropiado para planificar la psicoterapia. Esto es distinto del tipo de «evaluación» en la que el terapeuta quizá dedique varias sesiones con todos los miembros de la familia juntos para observar las elaboraciones del sistema de relaciones familiares. En el entrenamiento de jóvenes terapeutas, es esencial la notable experiencia que se puede acumular observando a diversos miembros de la familia juntos. No se puede *conocer* a la familia sin la observación clínica directa, y no es recomendable trabajar con fragmentos de familias hasta que se haya alcanzado un conocimiento práctico del conjunto. Para la familia corriente, la entrevista inicial se lleva a cabo con ambos padres, quienes generalmente suministran más información que uno solo. Además, proporciona una perspectiva práctica de la relación conyugal. Si existen pruebas de que la discordia conyugal puede interferir con el hecho de reunirse, frecuentemente veo al padre o a la madre que posee más conocimientos de la familia. De aquí se deducen consecuencias curiosas. La mayoría de las familias buscan auxilio cuando existe alguna disfunción en una o más de las tres áreas principales de estrés del sistema familiar nuclear, a saber: a) conflicto conyugal, b) disfunción de un cónyuge, o c) disfunción de un hijo. Para ejemplificar este examen, emplearé una familia enviada por un problema conductual de un hijo adolescente.

Al examinar los campos familiares, en primer lugar quiero conocer algo sobre el funcionamiento del campo familiar nuclear y después cómo el funcionamiento del campo de la familia extensa engrana con el campo nuclear. Un buen punto de partida es la revisión cronológica del desarrollo sintomático que presenta el hijo adolescente, junto con los datos y circunstancias específicas del momento en que cada síntoma irrumpe. Muchas erupciones sintomáticas pueden estar sincronizadas exactamente con otros eventos de los campos familiares nuclear y extenso. Quizá los padres informen que el hijo hizo novillos en el colegio por primera vez cuando estaba en «octavo», ahora bien se aportaría mucho sobre el sistema familiar si se supiera que el día que hizo novillos fue el día que su abuela materna ingresó en un hospital para hacerse unas pruebas por un temido cáncer. Si se pudiese obtener información acerca de los sistemas de sentimientos y fantasías de otros miembros de la familia en ese mismo día, ésta sería de gran ayuda.

El segundo terreno de investigación es el funcionamiento de la masa de ego que forman los padres desde su casamiento. La unidad emocional contiene su propio sistema de dinámica interna que cambia según evoluciona con el paso de los años. El sistema interno también es sensible a los campos emocionales de las familias extensas y a las tensiones reales de la vida. El objetivo es obtener una rápida visión cronológica del sistema interno en su interconexión con fuerzas exteriores. Esto podría compararse con el cambio constante en que se encuentran los campos magnéticos que se influyen recíprocamente. El funcionamiento interno está influido por acontecimientos tales como la proximidad o el distanciamiento y el contacto emocional con las familias extensas, cambios de residencia, la compra de una casa, el éxito o fracaso laboral. Los sucesos que más pueden influir en ambos campos emocionales son los nacimientos que tienen lugar dentro de la masa de ego central y la enfermedad grave o muerte producida en la familia extensa. Se puede hacer una estimación sobre el funcionamiento interno de la masa de ego mediante unas cuantas preguntas acerca de las áreas de estrés, que son el conflicto conyugal, la enfermedad y otra disfunción, y la proyección sobre un hijo. Probablemente un cambio en los síntomas de estrés esté relacionado con la dinámica interna o los acontecimientos externos. Las fechas de los cambios son importantes. El cambio de una relación pacífica a una conflictiva podría ser explicado por la mujer de la siguiente manera, «El momento en que yo empecé a alzarme contra él», cuando de hecho sincronizaban justamente con un alboroto que se producía en una familia extensa.

El nacimiento de los hijos está acompañado por alteraciones importantes en la masa de ego. El nacimiento del primero transforma la familia de un sistema de dos personas en uno de tres. En un acontecimiento tan importante como éste, es deseable detenerse en el sistema familiar global, incluyendo el lugar, la fecha, las edades de cada persona que habita en la casa y el funcionamiento de cada uno de ellos, así como una comprobación de lo que pasa en las familias extensas. Es deseable obtener testimonios sobre los sistemas de fantasías y sentimientos de varios miembros de la familia en situaciones de estrés, si es posible. Frecuentemente es fácil verificar el proceso de proyección familiar preguntando acerca del sistema de fantasías que tiene la madre antes y después del nacimiento del hijo. Si se trata de un proceso de proyección significativo, sus preocupaciones e inquietudes se han fijado en el hijo desde el embarazo, su relación con éste ha sido «diferente», se ha preocupado mucho tiempo por él, y anhela hablar acerca de él. Un proceso de proyección intenso, prolongado, evidencia un problema del hijo más grave y profundo. Un proceso de proyección que empezará más tarde, tal vez a continuación de la muerte de un miembro de la familia importante, es mucho menos grave y mucho más fácil de manejar en la psicoterapia familiar. Un proceso de proyección, comúnmente entre la madre y el hijo, *altera* el funcionamiento interno del sistema familiar. Esta cantidad de energía psíquica que pasa de la madre al hijo modifica el sistema de energía psíquica de la familia. Puede servir para reducir el conflicto conyugal, pero también puede afectar al marido hasta el punto que éste comience a alargar sus jornadas de trabajo, se empiece a dedicar a la bebida, tenga una aventura, o se vuelva más próximo emocionalmente a sus padres. Este examen se hace a continuación del establecimiento de los síntomas en el hijo, con respecto a los cuales siempre hay hechos característicos que pueden estar conectados con fechas y acontecimientos de la relación entre los padres. El análisis esboza un cuadro de los niveles de funcionamiento generales, la sensibilidad al estrés y pruebas sobre la flexibilidad o rigidez de todo el sistema. Suministra a la par una idea sobre el cónyuge más adaptado que es normalmente el más pasivo. Este no es sólo el que «cede» a un nivel controlado, sino que es mucho más que eso. Engloba todo el sistema de fantasías, sentimientos y acciones. Un cónyuge que desarrolla síntomas físicos como respuesta a un campo emocional se halla inmerso en un proceso de adaptación «célula a célula»que es profundo.

La siguiente área de investigación es la referente a los campos de las dos familias extensas en el orden que el terapeuta elija. Es parecido al examen de la familia nuclear, salvo que se centra en pautas globales. Las fechas, edades y lugares exactos son muy importantes. La ocupación del abuelo y una idea sobre la relación conyugal y la salud de cada abuelo suministra pistas claves para abordar la masa de ego familiar. La información a obtener sobre cada hermano incluye: orden de nacimiento, fechas exactas de nacimiento, ocupación, lugar de residencia, unas pocas palabras sobre el cónyuge y los hijos, un bosquejo del curso vital general, y la frecuencia y naturaleza del contacto con otros miembros de la familia. A partir de esta breve información, que puede obtenerse en cinco o diez minutos, es posible tener una visión práctica bastante precisa sobre la masa de ego familiar, y cómo los padres nucleares funcionaron en el grupo. Los hermanos que actúan mejor son comúnmente los menos implicados en el sistema emocional familiar. Aquéllos que lo hacen pobremente son normalmente los más implicados. La distancia que los separa de otros miembros de la familia y la calidad de los contactos emocionales con la familia proporcionan indicios del modo cómo la persona maneja todas las relaciones emocionales y si tiende hacia una familia «explosiva» o «adherente». A menudo se produce una alta incidencia de enfermedad física en aquéllos que poseen bajos niveles de diferenciación de self. La posición que se ocupa entre los hermanos es uno de los bits de información más importantes. Esta, junto con el nivel general de funcionamiento familiar, permite postular un perfil bastante exacto que se comprobará más adelante. En general, el estilo de vida adoptado por una familia de origen opera en la familia nuclear y también a la hora de hacer psicoterapia familiar.

Los análisis de los campos familiares siguen el mismo patrón que los otros problemas, excepto en sus distintos énfasis. Es posible que determinadas áreas requieran una exploración detallada. Siempre es útil retroceder tantas generaciones como sea posible. El objetivo global es seguir al conjunto familiar a lo largo del tiempo deteniéndose en acontecimientos afines a los campos conexionados entre sí. Cuanto más bajo es el nivel general de diferenciación de una familia, mayor es la frecuencia e intensidad de los acontecimientos afines. Un dividendo secundario del examen del campo familiar es que la familia comienza a percatarse intelectualmente de los acontecimientos afines. El sistema emocional familiar opera siempre de modo que solapa y hace olvidar; y trata dichos acontecimientos como casuales. La familia se rebela contra el esfuerzo de aportar fechas concretas, «sucedió cuando él tenía unos ... once o doce años», y, «debía estar en quinto», o, «fue hace aproximadamente cinco o seis años». Para obtener información concreta necesitamos estar constantemente haciendo preguntas y cálculos matemáticos. El proceso de solapamiento lo ejemplificaremos con una familia sometida a psicoterapia familiar. Diez días después de regresar la mujer del funeral de su madre, su hija enfermó con una nefritis. Unas semanas más tarde, la mujer declaraba insistentemente que la enfermedad de su hija precedió la muerte de su madre. La memoria del marido y mis notas eran exactas. En teoría, nunca he sido partidario de afirmar la causalidad o de ir más allá de anotar que tales sucesos conllevan una sorprendente secuencia temporal. Pienso que quizá tiene que ver con la negación del hombre de su dependencia con respecto a sus semejantes. Eludo las especulaciones dinámicas fáciles y menciono las explicaciones de la familia siguiendo el modelo de, «El miembro de la familia *dijo*...». Nunca he podido utilizar los acontecimientos afines en los primeros momentos de la psicoterapia. En los albores de la psicoterapia familiar se tenía la tentación de mostrar esto a la familia después de la entrevista inicial. Algunas familias encontraron razones para no volver jamás. Mi meta es continuar haciendo preguntas y dejar que el calendario «hable» si es que los demás somos capaces de «escuchar».

El examen del campo familiar es fundamental para el terapeuta a fin de conocer a la familia y su desarrollo, a la par que para planificar la psicoterapia. Si los síntomas aparecen lentamente en la familia nuclear, probablemente se trate del producto de una lenta edificación. Si los síntomas surgen con más prontitud, la situación merece una exploración meticulosa para descubrir la perturbación en la familia extensa. Si aparece como respuesta a la familia extensa, podemos considerar que se trata de una situación «aguda» y que es relativamente fácil restaurar el funcionamiento familiar. El que sigue es un ejemplo de la presentación de diversos problemas agudos a continuación de una perturbación en la familia extensa.

Se nos remitió a una mujer de 40 años con una depresión por la que se había recomendado la hospitalización. Su marido pertenecía a una familia «adherente» de seis hermanos, todos ellos vivían a menos de cien millas de sus padres. Dos meses antes, su madre de 65 años fue intervenida de mastectomía radical por un cáncer de pecho. A las dos semanas de la operación, el marido de una de las hermanas sufrió un serio accidente de automóvil que le acarreó meses de hospitalización. Seis semanas después de la operación, uno de los hermanos del marido se vio afectado por la detención de su hijo a causa de una serie de actos delictivos, el primero de los cuales ocurrió dos semanas después de la operación. Tras una entrevista inicial a solas con la mujer deprimida, se vio al marido y a la mujer juntos. A las pocas sesiones de centralizar el proceso en los sentimientos que embargaban a la madre, ésta sintió un pronto alivio de la depresión y puso las bases para realizar una psicoterapia familiar de larga duración con ambos juntos.

El proceso de diferenciación de un self. El empeño fundamental de este sistema terapéutico consiste en ayudar a los miembros de la familia *individuales* a alcanzar un nivel más elevado de diferenciación de self. Un sistema emocional comporta un equilibrio sutilmente balanceado en el que cada uno dedica cierta cantidad de ser y self al bienestar y la felicidad de los demás. En un estado de desequilibrio, el sistema emocional se pone automáticamente a restaurar el equilibrio de unión inicial, aunque esto se haga a expensas de alguien. Cuando un individuo se orienta hacia un nivel más elevado de diferenciación de self, se rompe el equilibrio y las fuerzas de unión se oponen vigorosamente. En esquemas emocionales mayores, es posible que un individuo busque o se alíe a un grupo que le auxilie en su oposición a las fuerzas del sistema, simplemente para encontrar self en una nueva unidad indiferenciada con sus aliados (que hasta pueden ser una secta o grupo minoritario perteneciente al sistema superior) de la cual es más difícil diferenciarse que de la unidad original. Todo esfuerzo exitoso hacia la diferenciación revierte sobre el individuo único. Más adelante analizaremos algunos de los factores que se oponen a la «diferenciación de self». Cuando los individuos pueden mantener su posición de «diferenciado», a pesar de la oposición, la familia más tarde lo celebra.

Uno de los conceptos centrales de este sistema teórico tiene que ver con los «triángulos». No se incluyó en los otros conceptos porque tenía que ver más con la terapia que con la teoría fundamental. El cimiento básico de todo sistema emocional es el «triángulo». Cuando la tensión emocional en un sistema integrado por dos personas excede un determinado nivel, éste «envuelve en el triángulo» (triangles, en el original) a una tercera persona, permitiendo que la tensión se mueva dentro del triángulo. Cualquier pareja del triángulo original puede adherirse a un nuevo triángulo. Un sistema emocional está compuesto por una serie de triángulos interconectados. La tensión emocional del sistema puede trasladarse a cualquiera de los antiguos circuitos establecidos. Se trata de un hecho clínico, que el sistema tenso original de la pareja se disolverá por sí mismo automáticamente cuando se encierre en un sistema de tres personas, una de las cuales puede ser desprendida emocionalmente. Trataremos de esto al hablar de «destriangular el triángulo» (detriangling the triangle, en el original).

A partir de la experiencia adquirida con este sistema terapéutico, entendemos que hay dos vías principales para alcanzar un nivel más elevado en la «diferenciación de self». a) Lo óptimo es la diferenciación de un self *del* cónyuge propio, en un esfuerzo cooperativo, con la presencia de un «triángulo potencial» (terapeuta) que puede mantenerse separado emocionalmente.

Según mi opinión, en esto está lo «mágico» de la psicoterapia familiar. Deben encontrarse suficientemente implicados el uno en el otro como para soportar el estrés de la «diferenciación» y suficientemente incómodos como para encontrar motivos para esforzarse. Uno de ellos, y a continuación el otro, avanza a pequeños pasos hasta que se agota la motivación. b) Comienza la diferenciación sola, bajo la guía de un supervisor, como paso preliminar al esfuerzo principal de diferenciar un self *de* la otra persona importante. Esta segunda vía es un modelo de psicoterapia familiar con un solo miembro de la familia. Hay una tercera vía, menos eficaz: c) Todo el proceso discurre bajo la guía de un supervisor que instruye desde un lado. Se ha abandonado el empleo directo del «triángulo», el proceso generalmente es más lento, y las ocasiones de que aparezca un obstáculo invencible son mayores. Como comentario global sobre la «diferenciación» podemos decir que el nivel más elevado de diferenciación de self que puede alcanzar una familia es el nivel más elevado que cualquier miembro de la familia puede alcanzar y mantener, pese a la oposición emocional de la unidad familiar en que vive.

Principios y técnicas de psicoterapia familiar. Mi forma óptima de enfocar un problema familiar, ya se trate de un conflicto conyugal, la disfunción de un cónyuge, o la disfunsión de un hijo, es empezar con el marido y la mujer juntos, y continuar con ellos todo el período de psicoterapia familiar. En la mayoría de las familias este curso «óptimo» no es posible. Cerca de un 30 ó 40 por ciento de las sesiones «familiares» se dedican a un miembro de la familia, principalmente por situaciones en las que un cónyuge se muestra hostil o está pobremente motivado, o bien cuando el progreso con ambos es demasiado lento. Más adelante abordaremos el método de ayudar a un miembro de la familia a «diferenciar el self». El método de trabajar con los dos padres ha evolucionado con los años de experiencia en los que ambos padres y el hijo sintomático (por lo común con problemas neuróticos y de conducta postadolescente) asistían juntos a todas las sesiones. Un curso común solía durar un año o más. La comunicación familiar mejoraba, los síntomas desaparecían y las familias solían terminar muy complacidas con el resultado. No se producía ningún cambio fundamental en la pauta que seguía la relación de los padres, pauta que hemos postulado como esencial en el origen del problema. Sobre la base de que todo el sistema familiar cambiaba si así lo hacía la relación de los padres, comenzaba a pedirles que dejaran al hijo en casa y se centraran en sus propios problemas. Estos resultados han sido los más satisfactorios de mi experiencia. Muchos de los hijos se abrieron camino en el esfuerzo familiar y jamás fueron vistos, y a otros se les vio solamente una vez. Los padres que lograban los mejores resultados continuaban unos cuatro años, una vez a la semana, durante un total de 175 a 200 sesiones con resultados mejores que los que podían obtenerse con cualquier otro método terapéutico conocido. Los hijos normalmente quedaban libres de síntomas a las pocas semanas o meses, y los cambios traspasaban la familia nuclear esparciéndose al sistema familiar extenso. La duración de cuatro años ha sido tan persistente que pienso que quizá se requiera esta cantidad de tiempo para que se logre una diferenciación de self significativa. Algunas personas pueden pasarse toda la vida sin definirse en numerosos aspectos vitales. Actualmente estoy experimentando con consultas menos frecuentes con el fin de reducir la duración total de sesiones.

El proceso básico de trabajar con maridos y mujeres juntos no ha sufrido cambio alguno con el paso de los años, salvo que se han puesto diferentes énfasis y modificaciones en los conceptos teóricos. En el pasado, hice hincapié en la comunicación de los sentimientos y el análisis del inconsciente a través de los sueños. Más recientemente, ha sido una operación de observar paso a paso el proceso de exteriorizar y discriminar sus sistemas de fantasías, de sus sentimientos y pensamientos. Se trata de un proceso de conocer el propio self y también el self del otro. Se han hecho comentarios como, «¡Jamás imaginé que tuvieras tales pensamientos!», y la réplica, «¡Nunca me atreví a decírselo a nadie, y menos a *ti*!».

Seguidamente expondremos un ejemplo de dos pequeños pasos en la «diferenciación», junto con la respuesta emocional del otro. Una mujer, después de muchas horas de darle vueltas a la cabeza, anunció, «He decidido coger todos los pensamientos, tiempo y energía que he empleado en intentar hacerte feliz y dedicarlos a hacer de mí una mujer y una madre más responsable. Nada de lo que he intentado ha funcionado realmente. Lo he estado pensando y tengo un plan». El marido reaccionó emocionalmente como solía hacerlo cuando el otro tomaba una posición desde el «yo». Estaba furioso y dolido. Acabó diciendo, «Si llego a saber que iba a ocurrir esto a los quince años, te diré una cosa, ¡jamás hubiera habido una boda!». A la semana siguiente estaba contento con su «nueva» esposa. Varias semanas después, tras pensarlo mucho, el marido declaró, «He estado tratando de pensar en mis responsabilidades ante mi familia y el trabajo. Nunca he visto esto claro. Si trabajaba de más, sentía que estaba olvidando a mi familia. Si pasaba demasiado tiempo con la familia, sentía que estaba olvidando mi trabajo. Esta es mi idea». La mujer reaccionó apasionadamente frente a su falta de preocupación verdaderamente egoísta haciendo ver finalmente su verdadero color. En una semana aquello había cesado.

Cuando los cónyuges introducen un cambio en su relación mutua, quebrantan el equilibrio emocional de las familias de origen donde se tienen reacciones y soluciones emocionales idénticas a las que existen entre ellos. La mayor parte de estos cónyuges se han convertido en los más responsables y respetables de ambos sistemas familiares extensos. También en los sistemas emocionales sociales y laborales surgen oposiciones emocionales contra el cambio. Lo más relevante aquí es que un cambio del «self» quebranta el equilibrio emocional y activa fuerzas contrarias emocionales en todos los sistemas emocionales interconectados. Si los dos cónyuges son capaces de producir los primeros cambios en su relación mutua es relativamente fácil enfrentarse a los otros sistemas.

Uno de los procesos más importantes de este método de psicoterapia es la continua atención del terapeuta en definir su «self» a las familias. Esto comienza en la primer contacto donde define su sistema teórico y terapéutico y sus diferencias con otros. Casi todas las sesiones tienen lugar en torno a todo tipo de aspectos de la vida. Son de gran importancia las posturas de «acción» que tienen que ver con «lo que haré y lo que no». Creo que el terapeuta se halla en una posición débil para pedir a la familia que haga algo que él no hace. Cuando la familia procede con lentitud en la definición del self, empiezo a preguntarme si he fallado en definirme con respecto a alguna esfera importante que es imprecisa y ambigua.

Llegado a este punto, abordaré la psicoterapia *familiar* con un miembro de la familia. La idea fundamental es encontrar el modo de poner en marcha un cambio en la familia sin solución; hallar el modo de entrar en contacto con los recursos y la energía de la familia y de librarse del contacto de la ciénaga de enfermedad; y alcanzar una diferenciación que permita salir del cenagal familiar. En realidad, si se puede conseguir que la diferenciación empiece en un miembro de la familia es posible desenredar todo el sistema familiar. No ha sido fácil comunicar esta idea. Para aquéllos que emplean un modelo médico y consideran que la relación terapéutica es el factor de curación fundamental en la enfermedad emocional, la idea está equivocada. He utilizado varios conceptos diferentes al tratar de escribir sobre esta idea y gran cantidad de ángulos para tratar de enseñarla. Hay quienes la entienden como «tratar al miembro más sano de la familia en vez de al paciente, sobre la base de que el más sano es el que mejor puede modificar el comportamiento». Esta descripción de la meta es exacta pero emplea un concepto de «salud» en lugar de «enfermedad», que todavía pertenece a un modelo médico. Un terapeuta que se empeña en «tratar» al más sano con su orientación médica puede llevarle lejos o convertirle en un «paciente».

El matrimonio conflictivo representa uno de los mejores ejemplos del trabajo con un cónyuge. Es una situación clínica en la que el sistema emocional ya está bastante encerrado en la disfunción antes de solicitar ayuda. Un nivel apreciable de conflicto manifiesto es «normal» y tiene que alcanzar un estado de disfunción moderado antes de que ellos busquen ayuda. El matrimonio empezó con un modelo casi idílico donde cada uno dedicaba un elevado porcentaje de «self» a la felicidad y el bienestar del otro. He denominado a esto contrato emocional «fraudulento» ya que, siendo realistas, era imposible que cualquiera de ellos llegara a un acuerdo. Con este convenio, el funcionamiento del self *es* dependiente del otro y, en ese sentido, todo fracaso en la felicidad o en el funcionamiento es un fallo del otro. La implicación emocional recíproca se mantiene, sólo que se transforma en una energía negativa en forma de acusaciones, apelaciones y diagnósticos. Pienso que el conflicto conyugal es duradero debido a la implicación emocional. El tiempo que consumen pensando el uno en el otro es probablemente mayor que el de matrimonios pacíficos. Con la intensidad de la interdependencia emocional y la habilidad para utilizar el conflicto, por lo común, los cónyuges conflictivos no buscan auxilio hasta que los mecanismos adaptativos se han atascado. En un elevado porcentaje de matrimonios conflictivos he observado lo solo que se encuentra uno de los cónyuges durante meses y hasta un año, antes de que ambos sean capaces de trabajar juntos. La opción de a quién ver primero es sencilla cuando uno se halla motivado y el otro se muestra contrario. Es un poco diferente si se ve a los dos juntos y en la entrevista persiste una reiterada «acusación al otro-justificación de sí mismo». Si poseen alguna capacidad de detener el ciclo y observar la pauta, sigo con los dos juntos. Pero si el esfuerzo vigoroso de ayudarles a refrenar el ciclo no tiene éxito, manifiesto que lo considero cíclico e improductivo, que no estoy dispuesto a perder el tiempo de ese modo, y que deseo ver al más sano, al mejor integrado, sólo durante un tiempo, a fin de ayudarle a que logre objetividad y control emocional. La llamada al «más sano» representa una orientación diferente y ciertas modificaciones en el diagnóstico a largo plazo, «Eres el enfermo que necesita un psiquiatra». No atiendo a los cónyuges alternativamente. Eso invita a la «triangulación», nadie trabaja en realidad en el problema, cada uno espera que lo haga el otro, y tiende a justificarse ante el terapeuta. Mis posturas desde el «yo», basadas todas en mi experiencia, están definidas en términos de lo que «yo haré o no haré», nunca en términos de «lo que es mejor».

Como el proceso de trabajar solo con un miembro de la familia es parecido en todas las situaciones, explicaré con algún detalle lo que se pretende con el cónyuge conflictivo. Las primeras sesiones se ocupan con una detallada comunicación del enfoque, con el empleo de ejemplos clínicos y una pizarra para los diagramas. En términos generales, el concepto consiste en retirar la energía psíquica del otro e invertirla en las fronteras pobremente definidas del yo. Esto presupone la idea de «bajarse de las espaldas» del otro mediante la reducción de la fuerza de los pensamientos «dirigidos al otro», la energía verbal y la intensidad de las acciones orientadas a atacar y cambiar al otro, y dirigir esta energía al cambio del «self». Esto supone encontrar el modo de recibir los ataques del otro sin responder a ellos, o encontrar la forma de vivir con «lo que es» sin tratar de cambiarlo, o definir las propias creencias y convicciones sin atacar las del prójimo, y observar la parte que el self desempeña en la situación. Se dedica mucho tiempo a establecer el self del terapeuta en relación con un cónyuge. Estudiaremos por encima estas ideas por su posible empleo en la definición del «self». Se les dice que para algunas personas han sido valiosas, que el esfuerzo fallará si las prueban sin incorporarlas al «self» como creencias propias, que serán poco realistas si prueban algo en lo que realmente no pueden creer, y que será responsabilidad suya buscar otras ideas y principios si éstos no encajan con sus propios «selfs». Se les asigna la tarea de convertirse en «observadores científicos» y se les dice que la mayor parte de la sesión deben dedicarse a comunicar sus esfuerzos por ver el «self». Les hablo de las etapas presumibles que pueden esperar si sus esfuerzos consiguen definir con éxito el «self» y contener las acciones críticas, las palabras y los pensamientos que se han intentado dirigir sobre la vida de su cónyuge. Si esto lo hacen bien, la primera reacción será una versión de, «Eres despreciable, egoísta y depravado; no entiendes, no amas y estás intentando herir al prójimo». Cuando son capaces de escuchar el esperado ataque sin reaccionar, se ha rebasado un punto decisivo. A continuación pueden esperar una retirada del otro poniendo de relieve algo parecido a, «Vete al infierno... No te necesito». Esta será la etapa más difícil. Es probable que se depriman, se confundan y desarrollen todo un espectro de síntomas físicos. Esta es la reacción que tiene el soma y la psique de una persona cuando reclama desesperadamente la antigua dependencia y unión. Si son capaces de convivir con los síntomas sin reaccionar, es posible que esperen que el otro haga una nueva y distinta apuesta por una afectividad a un nivel más elevado de madurez. Es habitual que muchos días después, antes que el otro cónyuge solicite la sesión de terapia, y a menudo no muchas sesiones antes, pueden por fin trabajar juntos.

El estilo de vida de este bajo nivel de «diferenciación» se caracteriza por la inversión de la energía psíquica en el «self»de otro. Cuando esto sucede en la terapia, se trata de transferencia. Una meta de esta terapia es ayudar a la otra persona a reflexionar sobre un proyecto de vida. Es importante guardar el «self» contenido en el terapeuta como si se estuviera fuera del otro cónyuge. Si la persona comprende la naturaleza del objetivo vital que supone el esfuerzo y que se frenará o detendrá por haber invertido la energía en el «self» del terapeuta, se hallará en una posición más idónea para mantener la energía concentrada en el objetivo. Si el avance se detiene efectivamente, se dedica la psicoterapia familiar a realizar un intento parecido con el otro cónyuge. No se puede utilizar este enfoque de «diferenciación de self» con ambos esposos. Terminaría en una fuerte «triangulación».

Trabajar con un cónyuge enfermo depende del tipo de problema y de quién solicita ayuda. Si es el que se encuentra bien, el «enfermo» está cerca del colapso. Con esto me esfuerzo por evitar la relación con la parte enferma de la familia, y trato de relacionarme con la sana en torno a los problemas que afectan a los primeros. Algunas de estas familias logran un notable alivio de los síntomas en pocas sesiones, pero estas personas no se hallan motivadas más que para un alivio de los síntomas. Cuando el «enfermo» pide ayuda, sostengo un distanciado «Vamos a examinar esto y a ver la parte que le toca a usted en el problema familiar». Las células del esposo «enfermo» comienzan literalmente a disfuncionar cuando se halla en presencia del otro cónyuge, especialmente cuando se trata de disfunciones introyectivas y somáticas graves. Si se trae al otro esposo demasiado temprano, la tarea terapéutica puede acabar a las pocas horas. Uno de los objetivos es proponer en seguida «la familia» y esperar a que el self del enfermo sea capaz de funcionar en presencia del otro, sin entrar en ninguna clase de disfunción. Se han obtenido resultados excelentes a largo plazo que han durado unos seis meses en el enfermo y algunos, dos años en ambos. Problemas como impotencia y frigidez pertenecen más al área del funcionamiento de la relación. Generalmente son convertidos en «familiares» a las pocas horas y la respuesta a ellos ha sido satisfactoria. A menudo la impotencia desaparece a las pocas semanas y raramente se menciona la frigidez pasados unos meses. La mayoría continúa con terapia familiar prolongada durante dos años o más.

El problema del hijo «triangulado» es uno de los que presenta mayor dificultad en la psicoterapia familiar. Se puede tener una buena estimación de la intensidad del proceso desde la encuesta inicial con la familia. Si no es demasiado grave, los padres se detendrán inmediatamente en sus propios problemas, casi se olvidan del hijo y, de repente, el hijo se encuentra libre de síntomas. Incluso con «triángulos» severos, hago un «ensayo» con los dos padres juntos para probar la flexibilidad de la relación entre los padres.

En los «triángulos» severos o en la proyección del problema de los padres sobre el hijo, aquéllos no son capaces de permitir que éste se abandone a sus sentimientos, pensamientos y acciones. Existen versiones menos graves en las que los padres intentan trabajar denodadamente en sus problemas, aunque su relación mutua es seca e inanimada. Se invierte la vida y el self en el hijo. Es común la «reacción intestinal» por la que se le hace al padre «un nudo en el estómago» como respuesta al malestar del hijo. Después de varios años con métodos para aliviar síntomas, incluyendo el trabajo con diversas combinaciones de miembros familiares, he empezado a hacer lo que yo llamo «destriangular el triángulo». Esto es demasiado complicado para una breve exposición, pero significa ayudar a que uno de los padres tome una posición desde el «yo» y «diferencie un self» en la relación *con el hijo*. Si es que existe algo «mágico» en la psicoterapia familiar, esto es la respuesta de la familia cuando un padre es capaz de empezar a «diferenciar un self» a partir de la amorfa «nostridad» o de la intensa masa de ego indiferenciado. Una pizca de «self» claramente definido en esta zona de la masa amorfa puede traer consigo un momento de inesperada calma. Posiblemente la tranquilidad se extienda prontamente a otros aspectos, pero la familia ya *es* diferente. El otro padre y el hijo se fusionan juntos en una unidad más intensa que ataca y cede alternativamente frente al «padre que se diferencia» con objeto de reunir la unidad. Si el que se diferencia es capaz de aguantar medianamente en su posición desde el «yo» durante incluso pocos días, se produce un descenso automático de la intensidad del vínculo entre los otros dos y un decremento persistente de la intensidad del triángulo. El segundo paso implica un esfuerzo similar por parte del otro padre en «diferenciar un self». En este momento, la relación entre los padres tiene un poco más de vida. Después sobreviene otro ciclo con cada padre por separado y entonces aparece más vida y entusiasmo entre los padres. La diferenciación va surgiendo lentamente a este nivel de fusión yoica, aunque muchas de estas familias han alcanzado notables cotas de diferenciación.

La psicoterapia familiar con un miembro de la familia presenta otras configuraciones diversas, pero ésta proporciona una breve descripción de los principios fundamentales. Se utiliza cuando el sistema familiar se encuentra tan encasillado que los esfuerzos de trabajar con varios miembros de la familia acrecientan la disfunción, o cuando el trabajo con varios miembros de la familia tropieza con un obstáculo cíclico. La tarea consiste en ayudar a un miembro de la familia a lograr un nivel más elevado de funcionamiento que, si es posible, restaure el del sistema familiar.

RESUMEN

Presentamos aquí una teoría familiar de la enfermedad emocional y su componente de psicoterapia familiar, que representa uno de los diversos enfoques teóricos de la familia y una de las muy distintas clases de «terapia familiar» que han aparecido en la escena psiquiátrica en poco más de una década. Una breve revisión del movimiento familiar trata de insertar este sistema en un tipo de perspectiva dentro del movimiento familiar global. Debido a que este sistema pone un especial acento en la «familia» como sistema teórico, se ha expuesto la teoría con bastante detalle. La sección más corta de la psicoterapia familiar presenta tanto principios generales como detalles específicos sobre la utilidad de los conceptos familiares en la práctica clínica.

CAPITULO 10

La terapia familiar y la terapia de grupo familiar

INTRODUCCION

El empleo frecuente y confiado de expresiones como *terapia familiar, psicoterapia familiar* y *terapia de grupo familiar* implica que se refieren a procedimientos estandarizados, bien definidos. En la actualidad, se emplean para referirse a tan extensa variedad de principios, métodos y técnicas —todas ellas basadas en tal conglomerado de nociones teóricas vagas— que conducen a confusión si no se esclarecen. Esta situación está vinculada a otra parecida que tiene lugar en las áreas más convencionales de la teoría y la práctica psiquiátrica. Hasta las teorías convencionales más antiguas y aceptadas se basan en un complejo de presupuestos teóricos. Los teóricos y clínicos pioneros se daban cuenta de que eran suposiciones, pero las recientes generaciones de clínicos han llegado a considerarlas como hechos. Cuando los terapeutas familiares crean conceptos nuevos a partir de piezas de teoría preexistente, se construye un curioso laberinto teórico.

El campo familiar es excesivamente novedoso como para poseer un cuerpo de conocimientos que soporte un consenso general. Cada investigador se halla tan inmerso en su propio sistema teórico que no es fácil para ninguno escuchar ni conocer realmente el trabajo de los demás. Unos cuantos autores han intentado analizar el campo, pero cada evaluación se basaba en los prejuicios teóricos del autor, y los demás disentían de sus conclusiones.

Con la premisa de que el dilema se resolverá más rápidamente si cada investigador expone su propia teoría lo más nítidamente posible, entendiendo que cualquier cosa que diga el autor sobre el trabajo de los demás se basará en su propia orientación teórica, y siendo consciente de la imprecisión que conlleva comparar el trabajo de uno con el de otro, el autor presenta aquí detalladamente su propia teoría y método de psicoterapia familiar, así como algunas ideas sobre el trabajo de otros que arrojan luz sobre la amplia gama de teoría y práctica existente en el campo de la familia.

HISTORIA

Antecedentes

El movimiento familiar se refiere al nuevo énfasis puesto en la teoría familiar y la terapia familiar desde mediados de los años cincuenta. Algunos autores dicen que el movimiento familiar no es nuevo, refiriéndose a los métodos familiares utilizados en clínicas de consejo infantil y consejo matrimonial que se remontan a los años veinte. Estas tempranas reclamaciones contienen cierta exactitud, pero probablemente es más precisa la tesis de que el movimiento familiar surgió como un proceso evolutivo, con algunos antecedentes tempranos de métodos familiares descubiertos retrospectivamente una vez que éste había empezado. Un historiador estricto validaría la tesis de que el movimiento familiar comenzó cuando el hombre se volvió cultivado y reconoció la importancia que su familia tenía en su propia vida.

En la práctica, el movimiento familiar empezó probablemente con el desarrollo del psicoanálisis, que aportó conceptos acerca de los modos en que una vida influye sobre otra. No obstante, el centro de atención del psicoanálisis era el paciente, y los conceptos fundamentales fueron desarrollados a partir de los recuerdos retrospectivos de los pacientes sobre su familia, tal como eran recordados en la transferencia. La familia patogénica estaba fuera del ámbito inmediato de interés. El artículo freudiano de 1909 sobre el tratamiento del pequeño Hans es único. El hecho de que trabajara con el padre en vez de con el hijo es congruente con los métodos familiares actuales en que el paciente designado como tal no forma parte de la psicoterapia. En 1921 la obra de Flugel *The Psycho-Analytic Study of the Family* exponía formulaciones psicoanalíticas individuales sobre los diversos miembros de la familia.

El movimiento de consejo infantil pasó muy cercano a los actuales conceptos familiares sin verlos. Se centraba en el diagnóstico y tratamiento del hijo enfermo. A los padres se les veía separadamente con el fin de facilitar el tratamiento del hijo. Los asistentes sociales psiquiátricos se destacaron por el estudio social individualizado llevado a cabo con padres cuyo hijo estaba sometido a una terapia infantil. A finales de los años cuarenta el modelo de consejo infantil fue adoptado por clínicos de adultos, con un creciente empleo del estudio de casos individualizados con parientes de los pacientes adultos que recibían psicoterapia individual.

De esta suerte, el movimiento familiar estuvo precedido por varios antecedentes válidos desde hace unos cuarenta años. Sin embargo, no se reconocieron estos avances hasta que el movimiento familiar ya estaba en camino. No podemos ignorar el hecho de que los sociólogos y los antropólogos ya estaban estudiando la familia y contribuyendo a la literatura profesional mucho antes que el movimiento familiar de la psiquiatría. También es preciso recordar que la teoría general sistémica apareció en los años treinta; desde hace tiempo existía una conexión identificable entre ella y la teoría psiquiátrica.

Historia temprana

En realidad el movimiento familiar comenzó en la mitad de la década de los cincuenta, y vio la luz después de haber intervenido subterráneamente en varios ámbitos durante bastantes años. Había demasiadas raíces pequeñas, creciendo cada una por separado, para poder decir cuál era la primera. Se trataba de un desarrollo evolutivo que súbitamente estalló en el aire justo en el momento en que el mundo psiquiátrico estuvo dispuesto para ello.

Diversos investigadores, trabajando por separado cada uno, empezaron a ponerse a escuchar sobre lo que otros trabajaban. Mittelman en 1948 presentó un informe sobre el análisis concurrente de parejas casadas. Middelfort empezó a experimentar con una forma de terapia familiar mientras hacía su especialidad psiquiátrica, pero no comunicó nada de su trabajo hasta varios años después. También fue característico de Bell, por ser uno de los pioneros en estas investigaciones y no darlas a conocer hasta mucho más tarde. En 1951 Bell malentendió un comentario sobre la psicoterapia individual de los miembros de una familia mientras visitaba una clínica en Inglaterra. De regreso a casa, inventó un método que puso en práctica en el ámbito clínico. Ackerman, que había estado pensando en la familia varios años, empezó a escribir mediados los años cincuenta. Varios investigadores se pusieron a experimentar con la familia después de haber realizado trabajos sobre esquizofrenia. Entre ellos estaba Lidz, que empezó en Baltimore a principios de los años cincuenta y prosiguió con sus colaboradores en New Haven; Jackson y sus colaboradores en Palo Alto; y Bowen y sus colaboradores en Bethesda. La formación en 1950 del Comité sobre la Familia del Grupo para el Avance de la Psiquiatría fue otro hito importante en los primeros pasos del movimiento familiar. El Comité se formó por sugerencia de William C. Menninger, quien consideró que la familia era un campo de estudio importante. El Comité funcionó durante varios años sin tener mucho conocimiento del campo hasta que apareció públicamente el movimiento familiar. En 1962 dos escritores visitaron diversos centros familiares, investigando el origen y situación del movimiento familiar. Su informe publicado en *The Saturday Evening Post,* señalaba que el movimiento comenzó con varios investigadores distintos — incluyendo uno europeo— que trabajaban por separado ignorándose entre sí.

¿Por qué empezó el movimiento familiar de esta manera y en este momento? La mayoría de los promotores tenían antecedentes psicoanalíticos, y los conceptos familiares habían estado disponibles desde hacía varios años. ¿Por qué evolucionó el movimiento familiar a partir del movimiento de consejo infantil una década o dos antes? No se han asociado a casi ningún psiquiatría infantil con el movimiento familiar.

Parece que el movimiento familiar está relacionado con el desarrollo del psicoanálisis, que ganó una aceptación cada vez mayor en la psiquiatría durante los años treinta, proporcionó conceptos de uso masivo a la Segunda Guerra Mundial y además contribuyó al auge de la psiquiatría como especialidad en la posguerra. La teoría psicoanalítica tenía explicaciones para todos los problemas emocionales, ahora bien para problemas más graves no se habían elaborado aún técnicas de tratamiento. Cientos de ávidos psiquiatras empezaron a experimentar con modificaciones del tratamiento psicoanalítico para los problemas más arduos. Aquellos profesionales que empezaron la investigación familiar parecían estar más motivados por la búsqueda de métodos de tratamiento más efectivos. La advertencia rigurosa contra la contaminación de la relación de transferencia quizá explique el aislamiento de estos primeros trabajos y la lentitud con la que esta práctica, supuestamente inaceptable, se comunicó a través de la literatura especializada.

Las observaciones clínicas del conjunto completo familiar suministraron todo un espectro de patrones clínicos jamás vistos anteriormente. Cada investigador se basaba en sí mismo al comunicar y conceptualizar sus observaciones. Algunos conceptos de la investigación temprana han subsistido o han evolucionado convirtiéndose en los conceptos más productivos del campo.

Desarrollo del movimiento

Una vez que se hizo público el movimiento familiar, se reservaron secciones sobre la familia en los congresos profesionales nacionales. El congreso nacional de la Asociación Ortopsiquiátrica Americana contenía una sección dedicada a artículos sobre la familia en marzo de 1957, y la Asociación Psiquiátrica Americana dedicó una sección similar en mayo de 1957. Todos los artículos presentados en ambos congresos estaban en vías de investigación; sólo se hizo mención de las observaciones clínicas y la psicoterapia familiar. Las noticias acerca de la terapia familiar se extendieron velozmente. Al comenzar el año 1958 una multitud de terapeutas se reunían en los apartados sobre familia de los congresos nacionales. Muchos abandonaron el campo en seguida, pero otros nuevos se iban acercando en gran número.

Los investigadores pioneros habían concluido que la terapia familiar era un método lógico para resolver el problema planteado en la investigación. Los nuevos usurparon las promesas de la terapia familiar sin hacer caso del enfoque familiar en que se basaba, lo cual permitió que se extendiera ampliamente el uso empírico de la terapia familiar como técnica entre terapeutas cuya orientación teórica provenía de la teoría individual. Entretanto, los terapeutas de grupo adaptaron la terapia de grupo tradicional a la terapia de grupo familiar.

El veloz incremento del número de terapeutas significaba el comienzo de un saludable estado caótico desorganizado en el movimiento familiar. Los nuevos terapeutas, formados dentro de la teoría individual convencional, se dispersaron por el terreno terapéutico utilizando una extensa gama de técnicas de sentimientos intuitivos basados en un conglomerado de teorías parciales discordantes y principios filosóficos. Se ignoraba considerablemente la teoría, y la mayor parte de los terapeutas se movían sobre supuestos fundamentales de la teoría individual, citados como hechos científicos. Resulta difícil encontrar una estructura en un campo que está reventando con técnicas intuitivas y cuando los terapeutas han perdido el contacto con los supuestos fundamentales a partir de los cuales trabajan. Pero esta tendencia muestra un aspecto ventajoso, ya que se ponen de manifiesto dilemas conceptuales desde el momento en que se empieza a tratar a todos los miembros de la familia juntos. Cuantos más terapeutas se ven expuestos a este dilema, más motivados se hallan algunos para buscar nuevos conceptos teóricos y nuevas técnicas psicoterapéuticas. A fines de los años sesenta, el caos empezó a estabilizarse cuando una porción mayoritaria del campo empezó a interesarse por la teoría y la estructura y el segmento minoritario no salió de la espiral de técnicas intuitivas.

Estado actual

En 1970, el Comité sobre la Familia del Grupo para el Avance de la Psiquiatría terminó un informe acerca del movimiento familiar. La base de este estudio consistía en un extenso y detallado cuestionario que fue cumplimentado por más de 300 terapeutas familiares, que representaban una sección transversal de terapeutas familiares provenientes de todas las disciplinas profesionales y con todos los grados de experiencia. Las preguntas tenían que ver con detalles de la teoría y la práctica clínica. Los cuestionarios, recogidos en el otoño de 1966, cubrían una gama tan extensa de teoría y práctica que no fue tarea fácil comunicar los resultados. Finalmente, se diseñó un esquema para asignar terapeutas en base a una escala que iba de la A a la Z.

Los terapeutas A eran aquéllos cuya teoría y práctica era idéntica a los psicoterapeutas individuales. Empleaban la terapia familiar como técnica que completaba la psicoterapia individual o como técnica principal, pero en pocas familias. Los terapeutas A eran terapeutas individuales que en sus prácticas utilizaban una familia pequeña. Eran normalmente jóvenes o acababan de empezar a experimentar con técnicas familiares.

Los terapeutas que se aproximaban al extremo Z de la escala utilizan una teoría y unas técnicas completamente distintas de las de la psicoterapia individual. Piensan en términos de sistemas, campos emocionales y relaciones. Tienden a pensar en la familia para todo tipo de problemas emocionales, y generalmente ven a varios miembros de la misma, para tratar cualquier clase de problema. Los terapeutas Z son los que se introducen en el movimiento familiar a través de la investigación o los que han estado practicando la terapia familiar desde hace mucho tiempo.

Una mayoría aplastante de terapeutas familiares aplicados se hallan muy próximos al extremo A de la escala, y relativamente pocos de ellos se acercan al extremo Z. Parece que los terapeutas se mueven del extremo A al Z en proporción directa a su experiencia en terapia familiar. El terapeuta A piensa en términos de la psicopatología individual y de la relación terapéutica que defiende como modalidad de crecimiento emocional; considera la terapia familiar como una técnica que facilita la psicoterapia individual. El terapeuta Z concibe los síntomas en términos de relaciones familiares alteradas y la terapia como la vía para ayudar a que la familia reconstruya las relaciones y logre una mejor comunicación o un nivel de diferenciación más elevado.

El terapeuta A sostiene que hay varias clases diferentes de técnicas familiares. La elección del tipo de terapia familiar viene determinado por el que asiste a las sesiones familiares más que por la teoría y el método. La mayoría de los terapeutas familiares piensan en la terapia individual cuando asiste un miembro de la familia a las sesiones, en la terapia de pareja cuando están presentes los dos cónyuges, en terapia familiar o terapia familiar conjunta para los padres y el hijo, y en terapia de grupo familiar cuando está presente la familia completa. Los terapeutas que se sitúan cerca del extremo Z de la escala emplean una terminología determinada por la teoría más que por la técnica.

ASPECTOS TEORICOS

Una evolución desde la Teoría Individual hacia la Familiar

La teoría familiar es tan distinta de la teoría individual convencional que no es fácil conceptualizar y comunicar los puntos de divergencia. En todos los sistemas de pensamiento familiar aparecen denominadores comunes, pero catalogarlos supone perder de vista el fundamento clínico de un enfoque distinto. Con objeto de exponer las razones de una manera diferente de pensar, el autor aborda aquí algunos de los puntos teóricos centrales que han intervenido en la orientación de su experiencia desde una posición psicoanalítica hacia la teoría familiar.

El trabajo temprano con las familias. El autor adquirió una experiencia considerablemente precoz con pacientes hospitalizados y un interés especial en la psicoterapia psicoanalítica de pacientes esquizofrénicos. Se interesó por la intensidad del vínculo emocional que establecían los pacientes con sus familiares, que podía tomar forma de intensa y manifiesta sobredependencia o un rechazo igualmente intenso de uno por parte del otro.

El tratamiento y la psicoterapia hospitalarios eran más sistemáticos cuando se limitaba el contacto entre la familia y el paciente, pero el terapeuta y el personal hospitalario tendían a percibir al paciente como a la víctima desgraciada de una familia patológica, la reintegración del paciente a su familia se alargaba, y los familiares podían hacer que el paciente abandonara el tratamiento una vez que el paciente parecía estar progresando. Cuando la familia participaba más, la terapia iba más deprisa, y parecía que los resultados eran mejores, aunque también surgían más trastornos emocionales, y algunas familias todavía ponían fin al tratamiento prematuramente.

Se inició un programa con el fin de buscar nuevas formas de involucrar a la familia en el tratamiento. Se estudió especialmente la intensa relación que existía entre los padres y los pacientes psicóticos jóvenes. Además de suministrar terapia al paciente, los terapeutas daban a los padres una especie de psicoterapia de apoyo destinada a obtener información. El avance dependía de mantener una buena relación psicoterapéutica con el paciente y mantener a los padres lo suficientemente sosegados como para que no perturbaran al paciente y éste a ellos.

En el mejor de los casos, cuando el paciente tenía un terapeuta y los padres otro, el personal se veía envuelto en un intenso campo emocional entre el paciente y los padres, intentando controlar la relación de los padres con el paciente y proteger al paciente cuando se veía que aquéllos podían ser nocivos. Este enfoque tuvo más éxito que los anteriores, pero contenía todavía fallos inesperados, las culpas recaían demasiado frecuentemente sobre los padres patológicos. Durante este período el autor sometió a los padres a una psicoterapia con la finalidad de extraerlos de algún modo del síndrome odio-a-los-padres y comenzar una psicoterapia concurrente con los padres y el paciente, en sustitución del procedimiento anterior que requería que un terapeuta viera a los padres y otro al paciente. Esta experiencia condujo a una hipótesis sobre la relación madre-paciente, que más tarde se convirtió en la base de una investigación formal que se empezó en 1954 en el Instituto Nacional de Salud Mental de Bethesda, en Maryland.

Investigación. Como parte del estudio, las madres vivieron en el pabellón psiquiátrico con los pacientes. La hipótesis original excluía a los padres, quienes eran comúnmente mucho menos activos que las madres en estas relaciones. A los pocos meses, la hipótesis se extendió incluyendo a los padres. Al cabo de un año, ambos padres y los hermanos normales fueron incluidos en el estudio de internado con los pacientes.

Supuestos. El diseño de la investigación contenía algunos supuestos básicos importantes. En el fondo existía el supuesto, derivado del psicoanálisis, de que el crecimiento emocional solamente podía tener lugar mediante el análisis cuidadoso de la relación del paciente con el terapeuta. Un supuesto importante de primer plano implicaba que el self incompleto de la madre se había incorporado al self del feto en desarrollo y había sido emocionalmente incapaz de abandonar al hijo en los años ulteriores. Este único hijo probablemente satisfacía suficientemente las necesidades emocionales de la madre, de modo que los otros hijos no serían susceptibles de esta incorporación. Esta adhesión conjunta se consideraba como un fenómeno básico casi de proporciones biológicas. Otros fenómenos —como la deprivación maternal, la hostilidad, el rechazo, la seducción, y la castración— se consideraban como manifestaciones secundarias de esta intensa relación más que factores causales. La relación fue hipotetizada como una sensibilidad emocional cerrada que requería la completa sumisión de uno a la comodidad del otro y que ninguno deseara o quisiera una misteriosa perpetuación yoica en la que cualquiera podía bloquear el esfuerzo que el otro hiciese por liberarse a sí mismo. La hipótesis sostenía además que la fuerza de crecimiento vital del paciente se había mitigado en esta relación intensa y que esta fuerza podía ser liberada en un marco terapéutico específico que atenuara la tirantez emocional existente entre la madre y el paciente.

Con esta hipótesis se buscaba ayudar al terapeuta a entender la relación madre-paciente como un fenómeno natural del cual nadie era culpable, ni siquiera por inferencia. Los sistemas teóricos no se comprendieron entonces, pero la hipótesis representó un avance significativo inesperado hacia los sistemas teóricos. Explicaba el sistema de la pareja como una unidad singular, y ahorraba las interminables formulaciones causales necesarias en una teoría individual.

Los supuestos implícitos en esta hipótesis constituían tal salida a las formulaciones causa-efecto de la teoría individual que sus implicaciones no pudieron ser apreciadas fácilmente. Probablemente la teoría individual suponía, con cierta exactitud, que un suceso D era la causa de un suceso E, que ocurriría a continuación. Se trata de un supuesto circular que culpabiliza a C de ser la causa de D, o que culpabiliza al suceso E de ser la causa del suceso F. Los sistemas teóricos intentan conceptualizar la cadena completa de sucesos como un fenómeno predecible, y evita la utilización del inconsciente para postular una causa.

El procedimiento clínico que se llevó a cabo en la investigación se basaba en el supuesto teórico de que la madre y el paciente podrían resolver el vínculo emocional si ambos estaban juntos en un ambiente de apoyo específico en el que ninguno de los dos tomara partido emocionalmente o actuara en favor o en contra del otro en el intenso campo emocional que mediaba entre ambos. Se formuló la hipótesis de que estas dos personas habían vivido juntas durante varios años, que se conocían bien entre sí, y que no se habían herido seriamente entre sí. La probabilidad de que una hiriese a la otra durante la investigación clínica era lo suficientemente insignificante como para correr el riesgo. Este principio se mantuvo inalterado en la investigación como punto central, y es aún un concepto esencial de la teoría familiar desarrollada después de la investigación inicial. El concepto —un sistema de tensión creado entre dos personas se resolverá con la presencia de una tercera que pueda eludir la participación emocional con cualquiera de ellas mientras sigue relacionándose activamente con ambas— es tan exacto que puede predecirse que se repetirá en la psicoterapia familiar con problemas emocionales menos graves.

En 1954 el diseño debía permitir que la madre abandonara la sala psiquiátrica cuando quisiera si las tensiones entre ella y su hijo crecían demasiado, y ofrecía psicoterapia individual para cada uno con objeto de apoyarlo sin tomar partido contra el otro. Los pacientes y las madres no empezaron a independizarse como se había esperado en la hipótesis. Los síntomas desaparecieron bastante pronto, pero una vez que la relación se había calmado relativamente, ni las madres ni los pacientes se sentían motivados para alterar la intensidad básica de la interdependencia.

La no participación. Tanto el personal como los terapeutas encontraron difícil adquirir una habilidad algo más que nominal en cuanto a la no participación emocional en las emociones de la familia durante los primeros años de la investigación. Las familias forzaban de muchas maneras disfrazadas al personal a participar emocionalmente, y ciertas características de personalidad de los miembros del personal hacían que automáticamente sintieran simpatía por la víctima o por el vencedor. Por lo común, el personal guardaba una postura de no participación al tiempo que se involucraba íntimamente a un nivel de emociones más hondo, que las familias identificaban en seguida. Una postura fría, seca, distante, que finge no estar participando e impide que el miembro del personal se relacione libremente con la familia no convence a nadie. Algunas veces un miembro de la familia presuponía y actuaba en base a la falsa percepción de que un miembro del personal estaba de su lado cuando realmente era neutral.

Un incidente que sucedió al principio de la investigación ejemplificará otra faceta del problema. Una hija empujó a su madre tirándola al suelo. La enfermera, actuando bajo el principio de la no participación, se encontraba en el dilema. Finalmente detuvo a la hija, tras lo cual el personal de enfermería estableció la regla de no participar salvo en situaciones de violencia física. Después de eso, las familias disponían de un mecanismo automático para obligar a las enfermeras a participar emocionalmente: bastaba que un miembro de la familia abofeteara o golpeara a otro para implicar a las enfermeras.

No es fácil entrenar a los psiquiatras y a los psicoterapeutas a permanecer como observadores no participantes y considerar a la familia como un fenómeno. Los miembros que pertenecen a profesiones de Salud Mental, quizá debido a sus experiencias vitales tempranas, se sienten inclinados a comprender y auxiliar al enfermo y al desafortunado. La teoría psiquiátrica individual, que explica los mecanismos por los que el afortunado convierte en víctima al oprimido, enquista más aún esta inclinación del psiquiatra.

La formación oficial en psicoterapia entrena al terapeuta a escuchar, comprender, identificarse con, ponerse en la situación del paciente, y crear una alianza terapéutica con el paciente. Esta alianza está en el núcleo de la relación terapéutica, principal medio de tratamiento de una terapia basada en la relación. El principio de la no participación emocional choca contra la médula de la psicoterapia convencional, ahora bien se puede enseñar a un terapeuta a alcanzar este nivel de funcionamiento si está dispuesto a trabajar por ello.

La no participación emocional o el mantenerse fuera del sistema emocional familiar no significa que el terapeuta tenga que ser frío, distante y seco. Por contra, requiere que el terapeuta identifique su propia implicación emocional cuando ésta ocurra, con objeto de conseguir un control suficiente sobre su sistema emocional para evitar tomar partido emocionalmente por algún miembro de la familia, observarla como fenómeno, y ser capaz de relacionarse libremente con cualquier miembro de la familia en cualquier momento.

A la mayoría de los terapeutas les resulta más fácil alcanzar un apreciable nivel de no participación emocional cuando se ven expuestos una y otra vez a las fuerzas conflictivas de una familia. Esta exposición contribuye a obligar al terapeuta a que inspeccione la familia de un modo más observacional con el fin de conservar su propio equilibrio emocional. Para los psiquiatras residentes que se entrenan en psicoterapia familiar resulta más fácil conseguir la no participación emocional que para los psiquiatras mayores, para quienes la relación terapéutica se ha convertido en un hábito. Sin embargo, cuando un residente se está entrenando simultáneamente en psicoterapia familiar e individual comienza a desarrollar una competencia en permanecer fuera del sistema emocional; los supervisores de la psicoterapia individual a menudo empiezan a evaluar como si tuviera una personalidad rígida, con defensas neuróticas, frente a una relación cálida con su paciente.

El autor ha hecho más hincapié en la no participación emocional que otros terapeutas familiares. Sin embargo, para hacer una terapia familiar con éxito, todo terapeuta debe adquirir un control frente a ponerse de lado de un bando de la familia. Algunos terapeutas eficaces de mayor edad han desarrollado intuitivamente formas de hacer lo que este método trata de estructurar y especificar.

Uno de los dividendos más importantes de la no participación emocional tiene que ver con observaciones experimentales más precisas. Cuando la familia es capaz de funcionar como una unidad emocional, las pautas de relación son fijas, regulares, predecibles. Cuando otra persona importante termina fusionada con el sistema emocional familiar o es retirada de él, las pautas de relación se vuelven atípicas y quedan escondidos importantes matices. Las pautas de relación familiares se vuelven atípicas cuando un terapeuta se fusiona emocionalmente con la familia.

El dividendo más cuantioso de la no participación emocional recae sobre la psicoterapia familiar. Los resultados a largo plazo son muy superiores, el avance es más regular y consistente, y los obstáculos terapéuticos irresistibles son menos frecuentes cuando el terapeuta es capaz de permanecer relativamente separado del sistema, con libertad para moverse y relacionarse con cualquier miembro de la familia en cualquier momento. Cuando el terapeuta puede mantenerse libre emocionalmente mientras está aún en contacto con cualquier miembro de la familia, el sistema familiar se vuelve más tranquilo y flexible, y los miembros de la familia se sienten más libres dentro de ella. El terapeuta puede utilizar sus conocimientos acerca de los sistemas familiares para conducir el esfuerzo que dedica a la familia. Cuando las pautas de relación familiares se hacen atípicas, se avanza despacio o la familia se vuelve pasiva y se pone a esperar a que el terapeuta resuelva el problema, las señales indican que el terapeuta se ha fusionado al sistema emocional familiar y que necesita dedicar atención a su propio funcionamiento emocional.

Experiencias clínicas. En las primeras investigaciones, las familias no se sentían motivadas más que para el alivio del síntoma que proporcionaría la psicoterapia individual. Los padres se despreocupaban de los asuntos significativos de su psicoterapia, esperando que el paciente se enfrentase con los suyos; y los pacientes se despreocupaban de éstos, esperando que lo hicieran los padres. La psicoterapia familiar fue el siguiente paso lógico.

En el planteamiento teórico y en el diseño de la investigación se consideró la relación madre-paciente como una unidad, y el personal empezó a pensar en la psicoterapia de la unidad a los pocos meses de empezar la investigación.

Al cabo de un año, todas las familias estaban insertas en la psicoterapia familiar como la única forma de terapia para las familias nuevas que se admitían. Las antiguas continuaban su ya establecida terapia individual y empezaban a acudir también a las sesiones de psicoterapia familiar. La terapia familiar de las nuevas familias era animada y agitada, y se avanzaba más rápido que con cualquier otra terapia. Las otras familias no estaban haciendo ningún progreso ni en la psicoterapia individual ni en la familiar. En las sesiones familiares su actitud era, «Me ocuparé de mis problemas con *mi* terapeuta». Pero su terapia individual también era lenta, tanto los pacientes como los padres esperaban que el otro enfrentara los aspectos relevantes. Pasados unos meses, se suspendió toda psicoterapia individual.

Al principio, se consideraba que la psicoterapia familiar era un procedimiento inicial productivo para tratar los aspectos intensos hasta que los miembros de la familia se hallasen seriamente motivados para la psicoterapia individual, que todavía se consideraba la única modalidad útil para lograr un crecimiento significativo de la personalidad. Después de un tiempo relativamente breve con la terapia familiar, los terapeutas observaron que este método podía hacer todo lo que era posible en la terapia individual, y mucho más. Si la meta era analizar la transferencia, entonces todo matiz que aflorara a la superficie mediante la transferencia se hallaba vívidamente presente en los detalles cotidianos de las relaciones familiares ya existentes. Si la meta era llegar al proceso intrapsíquico de un miembro de la familia a través de los sueños, entonces solamente teníamos que analizar los sueños de ese miembro de la familia, y obtener el dividendo añadido de los pensamientos y reacciones fantasiosas de los otros miembros de la familia ante el sueño.

Era una experiencia conmovedora para alguien que se ha formado a lo largo de mucho tiempo en la teoría psicoanalítica llegar a darse cuenta de que todo lo que había tenido por real e irrevocable no era más que otro supuesto teórico, y que la teoría psicoanalítica ya no era *la* terapia sino sencillamente otro método. Era incluso más conmovedor cuando el investigador familiar comunicaba sus descubrimientos, confiando que algunos terapeutas quizá lo oyesen y se interesaran, para tener solamente a viejos amigos y colegas escuchándole pero en la inamovible creencia de que el psicoanálisis era la única teoría probada y que la terapia psicoanalítica era lo definitivo en terapia. En ese momento el investigador tenía que elegir entre seguir solo o abandonar la empresa.

La clase de psicoterapia familiar que se empezó en la investigación de 1955 se denominaría en este momento terapia de grupo familiar. Todo miembro de la familia podía hablar cuando lo deseas y el terapeuta podía solicitar el silencio de cada uno para hablar. El método empleaba técnicas de terapia de grupo, aunque el objetivo era distinto en cuanto a la definición de los temas. También se llevó a cabo terapia de grupo multifamiliar, a la que asistían todos los miembros de las familias residentes (de tres a cinco familias), y también se tuvieron sesiones de terapia de un enorme multigrupo a las que asistían todos los miembros de las familias y el personal. Estas reuniones servían para comunicar sentimientos y promover la calma, pero no para definir los temas de una familia concreta. Era lento y laborioso para un miembro de la familia establecer un self en aquel lugar. Los enormes grupos multifamiliares dejaron de reunirse y no se reanudaron hasta pasados diez años, cuando se incorporaron sus principios en la red terapéutica.

Las pautas observadas en las familias residentes habían estado siempre presentes entre los pacientes esquizofrénicos y sus padres. ¿Por qué nunca se habían visto antes realmente esas pautas? Parece que la principal razón consiste en que la investigación ostentaba un extenso marco conceptual teórico, que abría las mentes frente a los datos nuevos. Otros factores que facilitaron las observaciones pudieron haber sido la intensidad con que estas pautas aparecían en este proyecto con internos y el empeño en permanecer al margen del sistema emocional familiar.

Una vez que se detectaron las pautas en las familias de la investigación, fue inevitable observar las mismas pautas en todos los grados de menor intensidad en el resto de las personas. Las pautas, que al principio pensamos eran características de la esquizofrenia, se hallaban presentes también en familias con problemas menos graves y hasta en familias normales. Para el autor esto demostraba que la esquizofrenia y todas las demás formas de enfermedad emocional pertenecen a un continuo, siendo la diferencia entre la esquizofrenia y la neurosis una diferencia de grado en cuanto a la perturbación más que cualitativa. Este hallazgo supuso el comienzo de una larga tarea de clasificación de todos los niveles de adaptación humana, desde el más bajo hasta el más alto posible en la misma escala.

La oportunidad de observar las mismas pautas de relación familiares en todos los grados de enfermedad emocional aportó una dimensión nueva a la investigación. La esquizofrenia es un estado relativamente fijo en que el cambio está limitado a la regresión, la remisión y a cambios que evolucionan con el tiempo. En enfermedades emocionales menos graves, los mismos mecanismos son mucho más flexibles y dóciles a cambios significativos en la psicoterapia. Estos mismos mecanismos en la perturbación emocional borderline pueden cambiar lentamente, especialmente bajo condiciones ideales. La oportunidad de observar todo el espectro ayuda a colocar el fenómeno humano en una perspectiva más adecuada.

La práctica privada. Unos meses después de haberse empezado la terapia de grupo familiar en la investigación, se comenzó a aplicar el método a todo el espectro de problemas emocionales que surgían en una práctica privada activa, facilitando un apreciable contraste con los problemas más graves de nivel esquizofrénico con los que trabajábamos en la investigación. Al primer paciente psicoanalítico se le puso en psicoterapia familiar unos cuatro meses después de desarrollarse el método.

> Este paciente era un marido joven e ingenioso que tenía una reacción fóbica en una personalidad compulsiva y que consiguió hacer firmes progresos después de seis meses de psicoanálisis con cuatro sesiones a la semana. El dilema se trató con el destacado consejero, un psicoanalista mayor. El terapeuta manifestó:
> Este hombre tiene la gran ocasión de beneficiarse de uno de los mejores resultados psicoanalíticos dentro de tres o cuatro años con un total de 600 ó 700 sesiones. También es una ocasión para que su mujer presente en unos dos años problemas suficientes como para que tenga que acudir a otro analista durante tres o cuatro años. Más o menos dentro de seis años a partir de hoy, tras 1.000 o más sesiones psicoanalíticas combinadas, tendrán sus vidas moderadamente en orden. ¿Cómo puedo yo, de buena fe, continuar este largo y costoso curso cuando conozco dentro de mí que puedo obtener mucho más en menos tiempo con un enfoque distinto? Por otro lado, ¿cómo puedo de buena fe correr el riesgo y sugerir algo nuevo y no probado cuando sé que las oportunidades son favorables con el seguro método psicoanalítico?

El consejero meditó acerca de los analistas que mantienen a los pacientes demasiado tiempo y se preguntó cómo reaccionarían marido y mujer ante estas cuestiones. Se habló del asunto con el paciente, y una semana después su mujer lo acompañaba a la primera sesión. El método clínico que se empleó fue el análisis del proceso intrapsíquico de uno de ellos y luego el análisis de la reacción emocional correspondiente del otro. Recibieron sesiones de terapia familiar tres veces a la semana durante 18 meses, haciendo un total de 203 sesiones. El resultado fue mucho mejor de lo que podía esperarse con 600 sesiones de psicoanálisis para cada uno. Se ha hecho un seguimiento periódico de esta familia por correspondencia y por teléfono durante los doce años siguientes al término de la psicoterapia, y el curso de su vida ha sido ideal.

HIPOTESIS

Las diversas familias de las primeras investigaciones proporcionaron un sistema completamente nuevo de observaciones que jamás había sido identificado o comunicado anteriormente. Cada investigador estaba observando el mismo fenómeno, aunque empleaba modelos conceptuales distintos para describir las observaciones. Había modelos que se derivaban de la psicología, la sociología, la mitología, la biología, la física, las matemáticas y la química. Se hacían descripciones de equilibrios, reciprocidades, complementariedades, enlaces químicos, campos magnéticos, barreras que ponen obstáculos y sistemas de energía hidráulica y eléctrica, todos entretejidos con conceptos de la teoría individual. La teoría psicoanalítica, en la que se basaban la mayoría de los psicoterapeutas, describe un sistema dinámico bastante predecible, sin embargo nunca ha existido una conexión resistente entre el psicoanálisis y las ciencias aceptadas. La investigación sobre la familia tenía el potencial para una teoría nueva definitiva de la enfermedad emocional. Se diseñó un programa para seguir la mayor parte de los nuevos indicios.

Para investigar es preciso una hipótesis. Sin ella, nos vemos confrontados con demasiados datos que clasificar o conceptualizar, y está el problema siempre presente de perder el rumbo en la búsqueda de detalles curiosos irrelevantes. Una hipótesis específica predice lo que ha de encontrarse, aunque limita la capacidad del investigador para detenerse en otros datos que pueden ser importantes.

Se desarrollaron dos sistemas de hipótesis, una era a corto plazo sobre cada subestudio de la investigación global. Procuramos emplear modelos conceptuales semejantes, que fuesen coherentes entre sí, y todos ellos coherentes con la otra hipótesis —una extensa hipótesis a largo plazo que gobernaba el estudio global y que habría de durar varios años.

La hipótesis a largo plazo gozaba de varias ventajas. Suministraba una fuente de modelos para nuevas hipótesis a corto plazo. Más importante aún, posibilitaba predicciones para nuevas observaciones que de otra manera se habrían pasado por alto. La mayor parte de los observadores se habían formado en el psicoanálisis, y tendían a ver sólo aquello que les habían enseñado a ver. Teníamos la esperanza de que la hipótesis a largo plazo abriría las formulaciones teóricas hacia nuevas clases de observaciones.

La hipótesis a largo plazo se basaba en los conceptos originales que hacían referencia a la relación madre-hijo, los cuales habían demostrado ser asombrosamente precisos en la investigación; en observaciones sobre el padre y los otros miembros de la familia, que habían constituido un ingrediente esencial del sistema familiar total; en observaciones del sistema familiar global; y en nuevas sospechas y creencias sobre la naturaleza básica de la enfermedad emocional. Había reiteradas observaciones que sugerían que la enfermedad emocional es un proceso demasiado profundo como para explicarlo como el trauma emocional de una sola generación. Los padres de un paciente esquizofrénico sufrían una perturbación casi tan fuerte como la del paciente. Se las arreglaban para funcionar a expensas del paciente, quien lo hacía de una manera pobre. La pauta consistía en que los hijos iban quedando más perturbados que sus padres con el paso de varias generaciones hasta que la perturbación era suficientemente importante como para que el paciente se hiciese vulnerable a la esquizofrenia. Los síntomas entraban en erupción en el momento en que la persona perturbada emocional y somáticamente se veía expuesta a un estrés crítico. En el proceso contrario, los hijos podían terminar, en el transcurso de sucesivas generaciones, más integrados que sus padres. Estas observaciones dieron lugar al concepto de proceso de transmisión multigeneracional.

Las observaciones obtenidas sobre la diferencia entre sentimientos y pensamientos llevaron a conceptos centrales de la teoría y la psicoterapia. Los individuos perturbados emocionalmente no distinguen entre el proceso de sentimientos subjetivos y el de pensamientos intelectuales. Sus procesos intelectivos están tan inundados de sentimientos que son incapaces de pensar que están separados de ellos. Suelen decir, «Siento que...» cuando sería más apropiado decir, «Pienso» o «Creo» u «Opino». Consideran que hablar en términos de sentimientos es sincero y honesto, mientras que hablar de pensamientos, creencias y opiniones es hipócrita y falso. Se esfuerzan siempre por llegar al consenso y al acuerdo en la relación con los demás y por evitar juicios que calificarían a una persona como distinta de otra. Las personas algo más integradas son capaces de distinguir entre los procesos de sentimientos y pensamientos, aunque acostumbren a utilizar, «Siento que...», al comunicarse con los demás. Los sujetos verdaderamente integrados distinguen entre los dos procesos y se expresan con mayor propiedad.

Gran parte del estudio y del trabajo con las familias, desde las más perturbadas hasta las más integradas, se dedicó a intentar esclarecer cuestiones del tipo sentimiento-pensamiento. La intersección formada por los sentimientos y los pensamientos es considerada como uno de los denominadores comunes más válidos para juzgar los niveles de integración emocional. La literatura mundial es vaga al distinguir entre sentimiento y emoción, y falta claridad en términos como filosofías, creencias, opiniones, convicciones e impresiones. La literatura no distingue mucho entre la subjetividad de la verdad y la objetividad del hecho. No disponiendo más que de la guía del diccionario, formulamos algunas hipótesis acerca de los términos con el fin de ajustarnos a los propósitos de la investigación.

En la hipótesis a largo plazo sobre la naturaleza de la enfermedad emocional se consideraba que ésta era un trastorno del sistema emocional, una parte íntima del pasado filogenético que el hombre comparte con formas de vida inferiores y que está gobernado por las mismas leyes que rigen en todos los seres vivos. La capacidad de pensar del hombre, su sistema intelectual, es función de su córtex cerebral recién añadido, que se desarrolló al final de su evolución y que representa la diferencia principal entre el hombre y las formas de vida inferiores. Los sistemas emocional e intelectual tienen distintas funciones, pero se hallan interconectados, influyéndose mutuamente. El eje esencial de esta hipótesis es el sistema de sentimientos a través del cual determinadas influencias de los estratos superiores del sistema emocional son percibidos por el córtex cerebral como sentimientos.

La literatura profesional se refiere a las emociones como a algo más que estados de contento, agitación, miedo, llanto y risa. También se refiere a estados animales que abarcan el contento propio de haberse alimentado, de haber dormido y los estados de inmovilidad y agitación propios de la lucha, el vuelo y la búsqueda de comida. Quizás alguien considera que un sistema emocional está presente en todos los seres que poseen sistema nervioso autónomo, pero ¿por qué excluir los estados de contento y agitación de los seres unicelulares donde los estímulos serían más bioquímicos por naturaleza? Cuando se considera la emoción a este nivel, se convierte en sinónimo de instinto que gobierna el proceso vital de todos los seres vivos. Se concibe la enfermedad emocional como un fenómeno profundo, mucho más que un trastorno mental. La expresión *enfermedad mental,* que connota un trastorno del pensamiento, ha dejado de emplearse en favor de la expresión *enfermedad emocional.*

El cerebro del hombre es parte de su totalidad protoplasmática, pero mediante su funcionamiento, el hombre ha sido capaz de hacer cosas prodigiosas. Su intelecto se optimiza cuando se dedica a temas que se hallan fuera de él mismo. Ha creado las ciencias, a través de las cuales ha desentrañado muchos de los secretos del universo; ha creado tecnología para modificar su entorno; ha adquirido un control sobre todas las formas de vida inferiores. Ha controlado hasta la evolución de seres inferiores dentro de ambientes controlados.

El hombre no ha funcionado tan bien cuando su intelecto se ha dirigido hacia sí mismo. Pese a que se ha relacionado estrechamente con todos los seres vivos, ha sido más eficaz a la hora de definir lo que le diferencia de los seres inferiores que al definir su parentesco con ellos.

Esta hipótesis afirma que el sistema emocional sigue un curso tan predecible como cualquier fenómeno natural, que la enfermedad emocional se manifiesta de maneras muy diversas cuando atraviesa estados de disfunción, y que el principal problema que presenta el aclarar los secretos de la enfermedad radica en el modo cómo el hombre niega, racionaliza y piensa sobre su enfermedad emocional antes que en la naturaleza de ésta. Por tanto, el hombre puede llegar más lejos de lo que ha llegado hasta ahora si profundiza en la definición del curso natural previsible de la enfermedad emocional. Una vez que conozca los secretos, se verá en una posición más adecuada para modificar el proceso.

TEORIA DE LOS SISTEMAS FAMILIARES

El triángulo. La teoría considera el triángulo —un sistema de tres personas— como la molécula de todo sistema emocional, ya sea en una familia o en un sistema social. Se emplea la palabra *triángulo* en lugar de la más conocida *triada,* porque ha llegado a tener éste unas connotaciones concretas que no son aplicables a este concepto. El triángulo es el sistema de relaciones estable más pequeño. Un sistema de dos personas es un sistema inestable que inmediatamente forma una serie de triángulos entrelazados. El triángulo sigue pautas de relación fijas que presumiblemente se repiten en momento de estrés y de calma.

En momentos de calma, el triángulo se construye a partir de una pareja cómodamente estrecha y un extraño que no se siente tan bien. La pareja se esfuerza por conservar la unión, por miedo a que uno se sienta molesto y forme una pareja mejor en alguna otra parte. El extraño busca unirse con uno de los otros, y esto suele ir acompañado por muchas etapas bien conocidas. Las fuerzas emocionales contenidas en el triángulo están constantemente en movimiento, hasta en momentos de calma. Las situaciones de tensión moderada de la pareja afectan particularmente a uno de ellos, mientras que el otro permanece ajeno. El molesto es el que pone en marcha un nuevo equilibrio hacia una unión más cómoda para el self.

En momentos de estrés, la posición exterior es la más cómoda y deseada. Si hay estrés, cada uno se esfuerza por tomar la posición exterior para escapar a la tensión de la pareja. Cuando no es posible modificar las fuerzas del triángulo, uno de la pareja implicada envuelve en el triángulo a una cuarta persona, dejando a la anterior tercera persona fuera, para que se reincorpore más tarde. Las fuerzas emocionales siguen, aunque duplicadas, las mismas pautas en el nuevo triángulo. Con el tiempo continúan trasladándose de un triángulo activo a otro, en realidad quedando principalmente en un triángulo en tanto en cuanto el sistema global se halla relativamente sosegado.

Cuando las tensiones son muy altas en las familias y los triángulos familiares disponibles se han agotado, el sistema familiar envuelve en triángulos a personas externas a la familia, como agentes sociales o de policía. Se produce con éxito una exteriorización de la tensión cuando los extraños entran en conflicto con la familia, mientras ésta se muestra más tranquila. En sistemas emocionales como los que se crean en el personal de una oficina, las tensiones que surgen entre los dos administradores superiores probablemente adquieren forma de triángulo una y otra vez hasta que el conflicto se refleja en dos que se hallan por debajo en la jerarquía administrativa. Con frecuencia los administradores establecen este conflicto despidiendo o retirando a uno de la pareja conflictiva, después de lo cual el conflicto irrumpe en otra pareja.

El triángulo en moderada tensión tiene típicamente dos partes cómodas y una en conflicto. Como las pautas se repiten una y otra vez en un triángulo, los individuos acaban por adoptar roles fijos con relación a cada uno de los otros. El mejor ejemplo de esto lo constituye el triángulo padre-madre-hijo. Las pautas varían, pero una de las más comunes es la básica tensión entre los padres, con el padre conquistando la posición exterior —a menudo siendo denominado pasivo, débil y distante— dejando el conflicto en manos de la madre y el hijo. La madre —frecuentemente denominada agresiva, dominante y castrante— vence sobre el hijo, que avanza otro paso hacia la perturbación funcional crónica. Esta pauta es la que describe el proceso de proyección familiar. Las familias reproducen el mismo juego triangular reiteradamente durante años, como si el vencedor estuviera dudoso, pero el resultado final es siempre el mismo. Con el transcurso de los años el hijo acepta más fácilmente el resultado de perder siempre, hasta el punto de desear voluntariamente esta posición. Una variante es la pauta que sigue el padre cuando finalmente ataca a la madre, dejando al hijo en la posición exterior. Este hijo entonces aprende las técnicas para conquistar la posición exterior empujando a los padres a enfrentarse entre sí.

Cada una de las pautas estructuradas que se manifiestan en los triángulos es válida para predecir cambios y resultados de las familias y de los sistemas sociales. El conocimiento de los triángulos señala un camino mucho más exacto para extender el triángulo padre-madre-hijo que el que señalan las tradicionales explicaciones basadas en el complejo de Edipo. Y los triángulos favorecen varias veces más flexibilidad al enfrentarse terapéuticamente con estos problemas.

Escala de diferenciación de self. Esta escala es un instrumento para evaluar a todos los individuos sobre un mismo continuo, desde los más bajos hasta los más altos niveles de funcionamiento humano posibles. La escala oscila entre el 0 y el 100. Es comparable a una escala de madurez emocional, solo que esta teoría no emplea el concepto de madurez o inmadurez.

En el punto inferior de la escala se halla el nivel de self más bajo posible o el mayor grado de no-self o indiferenciación. En el punto más alto se localiza un nivel postulado de diferenciación completa o self perfecto, que aún no ha sido alcanzado por el hombre. El nivel de diferenciación es el grado en que un self se funde o mezcla con otro self en estrecha relación emocional. La escala elimina el concepto de normal, que para la psiquiatría ha resultado ser artificioso.

La escala no tiene nada que ver con la enfermedad emocional o la psicopatología. Hay individuos que obtienen bajas puntuaciones en la escala que logran mantener sus vidas en equilibrio emocional sin desarrollar enfermedades emocionales, y hay sujetos que obtienen puntuaciones más altas en la escala que pueden desarrollar síntomas graves en circunstancias de gran estrés. No obstante, los que puntúan bajo son vulnerables al estrés y mucho más predispuestos a la enfermedad, tanto física como social, y es más probable que su disfunción se vuelva crónica. Los que puntúan más alto pueden recuperar el equilibrio rápidamente una vez que pasa el estrés.

Se han postulado dos niveles de self. Uno es el self firme, formado a base de convicciones y creencias firmemente sostenidas. Se va creando lentamente y puede ser modificado desde dentro del self, pero nunca puede cambiarse por la fuerza o por la persuasión de los demás. El otro nivel de self es el pseudoself, construido a base de conocimientos incorporados por el intelecto y de principios y creencias adquiridos de los demás. El pseudoself se adquiere de otros, y es negociable en la relación con ellos. Puede cambiar por presiones emocionales que le inciten a mejorar su imagen frente a los demás o a oponerse a ellos.

En la persona común, el nivel de self firme es relativamente bajo en comparación con el nivel de pseudoself. Es posible que un pseudoself funcione bien en muchas relaciones; pero en una relación emocional intensa, como el matrimonio, el pseudoself de uno de ellos se mezcla con el pseudoself del otro. Uno se convierte en el self funcional y el otro en un funcional no-self. El juego emocional que subyace a los estados de fusión, la masa de ego familiar indiferenciado, es el objeto de gran parte de la dinámica que caracteriza a un sistema emocional familiar.

Los individuos que obtienen puntuaciones bajas en la escala viven un mundo de sentimientos donde no pueden distinguir los sentimientos de los hechos. Se emplea tanta energía en buscar amor o aprobación o en atacar al otro por no proporcionarlos que no queda más para desarrollar un self o una actividad encaminada a objetivos. Las vidas de estos sujetos están completamente orientados hacia las relaciones. Las decisiones más importantes de la vida se basan en lo que se siente que está bien. Un individuo con baja puntuación en la escala y una vida ajustada libre de síntomas es una persona que es capaz de conservar el sistema de sentimientos en equilibrio al dar y recibir amor y al compartir el self con los demás. Son personas que ciertamente piden prestado y negocian tanto self y muestran tal variedad de fluctuaciones en sus niveles de funcionamiento de self, que resulta difícil hacer una estimación de sus niveles de self básicos, salvo que se haga a través de largos intervalos de tiempo.

Como grupos, estas personas sufren una alta incidencia de problemas humanos. Las relaciones son tenues, e incluso puede presentarse un nuevo problema en una esfera inesperada al tiempo que está intentando hacer frente al problema anterior. Cuando el equilibrio de las relaciones se rompe, la familia se desmorona en un colapso funcional, con enfermedad u otros problemas. Es posible que queden demasiado entumecidos para sentir, y ya no queda más energía para buscar amor y aprobación. Se consume tanta energía en la incomodidad del momento que viven día a día. En el punto inferior de la escala están aquéllos cuya perturbación es tan grande que les impide vivir fuera de una institución.

Los individuos situados en el segmento entre el 25 y el 50 de la escala también viven en un mundo dominado por los sentimientos, pero la fusión de selfs es menos intensa, y existe una capacidad cada vez más grande para diferenciar un self. Las decisiones importantes de la vida se basan en lo que se siente que está bien, más que en algún principio, se consume gran parte de la energía vital en buscar amor y aprobación, y queda poca para dedicarla a actividades encaminadas a objetivos.

Los individuos que oscilan entre el 35 y el 40 representan los mejores ejemplos de personas cuyas vidas están orientadas por los sentimientos. Se separan de la perturbación y la parálisis vital que caracteriza a los que puntúan bajo en la escala, y la orientación de los sentimientos se ve más nítidamente. Son muy sensibles a la falta de armonía emocional, las opiniones de los demás y a crear buenas impresiones. Son diestros estudiantes de las expresiones faciales, gestos, tonos de voz y actos que puedan significar aprobación o desaprobación. Lo que determina el éxito en el colegio o en el trabajo es la aprobación por parte de los otros importantes más que el valor intrínseco del trabajo. Sus espíritus pueden elevarse con expresiones de amor y aprobación o quebrantarse si éstas faltan. Son sujetos con bajos niveles de self firme pero niveles medianos de pseudoself, que obtienen y negocian en el sistema de relaciones.

Las personas que ocupan la parte superior del segmento 25 a 50 tienen más en cuenta los principios intelectuales, aunque el sistema aún está tan fusionado con el sentimiento que el incipiente self se expresa mediante un autoritarismo dogmático, la sumisión a una disciplina o la oposición propia de un rebelde. Algunos de este grupo emplean el intelecto al servicio del sistema de relaciones. De pequeños, sus proezas académicas les confieren aprobación. Carecen de convicciones y creencias propias, pero conocen rápidamente los pensamientos y sentimientos de sus semejantes, y su conocimiento les provee de un fácil pseudoself. Si el sistema de relaciones les aprueba pueden llegar a ser brillantes estudiantes y discípulos. Si sus expectativas no se cumplen, convocan un pseudoself con objeto de oponerse punto por punto al orden establecido.

Los sujetos que se sitúan en el segmento 50 a 60 de la escala se percatan de la diferencia entre los sentimientos y los principios intelectuales, pero aún son tan sensibles al sistema de relaciones que vacilan al decir lo que creen por miedo a ofender al oyente.

Sujetos todavía más altos en la escala son funcionalmente claros sobre las diferencias entre sentimientos e intelecto, y se sienten libres para afirmar tranquilamente sus creencias, sin atacar las creencias de los demás por el encumbramiento del self y sin tener que defenderse a sí mismos frente a los ataques de aquéllos. Están suficientemente libres del control que ejerce el sistema de relaciones para optar entre un acercamiento emocional íntimo o una actividad dirigida a objetivos, y pueden obtener satisfacción y placer de cualquiera de ellos. Tienen un aprecio realista del self ante los demás, a diferencia de los de baja puntuación en la escala, que sentían que su self era el centro del universo y que o bien lo sobrevaloraba o lo devaluaba.

La escala de diferenciación de self es importante como concepto teórico que contempla el fenómeno humano global en perspectiva. Es valiosa para estimar el potencial general de que disponen las personas y para hacer predicciones sobre el patrón general que siguen sus vidas. En cambio, no sirve para hacer evaluaciones mes a mes, o incluso año a año, sobre los niveles de la escala. En el sistema de relaciones se lleva a cabo mucho comercio, préstamo y negociación de pseudoself, especialmente en la mitad inferior de la escala, y existe tal variedad de cambios funcionales en el nivel del self que resulta difícil estimar los niveles de la escala con vistas a una información a corto plazo.

Muchas personas pasan sus vidas en el mismo nivel básico que ostentaban cuando abandonaron sus familias parentales. Consolidaron este nivel en el matrimonio, tras lo cual quedan pocas experiencias en la vida que cambien este nivel básico. Muchas experiencias elevan o reducen los niveles de self funcionales, pero este cambio puede ser tan fácilmente perdido como ganado. Existen formas calculadas para elevar el nivel de self básico, pero llevar esto a efecto puede suponer en la vida una tarea monumental, y es fácil que uno diga que la posible ganancia no merezca el esfuerzo. El método de psicoterapia que aquí describimos se orienta a ayudar a las familias a diferenciar unos cuantos puntos más arriba en la escala.

Sistema emocional de la familia nuclear. La expresión *masa de ego familiar indiferenciado* se empleó originalmente para referirse al sistema emocional de la familia nuclear —padre, madre e hijos—. El proceso emocional sigue la misma pauta básica en las familias extensas y en los sistemas de relaciones sociales. La expresión original es más precisa aún que nunca cuando se aplica a la familia nuclear, no así cuando se aplica a las familias extensas, y es tosca aplicada a los sistemas sociales. Actualmente se emplean las expresiones *sistema emocional de la familia nuclear, sistema emocional de la familia extensa y sistema social* para describir el mismo proceso emocional en las distintas áreas.

Una estimación aproximada del nivel de diferenciación yoica de los esposos nos da una idea sobre la cantidad de indiferenciación potencialmente presente frente a futuros problemas de la familia nuclear. Cuanto mayor es la indiferenciación, mayores son los problemas potenciales. Las personas toman por cónyuge a quienes tienen niveles de diferenciación de self semejantes. Los estilos de vida de los individuos que se sitúan en puntos determinados de la escala son tan distintos de los que se encuentran a pocos puntos más abajo, que ellos mismos se consideran incompatibles.

Muchos esposos experimentan la relación más íntima y abierta de sus vidas adultas durante el noviazgo. Al comprometerse en matrimonio, los dos pseudoselfs se funden en una nueva unidad emocional. Los mecanismos que emplean al enfrentarse con la fusión emocional, que se convierte en una cierta clase de estilo de vida para ellos, les ayuda para determinar las clases de problemas que se tropezarán en el futuro. La mayoría de los esposos utilizan cierto grado de distanciamiento emocional mutuo a fin de controlar los síntomas de la fusión. Las pautas que siguen las relaciones de sus familias de origen contribuyen a determinar la intensidad de los problemas que afectan a la familia nuclear. Cuanto más abiertas son estas relaciones con las familias de origen, menor es la tensión en la familia nuclear.

La indiferenciación en el matrimonio se focaliza en tres áreas. Es como si existiese una determinada cantidad de indiferenciación que tuviera que ser absorbida, y pudiera centrarse espaciosamente en un área, o principalmente en un área y menos en otras, o distribuirse uniformemente en las tres. Si la cantidad es suficientemente grande, puede llenar todas las áreas y derramarse hasta la familia extensa y los sistemas sociales. Las áreas son el conflicto conyugal, la disfunción de un cónyuge y la perturbación de uno o más hijos. Las familias con síntomas en las tres áreas son las que más prosperan con la psicoterapia familiar. Las que sufren síntomas que se extienden en un área son resistentes al cambio a no ser que se trate de un alivio sintomático.

Conflicto conyugal. La pauta básica que siguen los matrimonios conflictivos es aquélla en la que ninguno cede ante el otro respecto de asuntos decisivos. Estos matrimonios son intensos, hablando en términos de la cantidad de energía emocional que cada uno invierte en el otro. La energía puede tomar forma de pensamiento o de acción, tanto positiva como negativa, pero el self de uno se centra intensamente en el self del otro. La relación discurre en círculo a través de una proximidad intensa, el conflicto, que permite una temporada de distanciamiento emocional, la reconciliación, y otro momento de intensa proximidad. El conflicto conyugal en sí no daña a los hijos, a menos que los padres se sientan culpables y teman que pueda herirlos. La cantidad de energía psíquica que cada uno invierte en el otro protege a los hijos de la excesiva implicación emocional. La cantidad de indiferenciación absorbida por el conflicto conyugal reduce la cantidad que tendría que ser absorbida en otra parte.

Disfunción de un cónyuge. Se trata de la pauta en que un cónyuge se convierte en el sujeto adaptativo o sumiso, mientras que el otro es el dominante. El pseudo-self del adaptativo se mezcla con el pseudoself del otro y el dominante se hace responsable de la pareja. En un matrimonio como éste cada esposo contempla que el self se adapta al otro, pero aquél que se adapta más es quien termina convirtiéndose en un no-self, dependiente del otro para pensar, actuar y ser para la pareja. El que queda en la posición adaptativa es vulnerable a la disfunción, que puede ser una enfermedad física, una enfermedad emocional, o una disfunción social —como la bebida, comportamientos acting-out, pérdida de motivación, conducta irresponsable—. Estas enfermedades tienen a volverse crónicas y difícilmente remiten. Un matrimonio entre un cónyuge excesivamente adecuado y un enfermo crónico es perdurable. Una enfermedad crónica —como artritis, úlceras gástricas o depresión— puede absorber ingentes cantidades de indiferenciación en una familia nuclear y puede proteger a otras áreas de los síntomas.

Perturbación de uno o más hijos. Esta es una pauta en la que los padres construyen una «nostridad» con el fin de proyectar su indiferenciación a uno o más hijos. Este mecanismo es tan importante que se ha incluido en esta teoría familiar como un concepto separado, el proceso de proyección familiar.

Proceso de proyección familiar. Este es el proceso fundamental mediante el que los problemas parentales son proyectados a los hijos. Está presente en toda la gama de problemas, desde los más suaves hasta los más graves, como esquizofrenia aguda y autismo. La pauta básica comporta una madre cuyo sistema emocional está más centrado en el hijo que en su marido y un padre sensible a la ansiedad de su mujer que apoya su entrega emocional al hijo.

La madre tiene diversos grados de fusión emocional con cada hijo. Muchas madres se esfuerzan afanosamente por tratar a todos los hijos por igual, pero la madre corriente tiene un hijo con el que la fusión es mucho más intensa. Es posible que el hijo intensamente fusionado sea aquél que tiene un vínculo positivo con la madre, que ha sido considerado como extraño o distinto desde la infancia, o aquél a quien la madre rechazó desde la infancia y viceversa.

La ansiedad de la madre es sentida en seguida en esa extensión de sí misma, el hijo más fusionado. La energía simpática, supersolícita y sobreprotectora de la madre se emplea en calmar la ansiedad del hijo en vez de a sí misma, lo que establece un círculo vicioso, la madre se infantiliza y el hijo progresivamente se perturba más. Un ejemplo moderadamente severo sería aquél en que la relación es una excesiva vinculación positiva en la infancia, una evidencia gradualmente creciente de problemas conductuales o problemas introyectados según el hijo se aproxima a la adolescencia, y un veloz desarrollo de graves problemas en la adolescencia cuando la relación con la madre se torna negativa. Durante este período el padre o bien está de acuerdo e intenta apoyar a la madre o se retira cuando disiente. La misma pauta básica se aplica al hijo que más tarde desarrolla una esquizofrenia u otra perturbación severa, salvo que el proceso sea más intenso y se utilicen mecanismos adicionales para enfrentarse con las complicaciones del proceso central.

El proceso de proyección familiar es selectivo en que se focaliza típicamente en el primer hijo. La entrega materna a éste puede llenar de tal modo el déficit que sufre su propio self, que los otros hijos quedan relativamente descuidados. La cantidad de indiferenciación puede ser tan grande que envuelve a más de un hijo. Entre los factores que influyen en la selección del hijo que se fusionará están la posición entre los hermanos, la preferencia por parte de la madre de niños o niñas y el nivel de ansiedad de la madre en el momento de la concepción y el nacimiento del hijo. Entre los más vulnerables al proceso de proyección están los hijos mayores, el niño o la niña mayor, un hijo único o una hija única, un hijo nacido cuando la ansiedad es elevada y un hijo que nace con un defecto.

El proceso de proyección familiar es universal por cuanto existe en todas las familias en algún grado. Alivia la ansiedad que conlleva la indiferenciación en la generación actual a expensas de la generación siguiente. El mismo proceso por el que el grupo funciona mejor a expensas de uno está presente en todos los sistemas emocionales.

El proceso de transmisión multigeneracional. Este concepto define el principio de proyección de diversos grados de inmadurez (indiferenciación) a distintos hijos cuando el proceso se repite en varias generaciones. Si el proceso comienza con padres con bajo nivel de diferenciación y la familia es de aquéllas que concentran la máxima madurez en un hijo a lo largo de varias generaciones producirá finalmente un hijo tan perturbado, tanto física como emocionalmente, que tropezará con una disfunción tal como la esquizofrenia, toda vez que intente sobrevivir fuera de la familia.

En una cualquiera de las generaciones el proceso de proyección familiar envuelve a cada hijo con distinto nivel de intensidad. El hijo máximamente afectado emerge con un nivel de self más bajo que el de los padres. Probablemente los hijos mínimamente afectados emerjan aproximadamente con el mismo nivel que los padres. Los hijos relativamente ajenos al proceso quizá emerjan con niveles de self más elevados. Cuando cada hijo se casa más o menos al mismo nivel que cuando salieron de la familia nuclear, algunos descendientes de la familia funcionan mejor en la vida que sus padres, y otros menos bien. El proceso multigeneracional aporta una base sobre la que se pueden hacer predicciones de la generación actual y ofrece una perspectiva de lo que se puede esperar de las generaciones venideras.

Los perfiles de personalidad según la posición que ocupan entre los hermanos. Los perfiles de personalidad según la posición que ocupan entre los hermanos de Toman son considerablemente coherentes con las observaciones del autor, salvo que no tienen en cuenta qué hijos son objeto del proceso de proyección familiar. La tesis fundamental de Toman es que la configuración familiar en la que un individuo crece, condiciona importantes características de personalidad. Con sus diez perfiles detallados de personalidad de acuerdo con la posición que se ocupa entre los hermanos, se puede determinar el perfil de todas las posiciones. Los perfiles son tan exactos que pueden utilizarse para reconstruir el proceso emocional familiar de las generaciones pasadas, a fin de comprender el proceso emocional de la actual familia nuclear y extensa, y postular acerca del futuro.

Toman estudió solamente familias normales, y no hizo ningún intento de estudiar cómo el proceso de proyección familiar puede alterar un perfil. Por ejemplo, si un hijo mayor es objeto de un proceso de proyección familiar moderadamente serio, es probable que se vuelva impotente y quejumbroso y se case con una persona igualmente perturbada que funcionará como la figura protectora que hará de madre. En esta familia, el segundo hijo, siguiendo el orden que ocupa entre los hermanos, probablemente tenga las características de un hijo mayor.

TENDENCIAS TEORICAS

La tarea teórica más importante desde el comienzo del movimiento familiar ha sido encontrar la manera de integrar los conceptos con la teoría psicoanalítica. No ha habido grandes avances en este terreno, aunque el esfuerzo ha desembocado en una definición mucho más detallada del sistema de relaciones existente entre los miembros de la familia.

El cambio más consistente dentro de los conceptos familiares durante los últimos diez años ha sido el acercamiento a la teoría sistémica. Las relaciones entre los miembros de la familia constituyen un sistema en el sentido de que una reacción de un miembro viene seguida de una reacción predecible de otro y luego otra en un patrón de reacciones en cadena. Jackson y sus colaboradores son algunos de los que se orientaron hacia la teoría sistémica antes de su fallecimiento en 1968. Al principio se sintieron impactados por las distorsiones que se hacían en los mensajes verbales y las roturas que se efectuaban en la comunicación en las familias trastornadas. Su foco de interés era la teoría de la comunicación y la restauración de la comunicación en la terapia familiar conjunta. En su primer artículo describieron el concepto de doble vínculo, que desde entonces se ha convertido en una de las expresiones más utilizadas en el campo familiar. Como sucede con cualquier concepto inicial, no era suficientemente extenso como para conceptualizar todo el fenómeno, y los teóricos tuvieron que añadir nuevos conceptos para agrandar el sistema. El concepto de comunicación se extendió con objeto de abarcar la comunicación no verbal, en la que el otro viene a ser y a actuar como a través de modalidades e influencias. Todavía más tarde, se orientó el pensamiento teórico hacia la teoría sistémica como el *quid quo pro,* que entendía el fenómeno como una reacción en cadena. En los últimos siete años, muchos terapeutas familiares se han esforzado cada vez más en utilizar la teoría general sistémica para conceptualizar las relaciones familiares.

Asimismo se han adoptado conceptos externos al campo familiar para entender las relaciones familiares. La teoría de los juegos aporta una de las formas más flexibles para describir las pautas constantemente móviles, predecibles y reiterativas que siguen las relaciones familiares. Es posible estimar como necesarios los juegos nuevos a la hora de describir con precisión la complejidad de las pautas. Algunos terapeutas familiares se han empeñado en ayudar a las familias a identificar el juego como paso conducente a modificar la pauta. La investigación cinética de Birdwhistell y Scheefflen ha proporcionado nuevos conocimientos sobre el lenguaje inconsciente de los actos corporales, que también funcionan a través de una pauta sistemática de reacción en cadena entre los miembros de la familia. Este sistema comunicacional opera sin palabras —como exponente de lo mucho que se comunica en una familia. Algunos terapeutas emplean conceptos cinéticos en la terapia familiar; el objetivo es ayudar a las familias para percatarse del lenguaje cinético con la esperanza de que esto contribuirá a modificar la pauta. Ni la teoría de los juegos, ni el conocimiento de la cinética dio lugar a los conceptos teóricos, pero el empleo de estos conceptos es una prueba de que buscaban diferentes clases de conceptos.

A gran parte de los investigadores familiares pioneros les impresionó la adhesiva unión emocional en que se hallaban los miembros de la familia nuclear. Más tarde empezaron a observar diversos grados del mismo fenómeno en otras áreas de la familia. Ackermen que había estado pensando acerca de la familia antes de que sus artículos comenzaran a publicarse a mediados de la década de los cincuenta, fue uno de los primeros, con el concepto de psicopatologías entrelazadas, y ha seguido refinando y extendiendo sus conceptos. A principios de los años sesenta Boszormenyi-Nagy desarrolló el concepto de complementariedad necesaria-patológica. El, junto con sus colaboradores, figuran entre aquéllos que han trabajo por definir tanto un sistema de relaciones como una estructura de personalidad. Su sistema terapéutico contiene terapia familiar —con coterapeutas— para el sistema de relaciones, y psicoterapia individual para determinados miembros de la familia.

Numerosos conceptos parciales representan supuestos de la terapia familiar más que conceptos teóricos. Fuentes como el Grupo para el Avance del Análisis Psiquiátrico (1970) indican que una gran mayoría de terapeutas familiares utilizan la teoría individual para conceptualizar la psicopatología y los métodos de la terapia grupal para resolver el problema del proceso grupal. La terapia está dirigida a cuestiones como falta de comunicación, distorsiones perceptivas, conocimiento creciente de los sentimientos propios y ajenos, y comunicación abierta de sentimientos en las reuniones de terapia familiar. El terapeuta sirve como catalizador, que dirige la atención hacia temas que considera importantes y que facilitan el proceso grupal.

Con el creciente empleo de la terapia de grupo familiar, los terapeutas tienden a utilizar la terapia grupal como si las familias atravesaran por variantes de las mismas etapas características de los grupos formados por individuos que no guardan relación alguna entre sí. Y como se ha acumulado mucha experiencia con familias, las perspectivas sobre la naturaleza de los problemas emocionales se han ido modificando poco a poco. Los terapeutas tienden a pensar menos en la psicopatología y más en las relaciones, y tienden a ser más conscientes de un espectro de pautas no observables en grupos en los que los individuos no están relacionados. Por ejemplo, un terapeuta puede llegar a percatarse de que la pasividad es una fusión inversa de la actividad o de la agresividad de otro miembro de la familia. Cuando empieza a considerar la pasividad-actividad como una única pauta, su terapia cambia, y la familia se orienta menos hacia la patología.

ASPECTOS CLINICOS

Antecedentes

El procedimiento de tratar a varios miembros de la familia juntos, con cualquier método o técnica, plantea una gama de cuestiones y aspectos que no se encuentran en otras formas de psicoterapia. Estos aspectos se derivan de la premisa de que el problema emocional afecta a toda la familia, no solamente al paciente enfermo. Un grupo de aspectos gira en torno a la postura médica tradicional respecto a la enfermedad, que consiste en examinar, diagnosticar y tratar al paciente enfermo. Este concepto médico está profundamente inculcado en la sociedad en forma de costumbres, leyes e instituciones sociales que requieren exámenes médicos e informes de salud. En la relación doctor-paciente está implícita la imagen del médico como sanador y del buen paciente como aquél que se coloca bajo el cuidado del médico y sigue sus instrucciones. Sólo cuando el terapeuta familiar trata de centrarse en la familia toma conciencia de las ramificaciones de la orientación médica que apenas había advertido anteriormente.

En el proceso de proyección familiar interviene otra categoría de aspectos, mediante los que la familia crea al paciente. Esta potente fuerza emocional, impulsada por la ansiedad, puede ser especialmente intensa si la ansiedad es elevada o puede atenuarse si ésta es baja. Cuando hay mucha ansiedad, es posible que los miembros de la familia sean dogmáticos al insistir en que es el paciente quien está enfermo y al resistirse a esforzarse porque les incluyeron en la terapia. Cuando la ansiedad es poca, la familia se vuelve dócil inmediatamente a un enfoque familiar. Es habitual que una parte de la familia o uno de los padres acepte la idea de la terapia familiar y que otra se oponga. Probablemente quien se opone asiste sumisamente a las sesiones, si bien no participa realmente. Otra variante es aquélla en que la familia no acepta ni rechaza el enfoque familiar. Conservan la idea de que es el paciente quien está enfermo, y asisten a las sesiones como coterapeutas para ayudar al terapeuta a tratar al paciente. El objetivo de la terapia en estas situaciones delicadas es concentrarse en el proceso que crea los temas polarizados antes que abandonarse a una polémica sobre los méritos de cada posición.

Otra categoría de aspectos que gobiernan la situación es la orientación del terapeuta. Este participó en un proceso de proyección familiar en su propia familia de origen, y lo hace ahora en diversos grados en el proceso de proyección familiar que tiene lugar constantemente en el marco donde vive y trabaja. Si el terapeuta es dogmático, ya sea al diagnosticar al paciente o al luchar contra las fuerzas que suele diagnosticar, probablemente quede emocionalmente polarizado en su propia vida personal, de modo que probablemente sus creencias intelectuales están determinadas por las emociones más que por la objetividad.

Las complejas fuerzas emocionales que afloran en un entorno administrativo, en la familia, y en la propia situación personal del terapeuta gobiernan el establecimiento de un marco en el que la terapia familiar tiene lugar. En todo sistema emocional, la respuesta habitual automática a un aspecto emocional es la contrarrespuesta emocional que conduce a una escalada del proceso emocional y a un incremento de los síntomas de algún miembro del sistema. La meta al tratar con una situación ansiosa es neutralizar en lo posible las fuerzas emocionales. El terapeuta es la clave de la tensión emocional en el momento en que la familia se pone en contacto con él por primera vez. Tiene que tener un plan efectivo para enfrentarse con los principios que están interviniendo y con la ansiedad que aparece en su entorno administrativo y profesional antes de que pueda iniciar el trabajo clínico de la psicoterapia familiar. Una vez que está diseñado este plan, el terapeuta puede enfrentarse con la ansiedad de la familia. Si realmente cree en una orientación familiar y si no está polarizado emocionalmente en polémicas que discuten las virtudes de un principio terapéutico frente a otro, la familia se vuelve asombrosamente receptiva y hasta entusiasta ante la idea de la psicoterapia familiar.

El terapeuta puede empezar la terapia familiar incluso cuando la familia se halla en el proceso de hospitalizar a un miembro; puede neutralizar de tal forma la ansiedad de la familia que se evita la hospitalización permitiendo que el paciente siga en casa con la familia. Esta es la norma en intervenciones terapéuticas críticas, cuyo uso se está extendiendo ampliamente en los centros de salud mental comunitarios. El problema familiar se resuelve mucho antes y el resultado final es notablemente mejor si se evita la hospitalización. El hecho de la hospitalización contribuye a confirmar tanto a la familia como al paciente que él está enfermo. Un proceso de proyección familiar fluido puede acabar haciéndose rígido e irreversible con esta acción. La organización y función de un hospital psiquiátrico confirma la creencia de que el paciente es el enfermo. Los juicios verbales que niegan el proceso de proyección familiar tienen un efecto limitado cuando el entorno interviene reiteradamente para confirmarlo. Hay situaciones en las que no se puede evitar el ingreso. En estos casos, el proceso de proyección familiar se vuelve cada vez más difícil de neutralizar. Suavizar el impacto que produce la hospitalización sobre la familia requiere un conocimiento del proceso de proyección familiar y una habilidad notable en la dirección clínica.

Una vez que el terapeuta ha establecido una orientación familiar inicial efectiva con una familia, repetidas crisis durante la terapia remueven la ansiedad familiar y reactivan una intensa onda del proceso de proyección familiar, que se focaliza en la enfermedad del paciente y absuelve a la familia de la responsabilidad y participación en la terapia. La familia deja de esforzarse por lograr un cambio dentro de la familia y empieza a culpar al terapeuta de la falta de progresos. Si la terapia se efectúa en un centro psiquiátrico, la familia se da cuenta de la diferencia entre la teoría familiar y la psiquiatría convencional. En períodos de ansiedad, los miembros de la familia se quejan al supervisor del terapeuta o al director del centro, quien es posible que termine estando de acuerdo con la queja y tome medidas administrativas que interrumpan la terapia familiar. Si los miembros de la familia participan además en tribunales de menores o escolares, quizá presenten sus quejas allí o invoquen otra clase de presión exterior que apoye la queja e impida o detenga la psicoterapia familiar. Hasta cuando el terapeuta mantiene adecuadamente el equilibrio sobre la cuerda floja de la neutralidad emocional en la mayor parte de estas fuerzas emocionales exteriores, otros aspectos de carácter real interfieren con el mantenimiento de la premisa familiar. El dictado de una prescripción para un solo miembro de la familia, el diagnóstico de un solo miembro familiar o un arreglo con el seguro y otro informe médico sirven para confirmar la enfermedad del paciente.

Cada terapeuta debe buscar sus propios modos de establecer y mantener una orientación familiar. Cuanto más éxito tenga, con más probabilidad la familia continuará la terapia hacia un resultado favorable.

La cuestión de diagnosticar al paciente es un aspecto importante. En un extremo de la escala están los terapeutas que se oponen vigorosamente a la presión familiar que reclama una explicación y diagnóstico de la enfermedad que sufre el paciente. Este enfoque presenta problemas cuando el individuo sintomático se encuentra en un estado de colapso que cualquier lego podría diagnosticar con exactitud. En el otro extremo están los terapeutas que administran los tests psicológicos a todos los miembros de la familia a fin de diagnosticar a cada uno de ellos. Este enfoque neutraliza eficazmente la presión que existe dentro de la familia, pero es posible que los miembros ingeniosos de la familia adopten la postura impotente de un paciente en sus esfuerzos por cambiar la familia. En la mitad de la escala están los terapeutas que intentan centrarse en los aspectos que alimentan el proceso de proyección familiar. Este enfoque evita las posiciones polarizadas e intenta resolver las cuestiones por medio de la terapia familiar.

Los terapeutas emplean también diversas maneras de enfrentarse a las prescripciones farmacológicas. La mayoría de los terapeutas minimizan o evitan el uso de los fármacos. Pero tratándose de terapeutas que no son médicos, las familias suponen en seguida que recetarían fármacos si fuesen médicos.

En cada uno de estos terrenos el autor procura permanecer lo más cerca posible del término medio. Comunica a las familias que las instituciones médicas, los tribunales, las compañías de seguros y las instituciones sociales tienen que funcionar conforme a cursos de acción definidos y aceptados por la práctica profesional. En todos los asuntos que tienen que ver con informes médicos, interpreta la situación lo más próximamente posible a la práctica convencional y formula diagnósticos y opiniones conforme a la práctica aceptada. Pero al enfrentarse a la familia, mantiene la orientación familiar lo más estrictamente que puede. Los terapeutas familiares jóvenes no aprecian la estructura dentro de la que funcionan las instituciones sociales. Entusiasmados por sus resultados con la terapia familiar, tratan de explicar su orientación familiar, seguros de que convencerán a una compañía de seguros, por ejemplo, a introducir un cambio de política que reconozca su trabajo. Finalmente, terminan dándose cuenta de que las compañías aseguradoras cambian las normas como respuesta a la práctica de todos los psiquiatras y no como respuesta sólo a los terapeutas familiares.

Los resultados clínicos son varias veces más efectivos con la orientación familiar que con la psicoterapia convencional. Para facilitar la orientación familiar se han reemplazado expresiones que connotan una orientación del tipo paciente-enfermedad-tratamiento por otras más coherentes con una orientación familiar. Al principio, los nuevos términos parecen raros y extraños, pero, una vez que se han empleado durante un tiempo, lo que parece raro y fuera de lugar es la terminología convencional. Esta última se reserva para comunicarse con la comunidad médica. En la literatura profesional nos estamos esforzando en evitar el uso de palabras nuevas, aunque empleamos escasamente expresiones convencionales. Estas se aprovechan para situaciones en las que sería inconveniente emplear «individuo sintomático», «perturbado», o «el que sufre una disfunción» en lugar de utilizar el término de «paciente». Hemos hecho un esfuerzo por desechar el término *terapia*. Es posible que el terapeuta se presente como un entrenador al trabajar con las familias, pero la expresión *psicoterapia familiar* se reserva para significar el mejor compromiso efectivo entre el método y la práctica habitual en el campo. La expresión *paciente designado* se ha hecho de uso común en clínicas familiares para significar el individuo inicialmente designado como paciente por la familia.

TERAPIA DE GRUPO FAMILIAR

Una abrumadora mayoría de terapeutas familiares utiliza este método de terapia familiar o alguna de sus extensiones, que ha conducido a más variantes técnicas que otros métodos. La teoría y la práctica de la terapia de grupo familiar difiere de terapeuta a terapeuta, aunque algunos denominadores comunes pueden aplicarse a todo el campo. Las formulaciones teóricas fundamentales se derivan principalmente de la teoría individual convencional, y la práctica se basa generalmente en principios y técnicas establecidas en la terapia de grupo. El uso extensivo del método contribuye a determinar la definición de la terapia familiar, más por quien asiste a las sesiones que por el método empleado. El método suele denominarse psicoterapia individual cuando está presente un miembro de la familia, terapia de pareja o matrimonial cuando asisten ambos cónyuges o los padres, y terapia familiar exclusivamente cuando asisten por lo menos dos generaciones —padres e hijos—. En el método del autor, no obstante, la expresión viene definida por la teoría, y el terapeuta tiene como misión facilitar el cambio en la familia, ya sea a través de uno o más de un miembro de la familia.

La terapia de grupo familiar es el método de elección para los terapeutas familiares principiantes. Para empezar es posible que emplee su actual conocimiento sobre la dinámica individual y el proceso grupal. Es difícil conocer las pautas emocionales familiares fuera de la situación clínica. Una vez que el terapeuta ha comenzado tiene la oportunidad de observar a toda la familia completa relacionándose y apreciando el hecho de que los miembros de la familia no son los mismos con relación a cada uno de los otros a como cuando están en otro lugar o a como aparecen en los testimonios recogidos acerca de ellos. La mayor parte de los psicoterapeutas con mediana experiencia en psicoterapia y procesos grupales pueden alcanzar un apreciable nivel profesional de terapia de grupo familiar sin previa experiencia en sistemas emocionales familiares.

Las grandes ventajas de la terapia de grupo familiar es el hecho de que se puede emplear como procedimiento a corto plazo. Alcanza su más elevada eficacia cuando el terapeuta y la familia poseen en mente una meta objetiva, tal como mejorar la comunicación familiar o comprender el trauma de un miembro singular de la familia. Unas cuantas reuniones del grupo familiar pueden dar lugar a un asombroso alivio en un hijo sintomático, en un progenitor que se siente frustrado y agobiado, o en una familia que reacciona ante una muerte o alguna otra desgracia.

La terapia de grupo familiar es efectiva con todas las categorías de problemas familiares, pero requiere mucha más habilidad y actividad cuando la familia es potencialmente explosiva. Los sentimientos incontrolados pueden terminar en estallidos emocionales, interrupción de la terapia, y repercusiones sintomáticas en otros miembros de la familia. La terapia de grupo familiar puede ser eficaz como método a largo plazo para cierta gama de problemas moderadamente graves en que el sistema emocional no está rígidamente controlado o tan falto de control que los componentes emocionales puedan terminar en forma de comportamientos acting out.

La terapia de grupo familiar se presta acertadamente al empleo de coterapeutas; el terapeuta secundario puede auxiliar si el principal termina implicándose excesivamente en el plano emocional. Algunos de los más experimentados terapeutas familiares trabajan habitualmente con coterapeutas a modo de equipo coordinado. Y algunos terapeutas familiares experimentados funcionan usualmente en equipos varón-hembra sobre la base teórica de que el equipo coterapéutico sirve como modelo padre-madre.

La terapia de grupo familiar corriente incluye a los padres y a todos los hijos que pueden participar atentamente, además de otros miembros de la familia que estén dispuestos a asistir a las sesiones. Muchos terapeutas piden al menos una entrevista con todos los componentes de la familia, de manera que puedan llegar a conocer el sistema familiar total. Pero los hijos muy pequeños reaccionan ante la ansiedad familiar, y no son beneficiosas las repetidas sesiones con ellos presentes. Muchos terapeutas intentan introducir en algunas sesiones a abuelos que están dispuestos a asistir a algunas.

El terapeuta hace las veces de presidente de las sesiones y de catalizador para facilitar la comunicación en la familia o para cualquiera que sea la meta. Deberá tener un objetivo, para evitar que las sesiones den pie a una divagación sin dirección. Cuando el objetivo del terapeuta es restablecer la comunicación familiar pueden suceder algunas cosas sorprendentes. Las astutas observaciones que los niños hacen sobre las familias fascinan al terapeuta y a la familia, el hijo se siente agradecido por la oportunidad de formular y expresar sus ideas y por el foro donde son evaluados sus pensamientos, y los niños se benefician al oír las expresiones suaves de los comentarios de los padres. La familia se siente tan complacida con la sesión que anhelan fervientemente tener más entrevistas. Este proceso puede alcanzar un punto de sereno regocijo, en el que los padres tienen en cuenta cada vez más a los hijos y éstos quedan gratamente sorprendidos al contemplar lo humano del lado flaco de los padres. Se apaciguan los síntomas de los miembros de la familia, y ésta muestra más unión y comprensión.

Cuando este proceso sobrepasa un objetivo a corto plazo, los padres empiezan a depender de los hijos más adecuados a la hora de asumir responsabilidades por el problema familiar. Los hijos empiezan a encontrar aburridos los temas que se repiten, y buscan motivos para evitar las sesiones. Si se les obliga a asistir, los hijos, antes locuaces, se tornan reacios a decir una palabra. El terapeuta puede escudar al hijo provisto de recursos de la impotencia de los padres en las sesiones pero no en el hogar. Normalmente el máximo beneficio de las sesiones de terapia de grupo familiar se logra entre las doce y las veinte sesiones, después de que el grupo familiar debilita a los padres y al hijo más afectado.

La terapia de grupo familiar que reciben ambos padres y un hijo sintomático presenta algunas barreras terapéuticas tremendas, cuando se emplea como método a largo plazo y en ella interviene el triángulo más intenso del núcleo familiar. Los padres no dejan de proyectar su problema sobre el hijo ni siquiera en las sesiones terapéuticas.

El problema común consiste en el trastorno conductual o de carácter neurótico moderado de un hijo que acaba de rebasar la adolescencia. Los pensamientos y sentimientos de los padres están tan dedicados al hijo que les es difícil concentrarse en sí mismos. Cuando el terapeuta centra por fin un tema entre los padres, el más ansioso critica al hijo, o éste hace algo que atraiga la atención de los padres, y el interés vuelve sobre el hijo. El resultado favorable común sobreviene después de aproximadamente un año —de treinta y cinco a cuarenta y cinco sesiones—. Llegado ese momento, el padre pasivo es un poco menos pasivo, la madre regañona está más calmada, y los síntomas del hijo disminuyen a un nivel apreciable para la familia o para el colegio. La familia está comúnmente satisfecha con el resultado al término de la terapia, pero es posible que el terapeuta no vea cambio fundamental alguno en el patrón familiar.

Como variante de la terapia el terapeuta puede programar sesiones separadas para los padres por una parte y el hijo a solas si éste se halla motivado. Hemos comprobado que los resultados con este enfoque han sido menos satisfactorios. Los padres tienden a seguir las fluctuaciones de la terapia sin encarar el problema, esperando que la terapia del hijo cambie la situación. Durante más de diez años se ha estado utilizando otra técnica con cambios todavía menores: los padres empiezan la terapia partiendo de la base de que se trata de un problema familiar, que toda la familia cambiará si cambian los padres, y que la terapia familiar se dirigirá a los padres sin envolver al hijo. Este enfoque carga la responsabilidad del cambio sobre los padres, libera al hijo de ella, y permite que éste tenga alguna sesión ocasional si está interesado. Algunos de los cambios más llamativos en la psicoterapia familiar se han conseguido con familias en las que el hijo nunca participaba en la terapia familiar. Los colegios y los tribunales que habían recomendado psicoterapia para el hijo en seguida empezaron a criticar al descubrir que éste no asistía a las sesiones, pero sus críticas cesaron cuando desaparecieron los síntomas del hijo, lo que generalmente sucedía mucho antes que con otros enfoques.

Una de las primeras técnicas de terapia de grupo familiar alentaba la expresión de sentimientos entre los miembros de la familia y ofrecía interpretaciones psicoanalíticas para explicar el funcionamiento intrapsíquico de los individuos componentes de la familia. Pero muchas familias reaccionaron desproporcionadamente a la expresión de sentimientos y súbitamente pusieron fin a la terapia a las pocas semanas. Las familias esperaban con curiosidad las interpretaciones como si fueran juicios terminantes de hecho, y se motivaban menos para buscar sus propias respuestas.

Al final el plan que mejor funcionó se encontró después de observar que las familias de la investigación cambiaban más que las de la terapia. El terapeuta adoptó el rol de investigador, haciendo a las familias cientos de preguntas sobre el sistema familiar y eludiendo las interpretaciones. Aquéllos fueron los años en que la teoría familiar estaba siendo formulada, y se planteaban controversias interminables. Con esta técnica, las familias lograron prosperar más rápido, permanecieron más tiempo en la terapia, y alcanzaron mejores resultados finales que los de los estudios con familias anteriores. Además, expresaban sentimientos más espontáneamente que quienes habían sido alentados a expresarlos.

Desde un nivel teórico descriptivo, la terapia de grupo familiar restaura la armonía emocional de la masa de ego familiar indiferenciado. Parece que la comunicación abierta y el compartir los sentimientos extendía el problema más igualitariamente entre todos los miembros de la familia. La terapia de grupo familiar funciona mejor cuando el problema familiar ya está bastante repartido por igual entre el conflicto conyugal, la disfunción de un cónyuge y la proyección a varios hijos. Resulta mucho menos efectiva cuando la mayor parte del problema se proyecta sólo a una parcela, como puede ser el grave daño de un hijo. La terapia de grupo familiar suministra un método efectivo a corto plazo de alivio sintomático, pero no proporciona el marco para alcanzar un nivel más elevado de diferenciación de self.

La terapia de grupo familiar múltiple. En esta extensión de la terapia de grupo familiar, se congregan juntos los miembros de varias familias. El método se utiliza cada vez más, especialmente con pacientes hospitalizados y sus familias y en centros de salud mental comunitarios. Hay muchas variaciones de esta técnica, pero en el método fundamental cualquier familia puede presentar su problema, y cualquier miembro de cualquier familia puede responder a él. Teóricamente, el método permite la fusión emocional entre las familias, lo que impide la diferenciación del self, pero esto es esencialmente imposible con cualquier método. Si los grupos que utilizan este método continúan indefinidamente permitiendo que las familias asistan o no durante largos intervalos de tiempo, ellos tendrán mucho que hacer si quieren lograr un sistema de relaciones más extenso, un cierto alivio de los síntomas y un ajuste vital más cómodo. Es un método prometedor para un uso masivo con individuos seriamente perturbados.

La terapia de red. Este método, diseñado por Speck a mediados de los sesenta, es una de las nuevas extensiones de la terapia de grupo familiar más apasionantes de los últimos años. Muchas personas —familiares y amigos del paciente designado— se congregan en la comunidad para conversar sobre todas las categorías de problemas personales. Se utilizan tanto las relaciones familiares como las amistades, y parece que el método abarca muchos elementos esenciales de los sistemas de relación típicos de las pequeñas poblaciones, en que los individuos comparten los problemas y se ayudan unos a otros en los momentos difíciles.

En teoría, este método posee probablemente el potencial más alto de entre los nuevos métodos para contribuir a que la comunidad se ayude a sí misma y para suministrar apoyo a un gran número de personas. En la práctica, este método consume mucha energía en sostener la motivación de las redes, requiere toda una tarde del tiempo del terapeuta, los miembros de la red tienden a volver a su aislamiento ciudadano, y la mayoría de los terapeutas tienden a permitir que las redes menguen hasta que se llega a la terminación del proceso. Con todo, vale la pena que este método sea objeto de una atenta investigación y experimentación.

PSICOTERAPIA FAMILIAR

La teoría del autor concibe el triángulo como la molécula de todo sistema emocional y el sistema emocional global como una red de triángulos entrelazados. La psicoterapia está orientada hacia el cambio de un triángulo central, mediante el que cambiarán otros triángulos automáticamente. Un concepto central es el de masa de ego familiar indiferenciado. La técnica terapéutica específica consiste en crear una situación a través de la cual el triángulo central puede alcanzar un nivel más elevado de diferenciación de self. La fuerza diferenciadora encuentra oposición en factores emocionales que persiguen la unión y que bloquean fácilmente todo movimiento orientado hacia la diferenciación de cualquier miembro de la familia.

Las respuestas a la diferenciación. Cuando cualquier miembro de la familia hace un movimiento orientado hacia la diferenciación de un self, el sistema emocional familiar comunica un mensaje verbal y no verbal trifásico: a) Estás equivocado. b) Retrocede. c) Si no lo haces, éstas son las consecuencias. Generalmente los mensajes encierran una mezcla de enojos solapados, sentimientos heridos e intercambios agresivos, aunque algunos comunican las tres fases de palabra. El individuo que se diferencia responde de dos maneras. El primer tipo de respuesta es interno al self y quizá incluye casi cualquier síntoma emocional o psicológico, incluso síntomas de enfermedad física. El segundo tipo de respuesta es frente a la familia. Un elevado porcentaje de individuos que se diferencian retroceden a la unión familiar a las pocas horas. Es posible que el sujeto que retrocede lo haga para mitigar su propia tensión, o como respuesta a una acusación familiar de indiferencia o de falta de amor. También puede suceder que el individuo que se empieza a diferenciar probablemente vuelva a luchar, lo que constituye todavía una parte del sistema de reacción-respuesta familiar. El sistema emocional familiar tiene una respuesta automática para cada estímulo emocional. El individuo que se está diferenciando puede reaccionar con el silencio y la retirada, otra reacción emocional frente a la que la familia posee la respuesta compensadora. Puede suceder que un miembro de la familia se marche lejos para no volver, otra reacción emocional. Presumiblemente, el miembro entonces se fusiona con otra familia receptiva donde duplica las viejas pautas en el campo emocional. Este complejo emocional es mucho más profundo que las furiosas represalias superficiales. Si podemos concebir el triángulo emocional en constante movimiento de equilibrio, entrelazado con un complejo de otros triángulos de la familia, y aún con otros de la familia extensa y la red social, actuando los equilibrios dentro de cada persona y entre cada una y todas las demás, es más fácil concebir el sistema global en que cada individuo depende de los demás, y la función de los diversos balanceos giroscópicos es siempre mantener el equilibrio emocional.

Este sistema terapéutico define el talón de Aquiles del sistema emocional y suministra una respuesta predecible para abrir una brecha en la barrera emocional y avanzar hacia la diferenciación. Existe un secreto decisivo: un sistema emocional responde a estímulos emocionales. Si cualquier miembro puede controlar su respuesta emocional, esto interrumpirá la reacción en cadena. Los factores más importantes de una diferenciación adecuada son un conocimiento de los triángulos y la capacidad de observar y predecir los acontecimientos encadenados que tienen lugar en la familia. Esta capacidad y conocimiento proveen de cierta ayuda para que un individuo pueda controlar sus propias respuestas en el sistema. El siguiente factor más importante es una capacidad de conservar un control emocional aceptable en las propias respuestas a la familia y dentro de sí mismo durante las horas o días del ataque y rechazo familiar, al tiempo que se permanece en constante contacto emocional con la familia. Este último aspecto es importante. El silencio o la retirada del campo emocional es un indicio de reacción emocional ante los demás.

En términos generales, un acto diferenciador requiere larga y atenta deliberación con objeto de definir un principio vital con la suficiente seguridad como para transformarlo en una firme creencia que pueda ser afirmada sin agresividad, polémica o ataque —todos los cuales son estímulos emocionales—. La energía vital que se dedica a definir un principio para el self cursa en una dirección autodeterminada, que se sustrae de la primera energía dedicada al sistema, especialmente al otro importante. Cuando se expone esta posición autodeterminada, el sistema reacciona emocionalmente a fin de recuperar al individuo diferenciado y devolverlo a la unidad. La familia, para lograr esto, hace uso de cualquier mecanismo. Se expresan juicios sensatos en favor de lo acertado de la unidad, súplicas fervientes, acusaciones, solicitudes y amenazas de las consecuencias en términos de daño a la familia y rechazo familiar si se sigue este curso. Un elevado porcentaje de individuos que se diferencian, bien seguros de sus creencias y principios, puede intervenir en una sesión con la familia, ser embaucados por la argumentación lógica de la familia, y olvidar los principios cautelosamente pensados antes de la sesión. Muchas personas necesitan varios intentos para superar el primer paso.

El terapeuta puede auxiliar al sujeto que se está diferenciando cuando la presión familiar es grande. Tiene que hacer esto sin que se le perciba como contrario a la familia. En ciertos momentos, cuando el individuo que se diferencia desarrolla síntomas como malestar gástrico, el terapeuta puede contribuir con un comentario como: «Es probable que hayas convencido a tu cabeza de defender lo que crees, pero aún no has convencido a tu estómago».

Cuando el individuo que se está diferenciando finalmente es capaz de autocontrolarse dando un paso sin volver a pelear o a retirarse, la familia normalmente llega a una sesión crítica final donde afloran muchos ataques y sentimientos. Si el sujeto que se está diferenciando es capaz de mantener la calma, cede súbitamente la ansiedad familiar gestándose un nuevo y distinto grado de intimidad, en el que se aprecia manifiestamente y se considera valiosamente al sujeto que se diferencia como persona. Generalmente este paso viene seguido de un momento de calma, hasta que el otro cónyuge u otro miembro de la familia inicia un paso parecido hacia la definición del self, que repite la misma pauta que el primero. El proceso retrocede y avanza entre los esposos en pequeños pasos consecutivos. Si un individuo de un sistema familiar es capaz de alcanzar un nivel de funcionamiento más elevado y permanece en contacto emocional con el resto, otro miembro de la familia, y otro, y otro seguirán los mismos pasos. Esta reacción en cadena es la base del principio que formula que el cambio en un triángulo central viene seguido de un cambio automático a través del sistema familiar. El cambio de todos los demás tiene lugar automáticamente en las situaciones reales de la vida cotidiana. El cambio es particularmente rápido cuando el triángulo inicial encierra a las personas más importantes del sistema.

El factor de unión. En términos generales, el factor de unión define a los miembros de la familia como semejantes en lo tocante a creencias fundamentales, filosofía, principios vitales, y sentimientos. Emplea el pronombre personal «nosotros» para definir lo que «sentimos o pensamos» o define el self de otro componente —«Mi marido piensa que...»— o utiliza el neutro «Ello» para representar valores comunes —«Está mal» o «Es lo que hay que hacer»—. Además los factores emocionales se solapan y se suman entre sí, calificando positivamente el pensar en el otro antes que en sí mismo, ser para el otro, sacrificarse por los demás, considerar a los demás, sentirse responsable por el confort y el bienestar del prójimo, y mostrar cariño, devoción y compasión por nuestros semejantes. El factor de unión supone responsabilidad por la felicidad, el confort y el bienestar de los demás; se siente culpable preguntándose «¿Qué he hecho para provocar esto?» cuando el otro parece desgraciado o molesto; y acusa a los demás de la falta de felicidad o del fallo propio.

El factor diferenciador. El factor diferenciador pone el mismo énfasis en el «yo» al definir las características anteriores. Se ha denominado la «posición desde el yo», que define el principio y la puesta en ejecución en términos de «Esto es lo que pienso o siento o sostengo», y «Esto es lo que haré o no haré». Se trata del «yo» responsable, que asume la responsabilidad de la propia felicidad, confort y bienestar. Esquiva los pensamientos que tienden a acusar a los demás de la propia desgracia, malestar o fracaso. El «yo» responsable también evita adoptar la postura del irresponsable o narcisista «yo», que exige a los demás con «yo quiero o merezco» o «Este es mi derecho o mi privilegio».

HISTORIA DE UN CASO

Tanto el marido como la mujer poseían un nivel de pseudoself suficiente como para presentar al principio del matrimonio un grado de fusión y unión bastante intenso, y además ostentaban un self suficientemente sólido como para motivarles a afrontar el alivio de los síntomas mediante la psicoterapia familiar. Muchas familias afectadas por esta gran perturbación inicial o bien suspendían la terapia cuando cesaban los síntomas o se esforzaban por diferenciarse sin el éxito que aquí se alcanzaba.

Tanto el marido como la mujer tenían treinta años, habían contraído matrimonio a los veintidós, cuando él comenzó su profesión de contable. Ella era la menor de dos hijas. Las relaciones con su familia, que vivía en la misma ciudad, habían sido formales y agradables. El era el mayor de tres, con un hermano y una hermana. Su familia vivía a 200 millas de distancia. El marido y la mujer tenían dos hijos, un niño de cinco años y una niña de tres, que se hallaban mínimamente involucrados en el problema familiar.

Durante cinco años había ido creciendo cada vez más el grado de agitación en el matrimonio, con una disfunción moderada en la mujer. Sus selfs estaban completamente invertidos recíprocamente desde el momento del matrimonio hasta el nacimiento del primer hijo, a los tres años más o menos. Coincidían de una forma muy cercana en cuanto a la mayoría de las cuestiones y principios de la vida, lográndose el acuerdo merced a la adaptabilidad de la mujer, quien ciegamente aceptaba las creencias operantes del marido y no pensaba seriamente en tales mentiras. El self de cada uno de ellos estaba mayormente dedicado a la felicidad, confort y bienestar de los demás. Como sucede con la mayoría de tales fusiones conyugales, se planteaban la felicidad como su primera meta en la vida.

Los esposos más diferenciados plantean sus primeras metas en términos de los objetivos vitales individuales más importantes. Cuando cada uno de ellos se dedica a la satisfacción de metas individuales, habitualmente se genera felicidad como consecuencia. Gracias a la observación de familias con diversos niveles de diferenciación y diversos objetivos, el autor cree que la felicidad como primera meta es algo inalcanzable.

Los dos cónyuges de este caso clínico lograron un estado casi perfecto de felicidad y deleite conyugal con tintes de nirvana en los comienzos del matrimonio. Sus vidas estaban aseguradas financieramente hablando, no había acontecimientos traumáticos en sus familias extensas y se las apañaban para guardar el sistema emocional que existía entre ellos en un equilibrio casi perfecto. Un excelente ajuste sexual acumulaba evidencia acerca del sereno equilibrio emocional.

No prestaban demasiada atención a las expresiones de lo que al otro le gustaba o no, y cada uno trataba de conseguir lo que le gustaba al otro. El marido, por ejemplo, anotaba mentalmente algo sobre las preferencias de color de su mujer, y sobre cosas que le podrían gustar, y a la primera ocasión le compraba un regalo que coincidía con sus deseos. La mujer contrastaba las reacciones del marido y escuchaba sus comentarios en la cena para determinar los platos que prefería y los que le desagradaban. Gastaba gran cantidad de tiempo preparando la comida que a él le gustaba. Anotaba sus comentarios sobre los estilos de peinado y vestido femeninos en el esfuerzo de peinarse y vestir de manera que complaciera a su marido. Esta pauta de ser, actuar y hacer para el otro abarcaba innumerables aspectos de su relación. La pauta estaba más consolidada en la mujer, que se adaptaba mejor a actuar sobre la base de lo que sabía o suponía eran los deseos de su marido.

Más adelante, en la psicoterapia familiar, se le preguntó que estimara su porcentaje de éxito en conocer y adivinar los deseos de su marido. Lo estimó en un 75 por ciento más o menos. Su marido estimó el porcentaje de éxito de ella en uno más de la mitad de dicha cifra, ya que se daba cuenta del esfuerzo que ella empleaba en complacerlo, por lo que fingía estar complacido a fin de agradarla. También se le preguntó qué porcentaje de su esfuerzo dedicaba a comportarse como el tipo de mujer que su marido deseaba que fuese, y qué porcentaje a ser el tipo de mujer que ella deseaba. Replicó inmediatamente:

«¡Más del 90 por ciento! No, un 90 por ciento era para agradarle a él y un 3 por ciento para agradarme a mí, y el resto estaba en el medio».

Es curioso como los individuos con este enfoque de la vida son capaces de asignar rápidamente cifras en porcentajes cuando se les hace esta pregunta.

El idílico matrimonio siguió su curso hasta que el sistema de pareja se convirtió en un sistema de tres personas, y quedaba menos energía de la mujer disponible para el marido. El armonioso sistema de pareja es inestable, puesto que no soporta el estrés de otros que entran en el campo emocional.

El ajuste conyugal fue menos satisfactorio tras el nacimiento del primer hijo y peor aún después de nacer el segundo, dos años más tarde. La mujer se entregó más a los hijos, y el marido dedicó más tiempo a su trabajo. Como puede presumirse, la mujer, más adaptativa, comenzó a desarrollar síntomas de disfunción. Se fatigaba fácilmente, su ánimo era depresivo, pasaba más tiempo en la cama, intentando descansar. Al principio, el marido intentó funcionar en lugar de la mujer, otra característica predecible de los sistemas emocionales, uno funciona en lugar de otro dentro de límites de realidad. El marido ayudaba con los hijos por las mañanas y las tardes, y los fines de semana se ponía a hacer la limpieza de la casa. Tan pronto como el marido empezó a hacer de padre en su sobrefuncionamiento, la madre de la esposa se volvió más activa intentando echar una mano con los hijos, de suerte que el conflicto entre la esposa y su madre era cada vez mayor. El marido tomó la posición externa en este triángulo. Empezó a volver más tarde del trabajo, de modo que o bien se quedaba dormido nada más cenar, o bien salía con los amigos por la noche. Los fines de semana se iba a ver algún espectáculo deportivo.

La situación alcanzó un momento crítico a los ocho años de matrimonio. Existía un conflicto en aumento entre la mujer y su madre. La mujer estaba contrariada por el marido ausente, que «exigía todo y no daba nada». El marido estaba enfadado con la mujer, que era «tan exigente que nadie podía complacerla», y estaba molesto por sus sermones, sus quejas constantes y por la casa sucia.

Después de una serie de discusiones airadas con amenazas de divorcio, buscaron la ayuda de un consejero matrimonial, que consideró que el problema era el resultado de una suegra entrometida. Siguiendo su consejo, la pareja rompió el contacto con la madre de la esposa. Diagnosticó el problema conyugal como «fallo en reconocer y encontrar la necesidad del otro». Entonces marido y mujer dedicaron monumentales esfuerzos por ser más considerados y cariñosos con respecto al otro, pero cada esfuerzo no producía más que un alivio transitorio. La mujer sentía, que no importaba la cantidad de esfuerzo que dedicase, su marido volvía a permanecer fuera del hogar, y el marido sentía que ninguna cantidad de amor detendría los sermones de su mujer, ante los que era muy sensible. El consejero recomendó dedicar más tiempo a hablar sobre el problema, pero cada intento de hablar abocaba a largos estallidos de cólera. La pareja rompió con el consejero matrimonial, considerando que su problema no tenía solución. El marido tanteó el vivir separadamente y preparar el divorcio. En este momento, la mujer oyó algo sobre terapia familiar y solicitó una consulta.

De acuerdo con la teoría familiar sistémica y contrariamente a lo que dijo el consejero, la madre de la mujer había mitigado el problema más que empeorarlo. Su funcionamiento adicional sumaba algo a una unidad que ya zozobraba y pospuso el colapso. En realidad la tensión que hay dentro de la unidad emocional decrece cuando se entablan relaciones abiertas con más miembros y amigos de la familia. En vez de cortar la relación con la mujer de la esposa, animábamos a los esposos a extender el sistema de relaciones. La tensión del sistema había aumentado al excluir a la madre de la esposa. Estas dos personas habían empleado ya un gran esfuerzo en mantener la armonía emocional dentro de la fusión emocional, y el sistema había perdido flexibilidad. En lugar de instarles a que se empeñaran más vigorosamente en descubrir las necesidades del otro, lo que intensificaba la fusión, se dirigió el esfuerzo a tratar de ser un self más contenido y responsable, a hacer frente en la medida de lo posible a las propias necesidades y a reprimir tantas necesidades como fuese posible, a reducir las exigencias sobre el otro, a obtener un control sobre la reactividad automática ante las exigencias del otro, y a reducir los esfuerzos de comunicarse en casa hasta que pudieran hacerlo sin estallar en cólera.

Estas personas siguieron asistiendo durante tres años a dos consultas mensuales obteniendo un resultado bastante bueno. Las primeras quince o veinte sesiones se orientaron a mejorar la comunicación entre ellos. Cuando desapareció el conflicto, tuvieron lo que la mayoría de las personas consideraría como un ajuste feliz y normal. El semblante de la esposa cambió tan pronto como oyó que el marido en realidad prefería que ella escogiera su propio estilo de peinado y ropa del modo que a ella le gustase.

Un porcentaje moderado de familias finalizan la terapia una vez que se ha restaurado la armonía emocional. Pero estos esposos estaban motivados para continuar. La diferenciación de selfs es un proceso largo, lento, construido a base de pequeños pasos, acompañados cada uno de crisis emocionales controladas. Estas crisis difieren de las que se atraviesan con la regresión emocional, puesto que los implicados continúan dedicándose el uno al otro sin amenazas de decisiones como el divorcio.

El marido fue el primero en dar un paso. Dedicó varias semanas a pensar en sus metas y futuro profesional. Orientó su energía vital hacia metas individuales en vez de fijarse el anterior objetivo de la felicidad. Cuando dirigió su energía vital más hacia el funcionamiento responsable del self, la mujer pleiteó, acusó, atacó y alternó entre un interés exagerado en el sexo y la renuncia del sexo —todo ello con vistas a regresar a la unión—. El permaneció en su sitio bastante bien, sólo con pequeñas recaídas en respuesta a las acusaciones de que era un padre horrible, que sus hijos estaban sufriendo por su falta de interés, que no era capaz de mantener una relación familiar estrecha o una relación sexual adecuada.

El proceso alcanzó un progreso durante una ruidosa explosión emocional por parte de la mujer en la que él mantuvo la calma y fue capaz de permanecer próximo. Al día siguiente la relación se había calmado. La mujer declaró:

«Una parte de mí aprobaba lo que estabas haciendo, pero de alguna manera tenía que hacer lo que hice. Hasta cuando estaba más excitada y enfadada, esperaba que no permitieras que eso te alterase. Me alegró mucho que no cedieses».

Hubo unas semanas de calma antes de que la mujer iniciara un curso autodeterminado. Luego fue el marido el malhumorado, el exigente. Era como si hubiese perdido la conquista de su esfuerzo anterior. Entonces vino otro avance emocionalmente hablando y la posibilidad de nuevos niveles de diferenciación en ambos. Esta pauta, en que uno cambiaba y luego lo hacía el otro, persistió durante varios ciclos definidos durante los tres años. Entretanto, cada uno estaba cambiando en cuanto a sus relaciones con las familias de origen, atravesando crisis parecidas a las que experimentaban en la relación conyugal. A su vez, el marido empezó a encontrar dificultades en la situación laboral, que se resolvieron con un empleo nuevo y mejor.

En el transcurso de la terapia, la pareja empezó a encontrar menos atractivos los viejos amigos. Ya no les agradaban las viejas reuniones sociales chismosas, las riñas de las otras personas, y la intensa sensibilidad emocional que había entre los esposos del grupo, y las preocupaciones y prejuicios de quienes hacían una cruzada de la lucha contra las preocupaciones y los prejuicios. Esta reacción respondía a la pauta esperada por medio de la que las personas eligen amigos de entre aquéllos que ostentan niveles de diferenciación equivalentes. Encontraron nuevos amigos con una manera distinta de ver la vida, al tiempo que mantenían un contacto superficial, agradable y poco frecuente con los viejos amigos.

El proceso de la diferenciación nunca está completo. Un objetivo de la psicoterapia es que los miembros de la familia se enteren de la naturaleza del problema y decidan cuándo están dispuestos para detener el esfuerzo sistemático. Estos dos esposos lograron individualmente alcanzar niveles de diferenciación suficientes para colocarse por encima de los factores de unión sin perder self en las fusiones. En la relación conyugal podían permanecer próximos y funcionar mejor como equipo. La relación perdió el éxtasis emocional con tintes de nirvana de los primeros días del matrimonio, pero también perdió el conflicto y la distancia de la fusión. Describieron la relación final de esta forma:

«Nos vemos menos cercanos que antes, pero también estamos mucho más cercanos. Es difícil de explicar».

Comentario. Este curso clínico es más ideal que normal. El momento, la situación, la configuración de la familia extensa, y las dotes y motivaciones de los esposos favorecieron la rapidez del curso seguido. A otros con menos motivación, más exigencias, y más presión por parte de las familias extensas, más otras posibles variables probablemente les costase varios años sin llegar a desarrollar el vigor emocional preciso para superar firmemente el primer paso hacia la diferenciación.

La psicoterapia familiar con individuos de baja puntuación en la escala. Algunas familias tienen una puntuación tan baja en la escala de diferenciación que están fuera de toda esperanza para alcanzar un nivel superior de diferenciación. Y algunas familias están tan fragmentadas que no existen miembros suficientes para formar un solo triángulo viable. En estas situaciones los diversos métodos terapéuticos de grupo dirigidos hacia el alivio de los síntomas y el suministro de apoyo tienen más que ofertar que otras clases de psicoterapia. Los diversos métodos grupales se utilizan en la combinación que mejor se adapte a la motivación y necesidades de las familias. Un gran problema de estas familias es la carencia de motivación para cualquier tipo de psicoterapia. Los nuevos métodos de terapia de redes y otras formas de terapia comunitaria disponen de un potencial mucho mayor que los últimos refinamientos de la mayoría de las formas de psicoterapia convencionales del momento.

ENFOQUES CLINICOS DE LA DIFERENCIACION DE SELF

Han habido tres enfoques principales que han resultado muy eficaces en la psicoterapia familiar y cuyo objetivo es la diferenciación de self: la psicoterapia con ambos padres o ambos esposos, la psicoterapia con un solo miembro de la familia, y la psicoterapia con un cónyuge como preparación para una tarea a largo plazo con los dos cónyuges. La elección depende de la configuración y la motivación familiar.

La psicoterapia familiar con ambos padres o ambos esposos. Este enfoque, el más eficaz de todos, es con el que mejores resultados se obtiene en el menor tiempo. Envuelve a las dos personas más importantes de la familia y al terapeuta a modo de triángulo potencial.

Hemos tenido muchas experiencias con ambos padres y un hijo —un triángulo completo de la familia—. En esta situación terapéutica, las pautas emocionales familiares recorren sus circuitos respectivos con una tendencia menor a envolver al terapeuta o a ser influido por él. Cuando se separa al hijo y el terapeuta se convierte en el tercer lado de un triángulo potencial, los padres intentan utilizarle como una persona del triángulo para asuntos que les conciernen a ellos. Si el terapeuta es capaz de permanecer, de hecho, fuera del sistema emocional de los padres al tiempo que se relaciona activamente con cada uno de ellos, éstos empiezan a diferenciar los selfs entre sí. Esta es una dimensión de un concepto central sobre los triángulos: un conflicto entre dos personas se resolverá automáticamente si ambas permanecen en contacto emocional con una tercera que pueda relacionarse activamente con ambas sin tomar partido por ninguna de ellas. Esta reacción es tan previsible que puede emplearse en otras zonas del sistema familiar y de los sistemas sociales. La resolución de los problemas entre esposos discurre más rápidamente si el terapeuta posee algún conocimiento sobre los triángulos, ahora bien, el concepto es tan preciso que podría llegarse probablemente a soluciones entre dos personas con cualquier tercera persona que cumpliera el requisito del contacto emocional sin tomar partido, sin importarle el tema de discusión, mientras tanto el debate no toque cuestiones emocionales.

Tener ambos padres o ambos esposos presentes ofrece otra ventaja. La diferenciación de un self no tiene lugar en vacío. Implica la definición del self en relación con otros selfs con respecto a aspectos de la vida importantes para el self. El otro esposo es una de las otras personas más idóneas para introducir temas importantes.

Puesto que el objetivo es modificar el triángulo más importante de cualquier sistema emocional, se emplea este enfoque con todas las formas de enfermedad emocional en que es posible introducir a ambos padres o a ambos esposos en una relación efectiva con el terapeuta. La pauta triangular básica es la misma si los síntomas afloran finalmente entre los padres, como una disfunción de un cónyuge (si la disfunción afecta a ambos esposos, se trata de una familia colapsada) o de un hijo. Hemos obtenido resultados espectaculares en los que el hijo es excluido de la responsabilidad terapéutica y en los que no se ve al hijo sintomático. En cerca de doce familias, los síntomas se han concentrado en un estudiante universitario al que el terapeuta jamás ha visto. El estudiante no tuvo ningún auxilio psiquiátrico, y el único contacto entre los padres y el estudiante era el contacto normal que los padres tenían con estudiantes universitarios. Los resultados fueron curiosamente excelentes.

Las técnicas. Durante los primeros años de terapia familiar, la técnica de trabajar con los dos esposos se modificó varias veces. La técnica actual, con más de cinco años en uso, se ha ido refinando constantemente y es el enfoque más eficaz encontrado hasta el momento. El primer formato hacía especial hincapié en el proceso intrapsíquico de cada cónyuge. Prestaba atención a los sueños y a las reacciones emocionales del otro cónyuge. En un formato práctico posterior, el objetivo fue alcanzar un punto en que cada esposo pudiera comunicar al otro todo lo que el self pensara o sintiera acerca del otro y cualquier cosa que pensara o sintiera sobre sí mismo. Este enfoque se centraba más en el sistema de relaciones. Se daba un énfasis particular a la discriminación precisa entre sentimientos y pensamientos. Era un enfoque productivo, pero los esposos tendían a reaccionar exageradamente frente a la comunicación de los sentimientos. En los primeros enfoques se hacía hincapié en que los esposos conversaran en las sesiones, lo que daba como resultado la reactividad emocional sin escuchar ninguno de ellos realmente al otro. El enfoque actual comporta una actividad constante por parte del terapeuta, que hace preguntas a uno de los esposos, restando atención a los sentimientos, mientras el otro escucha. Luego las preguntas pasan al otro cónyuge. Con este formato, los esposos podían oírse, y el proceso de sentimientos transcurría espontáneamente.

Utilizando este enfoque, el terapeuta adopta el rol de un investigador clínico que está interesado en hacer miles de preguntas sobre los pormenores del problema familiar. En la primera entrevista, pregunta a cada miembro de la familia cómo entiende el problema. Las respuestas suelen ser generalizaciones groseras y la lista de preguntas del terapeuta crece en lugar de disminuir. El refleja la impresión de que si estas preguntas tienen que ser contestadas, alguien de la familia tendrá que observar mejor. El centro de atención son siempre las preguntas. No se hacen interpretaciones en el sentido habitual, y sólo se dan juicios eventuales sobre experiencias pasadas con otras familias, lo que podría ser considerado como una interpretación. Aproximadamente una cuarta parte de los comentarios del terapeuta van encaminados a destriangular la situación siempre que un miembro de la familia invoca el proceso emocional en una sesión. En un segundo plano están las preguntas acerca de los sucesos acaecidos desde la última sesión.

Normalmente un padre o madre dedica mucho tiempo a reflexionar sobre el problema familiar, mientras que el otro piensa poco en él. El terapeuta siempre está interesado en el que ha estado reflexionando, cuánto ha reflexionado, cuál fue el patrón de los pensamientos, y qué tipo de conclusiones prácticas ha sacado de ellos. El terapeuta deja entrever a través de sus preguntas que el problema familiar está por resolver. Pregunta si han avanzado algo, si su progreso está bloqueado, si tienen alguna idea sobre cómo vencer los obstáculos, si poseen algún plan para acelerar el avance, y muchas otras cuestiones de esta naturaleza.

El tema que abre una sesión puede dejarse en manos de la familia, o bien el terapeuta hace preguntas a un esposo sobre qué tiene pensado para esa sesión. Una vez empezada, el formato efectivo consiste en facilitar que el esposo exprese un fragmento claro de sus pensamientos, a continuación pedir al otro cónyuge una respuesta a lo que se ha dicho, y volver al primer esposo para que responda al segundo —alternando así durante toda la sesión, siempre que sea posible—. Una sesión clara es aquélla en la que el terapeuta no dice nada salvo dirigir las preguntas de un cónyuge al otro. Cuando el primer esposo hace un mínimo comentario, el terapeuta le incita para que elabore y amplíe su comentario hasta construir un cuadro verbal ante el cual pueda responder el otro.

Todas las preguntas difieren en su forma, desde las que persiguen respuestas intelectuales hasta las que persiguen respuestas emocionales, teniendo que más del 95 por ciento de las preguntas se alejan del extremo intelectual. Por ejemplo, el terapeuta podía preguntar a la mujer: «¿Qué estaba pensando usted mientras su marido hablaba?». O bien, la pregunta se orientaba ligeramente hacia los sentimientos: «¿Cuál es su reacción?, ¿cuál es su impresión acerca de la situación?».

Cuando la situación se calma y parece que el segundo cónyuge tiene una reacción emocional suave, la pregunta podía ser: «¿Puede darme una interpretación de lo que estaba sintiendo interiormente los últimos minutos?».

El plan general consiste en conservar las sesiones activas en las que se expresan los pensamientos con claridad, guardando la serenidad en las preguntas. Si un cónyuge —normalmente la mujer— se muestra afligido o manifiesta abiertamente los sentimientos, el objetivo inmediato será conseguir que alguno de ellos se dedique a pensar acerca de los sentimientos en lugar de expresarlos. La pregunta que se haría a la mujer podría ser: «¿Puede contarnos qué pensamiento marcó el sentimiento?». O bien al marido: «¿Se dio cuenta de las lágrimas de su mujer?, ¿qué pensó cuando las vio?».

Los resultados obtenidos en las familias con este enfoque atenuado, intelectual y centrado en los conceptos han excedido sobradamente los obtenidos al hacer hincapié en la exteriorización terapéutica de los sentimientos. Los miembros de la familia empiezan a expresar sentimientos más espontáneos y abiertamente, y a hacerlo más pronto que con cualquier otro enfoque. Se producen intercambios frecuentes semejantes a los que se presentan a continuación a las diez sesiones familiares aproximadamente.

La mujer empezó:
«No puedo esperar a que lleguen estas consultas. Son maravillosas».
El terapeuta le preguntó qué encontraba tan maravilloso en los problemas. La mujer replicó:
«Estoy fascinada por el modo cómo piensa mi marido».
El terapeuta preguntó cómo explicaba el haber vivido durante diez años sin conocer qué pensaba él. Ella al final concluyó que podía escucharle y oír realmente lo que decía cuando él hablaba con el terapeuta, y que eso no había sido posible cuando la hablaba directamente a ella. Después de un año de progresos bastante satisfactorios, el marido explicaba el avance basado en que se había enterado de lo que le pasaba a su mujer. Había estado ciego durante veinte años, y era bueno conocer finalmente la otra cara de lo que había estado sucediendo.
En un alto porcentaje de familias se produce alguna versión de este proceso. Una esposa miró a su marido con gran interés mientras éste hablaba. Cuando le preguntamos qué es lo que pensaba cuando lo miraba de ese modo, declaró:
«Me está gustando más según le oigo hablar. Nunca supe que pensara así».

La mayor parte de los cónyuges están atrapados en mundos emocionales en los que reaccionan y responden al complejo emocional del otro, sin conocer realmente al otro en ningún momento. La mayoría probablemente mantienen las relaciones más abiertas en su vida adulta durante el noviazgo. Después del matrimonio, cada uno de ellos empieza en seguida a aprender las situaciones que le ponen al otro ansioso. Con el fin de evitar el propio malestar cuando el otro está ansioso, cada uno elude los temas ansiosos y un número cada vez mayor de temas se vuelven tabú para ser hablados en el matrimonio. Esta ruptura en la comunicación está presente en algún grado en muchos matrimonios.

La experiencia adquirida con diversos enfoques de psicoterapia es congruente con el concepto de un sistema intelectual tan entremezclado con lo sumergido del sistema emocional que dirigir principalmente la atención hacia la expresión de los sentimientos incrementa la fusión, y demora o bloquea los impulsos orientados hacia la diferenciación. El enfoque psicoterapéutico actual, que se dirige hacia la distinción entre intelecto y sentimientos, y hacia la verbalización de ideas y pensamientos intelectuales en la presencia del otro cónyuge, es por tanto el método más eficaz que se ha encontrado para el establecimiento rápido de la comunicación entre los esposos. La apertura de la comunicación viene acompañada de reacciones positivas mutuas entre los esposos.

La comunicación de pensamientos e ideas intelectuales a su vez sienta las bases para el comienzo de la diferenciación del self. Cada uno de los esposos empieza a conocer al otro y a conocerse a sí mismo de un modo que antes no era posible, y se hace consciente de las diferencias en la forma de pensar, actuar y ser. Tan pronto como empiezan a clarificar las creencias y principios que distinguen a uno del otro empieza a desarrollarse entre ellos una línea de demarcación. El momento en que uno empieza a tomar posiciones en base a los principios y creencias es el momento en que descubren las reacciones emocionales que acompañarán sus pasos en la diferenciación del self. La emoción que acompaña a la diferenciación está circunscrita a la pareja, es cohesiva más que quebrantadora, y viene seguida de un nuevo grado de unión más madura.

Dedicamos una atención especial a definir los pormenores de un sistema de pequeños estímulos que disparan fuertes respuestas emocionales en el otro cónyuge. Tanto el estímulo como la respuesta tienen lugar fuera de la consciencia más que en la consciencia. Existen cientos y tal vez miles de estos estímulos en toda interdependencia emocional intensa. Las respuestas son más numerosas, más fuertes, y más influyentes a lo largo de la vida en aquellas personas cuyas fusiones emocionales son más intensas, y lo son correspondientemente menos en aquéllas que ostentan mejores niveles de diferenciación. El objetivo es definir el sistema estímulo-respuesta en una secuencia paso a paso a fin de ayudar a los esposos a adquirir algún control sobre él.

Algunas respuestas son desagradables. Ejemplos de ellas son los sentimientos repulsivos que aparecen como respuesta a hábitos y manierismos del otro, reacciones en las que uno acaba arrastrándose, y respuestas emocionales desproporcionadas con respecto a los estímulos sensoriales. Un idéntico número de respuestas oscila entre lo medianamente agradable y lo hiriente. Por ejemplo, una esposa sentía una fuerte atracción sexual a la vista de la indefensión que reflejaba en la cara el marido. Los estímulos podían afectar a cualquiera de los cinco sentidos. Seguramente tiene que haber respuestas en las que uno de ellos neutraliza los estímulos.

La gran parte de las situaciones estímulo-respuesta que acontecen en un matrimonio se hallan fuera del conocimiento intelectual consciente, aunque representa una parte íntima de un sistema de relaciones automático, y afectan profundamente a la relación. El siguiente es un ejemplo de reacción estímulo-respuesta que estaba fuera de la consciencia.

> En un matrimonio conflictivo, el marido solía pegar a su mujer con el puño como respuesta a un estímulo disparador. Fallaron varios intentos de descubrir el estímulo. La violencia física solía tener lugar en un campo emocional desbordado, y parecía que no existía ningún estímulo específico. Entonces en una situación que no mediaba palabra alguna, la golpeaba en respuesta a «esa mirada de odio en sus ojos». Aquélla fue la última vez que la pegó. Adquirió cierto control para mirar hacia otro lado en los momentos de tensión emocional crítica, y por su parte ella adquirió cierto control sobre las miradas.

Otras clases comunes de estímulos son «esa mirada helada», «ese tono de voz», «ese aire de desprecio». La meta que se persigue al trabajar con los esposos es aislar y definir varios de los mecanismos estímulo-respuesta más destacados y enseñar a los esposos a ser observadores. Conocer que el mecanismo existe les confiere un cierto control, y cualquier control consciente adicional sobre la reactividad puede acumular el control emocional necesario para facilitar un avance hacia la diferenciación.

Cada terapeuta debe definir su propia manera de mantenerse relativamente libre del intenso campo emocional que media entre los esposos, a la par que ayuda a cada cónyuge a expresar un fragmento de lo que piensa sobre el otro. A continuación presentamos una breve descripción de la forma cómo el autor hace esto.

A pesar de que posiblemente los esposos y el terapeuta se sienten tan próximos que sus rodillas casi rozan, como a veces sucede por las demostraciones y las entrevistas grabadas en vídeo, el objetivo es retroceder emocionalmente hasta un punto desde el que los esposos se hallen suficientemente alejados como para contemplar los vaivenes del proceso emocional que discurre entre ellos sin dejar de pensar al mismo tiempo en los sistemas familiares. La técnica es semejante al cambio de lentes de alta potencia por lentes de una potencia inferior, mientras se guarda la misma distancia del sujeto. La meta del terapeuta es concentrarse en la reacción en cadena que se genera entre los dos esposos o bien en el proceso, o el fluir de los acontecimientos que tiene lugar entre los esposos y mantenerse fuera del flujo.

El fenómeno humano es serio y trágico, pero, al mismo tiempo, existe un aspecto cómico o humorístico en muchas situaciones serias. Si el terapeuta se halla demasiado próximo a la familia, puede verse enredado en la seriedad. Si se halla demasiado alejado, su contacto no es eficaz. Para el autor, la distancia emocional correcta es un punto intermedio entre la seriedad y el humor, donde puede modificar la forma de facilitar el proceso de la familia. Esta es una parte del principio fundamental. El problema emocional que afecta a dos personas se resolverá automáticamente si permanecen en contacto con una tercera que se pueda mantener libre del campo emocional que media entre las dos, al tiempo que se relaciona activamente con cada una de ellas.

Los esposos seguramente utilizarán movimientos triangulares para envolver al terapeuta en el proceso emocional en el que se encuentran los dos. Los movimientos triangulares son más frecuentes cuando la tensión en la pareja es elevada. El principio terapéutico consiste en mantener baja la tensión. Esta puede elevarse tan pronto como uno de los cónyuges cuente una historia con tonos emocionales exagerados. El terapeuta es extremadamente vulnerable a formar parte del triángulo cuando atiende al contenido de dicha historia. Centrarse en el proceso en vez de en el contenido contribuye a que el terapeuta conserve su perspectiva. Si uno de los esposos se mantiene emocionalmente involucrado en la historia, un comentario que invierta el sentido de lo que se está diciendo, que fije la atención en la otra cara del tema en cuestión, o que ponga de manifiesto el lado humorístico de la situación, puede descomprimir la tensión acumulada.

> Una esposa se estaba dejando llevar emocionalmente cada vez más por la descripción de su regañona y entrometida madre. Había varias oposiciones válidas a esta imagen, pero el terapeuta prefirió una confrontación que descomprimió eficazmente la tensión. Le preguntó:

¿Cómo explica su falta de aprecio por el esfuerzo que su madre ha hecho durante toda su vida por su bien? La esposa sonrió, y se relajó la tensión.

Nadie puede enseñar a un terapeuta qué hacer o decir en tales situaciones. Si se coloca a suficiente distancia para observar el proceso y ver el lado divertido, intervendrá automáticamente con un comentario eficaz. Si ya se halla implicado, cualquier intento de invertir el proceso emocional será tenido por sarcástico y mediocre.

Uno de los casos más comunes de tensión acumulada aparece cuando un cónyuge interrumpe la conversación que mantienen el terapeuta y el otro cónyuge, ignora al primero, y refuta directamente al segundo. Si su conversación prosigue con muchos giros como éste, crece la sensibilidad emocional cerrada entre los esposos, en tanto el terapeuta, silencioso e implicado, observa. El objetivo terapéutica es mantener la estructura de un esposo que habla con el terapeuta y facilitar las preguntas intelectuales desapasionadas hasta el punto de excluir al otro esposo. El porcentaje de éxito con esposos conflictivos ha sido superior con este enfoque que con cualquier otro probado hasta ahora.

Otra de las funciones del terapeuta en este método de psicoterapia familiar es demostrar continuamente la adopción de la postura desde el «yo». Cuando un miembro de una familia es capaz de afirmar tranquilamente sus propias creencias y convicciones y de actuar en base a ellas sin criticar las creencias de otros y sin dejarse llevar por polémicas emocionales, entonces otros miembros de la familia inician el mismo proceso de verse más seguros de sí mismos y aceptar más las creencias de los otros. Cuando el terapeuta es capaz de encontrar ocasiones para definir sus propias creencias y principios a lo largo del curso de la psicoterapia, los cónyuges empiezan a hacer lo mismo en su relación mutua.

En este método de psicoterapia familiar con ambos esposos hay numerosas técnicas específicas. La mayoría comportan un cambio desde la dinámica individual hacia la teoría sistémica y tienden a evitar la fusión emocional que reina dentro del sistema emocional familiar. Cuando la terapia pierde su estructuración sistemática, el problema sucede aparecer como causa de un desliz que hace retornar a la dinámica individual, o bien porque el terapeuta está quedando fusionado con el sistema emocional familiar. Superar los vestigios de la dinámica individual requiere un largo y disciplinado trabajo por parte del terapeuta. Cuando empieza a pensar en términos de la dinámica individual, se hace vulnerable a tomar partido en el proceso emocional familiar.

Un buen ejemplo de las diferencias entre la teoría individual y la teoría sistemática lo representa la discordancia sexual. La teoría individual posee postulados bien definidos sobre la impotencia del varón y la frigidez de la mujer. La psicoterapia individual dispone de técnicas bien definidas para examinar la dinámica en el contexto de la transferencia. La teoría familiar sistémica entiende que la incapacidad sexual del varón ocurre en el hombre cuyo pseudoself se fusiona con el pseudo-self de su mujer en relaciones emocionales estrechas y que la frigidez aparece en la mujer cuyo self se fusiona con el self de su marido. La teoría sistémica contempla la discordancia sexual como parte de la relación entre los esposos. Cuando el terapeuta piensa permanentemente en la discordancia sexual como un síntoma de la relación, es mucho menos probable que piense en términos de dinámica individual, que se vea envuelto en el sistema emocional familiar, y que se oriente hacia la definición del problema en un solo miembro de la familia. Los síntomas familiares se resuelven más rápidamente cuando son contemplados como un problema familiar que cuando se ven como un problema cristalizado en un miembro de la familia.

El mismo patrón se aplica a todo el espectro de síntomas emocionales que nos inclina a fijarnos en un miembro de la familia. Por ejemplo, cuando un esposo tiene problemas de alcohol, la teoría sistémica se detiene en la disfunción de ese esposo con relación a la familia más que en la dinámica individual. Entre los síntomas más difíciles que se ven en un contexto de sistemas familiares están las enfermedades físicas graves, como asma y colitis ulcerosa, en los que los arrebatos de enfermedad se producen como respuesta emocional al sistema emocional familiar. La respuesta terapéutica es más rápida si se considera la enfermedad física como otro tipo de disfunción del sistema familiar, lo que evita formulaciones fáciles sobre la dinámica individual. Es fácil perder la perspectiva familiar global cuando se dirige la atención inicial a la dinámica de un miembro familiar. Se puede considerar la dinámica individual mucho más tarde.

Finalmente, la psicoterapia familiar contiene un aspecto instructivo. El terapeuta comunica principios importantes de la teoría sistémica y hace sugerencias indirectas sobre las direcciones que la familia puede encontrar provechosas para resolver los problemas. Con vistas a permanecer al margen del campo emocional familiar, el terapeuta tiene que asegurarse de que la familia no perciba estas comunicaciones como aquello que les dice lo que tienen que hacer, ni que a través de ellas está tomando partido en la controversia entre los esposos. Cuando en la familia existe tensión, los esposos oyen invariablemente la comunicación del terapeuta de manera distinta. A menudo discuten el tema en casa y luego vuelven para pedir al terapeuta que les aclare su opinión, lo que precisamente le encerrará más profundamente en el sistema emocional. El momento óptimo para las comunicaciones instructivas es aquél en que la tensión familiar es baja y ellos se presentan de un modo que no envuelve al terapeuta en el sistema emocional familiar.

Muchos comentarios parten de la postura desde el «yo», en la que el terapeuta expone sus puntos de vista, creencias y principios prácticos de tal manera que pueden ser aceptados o rechazados por la familia. El terapeuta posee muchos conocimientos que pueden ayudar a la familia a buscar soluciones. La meta es encontrar una vía neutral para transmitirlos. El siguiente marco ha resultado satisfactorio en muchas situaciones:

> Tengo cierta experiencia gracias a haber trabajado con otras familias que les puede ser de utilidad al planificar un curso de acción. Si cualquiera de las ideas tiene sentido y si las pueden incorporar y utilizar como propias, es una buena oportunidad para que su esfuerzo tenga éxito. Si no tienen sentido les queda a ustedes la posibilidad de emplear las ideas de alguna otra persona, y las probabilidades de fracaso serán muy altas.

Las sugerencias para que analicen las relaciones en la familia extensa se presentan de la misma manera tan detalladas como sea necesario para que tengan sentido, pero con libertad para deliberar sobre la aceptación del punto de vista.

Terapia multifamiliar. El método y las técnicas de la terapia familiar con una sola familia —ambos esposos— fueron adaptados para utilizarlos con un número de familias a mediados de los años sesenta. Las primeras experiencias con terapia de grupos multifamiliares y las ulteriores con familias aisladas fueron incorporadas al método.

El objetivo era mantener cada unidad familiar en un triángulo cerrado, trabajar sobre el proceso emocional en el que participan los esposos y evitar la comunicación emocional entre las familias. Por la experiencia pasada, los teóricos creían que el intercambio emocional entre las familias favorecía una fusión de todas las familias en una enorme masa de ego indiferenciado, que hacía difícil centrarse en los detalles de una familia aislada y ponía trabas asimismo al proceso de diferenciación de cualquier familia. Los teóricos creían que cada familia podía aprender mucho de la observación cercana de otras familias y que los efectos de las comunicaciones instructivas tal vez eran acumulativos y ahorradores de tiempo.

Se eligieron familias que no se conocían entre sí, y se les pidió que no tuvieran contacto social entre ellas fuera de las sesiones. El terapeuta, un lado de un triángulo potencial con cada familia, abordó cada familia como si solamente estuviera trabajando con ella mientras las demás observaban. Luego el proceso se repetía con cada una de las otras familias. Cualquier familia podría conversar con el terapeuta acerca de otra familia pero no podía hablar directamente con ella.

Este método de terapia multifamiliar ha resultado tan adecuado para mantener el proceso emocional circunscrito a cada familia, para facilitar la diferenciación en cada familia, y para sacar partido a la exposición observacional a otras familias, que el autor ha convertido gran parte de su propia práctica a este método, el cual ha sido adoptado ampliamente por otros. Los avances de una familia corriente eran cerca de una vez y media más rápidos que los que se conseguían con familias semejantes en la terapia con una sola familia. Los miembros de la familia dicen que es más fácil ver el propio problema cuando está presente en otra familia que cuando le implica a uno. Las familias aprenden de otros en su búsqueda de soluciones a los problemas.

El número de óptimo de familias para cada grupo multifamiliar es de tres a cinco. Con dos familias solamente, el grupo tiende hacia la fusión emocional entre las familias, que para controlarla es necesaria una gran agilidad terapéutica. Tener más de cinco familias en un grupo reduce el lapso de tiempo disponible para cada familia. En sesiones que rebasan las dos horas las familias se muestran inquietas y pierden la atención. El formato más efectivo consiste en dividir el tiempo disponible por igual entre las familias en cada sesión. Resulta efectivo reunir en el mismo grupo a familias con diversos grados de problemas, aunque las familias que han obtenido los mejores resultados han sido las que han participado junto a otras con el mismo tipo de problemas. A las familias de la terapia multifamiliar les ha ido tan bien en sus escasas consultas como a las familias aisladas en sus consultas semanales. Por lo común, vemos al grupo multifamiliar cada dos semanas, aunque algunos tienen programas mensuales, lo que reduce el número de sesiones dentro del curso total de la terapia familiar.

La psicoterapia familiar con un miembro de la familia. Se trata de un método de supervisión-enseñanza que acompaña a todo el procedimiento.

Las primeras sesiones tienen como misión enseñar a un miembro familiar motivado algún conocimiento acerca del funcionamiento de los sistemas familiares. Las siguientes se dedican a hacer formulaciones acerca de la parte que representa el miembro familiar en su propia familia. Se le invita a que visite a su familia tan a menudo como pueda con el fin de observar, comprobar la precisión de las formulaciones anteriores y probar su propia habilidad para relacionarse en su familia. Las consultas posteriores se dedican a supervisar la tarea del miembro familiar con su propia familia. Se le invita a hacer un estudio multigeneracional de su familia. La frecuencia de las sesiones de supervisión puede llegar a ser hasta de una cada dos semanas o bien ser tan escasa como de una cada varios meses, dependiendo del número de las visitas que haga a su familia y lo que trabaje en el intervalo entre consultas.

Este método exige adquirir algunos conocimientos acerca de los triángulos, guardar una relación emocional activa con los miembros importantes de la familia y desarrollar una habilidad para controlar la reactividad emocional, y en cuanto al miembro familiar, tiene que permanecer emocionalmente fuera de los triángulos precisamente de la manera que se ha explicado para el terapeuta en el caso de la psicoterapia familiar con ambos esposos.

Las sesiones iniciales con el miembro familiar se dedican a la enseñanza didáctica de los triángulos y el funcionamiento de los sistemas emocionales. Las siguientes, a plantear formulaciones acerca de la parte que le toca al miembro familiar en su propia familia, instrucciones para desarrollar la capacidad de observar a su familia y a sí mismo y sugerencias acerca de las maneras de permanecer en contacto emocional con la familia sin adoptar posiciones polarizadas en ninguna cuestión. Una vez que la tarea está en marcha, las sesiones se dedican a supervisar el esfuerzo del miembro familiar. Comunica las experiencias que tiene con la familia, cualquier observación nueva que pudiera conducir a nuevas postulaciones, y el terapeuta sugiere que podrían probarse nuevas técnicas. Los pormenores de la prescripción dependen de si es una meta de corto alcance o un esfuerzo definitivo de largo alcance. El sistema de triángulos puede predecirse con tal exactitud que cualquier fallo en alcanzar un resultado puede considerarse como un fallo en el control emocional más que un error en el sistema.

A menudo se emplea este enfoque con un cónyuge motivado cuando el otro se muestra hostil a la psicoterapia familiar. Como éste es un objetivo a corto plazo, la prescripción no se detalla mucho. Un objetivo inmediato es reducir la reactividad emocional hasta el momento en que el cónyuge hostil se muestra dispuesto a participar en la psicoterapia familiar. La comprensión de la familia mediante los conceptos sistémicos contribuye a reducir el diagnóstico y las acusaciones del otro. Conocer algo sobre los principios generales de los sistemas emocionales puede ayudar al sujeto motivado a alcanzar un nivel de funcionamiento más calmado e integrado. Por ejemplo, los miembros de la familia dependen de otros miembros familiares para realizar determinadas funciones. Cuando el funcionamiento de uno falla, el fallo perjudica al funcionamiento de los demás. El sistema tiende a culpar al que ha fallado y a ejercer presión sobre él para que reanude el funcionamiento.

El empeño por cambiar al otro queda muy bien reflejado en una interdependencia conyugal en la que el funcionamiento del self depende del otro a la hora de satisfacer una diversidad de necesidades. Cuando el funcionamiento del otro falla, ese fallo desemboca en tensión y en daño en el self. A menudo se ve al otro como la causa del problema y se le acusa del problema del self. El empeño por cambiar al otro puede manifestarse de varias maneras, como puede ser atacar directamente los esfuerzos disimulados tales como entregar más amor para inducir al cambio. En situaciones de ligero malestar, este intento de cambiar a la otra persona puede tener éxito dentro de unos ciertos límites, ahora bien en situaciones crónicas en las que el sistema no permite una flexibilidad adaptativa, este intento presumiblemente empeorará la situación. Si el individuo motivado es capaz de conocer intelectualmente que el intento de cambiar al otro es uno de los factores fundamentales que crea e intensifica los triángulos y que este intento está condenado al fracaso por las características básicas de los sistemas emocionales, es posible entonces que este individuo encuentre una fórmula para reducir la tensión. Todo esfuerzo orientado a asumir responsabilidad por el propio malestar, a contener las propias necesidades un poco mejor, a acusar menos al otro, o a controlar la propia sensibilidad emocional frente al otro, constituye un paso hacia la reducción de la tensión familiar.

Algunas veces se emplea la psicoterapia familiar con un progenitor para controlar los problemas conductuales explosivos de un vástago adolescente. Cuando el control de los comportamientos acting-out del hijo es lo suficientemente crítico como para tener prioridad sobre el trabajo a largo plazo con los padres, se trata de situaciones poco frecuentes. En muchos casos los síntomas del hijo desaparecen cuando los padres se ponen a trabajar productivamente en su relación. No obstante, cuando la atención está centrada en el hijo, un progenitor puede lograr el control mucho más rápidamente que si están trabajando los dos padres en ello. Los padres disienten siempre en la manera de dirigir al hijo y suelen alternar entre la permisividad y el castigo airado y vengativo.

Los padres pueden mantener perfectamente el orden en sus casas si se controlan en todo momento a sí mismos y no castigan, controlan o hacen algo al hijo. Para actuar de esta manera, el padre motivado debe definir cuidadosamente su responsabilidad de self en su familia, las normas y principios que rigen el área de su responsabilidad, y lo que hará o no hará con relación a aquéllos que transgredan las normas. Las normas, como las leyes, nunca están hechas con ira, ni están personalizadas para aplicarse a situaciones aisladas. Aquéllos que viven bajo su jurisdicción pueden optar entre vivir conforme a la norma o correr el riesgo de sus consecuencias automáticas, que previamente se han definido.

El principio más importante es que uno de los padres define serenamente el self y las normas y consecuencias, las comunica cuando está seguro de ellas, y se prepara si es necesario para mantenerse en su postura a la hora de las consecuencias cuando las normas son infringidas. Un sistema como éste con un padre sereno, que no actúa con ira, puede tener bajo control con cierta rapidez los problemas conductuales caóticos, dado que el otro padre no interfiere. Si la situación familiar es bastante caótica, el otro progenitor no interferirá hasta después de que haya pasado la situación crítica. En última instancia, el padre motivado tiene que enfrentarse con las divergencias del otro progenitor, lo que requiere la configuración de un triángulo entre los padres y el hijo.

La psicoterapia familiar con un miembro de la familia se ha utilizado frecuentemente con hijos jóvenes, solteros y adultos independizados. Como mejor se ha explicado este enfoque es concibiéndolo como un adiestramiento del adulto joven en diferenciar un self de su familia de origen. El proceso completo dura más o menos el mismo lapso de tiempo que requeriría en caso de psicoterapia individual intensiva, aunque el número total de consultas es una fracción del número que precisa la psicoterapia individual, y los resultados llegan mucho más lejos.

La motivación más elevada para este tipo de esfuerzo la tienen los hijos e hijas mayores y también los que se sienten responsables de los problemas familiares y mantienen aún cierto contacto con sus familias. Este enfoque nunca ha tenido éxito con adultos jóvenes que aún dependen económicamente de sus familias. Estos tienen aptitud para entender en seguida los sistemas emocionales familiares, pero carecen del coraje para correr el riesgo de sufrir la incomodidad familiar durante el proceso de diferenciación. El esfuerzo lleva más tiempo en los hijos menores, que son más proclives a confiar que el ambiente les cambiará y que son más lentos para captar la idea de que tienen la capacidad de cambiar las pautas familiares si lo desean.

En el triángulo formado por el self y los dos padres se da un énfasis especial a la diferenciación del self, pero debido al entramado de los triángulos, es necesario que participen en la tarea varios miembros familiares periféricos. Si el miembro de la familia es capaz de dirigir su labor hacia un sistema de relaciones abiertas con cada uno de los miembros de su sistema familiar extenso, el resultado es enormemente reconfortante. A lo largo de este proceso de diferenciación, el cambio puede afectar al sistema familiar global siempre que la familia pueda seguir manteniendo el contacto emocional con los diversos miembros sin tomar partido en ninguno de los aspectos emocionales que surgen. El proceso va por mejor camino si la familia de origen vive a la suficiente distancia como para quedar al margen del campo emocional inmediato, pero lo bastante cerca como para recibir visitas con frecuencia. El proceso de diferenciación puede frenarse si los padres viven en la misma población y están en contacto diario por teléfono o en persona. Con algunas familias extensas que viven a mil millas de distancia o más, los resultados han sido satisfactorios, dado que los miembros hacen varias visitas personales al año y mantienen un intercambio emocional activo a través de cartas y llamadas telefónicas.

El proceso básico de diferenciar un self de la familia de origen comporta establecer una relación persona-a-persona con cada uno de los padres. En la familia extensa este proceso es equivalente a establecer una comunicación personal entre los esposos. Una relación persona-a-persona es aquélla en la que se puede hablar acerca del self como persona con el padre como persona. La mayor parte de la gente no es capaz de entablar una relación persona-a-persona más de unos pocos minutos sin que se ponga ansiosa, se calle o empiece a hablar sobre cosas externas, o invoque un triángulo y hable acerca de una tercera persona que está ausente. Muchas personas tienen relaciones con diálogos bastante abiertos con un padre, mientras que con el otro son bastante formales y distantes. Conseguir una relación persona-a-persona con cada uno de los padres es una gran empresa, pero si la persona en proceso de diferenciación es consciente de que el resultado es muy deseable y de gran beneficio potencial para el self, tiene un cambio de largo alcance asignado sobre el cual puede trabajar permanentemente por sí mismo. El joven adulto medio que ocupa el self en este esfuerzo es capaz de obtener un resultado bastante bueno en más o menos tres años con un total de sesiones entre cincuenta y setenta y cinco.

Son posibles algunas variantes de este enfoque cuando uno o ambos padres han muerto. Pero en este caso el joven adulto necesita hacer más de un esfuerzo por relacionarse con una gama de otros miembros importantes de la familia extensa.

Durante los últimos años ha evolucionado una curiosa extensión de la terapia familiar con un miembro de la familia. Durante la década pasada, la psicoterapia familiar a la que se sometían los terapeutas y sus esposas ha terminado reemplazando al psicoanálisis como método para resolver los problemas emocionales del terapeuta. Ha habido una experiencia ahora con un grupo de terapeutas jóvenes que dedicaron su energía básica a definir un self en sus familias de origen. Se sentían más motivados de lo normal para realizar este esfuerzo. Se les proporcionó una supervisión como parte del programa de entrenamiento. Estos jóvenes terapeutas comenzaron a adquirir una extraordinaria habilidad a través de su trabajo clínico. No solían ser versátiles en relacionarse libremente con todos los miembros de la familia sin quedar emocionalmente involucrados con sus familias. Al cabo de un año o dos, descubrieron que habían cambiado también en relación a sus esposas e hijos. Avanzaron en sus familias nucleares tanto como lo hicieron los *sujetos entrenados* que habían sido tratados con psicoterapia familiar junto con sus esposas durante el mismo período de tiempo. Esta consecución en el mismo tiempo supuso para algunos de los individuos entrenados una grata sorpresa. Este enfoque está siendo ahora objeto de estudio en otros programas de entrenamiento con grupos mayores de sujetos.

Esta experiencia señala que se puede considerar a la psicoterapia, tal como se ha conocido en el pasado, como algo superfluo cuando es aplicada a los individuos que se sienten motivados al esfuerzo en la familia extensa. El procedimiento sugiere a este respecto que cuanto menos intenso sea el proceso emocional en las familias parentales, más fácil será observar y definir pautas y llevar a efecto acciones apropiadas más rápido de lo que es posible con un esposo, en el que las necesidades emocionales se hallan más íntimamente entrelazadas. Probablemente los progresos conseguidos en la diferenciación de self en los sistemas emocionales periféricos se manifiesten automáticamente en la familia nuclear.

La psicoterapia familiar con un esposo como preparación para una tarea a largo plazo con ambos esposos. En muchas familias, uno de los esposos se muestra demasiado hostil para participar en la psicoterapia familiar. En esta situación, se trata solo al esposo motivado hasta que el otro se sienta dispuesto a formar parte de la tarea a largo plazo.

Se incorpora este enfoque como un método separado, ya que provee de una técnica de psicoterapia familiar útil para muchas personas que por lo común no tendrían otra opción que la psicoterapia individual. Muchos de estos individuos han pasado ya por largas temporadas de psicoterapia individual con pocos beneficios.

La fase inicial de la terapia familiar se asemeja a la utilizada en la psicoterapia familiar con un solo miembro de la familia. El objetivo es enseñarle algo acerca del funcionamiento de los sistemas emocionales, con el fin de descubrir la parte que representa el self en el sistema y, especialmente, frente al otro esposo, y de modificar el sistema controlando la parte que le toca al self. Si el esposo motivado consigue atenuar felizmente la reactividad emocional, el esposo hostil pide a menudo participar en las sesiones, después de lo cual el método es idéntico a lo que ya se ha descrito para ambos esposos.

Los avances con este método dependen de que el terapeuta permanezca al margen del sistema emocional cuando está trabajando con un cónyuge y que evite el empleo de sesiones de apoyo emocional. Este método se ha utilizado con éxito con todo un espectro de familias alteradas difíciles, incluyendo algunas en que los esposos han vivido por separado durante mucho tiempo. Más de la mitad de los esposos hostiles se han incorporado a la terapia familiar en espacios de tiempo que oscilan entre unos pocos meses y un año aproximadamente.

LAS PAUTAS DE LOS TRIANGULOS CLINICOS

A continuación presentamos algunos casos clínicos de cambio predecible cuando un miembro de la familia motivado finalmente es capaz de controlar su sensibilidad emocional.

1. Un padre explosivo acabó configurando una pauta permanente a base de golpear a su hijo preadolescente por malos modales en la mesa. La madre intervenía como siempre en su nombre, después de lo cual el conflicto proseguía entre los padres. Al cabo de varios meses de instrucción, la madre por fin consiguió ser capaz de controlar sus sentimientos lo bastante como para enfrentarse de un modo adecuado con la pauta.

El terapeuta les dijo que un hijo es capaz de enfrentarse con uno de los padres, pero si tiene que enfrentarse con ambos al mismo tiempo está siendo forzado hasta un grado extremo. El hijo desempeñó su papel en esta pauta. Conocía bien las cosas que encenderían la furia del padre y las que le agradarían, y podía optar hasta cierto punto entre enfadarlo o no. Si la madre tenía realmente confianza en que el hijo sólo podía manejar al padre, si le comunicaba al hijo esta confianza a tiempo, y si controlaba su simpatía por el hijo, se podía predecir que traería consecuencias favorables. Pero si la madre no comunicaba su intención antes de dar un paso, el padre y el hijo podían interpretar mal su silencio y acrecentar el conflicto con el fin de obligarla a intervenir.

Una tarde la madre habló al hijo de sus intenciones: si enfurecía al padre, tendría que buscar por sí mismo el modo de enfrentarse con él. Aquella noche comenzó el conflicto en la mesa durante la cena más pronto de lo habitual. La madre tenía dificultades para controlar su reactividad, pero no llevó a cabo ninguna acción. Una vez salió de la habitación un rato para recuperar su compostura emocional. El hijo manejó su propio conflicto con el padre. Cuando ella llevó al hijo a la cama más tarde éste manifestó, «Gracias mamá, por lo que hiciste esta noche». Fue el último conflicto en la mesa entre el padre y el hijo.

2. Otra madre, en conflicto verbal y físico con sus hijos, era una vehemente defensora de la opinión de que corresponde a la responsabilidad del padre mantener la disciplina y castigar a los hijos. En el transcurso de los años él se vio confrontado con reiteradas situaciones conflictivas entre la madre y uno de los hijos. Siguió la pauta triangular de intentar apaciguar al dúo conflictivo, pero sin solución satisfactoria. La madre podía incitarle hacia el castigo diciendo que era un padre débil o que no era un hombre. La pauta se intensificó al crecer los hijos de tamaño, superando al de la madre, y se entablaron peleas físicas entre la madre y uno de los hijos estando presente el padre.

Una vez que el terapeuta habló acerca de los triángulos y de la capacidad de uno cualquiera de los padres para dirigir su relación con los hijos, el padre decidió permanecer al margen del conflicto, aunque sus sentimientos aún participaban, y el conflicto se intensificó hasta que se le obligó a intervenir. Tan pronto como adquirió algo más de control, manifestó a la madre que iba a dirigir sus propias relaciones con los hijos y dejar que ella pusiera fin a los conflictos que ella iniciara. En medio de la pelea siguiente, él pudo reírse entre dientes según se sucedían los acontecimientos, y preguntó al hijo, «¿Vas a permitir que tu madre te deje fuera de combate?». La madre corrió al dormitorio, dio un portazo, y se quedó allí durante una hora. Aquélla fue la última escena conflictiva seria. El padre había descubierto un modo de permanecer separado del conflicto madre-hijo. A partir de entonces, los conflictos madre-hijo no llegaban más lejos de unas ligeras palabras.

3. Otra mujer, que tenía un hijo único, se hallaba muy próxima a su madre y se mostraba al mismo tiempo negativa y distante con su padre. Cuando era pequeña, tuvo con su madre largas conversaciones confidenciales, en las que la madre refería con detalle muchos de los defectos del padre. La

mujer creció aceptando las opiniones de la madre sobre la situación familiar. Cuando se casó y abandonó el hogar, se trasladó muy lejos, y sus visitas fueron breves y escasas.

Durante el curso de la terapia familiar le resultó difícil a la mujer entablar una relación abierta con su padre. Se tornó más fácil cuando empezó a darse cuenta de que su padre no era tan horrible como había creído. Su objetivo era separarse de la dependencia emocional de su madre y alentar una situación en la que los padres pudieran satisfacer las necesidades de cada uno.

Se hizo la luz cuando por fin renunció a guardar por más tiempo los secretos de la madre. En la siguiente reunión con su padre declaró:

«Papá, ¿sabes lo que me contaba mamá acerca de ti? Me pregunto por qué me dice a mí estas cosas en vez de decírtelas a ti».

El sistema emocional familiar disfrutó de una nueva flexibilidad. Posteriormente, el padre intentó contarle a esta mujer algunas historias sobre la madre, que ella a su vez comunicó a la madre, la mujer recobró gran parte del self a partir del rígido triángulo parental en el que había crecido. El cambio en su familia parental no era más que un dividendo parcial de los cambios que vendrían en otras parcelas de su vida. Desarrolló una relación abierta con cada uno de los padres; las visitas que hacían a sus padres eran tan agradables que las repetían a menudo, y sus padres estaban más unidos que nunca.

CONCLUSION

El movimiento familiar desempeñará un papel cada vez más importante en la psiquiatría de la década de los setenta. La psiquiatría familiar ha experimentado un cambio vertiginoso durante los quince años a partir de que apareciese súbitamente el movimiento familiar con una entidad reconocida. Está demostrado que los terapeutas apenas han arañado la corteza de su potencial. Posiblemente el movimiento tenga al final más que ofrecer como prisma distinto de pensamiento acerca del fenómeno humano que como método terapéutico.

CAPITULO 11

Principios y técnicas de la terapia multifamiliar

El método de la terapia multifamiliar que aquí se describe fue desarrollado como parte de un estudio de investigación clínica realizado en el Centro Médico de la Universidad de Georgetown. Este método, utilizado ya con éxito por un número cada vez mayor de terapeutas familiares para una extensa gama de problemas clínicos, consume menos tiempo del terapeuta que los métodos más convencionales, y es radicalmente distinto de otros métodos de terapia multifamiliar. Evolucionó como una extensión de mi propio sistema teórico-terapéutico, y combina las observaciones clínicas de la investigación familiar con los avances de la teoría y la práctica familiar sistémica. En primer lugar, abordaré las observaciones obtenidas a partir de la investigación familiar pionera que son importantes para entender el fundamento de este método. Luego revisaré varios cambios relevantes que ha experimentado la teoría y la terapia después de la investigación original; describiré mi método de psicoterapia familiar para una familia única; y finalmente acometeré los principios y las técnicas que intervienen en la adaptación de este método a su uso con varias familias.

OBSERVACIONES HISTORICAS

En otros artículos hemos expuesto los detalles de la investigación familiar pionera (Bowen 1960, 1961), describiendo un proyecto de investigación que duró cinco años en el que se tuvo a familias completas viviendo en el pabellón de investigación con sus hijas o hijos esquizofrénicos durante intervalos de hasta treinta meses. El número de familias que vivían allí en un momento dado variaba entre tres y cinco. Lo que lo determinaba era el tamaño de las familias y el espacio disponible. El proyecto duró cinco años. El primer año el foco de interés estaba en las madres y los pacientes. Cada una de las madres y cada uno de los pacientes estaba sometido a psicoterapia individual. Durante aquel año las hipótesis experimentales fueron modificadas con el fin de considerar la esquizofrenia como un proceso que envolvía a toda la familia.

Al principio del segundo año, se invitó a los padres a vivir en el pabellón con las familias, y se empezó la «psicoterapia familiar». Todos los miembros de las familias dispuestos asistieron a las sesiones de psicoterapia. Una de las metas al emplear la expresión «psicoterapia familiar» era hacer hincapié y complementar el concepto teórico parejo que consideraba «la familia como unidad de enfermedad». Durante el primer año, en el que los padres y los pacientes recibían psicoterapia individual con terapeutas separados, los problemas fueron difusos vistos como separados, y difíciles de definir con vistas a la investigación o a la terapia. Después de aquello, se suspendió toda psicoterapia individual y la psicoterapia familiar se convirtió en la única modalidad de tratamiento.

Las sesiones familiares iniciales se dedicaron exclusivamente a las familias, pero existían problemas emocionales importantes en cada uno de los segmentos de la operación. Además había que contar con una política general hacia la apertura e ir sustituyendo las reuniones a puerta cerrada por otras más abiertas. Muy pronto, las reuniones de psicoterapia cotidianas incluyeron a todos los miembros de las familias y a todo el personal disponible. Los cuatro terapeutas funcionaron como coterapeutas, y prestaron interés a cualquier cuestión ya fuera entre los miembros de la misma familia, entre una familia y otra, entre miembros del personal y el grupo de las familias, o entre miembros del personal individuales. En el esfuerzo de lograr un sistema de comunicación completamente abierto, se dio plena libertad a los miembros de las familias para leer cualquier registro escrito acerca de ellos y para asistir a cualquier reunión clínica, administrativa o de investigación. Inicialmente la asistencia familiar fue abundante, pero las familias no tuvieron tiempo o interés para continuar con las reuniones, o empezaron a enviar reiteradamente delegados familiares a las reuniones más importantes. Lo esencial era que el sistema estaba abierto y podían asistir si querían.

Retrospectivamente, aquellas primeras reuniones podrían denominarse más exactamente «terapia de redes en un marco terapéutico multifamiliar». Las reuniones eran tan importantes para la operación global que el proyecto quizás no habría sobrevivido aquellos primeros meses sin la política de abierta comunicación y reuniones abiertas para todo el grupo. El método terapéutico fundamental que se empleó durante aquel tiempo fue la terapia de grupo, aunque se denominó a las reuniones «psicoterapia familiar» con objeto de enfatizar el interés primario en la familia, y de establecer una clara delimitación entre ésta y la terapia de grupo convencional. Las reuniones supusieron para las familias una especie de luna de miel terapéutica, y el entusiasmo del personal. La conversión del procedimiento de pequeños sistemas cerrados a un sistema abierto explicaba probablemente gran parte de lo que ocurría. Los síntomas disminuyeron en la mayoría de las familias, y hubo momentos bastante prolongados de entusiasmo y casi alborozo en algunas.

La luna de miel terminó después de un año aproximadamente, y las reuniones de psicoterapia familiar se volvieron reiterativas y menos productivas. Los terapeutas tenían temas concretos para tratar con las familias, pero con demasiada frecuencia se perdía el tema en una especie de terapia de grupo consistente en un intercambio de sentimientos entre los miembros de la familia y el personal de la sala. El primer cambio notorio en la estructura de las reuniones se produjo cuando los miembros del personal de la sala asistieron a las sesiones como observadores silenciosos en vez de como participantes. Existían medidas administrativas bien establecidas para acometer tales cuestiones, y los miembros familiares ya no pudieron utilizar las reuniones más tiempo para exteriorizar la ansiedad intrafamiliar hacia el conflicto con el personal de la sala. Este fue el principio de un período en el que la participación activa la constituían todos los miembros de las familias y cuatro terapeutas. Cualquiera podía intervenir en cualquier momento. Este no es el lugar adecuado para evaluar a los coterapeutas o los distintos terapeutas, pero además de los valores positivos, había aspectos negativos. Un terapeuta podía empezar a definir un punto concreto, y antes de que pudiera acabar, otro terapeuta podía interrumpirle y desviar la atención a otro asunto completamente distinto. Los terapeutas gastaban cada vez más tiempo definiendo los temas entre ellos mismos. Más importante aún, las familias empezaron a utilizar este canal para exteriorizar la ansiedad intrafamiliar dirigiéndola hacia las diferencias entre los terapeutas.

Al final se definieron más nítidamente los roles de los terapeutas, y se modificó la estructura de las reuniones de manera que un solo terapeuta se hacía cargo de cada una de las sesiones. El terapeuta encargado podía pedir la opinión de otro terapeuta, o bien otro terapeuta podía intervenir si tenía una razón oportuna; pero ordinariamente el terapeuta encargado dirigía aquella sesión con escasa participación por parte de otros terapeutas. Esto desembocaba en una estructura en la que los participantes activos eran todos los miembros de todas las familias y el terapeuta que se designaba ese día para llevar la reunión. Cualquier miembro de la familia podía intervenir en cualquier momento. Cuando el terapeuta precisamente se dirigía con acierto hacia la definición de un tema en una familia, algún miembro ansioso de otra familia solía interrumpir y cambiar de tema pasando a otra cuestión relativa a otra familia. Era extremadamente difícil mantener el tema de una familia como centro de atención, por cuanto cualquier miembro de otra familia podía interrumpir el proceso.

Finalmente, durante el último año del proyecto de investigación, se produjo el cambio más importante de la estructura de las sesiones de psicoterapia familiar. Cada sesión familiar era designada para una sola familia, en tanto las otras familias asistían como oyentes silenciosos. Por primera vez en todo el curso del proyecto nos pudimos dedicar a definir con claridad los aspectos emocionales intrafamiliares. Desde la postura de las familias, lograron avanzar mucho más en este momento que en cualquier otro. Algunas familias comentaron que a menudo obtenían más beneficios de la escucha, cuando se hallaban libres para escuchar y «oír» realmente, que cuando gastaban el tiempo preparando su siguiente intervención. Los miembros del personal que componían la terapia-investigación consideraron este año como el más productivo para ellos. Esta fue la estructura definitiva de las sesiones de psicoterapia familiar cuando se puso fin a la investigación formal en 1959.

LOS CAMBIOS EN LA TEORIA Y EN LA TERAPIA DESPUES DE LA PRIMERA INVESTIGACION

En otros artículos hemos expuesto con bastante detalle los cambios evolutivos significativos del desarrollo de este sistema teórico-terapéutico (Bowen 1965, 1966, 1971). En el transcurso de los años uno de los esfuerzos principales ha sido definir mejor los conceptos sistémicos, y reemplazar la teoría convencional con los conceptos sistémicos nuevos.

En el comienzo del año 1960 la práctica experimentó un cambio esencial, cuando el problema infantil, por el que los padres habían buscado en principio ayuda psiquiátrica, fue excluido de las sesiones de psicoterapia familiar con los padres. Significaba la consecuencia de los mediocres resultados obtenidos con veinticinco de estos niños durante el período comprendido entre 1957 y 1960. Aunque se había dedicado el estudio de investigación de 1954-1959 exclusivamente a las familias que poseían una hija o un hijo esquizofrénico gravemente perturbado, se estaba llevando a cabo un procedimiento clínico simultáneo con una extensa gama de problemas emocionales menos serios. En este grupo, la edad de los hijos fluctuaban entre la pre-adolescencia y la mitad de la adolescencia, y habían sido remitidos por Tribunales de menores, o por el colegio a causa de problemas conductuales o dificultades académicas. Veíamos rutinariamente a ambos padres, y al hijo juntos en intervalos semanales. En las sesiones los padres solían ocuparse tanto de los detalles relativos a los problemas de los hijos que resultaba difícil mantener la atención necesaria sobre la relación de los padres para facilitar el cambio de éstos. Comúnmente el «buen» resultado que se obtenía con estas familias consistía en que asistían a las sesiones durante cerca de un año y entonces acababan en el momento que los síntomas del hijo habían decrecido, la dominación de la madre había tocado a su fin y la pasividad del padre había descendido. La familia solía marcharse elogiando ardientemente el éxito de la terapia, en tanto yo veía que habían logrado poco o nada del cambio fundamental que eran capaces de conseguir.

En lugar de proseguir con este procedimiento mediocre, empecé a ver a los padres solos en la entrevista inicial a fin de confirmar mi convicción de que el problema fundamental reside en la relación entre los padres, y que si los padres eran capaces de definirla y modificarla, los problemas de los hijos desaparecerían automáticamente. Un elevado porcentaje de padres aceptaron firmemente esta premisa de trabajo. La mayor parte de estas sesiones de terapia familiar eran animadas y productivas a diferencia de lo aburridas e ineficaces que habían sido cuando el hijo estaba presente; la mayoría de los hijos quedó libre de síntomas, de tal forma que el resultado «malo» común era mejor que el «buen» resultado obtenido con el enfoque anterior. Desde 1960 no he incluido a los hijos en las sesiones de terapia familiar, aunque ocasionalmente los veo por razones especiales.

En el comienzo de los años sesenta empecé a definir mi concepto teórico de «los triángulos», que suministraba una vía flexible y predecible para conceptualizar y modificar el sistema emocional familiar. Se ha analizado este concepto con detalla en otros artículos (1966, 1971). El triángulo es el cimiento básico de un sistema emocional. Un sistema que comprende a cuatro personas o más consiste en una serie de triángulos entrelazados. Las características de todos los triángulos son las mismas, bien sea un sistema familiar, un sistema emocional en el terreno laboral, un sistema social, o en cualquier otra parte. Un triángulo está en cambio permanente con movimientos que operan automáticamente como reflejos emocionales, y que son tan predecibles que cualquiera puede adivinar con precisión el siguiente movimiento del sistema. Si un individuo puede modificar el funcionamiento de un triángulo aislado en un sistema emocional, y los miembros de ese triángulo permanecen en contacto emocional con el sistema superior, el sistema global se modifica. Una conducta grosera dentro de un sistema emocional puede parecer demasiado aleatoria y rara para ser descrita y clasificada; pero bajo la conducta grosera subyace el constante y previsible microfuncionamiento de los triángulos.

A un nivel práctico, hay principalmente dos maneras de modificar el funcionamiento de un triángulo. Una es poner a dos personas de un sistema emocional conocido en contacto con una tercera que sabe y entiende de triángulos, y que no participa en las fluctuaciones emocionales del dúo familiar. Si la tercera es capaz de seguir permaneciendo en contacto con el dúo sin entrar en su juego habitual, se modificará automáticamente el funcionamiento del dúo.

Consideremos el triángulo padre-madre-hijo. Cuando estas tres personas están juntas, el triángulo discurre automáticamente a lo largo de sus entramados ya tejidos. Introduzcamos a un extraño en el sistema en el lugar del hijo; tras un breve espacio de tiempo o se incorporará al programa de las pautas familiares del triángulo, o se retirará —también una respuesta a los triángulos previsible—. Introduzcamos en el triángulo a un terapeuta familiar con conocimientos sobre triángulos en el lugar del hijo. Los padres iniciarán una serie de movimientos previsibles con la intención de envolver al terapeuta en el triángulo con ellos. Si el terapeuta es capaz de evitar quedar encerrado en el triángulo («triangled» en el original), y de permanecer aún en continuo contacto con ellos durante un tiempo, la relación entre los padres empezará a cambiar. Este es el funcionamiento teórico y práctico de la mayor parte de la psicoterapia familiar contenida en este sistema teórico-terapéutico en el que se considera que una familia está compuesta por las dos figuras más importantes de la familia, junto con el terapeuta, que constituye un componente potencial del triángulo.

Teóricamente, se puede cambiar un sistema familiar si se modifica algún triángulo de la familia, y si es posible que ese triángulo se mantenga en contacto emocional significativo con los demás. En la práctica, los dos esposos suelen ser los únicos que son bastante importantes para el resto de la familia y quienes poseen motivación y dedicación para esta clase de esfuerzo.

La segunda manera de modificar un triángulo es a través de un miembro familiar. Si un miembro de la familia puede cambiar, se puede predecir que el triángulo cambiará; y si un triángulo puede cambiar, puede cambiar toda una familia extensa. De esta suerte, se puede cambiar a toda una familia a través de un sólo miembro, siempre que éste esté motivado y tenga suficiente dedicación y energía vital para perseguir el objetivo a pesar de todos los obstáculos. El «cambio» que referimos aquí no es un tipo de cambio superficial de papel o postura, sino que es más profundo y de más largo alcance que el cambio que se asocia generalmente con la mayoría de los sistemas terapéuticos. Toda una familia puede experimentar un cambio a través del esfuerzo de una persona. Esta «psicoterapia familiar con un miembro de la familia» requiere enseñar a la persona motivada las características previsibles de los triángulos y los sistemas emocionales, y luego adiestrar y supervisar sus esfuerzos cuando regresa a su familia para observar mejor y aprender acerca de ellos, y cuando adquiere una capacidad cada vez mayor para controlar su propia reactividad emocional frente a su familia. El objetivo fundamental tiene que ser cambiar y mejorar el self, que posteriormente afectará a los demás. Se puede utilizar este método con familias en que un esposo tiene motivación para afrontar un problema familiar mientras que el otro se muestra hostil, o con jóvenes adultos que aún no se han casado.

Con la experiencia, he descubierto que las familias de la investigación obtuvieron mejores resultados en la psicoterapia que las familias que solamente recibieron psicoterapia, y desde entonces he procurado introducir a todas las familias en una familia de investigación. Cuando el terapeuta funciona como un «terapeuta» o sanador se producen unos efectos sutiles e importantes, y la familia se comporta pasivamente, a la espera de que el terapeuta haga su magia. De la misma manera, al sacar al terapeuta de su posición de ayuda y curación y al poner a la familia en la posición de aceptar la responsabilidad de su propio cambio, están interviniendo factores sutiles e importantes.

Este sistema teórico-terapéutico ha evolucionado por tanto a través de cambios esenciales pero también a través de un cambio y una modificación constantes menos llamativos. Comenzó con la noción teórica relativamente sencilla de que el problema afectaba a toda la familia; el método relativamente simple consistía en hacer que la familia reunida hablara sobre él. Ha dado lugar a una teoría sistémica mucho mejor definida y más precisa, compuesta de varios conceptos teóricos interrelacionados y a un sistema terapéutico en que la terapia se lleva a cabo generalmente con los miembros de la familia más responsables, o el miembro más responsable.

PSICOTERAPIA FAMILIAR CON AMBOS ESPOSOS

Como los principios y las técnicas que se aplican al trabajo con las familias en un marco multifamiliar son exactamente idénticas a las que se aplican a una sola familia, describiré en primer lugar el proceso que se aplica a una sola familia. Por razones terapéuticas, este enfoque teórico considera que una «familia» son los dos miembros familiares más responsables (ambos esposos) junto con el terapeuta como componente del triángulo potencial.

La técnica de trabajar con ambos cónyuges se ha modificado varias veces, especialmente en los primeros años de práctica familiar. Desde más o menos 1956 hasta 1960 se dio un énfasis especial al análisis del proceso intrapsíquico que tenía lugar en cada esposo estando en la presencia del otro esposo. Se examinaron con peculiar atención los sueños, que ofrecieron la oportunidad de analizar el proceso del soñador y también de analizar la respuesta emocional simultánea del otro cónyuge. Antes de 1960 el foco de interés fundamental era el sistema de relaciones entre los esposos, restando atención al proceso intrapsíquico de cada uno de ellos. Uno de los objetivos en aquel momento era que los esposos alcanzasen un punto en que cada uno de ellos pudiera comunicar al otro cualquier cosa que pensara o sintiera sobre él, o cualquier cosa que pensara o sintiera sobre sí mismo. Se instó a los esposos a hablar directamente entre sí en vez de al terapeuta, y se hizo hincapié en la discriminación precisa entre pensamientos y sentimientos, y en la expresión directa de sentimientos al otro. El método actual se inició hacia 1962, una vez que se desarrolló suficientemente el concepto de triángulo como para operativizarlo en la práctica clínica. Se desarrolló bastante rápido hasta aproximadamente 1964, y a partir de ahí los cambios en las técnicas han sido menos importantes, mientras que se ha destacado más la diferenciación del self del terapeuta.

Con este método de psicoterapia familiar, el terapeuta tiene cuatro funciones principales: a) definir y clarificar la relación entre los esposos; b) mantener el self al margen de los triángulos (detriangled, en el original) del sistema emocional familiar; c) enseñar el funcionamiento de los sistemas emocionales; y d) demostrar la diferenciación mediante la adopción de «posturas desde el yo» durante el curso de la terapia.

Definir y clarificar la relación entre los esposos. Hasta cierto punto, todos los esposos están inmersos en mundos emocionales, en los que reaccionan y responden al complejo emocional de la otra persona sin *conocerla* realmente. Esto existe en un grado significativo en la mayoría de los esposos, y hay un grupo muy grande en que existe hasta el punto de ser paralizador. Muchos individuos tienen probablemente las relaciones más abiertas en sus vidas adultas durante el noviazgo, en las relaciones habituales de pareja, o en otras relaciones relativamente íntimas que no son permanentes. Después del matrimonio, cada uno empieza a conocer en seguida los temas que ponen ansioso al otro. Para evitar el propio malestar cuando el otro está ansioso, cada uno evita los temas que le ponen al otro así: de esta manera un número cada vez mayor de temas se vuelven tabú para la conversación. Muchos esposos tratan de resolver la laguna de comunicación «hablando sobre ello» con resultados poco satisfactorios. Con mucha frecuencia el intento de comunicarse solamente remueve la reactividad emocional y les separa aún más. Casi al principio de mi psicoterapia familiar disuadía a los esposos de intentar hablar más en el hogar; y después de 1962, dejé de sugerir que hablaran entre sí directamente en las sesiones de terapia familiar.

En este formato, controlo el intercambio. Cada uno de los esposos me habla a mí de la forma más calmada, con tono bajo, y objetiva posible. En esta situación a menudo el otro esposo es capaz de escuchar y «oír» de verdad», sin reaccionar emocionalmente, por primera vez en sus vidas en común.

Una sesión típica discurriría como sigue. Abro la sesión preguntando al marido qué tipo de progresos ha hecho desde la última sesión, y le pido que me dé el informe más objetivo posible. Si su informe posee suficiente contenido, entonces me vuelvo a la mujer y le pregunto sobre lo que *pensaba* mientras él estaba hablando. Al principio del curso de la terapia, mis preguntas se orientan hacia promover el proceso intelectual preguntando acerca de sus pensamientos, opiniones o ideas. En otras situaciones le pregunto a ella acerca de su respuesta o reacción, que es un poco menos intelectual. Solamente mucho más adelante en el transcurso de la terapia, y en situaciones especiales, solicito una descripción de sus sentimientos subjetivos, íntimos. Una vez que ha hablado la mujer, se puede interpelar al marido, «¿Qué pasaba por su cabeza mientras ella estaba hablando?».

A veces hay sesiones «limpias», en que el terapeuta no hace más que preguntas directas a uno y a otro. En algunas situaciones los comentarios del marido son excesivamente escuetos para que provoquen una respuesta adecuada en la mujer; entonces hago las preguntas necesarias para que él elabore sus ideas antes de inquirir a la mujer por sus pensamientos. Si la mujer contesta con comentarios escuetos, habrá que hacer preguntas para que los elabore antes de que me vuelva al marido de nuevo. Si afloran sentimientos y uno responde emocional y directamente frente al otro sin esperar mis preguntas, incremento mi intervenciones directivas y el ritmo de las preguntas de forma que yo retomo el proceso. Siempre voy docenas de preguntas por delante de ellos. Hay en todo momento un cúmulo de supuestos teóricos pendientes acerca de la familia, sobre el que surgen preguntas. Durante las sesiones, cuando se produce un silencio, tomo notas sobre nuevas categorías de preguntas. Cuando durante la sesión se remueven sentimientos obvios, el objetivo es conseguir que *hablen* del sentimiento, en vez de que lo expresen. Por ejemplo, si a la mujer de pronto le saltan las lágrimas, quizás le pregunto a su marido si ha advertido las lágrimas; o le pregunto qué pasaba por su cabeza cuando veía las lágrimas. Una meta general de las preguntas es tocar temas que se sabe son emocionalmente importantes para ellos, y lograr respuestas calmadas y con tono bajo.

Los resultados de este enfoque suave, intelectual y conceptual con las familias han sido mucho más favorables que si se hubiera puesto el énfasis en la expresión «terapéutica» de los sentimientos. Un dividendo importante es que por primera vez cada uno de los esposos oye y conoce por fin al otro. En una sesión, por ejemplo, a la que se llegó después de cerca de diez sesiones familiares, la mujer manifestó que no podía esperar para venir a las sesiones, porque eran maravillosas. El terapeuta preguntó qué veía tan maravillosos en los problemas familiares. Contestó que gracias al hecho de escuchar la conversación que mantenía su marido con el terapeuta, había aprendido más acerca de él que durante los diez años de matrimonio. Un marido, resumiendo los progresos que había conseguido tras doce sesiones mensuales, declaró que para él el mayor beneficio había sido enterarse de lo que pasaba por dentro de su mujer, después de haber estado en la oscuridad durante veinte años. A otra mujer, que contemplaba con adoración extasiada a su marido mientras éste hablaba, le preguntamos qué pensaba cuando le miraba de ese modo. Replicó que estaba completamente fascinada de cómo trabajaba su mente y que nunca había tenido idea de que él pensara así.

Dedicamos una atención especial a la definición del sistema de respuestas emocionales automáticas que posee todo matrimonio y que opera en gran medida al margen de la consciencia. Son tan numerosas que uno podría pasarse toda la vida sin conseguir definirlas todas. En general, consisten en pequeños estímulos emocionales de un individuo que provocan respuestas emocionales de mayor importancia en el otro. La respuesta puede afectar a cualquiera de los cinco sentidos, pero principalmente se relacionan con los estímulos visuales o auditivos. El estímulo puede ser tan repulsivo que el sujeto que responde casi haría cualquier cosa por evitarlo, o tan agradable que se esforzaría vigorosamente por provocarlo. Entre los estímulos negativos están los manierismos, gestos, expresiones faciales y las entonaciones que suscitan respuestas emocionales disonantes en el otro, o que pueden suscitar un «estremecimiento de asco» en el otro. Como ejemplo, un marido se sentía atraído por, y era dependiente emocionalmente de su mujer por un cierto tipo de sonrisa que le tenía ocupado una parte bastante considerable de su vida en el intento de evocarla, en tanto ella generalmente era indiferente a sus esfuerzos.

La sensibilidad emocional puede afectar profundamente el curso de una relación. Una meta de la terapia es advertir tales mecanismos, definirlos con tanto detalle como sea posible, y ayudar a los esposos a ser mejores observadores en el esfuerzo de definirlos cada vez más. Frecuentemente la definición precisa del mecanismo es suficiente para desarmarlo. Por ejemplo, en un matrimonio conflictivo, el marido solía golpear a su mujer como respuesta a un estímulo disparador. Había fracasado varios intentos de encontrar el estímulo. No le pegaba a menudo, pero cuando lo hacía era en medio de una agitada discusión, y no parecía que hubiese ningún estímulo específico. Finalmente, sobrevino una situación sin palabras en que la pegó como respuesta a «aquella mirada de odio en sus ojos». Aquélla fue la última vez que la pegó. Se sintió inmensamente encantado por el descubrimiento y por su control. Desde entonces, cuando crecía la tensión, evitaba fijarse en su cara; ella por su parte también adquirió cierto control sobre «la mirada». Otros estímulos que provocaban comportamientos «acting-out» se han identificado como «aquella mirada fría y helada», «aquel aire de desprecio» y «aquel horrible gruñido en su voz». Se ha descrito este grado de sensibilidad emocional en un matrimonio como una parte de la interdependencia emocional, y también como una parte del proceso emocional familiar.

Mantener el self al margen de los triángulos del sistema emocional familiar. Si el terapeuta va a desarrollar la capacidad de permanecer relativamente al margen del sistema emocional familiar en su trabajo clínico, es esencial que dedique un esfuerzo continuado a diferenciar su propio self del sistema emocional en que trabaja. Dicho de otra manera, es necesario que aprenda acerca de los triángulos, y que utilice sus conocimientos de forma adecuada en los sistemas emocionales más importantes para él. No obstante, existen algunas normas y principios importantes en la situación clínica. Es esencial que continúe en todo momento centrado en el proceso, y que reste atención al contenido de lo que se está diciendo.

Se puede predecir perfectamente que cada esposo empleará los mecanismos que les parezcan más familiares y más apropiados para envolver al terapeuta en el sistema emocional familiar. El primer paso suele ser provocar que el terapeuta se ponga del lado de uno o de otro; lo cierto es que es tan fácil encerrar eficazmente al terapeuta en el triángulo cuando está enfadado como cuando está contento. Para juzgar si mi distanciamiento emocional es efectivo, incluso cuando estoy físicamente cerca como lo muestran a veces las entrevistas grabadas en vídeo, intento retroceder emocionalmente hasta el lugar desde donde puedo contemplar los vaivenes del proceso emocional, así como los «procesos del pensamiento», y sin ser atrapado por el flujo. Además, comúnmente existe un lado divertido o cómico hasta en las situaciones más serias. Si estoy demasiado cerca, puedo quedar atrapado por la seriedad de la situación. Si estoy demasiado lejos, no entro en contacto efectivo con ellos. El punto «justo» para mí se halla entre la seriedad y el humor, siempre que pueda ejecutar una respuesta seria o divertida con vistas a facilitar el proceso en la familia.

Un principio fundamental de este sistema teórico-terapéutico es que el problema emocional entre dos personas se resolverá automáticamente si éstas permanecen en contacto con una tercera que pueda mantenerse libre del campo emocional que media entre ellos, *mientras se relaciona activamente con cada uno de ellos*. Es esencial que el terapeuta sostenga la conversación, particularmente en respuesta a un movimiento triangular. Si posee el grado adecuado de distancia emocional-contacto emocional, es casi automático que dirá y hará lo más correcto. Si se queda mudo y no es capaz de pensar en una respuesta es que se encuentra demasiado implicado emocionalmente. Los esposos están en todo momento percibiendo falsamente la implicación del terapeuta, la ausencia de ésta, o que está a favor o en contra de ellos. Los comentarios casuales son mensajes efectivos de que él no se ha implicado excesivamente. Una «inversión», que es un comentario que se fija en lo que no es obvio o en el lado opuesto de un tema, o que destaca el aspecto casual o ligeramente divertido, es un medio eficaz para relajar una situación demasiado seria. Una esposa, por ejemplo, se aferraba emocionalmente cada vez más a una descripción de su madre como dominante y regañona. Hice un comentario casual acerca de su escaso aprecio por el esfuerzo que la madre había realizado durante toda su vida por que ella fuera una buena hija; los esposos sonrieron, se alivió la tensión, había comunicado algo que hacía notar que existía otra cara del asunto.

Cuando el terapeuta es capaz de seguir interviniendo de modo casual en estas situaciones serias, los esposos suelen empezar en seguida a separarse de ellos mismos hasta alcanzar una visión más objetiva de la situación. Nadie puede explicar al terapeuta lo que tiene que decir en tales situaciones. Si el terapeuta ya se encuentra involucrado emocionalmente, su esfuerzo de invertir el proceso será visto como sarcástico y ruin. Un conocimiento acerca de los triángulos es la vía más eficaz que conozco para comprender los sistemas emocionales y mantener el self en contacto emocional significativo sin terminar excesivamente envuelto desde el punto de vista emocional.

Enseñanza del funcionamiento de los sistemas emocionales. En cualquier clase de psicoterapia es necesaria cierta enseñanza o instrucción. Con la teoría y la terapia familiar sistémica, que explican el fenómeno humano en términos especiales, y que emplean conceptos intelectuales para guiar el esfuerzo hacia la modificación de los sistemas emocionales, la enseñanza es todavía más necesaria. Resulta un peligro para los sistemas emocionales hablar *acerca* de los sistemas emocionales. Cuando la tensión familiar es moderadamente elevada, el terapeuta es vulnerable a ser envuelto en el triángulo del sistema familiar si trata de instruirles o dirigirles en una dirección que se aleja de lo que parece improductivo. Cada uno de los esposos interpreta la comunicación de modo diferente; luego, tras debatir el asunto en casa, regresan para preguntar al terapeuta por la interpretación correcta. En ese momento el objetivo del terapeuta es salirse del triángulo más que ponerse a dar explicaciones, ya que eso le envolvería más profundamente en el sistema familiar. Con el paso de los años he diseñado un plan que funciona bastante bien para enseñar a la familia cosas sobre los sistemas emocionales. Esta comunicación se hace de una manera neutral que no es percibida como autoritaria, y en un momento en que la ansiedad familiar es mínima. Al principio de la terapia, cuando la ansiedad familiar frecuentemente es elevada, las comunicaciones instructivas se expresan en términos de la «postura desde el yo», que se explicará a continuación. Más tarde, cuando se ha reducido la ansiedad, se enseña por medio de parábolas, ilustradas con soluciones clínicas que han tenido éxito para problemas semejantes de otras familias. Más tarde aún, cuando hay muy poca ansiedad, la enseñanza puede ser completamente didáctica con resultados favorables.

La adopción de «posturas desde el yo». Cuando un miembro de una familia es capaz de manifestar serenamente sus propias convicciones y creencias, y actuar conforme a sus convicciones sin criticar las creencias de los demás y sin enredarse en debates emocionales, del mismo modo los otros miembros de la familia iniciarán el mismo proceso de adquirir mayor seguridad de self y mayor aceptación de los demás. La «postura desde el yo» es muy útil al principio de la terapia como posición operativa con relación a la familia. Su uso es ventajoso en todo momento que sea posible a lo largo de la terapia. Cuanto más claramente puede definirse el terapeuta a sí mismo con relación a las familias, más fácil es que los miembros familiares se definan a sí mismos entre sí.

Un objetivo de este método de psicoterapia familiar es proporcionar una estructuración en la que los esposos puedan proceder hacia la diferenciación de self tanto como la situación y su motivación les permita, y tan rápidamente como les sea posible. El terapeuta continuamente intenta retarles a que se esfuercen al máximo, y auxiliarles en los episodios de ansiedad que se presume sucederán. Ellos son libres para detenerse en cualquier momento, y el terapeuta es libre de ejercer su «postura desde el yo» con la finalidad de definir su parte en el esfuerzo. Un elevado porcentaje de familias sufre lo que tradicionalmente se ha definido como problemas desde moderados hasta neuróticos graves; sólo unos pocos son borderline o ligeramente psicóticos. La familia común empieza con un grado significativo de fusión yoica o indiferenciación. Este ha evolucionado con los años hasta el punto de convertirse en una disfunción aguda de un esposo (normalmente enfermedad emocional, enfermedad somática o disfunción social tal como alcoholismo), hasta un desequilibrio y conflicto conyugal, o un problema conductual o de fracaso vital en un hijo. Un número significativo de familias ha estado sometido durante mucho tiempo a otras formas de tratamiento psiquiátrico. El enfoque para todas las familias consiste en hacer que ambos esposos participen en este método de psicoterapia familiar.

La terapia se desarrolla a lo largo de varias fases distintas. Una de las primeras fases significativas es la etapa en la que cada uno de ellos viene a «conocer» mejor al otro. En algunas ésta es lenta y gradual; en otras puede suponer una experiencia rápida y casi excitante. Algunos sujetos están tan contentos con el descenso de los síntomas y el aumento de la unión del matrimonio que están dispuestos a terminar. Ha habido varias «curas» tempranas llamativas en cuestión de relativamente pocas sesiones, como fue la «cura» en siete sesiones de una frigidez bastante seria de una esposa.

Para aquéllos que tienen motivación para seguir adelante, el proceso contribuye a que cada uno de los cónyuges empiece gradualmente a diferenciar su self del otro. Es característico que un esposo comienza a centrarse en el self mientras que el otro defiende la unidad. Frecuentemente el individuo que se está diferenciando cede ante la presión hacia la unidad, por lo menos una vez antes de proceder con un curso autodeterminado que ignora la oposición. Esto provoca una breve reacción emocional del otro, tras la que ambos alcanzan un grado básico de diferenciación nuevo y ligeramente superior. Esto suele venir seguido por otro momento de bastante calma, después del cual el otro esposo se centra en el self y sigue los mismos pasos hacia la diferenciación mientras el primero se opone presionando hacia la unidad. Por tanto, la diferenciación procede a base de pequeños pasos alternativos. Cada nuevo paso, suscita la discordancia en las familias extensas y en otros sistemas emocionales interconectados, que generalmente es más fácil de manejar que la discordancia suscitada entre los esposos. El terapeuta empieza a enseñar lo antes posible a los esposos a diferenciar el self de sus familias de origen. Cuando un esposo con motivación lleva esto a cabo con éxito, el proceso global se acelera sin que tenga lugar la pauta alternante que caracterizaba a los momentos en que se prestaba menos atención a las familias de origen.

De mi experiencia éste es el método de psicoterapia familiar más satisfactorio y eficaz. La familia puede detenerse en el momento en que se alivian los síntomas, o continuar hasta una resolución más satisfactoria y profunda. Si la familia se halla bien motivada, y el terapeuta ha conseguido mantenerse adecuadamente al margen del sistema emocional familiar, es normal que la familia encuentre cada vez más material sobre el que trabajar y resolver. La suspensión abrupta que sigue a una terapia relativamente breve es con frecuencia el resultado de la implicación emocional del terapeuta en el sistema emocional familiar. Cuando la familia atraviesa los momentos críticos de la diferenciación, es frecuente que el esposo orientado hacia la unidad se muestre negativo y desilusionado con el esfuerzo terapéutico. El otro suele alegrarse y desea proseguir. Normalmente es bastante sencillo ayudarles a superar estos momentos de ansiedad críticos.

Hay situaciones en que puede ocurrir un final abrupto y bastante súbito en un momento crítico del cambio. Esto sucede cuando el esposo que se opone exigiendo unidad es capaz de suscitar tal ímpetu que supera a las fuerzas más positivas del otro. He tenido experiencias con unas veinticinco familias en las que un marido orientado hacia la unidad en uno de estos momentos críticos abandona de pronto, con el pretexto de un traslado laboral a otra ciudad o continente, que acaba con el esfuerzo terapéutico. Se alcanza el final de un modo regular cuando ambos han adquirido un grado aceptable de diferenciación de self mutua y de sus familias de origen; cuando conocen suficientes cosas de los sistemas familiares de modo que cualquiera de ellos ha adquirido la capacidad de controlar las crisis; y cuando tienen algún tipo de plan aceptable y motivación suficiente para continuar esforzándose por diferenciarse en los años que tienen por delante.

TERAPIA MULTIFAMILIAR

La teoría y la técnica de la terapia multifamiliar se había desarrollado muy específicamente unos dos años antes de que se pusiera en práctica como experimento de investigación clínica. El esfuerzo estaba respaldado por dos ideas principales. El método de psicoterapia familiar que se acaba de exponer se hizo adecuadamente operativo, tanto en la práctica privada como en diversos programas de enseñanza y supervisión que yo estaba llevando a cabo. Los resultados clínicos con varias familias aisladas fueron excelentes; en algunas de ellas ambos esposos asistieron con regularidad a las sesiones; en algunas hubo períodos largos de sesiones con solo un esposo; en otras el curso total se llevó a cabo con un solo miembro de la familia.

En todos los aspectos, los esfuerzos de la psicoterapia familiar iban por buen camino; pero al pasar de una sesión a otra, veía que yo estaba enseñando los mismos principios una sesión tras otra. Empecé a pensar la manera de ahorrar tiempo, y las ventajas de cubrir el material con mayor detalle entre muchas familias al mismo tiempo. Oía cosas acerca de las impresionantes experiencias que tenía cada familia cuando luchaba por la diferenciación del self, pero después tenía que asimilar estas experiencias integrándolas en mi propia experiencia para poder comunicarlas a los demás. Pensando en algún tipo de estructuración que permitiese reunir a varias familias, y más aún que evitase la unión emocional y social de los grupos, y preservase la separación emocional entre las familias necesaria para analizar los matices de la interdependencia emocional y del proceso familiar en que se hallaban inmersos los esposos, me acordé de la estructuración que habíamos dispuesto entre el personal que trabajaba conmigo y yo para las familias internas de 1958 y 1959. Utilizándola como estructuración fundamental, incorporé los detalles que podían ser necesarios para este nuevo esfuerzo clínico.

Al cabo de unos cuantos años fracasaron algunos de mis intentos de poner en práctica este método de terapia multifamiliar, empezando con unas tres o cuatro familias nuevas, que tenían problemas de tipo neurótico de la misma intensidad aproximadamente. Hablé con una clínica para buscar a estas familias; pero la mayoría de las «buenas» familias de este tipo fueron remitidas a psicoterapia individual, y las que me enviaron estaban demasiado perturbadas y disgregadas y su motivación para el esfuerzo era demasiado pobre. Procuré conservar el número suficiente de estas familias para poner en marcha mi práctica privada, pero en el momento que tenía que empezar no conseguí disponer de ese número. Por último, en 1965, hubo un asistente que trabajaba en admisiones que entendió lo que yo quería. En poco tiempo encontró tres familias que solicitaban terapia familiar casi a la vez, que se ajustaban perfectamente al criterio. Entrevistamos a las familias, todas accedieron a participar, y en seguida diseñamos un plan de investigación relativamente sencillo para observar y grabar las sesiones.

La terapia se comenzó con las familias sentadas en semicírculo frente al terapeuta, y varios observadores sentados detrás. Las primeras normas de funcionamiento fueron más estrictas de lo que han sido desde entonces. El objeto de atención tenía que ser la interdependencia emocional entre los esposos de cada familia, quedando las otras familias como observadores silenciosos. Se tomaron las precauciones precisas para mantener a las familias aisladas emocionalmente unas de otras, y para impedir que las familias se fueran convirtiendo emocionalmente en una gran masa de ego familiar indiferenciado, que pudiese inundar el proceso familiar de cada familia. Las familias no se conocían entre sí antes de empezar el proyecto. Se explicó a cada una el propósito y la técnica del estudio, de forma que aceptaron eludir el contacto social entre ellas fuera de las sesiones, y caso de que averiguaran más tarde que tenían amigos comunes, no mencionarlo a las otras familias en ninguno de sus contactos sociales. No tuvieron ningún contacto entre ellas fuera de las sesiones salvo que se vieran en el vestíbulo o en el ascensor al llegar o al marcharse de las sesiones. Durante las sesiones, cada marido y cada mujer se sentaban uno al lado del otro, ligeramente separados de los siguientes dos esposos.

Se planificaron sesiones semanales de una hora y media cada una, sin normas fijas sobre la cantidad de tiempo que correspondía a cada familia, y con media hora para resumir los datos de investigación al término de cada sesión. Originalmente había planeado un formato más flexible que concedía la mayor parte del tiempo a una sola familia, y poco o ninguno a las demás hasta la semana siguiente, pero muy pronto empezamos a dividir el tiempo disponible más o menos por igual entre las familias. Con demasiada frecuencia una familia que estaba en silencio solía tener problemas de naturaleza urgente disponiendo de un tiempo demasiado corto. El procedimiento de pasar por alto a alguna familia en alguna sesión no funcionó. En sus sistemas de pensamiento-sentimiento tenían lugar en aquel momento demasiadas cosas que no eran captadas por el terapeuta. Originalmente planeamos acrecentar el grupo incluyendo a muchas más familias de las tres originales, pero esto no era factible si el terapeuta tenía que hacer un breve chequeo a cada familia cada semana. El máximo tiempo de atención que las familias podían mantener en las sesiones sin fatigarse era aproximadamente de dos horas, y el número óptimo de familias para este formato era de cuatro. Cinco familias seguían el programa demasiado apresuradas y presionadas.

No se han previsto con exactitud grandes hallazgos de esta investigación. a) El grupo mayor no favoreció un empleo provechoso del tiempo dedicado a la enseñanza. Con esta estructuración resultaba incluso más fácil que el terapeuta quedara emocionalmente envuelto en los triángulos de los sistemas emocionales de las familias que al tratar con las familias individuales. b) La sorpresa fue el insólito progreso rápido de las familias. Se estimó que era casi un 50 por ciento más rápido que otros problemas clínicos comparables de otras familias. Cuando preguntamos acerca de esto, las personas que componían el grupo que empezaba la terapia aducían generalmente la misma razón: «Se trata de confirmar que otras personas tienen la misma clase de problemas». Aparentemente, es más fácil ver y conocer realmente tu propio problema cuando lo observas en otras personas que cuando sabes de él solamente con relación a ti mismo. Las familias aprenden unas de otras. Si una familia hace un descubrimiento importante en un terreno, al cabo de una semana o dos, otros esposos estarán intentando alguna versión de éste en sus propias familias.

El rápido avance de las familias en las sesiones multifamiliares condujo al establecimiento de mi primer grupo multifamiliar en mi práctica a los ocho meses aproximadamente de empezar este proyecto. Esto llevó al establecimientos de cada vez más grupos multifamiliares tan pronto como los programas podían prepararse, hasta el punto que una importante sección de mi práctica, en términos de número de familias, está dedicada a este método de terapia multifamiliar. Lo mismo ha sucedido a otros observadores de la investigación, de manera que este método de terapia multifamiliar, que empezó como estudio piloto en el Hospital de la Universidad de Georgetown, está siendo ampliamente utilizado en la actualidad en la zona de Washington.

Otro dividendo del proyecto de investigación fue el desarrollo de un estudio sistemático más pormenorizado sobre la cuestión del cambio en la psicoterapia. En la práctica profesional, el concepto de cambio o mejora se aplica a cosas tan esquivas como sentirse mejor, o la desaparición de síntomas manifiestos. El personal que integra este proyecto se ha esforzado por definir *el cambio* de modo que pueda ser medido y cuantificado.

El estudio piloto ha afectado también a la práctica de la psicoterapia familiar. Hasta que este proyecto cumplió los dos años, por lo general se aceptaba que en la psicoterapia familiar debía verse a las familias una vez a la semana. Este formato de una vez por semana había evolucionado comúnmente durante los últimos diez años hasta suplantar a las dos o tres consultas semanales, método frecuente a finales de los años cincuenta. Un año y medio después del comienzo de este proyecto, empecé en otra escuela médica un grupo de terapia multifamiliar que sigue funcionando y que se graba con vídeo. Mi horario no me permitía más que una sesión cada cuatro semanas. Se hacían muchas reservas para celebrar sesiones de terapia multifamiliar sólo una vez al mes. Una de las esposas que se había propuesto la aventura, que había sido hospitalizada, se había puesto muy nerviosa. Manifestó, «Con citas tan separadas, podría ingresar en el hospital y salir de nuevo en el inetrmedio de las citas». No obstante, el destacado éxito del grupo de terapia multifamiliar fue el responsable de que cambiara mi práctica con todo tipo de psicoterapia familiar ajustándome a citas mensuales, y las familias han logrado tanto, y posiblemente hasta más, progreso que familias equiparables vistas en otros grupos de terapia multifamiliar que se han reunido semanalmente.

Considerando todas las ideas y explicaciones ofrecidas por las familias y los observadores, la mejor explicación del notable progreso con las sesiones mensuales parece ser que las familias están más a merced suya, que así se vuelven fértiles en recursos y menos dependientes de la terapia a la hora de aportar soluciones prácticas. Esto también encaja con mi convicción de que el cambio de las familias lleva cierto tiempo de calendario, y la longitud del tiempo necesario para el cambio no decrece con el incremento de la frecuencia de las citas *(el cambio* aquí se refiere a cómo se considera el cambio en este Centro, y no a manifestaciones superficiales de cambio). La experiencia favorable obtenida con las citas mensuales me ha inducido a reducir la frecuencia de las citas con todas las familias, ya sea terapia con varias familias o con familias aisladas, a una vez cada dos semanas. Hemos visto a un número cada mayor una vez al mes, y a un pequeño grupo experimental de familias se les ha dado una cita cada tres meses.

Desde la perspectiva de esta experiencia, mi respuesta a la frecuente pregunta imposible, «¿Cuánto dura la terapia familiar?»es ahora, que algunas familias, debido a la intensidad de sus pautas de vida profundamente arraigadas y su nivel básico de diferenciación de self, nunca serán capaces de cambiar significativamente. Casi todas las personas pertenecientes a profesiones de salud mental, a las que esta investigación ha involucrado, se resisten tan enérgicamente a aprender y conocer acerca de las personas de sus familias extensas que tienen que obligarse literalmente a sí mismos para trabajar en ello. Incluso cuando están buscando datos y van a ver a parientes distantes, esta resistencia está funcionando para oponerse al éxito de sus esfuerzos. Esta repulsión emocional es muy fuerte en algunos individuos, y actúa de forma que les niega todo contacto que tenga sentido con el pasado. Hay pruebas indirectas de que los sujetos que hacen los mayores progresos en la diferenciación de su self por miedo de la psicoterapia familiar poseen algunas de las mismas cualidades de aquéllos que logran buenos resultados en la búsqueda y el conocimiento de los individuos de sus familias extensas. Este ejemplo quizá transmita alguna idea de los factores que contribuyen a que las personas saquen fruto de la psicoterapia familiar o les impida lograr un cambio significativo. Por lo que se refiere a las familias de clase medio-alta que se sienten motivadas para continuar esforzándose hasta lograr un cambio significativo en la psicoterapia familiar, la familia corriente prosigue durante unos cuatro años, bien sea con una cita o dos al mes.

Una última palabra. Como debería ser obvio, no es exacto referirse al método clínico expuesto aquí con la denominación de «psicoterapia». Me gustaría abandonar el concepto global de «psicoterapia», pero no existe ninguna palabra exacta y aceptable para sustituirlo. Puesto que nos movemos cada vez más hacia el pensamiento sistémico, tendremos que encontrar expresiones nuevas para describir lo que estamos haciendo, ya que las tradicionales simplemente no se pueden aplicar más tiempo.

CAPITULO 12

El alcoholismo y la familia

La aplicación de la teoría sistémica a los problemas emocionales es relativamente novedosa. Este artículo esbozará algunos principios generales de la teoría familiar sistémica, las maneras por las que se puede entender el alcoholismo como síntoma de una unidad familiar o social más grande, y las formas por las que se puede utilizar la terapia de los sistemas familiares con vistas a mitigar el problema
    La teoría sistémica da por sentado que todos los individuos importantes de la unidad familiar desempeñan un papel en el modo cómo los miembros de la familia funcionan con relación a los otros y en el modo cómo irrumpe finalmente el síntoma. El papel que se desempeña lo hace manifiesto cada persona «siendo ella misma». El síntoma de beber demasiado tiene lugar cuando la ansiedad familiar es elevada. La aparición de un síntoma remueve una ansiedad todavía mayor en quienes dependen del individuo que bebe. Cuanta más ansiedad hay, más ansiosamente reaccionan el resto de los miembros de la familia de lo que ya lo estaban haciendo. El proceso de beber para aliviar la ansiedad, y el aumento de la ansiedad como respuesta a la bebida, puede conducir en espiral a un colapso funcional o bien convertir el proceso en una pauta crónica.
    Antes de adentrarnos en la teoría sistémica, es preciso hacer algunas aclaraciones sobre la terminología. La terapia familiar se conoce bien, pero está lejos de ser un método estandarizado. Existen pocos métodos bien desarrollados, ahora bien una gran parte de los terapeutas familiares emplean la expresión para indicar que varios miembros de la familia asisten a las sesiones, sin reparar en el método o la técnica. Hace diez años aproximadamente se introdujo el término «sistema» proveniente de la investigación familiar, después de esto se vio claro que las mismas pautas

que existen en las familias están también presentes en las relaciones sociales y laborales, y que las pautas de relación tienen la calidad de «sistemas». En la actualidad el término «sistema» se utiliza imprecisamente, y se asocia frecuentemente con la teoría general sistémica, la cual no ha sido definida con claridad en lo que respecta a las relaciones. En este artículo describiré mi teoría familiar sistémica, que se desarrolló a partir de la investigación familiar, junto a un método de terapia familiar sistémica, que se basa en la teoría. Las expresiones teoría sistémica y terapia sistémica son efectivamente más exactas especialmente al referirse a las relaciones exteriores a la familia.

La familia *es* un sistema en el que un cambio en el funcionamiento de un miembro de la familia viene acompañado automáticamente por un cambio compensatorio de otro miembro de la familia. La teoría sistémica se centraba en el *funcionamiento* de un sistema y sus partes integrantes. Casi todo «sistema» natural o hecho por el hombre puede servir como ejemplo para ilustrar los conceptos sistémicos, pero he elegido un sistema biológico, el cuerpo humano, para ejemplificar las ideas. El organismo total está constituido por numerosos sistemas de órganos distintos. Un intrincado conjunto de mecanismos automáticos controla la operación recíproca uniforme de funciones vitales como la tasa cardíaca, la temperatura, la respiración, la digestión, los reflejos y la locomoción. Los sistemas funcionan en todos los grados de eficiencia, desde una salud robusta hasta un fallo global. Existen estados de funcionamiento compensados sanos en los que un órgano puede acelerar su funcionamiento a fin de manejar un incremento de carga de trabajo. Hay estados descompensados en los que el órgano pierde la capacidad de incrementar el funcionamiento. Se trata de situaciones en las que un órgano acelera su funcionamiento para compensar el pobre funcionamiento de otro. Hay estados disfuncionales que fluctúan desde disfunciones breves de enfermedad aguda, pasando por disfunciones largas de enfermedad crónica, hasta disfunciones permanentes en un sistema orgánico. Un órgano que funciona en lugar de otro durante un largo período de tiempo no retorna a la normalidad tan fácilmente. Existen situaciones de sobrefuncionamiento descompensado en las que un órgano que falla trabaja cada vez más rápido en el esfuerzo inútil de vencer una sobrecarga de trabajo. Un ejemplo sería la carrera de un corazón desgastado aproximándose hacia el fallo final. Las mismas pautas de función, sobrefunción, y disfunción están presentes en las maneras de relacionarse las personas entre sí en las familias y los sistemas sociales pequeños. Por ejemplo, el bajo funcionamiento de un miembro de la familia que está enfermo temporalmente será compensado automáticamente por otros miembros de la familia que sobrefuncionan hasta que el sujeto enfermo se recupera. Si el miembro enfermo se vuelve incapacitado crónica o permanentemente, el sobrefuncionamiento de los otros termina en un desequilibrio prolongado de la familia. Ciertamente el sobrefuncionamiento de algunos miembros de la familia abocará al bajo funcionamiento del resto. En el caso de una madre ansiosa y su hijo pequeño, el funcionamiento del chico puede convertirse en un trastorno funcional permanente. Otro desequilibrio funcional puede originarse cuando los miembros de la familia fingen la incapacidad.

La teoría familiar sistémica fue desarrollada durante el curso de la investigación familiar con problemas emocionales. Parte del esfuerzo se dirige a extraer *hechos* del cenagal de la subjetividad, las explicaciones discrepantes y las polémicas verbales que son tan comunes en la investigación psiquiátrica. Al final, la investigación incluyó el enfoque que aquí se describe.

La teoría sistémica procura centrarse en los *hechos* funcionales de las relaciones. Se fija en lo que ocurrió, cómo ocurrió, y cuándo y dónde ocurrió, en tanto en cuanto estas observaciones se basan en hechos. Evita cautelosamente la preocupación automática humana de por qué ocurrió. Esta es una de las principales diferencias entre la teoría tradicional y la sistémica. La teoría tradicional pone mucho énfasis en el porqué de la conducta humana. Todos los miembros de las profesiones de salud mental están familiarizados con las explicaciones del tipo *porqué*. El pensamiento de tipo *porqué* ha formado parte del pensamiento causa-efecto, ya que desde que el hombre es un ser pensante inspecciona su alrededor en la búsqueda de causas que expliquen los acontecimientos que le afectan. Al repasar el pensamiento del hombre primitivo, nos hacen hacia las diversas fuerzas diabólicas a las que atribuía sus desgracias, o las fuerzas benevolentes con que acreditaba sus fortunas. Podemos reírnos de la casualidad que asignaba a la enfermedad el hombre de los siglos posteriores antes de conocer la existencia de los gérmenes y los microorganismos. Podemos asegurarnos a nosotros mismos con un aire de suficiencia que el conocimiento científico y el razonamiento lógico han permitido ahora al hombre ir más allá de las suposiciones erróneas y las deducciones falsas de siglos pasados y que hoy en día asignamos causas exactas a la mayoría de los problemas del hombre. Sin embargo, un supuesto que subyace a la teoría sistémica es que el pensamiento causa-efecto del hombre todavía es un *problema* importante a la hora de explicar sus disfunciones y su comportamiento. Un gran esfuerzo de la teoría sistémica es superar el pensamiento causa-efecto y concentrarse en los hechos, que significan la base del pensamiento sistémico. Existen razones prácticas que apoyan este esfuerzo disciplinado. Parte del pensamiento causa-efecto humano está dirigido a acusar a su prójimo de sus propios problemas. El hecho de culpar a los demás de los fallos propios está presente en todos nosotros en algún grado. Cuanto mayor es el grado de ansiedad en una familia, mayor es la tendencia por parte de hasta la persona más sensata, de recurrir a la acusación a los demás de sus propios problemas. Además, existe la discrepancia previsible entre lo que el hombre hace y lo que *dice* que hace. De esta suerte, la investigación sistémica se dedicó a intentar aislar hechos observables sobre el hombre y sus relaciones, y a evitar cautelosamente la polémica verbal y las explicaciones del tipo *porqué*. El enfoque requiere también que el investigador deje a un lado sus propios supuestos de tipo *porqué*. Se han realizado grandes esfuerzos para descubrir fórmulas que conviertan las observaciones subjetivas en hechos objetivos y medibles. Por ejemplo, cuando se trata de los sueños, la fórmula establece, «Ese hombre siente (o piensa o habla) es un hecho científico, pero lo que siente (o piensa o habla) no es un hecho necesariamente». Puede entenderse todo el espectro de estados subjetivos, incluso cuando hablamos de la intensidad de amor y odio, como de hechos funcionales.

¿Por qué molestarse en intentar convertir los conceptos de relaciones humanas encubiertas en hechos funcionales de la teoría sistémica? Una razón primordial era facilitar la investigación. Centrarnos en un pequeño aspecto de la relación eliminaba una masa compleja de datos experimentales no controlados. La teoría que se derivaba de la investigación abocó a una clase distinta de terapia. Luego, se descubrió que un sistema de terapia basado en la teoría sistémica y en hecho funcionales era superior a la terapia tradicional. No obstante, es difícil el cambio de la teoría tradicional a la sistémica y la mejora de los resultados no es posible hasta que el terapeuta es capaz de vencer medianamente su habitual pensamiento causa-efecto. Una «pequeña teoría sistémica» combinada con la teoría tradicional no es suficiente. Hasta los pensadores sistémicos más experimentados y disciplinados retornarían automáticamente al pensamiento causa-efecto cuando hubiese mucha ansiedad. La tesis principal que aquí se sostiene es que la teoría y la terapia sistémica proporcionan un acercamiento distinto a los problemas emocionales. Los terapeutas con motivación y disciplina para adaptarse al pensamiento sistémico pueden esperar con bastante seguridad que obtendrán un orden distinto de resultados terapéuticos, ya que tendrán más éxitos al cambiar al pensamiento sistémico.

¿Cómo encaja el alcoholismo en los conceptos sistémicos. Desde un prisma sistémico, el alcoholismo es una disfunción humana frecuente. Como disfunción, se da en el contexto de un desequilibrio en el funcionamiento del sistema familiar global. Desde una perspectiva teórica, todo miembro de la familia importante desempeña un papel en la disfunción del miembro afectado. La teoría aporta una vía para conceptualizar el papel que desempeña cada miembro. Desde la perspectiva de la terapia sistémica, la terapia se orienta a ayudar a la familia a modificar sus pautas de funcionamiento. La terapia se dirige al miembro, o miembros de la familia, con más recursos, que poseen el mayor potencial para modificar su propio funcionamiento. Cuando es posible modificar el sistema de relaciones familiares, se aplaca la disfunción alcohólica, incluso aunque el sujeto afectado no haya intervenido en la terapia.

CONCEPTOS TEORICOS

La teoría familiar sistémica está compuesta por varios conceptos teóricos diferentes. Se resumirán brevemente algunos de los conceptos centrales con la finalidad de transmitir alguna noción acerca de cómo se ajustan las disfunciones de la bebida a la teoría total. Un concepto teórico importante es el grado de «diferenciación de self» del individuo. Consiste en el grado en que un sujeto posee un «self sólido» o principios sostenidos sólidamente mediante los que vive su vida. Este contrasta con un «pseudoself» compuesto de principios vitales inconsistentes que son susceptibles de corrupción o coerción en beneficio del momento. La diferenciación de self equivale aproximadamente al concepto de madurez emocional. El nivel de diferenciación de un sujeto está determinado por el nivel de diferenciación de sus padres, por el tipo de relación que el niño tiene con sus padres, y la manera en que es manejada en el comienzo de la vida adulta la vinculación emocional irresuelta del sujeto a sus padres. Las personas se casan con cónyuges que poseen niveles básicos de diferenciación de self idénticos. Estos factores diversos predicen el grado de indiferenciación o inmadurez que será absorbido por el nuevo núcleo familiar (que encierra a padre, madre e hijos). Es frecuente que los jóvenes se casen acusando a sus padres de la infelicidad pasada y esperando encontrar una armonía perfecta en el matrimonio. Los dos pseudoselfs se «fusionan» en la «nostridad» emocional del matrimonio, que contiene un elevado potencial de entorpecer el funcionamiento de un esposo. El malestar provocado por la fusión es manejado de varias formas. Es casi universal cierto grado de distanciamiento emocional en el matrimonio, que contribuye a que cada uno sea un self más definido de lo que de otra manera sería posible. Luego tenemos el conflicto conyugal en el que ninguno «cede» ante el otro. El conflicto les confiere una buena razón para que mantengan el distanciamiento emocional y la «reconstrucción» entre los conflictos permite intervalos de intensa proximidad. La pauta más frecuente para manejar la fusión emocional consiste en que un esposo se convierte en el dominante, mientras que el otro es el adaptativo, que está «programado» para apoyar al esposo más dominante en la toma de decisiones. El esposo adaptativo se convierte en un «no-self» funcional. Si esta pauta se prolonga demasiado, el sujeto adaptativo se hace vulnerable a algún tipo de disfunción crónica, que puede ser enfermedad física, enfermedad emocional o una disfunción social como la bebida, el uso de drogas o un comportamiento irresponsable. La otra pauta consiste en que los padres proyectan su inmadurez a uno o más de uno de sus hijos. Hay algunos padres que siguen una pauta predominante. La mayoría siguen una combinación de las tres pautas.

Existe una gama de pautas adaptativas disponibles en el núcleo familiar. En momentos de calma, las pautas adaptativas pueden funcionar sin que surjan síntomas en ningún miembro de la familia. Conforme crece la ansiedad y la tensión, las pautas adaptativas pierden flexibilidad y estallan los síntomas. La familia no elige conscientemente cuando selecciona las pautas adaptativas. Estas están «programadas» en los esposos por sus familias parentales. En general, existe más adaptabilidad en las familias que se ajustan a todo un espectro de pautas que en las que siguen pocas pautas. Otra variable importante tiene que ver con la calidad y el grado de contacto emocional que establece cada esposo con su familia de origen. Aquí de nuevo, existe una gama de formas por las que las personas manejan las relaciones con las familias parentales. Algunas pueden distanciarse emocionalmente al tiempo que viven al lado; otras mantienen la proximidad emocional mientras viven a gran distancia. La proximidad o el distanciamiento emocional con respecto a las familias parentales está determinada por una combinación de distancia física y calidad de la relación. Una pauta común que se sigue en nuestra sociedad es la relación emocionalmente distante con las familias parentales, con visitas breves, formales, casuales y «de cumplido». En general, cuanto más aislada emocionalmente se encuentra una familia nuclear de las familias parentales, mayor es la incidencia de problemas y síntomas. En otros artículos se han expuesto los detalles de la teoría (Bowen, 1966, 1971).

LAS PAUTAS CLINICAS

En general, el individuo que más tarde se convertirá en alcohólico es un sujeto que maneja la vinculación emocional con sus padres, y especialmente con su madre, mediante la negación del vínculo y mediante una postura superindependiente que comunica, «No te necesito. Puedo hacerlo por mí mismo». El nivel de vinculación emocional es bastante intenso, pero no es mayor del que existe en muchas personas. Es el modo cómo se maneja la vinculación, más que la intensidad lo que realmente importa. Esta postura ante la vida comporta varias consecuencias. Por un lado, tenemos al sujeto que es capaz de conseguir que esta actitud pseudoindependiente le sirva durante mucho tiempo. Probablemente es muy trabajador en su profesión o negocio y parece que le va bien en su familia inmediata. Un individuo como éste, generalmente ostenta un sentido exagerado de la responsabilidad frente a los demás. Procura tenazmente vivir con arreglo a esta responsabilidad, pero como ésta es en última instancia inalcanzable, el resultado es la irresponsabilidad y el quebrantamiento de las promesas. Esta persona adopta la misma postura de «puedo hacerlo por mí mismo» ante la mujer y los hijos, quienes participan en su postura de excesiva responsabilidad al esperar de él que funcione siempre a este nivel. La vida de esta persona está cargada con sus elevadas autoexpectativas y su sentido ilusorio de la responsabilidad. Su talón de Aquiles es la negación de su necesidad de los demás, y su postura superindependiente, que es reforzada sucesivamente por su esposa e hijos. Cuanto más tenazmente trabaja, más aislado termina emocionalmente. Cuando se siente especialmente cargado y el aislamiento es muy intenso, a menudo encuentra alivio en el alcohol, iniciando de este modo, una pauta de bebida bien conocida.

Por otra parte, tenemos a la persona que está tan apegada a sus padres, y especialmente a su madre, que no es capaz de llevar una vida productiva. Le fue «arrebatado su self» («de-selfed», en el original) en la fusión emocional que tuvo con su madre débilmente diferenciada. El mecanismo de la negación le permite guardar una distancia con respecto a la satisfacción de esta necesidad de su madre y a toda relación parecida ulterior en que tendría que reconocerse la necesidad. Se desploma dedicándose al alcohol, muy temprano en la vida, al tiempo que afirma en voz alta su independencia y su continua postura de «puedo hacerlo por mí mismo». Se trata de individuos que terminan viviendo desterrados de la sociedad: cuya necesidad de intimidad emocional es particularmente grande, y que todavía les queda llegar hasta el extremo de negarlo. Desde la perspectiva de la teoría sistémica, existen refugiados disfuncionales del sistema de relaciones familiares. La mayor parte de los sujetos con problemas de bebida se sitúan en algún lugar entre los dos extremos que aquí se han expuesto. Un gran porcentaje de alcoholismo adulto lo sufren los individuos que están casados, y que poseen el mismo tipo de vinculación emocional en el matrimonio que el que tenían en sus familias parentales. Se encuentran aislados de sus esposas, que desempeñan el rol recíproco en la disfunción alcohólica.

Las personas se casan con esposos que tienen idénticos niveles de diferenciación de self, a pesar de que normalmente parece que utilizan diferentes modos para enfrentarse con el estrés. Por lo común siguen una combinación de las tres pautas para hacer frente a la fusión conyugal. Tienen algún grado de desequilibrio matrimonial, algún grado de «arrebato de self» en el esposo adaptativo por la fusión conyugal, y algún grado de proyección del problema a sus hijos. La pauta que sigue un esposo que se adapta o cede ante el otro esposo es la pauta central de los problemas de bebida. Seguidamente presentaremos un caso clínico de una pauta frecuente. La esposa era una mujer profesionalmente productiva antes del matrimonio. Asimismo, era una persona adaptativa, consagrada al ideal de la disposición, la unión emocional, y la armonía conyugal. Se dedicó voluntariamente a apoyar a su marido en su profesión, que era un hombre de negocios tenaz. Se enorgullecía de tener el matrimonio perfecto en el que ella y el marido piensan de modo parecido sobre las cuestiones importantes. Su self estaba siendo paulatinamente arrebatado por su marido, que ganaba energía funcional a expensas de ella. Conforme tomaba él cada vez más decisiones por los dos, menos capaz se iba volviendo paulatinamente ella para tomar decisiones. Esta es la pauta habitual del cónyuge dominante que funciona muy adecuadamente, y el cónyuge adaptativo que se acerca a un grado idéntico de disfunsión. A ella le resultó más duro encontrar energía para llevar la casa y los hijos. Comenzó a tomar copas durante el día para estimularse en los quehaceres domésticos, cuidando las debidas precauciones para ocultar la bebida a su marido, y para estar dispuesta para el encuentro ideal cuando él volviese a casa del trabajo. Aunque formaba parte integrante del problema, el marido tenía el grado habitual de «ceguera» para captar la creciente disfunción de su mujer. Incluso hizo la vista gorda cuando trajo a casa para cenar a unos socios de la empresa y encontró a la mujer «desmayada» sobre el sofá del salón sin nada preparado para cenar. Llevó a sus socios a cenar fuera y jamás mencionó el incidente. El alcoholismo se «descubrió» más tarde en otro incidente en que la mujer perdió el conocimiento y fue hospitalizada a través de «urgencias». Durante el curso de la terapia familiar con marido y mujer juntos se produjo un alivio del síntoma alcohólico bastante pronto, puesto que las sesiones terapéuticas disminuyeron la separación emocional que mediaba entre ellos. En el proceso de recuperación, cuando ella recobró un poco del funcionamiento de su self, atravesaron un momento de conflicto conyugal bastante intenso. Ella descubrió que «pensar parecido» había servido para no tener que pensar por sí misma.

Seguidamente exponemos un ejemplo de otra pauta común con una manifestación de síntomas opuestos. La esposa era una persona adaptativa «no-self» y el marido el que funcionaba extraordinariamente. El adquiría funcionamiento emocional gracias a la disfunción de la mujer, quien era capaz de mantenerse a un nivel marginal en la entrega emocional excesiva a sus hijos. El marido asumía la responsabilidad de funcionar extraordinariamente con relación a toda la gama de decisiones que afectaban al nudo emocional del núcleo familiar. Ambos esposos estaban aislados del contacto emocional significativo con sus familias parentales, y estaban aislados entre sí. Tan pronto como el marido sintió cada vez más el peso de las responsabilidades en el trabajo y su responsabilidad ante la mujer y los hijos empezó a aumentar y a extender sus bebidas «sociales» bebiendo excesivamente por la noche y durante los fines de semana. Existen miles, y tal vez millones, de familias como ésta en que el consumo regular de alcohol del marido es excesivo, y en que él es capaz de mantener un nivel adecuado de funcionamiento en el trabajo. Una familia como ésta termina inclinándose por la ayuda profesional cuando sobreviene una crisis en las pautas adaptativas y empiezan a aflorar los síntomas. En este caso la familia se sintió inclinada a buscar ayuda profesional cuando se produjo una crisis en el nudo emocional que formaban la madre y los hijos. Un hijo empezó a manifestar problemas conductuales, la mujer se bloqueó con una disfunción que estaba relacionada con el problema del hijo, y fue entonces cuando el marido se mostró dispuesto a formar parte del esfuerzo terapéutico.

LA FAMILIA Y LA TERAPIA SISTEMICA

El alcoholismo ha sido siempre una de las disfunciones emocionales más difíciles de modificar sea cual sea el método terapéutico. La terapia familiar sistémica no ofrece una solución mágica al problema global, pero la teoría sí que proporciona una manera distinta de entender el problema, y la terapia aporta varias formas de enfocar el problema que no pueden encontrarse en la teoría y la terapia tradicional. Los principios terapéuticos derivan directamente de la teoría. A continuación resumimos brevemente la manera cómo se aplicarían los diversos principios.

He visto que es útil pensar en el grado de perturbación que sufre un sujeto con problemas de bebida. La energía básica o el nivel de diferenciación de self, más que la intensidad del alcoholismo, es un predictor bastante certero del resultado de cualquier esfuerzo en la terapia. En la sección de las pautas clínicas hice mención de dos perfiles a cada extremo del espectro. Cuanto más se acerca un individuo al término superior del espectro, aún siendo elevado y consistente el consumo de alcohol, mayor es su energía básica y es más probable que alcance un resultado clínico favorable. Cuanto más se acerca un sujeto al extremo de «marginado social» del espectro, aunque el consumo de alcohol sea pequeño, menos probablemente se logrará un cambio con el esfuerzo terapéutico.

En primer lugar, se presta atención al nivel general de ansiedad. Los miembros de la familia más dependientes del bebedor son más manifiestamente ansiosos que éste. Esto dice mucho acerca de la naturaleza del problema. Cuanto más amenazada se ve una familia, se vuelven más ansiosos, se hacen más críticas, mayor es el aislamiento emocional, más bebe el alcohólico, mayor es la ansiedad, más intensas se hacen las críticas y la distancia emocional, más bebe, etcétera, en una escala emocional que empeora el problema y ambas partes se tornan más rígidamente intransigentes. Todo lo que pueda interrumpir la espiral en que entra la ansiedad será provechoso. Cualquier miembro significativo de la familia que sea capaz de «enfriar» la respuesta ansiosa, o controlar la ansiedad propia, puede avanzar un paso hacia la detención e inversión de la escalada. He tenido varias «curas» totales de problemas de bebida graves en maridos, que se niegan resueltamente a asistir a las sesiones, de modo que se ocupa todo el tiempo con las mujeres. En estas situaciones se dedica el tiempo a enseñar a las mujeres cosas acerca de la manera cómo funcionan los sistemas familiares, y a ayudarlas a controlar su rol recíproco en el problema. He tratado a dos familias con un progenitor alcohólico, en las que ninguno de los progenitores tenía nada que ver con la «terapia». En ambos casos se ocupó el tiempo con una hija mayor que se mostraba motivada, y el resultado fue favorable. En una de las familias, el alcohólico era el padre, y en la otra la madre. Es bastante más habitual que el individuo bebedor asista al menos a una parte de las sesiones.

El conocimiento de la postura «lo haré por mí mismo» así como de la separación emocional de la familia parental de la generación pasada y del cónyuge de la actual suministra varios indicios que señalan el camino hacia técnicas terapéuticas útiles. El individuo alcohólico fluctúa en un estrecho margen entre excesiva proximidad y excesivo aislamiento emocional. Cuando está bebiendo, se encuentra aislado emocionalmente. Frecuentemente, con una ligera reducción del aislamiento emocional se puede detener la bebida y llevar la terapia a un nivel más constructivo. A menudo es posible «entrenar» a la familia a restablecer un contacto emocional que tenga más sentido con una familia parental. Los resultados inmediatos puede ser impactantes en aquellas situaciones en que las relaciones con los padres pueden mejorarse sólo ligeramente.

Existe un principio fundamental que se aplica a toda familia en la que un miembro significativo se halla en una posición de funcionamiento marcadamente extraordinario, mientras que otro en una posición de marcada disfunción: resulta mucho más sencillo hacer que la persona que funciona extraordinariamente atenúe el sobrefuncionamiento que hacer que el sujeto que disfunciona incremente el funcionamiento. En toda situación que permite una opción «(o)...o» donde fijar el foco de las sesiones terapéuticas, nos decantamos por el miembro de la familia que funciona extraordinariamente. Hay numerosas razones para esto, que por su extensión no vamos a entrar en detalle en la presente exposición.

Por último, hay situaciones en que un esposo es alcohólico y ambos cónyuges están dispuestos y ansiosos por asistir a las sesiones. En general, éstas son las familias que obtienen los mejores resultados. Se puede dedicar la mayor parte del tiempo a definir la interdependencia emocional desde el principio. Los resultados no son tan satisfactorios cuando uno de los esposos se muestra reacio a asistir. En estas familias, tiendo a buscar un miembro que se sienta motivado para trabajar solo sobre todo el problema, hasta que ambos estén dispuestos a participar juntos. La terapia familiar con los dos esposos es uno de los mejores caminos del éxito en la terapia familiar.

RESUMEN

La teoría familiar sistémica proporciona un marco de referencia distinto para entender el alcoholismo, y la terapia familiar sistémica suministra todo un espectro de modos efectivos para modificar las pautas de relaciones familiares.

CAPITULO 13

La regresión de la sociedad contemplada a través de la teoría familiar sistémica

Este artículo representa un punto decisivo en el prolongado esfuerzo por correlacionar sistemáticamente los factores emocionales de la familia con los factores emocionales de la sociedad. Mi interés más temprano por las cuestiones relativas a la sociedad se remonta a los años cuarenta. El interés se renovó en los orígenes de mi investigación acerca de la familia al darme cuenta de que el estudio de la misma aportaba una dimensión teórica completamente nueva para entender el fenómeno humano global. Nos sentíamos impulsados a explorar, y a mirar muchas cosas a través de este nuevo prisma teórico, aunque la investigación estaba centrada en la esquizofrenia y aquélla tenía prioridad. Asimismo quise evitar hacer suposiciones dramáticas de hechos mínimos, punto débil de muchas de nuestras teorías acerca de la sociedad. Eludí intencionadamente todas excepto los pensamientos privados y las observaciones acerca de la sociedad.

Con el paso de los años, se ha producido una lenta extensión de los conceptos relativos a la familia a sistemas sociales mayores. Alrededor del año 1960 se celebraron varias conferencias en las que yo era uno de los que expresaba la creencia de que el mayor logro del movimiento familiar provenía, no de la terapia familiar, sino de sentar las bases para nuevas teorías acerca del hombre y sus esfuerzos por adaptarse. A lo largo de la década de los sesenta, se llegó a comentar que las pautas emocionales de la sociedad eran idénticas a las pautas emocionales de la familia. Esto parecía lógico y acertado, pero resultaba difícil encontrar hechos específicos relacionados entre sí. Después vino el énfasis que yo puse sobre los triángulos que se forman lo mismo en la sociedad que en la familia. El uso del término *sistemas* ha ido desplazando paulatinamente a términos más antiguos. Incluso a pesar de que el término *sistemas* ha sufrido un abuso y un mal uso, el concepto ha contribuido a ensanchar el campo de visión.

Y de este modo, han perdurado durante unos dieciocho años algunos pensamientos informales fragmentarios acerca de la sociedad al lado de los conceptos sistémicos más generales, sin que se haya realizado ningún esfuerzo formal por integrar algunos de estos conceptos parciales. El ímpetu del nuevo esfuerzo surgió en 1972-1973, cuando se invitó a elaborar un artículo formal acerca de la reacción previsible del hombre frente a la crisis, y concretamente frente a la crisis sobre la que se había asignado una responsabilidad estatal a la nueva Agencia de Protección Ambiental. Esta será la primera vez que parte del material derivado de aquel esfuerzo se expondrá en un congreso nacional dedicado a «la familia». He estado esperando este congreso memorial para que Nathan Ackerman empiece a tratar estas cuestiones. Si en algo conozco a Nat, sé que a él le gustaría esto para su congreso nacional.

ANTECEDENTES

Una opinión fundamental que ha influido en mi pensamiento desde los años cuarenta es que el hombre es una forma de vida en evolución que está más relacionada con las formas inferiores de vida de lo que se diferencia de ellas, que la mayoría de las teorías psicológicas se centran en la singularidad del hombre más que en su relación con el mundo biológico, y que las fuerzas instintivas que gobiernan a todos los animales y al comportamiento protoplasmático son más fundamentales en el comportamiento humano de lo que reconocen la mayor parte de las teorías. En el transcurso de los años, probablemente he empleado más tiempo leyendo a Darwin que a Freud, y más tiempo en el trabajo de biólogos, etólogos y científicos naturales que en el de psicólogos y sociólogos. Esto no quiere decir que todo campo es exclusivo o inclusivo, sino que he evitado cautelosamente el empleo de conceptos teóricos que no están básicamente en consonancia con el hombre como animal biológico-instintivo. No es fácil transmitir esta idea a personas que poseen algún tipo de conocimiento aislado de las ciencias naturales, aunque utilizan un marco de referencia distinto al pensar acerca del hombre.

Alrededor de 1955 aparecieron observaciones y pensamientos bastante serios acerca del malestar social y la regresión de la sociedad. En ese momento, la sociedad parecía más inquieta, más egoísta, más inmadura, más violenta, y más irresponsable que en años anteriores. ¿Cómo podía uno estar seguro de esto? Existía la opinión de que los medios de comunicación se concentraban en las cosas desagradables de la sociedad, y no escuchábamos las agradables. En casi todo momento de la historia, han existido aquéllos que han descrito la situación como la peor hasta entonces, y a través de la historia han existido aquéllos que predecían el día del juicio final justo al doblar la esquina. Me han fascinado los manuscritos de hace cientos de años que describen perfectamente la situación social o política del momento. Sin embargo, hay muchas pruebas que indican que existe eso que se ha denominado como regresión de la sociedad. Mucho se ha escrito sobre la grandeza y decadencia del imperio romano, y el declive que precedió a su deterioro final. Hubo quienes sugirieron que las culturas tienen cursos de vida bastante previsibles, seguidos del ocaso y el deterioro. La historia bíblica contiene relatos de los períodos más perversos y pecaminosos, así como de los períodos más rectos y virtuosos de la existencia humana. Las explicaciones populares que se dan sobre la ansiedad de la sociedad son numerosas y variadas. En la década posterior a la Segunda Guerra Mundial, era popular citar la ansiedad en relación con el miedo a la bomba atómica, o con que la guerra fría devendría otra guerra sangrienta. Había quien sugería que tras la Segunda Guerra Mundial se esperaba el cambio radical de la sociedad, o que se puede prever una decadencia de los valores durante los momentos prósperos y los períodos de riqueza. Mi interés parcial en esto me llevó a la conclusión de que las fluctuaciones de la adaptación social son cíclicas, han estado presentes a través de los siglos, la larga historia del hombre sobre la tierra ha sido benigna, y sería interesante contemplar su recuperación de la regresión. Mi propio pensamiento se inclinaba en favor de la hipótesis de que la ansiedad que afecta a la sociedad estaba relacionada con la recuperación de la postguerra, los profundos avances de la tecnología y los cambios que la acompañaban.

Había dificultades para encontrar algún tipo de línea de base que sirviera para hacer juicios acerca de la presencia o ausencia de la regresión de la sociedad. Pueden recogerse estadísticas sobre el incremento de la tasa de divorcios, o el de la tasa de crímenes, pero ¿qué se hace con este material? El trabajo clínico con las familias demuestra que la ansiedad, y los síntomas del comportamiento que la acompañan, puede tener lugar junto a un cambio que represente progreso. ¿Cómo se conoce la diferencia entre los síntomas sociales que acompañan al progreso y aquéllos que acompañan a la regresión? Creo que algún método parecido a mi «escala de diferenciación de self» es esencial para esta clase de estudio. Es necesario tener una línea de base aceptablemente precisa para evaluar el funcionamiento de las personas, para comparar unas con otras, y para evaluar el cambio con el paso del tiempo. La escala de diferenciación de self se desarrolló en 1960 y se ha empleado el tiempo suficiente, y con los sujetos suficientes, para considerarla como un método aceptablemente preciso en manos de aquéllos que tengan experiencia en las variables.

Se barajaron varias hipótesis, que luego se descartaron, a la hora de buscar una explicación efectiva de los factores que desencadenaron la regresión de la sociedad. En este momento había razones para pensar que se estaba dando una ansiedad de la sociedad cada vez mayor durante uno de los períodos más seguros de la historia de la humanidad. El hombre ha vencido a muchas de las fuerzas que amenazaron su existencia en los primeros siglos. Gracias a la ciencia médica se ha alargado la duración de su vida, su tecnología ha avanzado con gran celeridad, ha ido adquiriendo un control cada vez mayor sobre su entorno, que ha sido su adversario, y un porcentaje mayor de la población mundial posee mayor seguridad económica y bienestar material, que en ningún momento de la historia del hombre sobre la tierra. La brevedad del artículo no permite hacer una revisión de las distintas hipótesis y sus ramificaciones. Durante los años sesenta era difícil dejar de pensar en la guerra del Vietnam. Un extenso segmento de la población veía que suscitaba inquietud social, pero existían muchas pruebas que respaldaban la tesis de que se trataba del síntoma de una tensión preexistente. Hacia finales de la década de los sesenta, se planteó una hipótesis que no sólo se mantuvo durante varios años, sino que además se ha consolidado mediante nuevas pruebas, y las investigaciones de otros autores. La hipótesis postula que la creciente ansiedad del hombre es producto de la explosión demográfica, la desaparición de nuevas tierras habitables para colonizar, el próximo agotamiento de las materias brutas necesarias para el sustento de la vida, y la creciente conciencia de que la «nave tierra» no puede soportar indefinidamente la vida humana en el estilo al que se han acostumbrado el hombre y su tecnología. El hombre es un animal territorial que se resiste a ser «cercado» con las mismas pautas básicas de las formas inferiores de vida. Se dice a sí mismo otras razones para explicar su conducta, en tanto pautas importantes de vida permanecen idénticas a las de los animales no pensantes. Ha empleado siempre el «alejarse de la multitud» como medio para aliviar la ansiedad y estabilizar su ajuste. En este punto, la tesis sostiene que el hombre se dio cada vez más cuenta de la desaparición de fronteras, más a través de su «radar instintivo» que mediante su pensamiento lógico. Se ha percatado cada vez más de que su mundo tiene un tamaño limitado, gracias a la comunicación rápida, a la televisión, y al transporte veloz. Cuando los animales están confinados en un espacio limitado, y crecen en número, comprueban los límites del recinto, hay más movilidad y desplazamientos, y al final acaban viviendo amontonados en lugar de distribuirse equitativamente el espacio disponible. El hombre se ha vuelto más móvil en los últimos veinticinco años, mayor cantidad de gente se mueve más frecuentemente, y un porcentaje elevado de la población acude para vivir en los grandes centros metropolitanos.

En estos antecedentes es importante otra noción teórica; se trata de otra característica previsible del hombre. Con su conocimiento y pensamiento lógico, podía haber sabido hace décadas que iba a chocar con su entorno. Su reactividad emocional y su pensamiento causa-efecto le impiden «saber» realmente lo que podía saber. Ha sido un pensador causa-efecto desde que empezó por vez primera a indagar razones para explicar el mundo y su papel en él. Podemos hacer un repaso de su pensamiento en siglos anteriores y reírnos del espectro de factores diabólicos a los que atribuía sus desgracias, así como de los factores benévolos con los que acreditaba su buena fortuna. La ciencia ha permitido al hombre superar el pensamiento causa-efecto en muchos aspectos de la vida. Primero fue capaz de utilizar sistemas en la astronomía, muy lejanos para él. Luego, fue capaz de pensar en «sistemas» al abordar las ciencias físicas, y más adelante con las ciencias naturales. En las últimas décadas ha tenido la concepción de que el pensamiento sistémico también se aplica a sí mismo y a su propio funcionamiento emocional, aunque en un campo emocional, hasta el pensador sistémico más disciplinado retorna al pensamiento causa-efecto y lleva a cabo acciones en base a la reactividad emocional más que al pensamiento objetivo. Este fenómeno desempeña un papel importante en las decisiones y acciones humanas en torno a los problemas de la sociedad. Hay pruebas de que el proceso político-legislativo tiene más de reactividad emocional que de pensamiento lógico, y de que gran parte de la legislación es una legislación tipo «tirita» dirigida al alivio del síntoma, más que a los factores subyacentes. La reactividad emocional de la sociedad al enfrentarse con los problemas de ésta, refleja algo similar a la pausada elaboración con el paso de los años de una crisis emocional de una familia. Cuando aparece el primer síntoma, la familia lo ignora o interviene lo justo para aliviar el síntoma inmediato, considerando que el problema se ha solucionado. A continuación siguen el curso habitual hasta otro síntoma más serio, al que sigue otro esfuerzo superficial para mitigar el síntoma. El proceso continúa repitiéndose hasta la crisis final, que se contempla como si se hubiese desarrollado por sorpresa.

COMPARACION DE LAS PAUTAS DE LA FAMILIA Y DE LA SOCIEDAD

La parte clínica más detallada de este estudio contenía una comparación entre el modo de enfrentarse los padres «permisivos» con la delincuencia y los problemas conductuales de sus hijos adolescentes, y el modo de enfrentarse la sociedad con los mismos problemas. Este es el único problema emocional en que el terapeuta y los que representan a la sociedad, mantienen relaciones íntimas, distintas y separadas con el mismo problema a la vez. Se ha convertido en uno de los problemas más comunes de nuestros tiempos. Se hace un especial hincapié en la forma cómo los padres y la sociedad piensan, actúan y reaccionan, o dejan de actuar y reaccionar, con relación al problema. Un interés secundario es el síntoma del joven. Con una larga experiencia clínica, se llega a conocer el problema bastante bien. Una rápida evaluación clínica de la manera cómo funcionan los padres en relación con sus familias extensas entre sí y con sus hijos posibilita hacer predicciones aceptables de aquellos sujetos que se beneficiarán de la «terapia», aquéllos que avanzarán lentamente durante un largo período de tiempo y aquéllos que no experimentarán cambio alguno o que empeorarán. Con el paso de los años, he asignado estimaciones sobre la «escala de diferenciación»(estimando la energía funcional) a partir de entrevistas individuales, de diversas entrevistas a lo largo de un «ensayo» de terapia y al término del esfuerzo terapéutico. Ha habido experiencias con todos los grupos socioeconómicos. Al principio, había muchos errores en las apreciaciones basadas en la escala. Al acumular experiencia, el método se ha perfeccionado lo bastante como para servir de enfoque clínico válido. Uno de los mejores índices ha sido el tipo y la calidad de la relación de la madre con su madre, y la relación de la abuela materna con su madre. La estimación de la energía funcional de una familia encierra un conocimiento de los factores emocionales familiares y un juicio evaluativo de los diversos factores emocionales entrelazados. No se trata del procedimiento conciso y simple que los terapeutas no sistémicos quisieran que fuese. La dimensión esencial de esta comunicación es que ha sido posible, a partir de la apreciación de los antecedentes familiares, hacer comparaciones bastante fiables de los diversos niveles de problemas conductuales con unos y otros, y con el promedio de la sociedad.

La delincuencia y los problemas conductuales no son nuevos. Siempre han estado presentes en un porcentaje de familias y son bien conocidos por los médicos y los agentes sociales que tratan con ellos. En las últimas décadas parecía que se estaba produciendo un marcado incremento del porcentaje de problemas. Desde una práctica clínica, el incremento ha sido abrumador. Parece que parte del aumento afecta a jóvenes cuyas tensiones se habrían expresado anteriormente como problemas interiorizados más que como problemas conductuales. Es un hecho clínico que los padres inseguros y permisivos, en situaciones que requieren un control paterno, se transformarán automáticamente en sujetos proclives a una cierta crueldad autoritaria que equivale por otro lado, a la permisividad insegura. En las últimas décadas, la sociedad ha puesto más el acento en comprender a los hijos que en las actitudes sociales anteriores que exigían obediencia y conformidad. La crueldad autoritaria y la permisividad se contemplan como expresiones diferentes de idénticos grados de inmadurez. El estudio sugiere que cambiar las actitudes de la sociedad crea un entorno que fomenta los problemas conductuales que anteriormente no habrían sido sintomáticos. Dicho de otra forma, una regresión incrementa la incidencia de problemas humanos.

A continuación se apuntan algunas características de padres manifiestamente permisivos que yo considero muy importantes. La mayoría de los padres quieren lo mejor para sus hijos. Desde la infancia del hijo, las madres se entregan a él en gran medida. El grado de entrega está determinado por el nivel básico materno de diferenciación alcanzado en su familia de origen, el embarazo y la infancia del hijo; y el grado que alcanza su ansiedad en los cuidados del hijo. El grado y la intensidad de la ansiedad materna son diferentes para cada hijo, a menudo hay una diferencia en su actitud hacia los niños y las niñas, y además las madres normalmente tienen un hijo más envuelto en el proceso. Gran parte de los pensamientos, las preocupaciones y la energía emocional de la madre se emplean en «atender» al hijo, a lo que éste responde «entregando» una cantidad de self idéntica a la madre. Esto contrasta con la madre más diferenciada cuya entrega al hijo está determinada por la necesidad del hijo, y no por la ansiedad materna. La cantidad de «entrega de self» materna al hijo constituye una «necesidad de amor» programada en el hijo, que se manifestará en las relaciones futuras de éste. Esta cantidad de «necesidad de amor» tiende a permanecer estable a lo largo de la vida. La cantidad de «toma y daca» recíproco en la relación temprana madre-hijo, suministra el primer indicio del futuro nivel de «diferenciación de self» del hijo. Posiblemente la relación padre-hijo permanece en un equilibrio bastante inalterable hasta la adolescencia, momento en que el hijo con una vinculación dependiente trata de romper con los padres y formar relaciones con los pares. Los individuos eligen sus amigos personales más íntimos de entre aquéllos que tienen «necesidades de amor» idénticas. Las relaciones actuales entre pares adolescentes se inclinan hacia grupos construidos sobre una red imbricada de «amigos íntimos». Hay un grupo separado para los distintos niveles de diferenciación. Cuanto más bajo es el nivel de diferenciación del grupo, más intensa es la postura antifamiliar y anticonvencional. Se califica de adulto, valiente, o «con sangre fría» al que es capaz de «hacer frente» a los padres y a la sociedad. En este nivel de diferenciación, «hacer frente» significa atacar y ofender al otro con el lenguaje y el comportamiento, y arrasar infringiendo las normas. En la relación con los padres, el joven se ve conducido por la ansiedad al exigir derechos y libertades, y las ventajas materiales de ser adulto. Inicialmente, los padres se oponen a los jóvenes pero sin convicciones propias claras. En el campo emocional con el joven, pueden «venderse» parcialmente ante su argumento y ceden a las exigencias de aliviar la ansiedad del momento, esperando que esto resolverá el problema. Esto sienta las bases para exigencias y amenazas nuevas y más enérgicas. El proceso puede seguir repitiéndose hasta que los padres hayan rebasado su capacidad de atender las exigencias materiales, y la mala conducta del joven se haya convertido en un problema social. Estos jóvenes son maestros en conocer las debilidades de los padres y la sociedad y en presentar argumentos deliberados en favor de sus «derechos». A este nivel de diferenciación se pierde el concepto de responsabilidad, tanto en los padres como en el joven.

El estudio de la manera de enfrentarse la sociedad con los problemas conductuales aportó las primeras pistas firmes para extender los conocimientos sobre la familia a los sistemas sociales. En los últimos veinte años, todo el rango de funcionarios públicos que representan a la sociedad en el tratamiento de los problemas conductuales se han vuelto también cada vez más «permisivos». Este abarca a funcionarios públicos a nivel local, estatal y nacional. Operativamente, el segmento vocal de la sociedad se halla en la posición del adolescente ansioso que está impelido por la sociedad y que está exigiendo derechos, en tanto el funcionario público está en la posición del padre inseguro que cede al alivio de la ansiedad del momento. Los funcionarios públicos abarcan a todos aquéllos que trabajan en educación, incluyendo profesores, consejeros, jefes de estudios, directores y presidentes escolares; aquéllos que están encargados de funciones ejecutivas y judiciales, incluyendo a policías, jueces, tribunales y otros; y a todo el espectro de aquéllos que rigen la política y aprueban las leyes. La presión de la sociedad está dirigida primero hacia quienes son más inseguros de self, y más vulnerables a la presión. Luego se extiende al resto. Ha habido individuos que durante los veinte años han sido funcionarios que han cambiado sus decisiones operativas en respuesta a la presión. Personas como los profesores y los policías tienden a cambiar en respuesta a la política más permisiva del superior, el jefe o el director. Es más probable que los funcionarios recién elegidos se ajusten a la política más permisiva, antes que a aquéllos que ostentan cargos a punto de dimitir. Hay quienes están mejor diferenciados que todavía mantienen un nivel de self autodeterminado, y que todavía se las arreglan para funcionar en la sociedad, pero son la excepción más que la regla. Estos juicios se basan en el conocimiento personal de funcionarios públicos de mi área local; gracias al seguimiento cercano de la escena nacional durante muchos años, a través de los periódicos, las revistas y la literatura; y a conservar un archivo de decisiones y casos trascendentales que encierran información suficiente sobre las personas principales como para hacer una apreciación válida. Con las familias hemos obtenido información suficiente como para conocer las características de los distintos niveles de la escala. Se compararon las posiciones funcionales de la sociedad en torno a cuestiones críticas con objeto de conocer los niveles en las familias. El nivel de funcionamiento medio de la sociedad ha disminuido en diez puntos según mi escala en el lapso de veinticinco años. La comparación se basó en cuestiones que se sabía influían en la regresión de las familias y de los grupos sociales pequeños. Excluía el cambio que pudiera tener una conexión directa con el cambio abrumadoramente progresivo de la sociedad. La evaluación tampoco tenía conexión directa con cuestiones polarizadas que eran denominadas como factores liberales y conservadores. La curva regresiva había experimentado oscilaciones a lo largo de todo el período, pero había una curva que en general descendía lentamente desde finales de los años cuarenta hasta cerca de 1960, una curva descendente marcada desde aproximadamente 1960 hasta 1964, y una curva descendente brusca desde más o menos 1964 hasta 1969 (tan grande en la última mitad de la década de los sesenta como en los quince años anteriores), y luego una curva paulatinamente ascendente a lo largo del año 1972. Desde entonces la curva ha fluctuado demasiado como para establecer otra definitiva. El grado de regresión resultó una sorpresa al ser trazado. Considerando que la mayor parte de la población cae dentro de unos cincuenta puntos de la escala, la regresión constituye aproximadamente el veinte por ciento en cifras de porcentajes.

EL PROCESO EMOCIONAL Y LA REGRESION

Existen analogías asombrosas entre la regresión de una familia y la regresión de grupos sociales más grandes y de la sociedad. La regresión tiene lugar como respuesta a una ansiedad sostenida crónica, y no como respuesta a una ansiedad crítica. Si se da regresión con ansiedad crítica, aquélla desaparece cuando la ansiedad disminuye. La regresión sucede cuando la familia, o la sociedad, empieza a tomar decisiones importantes para aliviar la ansiedad del momento.

Los factores de individualidad-unión. Un índice crítico del funcionamiento de un sistema emocional es el equilibrio de los factores de unión-individualidad. Los dos factores se equilibran mutuamente de una manera precisa. En un momento de calma, los dos factores operan como un equipo amistoso, de forma invisible. Los factores de unión provienen de la necesidad universal de «amor», aprobación, intimidad emocional y acuerdo. El factor de individualidad proviene del impulso de ser un individuo productivo, autónomo, definido por el self más que por los dictados de un grupo. Todo sistema emocional contiene una cantidad de factores de unión, y una cantidad recíproca de factores de individualidad, que constituye un estilo de vida o «norma» para ese grupo en ese momento. El funcionamiento óptimo estaría cerca de un equilibrio cincuenta a cincuenta, sin que ninguno de los factores prevaleciera sobre el otro y con un sistema suficientemente flexible para adaptarse al cambio. En el terreno de la ansiedad, el grupo se orienta hacia una mayor unión para aliviar la ansiedad, y establecería un equilibrio nuevo, de a lo mejor cincuenta y cinco o hasta sesenta, para el lado de la unión, y cuarenta y cinco o cuarenta recíproco para el lado de la individualidad, que se convierte en la nueva «norma» para el grupo en ese momento. Se utilizan estas cifras con la finalidad de ilustrar el principio, de modo que no encierran otro significado concreto que aclarar la cuestión.

Ambos factores están en un equilibrio tan sensible que un pequeño incremento de uno suscita retumbos emocionales profundos para que los dos alcancen el nuevo equilibrio. La presencia de retumbos puede suministrar una pista de que un cambio está en camino, incluso antes de que se presenten síntomas manifiestos. El equilibrio es sensible a la ansiedad. El cambio hacia la unión en el plano de una familia puede ser ejemplificado con el caso de un adolescente curioso que reclama derechos y libertades. Los padres inseguros ponen objeciones y luego transigen a las demandas de aliviar la ansiedad del momento. Ahora el sistema está en equilibrio en un nivel de regresión ligeramente elevado. En el plano de la sociedad, el segmento vocal ansioso inicia una súplica de paz, armonía, unión, preocupación por los demás, más derechos y decisiones que hagan esto posible. Los factores de individualidad combaten y defienden por principio la autonomía del self, y permanecen en un curso de acción predeterminado a pesar de la ansiedad. Los factores de unión pueden considerar la posición de individualidad irracional, despreocupada, desleal y perjudicial; y los factores de individualidad contestar con que los derechos de un individuo determinan su propia trayectoria. Si prevalecen los factores de unión, los de individualidad abandonan la oposición y ahora el sistema vuelve a una armonía emocional con una nueva «norma» de unión incrementada, menos individualidad y un ligero aumento de la regresión. Si la ansiedad persiste, los factores de unión iniciarán una nueva oleada de presión, y el ciclo se repite. En momentos de mayor calma, el cambio puede avanzar y retroceder, sin que ninguno de ellos predomine durante mucho tiempo. Para ilustrar el proceso, supondré una situación en que los factores de unión prevalecen a través de repetidos pasos hasta que la unión sobrepasa marcadamente a la individualidad. Tan pronto como se establecen las «normas» nuevas tras cada paso, el estilo de vida cambia para ajustarse a la nueva unión, y predominan los síntomas de regresión. Los factores de unión siguen ejerciendo presión influyendo sobre las elecciones y selección de funcionarios públicos, se sumerge la individualidad, se pierde la capacidad de tomar decisiones, los miembros capaces desertan del grupo, y se produce una reactividad emocional arrolladora, violencia y caos. El punto final de la unión excesiva se alcanza cuando los miembros capaces se marchan para unirse a otros grupos, y el resto se amontonan con un miedo impotente, tan próximos que viven apiñados, y tan alienados que todavía claman por la unión que aumenta aún más la alienación, o se vuelven violentos y empiezan a destruirse entre sí.

El equilibrio unión-individualidad también se ve afectado por un aumento de la individualidad. El cambio hacia la individualidad en el plano de la familia puede ser ejemplificado con un miembro familiar responsable aislado que sigue una trayectoria determinada individualmente. Por ejemplo, podría ser un padre que ha procurado ser el tipo de marido y padre que su familia deseaba, y que ha prometido esforzarse y ha fallado. Si alcanza el punto de definirse a sí mismo como la clase de marido y padre que él responsablemente desea ser, y se mueve en esta dirección, tropieza con una oposición emocional inmediata que le sugiere que es egoísta y mezquino y no ama a los demás. En este momento, sería normal que empezara a defender su forma de actuar, o de contraatacar, o a callarse, todo lo cual le empujaría haciéndole retroceder a la antigua unión. La individuación creciente es lenta y penosa, y tiene lugar solamente con una decisión rigurosa de seguir un curso de acción basado en principios a pesar del impulso de regresar a la unión. Generalmente llega un intento con suerte después de varios fracasos. Cuando por fin es capaz de mantener su trayectoria sin que le altere la oposición, ésta hace un ataque emocional intenso final. Si permanece tranquilo a pesar de éste, la oposición se calma y se remonta a su nivel de individualidad. En este momento la familia está equilibrada en armonía emocional con un poco más de individualidad. Cuando un miembro de la familia avanza un paso satisfactoriamente hacia la individualidad, luego otro miembro, y otro harán lo propio. En un sistema social pequeño o grande, el paso hacia la individualidad es iniciado por un líder aislado y fuerte con el coraje de su convicción, que es capaz de organizar un equipo, y que posee principios nítidamente definidos sobre los que puede fundamentar sus decisiones cuando la oposición emocional se torna intensa. El sistema social grande atraviesa los mismos pequeños pasos, acompañados de reajustes en el equilibrio de los factores unión-individualidad después de cada paso. Nunca hay una amenaza de excesiva individualidad. La necesidad humana de unión impide ir más lejos de un punto crítico. Una sociedad con niveles de individualidad más elevados permite un gran crecimiento a los individuos dentro del grupo, maneja bien la ansiedad, las decisiones se fundamentan en principios y resultan fáciles, y el grupo atrae a nuevos miembros. Esto fue característico de los Estados Unidos durante gran parte de su historia. Los fundadores de la nación tuvieron fuertes principios que proporcionaron garantías flexibles de los derechos individuales, y eran atractivos para los inmigrantes de todo el mundo. La crisis de la individualidad comienza cuando los líderes se relajan en el mantenimiento de los principios. Cuando se produce el siguiente episodio de ansiedad, los líderes se sienten tan inseguros de sus principios que empiezan a tomar decisiones en base a la ansiedad del momento, y los factores de unión vuelven a ser dominantes.

LAS MANIFESTACIONES DE LA REGRESION

Un proceso regresivo está constituido por un conjunto tan complejo de factores que todavía no se puede saber cuál es el primero o cuál el más importante. El proceso global se pone en movimiento cuando un hombre se ve expuesto a un tipo determinado de ansiedad sostenida. El hombre es todavía un producto reactivo emocional de la naturaleza, y es sensible a ella a pesar de que se defienda lo contrario. Parece que la ansiedad que inicia la regresión está relacionada con una falta de armonía entre el hombre y la naturaleza más que con una falta de armonía entre el hombre y su semejante, como en la guerra.

Se pueden identificar algunas de las manifestaciones de la regresión. Los factores de unión empiezan a prevalecer sobre la individualidad, se produce un incremento de decisiones enfocadas a aliviar la ansiedad del momento, un incremento del pensamiento causa-efecto, un interés por los «derechos» a la exclusión de «responsabilidad», y un descenso en el nivel global de responsabilidad. Se da una paradoja en la cuestión derechos-responsabilidad. Cuanto mayor es la ansiedad, mayor es el interés en los «derechos» que sumergen la «responsabilidad». No puede haber derechos en una mayoría responsable que los garantice. Cuanto más se centra una persona en sus propios derechos, menos tiene en cuenta los derechos de los demás, y más irresponsable se vuelve en la violación de los derechos ajenos. Centrar la atención en los derechos destruye el objetivo que se pretendía alcanzar.

El interés en la unión encierra otra paradoja. Cuanto más se afana el hombre ansioso por la unión, más pierde aquello por lo que se afana. Los hombres necesitan intimidad humana, pero son alérgicos si hay demasiada. A un aumento de la ansiedad le corresponde un movimiento cada vez mayor de concentraciones de individuos hacia los centros metropolitanos. El hombre se aparta emocionalmente de la unidad, que acrecienta su alienación, que incrementa la necesidad de unión, que remueve la ansiedad que suscita la excesiva intimidad, que provoca más retirada y alienación. Los hombres responden a la alienación del «montón humano» de distintas maneras. Algunos se retiran a un aislamiento solitario en medio del «montón». Otros, incapaces de lograr intimidad con los que son importantes para ellos, se entregan a una socialización frenética y a la búsqueda de una intimidad breve, temporal o superficial con desconocidos y relativamente extraños.

La sexualidad es uno de los mecanismos más destacados para lograr intimidad. Si la ansiedad, la regresión y la necesidad de intimidad crecen, y es imposible lograrla en las propias familias, se buscará la intimidad cada vez más a través de la actividad sexual fuera de sus familias. La incidencia del sexo fuera del matrimonio ha aumentado y el índice de divorcios ha ascendido vertiginosamente. La actividad sexual comienza, para un número creciente de adolescentes, a la temprana edad de cuando estudian bachillerato. Las personas reservadas cuya sexualidad se limita más a la fantasía, disponen fácilmente de revistas y películas pornográficas. Las formas de sexualidad, antes desaprobadas y condenadas como perversas por la sociedad, hoy se aceptan más. Los arreglos de vida comunal, presentes desde hace mucho tiempo a nivel de experimento social, se han convertido en una forma de vida frecuente para el segmento de población joven más ansioso e inestable. La revolución sexual, en todas sus numerosas formas, es contemplada como producto de la regresión. Otra manifestación de la ansiedad y la regresión es el abuso de drogas en todas sus expresiones, lo que constituye un fragmento del cuadro global. Otro producto más de la regresión es la violencia, parte integral del complejo ansiedad-regresión. A un aumento de la violencia, en sus miríadas de formas, le sigue presumiblemente una intensificación de los factores de unión. Una sociedad regresiva no puede reducir sustancialmente el crimen que forma parte del complejo total, sin reducir primero la regresión. En una regresión, la «norma» de la sociedad en los negocios, las profesiones, el gobierno y en las instituciones sociales, desciende paulatinamente a niveles que se corresponden con la regresión.

Cuando la regresión aumenta a través de etapas sucesivas, se establecen «normas» nuevas de conducta en toda la sociedad. El ciclo opera como se ha descrito más detalladamente para el problema conductual del adolescente. El segmento vocal de la sociedad empieza a presionar a los funcionarios públicos a conformarse. Algunas de estas cuestiones alcanzan el Tribunal Supremo ocasionando reinterpretaciones de la ley que se ajustan más cercanamente al nuevo nivel de regresión. Los factores de unión a su vez persiguen la aprobación científica y profesional de las nuevas «normas». Una de las cuestiones de más interés tiene que ver con la aprobación profesional de la nueva sexualidad promovida por la revolución sexual. Casi todos los informes profesionales por tanto, han considerado la revolución sexual como un avance evolutivo hacia una sexualidad nueva y más objetiva, y una liberación nueva de la represión sexual. En realidad, el principal ímpetu de la revolución sexual tuvo su comienzo a mediados de los años sesenta. No es posible que un cambio *progresista* de esta magnitud se produzca tan rápidamente. Aquéllos que califican de «progresista» a la revolución sexual anuncian que el progreso lleva experimentando un cambio lento en esta dirección desde hace varias décadas. Si bien existen algunos hechos que apoyan esto, la tesis que aquí sostenemos es que un cambio de esta magnitud sólo puede tener lugar en una regresión.

En una regresión, los principios reverenciados por el tiempo, que han supuesto las piedras angulares de nuestra sociedad democrática son también mal usados a fin de promover la regresión. Se ha mencionado el principio de «los derechos». Otros engloban los principios de «libertad de palabra» y «libertad de prensa».

EL FUTURO DE LA REGRESION

Una regresión se detiene cuando la ansiedad se calma o cuando las complicaciones de la regresión son mayores que la ansiedad que alimenta la regresión. El hombre no está dispuesto a abandonar la vida fácil en tanto exista una manera de «estar a las maduras sin estar a las duras». Si mi hipótesis sobre la ansiedad de la sociedad es aceptablemente precisa, la crisis de la sociedad se repetirá una y otra vez, con una intensidad cada vez mayor en las décadas venideras. El hombre creó la crisis ambiental por ser el tipo de criatura que es. El medio ambiente es parte del hombre, todo cambio requerirá un cambio de la naturaleza básica del hombre, y los antecedentes de la trayectoria humana relativos a ese tipo de cambio no han sido favorables. El hombre es un animal versátil y tal vez será capaz de cambiar más rápidamente cuando se vea confrontado con las alternativas. Creo que el hombre está atravesando crisis de proporciones sin precedentes, que serán distintas de aquéllas a las que se ha enfrentado antes, que durante varias décadas volverán con una frecuencia cada vez mayor, que él llegará tanto más lejos como pueda enfrentarse sintomáticamente con cada una de las crisis, y que pronto, hacia la mitad del próximo siglo, se precipitará una gran crisis final. El tipo de hombre que sobreviva a ella será aquél que pueda vivir en mejor armonía con la naturaleza. Esta predicción se basa en el conocimiento de la naturaleza humana como ser instintivo, y en la extensión del pensamiento existente hasta el máximo. Existen muchas dudas acerca de lo que el hombre puede hacer con esta crisis ambiental. La tesis que sostengo es que podría modificar su curso futuro si fuera capaz de adquirir algún control sobre su reacción a la ansiedad y su reactividad emocional «instintiva» y de empezar a construir sobre su fondo de conocimientos y pensamiento lógico.

RESUMEN

El objetivo principal de este artículo es presentar un intento inicial de correlacionar el conocimiento acumulado con el estudio de la familia con las pautas generales de la sociedad. Los primeros datos sobre los que se basa dicho puente los suministra la comparación entre las maneras de enfrentarse los padres con los problemas conductuales y de delincuencia de sus hijos adolescentes, y las formas de enfrentarse los agentes representativos de la sociedad con esos mismos problemas. Si este intento particular demuestra o no ser digno de crédito es menos importante que el hecho de que el conocimiento acumulado con el estudio de la familia es de crucial relevancia para el fenómeno humano global.

CAPITULO 14

La terapia familiar después de veinte años

La terapia familiar apareció en la escena psiquiátrica a mediados de la década de los cincuenta. Se había estado fermentando en el trabajo privado de unos pocos investigadores durante algunos años antes de eso. El crecimiento y evolución de la terapia familiar ha seguido una línea paralela al fermento y al cambio de la psiquiatría durante la misma época. Hay psiquiatras que consideran que la terapia familiar es un método superficial de consejo. Una mayoría concibe la terapia familiar como un método de tratamiento fundado en la teoría psiquiátrica convencional. Un escaso porcentaje de terapeutas familiares admiten que la investigación familiar es capaz de proveer nuevas dimensiones para reflexionar acerca de la adaptación humana y que la terapia familiar puede indicar el camino hacia formas más eficaces de enfrentarse a los problemas humanos. Probablemente las tres dimensiones son acertadas, según la manera de enfocar la persona la naturaleza y el origen de la inadaptación humana. El autor explicará a lo largo de este capítulo su idea de cómo surgió el movimiento familiar, cómo ha progresado durante sus dos últimas décadas de existencia, y cómo éste ha estado asociado a la cambiante escena psiquiátrica. En el método y la técnica de la terapia familiar existen muchas diferencias, basadas en la combinación de premisas teóricas. Cada terapeuta tiene puesta emocionalmente su confianza en su propia perspectiva y por lo tanto, posee en cierta medida sesgos en la forma de contemplar el campo global. Consciente de las diferencias, el autor expondrá una versión del modo cómo el campo ha evolucionado en las dos últimas décadas. El autor fue uno de los fundadores del movimiento familiar y ha seguido activo en el campo. Inició sus exploraciones familiares a finales de los años cuarenta desde una orientación psicoanalítica. Se ha desplazado desde una postura psicoanalítica hacia una teoría y una terapia sistémicas.

HISTORIA DEL MOVIMIENTO FAMILIAR

El movimiento familiar en psiquiatría se inició a finales de los años cuarenta y a principios de los cincuenta, merced a varios investigadores muy distanciados que trabajaban de forma privada, sin tener conocimiento cada uno de los otros. El movimiento salió repentinamente a la luz en los años 1955-56 cuando los investigadores empezaron a oír cosas acerca de cada uno de los otros y resolvieron entrar en comunicación y reunirse. El crecimiento y la evolución fue veloz desde que la idea de la familia emergió a la superficie. Una vez que la terapia familiar se hizo famosa, surgieron algunos autores que dijeron que no era nada nuevo ya que se había desarrollado a partir de lo que habían estado haciendo durante varias décadas los psiquiatras infantiles, los asistentes sociales o los consejeros matrimoniales. Existen pruebas que apoyan la tesis de que el foco familiar evolucionó pausadamente en el momento en que la teoría psicoanalítica temprana se puso en práctica. El tratamiento que hace Freud del pequeño Hans en 1909 trabajando con el padre era coherente con los métodos que más tarde se desarrollarían a partir de la terapia familiar. La obra de Flugel (1921) *The Phycho-Analytic Study of the Family*, transmitía una atención a la familia aunque el foco estaba centrado en la psicopatología de cada miembro familiar. El movimiento de guía infantil pasó cercano a ciertos conceptos familiares actuales sin poder captarlos. Atender a la patología del niño impedía la contemplación de la familia. Los asistentes sociales psiquiátricos aparecieron en escena en la década de los treinta y los cuarenta, pero su tratamiento de las familias se orientaba en torno a la enfermedad del paciente. Sociólogos y antropólogos estudiaban a las familias y contribuían a la literatura profesional pero su dedicación no tenía aplicación directa a la psiquiatría. Los consejeros matrimoniales se pusieron en boga en los años treinta, pero las formulaciones dinámicas provenían de la psiquiatría convencional. A la par, la teoría general sistémica tuvo su comienzo en la década de los treinta antes de encontrarse una conexión entre ella y la teoría psiquiátrica. No está muy demostrado que estos factores desempeñaran algo más que un papel indirecto en anunciar el movimiento familiar.

La mayor parte de las pruebas están a favor de la tesis de que el movimiento familiar se desarrolló dentro de la psiquiatría, que la teoría psicoanalítica había crecido mucho, y que esto representaba parte de la secuencia de los acontecimientos posteriores a la segunda guerra mundial. El psicoanálisis se había convertido por fin en la más aceptada de las teorías psicológicas. Disponía de postulados teóricos que abarcaban toda la gama de problemas emocionales, ahora bien, el tratamiento psicoanalítico no estaba definido con claridad en lo que respecta a los problemas emocionales más severos. Después de la segunda guerra mundial la psiquiatría se hizo popular como especialidad médica y cientos de jóvenes psiquiatras empezaron a experimentar en el esfuerzo de extender el tratamiento psicoanalítico a toda la gama de problemas emocionales. Esto incluye a aquéllos que empezaban a experimentar con familias. Un principio psicoanalítico puede explicar por qué el movimiento familiar permaneció enterrado durante varios años. Existen normas que salvaguardan la intimidad personal de la relación paciente-terapeuta y que previenen de la contaminación de la transferencia por el contacto con los familiares del paciente. Algunos hospitales tenían un terapeuta para tratar los procesos intrapsíquicos cautelosamente protegidos, otro psiquiatra para manejar los asuntos prácticos y los procedimientos administrativos, y un asistente social que hablaba con los familiares. En aquellos años este principio constituyó la piedra angular de una psicoterapia adecuada. Se consideraba que dejar de observar el principio conducía a una psicoterapia inepta. Por último, se admitió ver a las familias juntas en el contexto de la investigación.

Los científicos que iniciaron la investigación familiar con la esquizofrenia destacaron como impulsores del movimiento familiar. Entre ellos figura Lidz en Baltimore y New Haven (Lidz, Fleck, y Cornelison 1965), Jackson en Palo Alto (Bateson et al. 1956), y Bowen (1960) en Topeka y Bethesda. La terapia familiar se hallaba tan asociada a la esquizofrenia en los primeros años que algunos autores no la entendieron separada de la esquizofrenia hasta los primeros años sesenta. Ackerman (1958) elaboró sus primeras ideas sobre la familia trabajando con asistentes sociales psiquiátricos. Satis (1964), un asistente social psiquiátrico, había desarrollado su perspectiva familiar trabajando con psiquiatras en un hospital estatal. Bel (1961) y Middlefort (1957) eran ejemplos de personas que iniciaron su trabajo muy temprano y no escribieron sobre él hasta que el movimiento familiar estaba claramente en camino. La pauta hace suponer que hubo otros individuos que jamás comunicaron sus investigaciones y que no fueron reconocidos en el movimiento familiar. La formación del Comité sobre la Familia, Grupo para el Avance de la Psiquiatría añade más evidencia (1970) acerca de los primeros años del movimiento familiar. El comité se formó en 1950 por sugerencia de

Willian V. Menninger que opinaba que la familia era un tema importante para el estudio psiquiátrico. El Comité fue incapaz de encontrar psiquiatras que trabajaran en el campo, hasta que los investigadores familiares empezaron a oírse unos a otros en los años 1955-1956.

Spiegel, presidente del Comité sobre la Familia promovió la organización del primer congreso nacional para psiquiatras que hacían investigación familiar. Constituyó un congreso sectorial dentro del congreso anual de la Asociación Ortopsiquiátrica Americana celebrado en Marzo de 1957. Fue un congreso sin alteraciones. Todos los artículos versaban sobre investigación familiar, si bien se discutió la noción de «terapia familiar» o «psicoterapia». Algunos investigadores llevaban varios años buscando métodos de terapia familiar, pero creo que ésta fue la primera vez que se habló de ella como un método definitivo en un congreso nacional. Eso significó el principio de la terapia familiar a nivel nacional. Docenas de personas nuevas atraídas por la promesa de la terapia, y con escaso conocimiento de la investigación familiar, se adentraron precipitadamente en el campo e iniciaron sus propias versiones de terapia familiar. Otro congreso sectorial destinado a artículos sobre la familia dentro del congreso anual de la Asociación Psiquiátrica Americana celebrado en Mayo de 1957 contribuyó a amplificar el proceso puesto en movimiento dos meses antes. La totalidad de los artículos trataban sobre investigación, pero el congreso se hallaba muy concurrido y había más urgencia por parte del auditorio para hablar acerca de la terapia familiar. Los congresos nacionales celebrados en la primavera de 1958 fueron dominados por nuevos terapeutas ansiosos de revelar experiencias con terapia familiar. La investigación familiar y la perspectiva teórica que había dado a luz a la terapia familiar se hallaban perdidas en el reciente ímpetu por hacer terapia. Los terapeutas nuevos se introdujeron en tropel dentro del campo. Algunos abandonaron después del fracaso terapéutico inicial, pero se produjo una rápida ganancia neta en el campo global. El período comprendido entre 1957 y 1958 fue capital en la determinación del curso futuro del movimiento familiar. En ese año, la investigación familiar empezó a conocerse a nivel nacional, y en el mismo año los nuevos terapeutas familiares comenzaron lo que el autor ha denominado el estado de caos desestructurado y saludable. Saludable porque la experiencia clínica solía traer consigo una percepción del dilema teórico implícito en la terapia familiar, y esta percepción conducía a hacer esfuerzos por aclarar el dilema. Esto no ha evolucionado hasta el grado que se predecía. Algunas de las generaciones más recientes de terapeutas familiares han procurado dotar al campo de algún tipo de orden y estructuración teórica. Una mayoría de terapeutas familiares contempla la terapia familiar como método basado en la teoría individual convencional, o bien como método intuitivo, experiencial dirigido por terapeutas que se dejan guiar por sus propios sentimientos y captación subjetiva en el «uso de self» a lo largo de la terapia. Otros terapeutas se sitúan entre los dos extremos. Más tarde se abordará la gama de técnicas y métodos clínicos.

Hay pruebas convincentes de que los terapeutas familiares surgieron mayormente de situaciones infantiles, en las cuales tenían conciencia de algo más que una discordia normal en la relación, alguna capacidad de ver los dos lados de una cuestión, y cierta motivación para modificar la situación. El autor emplea la expresión «movimiento familiar» en psiquiatría para abarcar la perspectiva teórica, la investigación familiar, y la terapia familiar según han evolucionado juntos y según siguen creciendo en la práctica y el pensamiento psiquiátricos. Esto contrasta con el uso más popular de la expresión «terapia familiar» tal como se emplea para connotar un método de tratamiento.

DIFERENCIAS CORRIENTES ENTRE LA TEORIA Y LA TERAPIA INDIVIDUAL Y FAMILIAR

La única diferencia principal que existe entre un enfoque individual y uno familiar es el desplazamiento del interés del individuo a la familia. Los matices de la diferencia entre estos dos enfoques son más sutiles y escurridizos de lo que parece en la superficie. El tejido global de la sociedad, en lo que se refiere a la enfermedad humana, la disfunción, y la mala conducta, está configurado en torno al concepto de hombre como individuo autónomo que controla su propio destino. Cuando la lente observadora se abre a fin de abarcar el campo de la familia completa, se prueba cada vez mejor que el hombre no está tan separado de su familia, de los que le rodean y de un pasado multigeneracional tanto como le apetecería. Este hecho no cambia de ninguna manera lo que el hombre es o ha sido siempre. Es tan autónomo como siempre y se halla tan encerrado en sí mismo con respecto a los que le rodean como siempre. El interés familiar meramente indica las formas en que su vida se ve dirigida por los que le rodean. Es bastante fácil declarar que el terapeuta familiar interpreta la enfermedad del paciente como producto de un problema familiar global, pero cuando este concepto sencillo llega a ser extremo, entonces toda la humanidad se hace responsable de las desgracias de toda la humanidad. Resulta fácil referir esto de una forma filosófica, objetiva, pero el hombre se angustia ante la idea de cambiarse a sí mismo a fin de contribuir a modificar las desgracias de la humanidad. Para el hombre el más fácil combatir en sus guerras, con la inflación, los males sociales, y entregar su dinero en favor de acciones correctivas ineficaces, que contemplar el cambio propio.

Por la terapia familiar, sabemos que es relativamente fácil que los miembros de la familia modifiquen la parte que les afecta en la creación de una enfermedad emocional una vez que ven claramente lo que hay que hacer, aunque esto no reduce por su mera contemplación la ansiedad inicial y la acción evasiva. Esta sección del capítulo no está pensada para ser un tratado teórico de las últimas implicaciones de la teoría familiar, sino para indicar que las implicaciones más hondas están ahí y son más inaccesibles de lo que se cree. Las diferencias que apuntamos seguidamente entre la teoría individual y la familiar ponen de relieve algunos de los ejemplos más obvios de éstas.

El método médico

Esta piedra angular de la fiable práctica médica requiere que el médico examine, diagnostique y trate la patología del paciente. El modelo médico también se aplica a la psiquiatría convencional y a las instituciones sociales que se enfrentan con la disfunción humana, entre las cuales se incluyen los tribunales, los agentes sociales y las compañías de seguros. Existe un proceso emocional en la familia a través del cual ésta contribuye a la creación y el mantenimiento de la «enfermedad del paciente». El proceso es más intenso cuando la ansiedad es elevada. Tiene lugar también durante las sesiones de terapia familiar. Los miembros de la familia señalan la enfermedad del paciente e intentan confirmarla intentando que el terapeuta etiquete al paciente como miembro enfermo. El terapeuta procura evitar el diagnóstico del paciente y centrarse en el proceso emocional familiar que crea el paciente. El problema familiar se intensifica cuando los registros médicos y las compañías de seguros reclaman un diagnóstico con el fin de cumplir con el modelo médico. Cada terapeuta ha de encontrar su propio modo de oponer, neutralizar o desviar la intensidad del proceso emocional familiar. La situación suele ser menos dramática de lo que aquí exponemos, pero así ilustramos las fuerzas que el terapeuta necesita contrarrestar cuando intenta cambiar el proceso familiar y también para encontrarse con el mínimo de exigencias por parte de las instituciones. Algunos terapeutas explican la situación a la familia, que los principios del modelo médico son precisos para hacer registros, pero que para la terapia se está empleando una orientación distinta. Por su parte, las instituciones son un poco menos estrictas a la hora de exigir adherirse al modelo médico. Los terapeutas han venido empleando términos como «paciente designado» o «paciente identificado» para referirse al miembro familiar sintomático. El mero empleo del término conlleva una captación del proceso fundamental que acontece en la familia, en la terapia y en la sociedad. Las cuestiones que rodean al modelo médico tienen ramificaciones que envuelven las vidas de todas las personas conectadas con el problema.

Responsabilidad clínica.

Los profesionales de la salud mental gozan de una segunda naturaleza en cuanto a la conciencia de los matices que comporta la responsabilidad clínica de un «paciente» determinado. El bienestar del paciente es prioritario, mientras que el bienestar de la familia queda al margen de la esfera de la responsabilidad directa. Los principios de la responsabilidad médica cambian cuando se atiende a la familia entera en lugar de al paciente. Hay situaciones en que un progreso del último «paciente» se ve seguido de síntomas graves de otro miembro de la familia. Un terapeuta convencional podría enviar al segundo miembro familiar a otro terapeuta. Un terapeuta familiar procedería con la premisa de que se atendería mejor a la familia con un sólo terapeuta que pudiera enfrentarse con el problema familiar global. Existen otras situaciones parecidas. Un terapeuta convencional podría concluir enseguida que el paciente debería ser separado de una familia que considera es innatamente patogénica para él. Un terapeuta familiar pensaría que la situación familiar global adelantaría si el paciente se queda en casa mientras él intenta tratar la ansiedad familiar general. Los terapeutas familiares son menos propensos a considerar que los miembros familiares pueden dañarse entre sí. Poseen una experiencia que apoya la premisa de que los miembros familiares desean hacerse responsables y ayudarse mutuamente y que frecuentemente se requiere una ayuda muy pequeña para convertir un clima familiar dañino en ventajoso. La dirección general de una terapia familiar se orienta a alentar a la familia a hacerse responsable de sí misma, incluyendo al «enfermo». Para el miembro familiar afectado resulta mucho más difícil empezar a asumir la responsabilidad que para los miembros más sanos. En el esfuerzo de lograr antes la asunción de la responsabilidad familiar, el autor desarrolló un enfoque destinado a trabajar con el «miembro familiar más sano» y excluir al «enfermo» de la terapia. Se ha podido seguir un curso completo de terapia familiar centrado en la parte sana de la familia sin ver en ningún momento al miembro «enfermo».

Las confidencias y los secretos.

Un principio fundamental de la medicina y de la psicoterapia individual dispone que el médico y el psicoterapeuta no divulgue la información confidencial. A los terapeutas familiares se les incita a reconsiderar este principio. Hay situaciones en las cuales guardar la confidencia de un miembro familiar puede ser perjudicial para la familia entera. Gracias a la investigación familiar hemos descubierto que cuanto más elevado es el nivel de ansiedad y los síntomas de una familia, más aislados emocionalmente se hallan los miembros familiares entre sí. Cuanto mayor es el aislamiento, menos es el grado de comunicación responsable entre ellos, y mayor el de chismorreos encubiertos irresponsables acerca de cada uno de los otros de la familia, y la confianza de secretos a individuos externos a ella. Mediante el juramento de guardar un secreto, una persona se incorpora a la red emocional que gira en torno al problema familiar. El problema fundamental radica en el patrón de las relaciones familiares más que en el contenido de los secretos y las confidencias. Un objetivo de la terapia familiar consiste en reducir el grado de ansiedad, mejorar la cantidad de comunicación abierta responsable dentro de la familia, y reducir la comunicación irresponsable y encubierta de secretos y chismes a los demás. Cuando un terapeuta familiar queda enredado en los secretos y las confidencias, se convierte en parte de la red emocional y pierde su eficacia como terapeuta. Cada terapeuta familiar ha de buscar su propio modo de enfrentarse con las confidencias en el interior de la familia, sin meterse en los enredos emocionales. Muchos emplean cierto tipo de regla práctica consistente en no guardar ningún secreto y descubren maneras de comunicar los secretos en las sesiones familiares, antes que pecar por exceso de convertirse en parte de la intriga familiar. Por la experiencia en terapia familiar sabemos que puede ser tan perjudicial por un lado guardar ciegamente secretos individuales como perjudicial por otro que el terapeuta cuente chismes a extraños acerca de asuntos privados de una familia. La meta de un terapeuta familiar es llegar a ser una persona responsable que conoce la diferencia entre los secretos clandestinos y la comunicación válida, responsable y privada, y que respeta esta diferencia.

Gracias a la terapia familiar hemos aprendido muchas cosas sobre la función de la comunicación de secretos en situaciones que van desde la intimidad confesada de la sesión de psicoterapia individual hasta la función de los secretos y los rumores en la sociedad. Cuanto más importante es el propósito declarado de reserva en la psicoterapia individual, mayor es la posibilidad de que el paciente murmure con otros acerca del terapeuta, o éste murmure con otros acerca del paciente, todo hecho bajo la más absoluta reserva. En sistemas sociales mayores, un «chismoso» es aquél que proviene de una familia chismosa ansiosa. Cuanto mayor es el grado de ansiedad de un sistema social mayor es el grado de chismorreo irresponsable y la conservación de archivos de secretos acerca de los demás. La investigación en terapia familiar, que hace hincapié en la comunicación abierta dentro de la familia, ha hecho de su psicoterapia la más observada, audiograbada, filmada y videograbada de todas. La investigación pone de relieve la existencia de problemas emocionales que se hallan rígidamente adheridos a reglas convencionales referidas a la confidencialidad y a la responsabilidad en el secreto a la comunicación privada esencial.

El espectro de métodos y técnicas de la terapia familiar.

El mejor estudio del campo familiar hecho hasta el momento es *The Field of Family Therapy* (El campo de la terapia familiar), un informe realizado por el Comité sobre la Familia, Grupo para el Avance de la Psiquiatría, publicado en Marzo de 1970. Se basó en el análisis de un cuestionario exhaustivo cumplimentado por cerca de 300 terapeutas familiares de todas las disciplinas profesionales y todos los grados de experiencia. La experiencia a partir de 1970 indica que el patrón fundamental de la teoría y la práctica sigue muy de cerca al de entonces. Las respuestas del cuestionario representaron tan extensa diversidad de teoría y práctica que fue difícil encontrar un formato adecuado para comunicar los resultados. Finalmente, se diseñó un esquema que caracterizaba a los terapeutas sobre una escala que iba de la A a la Z.

Los terapeutas que tienden hacia el extremo A de la escala eran aquéllos cuya teoría y práctica era idéntica a los psicoterapeutas individuales. Empleaban la terapia familiar como técnica que complementaba la psicoterapia individual o como técnica principal para unas pocas familias. Los terapeutas A eran normalmente jóvenes o acababan de empezar la experimentación con las técnicas familiares. La mayoría abrumadora de terapeutas familiares tienden hacia el extremo A. El terapeuta A piensa en términos de psicopatología individual y concibe la relación terapéutica entre el terapeuta y el paciente como la modalidad para el crecimiento emocional.

Contempla la terapia familiar como una técnica que facilita su psicoterapia con el paciente, y habla de las indicaciones y contraindicaciones para la terapia familiar. Es imposible saber cuántos terapeutas individuales realizan ahora entrevistas familiares ocasionales. De modo característico, no elaboran informes formales acerca de su trabajo.

Los terapeutas que tienden hacia el extremo Z emplean teoría y técnicas que son muy diferentes. Piensan en términos de sistemas, relaciones, campos emocionales y averías en la comunicación. Tienden a «pensar en la familia» para todos los problemas emocionales y suelen acabar viendo a un número de miembros familiares, hasta cuando el problema inicial del paciente es de tal naturaleza que los demás recomendarían para él claramente psicoterapia individual. La terapia de un terapeuta Z está enfocada a restaurar la comunicación, mejorar las relaciones en la familia y a ayudar a los miembros familiares a alcanzar niveles más altos de diferenciación. Existen pocos terapeutas que tiendan hacia el extremo Z de la escala. Son los que se orientan más hacia la investigación y la teoría o que han estado en la práctica mucho tiempo.

Entre ambos extremos están los terapeutas con orientaciones teóricas compuestas de una mezcla de conceptos individuales y familiares y con una amplia diversidad de técnicas. El lugar en que se ubican los terapeutas sobre la escala parece estar determinado por la motivación que sienten por la teoría y la investigación y el entorno profesional en que trabajan. El terapeuta orientado hacia la investigación se siente guiado por la teoría, más que por la aprobación del entorno profesional. Suele desplazarse firmemente hacia el extremo Z. El terapeuta orientado hacia la terapia es más sensible a la aprobación de los colegas. Se siente guiado por una filosofía de tratamiento que comprende una mezcla de conceptos individuales y familiares. Cuando encuentra el mejor «ajuste» entre él mismo y el entorno profesional, y entre él y el problema clínico, se produce poco movimiento sobre la escala. El terapeuta orientado hacia la terapia tiende más a intentar «vender» un punto de vista y a criticar a quienes poseen otro distinto.

La terminología popular dentro del campo está determinada por el uso popular de los términos por parte de una mayoría de terapeutas. La mayoría de los terapeutas se orientan hacia el extremo A de la escala. Tienden a interpretar la terapia familiar como método y técnica que se aplica en la terapia individual. Las designaciones del tipo de terapia están determinadas por la configuración de los miembros familiares que asisten a las sesiones más que por la teoría. La expresión *terapia familiar* se refiere popularmente a cualquier sesión psicoterapéutica a la que asisten varios miembros familiares.

Las expresiones *terapia de pareja o terapia conyugal* se emplean cuando a la mayor parte de las sesiones asisten los dos cónyuges. La expresión *terapia individual* se utiliza para designar las sesiones que se llevan a cabo con un único miembro de la familia. Algunos autores emplean la expresión *terapia familiar conjunta* para referirse a las sesiones psicoterapéuticas a las que asisten miembros familiares pertenecientes a dos o más generaciones. A menudo se refiere a los padres y al hijo juntos. Desde esta orientación, sería posible que una familia determinada tuviera terapia individual para el paciente, terapia de pareja para ambos padres, y terapia conjunta para padre y paciente. El autor se halla en el extremo Z de la escala. Para él la terminología se basa en la teoría. La expresión *terapia familiar* se emplea para significar el esfuerzo de modificar el sistema de relaciones familiares, ya sea con uno o con varios miembros familiares. Desde 1960, ha hablado de «terapia familiar con un miembro de la familia», que es congruente con su orientación aunque puede ser imprecisa para muchos terapeutas familiares. El autor se opuso al título de «El campo de la terapia familiar», dado el estudio llevado a cabo en 1970 acerca del campo familiar en base a que no se reconocía el pensamiento y la investigación que contribuyeron a crear el campo. Una mayoría de los miembros del Comité insistió en este título, sosteniendo que era el que mejor representaba al campo tal como existe.

TECNICAS Y METODOS ESPECIFICOS DE LA TERAPIA FAMILIAR

Seguidamente exponemos un breve resumen de algunos de los métodos distintos más destacados de la terapia familiar. La lista está enfocada a comunicar la opinión del autor sobre el patrón general del crecimiento y desarrollo de la terapia familiar. No está diseñada para presentar el trabajo de ningún terapeuta o grupo de terapeutas determinados. La mayor parte de los terapeutas tienden a utilizar una combinación de métodos.

La terapia de grupo familiar.

Un elevado porcentaje de la terapia familiar debería denominarse más exactamente terapia de grupo familiar, ya que a ésta se adaptaron muchos principios fundamentales de la psicoterapia de grupo. Merece la pena notar que los especialistas en psicoterapia de grupo no han tenido más que un interés secundario en la terapia familiar. No figuró ningún psicoterapeuta de grupo entre los fundadores del movimiento familiar. Unos cuantos terapeutas de grupo pusieron interés en practicar la terapia familiar unos años después que ésta se había introducido. Aquel grupo ha crecido gradualmente, pero se ha mantenido algo separado del cuerpo principal de terapeutas familiares. El grupo de terapeutas que practica la terapia familiar acude a los congresos de terapia grupal y escribe en revistas dedicadas a terapia grupal con relativamente escasos puntos de coincidencia entre los grupos. Si alguno puede considerar que esto es un hecho, sin hacer ningún juicio de valor que se pregunte cómo ha llegado a serlo, algo podrá decir sobre la naturaleza del movimiento familiar.

Gran parte de la influencia de la psicoterapia de grupo que ha incidido sobre la terapia familiar ha provenido de individuos que recibieron alguna formación profesional temprana en psicoterapia grupal, pero que no se definieron como terapeutas de grupo. En 1957, cuando los nuevos terapeutas empezaron a desarrollar su propia versión de terapia familiar, sin mucho conocimiento de la investigación familiar, los métodos de psicoterapia grupal ya definidos ofrecieron más líneas maestras que ninguno de los otros métodos existentes. Además, las formulaciones psicodinámicas de la psicoterapia grupal eran bastante congruentes con la formación en psicoterapia individual. Pienso que esto quizá explique el peso de la influencia que la psicoterapia grupal tuvo sobre la terapia familiar.

Los métodos de terapia de grupo familiar varían de terapeuta a terapeuta, pero existen algunos denominadores comunes. La teoría fundamental, las formulaciones psicodinámicas y las interpretaciones son en cierta medida congruentes con la terapia individual y también con la terapia grupal. El método terapéutico y la incitación a los miembros familiares a que hablen entre sí proviene de principios de la terapia grupal. La terapia de grupo familiar se acerca más al estereotipo popular de terapia familiar que ninguna otra. Esta consiste en que se reúne a toda la familia para que hable de los problemas. La terapia de grupo familiar es uno de los métodos más difíciles para los terapeutas con poca experiencia. Requiere que el terapeuta desarrolle alguna facilidad para relacionarse con las distintas personas que componen un grupo sin tomar partido y sin quedar demasiado enredado en el sistema emocional familiar. Yendo más lejos, la mayor parte de los profesionales pueden proceder con las habilidades aprendidas durante la formación. Como método proporciona resultados iniciales muy satisfactorios con un esfuerzo comparativamente pequeño por parte del terapeuta. Muchas familias con síntomas carecen de contacto emocional entre sus miembros y no se dan cuenta de lo que los otros están pensando y sintiendo. Cuanto más elevado es el grado de ansiedad, más aislados se encuentran los miembros familiares. Se puede conseguir mucho en poco tiempo si el terapeuta familiar actúa como presidente del grupo y facilitador de una comunicación pacífica. A los padres les puede aprovechar oír los pensamientos y sentimientos de cada uno de los otros. A los hijos les puede fascinar escuchar la opinión de los padres sobre ciertas cuestiones y enterarse de que también son humanos. Es posible que los padres se vean sorprendidos por las astutas observaciones de sus hijos acerca de la familia, y el hijo se siente agradecido por la oportunidad de decir lo que piensa y por el foro que valora sus ideas. Las familias pueden anhelar con ansiedad estas sesiones que en casa no pueden manejar debido a la emoción y al bloqueo de la comunicación. El proceso puede alcanzar un punto de agradable optimismo en el que los padres se dan cada vez más cuenta de que cada uno de ellos y los hijos aceptan cada vez más las manías de los padres. Cuando la comunicación mejora, los síntomas familiares se apaciguan y la familia es capaz de mostrar mayor alegría y unión. Por supuesto, hay situaciones en que el proceso no es tan uniforme como aquí se describe. Son las que acontecen en familias muy afectadas y caóticas y en aquéllas en que es difícil reunir a los miembros familiares sin explosiones emocionales. Sin embargo, si el terapeuta es capaz de mantener la comunicación en calma en la familia volátil y si es capaz de estimular la comunicación en la familia silenciosa, el resultado final está en el lado favorable.

La ventaja principal de la terapia de grupo familiar está en que proporciona un resultado llamativo a corto plazo. En este momento, la familia comienza a sacar al exterior los mismos problemas que tenía en el hogar. Los padres empiezan a esperar que los hijos asuman mayor responsabilidad en la familia. Los hijos más capaces se aburren al escuchar repetidas veces las cuestiones que ya han oído antes y empiezan a buscar razones para no asistir. Si se les obliga a asistir, los chicos que antes se mostraban locuaces se pueden volver mudos. Los máximos resultados que se obtienen con la terapia de grupo familiar breve se alcanzan aproximadamente entre las diez y las veinte sesiones, dependiendo de la intensidad del problema y la habilidad del terapeuta.

Un buen porcentaje de familias tiende a finalizar en el momento en que se siente bien con respecto a la familia. Si acaban antes de alcanzar la parálisis propia de una terapia más larga, es probable que terminen sintiendo que se ha conseguido poco. Pasado un punto determinado normalmente no es posible que los padres y los hijos sigan juntos. A menudo aboca a que los padres y un hijo, o ambos padres, continúen sin el resto.

La terapia de grupo familiar no es tan efectiva como terapia familiar prolongada como algunos de los otros métodos. Su continuación como método a largo plazo, hacia la solución aceptable de los problemas subyacentes, depende de la intensidad del problema y la habilidad del terapeuta. Tal vez las familias muy afectadas continúen durante mucho tiempo empleando la terapia, en gran medida como un paciente sometido a psicoterapia individual emplea la terapia de apoyo. Los terapeutas tienden a desarrollar otros métodos y técnicas y la meta es superar las parálisis emocionales.

Terapia de pareja o terapia conyugal.

Estas expresiones contribuyen a poner de relieve la ambigüedad que reina en el campo. Concretamente, las expresiones implican que los cónyuges reciben cierta clase de terapia en la que el foco está puesto en las dos personas y su relación. No transmiten nada acerca del problema para el que se utiliza la terapia, la teoría o el método de terapia. Algunos terapeutas restringen el uso de las expresiones a problemas de la relación conyugal, tales como conflicto conyugal o discordia conyugal. Un elevado porcentaje de matrimonios posee algún grado de conflicto o discordia. Otros terapeutas tienen una visión más amplia de los problemas conyugales y emplean la terapia conyugal para un rango adicional de problemas, tales como la impotencia y la frigidez. Con la experiencia vemos que centrándonos en los aspectos relacionales de estos problemas podemos resolverlos más rápidamente que si nos centramos en los aspectos individuales. Otros profesionales utilizan la terapia conyugal para tratar problemas externos a la relación conyugal, como los problemas de un hijo. Estas consideraciones nada dicen sobre la teoría, el método o la técnica de la terapia. En general, la teoría está determinada por la manera cómo el terapeuta piensa sobre la naturaleza del problema familiar; el método está determinado por principios generales que sirven para cumplimentar la teoría de un enfoque terapéutico; y las técnicas son modos específicos o estrategias destinadas a implementar el método. Los terapeutas formados en terapia individual y que aceptan los supuestos de la teoría individual como hechos suelen no captar bien la teoría. Términos como *teoría, hipótesis, supuesto, formulación y concepto* son utilizados imprecisa e inexactamente. No es raro oír a alguien declarar «tengo una teoría», cuando sería más exacto decir, «tengo una idea». Sería improbable que alguien tuviera una teoría sobre las relaciones conyugales que no formara parte de una teoría mayor. La terapia conyugal podría aplicarse exactamente a un método, siempre que éste se fundamente en una teoría acerca de la naturaleza del problema a ser modificado. El empleo generalizado de las expresiones *terapia de pareja o terapia conyugal* sólo implica que ambos esposos asisten juntos a las sesiones. El uso de la terminología es un buen ejemplo de la pronunciada divergencia de prácticas que reinan en el campo familiar.

Terapia conyugal psicoanalítica.

El uso de esta expresión no se ha extendido. Si fuera utilizada de forma generalizada, representaría una de las expresiones más específicas del campo familiar. La teoría sería coherente con la teoría psicoanalítica, el método sería bastante congruente con la teoría y las técnicas terapéuticas tendrían un parecido aceptable con las técnicas psicoanalíticas. Se trata de un método empleado frecuentemente por terapeutas familiares que originariamente practicaron el psicoanálisis. Una de las diferencias principales entre las técnicas estribaría en el análisis de la relación existente entre los esposos, en vez de en la relación de transferencia con el terapeuta. Este método comporta un proceso de aprendizaje que tiende más al proceso intrapsíquico de cada cónyuge, en la presencia del otro cónyuge, con acceso a la reactividad emocional de cada esposo hacia el otro. El enfoque proporciona un acceso al inconsciente mediante el uso de los sueños. Se suma una nueva dimensión cuando los esposos pueden analizar los sueños del otro. Se obtienen indicaciones del proceso intrapsíquico de cada uno mediante sueños simultáneos. Este es uno de los métodos a largo plazo más efectivos de la terapia familiar. Cuando mejor funciona es cuando el problema inicial radica en un esposo o en la relación conyugal. El autor la utilizó durante varios años antes de que optara por un enfoque sistémico que abordaría el sistema completo de relaciones familiares.

Familia centrada en el hijo.

Esta expresión se refiere a un problema familiar bien definido, más que a un enfoque terapéutico, aunque se emplea con frecuencia suficiente como para que esté justificado abordarlo aquí. La familia centrada en el hijo es aquélla en que existe bastante ansiedad familiar centrada en uno o más hijos provocando al hijo un daño importante. La energía que se centra en el hijo está plenamente dedicada a él, y abarca a toda la gama de implicaciones emocionales desde las más positivas hasta las más negativas. Cuanto mayor es la ansiedad de los padres, más intenso es el proceso. Por ejemplo, una madre en sus momentos más calmados puede *saber* que las riñas iniciarán el problema del hijo. Puede resolver dejar de reñir, sólo que ocurrirá automáticamente cuando la ansiedad aumente. El enfoque corriente de la terapia familiar suaviza la intensidad de la atención que se enfoca sobre el hijo y desplaza gradualmente el foco emocional hacia los padres, o entre los padres y las familias de origen. Tal vez esto resulte relativamente fácil, siempre que el problema no sea intenso, o puede ser tan intenso que no se logra nada más que un alivio sintomático y se afloje la presión sobre el hijo. Existen diferencias con relación a qué hacer con el hijo. Los psiquiatras infantiles tienden a centrar la atención principalmente sobre el hijo y dedicar una atención secundaria a los padres. Los terapeutas familiares tienden a centrarse en el problema emocional de la familia con los padres y el hijo juntos. Este enfoque podría obtener resultados iniciales satisfactorios, pero surgen dificultades cuando se convierte en un proceso prolongado. Algunos terapeutas familiares prefieren ver al hijo separadamente o lo llevan a alguien a que lo vea. Esto puede producir que los padres se sientan complacidos, esperando que el problema se resolverá en la «terapia del hijo». Estas familias no disponen de una ancha vía abierta hacia el éxito. Encontrar o no un modo de abordar el problema depende de la concepción que el terapeuta tenga del problema y de su habilidad para mantener a la familia motivada. Mi propio enfoque busca descentrar el foco puesto en el hijo lo más pronto posible, sacar al hijo de las sesiones lo más temprano posible y dar prioridad técnica a intentar centrarse en la relación de los padres, con el riesgo de un crecimiento temporal de los síntomas del hijo. Este ancho espectro de diferencias en torno a un único problema clínico transmite alguna idea de las diferencias que caracterizan al campo, y esto sin tocar las que existen en la manera de llevar las sesiones individuales.

Análisis transaccional, teoría de los juegos y teoría gestáltica.

Estos tres conceptos teóricos se agrupan juntos porque los tres, aunque son diferentes por propio derecho, ocupan posiciones parecidas en el esquema total de la terapia familiar según es practicada. Estos conceptos y los enfoques terapéuticos que los acompañan también fueron desarrollados independientemente de la terapia familiar. Estos enfoques no son incompatibles con la teoría individual, aportan vías ingeniosas para conceptualizar el sistema de relaciones y representan un paso hacia la teoría sistémica. Para el terapeuta que intenta extender sus conocimientos del proceso familiar, estas orientaciones proveen de conceptos confeccionados con gran precisión para entender a la familia y para adelantar en la terapia. El éxito de estos métodos terapéuticos, como la mayoría del resto de los métodos, depende de la habilidad del terapeuta.

Terapia de modificación de conducta.

Casi todo terapeuta familiar experto ha llevado a cabo alguna versión de terapia de modificación de conducta, que actualmente se ha perfilado como un método bien definido. La familia presenta casi un modelo perfecto de un «sistema» en funcionamiento. Es un sistema en el que cada miembro, en general, recita las partes que se le han asignado, adopta la postura que se le ha asignado y representa el papel que se le ha asignado en el drama familiar, según éste se repite hora tras hora y día tras día. Este proceso funciona sin tener conciencia intelectual de él. Cuando cualquier miembro central de la familia es capaz de observar y llegar a conocer la parte que le toca en la familia, y es capaz de cambiar intencionadamente esta parte, el resto cambiará inmediatamente con relación a ello. Los miembros familiares que pueden acostumbrarse a conocer sus roles pueden ocasionar un cambio previsible en el patrón conducta-acción del resto. El inconveniente está en la naturaleza poco duradera del cambio. Hay dos variables importantes que limitan el resultado duradero. En primer lugar, los demás miembros familiares enseguida caen en la cuenta y ponen en marcha sus propias versiones de adaptación, o bien inician sus propios cambios. Seguidamente el proceso puede convertirse en un «juego en el que se respetan las reglas». En segundo lugar, el sistema global de reacciones y contrarreacciones está sumergido en el sistema emocional, y el iniciador ha de continuar conscientemente e intencionadamente iniciando el cambio. Cuando el esfuerzo decae, el sistema familiar retorna a su nivel original. El cambio duradero requiere una modificación de la intensidad del nivel emocional, en el cual los cambios temporales pueden llegar a ser permanentes.

Terapia de coterapeuta.

La utilización de dos terapeutas, o varios terapeutas, se remonta a los primeros tiempos del movimiento familiar. Un alto porcentaje de terapeutas familiares ha tenido alguna experiencia con ella. Originalmente, se empleaba para ayudar al terapeuta a darse cuenta de su implicación emocional excesiva con los miembros de la familia. Whitaker (1967) utilizaba rutinariamente un coterapeuta en la psicoterapia con esquizofrenia, mucho antes que empezara la terapia familiar. También se ha hecho famoso por utilizar coterapeutas en su larga carrera en la terapia familiar. Otros profesionales han desarrollado como métodos la inclusión de terapeutas tanto varones como mujeres que sirvan como modelo para la familia. Boszormenyi-Nagy (1973) ha destacado como aquel que ha perfeccionado este modelo en su método de terapia. Otro empleo más de coterapeutas es el enfoque cooperativo en que varios terapeutas, representando a los diversos miembros de las profesiones relacionadas con la salud mental, trabajan juntos como un equipo. Mac Gregor (1964) y su grupo hicieron un gran esfuerzo por perfeccionar el método durante sus experiencias en Galveston a principios de la década de los sesenta. Actualmente enseña y entrena a terapeutas familiares con el enfoque de equipo. Alguna variante de la terapia familiar con enfoque de equipo se utiliza en la actualidad en numerosos centros que trabajan con terapia familiar. En el ancho espectro de la terapia familiar, la terapia de coterapeuta figura como una de las mayores innovaciones y desarrollos de la misma. Se emplea tanto como método como técnica. La técnica de *«escultura» y las familias simuladas.* Estas dos innovaciones son las descendientes de la terapia de drama en el día de hoy. La técnica de «escultura» se cita en primer lugar ya que tiene mayor aplicación a la terapia. La familia simulada se desarrolló a principios de los años sesenta, más con vistas a la enseñanza que a la terapia. En el campo de la enseñanza, consistía en que algunos profesionales representaban situaciones familiares hipotéticas. El role playing ayuda a que el proceso familiar parezca más real en los participantes. En la terapia, uno o más de los miembros de una familia real en la que se ausentan algunos componentes han de representar los papeles de los miembros ausentes. Los sujetos que participan en las familias simuladas extraen una misteriosa sensación de realidad de la situación de role playing. La técnica de «escultura» se desarrolló a finales de la década de los sesenta para ayudar a los miembros familiares a decidir sobre la posición funcional de cada uno con relación al resto, tras lo cual se les coloca en aposición física. Las sensaciones de «escultura», en que los miembros familiares debaten la posición de cada cual, más la escultura viviente, en la que adoptan posturas tales como tiránicas, mansas, pegajosas y distantes, suministra una experiencia tanto cognitiva como emocional, que constituye una de las maneras más rápidas de ayudarles a adquirir conciencia de cada uno de los otros. La técnica de «escultura» puede ser repetida a lo largo de la terapia con objeto de concienciarse del cambio y el progreso. Estos dos métodos constituyen ejemplos de otros adelantos innovadores en el campo.

Terapia multifamiliar.

La versión más popular fue la desarrollada por Lacqueur et al. (1964) para varios miembros de varias familias que se reunían en forma de terapia de grupo familiar para conversar sobre problemas individuales y colectivos. Se ha revelado más útil para familias afectadas o fragmentadas gravemente. Los grupos multifamiliares se empezaron a organizar entre grupos de pacientes internos y familias que se hallaban de visita en los hospitales mentales, entre familias y pacientes vinculados a centros de salud mental, y familias y pacientes dados de alta en hospitales mentales. Este procedimiento suministra un método de apoyo eficaz y único, y facilita un sistema de relaciones que permite a los pacientes ser dados de alta más pronto y mantenerlos en el hogar y en el seno de la comunidad. Nuevas familias pueden sustituir a aquéllos que acaban, mientras el grupo continúa sirviendo como recurso disponible para las primeras familias que desean retornar. Este método ha sido también utilizado con sujetos afectados con resultados excelentes. Se vuelve menos eficaz cuando se trata de ayudar a los miembros de la familia individuales a orientarse hacia la definición de un self. El autor ha diseñado un método de terapia familiar específicamente destinado a ayudar a que los miembros de la familia individuales alcancen niveles más elevados de funcionamiento. El terapeuta trabaja con cada familia separadamente, dividiendo el tiempo entre las tres o cuatro familias y evitando la comunicación o el intercambio emocional entre ellas. La concentración de la atención en el proceso emocional familiar de cada familia puede permitir el principio de la individualización de dicha familia. El intercambio emocional entre las familias fomenta el proceso grupal, que ensombrece el proceso familiar, y la individualización aparece afectada o bloqueada. Las ventajas de este método consisten en un avance más veloz por parte de cada familia al observar a las demás y un ahorro neto del tiempo. Los inconvenientes, un trabajo adicional para la programación y la energía requerida por parte del terapeuta para controlar la estructuración.

Terapia de red.

Este método fue ideado por Speck (1973) a mediados de los años sesenta. Estaba diseñado para ayudar a «crear» familias a partir de familias fragmentadas y desorganizadas. El objetivo es incluir a las personas que conforman la red de amistades, además de los parientes. La familia aislada seguramente posee pocos parientes cercanos y amigos íntimos. El terapeuta alienta a la familia a invitar a parientes y amigos íntimos y amigos de amigos, y amigos de éstos, etc. Las reuniones frecuentemente congregan de 15 a 40 personas, aunque Speck ha llevado reuniones de hasta 200 personas. Las reuniones se celebran en los hogares o en otros lugares apropiados de la vecindad. El terapeuta comienza hablando acerca del problema de la familia central, aunque las conversaciones se desplazan a otros problemas de la red. Las premisas teóricas que sustentan las redes son que los individuos poseen ideas distorsionadas sobre los problemas de los demás, que las distorsiones con frecuencia empeoran la realidad, que los amigos se vuelven distantes durante los momentos de estrés y que la conversación abierta acerca de los problemas puede estimular una actividad relacional más real y provechosa para los miembros de la red. La experiencia lograda con las redes tiende a apoyar las premisas. Algunos individuos siguen hablando durante horas después de que las reuniones se han terminado, algunos ciertamente se muestran más solícitos y atentos ante el problema central, modificándose las actitudes de la red ante éste. Cuando se mantienen con regularidad las reuniones de red, un buen porcentaje de componentes pierden el interés, disminuye la asistencia y la continuación requiere el entusiasmo por parte del terapeuta y de quienes organizan la red. En el lado negativo, los problemas logísticos de organización del tiempo que se emplea en las sesiones nocturnas, y la pericia clínica necesaria para controlar grandes reuniones con factores emocionales divergentes, hace de éste un método terapéutico que entraña gran dificultad. La idea de la red posee un gran potencial tanto por lo que respecta a la comprensión de las redes sociales como al desarrollo de métodos terapéuticos. En la práctica, la red ha llegado a ser un método breve, o bien un método destinado a lograr un objetivo específico. Una aplicación que ha tenido éxito (Kelly y Hollister, 1971) ha sido para las admisiones nuevas a los hospitales mentales. Se celebran unas dos reuniones, con vistas a incluir a la familia, a amigos y a personas que tuvieron contacto con el paciente antes de la admisión. Las reuniones suavizan el impacto de la admisión y facilitan el momento de darle de alta.

Encuentros, maratones y grupos de sensibilización.

Estos métodos constituyen ejemplos de una tendencia que ha ganado aceptación en la última década. Los terapeutas que practican el método afirman que se presta a un uso desestructurado por parte de individuos con escasa formación. Se trata de métodos breves que se basan en nociones teóricas parciales, que sostienen que las emociones contenidas son las responsables de los síntomas, y que el conocimiento de los sentimientos y la expresión de los mismos con relación a los demás tienen efecto terapéutico. Para algunos autores, los métodos pueden producir períodos transitorios de satisfacción y complacencia, que califican de crecimiento. Para otros, las sesiones vienen seguidas de una discordia creciente. Este movimiento es contrario a los esfuerzos de la mayoría de terapeutas familiares.

TERAPIA FAMILIAR EXPERIENCIAL Y ESTRUCTURADA

Un número cada vez mayor de terapeutas familiares están empezando a clasificar los diversos métodos de terapia familiar en métodos experienciales y estructurados. Esto supone una modificación de la escala A-Z del «campo de la terapia familiar». Los enfoques experienciales hacen mucho hincapié en llegar al conocimiento de los sentimientos, a ser capaz de expresar éstos directamente a los demás y a hacerse más espontáneo en el sistema de relaciones. La mayoría de los terapeutas coinciden en que un sistema de relaciones abierto, espontáneo, es un resultado deseable de la terapia familiar, aunque hay controversias sobre cuál es el mejor modo de ayudar a las familias a lograr esto. El enfoque estructurado utiliza conceptos teóricos sobre la naturaleza del problema familiar y un método terapéutico que se fundamenta en la teoría. El método contiene un bosquejo interno que guía el curso de la terapia. Conoce los problemas que se van a encontrar durante la terapia, dispone de una metodología para vencer las partes difíciles, y sabe cuándo se aproxima a su objetivo. Contrasta con los enfoques experienciales que enfatizan la experiencia subjetiva de la terapia, que dependen de la conciencia subjetiva y la intuición del terapeuta para guiar la terapia y que consideran que el objetivo es conseguir el establecimiento de unas relaciones más espontáneas. Un terapeuta orientado hacia la estructuración toma decisiones que se basan en la teoría y persevera, a pesar de que sus sentimientos se ponen en contra. Un terapeuta experiencial utiliza sentimientos y conocimientos subjetivos, intuitivos, para adoptar decisiones. Si pusiéramos todos los enfoques sobre un continuo, los enfoques de encuentro-maratón estarían en un extremo del mismo. Más allá se ubicarían los enfoques que ofrecen una estructuración cada vez mayor, y que ponen un énfasis cada vez menor en la expresión de los sentimientos como principio guía. No existe ninguna situación que sea todo sentimiento o todo estructuración. El animal humano es un ser que siente y cualquier enfoque tiene que afrontar de alguna manera los sentimientos y, a la par, la realidad de las relaciones con los demás. El tipo de enfoque no es un índice positivo del éxito de la terapia. Existen exploradores indios mejor cualificados para conducir una expedición a través del desierto que los principiantes inexpertos con sus instrumentos científicos. Los terapeutas orientados hacia la estructuración piensan que el conocimiento y la estructuración, junto a la experiencia, producirán finalmente un resultado más favorable. Para resumir este punto, la orientación experiencial afirma «conoce y expresa tus sentimientos y el proceso acabará con la estructuración insana que interfiere en tu vida». La orientación estructurada dice, «los problemas son el resultado de una vida pobremente estructurada». El enfoque más seguro es el que persigue la modificación de la estructuración, la cual acarreará automáticamente unas relaciones libres y espontáneas.

A continuación exponemos algunos ejemplos de terapeutas que han elaborado estructuras teóricas que difieren de la teoría individual convencional. Jackson empezó a trabajar sobre la teoría de la comunicación en la década de los cincuenta (Jackson y Lederer, 1969). Antes de morir había extendido sus teorías por medio de conceptos sistémicos bien definidos que se agruparon en torno a su modelo comunicacional. Su terapia reflejaba su pensamiento teórico. En años más recientes, Minuchin (1974) asociado con Haley, quien previamente trabajaba con Jackson, ha desarrollado un enfoque estructurado con conceptos teóricos tan bien formulados que dispone de medidas terapéuticas automáticas para cualquier situación clínica. Sus conceptos teóricos entienden al hombre y a su self intrapsíquico en el contexto del sistema de relaciones que envuelve a aquél. Mediante sus relaciones, el hombre influye sobre los que le rodean y como consecuencia es influenciado por ellos. Su enfoque terapéutico, congruente con su teoría, está encaminado a modificar el sistema de feedback que caracteriza el sistema de relaciones a través del cual se modifica a toda la familia. Su terapia evita específicamente concentrar la atención en los factores intrapsíquicos. El autor ha tratado de elaborar una teoría sistémica familiar de la adaptación humana y un método de terapia destinado a modificar el sistema de relaciones, a base de modificar el papel que representa el individuo en él. La terapia también elude centrarse en los factores intrapsíquicos. Nadie es completamente exacto al describir el trabajo de otro.

El enfoque del autor se presenta posteriormente con más detalle.

RESUMEN

Este análisis representa una visión de la diversidad de teoría y práctica que ha evolucionado en el campo de la familia a lo largo de las dos últimas décadas. En 1960, el autor utilizó la analogía de los seis ciegos y el elefante para describir una situación semejante en el campo familiar. Cada ciego sentía una parte distinta del elefante y lo que cada uno suponía de él era exacto dentro de un marco de referencia. La familia es una organización compleja que permanece relativamente estable quienquiera que sea el que la observe y defina. Al mismo tiempo, es posible que haya una extensa diversidad de conceptos diferentes que describen la familia con exactitud. En los primeros días del movimiento familiar, muchos terapeutas contemplaban a la familia a través de teorías familiares referentes a los factores intrapsíquicos internos del individuo. Esto era cierto dentro de unos límites, pero la teoría explicaba torpe y groseramente las pautas de relación a través de las cuales los factores intrapsíquicos de una persona se entrecruzaban con los de otra. Los terapeutas familiares empezaron a utilizar diversos conceptos para explicar los factores interpersonales. Esto desembocó en una teoría para los factores intrapsíquicos y otra para los interpersonales. Una mayoría de terapeutas sigue utilizando esta combinación de teorías, encontrando cada cual la combinación que le parece más compatible. Utilizar dos clases distintas de teorías para el mismo fenómeno global encierra algunos problemas. La mayor parte de las teorías sobre relaciones utilizaban los conceptos funcionales de la teoría sistémica. En la última década, el término «sistemas» se ha utilizado mal, llegando hasta el punto de convertirse en un simple absurdo, pero la tendencia hacia el pensamiento sistémico apunta a una dirección definida. El mundo del pensamiento sistémico ha enviado a los hombres a la luna y los ha permitido volver, ahora bien, los conceptos sistémicos está pobremente definidos en aspectos que se aplican al hombre y a su funcionamiento. El pensamiento sistémico goza de un tremendo potencial para el futuro, pero el «elefante» del pensamiento sistémico es mucho mayor y más complejo que los más sencillos «elefantes» del pasado. El esfuerzo que el autor ha dedicado a desarrollar una teoría sistémica representa el serio esfuerzo de otro «ciego». Se expone en las siguientes secciones de este capítulo.

UNA TEORIA SISTEMICA DEL FUNCIONAMIENTO EMOCIONAL

El problema principal que surge al definir una teoría sistémica radica en hallar un conjunto de funciones prácticas susceptibles de ser integradas en una totalidad funcional. El número de posibilidades en la selección de las piezas de dicha teoría es casi infinito. La selección está regida por un cierto esquema general. Es más fácil componer una teoría sobre una zona reducida del funcionamiento que sobre una extensa. Sin un esquema, uno puede aparecer con varios conceptos, exactos en sí mismos, que juntos no concuerdan. El sistema más grande con el que contamos es el universo. Desde un modelo sistémico, sabemos que entre el átomo y la organización del universo, así como entre la célula más minúscula y el conjunto de células más grande conocido, existen conexiones lógicas, pero en el desarrollo de teorías prácticas queda mucho camino por recorrer. Existen grandes lagunas en conocimientos específicos. La integración conceptual de los conocimientos nuevos puede llevar más tiempo que el descubrimiento científico original. Hasta un futuro muy lejano, el hombre debe contentarse con sus escasos conocimientos y sus teorías parciales y discrepantes.

Seguidamente exponemos algunas nociones fundamentales acerca de la naturaleza humana que guían la selección de los diversos conceptos de esta teoría sistémica. Se concibe al hombre como la forma de vida más compleja que evolucionó a partir de formas inferiores y está íntimamente conectada con todos los seres vivos. La diferencia más importante que existe entre el hombre y las formas inferiores estriba en su córtex cerebral y su capacidad de pensar y razonar. El funcionamiento intelectual está considerado como una forma inconfundiblemente distinta del funcionamiento emocional, el cual es compartido por el hombre con las formas inferiores. El funcionamiento emocional incluye los factores automáticos que rigen la vida protoplasmática. Comprende al factor que la biología define como instinto, reproducción, la actividad automática controlada por el sistema nervioso autónomo, estados sentimentales y emocionales subjetivos y los factores que rigen los sistemas de relaciones. Existen grados cambiantes de coincidencia entre el funcionamiento emocional e intelectual. En términos generales, el sistema emocional rige la «danza de la vida» de todos los seres vivos. Está hondamente enraizado en el pasado filogenético y es mucho más antiguo que el sistema intelectual. Se entiende que el «sentimiento» es el derivado de un estado emocional más profundo, aunque se registre sobre una pantalla dentro del sistema intelectual. La teoría postula que hay más actividad humana regida por el sistema emocional humano de lo que él está dispuesto a admitir y que existe más semejanza que desemejanza entre la «danza de la vida» de las formas inferiores y la «danza de la vida» de las formas humanas. Se interpreta la enfermedad emocional como una disfunción del sistema emocional. En las formas más severas en que ésta se configura, las emociones pueden inundar el intelecto y dañar el funcionamiento intelectual, aunque el intelecto no está primariamente involucrado en la disfunción emocional. Hay grados cambiantes de «fusión» entre los sistemas emocional e intelectual en el ser humano. Cuanto mayor es la fusión, más gobernada está la vida por factores emocionales automáticos que operan a pesar de que la verbalización intelectual del hombre se manifieste en contra. Cuanto mayor es la fusión entre la emoción y el intelecto, más se funde el individuo dentro de las fusiones emocionales de las personas que le rodean. Cuanto mayor es la fusión, más vulnerable se hace el hombre a la enfermedad física, a la enfermedad emocional, y a la enfermedad social, y es menos capaz de controlar conscientemente su vida. El hombre puede discriminar entre las emociones y el intelecto y adquirir paulatinamente más control consciente sobre el funcionamiento emocional. El fenómeno de biofeedback constituye un ejemplo de control consciente sobre el funcionamiento automático.

Un concepto esencial de esta teoría sistémica emerge en torno a la noción de fusión entre las emociones y el intelecto. El grado de fusión de las personas es variable y perceptible. La cantidad de fusión de un individuo sirve como indicador del patrón vital de esa persona. Al desarrollar toda teoría sistémica, no se pueden elaborar conceptos que cubran todas y cada una de las piezas del rompecabezas total. Al desarrollar esta teoría, nos hemos esforzado por armonizar cada concepto con la visión conjunta del hombre que aquí describimos y sobre todo para eludir conceptos que discrepan con la visión global.

LOS CONCEPTOS TEORICOS

La teoría está compuesta de varios conceptos entrelazados. Una teoría de la conducta es una versión abstracta de lo que se ha observado. Si es acertada, ha de ser capaz de predecir lo que se observará en otras situaciones semejantes. Tiene que ser capaz de explicar las discrepancias que no se han recogido en las formulaciones. Cada concepto describe una faceta separada del sistema total. Se puede disponer de cuantos conceptos distintos se desee para describir las facetas más pequeñas del sistema. Estos conceptos describen algunas características generales de las relaciones humanas, el funcionamiento interno del sistema familiar nuclear (padres e hijos), la manera de transmitirse los problemas a la generación siguiente y la transmisión de las pautas a lo largo de varias generaciones. Posteriormente, se añadirán a la teoría otros conceptos relativos a los pormenores de la familia extensa y a las maneras de interconectarse las pautas familiares con sistemas sociales mayores. Como se ha descrito la teoría global en otras publicaciones (Bowen 1966, 1971) no nos extenderemos aquí sobre los conceptos.

Escala de diferenciación de self.

Este concepto constituye la piedra angular de la teoría. Comprende unos principios que estiman el grado de fusión existente entre el intelecto y las emociones. El término *escala* transmite la noción de que las personas son diferentes entre sí y que no se puede estimar dicha diferencia a partir de la información clínica. No se trata de una escala diseñada para servir de instrumento psicológico a personas no versadas en la teoría y las variables de un sistema de relaciones. El self fuerte se confunde fácilmente con el pseudo-self, el cual está determinado por el sistema de relaciones y puede fluctuar de un día para otro, o de un año para otro. El pseudo-self puede crecer si cuenta con una relación agradable y aprobación emocional, y decrecer con una relación negativa o desaprobación. Un índice del pseudo-self es el grado en que las personas actúan, fingen y utilizan la apariencia externa con vistas a influir sobre los demás, y fingir posturas que les hacen aparecer más o menos capaces o importantes de lo que son en realidad. El grado de pseudo-self varía tanto que no es posible hacer una estimación válida de un self fuerte a no ser que se estimen las pautas vitales tal como se muestran a lo largo de extensos períodos de tiempo. Algunas personas son capaces de conservar medianamente niveles de pseudo self incluso durante varias décadas. Con todas las variables se puede hacer una estimación aceptablemente precisa del grado de diferenciación de self a partir de los patrones de fusión configurados en las generaciones pasadas y a partir del curso general de una vida en la presente. Las estimaciones sobre los niveles de la escala suministran pistas importantes para la terapia familiar y para predecir, dentro de unos límites extensos, las pautas adaptativas futuras de los miembros familiares.

Los triángulos.

Este concepto refiere la manera de relacionarse entre sí cualesquiera tres personas, así como de involucrar a otros en las cuestiones emocionales que surgen entre ellos. El triángulo parece tan básico que probablemente también opera en las sociedades animales. El concepto postula que el triángulo, o el sistema de tres personas, es como la molécula o la cimentación de todo el sistema de relaciones. Un sistema de dos personas es básicamente inestable. En un campo de tensión ambas personas presumiblemente implicarán a una tercera para componer un triángulo. Si involucra a cuatro personas o más, el sistema se convierte en una serie de triángulos entrelazados. En un sistema de varias personas, las cuestiones emocionales pueden estallar entre tres de ellas quedando el resto al margen, o bien agrupándose entre sí alrededor de los polos del triángulo emocional. La teoría psicoanalítica, sin nombrarlo particularmente, formula el triángulo de Edipo entre ambos padres y el hijo, aunque el concepto originalmente se refiere a cuestiones sexuales y resultaría torpe e inexacto extender este concepto restringido para convertirlo en uno general. En los triángulos hay dos variables importantes. Una que se relaciona con el grado de «diferenciación de self». La otra, con el grado de ansiedad o fusión emocional del sistema. Cuanta más ansiedad hay, más intensamente se conforman los triángulos de modo automático dentro del sistema. Cuanto más bajo es el grado de diferenciación de los individuos implicados, más intensamente se configuran los triángulos. A un mayor grado de diferenciación le corresponde un mayor control por parte de los sujetos sobre el proceso emocional. En momentos de poca ansiedad, la configuración de los triángulos puede atenuarse tanto que clínicamente no puede decirse que esté presente. En momentos de calma, el triángulo se compone de una unión de personas y un extraño. La unión es la posición preferida. El triángulo raramente se halla en un estado de confort emocional óptimo para los tres. El individuo que se siente más incómodo trata de mejorar su nivel óptimo de proximidad-distancia emocional. Esto altera el equilibrio del otro, que intenta ajustarse a este nivel óptimo. El triángulo se encuentra en un estado de movimiento permanente. En momentos de tensión, se prefiere la posición externa, y los movimientos del triángulo se orientan al escape del campo de tensiones y al logro y mantenimiento de la posición externa. Se han utilizado los movimientos predecibles de un triángulo para desarrollar un sistema de terapia destinado a modificar el sistema emocional triangular. Los movimientos de un triángulo son automáticos y acontecen sin que se tenga consciencia intelectual de ellos.

La terapia se centra en el triángulo más importante de la familia. Tiene como finalidad ayudar a uno o más miembros familiares a ser conscientes de la parte que le toca al self en la reactividad emocional automática, a controlar la parte que el self desempeña y a eludir la participación en los movimientos del triángulo. Cuando una persona del triángulo es capaz de controlar su self, al tiempo que sigue permaneciendo en contacto emocional con los otros dos, desaparece la tensión entre éstos. Cuando es posible modificar el triángulo central de una familia, los otros triángulos familiares se modifican automáticamente sin necesidad de que otros miembros familiares participen en la terapia. Esta a su vez conlleva un lento proceso de diferenciación entre el funcionamiento emocional e intelectual y un control intelectual sobre los procesos emocionales automáticos, que aumenta poco a poco.

Sistema emocional de la familia nuclear.

Este concepto describe el rango de pautas familiares del sistema formado por los padres e hijos. Dependiendo de las pautas de relación seguidas por cada cónyuge en sus familias de origen y las pautas que se perpetúan en el matrimonio, las pautas adaptativas de la familia nuclear les llevarán a un conflicto conyugal; una disfunción física, emocional o social de un esposo; una proyección de lo problemas que afectan a los padres sobre uno o más hijos; o a una combinación de los tres patrones.

Proceso de proyección familiar.

Este concepto describe las pautas a través de las cuales los padres proyectan sus problemas a sus hijos. Representa parte del proceso familiar nuclear, aunque es de tal importancia que se dedica a él todo un concepto. El proceso de proyección familiar existe en cierta medida en todas las familias.

Proceso de transmisión multigeneracional.

Este concepto describe la pauta general del proceso de proyección familiar en tanto en cuanto afecta a determinados hijos y evita a otros en tanto en cuanto procede a través de varias generaciones.

La posición entre los hermanos.

Este concepto constituye una extensión y modificación de la teoría de los perfiles de posición entre hermanos definida originalmente por Toman (1961). Los perfiles originales se desarrollaron a partir del estudio de familias «normales». Son apreciablemente parecidos a las observaciones de esta investigación, salvo en que Toman no pensó que estos perfiles podían torcerse de forma predecible debido al proceso de proyección familiar. Los hallazgos de Toman, con las modificaciones que están contenidas en este concepto, suministran claves importantes para predecir elementos de energía y debilidad de la familia con vistas a la terapia familiar. Esto es tan importante que se ha establecido como un concepto separado.

ANTECEDENTES DE LA TERAPIA SISTEMICA

Este método de terapia conoció su evolución una vez que se desarrollaron y extendieron los conceptos teóricos. A fines de los años cincuenta, la expresión *terapia familiar* se utilizaba para el método llevado a cabo con la presencia de dos o más miembros familiares. El factor decisivo que solucionó la relación terapéutica fue contar con la presencia de sólo un miembro de la familia. En los años anteriores a la investigación familiar, el autor había procedido sobre la base de que el método más fiable para lograr un crecimiento emocional era obtener un resultado de la psicopatología tal como se expresaba en la relación con el terapeuta. Actualmente se ha cambiado esta premisa fundamental. La nueva tarea consistía en resolver los problemas que surgían en las relaciones intensas ya existentes dentro de la familia y particularmente en evitar las acciones y técnicas que facilitaban y fomentaban la relación terapéutica con el terapeuta. Un cambio en esta magnitud, para alguien formado en psicoanálisis, representa un avance tan grande que muchos afirman que es imposible. En los primeros años era difícil evitar una relación terapéutica con sólo un miembro familiar, y la designación de *terapia individual* era acertada para aquella situación. Poco a poco, se hizo imposible ver a un miembro de la familia sin pensar automáticamente en la medida en que otros miembros de la familia intervenían en la vida de esta persona. Se evitaron los aspectos transferenciales, considerados previamente críticos para la solución de los problemas, hasta que se pudieran incorporar a las sesiones más miembros familiares. Para 1960, la técnica de tratar a un miembro de la familia estaba bastante refinada como para que fuera admisible empezar a hablar de terapia familiar con un miembro familiar.

La terapia familiar llevada a cabo con ambos padres y un hijo juntos ejemplificará otro punto decisivo de la evolución de esta teoría y este método. Se trataba de familias con problemas conductuales adolescentes y problemas escolares en los más pequeños. Gran parte de la ansiedad de los padres se concentraba en el síntoma del hijo. En las sesiones de terapia familiar, estando el hijo físicamente presente, resultó difícil conseguir que los padres se centraran en sí mismos. El resultado satisfactorio estándar de dicha terapia se solía alcanzar entre la consulta veinticinco y la cuarenta, que cubrían aproximadamente un año, logrando que la agresiva madre se volviera menos agresiva, el pasivo padre menos pasivo, y que los síntomas del hijo mejoraran mucho. La familia solía finalizar con un tono entusiasta con respecto a la terapia familiar, pero sin ningún cambio básico en lo que se refiere al problema familiar. Esta experiencia nos condujo a replantearnos la teoría y a esbozar nuevas técnicas para lograr concentrar la atención en el problema, que según la hipótesis residía en los esposos. El concepto de triángulo se desarrolló parcialmente. En este momento se pide a los padres que acepten la premisa de que el problema fundamental reside en ellos, que dejen al hijo fuera de las sesiones e intenten concentrarse en sí mismos. Los resultados fueron excelentes y esta técnica se sigue utilizando desde 1960. Algunos de los mejores resultados se han obtenido cuando el terapeuta no ha visto en ningún momento el hijo sintomático. En otras situaciones, se ve al hijo de vez en cuando con el propósito de recoger la opinión que tiene el hijo de la familia, pero con vistas a la «terapia». Los síntomas del hijo cesan antes cuanto éste no está presente en la terapia y los padres se muestran más motivados para trabajar sobre sus propios problemas. Esto condujo al actual método estándar de terapia familiar, del triángulo formado por ambos padres y el terapeuta.

En el comienzo del movimiento familiar surgió otra tarea. Se trataba de neutralizar el proceso emocional familiar que creaba el «paciente enfermo», responsabilizaba al terapeuta para que tratara al paciente. Expresiones como *individuo, persona y miembro familiar* reemplazaron al término *paciente*. Se evitaban los diagnósticos, hasta en el pensamiento privado del terapeuta. Más difícil ha resultado sustituir los conceptos de «tratamiento», «terapia» y «terapeuta», así como modificar la posición omnipotente del terapeuta frente al paciente. Muchos de estos cambios tienen que producirse dentro del terapeuta. El hecho de cambiar la terminología no cambia la situación, pero significa un avance en una dirección general. Cuando el terapeuta ha cambiado, las expresiones antiguas empiezan a parecer obsoletas y fuera de lugar. Queda el problema de emplear una mezcla adecuada de expresiones antiguas y nuevas al relacionarse con las instituciones médicas y sociales, y a la hora de hacer publicaciones. Lo más complicado ha sido encontrar conceptos que sustituyan a los términos de terapia y terapeuta en el tratamiento de las familias y conservarlos para relacionarse con los profesionales. He descubierto que los mejores términos son los de *supervisor, profesor y entrenador*. El entrenador es quizá el que mejor transmite la connotación de un experto activo que entrena tanto a los jugadores individuales como al equipo a fomentar sus capacidades al máximo.

Uno de los cambios que ha entrañado mayor dificultad ha sido el de encontrar maneras de relacionarse con el lado sano de la familia, en vez de con el lado débil. Mejorar el funcionamiento del miembro más débil de la familia representa una tarea lenta y laboriosa. Contra ella se oponen las tendencias de la familia de crear al paciente y la noción popular de que los psiquiatras están para tratar la enfermedad mental. Un caso extraído de principios de la década de los sesenta ilustrará este aspecto. Surgió de la terapia con matrimonios conflictivos en que cada esposo solía perseverar en su declaración cíclica a improductiva de lo que estaba mal en el otro, intentando cada cual demostrar que era el otro quien necesitaba ver a un psiquiatra. Surtía su eficacia cuando el terapeuta añadía que no participaría en el proceso cíclico, que debían decidir quién era el más sano y que tendría las próximas sesiones sólo con este último. El hecho de concentrar la atención en ambos padres, sin reparar en la localización del problema familiar, representa un avance hacia el tratamiento del lado sano de la familia. La búsqueda de la parte de la familia más responsable, más viva en recursos y más motivada puede ser una tarea esquiva. La mejor manera de determinarla es a través del conocimiento del proceso emocional familiar y del funcionamiento de las pautas en las generaciones pasadas y presentes, en colaboración con la familia. La fuente potencial de energía familiar puede agotarse en un bloqueo emocional de un miembro no productivo de la familia. Posteriormente expondremos más detalles acerca del tratamiento de un único miembro motivado de la familia.

Con este sistema teórico-terapéutico, la expresión *terapia familiar* deriva del modo de entender el terapeuta la familia. Se refiere a la tarea de modificar el sistema de relaciones familiares, ya sea con varios miembros, los dos esposos juntos, o un único miembro de la familia. La expresión terapia familiar sistémica apareció una vez que los conceptos teóricos se definieron mejor. Es más exacta que expresiones anteriores, pero no es fácilmente comprensible para quienes no están habituados a los conceptos sistémicos.

La expresión *terapia sistémica* se utiliza ahora más a menudo para referirse al proceso que tiene lugar tanto en la familia como en los sistema sociales.

TERAPIA FAMILIAR SISTEMICA CON DOS INDIVIDUOS

El método es un tratamiento corriente para los terapeutas que emplean este sistema teórico-terapéutico. El concepto que alude a la modificación de la familia completa a través del triángulo formado por los miembros más importantes de la familia y el terapeuta fue mejor formulado a mediados de los años sesenta. El método ha tenido un extenso uso clínico en varios miles de familias por parte del personal y los jóvenes que estaban siendo formados en un gran centro de formación familiar. Se ha utilizado junto a otros métodos en el esfuerzo de encontrar la terapia más productiva con el menor tiempo profesional. Desde mediados de la década de los sesenta, los cambios más importantes tienen que ver con la mejor comprensión de los triángulos, una definición más nítida del funcionamiento del terapeuta en el triángulo y otros cambios menos significativos en el terreno de la técnicas. El método tenía como finalidad ser efectivo como terapia breve, que al mismo tiempo pudiera prolongarse a través de una terapia a largo plazo. Las personas que más se benefician de él son aquéllas que son capaces de reflexionar de manera calmada. Está dirigido a dos individuos que pertenecen a la misma generación y que se hallan unidos por un compromiso vital. Por razones prácticas, entendemos que se trata de maridos y mujeres. Otras parejas, tales como padre e hijo, dos hermanos que conviven en el mismo hogar, hombre y mujer que viven juntos, o pares homosexuales, no se sienten motivados para cambiar significativamente en la relación.

Aspectos teóricos.

Un sistema de relación se conserva en equilibrio gracias a dos poderosas fuerzas emocionales que se compensan entre sí. En momentos de calma, las fuerzas operan como un equipo amistoso, difícil de encontrarse. Una es la fuerza de unión alimentada por la necesidad universal de proximidad emocional, amor y aprobación. La otra es la fuerza de individualidad, alimentada por el impulso de ser un individuo productivo, autónomo, determinado por el self más que por los dictados del grupo. Las personas poseen distintos grados de necesidad de unión, que constituyen el estilo de vida (grado de diferenciación de self) de una persona. Cuanto mayor sea la necesidad de unión, menor es el impulso de individualidad. La mezcla de unión e individualidad en que un sujeto fue programado en los primeros años de su vida se convierte en una «norma» para ese sujeto. La gente se casa con personas que poseen estilos de vida idénticos en términos de unión-individualidad.

Los individuos que ostentan grados de diferenciación de self inferiores poseen necesidades mayores de unión y menos impulso de individualidad. Cuanto mayor es la necesidad de unión, más difícil es mantener las fuerzas de unión en equilibrio sin marginar a determinados miembros de la familia. Cuando no se satisfacen las necesidades de unión surge la tensión y aparecen síntomas. La respuesta automática a la ansiedad y a la tensión es luchar por conseguir más unión. Cuando este esfuerzo falla repetidamente, el miembro familiar reacciona de modos característicos para esa persona.

Las reacciones pueden tomar forma de pegajosidad dependiente, seducción, súplicas, apariencia de indefensión, negación de la necesidad, apariencia de fuerza, posturas dictatoriales, discusión, pelea, conflicto, provocación sexual, rechazo a los demás, drogas y abusos alcohólicos, escapes de la familia, hacer partícipes a los hijos del problema y todas las demás reacciones que surgen ante la imposibilidad de lograr la unión.

Cuando una familia busca ayuda psiquiátrica es que han agotado sus propios mecanismos automáticos para lograr mayor unión. La mayoría de los métodos de terapia familiar ponen el énfasis en la necesidad familiar de comprensión e unión. El terapeuta intenta ayudar a la familia a que ofrezca más amor, consideración y unión, desprendiéndose de sus mecanismos contraproductivos. Estos métodos resultan eficaces para lograr un alivio sintomático y un ajuste vital más cómodo, pero no lo son tanto a la hora de modificar el estilo de vida de los miembros familiares.

Este método tiene por objeto ayudar a la familia a impulsarse lo antes posible hacia mejores grados de diferenciación. Opera sobre el supuesto de que las fuerzas de individualidad están presentes tras la reactividad emocional que rodea a la unión, que emergerán lentamente en un clima emocional favorable del triángulo terapéutico y que las fuerzas de unión se reajustarán automáticamente a un nivel superior de adaptación con cada nueva ganancia en individualidad.

Método terapéutico.

El método se desarrolló a partir de la experiencia con las fuerzas emocionales de un triángulo. La tensión emocional de un sistema de dos personas aboca inmediatamente a una situación en que la pareja involucra a una tercera persona vulnerable en las cuestiones emocionales del dúo. En la terapia familiar que antes se llevaba a cabo con la presencia de tres miembros de la familia, las cuestiones emocionales circulaban cíclicamente entre ellos sorteando los esfuerzos que hacía el terapeuta por interrumpir los ciclos. Este método está elaborado con vistas a introducir a los dos miembros familiares más importantes en la terapia junto al terapeuta, que convierte a éste último en blanco de los esfuerzos familiares para involucrar a un tercero. El avance en la terapia depende de la capacidad del terapeuta para establecer una relación con sentido con la familia, sin quedar enredado emocionalmente en el sistema familiar.

Al comienzo de la terapia, los dos miembros familiares están envueltos en una fusión emocional que se manifiesta por medio de un «nosotros», «nos» y «nuestro» que les une, o por una versión opuesta del mismo mecanismo, que consiste en una postura contraria al otro. Si con el tiempo el terapeuta es capaz de relacionarse con la familia, sin quedar demasiado enredado en las cuestiones emocionales, y si es capaz de darse cuenta y enfrentarse a estos enredos cuando aparecen, es posible que los dos self separados emergen lentamente de la fusión emocional. Cuando esto sucede, se produce automáticamente la proximidad emocional en el matrimonio y el sistema familiar entero empieza a cambiar con relación al cambio de los esposos.

Técnicas terapéuticas.

El aspecto más importante de la terapia depende del funcionamiento emocional del terapeuta, su capacidad de mantenerse neutral en un campo emocional y sus conocimientos acerca de los triángulos. Cada terapeuta tiene que encontrar su modo de mantener la neutralidad emocional en la situación terapéutica. Mi mejor distancia emocional operativa de la familia, incluso cuando me siento físicamente al lado, es el lugar desde el que puedo «ver» el proceso emocional fluyendo de un sitio a otro entre ellos. El fenómeno humano suele ser tan divertido y cómico como serio y trágico. La distancia adecuada es el lugar desde el que se puede contemplar tanto el lado serio como el lado divertido. Si la familia se pone demasiado seria, pongo la gota de humor con objeto de deshacer la seriedad. Si la familia empieza a tomarse el pelo y a bromear, dejo caer un comentario serio apropiado para restaurar la neutralidad. Un caso fue el de una mujer que se empeñaba en dar todo tipo de detalles sobre su madre criticona, protestona y mandona. El marido parecía estar de acuerdo. Si el terapeuta les dejaba creer que él también lo aceptaba, se metía en el proceso emocional con ellos. Su comentario, «Creía que apreciaba la dedicación de su madre hacia usted», fue suficiente para transformar la seriedad de una risita y deshacer la tensión emocional. Un tono de voz calmado y una concentración de la atención en los hechos más que en los sentimientos contribuyen a conservar incluso un clima emocional. Los desplazamientos hacia la diferenciación de self normalmente no son posibles dentro de un campo en tensión.

Es preciso que el terapeuta mantenga su atención centrada en el proceso en el que los dos se hallan inmersos. Si se descubre a sí mismo atendiendo al contenido de lo que se está diciendo, está claro que ha perdido el curso del proceso y está atrapado emocionalmente en una cuestión de contenido. Es necesario escuchar el contenido con vistas a seguir el proceso para mantener la atención en él. Cuanto mayor es la tensión en la familia, más necesario es que el terapeuta permanezca constantemente activo, a fin de afirmar una posición neutral. Si se encuentra sin nada que decir, es que está atrapado emocionalmente. Dentro de unos límites estrechos, el terapeuta puede utilizar comentarios aprendidos para situaciones emocionales. Si sólo se halla un poco envuelto, el comentario puede resultar efectivo. Con el paso de los años la «confrontación» o el «comentario paradójico» ha llegado a utilizarse para deshacer las situaciones emocionales. La «confrontación» es una técnica que consiste en recoger el lado contrario del aspecto emocional por medio de un comentario neutralizador. Si el terapeuta está profundamente envuelto en el sistema emocional familiar, la «confrontación» es escuchada como un sarcasmo u hostilidad y el empeño fracasa.

La técnica principal de este método estriba en una estructuración que permite a cada esposo conversar directamente con el terapeuta con una actividad objetiva, tranquila. Se trata de hablar sobre el proceso emocional más que comunicarlo. El terapeuta trata de impedir una estructuración en que los miembros familiares se hablen directamente entre sí. Incluso cuando el clima emocional es pacífico la comunicación directa puede aumentar la tensión emocional. Esta técnica singular es un cambio esencial con respecto a métodos anteriores, en los que se alentaba a los miembros de la familia distantes emocionalmente a hablar directamente entre sí.

Una sesión típica podría comenzar con un comentario del marido dirigiéndose al terapeuta. Responder directamente al marido supone un riesgo de quedar envuelto en un triángulo con el marido. En su lugar, el terapeuta pregunta a la mujer qué pasó al oír eso. A continuación se vuelve hacia el marido y le pregunta qué le pasaba por la cabeza mientras su mujer hablaba. Esta clase de intercambio podría ir de un lado para otro durante la sesión. Es más frecuente que el comentario del marido sea demasiado insignificante como para representar la exposición clara de una idea. El terapeuta entonces hace al marido tantas preguntas como sean necesarias para elaborar su pensamiento en forma de una exposición más clara. Después el terapeuta se vuelve hacia la mujer inquiriendo sobre sus pensamientos mientras el marido hablaba. Si sus comentarios son superfluos, el terapeuta podría hacer una serie de preguntas instando a la mujer a expresar sus opiniones con mayor claridad. A continuación se vuelve hacia el marido para que responda a los comentarios de la mujer. Existen muchas otras técnicas para acceder al mundo de los pensamientos privados de cada uno y conseguir que los expresen al terapeuta en presencia del otro esposo. Por ejemplo, el terapeuta podría pedir un resumen de los pensamientos íntimos sobre la situación familiar desde la última sesión, o el pensamiento más reciente sobre una situación familiar en particular. El terapeuta indaga sobre pensamientos, ideas y opiniones y evita buscar sentimientos o respuestas subjetivas. En mi opinión, este proceso de exteriorizar el pensamiento de cada esposo en presencia del otro representa el epítome de «la magia de la terapia familiar». Los terapeutas que están acostumbrados a los intercambios emocionales pueden encontrar estas sesiones aburridas y sin interés, pero las familias están interesadas y motivadas para asistir a ellas. Es habitual que los esposos declaren fervientemente que desean las sesiones y que les fascina oír cómo piensa el otro. Cuando se les pregunta cómo pudieron vivir juntos tantos años sin saber lo que el otro pensaba, contestan que cuando el otro cónyuge habla con el terapeuta pueden escuchar y oír de una manera que jamás pudieron escuchar al conversar entre sí. Se suelen oír estos comentarios sobre la fascinación cada vez mayor de descubrir lo que está pasando en el otro después de haber estado a oscuras tanto tiempo. Los cónyuges experimentan como un reto el llegar a ser tan expresivos y claros como puedan. Los individuos que anteriormente han sido poco habladores se van volviendo poco a poco locuaces. En casa se suceden las expresiones de proximidad emocional y de afecto creciente. Esto se produce más rápido que cuando el esfuerzo se orienta hacia la expresión emocional en las sesiones. Otros testimonios sobre las nuevas habilidades adquiridas en el hogar aluden a la capacidad de enfrentarse con calma a los hijos, la capacidad de escuchar a los demás por primera vez y experiencias nuevas sobre sentirse capaces de trabajar juntos tranquilamente.

Cuando las lágrimas o la emoción irrumpen súbitamente en una sesión, el terapeuta tranquilamente sigue el curso de la misma, preguntando cuál fue el pensamiento que provocó las lágrimas, o inquiriendo al otro qué estaba pensando cuando apareció el sentimiento. Si se acumula el sentimiento y el otro cónyuge responde directamente al primero, hay pruebas de que se eleva la tensión emocional. El terapeuta introduce más preguntas pacíficas, a fin de apaciguar la emoción y volver a centrar el tema en él. El terapeuta posee siempre el control de las sesiones, haciendo cientos de preguntas y evitando las interpretaciones. Al interpretar a cada familia nueva como un proyecto de investigación, el terapeuta tiene siempre preparadas tantas preguntas, que nunca hay tiempo para contestar más que a una fracción de ellas. De vez en cuando, es posible que haya alguna señal que hace sospechar al terapeuta lo que se puede estar pensando en la familia, tras lo cual éste haría preguntas para atrapar las ideas de la familia sobre las que sospecha. Podría decir a la familia que considera útil investigar un tema particular, que no es otra cosa que comunicar a la familia lo que piensa y una manera de conseguir el esfuerzo de ellos para la exploración.

Un buen porcentaje del tiempo del terapeuta puede emplearse en mantenerse emocionalmente libre del proceso emocional familiar. Las familias utilizan sus mecanismos automáticos, en el esfuerzo de envolver a otros individuos en el triángulo. Esto se da con más intensidad al principio de la terapia y en los momentos en que la ansiedad es mayor de lo habitual. Cuando el terapeuta conoce las características de los triángulos, y está alerta, a menudo puede anticipar el movimiento del triángulo antes de que ocurra. Hay situaciones en que un cónyuge supone por error que el terapeuta ha tomado partido con respecto a una cuestión. El proceso de mantener al terapeuta emocionalmente neutral adquiere en la terapia la máxima prioridad. El objetivo del terapeuta es seguir activo y hacer declaraciones o realizar acciones que afirmen su neutralidad, así como evitar hacer interpretaciones tipo transferencia a la familia acerca de ello. La teoría sistémica da por sentado que el movimiento del triángulo es una respuesta emocional automática de las personas envueltas, y que no está dirigido personalmente, como podría interpretarse en la terapia de relaciones individuales. Un comentario fortuito o una «confrontación» pacífica resulta eficaz para ayudar al terapeuta a mantener su posición neutral.

Una vez que la ansiedad familiar cesa y los esposos son más capaces de reflexionar, las fuerzas de individualidad comienzan a salir a la superficie en uno de ellos. Esto sucede cuando el cónyuge empieza a centrarse más en el rol que desempeña el self en los problemas de la relación, a reducir las acusaciones al otro de la propia tensión e infidelidad y a aceptar la responsabilidad de cambiar el self. El otro cónyuge aumenta la presión sobre las demandas de unión, que frecuentemente trae como consecuencia que el primer cónyuge vuelva a caer en la antigua unión. Este proceso se desarrolla atravesando varios comienzos fallidos, de forma que aquél que se está diferenciado va adquiriendo poco a poco más fuerza, mientras que el otro va reduciendo la frecuencia de súplicas de unión. La presión hacia la unión engloba acusaciones de falta de amor, indiferencia, despreocupación y falta de aprecio. Cuando el sujeto que se está diferenciando está suficientemente seguro de su self como para seguir su curso sin agitaciones, a pesar de los ruegos de unión por parte del otro, sin defenderse o contraatacar, y sin retirarse, el ataque cesa y el proceso diferenciador atraviesa su primer e importante punto decisivo. Es posible que el primer esposo tarde en alcanzar este punto un año o dos. Esto viene requerido de un período de calma y un nivel de ajuste nuevo y superior en ambos. A continuación el segundo cónyuge empieza a hacer un esfuerzo diferenciador semejante, con vistas a cambiar el self y el primer cónyuge se convierte en el promotor de la unión. Generalmente los nuevos ciclos duran menos tiempo y las etapas no se definen tan rápidamente como la primera.

La fuerza de individualidad sale a la superficie lentamente al principio y, con poca que salga, se ve impulsada a enterrarse de nuevo durante períodos de tiempo bastante largos. Un curso de vida normal de una persona es aquél que guarda en equilibrio neutral las fuerzas de unión-individualidad. El terapeuta puede facilitar el proceso diferenciador centrando las preguntas en este nuevo terreno de aspectos emocionales, atendiendo a la responsabilidad que ha de asumir el self y evitando toda connotación que refleje su toma de posición junto al ruego de unión que parece más justo.

Enseñanza de la terapia familiar sistémica.

Es necesario que las familias que continúan con terapia prolongada con este método reciban algún tipo de enseñanza didáctica. Esta clase de conocimientos proporcionan a la familia una manera de comprender el problema, una consciencia de que ellos son responsables del avance y un marco de referencia, gracias al cual pueden dirigir su energía por sí mismos. Una familia muy ansiosa es incapaz de «oír» las explicaciones didácticas, y el terapeuta que intenta dar tales explicaciones se ve envuelto profundamente en el sistema emocional familiar con inevitables distorsiones y bloqueos en la terapia. La enseñanza de frases se emplea con cautela si la familia no se encuentra en calma. Esto se aplica al fundamento lógico de enviar a los cónyuges a casa para que hagan visitas frecuentes a sus familiares de origen, lo que constituye una parte del intento de animarles a «diferenciar un self» en sus familias extensas. En las etapas posteriores de la terapia, toda clase de congreso o sesión didáctica puede ser de utilidad.

RESUMEN

Este método es eficaz tanto como proceso a corto plazo, como a medio o largo plazo. La longitud de la terapia viene determinada por la familia. Hemos tenido un buen porcentaje de «curas» llamativas en cuestión de cinco o diez sesiones, por lo común gracias a que los síntomas irrumpieron a partir de una relación de gran intensidad. Está el caso de una «cura» en siete sesiones de una esposa joven con una frigidez grave. Los resultados satisfactorios a medio plazo suelen aparecer entre las sesiones veinte y cuarenta, cuando los síntomas han remitido y el cónyuge orientado hacia la unión ejerce presión para terminar. No ha habido otro enfoque tan eficaz como éste para producir resultados felices a largo plazo. En 1966, se adaptó este método a la terapia multifamiliar. El terapeuta realiza con cada familia, de un grupo de cuatro de ellas, mini-sesiones de treinta minutos, mientras las otras familias actúan como observadoras no participantes. La familia corriente avanza un poco más deprisa que aquéllas que participan en sesiones de una hora para familias aisladas. Parece que la diferencia se relaciona con la capacidad de «oír» y saber de las otras familias sin reaccionar emocionalmente y así aprender. Cuando se propone como objetivo la diferenciación de self, parece que a las personas les lleva cierta cantidad de tiempo, de calendario, el conseguir modificar sus estilos de vida. Se han llevado a efecto varios experimentos encaminados a extender una cantidad de tiempo terapéutico dado, a lo largo de lapsos de tiempo, con citas menos frecuentes. Actualmente la mayoría de las sesiones terapéuticas multifamiliares se celebran mensualmente, dando unos resultados tan satisfactorios, o incluso mejores, que con sesiones más frecuentes. Las familias se sienten capaces de asumir la responsabilidad de sus propios avances y emplean las sesiones para que el terapeuta supervise sus esfuerzos. Las familias en la terapia prolongada continúan una media de cinco años, que abarca unas sesenta sesiones multifamiliares y unas treinta horas de tiempo real con el terapeuta.

Hacia la diferenciación de self en la familia propia.

En 1967 significó un hito en el método la aparición, en un congreso nacional, de un artículo anónimo que versaba sobre la diferenciación de self en la familia propia (Anonymous, 1972). El método implicaba una historia familiar pormenorizada de varias generaciones pasadas y el desarrollo de una relación personal con todos los parientes vivos importantes. Esto activa el fomento de las viejas relaciones familiares, latentes por pereza. A continuación, con el provecho de la objetividad y el conocimiento de los triángulos, la tarea consiste en destriangular los viejos triángulos familiares según van surgiendo.

En la primavera de 1967, empecé a utilizar material extraído de aquella conferencia para enseñar la terapia familiar a médicos residentes psiquiátricos y a otros profesionales de la salud mental. Empezaron a observarse en sus propias familias y a ir a casa para poner a prueba secretamente los conocimientos adquiridos sobre sus familias. Seguidamente se recogían testimonios de bloqueos emocionales inevitables y seguían celebrando mesas redondas para facilitar la comprensión del problema y hacer sugerencias para el siguiente viaje al hogar.

También en 1967, los residentes eran mejores clínicos en terapia familiar que los residentes anteriores. Al principio, pensé que esto estaba relacionado con la calidad de los residentes de ese año, pero ellos afirmaron que lo que marcaba la diferencia era la experiencia que estaban llevando a cabo con sus propias familias. Había comentarios como, «La teoría familiar no es otra cosa que una teoría más, hasta que ves que funciona con tu propia familia».

El siguiente descubrimiento llegó en 1968. Los residentes estaban haciendo tan correctamente su trabajo clínico, que no se dedicaba ninguna atención a los problemas personales que surgían con sus cónyuges e hijos. La labor había consistido en entrenar a terapeutas familiares. No se había hecho ninguna mención de los problemas de sus familias nucleares. En 1968, descubrí que estos residentes habían adelantado tanto con sus cónyuges e hijos como lo hicieron otros residentes parecidos en la anterior terapia familiar semanal regular con sus cónyuges. Había una buena muestra para establecer una comparación. Desde comienzos de la década de los sesenta, había estado recomendando la terapia familiar para los residentes y sus cónyuges en lugar de la psicoterapia individual o el psicoanálisis para tratar los problemas personales. Existe un cúmulo de experiencia clínica con terapia de familia semanal formal orientada a los residentes psiquiátricos, que puede compararse con los residentes que estuvieron yendo a casa para visitar a sus familias de origen y que no estuvieron sometidos a ningún tipo de psicoterapia formal. Esta experiencia profesional con residentes psiquiátricos y otros profesionales de la salud mental supuso el comienzo de una nueva era en mi propia orientación profesional.

Existen varias especulaciones en torno a que el tratamiento de las familias extensas conlleva un cambio más rápido que el de la familia nuclear. Es más sencillo «verse» a sí mismo y modificarse en los triángulos que se forman un poco fuera de la situación cotidiana inmediata, que en la familia nuclear en la que uno vive. En los años que siguen a 1968, este método de trabajar con la familia extensa se ha empleado en todas las situaciones de conferencias y de enseñanza, y además, en la práctica privada tipo «instrucción». Una persona que trabaja activamente puede utilizar sesiones de «instrucción» una vez al mes aproximadamente. Algunos sujetos que tienen acceso a sesiones didácticas no necesitan sesiones privadas, o las necesitan menos frecuentemente. Quienes viven a cierta distancia acuden tres o cuatro veces, o en ocasiones, solamente una vez al año. Este enfoque es tan distinto que resulta difícil comparar los resultados obtenidos con otros enfoques. Evita entrar en contacto con la familia nuclear y con los infinitos detalles emocionales de unas relaciones estrechas. Parece que produce mejores resultados que las terapias familiares más convencionales.

Se ha utilizado ampliamente este método con sujetos que se entrenan para ser terapeutas familiares, pero además se ha aplicado a un número de individuos cada vez mayor que han oído acerca de él y lo solicitan. Los resultados son los mismos, aunque hay pocas personas que buscan la terapia familiar antes de tener síntomas. Una vez que una familia comienza las sesiones formales de terapia familiar resulta más difícil hallar motivación para trabajar seriamente con las familias de origen.

Se ha utilizado el método de definir un self en la familia extensa como el único método terapéutico para un amplio espectro de profesionales de la salud mental y para gente no profesional que ha oído acerca del método y lo solicita. El trato con la familia extensa se recomienda encarecidamente a todas las familias que se someten a cualquier tipo de terapia familiar, aunque la idea de la familia extensa tiene poco sentido cuando las personas están ansiosas. Una vez que los síntomas remiten, es más difícil aún que las personas encuentren motivación para mantener un trato con sus familias extensas. Cualquier logro obtenido en la familia extensa se traduce inmediatamente en un logro con los cónyuges e hijos. El éxito de orientar el esfuerzo hacia la definición del self en la familia de origen depende de la motivación y la situación familiar. Resulta más sencillo en sujetos altamente motivados con familias intactas que han ido por la vida sin rumbo fijo. En el otro extremo están aquéllos a los que repulsa la idea de contactar con la familia extensa y aquéllos cuyas familias son extremadamente negativas. En medio, se dan todos los niveles distintos de motivación y familias con muy diversos grados de fragmentación y distanciamiento. La muerte de los padres no implica un problema grave, siempre que existan otros familiares supervivientes. Es posible lograr resultados aceptables con aquéllos que creen que no poseen ningún familiar con vida.

Es corriente ver experiencias únicas en cuanto al cambio en las familias extensas. A esto se añade el cambio en la familia nuclear. En un curso de terapia familiar impartido a estudiantes de medicina de primer año y sus cónyuges, había un estudiante cuyo padre había estado ingresado en un hospital público durante cerca de veinte años. El hospital estaba ubicado cerca de la población donde residía, a varios cientos de millas de distancia. La familia había estado visitando al padre alrededor de una vez al año. Propuse al estudiante que fuera solo a visitar a su padre siempre que llegara a casa y que intentara relacionarse, a través de la psicosis, con el hombre que había detrás de los síntomas.

Imaginaba que quizás el padre sería capaz de abandonar el hospital para cuando el hijo acabara la carrera en la escuela de medicina. Ese año visitó al padre unas cuatro veces. El año siguiente, nueve meses después que empezara el curso, fue el padre quien visitó al hijo durante un permiso del hospital. Exactamente doce meses después del comienzo del curso, cuando el hijo empezaba segundo, el padre fue dado de alta en el hospital y acudió a visitar al hijo. Se quedó veinte segundos en una clase en que se celebraba una sesión de terapia familiar. Tras haber estado en una institución pública desde que tenía treinta años hasta los cincuenta, sufría problemas de ajuste y de empleo, pero el hijo, el padre y la familia habían llegado lejos en solo un año.

LA TEORIA SISTEMICA Y LOS PROBLEMAS DE LA SOCIEDAD

Las fuerzas emocionales que operan en un triángulo tienen lugar lo mismo en la sociedad que en la familia. Los terapeutas familiares llevan dándose cuenta de esto desde hace varios años, a pesar de que los mecanismos concretos que intervienen aquí han sido esquivos y difíciles de definir. El autor ha hecho un gran esfuerzo a este respecto (Bowen 1974a). El campo, más extenso, de la sociedad, con sus múltiples fuerzas emocionales, supone un reto para los conceptos de la teoría sistémica. Algún día en la década venidera, la teoría sistémica se revelará prometedora por sus contribuciones en este terreno nuevo.

RESUMEN

Este capítulo recoge una visión general de la terapia familiar en sus comienzos hace casi veinte años y según ha ido creciendo como parte de la cambiante escena psiquiátrica. Hemos intentado identificar algunos de los factores que parece han determinado la dirección de la terapia familiar. Hay tanta diversidad de terapeutas familiares en cuanto a la teoría y al método terapéutico que resulta arduo encontrar un marco de referencia, tanto para los comunes denominadores como para las diferencias en el campo. Hemos intentado dirigir nuestra atención hacia líneas generales, más que a tratar de categorizar el trabajo de personas que destacan en el campo. Es un hecho que el mayor número de terapeutas familiares operan desde la teoría psiquiátrica aprendida a través de sus cursos de formación y que emplean la terapia familiar como una técnica más. Otro extenso grupo de terapeutas familiares utilizan la teoría convencional para entender los factores emocionales del individuo y otro esquema teórico para entender el sistema de relaciones existente entre los miembros de una familia. Un grupo más reducido de terapeutas familiares se ha orientado hacia teorías completamente distintas en el modo de entender y tratar a las familias. Estas diferencias en la teoría no poseen comunes denominadores en la práctica de la terapia familiar. Se trata de terapeutas expertos que serían maestros con cualquier método terapéutico. En este sentido, la terapia familiar sigue siendo un arte más que una ciencia.

Exponemos aquí la tesis de que el estudio de la familia abrió las puertas al estudio de las relaciones interpersonales. No disponíamos de un esquema conceptual confeccionado para entender las relaciones. Vivimos en la era de los ordenadores, en la que el pensamiento sistémico influye sobre el mundo que nos rodea, pero los conceptos sistémicos se han desarrollado poco para comprender al hombre y su funcionamiento. La mayoría de los terapeutas familiares que han trabajado sobre relaciones han desarrollado conceptos sistémicos orientados a entender las formas sutiles y potentes con que las personas reciben la influencia de sus propias familias, del conjunto de la sociedad y de las generaciones pasadas de las que descienden. Aquéllos que han elaborado los conceptos sistémicos más completos han ideado métodos terapéuticos que evitan entrar en la teoría y la práctica individual, no porque una sea considerada mejor que la otra, sino para experimentar con posibles potenciales nuevos. El autor se considera entre aquéllos que han dedicado sus esfuerzos a desarrollar conceptos sistémicos destinados a comprender la enfermedad emocional en el más extenso marco familiar. Ha expuesto su sistema teórico-terapéutico como una de las múltiples maneras en que pueden estudiarse la familia y los sistemas sociales y, a la par, con vistas a suministrar al lector la visión más amplia posible de la diversidad que reina en la práctica de la terapia familiar. Si la tendencia actual hacia el pensamiento sistémico prosigue, podemos esperar con cierta seguridad que en la próxima década se producirán en el campo avances más espectaculares aún.

CAPITULO 15

Reacción de la familia ante la muerte

El planteamiento directo de la idea de la muerte, o el planteamiento indirecto de seguir vivo evitando la muerte, ocupa más espacio del tiempo humano que cualquier otra cuestión. El hombre es un animal de instintos que posee la misma consciencia instintiva de la muerte que otras formas de vida inferiores. Sigue el mismo patrón de vida instintivo que se puede predecir en todos los seres vivos. Nace, crece hasta la madurez, se reproduce, sus energías vitales se desgastan y muere. Además, es un animal pensante que goza de un cerebro que le permite razonar, reflexionar y pensar de un modo abstracto. Con su intelecto ha creado filosofías y creencias en torno al significado de la vida y de la muerte, y ha tendido a negar su posición en el plan de la naturaleza. Cada individuo tiene que definir su lugar en el esquema total y aceptar el hecho de que morirá y será sustituido por las generaciones futuras. A su dificultad para encontrar un plan de vida para sí, se añade el hecho de que su vida está estrechamente imbricada con las vidas de cuantos le rodean. Esta exposición se refiere a la muerte como parte integrante del campo familiar total en que vive.

No es fácil entender al hombre como parte integrante de una relación que le envuelve. En otro capítulo del presente volumen, he expuesto mi forma de concebir al hombre como individuo y, al mismo tiempo, como parte de la amalgama emocional-social en la que vive. Según mi teoría, un elevado porcentaje de conductas de relación humana están dirigidas por factores emocionales instintivos automáticos, más que por el intelecto. Gran parte de la actividad intelectual se pierde en dar razones y justificar conductas que están dirigidas por el complejo sentimientos-emociones-instintos. La muerte es un acontecimiento biológico que pone fin a la vida. Ningún suceso vital puede remover en el individuo más pensamientos dirigidos emocionalmente y más reactividad emocional en aquéllos que rodean al difunto. He preferido el concepto de sistemas de relaciones «abiertos» y «cerrados» debido a que es una manera efectiva de describir la muerte como fenómeno familiar.

Un sistema de relaciones «abierto» es aquél en el que un individuo es libre de comunicar un elevado porcentaje de pensamientos privados, sentimientos y fantasías a otro que puede corresponderle. Nadie establece con otra persona una relación completamente abierta, pero cuando es capaz de mantener una relación en que es posible un grado de apertura aceptable se puede hablar de una situación saludable. Un buen porcentaje de hijos establecen una versión de ésta con uno de los progenitores. La relación más abierta que la mayoría de las personas experimentan en sus vidas adultas tiene lugar en el noviazgo. Después del matrimonio, en la interdependencia emocional desencadenada por vivir juntos, cada esposo se vuelve sensible a las cuestiones que disgustan al otro. Instintivamente eluden los asuntos susceptibles y la relación se va desplazando hacia un sistema más «cerrado». El sistema de comunicación cerrado es un reflejo emocional automático, que tiene como misión proteger al self de la ansiedad que emana de la otra persona, a pesar de que muchos manifiestan que eluden las cuestiones tabúes para no disgustar a la otra persona. Si pudiéramos guiarnos por el conocimiento intelectual en vez de por el reflejo automático, y pudiéramos adquirir cierto control sobre nuestra propia reactividad ante la ansiedad del otro, seríamos capaces de hablar de los temas tabúes a pesar de la ansiedad, y la relación se desplazaría hacia una apertura más saludable. Pero somos humanos, la reactividad emocional funciona como un reflejo, y para cuando una persona corriente cae en la cuenta del problema, puede ser ya tarde para que dos esposos inviertan el proceso por sí mismos. Es en este momento cuando un profesional experto puede actuar como un tercero y hacer funcionar la magia de la terapia familiar, que traería como consecuencia la progresiva apertura de una relación cerrada.

A la cabeza de todos los temas tabúes está el de la muerte. Un elevado porcentaje de personas mueren solas, encerradas en sus pensamientos, que no pueden comunicar a los demás. Subyacen al menos dos procesos. Uno de ellos es el proceso intrapsíquico que acontece dentro del self, que siempre conlleva la negación de la muerte. El otro es el del sistema de relaciones cerrado. Las personas no pueden comunicar los pensamientos que tienen, si no quieren disgustar a la familia o a los demás. Generalmente hay por lo menos tres sistemas cerrados que operan en torno al enfermo terminal. Uno opera dentro del paciente. Por la experiencia, todo enfermo terminal posee cierta consciencia de la muerte inminente y un porcentaje elevado de ellos guarda una extensa cantidad de conocimientos privados que no comunica a nadie. Otro sistema cerrado es la familia. La familia obtiene su información fundamental del médico, que se suma a los bits de información que se extraen de otras fuentes y luego se amplifica, distorsiona y reinterpreta en las conversaciones domésticas. La familia posee su propio comunicado médico, proyectado y editado cautelosamente, acerca del paciente. Se basa en la interpretación que la familia hace de los informes y se modifica para evitar la reactividad del paciente frente a la ansiedad. Otras versiones del comunicado son susurradas dentro de la escucha del paciente cuando la familia cree que éste está dormido o inconsciente. A menudo, los pacientes están alerta para captar las comunicaciones susurradas. El médico y el personal sanitario utilizan otro sistema cerrado de comunicación supuestamente basado en hechos médicos, que está influido por la reactividad emocional de la familia y la que hay dentro del personal. Los médicos procuran redactar informes basados en hechos, que distorsionan debido a la emotividad médica y al intento de poner el énfasis adecuado en las «malas noticias» o las «buenas noticias». Cuanto más reactivo es el médico, más probablemente utilizará jerga médica que la familia no escucha, o se volverá excesivamente simplista en sus esfuerzos por comunicarse con lenguaje llano. Cuanto más ansioso es el médico, más fácil es que se ponga a hacer demasiadas disertaciones y a escuchar demasiado poco, para finalizar con un mensaje vago y distorsionado y sin darse apenas cuenta de que la familia no ha percibido su mensaje. Cuanto más ansioso es el médico, más pregunta la familia acerca de detalles concretos que el médico es incapaz de contestar. Frecuentemente los médicos responden a preguntas específicas con generalizaciones excesivas que olvidan la cuestión. El médico sostiene otro nivel de comunicación con el paciente. Hasta el médico que admite el principio de decir al paciente los «hechos» puede comunicarlos con tanta ansiedad, que el paciente responde al médico en vez de al contenido de lo que se dice. Surgen problemas cuando el sistema de comunicación cerrado de la medicina se topa con un sistema cerrado desde hace tiempo entre el paciente y la familia, y la ansiedad se ve aumentada por la amenaza de una enfermedad terminal.

Mi experiencia clínica con la muerte se remonta a unos treinta años, cuando mantenía largas conversaciones sobre la muerte con pacientes suicidas. Deseaban ardientemente hablar con un interlocutor libre de prejuicios que no tuviese que corregir la forma cómo ellos pensaban. De este modo, descubrí que todas las personas gravemente enfermas, e incluso las que no están enfermas, agradecen que se les ofrezca la oportunidad de hablar acerca de la muerte. Con el paso de los años, he procurado mantener estas conversaciones con gente gravemente enferma durante mi consulta, con amigos y conocidos, y con miembros de mis familias extensas. Jamás he visto a un enfermo terminal que no saliera fortalecido de dicha conversación. Esto contradice las primeras creencias de que el ego es demasiado frágil para estos temas en determinadas circunstancias. He llevado esto a la práctica con todo un espectro de enfermos comatosos. Los pacientes terminales a menudo se permiten a sí mismos entrar en coma. Un buen porcentaje de ellos pueden salir por sí mismos del coma para comunicar cosas importantes. He tenido a algunos que han salido el tiempo necesario para hablar y expresar su agradecimiento por la ayuda e inmediatamente volver a entrar en coma. Hasta mediados de los sesenta, la mayoría de los médicos eran contrarios a informar a los pacientes que estaban sufriendo una enfermedad terminal. En la década pasada el dictado médico que ha prevalecido acerca de este asunto ha cambiado bastante, aunque la práctica médica no ha avanzado al mismo paso que el cambio de actitud. La pobreza de las comunicaciones que intercambian médico y paciente, así como el médico y la familia, y la familia y el paciente, siguen pareciéndose todavía mucho a las que había antes. El problema fundamental es de tipo emocional, de modo que un cambio en las normas no modifica automáticamente la reactividad emocional. El médico puede pensar que dio al paciente una información realista, pero debido a la emoción del momento, la tosquedad e imprecisión de la comunicación, y el proceso emocional del paciente, éste no puede «oír». El paciente y la familia pueden fingir haberme entendido perfectamente, sin haberme escuchado ni siquiera a través de los sentimientos. En la práctica de mi terapia familiar dentro de un centro médico, frecuentemente entro en contacto tanto con el paciente como con la familia, y en un grado menor con los médicos. Lo mejor que puede pasar es que el sistema cerrado en el que participan el paciente y la familia sea lo bastante grande. Pienso que el mayor problema reside en la pobre comunicación entre el médico y la familia, y entre el médico y el enfermo. Se han repetido situaciones en que los médicos creían que se estaban comunicando con claridad, mientras la familia, o bien percibía mal, o distorsionaba los mensajes, de manera que el pensamiento de la familia estaba fraguando una conducta agresiva contra el médico. En todas estas situaciones, los procedimientos quirúrgicos y médicos eran adecuados, sólo que la familia estaba reaccionando contra las breves y lacónicas declaraciones del médico, que creía estar comunicándose adecuadamente. En tales situaciones es bastante fácil hacer interpretaciones sencillas de las declaraciones del médico y prevenir así las ideas malévolas. Pienso que la tendencia a informar a los pacientes acerca de la enfermedad incurable es uno de los cambios más saludables que está experimentando la medicina, pero los sistemas cerrados no se abren simplemente porque el cirujano haga precipitadamente declaraciones tensas sobre la situación. La experiencia demuestra que tanto médicos como cirujanos, no sólo tienen que aprender los fundamentos de la emotividad del sistema cerrado que caracteriza al triángulo médico-familia-paciente, sino que también podrían valerse de la experiencia profesional de la terapia familiar, si es que carecen de tiempo y motivación para adquirirla por sí mismos. Posteriormente expondremos un ejemplo clínico de la emotividad de un sistema cerrado.

EL EQUILIBRIO EMOCIONAL FAMILIAR Y LA ONDA DE CONMOCION EMOCIONAL

Esta sección abordará un orden de acontecimientos que tienen lugar dentro de la familia, que no se relacionan directamente con las comunicaciones de los sistemas abiertos y cerrados. La muerte, o la amenaza de muerte, no es más que uno de los numerosos incidentes que pueden alterar a una familia. Una unidad familiar está en equilibrio funcional cuando está en calma y cada miembro funciona con eficacia aceptable durante ese lapso de tiempo. El equilibrio de la unidad se ve afectado tanto por la adición de un nuevo miembro, como por la pérdida de otro. La intensidad de la reacción emocional fluctúa con el grado de integración emocional que funciona en la familia en ese momento, o bien con la importancia funcional de quien se suma a la familia, o de quien se pierde. Por ejemplo, el nacimiento de un hijo puede alterar el equilibrio emocional hasta que los miembros de la familia son capaces de formar nuevos grupos en torno a él. Un abuelo que hace una visita posiblemente desplace los factores emocionales por un reducido espacio de tiempo, mientras que un abuelo que acuda a vivir a una casa puede alterar el equilibrio emocional familiar de una forma duradera. Las pérdidas que pueden alterar el equilibrio familiar son las pérdidas físicas, como por ejemplo un hijo que se traslada a un colegio universitario o un hijo adulto que se casa y abandona el hogar. Existen pérdidas funcionales, tales como un miembro familiar clave que vuelve incapacitado debido a un accidente o una enfermedad prolongada, que le impide seguir con su trabajo del cual depende la familia. Hay pérdidas emocionales como la ausencia de una persona de carácter agradable, que puede levantar el ánimo de la familia. Un grupo que cambia un agradable buen humor por la seriedad se convierte en un tipo diferente de organismo. El tiempo que precisa una familia para establecer un nuevo equilibrio emocional depende de la integración emocional de la familia y la intensidad de la alteración. Posiblemente una familia bien integrada muestra una reactividad patente en el momento del cambio, pero se adapta a él con bastante prontitud. Por el contrario, una familia menos integrada probablemente muestra una reacción menos significativa en ese momento, pero responde posteriormente con síntomas de enfermedad física, enfermedad emocional o conducta antisocial. Intentar conseguir que la familia exprese sus sentimientos en el momento del cambio no aumenta necesariamente el grado de integración emocional.

La «onda de conmoción emocional» constituye una red de «postconmociones» subterráneas a sucesos vitales serios que pueden ocurrir en cualquier lugar del sistema familiar extenso, meses o años después de producirse acontecimientos emocionales serios en una familia. Aparecen muy frecuentemente tras la muerte o amenaza de muerte de un miembro significativo de la familia, pero pueden producirse después de pérdidas de otras clases. No se relaciona directamente con las reacciones normales de lamentos y pena de la gente próxima a quien murió. Opera en forma de red subterránea de dependencia emocional por parte de los miembros familiares entre sí. Esta dependencia se niega, los sucesos vitales graves parece que no están relacionados, la familia intenta camuflar toda conexión entre ellos y se produce una reacción vigorosa de negación emocional cuando alguien intenta relacionarlos. Esto sucede especialmente en familias que tienen un grado significativo de «fusión» emocional negada, mediante el que las familias han sido capaces de conservar un grado apreciable de equilibrio emocional asintomático en el sistema familiar. El proceso familiar fundamental se ha expuesto en otro capítulo de este volumen.

El autor descubrió por primera vez la «onda de conmoción emocional» durante sus investigaciones a finales de los años cincuenta. Se ha mencionado en artículos y conferencias, pero en la literatura profesional no se ha llegado a describir adecuadamente. Nos percatamos de ella por primera vez en el curso de una investigación familiar multigeneracional, con el descubrimiento de que en varios miembros separados de la familia extensa tenían lugar una serie de sucesos vitales importantes en el intervalo de tiempo posterior a la enfermedad grave y la muerte de un miembro significativo de la familia. Al principio, parecía una coincidencia. Luego, descubrimos que cierta versión de este fenómeno aparecía en un porcentaje suficientemente elevado del conjunto de las familias, de modo que comprobamos que la «onda de conmoción» era común a todas las historias familiares. Los síntomas de una onda de conmoción pueden cursar con cualquier problema humano

Pueden abarcar todo el espectro de enfermedades físicas, desde una elevada incidencia de resfriados e infecciones respiratorias a la primera aparición de condiciones crónicas, como por ejemplo diabetes o alergias a enfermedades médicas y quirúrgicas. Es como si la onda de conmoción fuera el estímulo que desencadenara la actividad del proceso físico. A su vez, los síntomas pueden abarcar todo el rango de síntomas emocionales, desde depresión leve, a fobias o a episodios psicóticos. Las disfunciones sociales pueden englobar alcoholismo, fracasos escolares o laborales, abortos o nacimientos ilegítimos, un aumento en los accidentes y toda la gama de desórdenes conductuales. Conocer la presencia de la onda de conmoción permite al médico o al terapeuta contar con una información vital a la hora del tratamiento. Sin dicho conocimiento, se trata la secuencia de acontecimientos como si se tratara de sucesos separados, sin ninguna relación.

Algunos ejemplos de la onda de conmoción ilustrarán el proceso. Lo más frecuente es que se produzca tras la muerte de un miembro significativo de la familia, aunque puede ser casi tan grave después de una amenaza de muerte. Un caso fue el de una abuela con sesenta y tantos años a la que se había practicado una mastectomía radical por cáncer. En los dos años siguientes, se produjeron una serie de reacciones en cadena en sus hijos y en las familias de éstos. Uno de los hijos empezó a dedicarse al alcohol por primera vez en su vida, la esposa de otro hijo sufrió una grave depresión, el marido de una hija fracasó en los negocios y los chicos de otra hija se vieron involucrados en accidentes de carretera y en actos de delincuencia. Algunos síntomas persistieron cinco años después de darse por curado el cáncer de la abuela. Un ejemplo más común de la onda de conmoción es el que se produce a continuación de la muerte de un abuelo o abuela importante, apareciendo síntomas en todo el espectro de hijos y nietos. A menudo, el nieto tenía un lazo emocional muy indirecto con los abuelos. Un caso: tras la muerte de una abuela, una de las hijas parecía no tener más que la reacción de pena normal ante la muerte, aunque de una forma algo profunda, transmitiendo su conmoción a un hijo que nunca se había acercado a su abuela, pero que reaccionó ante su madre con conductas delictivas. Así, la familia camufla las conexiones de estos sucesos que hará que los miembros de la misma camuflen luego la secuencia de los acontecimientos, si se llegan a dar cuenta de que el terapeuta está a la zaga de alguna conexión. Las familias reaccionan extremadamente ante cualquier intento de abordar la negación directamente. Se dio el caso de un hijo próximo a los treinta y cinco años que proyectó hacer un viaje para visitar a su madre, que había sufrido un ataque y estaba afásica. Antes de eso, su esposa e hijos llevaban una vida regular, y sus negocios iban bien. Su intento de comunicarse con su madre, que no podía hablar, era una experiencia de prueba. De regreso a casa en el avión, conoció a una joven con quien empezó la primera aventura extramarital de su vida. Durante los dos años siguientes, llevó una doble vida, sus negocios se iban a pique, y sus hijos empezaban a no rendir en el colegio. Tuvo un buen comienzo en la terapia familiar que siguió durante seis sesiones, momento en que estableció una conexión prematura entre el ataque de su madre y la aventura. Canceló la consulta siguiente y jamás regresó. La naturaleza del fenómeno humano es tal que reacciona vigorosamente ante cualquier implicación parecida a la dependencia de una vida con otra. Otras familias son menos reactivas y pueden interesarse más en el fenómeno, en vez de reaccionar ante él. Sólo conocí una familia que llegó a hacer una conexión automática entre sucesos de esta suerte, antes de buscar la terapia. Se trataba de un padre que manifestó, «Mi familia era pacífica y sana hasta hace dos años que se casó mi hija. Desde entonces, se ha venido produciendo un problema detrás de otro, y las facturas del médico se han vuelto exorbitantes. A mi mujer le hicieron una operación de vejiga. Después de eso, siempre encontraba algo mal en cada casa donde vivíamos. Hemos roto tres contratos y nos hemos mudado cuatro veces. Luego empezó a tener un problema de espalda y sufrió una fusión espinal. Mi hijo había sido un estudiante excelente antes de que mi hija se casara. El año pasado bajó su rendimiento escolar y este año abandonó los estudios. En medio de todo esto, sufrí un ataque al corazón». Interpretaba esto como una familia en un equilibrio emocional tenuemente establecido, en que el funcionamiento de la madre dependía de la relación de ésta con la hija. La mayor parte de la disfunción ulterior radicaba en la madre, pero el hijo y el padre eran lo bastante dependientes de la madre como para desarrollar síntomas también. La incidencia de la onda de conmoción emocional prevalece lo bastante como para que la sección familiar de Georgetown lleve a cabo un procedimiento de seguimiento clínico de la misma en cada historia familiar.

El conocimiento de la onda de conmoción emocional es central para tratar con las familias las cuestiones relacionadas con la muerte. No todas las muertes tienen la misma importancia para una familia. Hay algunas en que es bastante probable que la muerte venga seguida de una onda de conmoción. Otras muertes son más neutrales y normalmente no vienen seguidas más que por las reacciones de pena y lamentos corrientes. Otras muertes suponen un alivio para la familia y suelen producir un periodo de mejora del funcionamiento. Si el terapeuta es capaz de conocer con antelación la posibilidad de una onda de conmoción emocional, puede tomar medidas para prevenirla. Entre las muertes a las que más probablemente siga una onda de conmoción seria y prolongada están las de cualquiera de los padres cuando la familia es joven. Esto no sólo altera el equilibrio emocional, sino que anula la función del mantenedor de la familia o de la madre a un tiempo, cuando estas funciones son particularmente importantes. La muerte de un hijo importante puede sacudir el equilibrio familiar durante varios años. También la muerte del «jefe del clan» puede venir seguida de una perturbación latente de larga duración. Puede tratarse de un abuelo que ha quedado parcialmente incapacitado pero que sigue tomando cierto tipo de decisiones en los asuntos familiares. Las abuelas de estas familias normalmente vivían a la sombra de sus maridos, y sus muertes eran menos importantes. La reacción familiar puede ser intensa si está desencadenada como consecuencia de la muerte de una abuela que constituía una figura central de la vida emocional y la estabilidad de la familia. El «jefe del clan» también puede ser el hermano más importante de la generación actual. Existe otro grupo de miembros familiares cuyas muertes probablemente no traen consigo más que el tiempo corriente de pena y lamentaciones. Es posible que se les haya querido mucho, pero desempeñan roles periféricos en los asuntos familiares. Son los miembros neutrales que no fueron «famosos ni infames». No es probable que sus muertes influyan sobre el futuro funcionamiento familiar. Finalmente, están los miembros familiares cuyas muertes suponen un alivio para la familia. Esto incluye a aquéllos cuyo funcionamiento no fue crítico para la familia, y que podían haber sido una carga en sus enfermedades terminales. A sus muertes probablemente les sigue un momento breve de pena y lamentos, que luego torna en una mejora del funcionamiento de la familia. Una onda de conmoción raramente es consecuencia de la muerte de un miembro familiar disfuncional, a menos que esa disfunción desempeñara un papel crucial en el mantenimiento del equilibrio emocional de la familia. Los suicidios vienen comúnmente seguidos de reacciones duraderas de pena y lamentos, pero la onda de conmoción suele ser menor, salvo que el suicidio suponga la abdicación de un papel funcional esencial.

LA TERAPIA EN EL MOMENTO DE LA MUERTE

El conocimiento de la configuración global de la familia, la posición funcional que ocupa en ella el moribundo y el nivel general de adaptación vital son datos importantes para cualquiera que trate de ayudar a una familia antes, durante o después de un fallecimiento. Intentar tratar todas las muertes de la misma forma puede fallar el blanco. Algunas familias que funcionan bien son capaces de adaptarse a encarar la muerte antes de que se produzca. Presuponer que dichas familias necesitan ayuda puede significar una intuición inepta. Los médicos y los hospitales han dejado gran parte de los problemas relativos a la muerte en manos de capellanes y pastores con la esperanza de que ellos saben lo que hacen. Hay clérigos excepcionales que saben intuitivamente lo que hay que hacer. En cambio, muchos sacerdotes o religiosos jóvenes tienden a tratar a todos los moribundos de la misma forma. Funcionan con su teología, una teoría sobre la muerte que no va más allá de los conceptos corrientes de pena y lamentos, y tienden a dirigir su ayuda hacia la manifestación libre de la pena. Esto posiblemente proporciona una ayuda superficial a muchas personas, pero ignora el proceso subyacente. La opinión popular de que la expresión de la pena mediante el llanto puede ayudar a la mayoría de las personas complica la situación a los demás. Es importante que el médico o el terapeuta conozcan la situación, tengan su vida emocional bajo cierto control sin hacer uso de demasiadas negaciones, u otros mecanismos extremos, y que respete la negación que tiene lugar en la familia. Cuando trabajo con familias, empleo cautelosamente palabras directas, tales como muerte, morir y enterrar, y evito con minuciosidad el uso de palabras menos directas, como por ejemplo, falleció, difunto, expiró. Una palabra directa indica a la otra persona que no me incomoda el tema, y permite que los demás se sientan cómodos también. Tal vez aparezca una palabra tangencial que suavice el hecho de la muerte; pero invita a la familia a responder con palabras tangenciales, y llega un momento en que uno ya no sabe de ningún modo si la conversación gira en torno a la muerte. El empleo de palabras directas propicia la apertura de un sistema emocional cerrado. Pienso que proporciona una dimensión distinta para ayudar a la familia a que se sienta más cómoda.

El caso clínico que exponemos a continuación ejemplifica un intento de abrir la comunicación con una enferma terminal, su familia y el personal sanitario. Como profesor visitante en otro centro médico, se me invitó a celebrar una entrevista de demostración con los padres de una niña perturbada emocionalmente. De camino hacia la sala donde se celebraría la entrevista, me enteré que la madre sufría de cáncer terminal, el cirujano se lo había dicho al padre, y el padre al terapeuta familiar, pero la madre lo ignoraba. De ser un caso mío, habría abordado inmediatamente esta cuestión con la familia, pero era reacio a dar este paso dado que no tendría ocasión de mantener entrevistas de seguimiento. Un grupo numeroso de profesionales y estudiantes observaban la entrevista. Preferí eludir el tema crítico. El comienzo de la entrevista fue desagradable, difícil y violento. Decidí que debía hablarse de la cuestión del cáncer. Cuando quedaban diez minutos, pregunté a la madre por qué creía que su cirujano, su familia y el resto no le habían dicho nada acerca de su cáncer. Sin dudar un momento, contestó que pensaba que les daría miedo decírselo. Y añadió tranquilamente, «Sé que tengo cáncer. Lo sé desde hace tiempo. Antes tenía miedo de que fuera eso, pero me dijeron que no se trataba de cáncer. Les creí algún tiempo, pensando que eran imaginaciones mías. Ahora sé que es cáncer. Cuando les pregunto y contestan, «No» ¿qué significa?. Pues o bien que mienten o que yo estoy loca, y sé que no estoy loca». A continuación se entretuvo en detalles acerca de sus sentimientos, saltándole las lágrimas levemente, pero sin perder un momento el control sobre sí misma. Manifestó que no le asustaba morir, pero que le gustaría vivir lo suficiente para ver que su hija salía adelante por sí misma. Odiaba la responsabilidad de abandonar a su hija a la responsabilidad del padre. Hablaba muy emotivamente pero con escasas lágrimas. Ella y yo éramos las personas más tranquilas de la sala. Su terapeuta se enjuagaba las lágrimas. El padre reaccionó bromeando y tomándole el pelo sobre su vívida imaginación. Para evitar esta reacción de él destinada a silenciarla, hice algunos comentarios para sugerir que no interfiriese en los serios pensamientos de su esposa. Se sintió capaz de proseguir, «Esta es la vida más solitaria del mundo. Aquí estoy, sabiendo que voy a morir, y desconociendo cuánto tiempo me queda. No puedo hablar con nadie. Cuando hablo con mi cirujano, me dice que no es un cáncer. Cuando trato de hablar con mi marido, hace chanza de ello. Vengo aquí a hablar de mi hija no de mí. Estoy aislada de los demás. Cuando me levanto por la mañana, me siento horrible. Me asomo al espejo para ver si mis ojos están ojerosos y si el cáncer se ha extendido al hígado. Trato de aparecer alegre hasta que mi marido se va al trabajo, porque no quiero disgustarle. Luego me siento sola todo el día con mis pensamientos, sin hacer otra cosa que llorar y pensar. Antes de regresar mi marido del trabajo, intento reanimarme en atención a él. Ojalá me muriese pronto y no tuviera que fingir más». Después prosiguió con toda una suerte de pensamientos funestos acerca de la muerte. Como una chiquilla se sentía dolida cuando la gente pisaba las tumbas. Siempre había deseado que la enterraran bajo tierra en un mausoleo, así la gente no pisaría su tumba. «Pero», añadió, «somos pobres. No podemos permitirnos el lujo de un mausoleo. Cuando muera, seré enterrada en una fosa como cualquier otro». El problema técnico de esta entrevista única radicaba en dejar hablar a la madre, controlar la ansiedad del padre para que no la silenciase, y confiar que el terapeuta regular pudiese continuar el proceso posteriormente. Es imposible forzar más la apertura de una relación cerrada emocionalmente de esta intensidad en una sola sesión, aunque el padre manifestó que intentaría escuchar y comprender. La paciente se mostró aliviada al salir parcialmente del sistema cerrado en que había vivido. El terapeuta declaró que se había enterado de lo del cáncer pero que había estado aguardando a que la madre lo sacara a colación. Esta es una postura frecuente entre los profesionales de la salud mental. La propia emotividad del terapeuta había impedido que la mujer hablase. Al término de la entrevista, manifestó la madre, sonriendo a través de sus lágrimas, «Seguro que hemos estado una hora dando un paseo alrededor de mi tumba ¿verdad?». Al despedirme de ellos en el vestíbulo, dijo la madre, «Cuando vuelva a casa esta noche, dé las gracias a Washington por enviarle a usted hoy aquí». El padre menos expresivo añadió, «nos sentimos agradecidos». Tuvimos unos minutos con el auditorio que había observado la entrevista. Parte del grupo se había puesto a llorar, la mayoría estaban callados y serios, y unos pocos hicieron críticas. Algunas críticas fueron expresadas por un médico joven que habló de haber herido a la mujer y haber arrebatado su esperanza. Estaba contento de haber resuelto encarar la cuestión en esta única entrevista de demostración. De vuelta a casa, mis pensamientos rondaban en torno a las diferencias en las respuestas del auditorio, y los problemas de entrenar a jóvenes profesionales a contener su propia emotividad lo suficiente como para ser más objetivos con respecto a la muerte. Intuía que sería más fácil entrenar a aquéllos que lloraban, que a los que intelectualizaban sus sentimientos. Esto constituye un ejemplo de resultado satisfactorio en una sola sesión. Ilustra la intensidad de un sistema cerrado de relaciones entre el paciente, la familia y el personal sanitario.

LA FUNCION DE LOS FUNERALES

Hace unos veinticinco años, tuve una experiencia clínica que ilustra el aspecto central de la próxima sección de este capítulo. Una mujer joven comenzó un psicoanálisis con lo siguiente, «Deje que entierre a mi madre antes de que pasemos a otras cosas». Su madre llevaba muerta seis años. La lloró durante semanas. Por aquel entonces, yo ejercía mi práctica dentro de un entorno de transferencia y dinámica intrapsíquica. La frase del paciente fue utilizada posteriormente como forma de describir la teoría sistémica relativa a vinculaciones emocionales irresueltas entre personas que son capaces de salir adelante, que se vinculan a relaciones futuras significativas y que siguen controlando el curso de su vida. Existe una manera de utilizar el funeral que persigue «enterrar al muerto en el momento de la muerte» más definitivamente. Pocos acontecimientos humanos producen tanto impacto emocional como la enfermedad grave y la muerte a la hora de resolver las vinculaciones emocionales irresueltas.

El ritual del funeral ha prevalecido de alguna forma desde que el hombre se hizo un ser civilizado. Pienso que tiene una función común de poner a los supervivientes en contacto íntimo con el muerto y con los amigos importantes, y ayuda a supervivientes y amigos a poner fin a sus relaciones con el muerto, a la par que a avanzar hacia adelante en la vida. Creo que la mejor función que puede ejercer un funeral es la de la de poner a familiares y amigos en el mejor contacto funcional posible con la áspera realidad de la muerte y con ellos mismos en este momento de gran emotividad. Pienso que los funerales eran quizá más efectivos cuando la gente fallecía en casa con la familia presente, y cuando la familia y los amigos hacían los preparativos del ataúd y del entierro por sí mismos. La sociedad ya no permite esto, pero hay maneras de producir un apreciable grado de contacto personal entre el cuerpo del muerto y los supervivientes. Hoy en día existen numerosas costumbres de funerales que tienen por objeto negar la muerte y perpetuar las vinculaciones emocionales irresueltas entre el muerto y los vivientes. Es más intenso en personas a las que angustia la muerte y que emplean la forma y el contenido actual de los funerales para evitar la ansiedad. Hay quienes rechazan mirar el cuerpo del muerto porque, «Quiero recordarles como les conocí». Hay un segmento ansioso de la sociedad que considera los funerales como rituales paganos. La costumbre del funeral hace posible que el hospital se deshaga del cuerpo sin que la familia tenga ningún contacto personal con él. Frecuentemente se excluye a los niños de los funerales con la idea de no inquietarlos. Esto puede desencadenar fantasías e imágenes irrealistas y distorsionadas que pueden durar toda la vida y quizás no ser corregidas nunca. El funeral privado es otra costumbre que elude la emotividad suscitada por la muerte. Viene motivada como consecuencia de la ansiedad al objeto de evitar el contacto con la emotividad de los demás. Arrebata al sistema de amistades la oportunidad de poner fin a sus relaciones con el muerto, y priva a la familia de las relaciones de sostén moral que pueden ofrecer los amigos.

Pienso que el apoyo profesional a una familia en el momento de la muerte puede contribuir a que los miembros de la familia se orienten hacia un funeral más provechoso que si hacen caso de los consejos de parientes y amigos ansiosos. En veinte años de práctica familiar, he estado en contacto con varios miles de familias, y he pasado por la «escuela» que esconden las familias a través de cientos de muertes y funerales. Insto a los miembros familiares a visitar a los parientes moribundos siempre que sea posible y a buscar alguna manera de introducir a los niños si la situación lo permite. Nunca he conocido un niño herido por estar expuesto a la muerte. Lo único que puede herirles es la ansiedad de los vivientes. Aliento la participación del grupo más numeroso posible de miembros de la familia extensa, la presencia ante el ataúd abierto, y el contacto más personal posible entre el muerto, los vivos, las esquelas necrológicas recordatorias, y la comunicación a parientes y a amigos, un funeral público de cuerpo presente, y el servicio funeral más personal que sea posible. Algunos servicios funerales están particularmente ritualizados pero se puede personalizar hasta el servicio más ritualizado. El objetivo es poner a todo el sistema familiar en contacto lo más estrechamente posible con la muerte en presencia del sistema completo de amistades, y tender la mano a las personas ansiosas que preferirían correr a hacer frente a un funeral.

Seguidamente exponemos el ejemplo de unos amigos en la consulta desde el principio. No eran sujetos de mi práctica profesional, sino más bien vecinos. Los padres eran jóvenes con treinta y tantos años, tenían tres hijos de diez, ocho y cinco años, habían llegado a vivir con su madre viuda, preparándose para un destino prolongado del marido en el extranjero. Un domingo previo a su partida proyectada, la joven madre murió repentinamente de un ataque al corazón. Conmocionó a toda la comunidad. Aquella noche estuve con el padre cerca de tres horas. El y su mujer habían estado muy unidos. Hacía docenas de preguntas sobre cómo manejar la emergencia actual, el funeral, el futuro de los niños y su propia vida. Se preguntaba si los chicos debían ir al colegio al día siguiente, qué debían decir a los profesores, si debía solicitar que le eximieran de su puesto en el extranjero. Por la tarde, había intentado hablar a los hijos de la muerte de la madre, pero rompió a llorar y éstos respondieron, «Por favor no llores, papá». Lo más que dijo fue que tendría que tener otra madre para sus hijos, pero se sentía culpable de decir esto a las ocho horas sólo de morir su mujer. Durante la visita, esbocé lo que solía considerar como el curso de acción ideal para él. Propuse que adoptara ideas en tanto fueran congruentes con sí mismo, y si tenían sentido para él, utilizarlas mientras le sirviesen. Indiqué que la capacidad de los niños para enfrentarse con la muerte dependía de los adultos, y se prepararía mejor el futuro si se pudiese explicar la muerte en términos que los niños pudieran entender y si se pudiera hacer que participaran de forma realista en el funeral. Le advertí de las reacciones emocionales adversas de los amigos y que estuviera preparado para las críticas si decidía que participaran los hijos. En las primeras horas posteriores a la muerte, los niños habían estado respondiendo a la emotividad de él, más que al hecho de la muerte de la madre. En este tipo de situaciones, es frecuente que los niños dejen de hablar y nieguen la muerte. Le propuse salvar este bloqueo mencionando la muerte a intervalos frecuentes durante los días siguientes, y, si empezaba a llorar, asegurar a los hijos que a él no le pasaba nada y que no se preocuparan por él. Quería conservar el canal abierto para cualquier tipo de preguntas que deseasen hacer. Sugerí que los niños decidiesen si deseaban o no ir al colegio al día siguiente. Respecto a la idea de que los hijos participaran en la cuestión de su madre muerta, le propuse que dispusiera de un momento antes del funeral para llevarlos a la capilla ardiente, hacer salir al resto de la gente fuera de la sala, para que tuviera con ellos una sesión privada con su madre muerta. Le razoné que esto contribuiría a que los niños se adaptaran a la realidad de la muerte de su madre, y que podía funcionar siempre que se excluyera a los miembros ansiosos de la familia extensa. El martes por la noche, pasé una hora en el dormitorio con el padre sentado en una silla y los tres niños a su alrededor. Pudo llorar y ellos también y los niños se sentían libres para hacer preguntas. Les habló acerca del plan de ir a la capilla ardiente al día siguiente por la tarde. El hijo de cinco años preguntó si podía dar un beso a mamá. El padre me miró buscando una respuesta. Señalé que esto era algo que tenía que ver entre el hijo y su madre. Más tarde, en la sala de estar, anuncié a los parientes y amigos que el padre llevaría a los niños a la capilla ardiente la tarde siguiente, que iba a ser algo íntimo y que nadie más podía estar presente. En privado, aconsejé que sería imprudente exponer a los niños a la emotividad de aquella familia. La madre del padre avisó, «hijo, será demasiado duro para ti». El padre replicó, «madre, cállate. Puedo hacerlo». El miércoles por la tarde, fui a visitar la capilla ardiente. Estaba presente todo el sistema de personas próximas a la familia. La abuela por parte de la madre, que se había mostrado tranquila todos los días, manifestó, «Muchas gracias por su ayuda». El padre contó una extensa descripción de la visita de los niños aquella tarde. Se acercaron al ataúd y sintieron a su madre. El hijo de cinco años manifestó, «Si la besara, no me podría devolver el beso». Los tres dedicaron un rato a inspeccionar todo, incluso miraron debajo del ataúd. El de ocho años se puso a rezar a los pies del féretro afirmando que su madre podría volver a sostenerle en sus brazos en el cielo. Algunos amigos de la familia se acercaron mientras el padre y los hijos estaban en la cámara. Mientras los amigos entraban, el padre y los niños se retiraron a la antecámara. Allí el pequeño vio unos guijarros pulidos en una maceta. Era el único que había encontrado algo para «regalar» a su madre. Cogió una piedrecita, entró en la cámara y la colocó en la mano de su madre. Hecho esto anunciaron, «Ya nos podemos ir, papá». El padre se sintió mucho más aliviado con el resultado de la visita. Declaró, «Hoy esta familia se ha librado de una carga de mil toneladas». Al día siguiente asistió al funeral. Los niños se portaron estupendamente. La hija de diez años y el de ocho estaban tranquilos. Durante la celebración de la misa, el de ocho años susurró al padre, «papá, estoy seguro de que voy a echar de menos a mamá». El pequeño de cinco se abrazaba al padre algo lacrimoso.

Algunos criticaron que el padre dejara que los niños participaran en el funeral, pero él aguantó las críticas con firmeza y éstas se transformaron en admiración después de la visita doméstica de funeral. El año siguiente permanecí en estrecho contacto con la familia. El padre siguió mencionando la muerte de la madre. En una semana los niños ya hablaban de la madre en tiempo pasado. Se quedaron con la abuela. No hubo ninguna de las complicaciones habituales que suelen surgir tras una muerte de esta clase. El padre aceptó un destino más próximo al hogar, de forma que podía volver si se le necesitaba. Al año siguiente, el padre se casó en segundas nupcias y se llevó los niños con él y su nueva mujer marchándose a otra ciudad. Ahora han pasado veinte años desde la muerte, y el ajuste familiar ha sido perfecto. Todavía guardo contacto periódico con la familia, que ahora abarca a tres hijos adultos del primer matrimonio y uno más pequeño del segundo. Algunos años después de la muerte, el padre escribió su versión de la experiencia que tuvo cuando murió su primera esposa con el título de «Dios mío, mi mujer está muerta». Relataba su conmoción inicial, sus esfuerzos de sobreponerse a la autolástima, su resolución de tomar sus propias decisiones cuando la ansiedad era importante, y el coraje emocional que le movió a llevar a cabo su plan en los días críticos anteriores al funeral y al entierro. Esto refleja lo que yo consideraría como un final óptimo de una muerte traumática que podía haber dejado secuelas para toda la vida; ahora bien, este padre poseía más energía interna que cualquier otro familiar que yo haya visto bajo un estrés de esa intensidad.

RESUMEN

La teoría familiar sistémica suministra una perspectiva más amplia de la muerte de la que posibilita la teoría psiquiátrica convencional, que concibe la muerte como un proceso que tiene lugar dentro del individuo. La primera parte de este capítulo aborda el sistema cerrado de relaciones que existe entre el paciente, la familia y los médicos, y los métodos de terapia familiar que han contribuido a superar parte de la ansiedad que origina el sistema cerrado de comunicación. La segunda sección trata de la «Onda de conmoción emocional» que está presente en cierta medida en un porcentaje significativo de familias. El conocimiento de este hecho, que constituye un resultado directo de la investigación sobre la familia, provee al profesional de una dimensión distinta para comprender la interdependencia emocional y las complicaciones de largo alcance que produce la muerte en una familia. La última sección se refiere al impacto emocional que provocan los funerales y cómo el profesional puede facilitar que los familiares vivos logren un mejor grado de funcionamiento emocional a base de encarar calmadamente la ansiedad que suscita la muerte.

CAPITULO 16

La teoría en la práctica de psicoterapia

Hay discrepancias llamativas entre la teoría y la práctica de la psicoterapia. Los presupuestos teóricos del terapeuta sobre la naturaleza y el origen de la enfermedad emocional sirven como bosquejo que guía su forma de pensar y actuar durante la psicoterapia. Esto siempre ha sido así, incluso aunque la «teoría» y el «método terapéutico» no se han definido con claridad. Los hombres de la medicina primitiva, que pensaban que la enfermedad emocional era consecuencia de los espíritus diabólicos, poseían cierto tipo de concepciones teóricas sobre los espíritus malévolos que guiaban su método terapéutico cuando intentaban liberar a una persona de los espíritus. Creo que la teoría es importante hoy, a pesar de que tal vez sea difícil definir las conexiones específicas que median entre la teoría y la práctica.

He dedicado casi tres décadas a la investigación clínica en psicoterapia. Una gran parte de mi labor se ha orientado a esclarecer la teoría y, a la par, a desarrollar enfoques terapéuticos congruentes con ella. Hice esto en la creencia de que se sumaría a los conocimientos, de modo que dotaría a la investigación de una estructura más consistente. Un logro secundario ha sido la mejora en la predictibilidad y resultados de la terapia, gracias a que el método terapéutico ha llegado a alcanzar una proximidad más estrecha con la teoría. En primer lugar, expondré aquí algunas ideas sobre la falta de claridad que hay, tanto en la teoría como en la práctica de todas las clases de psicoterapia; en la segunda sección me ocuparé concretamente de la terapia familiar. Al abordar mi propia teoría familiar sistémica, explicaré determinados aspectos casi de la misma manera como han aparecido en mis anteriores publicaciones (1966, 1971). Otras partes serán modificadas ligeramente, y se añadirán algunos conceptos nuevos.

ANTECEDENTES DE LA TEORIA EN PSICOTERAPIA

La psicoterapia del siglo veinte probablemente tiene su origen en Freud, quién elaboró una teoría completamente nueva sobre la naturaleza y el origen de la enfermedad emocional. Antes de él, generalmente se consideraba a ésta como el resultado de alguna patología cerebral no identificada, en base a un modelo estructurado que utilizaba la medicina para conceptualizar todas las enfermedades. Freud introdujo la nueva dimensión de la enfermedad funcional que se refería a la función de la mente, en vez de una patología cerebral. Su teoría derivó principalmente de los pacientes, que recordaban aspectos de sus experiencias tempranas y las comunicaban en el contexto de una relación emocional intensa con el analista. En el curso del análisis se descubrió que los pacientes mejoraban, y que la relación del paciente con el analista superaba etapas definidas y previsibles orientándose hacia un mejor ajuste vital. Freud, junto con los primeros analistas hicieron dos contribuciones monumentales. Una fue la aportación de una teoría nueva acerca del origen y naturaleza de la enfermedad emocional. La otra consistía en la presentación de la primera teoría definida con claridad acerca de la relación transferencial y el valor terapéutico de una relación de conversación. Pese a que el consejo psicológico y «hablar acerca de los problemas» ya existían con anterioridad, fue el psicoanálisis el que dotó de estructura conceptual a la «relación terapéutica», y dio a luz a la profesión de la psicoterapia.

Pocos acontecimientos de la historia han influido tanto sobre la forma de pensar humana como el psicoanálisis. Este nuevo conocimiento sobre el comportamiento humano fue incorporándose paulatinamente a la psiquiatría, la psicología, la sociología, la antropología y el resto de las disciplinas profesionales que enfrentan el comportamiento humano, y también a la poesía, novelas, dramas y otras obras artísticas. Los conceptos psicoanalíticos llegaron a ser considerados como verdades fundamentales. Junto a esta aceptación existieron algunas dificultades de largo alcance en la integración del psicoanálisis con otros conocimientos. Freud se había formado como neurólogo. Era consciente de que estaba funcionando con presupuestos teóricos, y que sus conceptos no tenían conexión lógica con la medicina o las creencias reconocidas. Su concepto de «psico» patología, modelado aparte de la medicina, nos dejó con un dilema conceptual aún no resuelto. El buscó una conexión conceptual con la medicina, pero nunca la halló. Entretanto, utilizaba modelos incongruentes para conceptualizar sus otros hallazgos. Sus extensos conocimientos de la literatura y las artes le ofrecían otros modelos que podían servirle. Un ejemplo destacado fue el conflicto edípico, que provenía de la literatura. Sus modelos retrataban con minuciosidad sus observaciones clínicas y representaban un microcosmos de la naturaleza humana; no obstante, sus conceptos teóricos provenían de fuentes discrepantes. Esto puso las cosas difíciles a sus sucesores a la hora de pensar en conceptos sinónimos de la medicina o las ciencias reconocidas. En esencia, concibió un nuevo y revolucionario cuerpo de conocimientos sobre el funcionamiento humano que llegó a existir dentro de su propio compartimento, sin conexión lógica con la medicina o cualesquiera de las ciencias reconocidas. Su teoría se popularizó gracias a las ciencias sociales y al mundo artístico, pero pocos de los conceptos se abrieron camino en las ciencias más básicas. Esto separó más aún el psicoanálisis de las ciencias.

Durante el siglo veinte se han sucedido algunos avances evolutivos claros en la teoría y la práctica psicoanalítica. Los sucesores de Freud han sido discípulos más que científicos. Perdieron el contacto con el hecho de que su teoría descansaba sobre supuestos teóricos, y han tendido a considerarla como una realidad establecida. Cuanto más se concibe como un hecho, menos se puede cuestionar la base teórica sobre la que descansa. Muy pronto los discípulos empezaron a disentir en determinados aspectos de la teoría (previsible en los sistemas de relaciones humanas), y a desarrollar distintas «teorías», conceptos y «escuelas de pensamiento» sobre la base de las diferencias. Han armado tal lío con las «diferencias» que han dejado de ver el hecho de que todos ellos seguían suposiciones generales de Freud. Las distintas ramas del árbol gastan sus vidas debatiendo acerca de las «diferencias» declaradas, ignorando que todas brotan de las mismas raíces de la base. Según pasa el tiempo y crece el número de ramas, así lo hacen las diferencias.

El número de diferencias en cuanto a la relación terapéutica ha sido mayor aún. Freud definió una teoría fundamental sobre la relación terapéutica. Más allá de ella, todo prácticamente se sustenta en sí mismo al desarrollar métodos y técnicas para aplicar la teoría. Hay más flexibilidad para desarrollar «diferencias» en los métodos y técnicas terapéuticos que en la teoría. Los psicoanalistas mantienen una interpretación estricta de la «transferencia», que se considera diferente de la noción popular de la relación terapéutica. Hay divergencias, pero concentrar la atención en ellas ensombrece los denominadores comunes. La terapia grupal es una buena muestra de la tendencia. Brotó originalmente de la teoría sobre la relación terapéutica, y en segundo lugar de la teoría psicoanalítica fundamental sobre la naturaleza de la enfermedad emocional. Las masas crecientes de profesionales de la salud mental, que emplean todas las diferentes teorías y terapias, todavía siguen dos de los conceptos fundamentales del psicoanálisis. Uno es que la enfermedad emocional se desarrolla en la relación con los demás. El segundo es que la relación terapéutica constituye el «tratamiento» universal para la enfermedad emocional.

Existen otras tendencias evolutivas que ilustran la separación entre la teoría y la práctica. Tienen que ver con la investigación psicológica. Las ciencias básicas han criticado durante mucho tiempo al psicoanálisis y a la teoría psicológica de no ser científica y estar basada en hipótesis cambiantes que desafían al estudio científico crítico. Esta crítica tiene su fundamentación. Los psicoanalistas y los psicólogos han descubierto que el campo es distinto, y que no se aplican las mismas reglas. Han acuñado el término «ciencias» sociales, de modo que gran parte de la investigación se ha dedicado a demostrar que son científicos. Hay cierto apoyo a la proposición de que las ciencias sociales son científicas. El cambio más importante ha tenido lugar en el desarrollo del método científico orientado a estudiar los datos aleatorios y discrepantes de una forma científica. Si se continúa el tiempo suficiente con el método científico, deberán producirse definitivamente los datos y los hechos que son aceptables para las ciencias básicas. Esto no ha ocurrido. El debate se ha extendido a lo largo del siglo con el problema de que los psicólogos aceptan los supuestos psicoanalíticos como hechos y al mismo tiempo creen que el método científico convierte un campo en ciencia, mientras que los que trabajan en las ciencias básicas todavía siguen sin quedar convencidos. Aquí es donde se encuentra hoy la investigación en el campo de la salud mental. Los directores de la investigación y los expertos que controlan los fondos para investigación han sido instruidos en el método científico, lo que tiende a perpetuar posturas rígidas. Mi opinión sobre este asunto es que, «No hay manera de acomodar un sentimiento de forma que se pueda calificar de hecho científico». Esto se basa en la creencia de que la conducta humana constituye una parte de toda la naturaleza, de suerte que es susceptible de ser conocida, prevista y reproducida como un fenómeno más de la naturaleza; pero creo que la investigación debería estar dirigida a establecer contactos teóricos con otros campos, en lugar de aplicar el método científico a los datos humanos subjetivos. Esto ha sido un largo conflicto que he tenido con la investigación de la enfermedad mental. En pocas palabras, pienso que la investigación sobre la enfermedad emocional ha contribuido a la separación entre la teoría y la práctica, y a la concepción de que la teoría psicológica se fundamenta en el hecho demostrado.

Hay tendencias en la formación de profesionales de la salud mental que apoyan la separación entre la teoría y la práctica. En los comienzos del siglo veinte la popularidad del psicoanálisis estaba en auge, pero la psiquiatría general, y también el público, se mostraban aún negativos a él. Entre los años cuarenta y cincuenta, la teoría psicoanalítica se había convertido en la teoría predominante. Para entonces los psicoanalistas habían desarrollado tantas «diferencias» superficiales entre ellos que los nuevos alumnos de los años cuarenta y cincuenta se vieron confrontados con todo un espectro de «teorías» distintas, todas ellas basadas en conceptos psicoanalíticos fundamentales. Aprendieron la teoría psicoanalítica como hecho probado y que la relación terapéutica era el tratamiento de la enfermedad emocional. Los alumnos de aquel periodo son ahora los profesores con autoridad en el campo. El número de «diferencias» superficiales se ha incrementado. Empezando en la década de los cincuenta y creciendo durante los sesenta, hemos oído mucha habladuría anti-psicoanalítica a gente que utiliza conceptos psicoanalíticos fundamentales en la teoría y en la práctica. En la era actual tenemos al «ecléctico» que nos cuenta que no hay ninguna teoría aislada adecuada para todas las situaciones y elige las mejores partes de todas las teorías para mejor ajustarse a la situación clínica del momento.

Pienso que todas las diferencias tienen su raíz dentro del marco fundamental del psicoanálisis, y que el desplazamiento ecléctico tal vez responda más a las necesidades del terapeuta que al paciente. Los programas de formación corrientes para profesionales de salud mental contienen pocas conferencias sobre la teoría añadida a la formación básica. Se dedica una cantidad de tiempo abrumadora a la formación con grupos pequeños de estudiantes, que pone énfasis en la relación terapéutica, el aprendizaje de los problemas emocionales propios, y el dominio de sí mismo en la relación con el paciente. Esto produce profesionales que se orientan hacia la relación terapéutica, que imaginan conocer la naturaleza y el origen de la enfermedad emocional, que son capaces de cuestionar la base teórica sobre la que presuponen que la relación terapéutica es el tratamiento fundamental para los problemas emocionales. La sociedad, las compañías de seguros, y los agentes que conceden licencias han llegado a aceptar esta posición teórica y terapéutica, y han llegado a ser menos severos en lo que respecta a conceder el pago de las sesiones psicoterapéuticas. Los consejeros, profesores, policía, tribunales y todos los agentes sociales que enfrentan problemas humanos también han llegado a aceptar los presupuestos básicos sobre la teoría y la terapia.

Los profesionales de la salud mental se relacionan con la teoría de formas diferentes que se pueden recoger en un continuo. En un polo está el reducido número de verdaderos estudiantes de la teoría. Un grupo mayor es posible que defienda detalladamente posiciones teóricas, pero lo cierto es que han desarrollado enfoques terapéuticos que discrepan de la teoría. Un grupo aún mayor trata la teoría como hecho probado. Estos últimos se asemejan a los hombres de la medicina que *sabía* que la enfermedad era causada por espíritus malévolos. La pericia profesional termina siendo cuestión de encontrar técnicas más ingeniosas para exteriorizar los malos espíritus. En el otro polo se localizan los terapeutas que sostienen que no existe la teoría como tal, los intentos teóricos son explicaciones post hoc de las acciones intuitivas del terapeuta en la relación terapéutica, y la mejor terapia es posible cuando el terapeuta aprende a ser un self verdadero con relación al paciente.

Al exponer estas ideas sobre la separación entre teoría y terapia en las profesiones de la salud mental, he exagerado inevitablemente las cuestiones en aras de una mayor claridad. Pienso que la teoría psicoanalítica, que incluye la teoría de la transferencia y la terapia por medio de la palabra, sigue siendo la única terapia importante que explica la naturaleza y el origen de la enfermedad emocional, y que las numerosas teorías distintas se basan en diferencias superficiales, más que en diferencias en los conceptos fundamentales. Creo que el uso por parte de Freud de modelos teóricos discrepantes contribuyó a hacer del psicoanálisis un cuerpo de conocimientos compartimentado que impedía que los sucesores hallaran puentes conceptuales que lo unieran a las ciencias más aceptadas. El psicoanálisis atrajo a seguidores que eran discípulos más que estudiosos y científicos. Ha evolucionado cristalizándose en un dogma o religión más que en una ciencia, con un método «científico» propio que le ayuda a perpetuar el ciclo. Pienso que posee conocimientos suficientemente nuevos como para formar parte de las ciencias, pero los profesionales que practican el psicoanálisis se han constituido como grupo emocional cerrado, a modo de familia o religión. Los miembros de un grupo emocional cerrado dedican mucha energía a definir sus «diferencias» con los demás y a defender dogmas que no necesitan defensa. Están tan atrapados en el proceso de grupo cerrado que no pueden generar conocimientos nuevos a partir de ellos mismos, ni tampoco permitir la admisión de conocimientos del exterior que pudieran amenazar el dogma. El resultado ha sido un escindirse y re-escindirse continuo, con una generación nueva de eclécticos que intentan sobrevivir a la escisión con su eclecticismo.

LA RELACION TERAPEUTICA DESDE UNA PERSPECTIVA MAS AMPLIA

La investigación sobre la familia ha identificado varias características de los sistemas emocionales que colocan la relación terapéutica en una perspectiva más amplia. Un sistema emocional suele estar representado por la familia, pero puede ser un grupo de trabajo mayor o un grupo social. La característica más importante que examinaremos aquí será que *la introducción satisfactoria de otra persona significativa en un sistema ansioso o perturbado de relaciones tiene la capacidad de modificar las relaciones dentro del sistema.* Hay otra característica de fuerzas emocionales opuestas, que consiste en que cuanto más elevado es el grado de tensión o ansiedad dentro de un sistema emocional, más tienden los miembros del sistema a desligarse de relaciones externas y a cerrarse en compartimentos entre ellos mismos. En este aspecto, hay múltiples variables implicadas. Las primeras tienen que ver con el *otro significativo*. Otras con lo que se quiere decir con introducción *satisfactoria*. Otras con la *introducción* del otro significativo y cuánto tiempo dura como miembro del sistema. He preferido el término *modificar* con objeto de eludir el uso de *cambiar,* que ha llegado a tener tantos significados diferentes en psicoterapia.

Un psicoterapeuta orientado hacia el individuo es con frecuencia un *otro significativo.* Puede manejar una relación terapéutica viable y moderadamente intensa con el paciente, mientras éste permanece en contacto viable con la familia, ello puede calmar y modificar las relaciones dentro de la familia. Es como si la relación terapéutica variara la tensión de la familia y ésta pudiera parecer diferente. Cuando el terapeuta y el paciente establecen una relación intensa, el segundo se retira del contacto emocional que guardaba con la familia y ésta queda más alterada. Los terapeutas tratan de forma intuitiva esta situación. Algunos optan por intensificar la relación hasta lograr una alianza terapéutica, y alentar al paciente a desafiar a la familia. Otros se contentan con una relación de apoyo. Hay otras personas ajenas a las relaciones que pueden conseguir esto mismo. Una relación nueva significativa con un amigo, un sacerdote o un profesor puede ser eficaz si se reúnen las condiciones adecuadas. Una relación sexual externa en su justa medida puede calmar una familia tanto como lo puede hacer la psicoterapia individual. Cuando la aventura se conserva al nivel emocional adecuado, es posible que el sistema familiar se calme y se ciegue a las evidencias de la misma. En el momento en que la aventura externa recibe excesiva atención, tiende a alienar a la persona implicada de la familia y a acrecentar la tensión intrafamiliar.

En esta situación la pareja se convierte en un detective suspicaz, alerta a todas las pruebas que antes había ignorado. Este fenómeno, que tiene que ver con el equilibrio de las relaciones de una familia, se aplica a todo un ancho espectro de relaciones.

Hay un grupo de variables que giran en torno a la calidad de la relación con un semejante significativo. Una de las variables trata de la importancia del miembro familiar para el resto de la familia. Esta respondería inmediatamente a la implicación emocional externa de un miembro importante de la familia que se está relacionado activamente con los demás. Respondería lentamente ante un miembro familiar apartado e inactivo a menos que la relación externa fuese moderadamente intensa. La variable primordial tiene que ver con la importancia asumida, asignada o real de la otra persona significativa. Por un lado está el otro significativo que asume o le es asignada una importancia mágica o sobrenatural. Esto incluye expertos e, líderes de cultos, grandes sanadores y líderes carismáticos de movimientos espirituales. Es posible que el otro significativo finja en la representación de la celebración y en la posesión de poderes sobrenaturales. Ruega al otro «cree en mí, fíate de mí, ten confianza en mí». La asunción de gran importancia y la asignación de importancia suele consistir en una operación bilateral, aunque probablemente puede haber situaciones en que se asigna una importancia abultada, y el otro significativo la aprueba. Estas relaciones funcionan con una elevada emotividad y sentido de la realidad misma. Cuando tienen éxito, el cambio puede sobrevenir rápidamente o con una conversión instantánea.

Por otro lado, hay situaciones en que la evaluación del otro significativo se basa en gran medida en la realidad, con poco fingimiento y escasa influencia en la intensidad del fenómeno de la relación. El ingrediente principal es el conocimiento de la habilidad. Como ejemplos se podría citar a un consejero genético, un planificador estatal, o un catedrático con éxito que posee la capacidad de motivar a los estudiantes en su asignatura, a través del conocimiento más que de la relación. Entre estos dos extremos se dan relaciones con senadores, sacerdotes, consejeros, médicos, terapeutas de todos los tipos y representantes de las profesiones asistenciales que, o bien asumen, o se les asigna una importancia que no tienen. La asunción y asignación de importancia adquiere su mayor nitidez en sus formas más extremas en que el fingimiento de la importancia es lo bastante grotesco como para que cualquiera se percate. En realidad, la asignación y asunción de importancia o desinterés, se halla presente hasta cierto punto en todas las relaciones y lo suficiente para que pueda ser detectado en la mayor parte de las relaciones con una observación minuciosa. Un ejemplo claro sería el de una relación amorosa en que cada uno alberga una imagen sobrevalorada de la pareja. También es fácil darse cuenta del cambio que se produce en una persona que está enamorada. En general, el grado de asignación y asunción de excesiva importancia en la relación terapéutica es demasiado. El psicoanálisis dispone de técnicas sutiles para alentar el desarrollo de una transferencia, que después será tratada en la terapia. Otros métodos llegan incluso más lejos, y los intentos de corregir la distorsión son aún menores.

Otro grupo de variables depende de la forma cómo es introducido el otro significativo dentro del sistema. En un extremo, el otro significativo suplica, exhorta, aconseja, evangeliza y promete grandes acontecimientos si es invitado a entrar. En el otro extremo, el otro significativo solamente entra en el sistema con una invitación no solicitada y con un contrato, bien verbal bien escrito, que se acerca más a la definición de la realidad de la situación. El resto cae en algún punto entre estos dos extremos. Otras variables tienen que ver con la cantidad de tiempo que el otro significativo permanece involucrado en el sistema. El éxito de la implicación depende de si la relación funciona o no. Esto trae consigo que los miembros familiares dediquen una cantidad apreciable de energía de tipo pensamiento-sentimiento a la relación sin llegar a preocuparse emocionalmente demasiado.

Un grupo importante de variables gira entorno a lo que significa modificar las relaciones intrafamiliares. Evito aquí el empleo de *cambiar* debido al libre uso que esta palabra ha adquirido dentro de la profesión. Algunos hablan de conversión emocional, transformación del estado de ánimo, transformación de la actitud, o transformación de un sentimiento de tristeza en otro de alegría, en lugar de «cambio» o «crecimiento» emocional. La palabra «crecimiento» ha recibido tan mal uso durante la década pasada, que hoy carece de sentido. Por el contrario, otros autores estiman que el cambio no se produce sin una alteración básica, demostrable y estructural de la situación subyacente que originó los síntomas. Entre estas dos posturas se extienden todas las otras manifestaciones de cambio. Es frecuente que los profesionales de la salud mental interpreten la desaparición de los síntomas como prueba del cambio.

Cuanto más dotada esté la relación con el otro significativo de una emotividad elevada, cualidades mesiánicas, promesas exageradas y evangelismo, más repentino y mágico puede ser el cambio, y menos probable es que sea duradero. Cuanto menor es el emotividad más contacto guarda con la realidad la relación, es más probable que el cambio sea lento, pero consistente y duradero. En toda relación existe cierto grado de emotividad, particularmente en las profesiones asistenciales donde el ingrediente principal son servicios más que materiales, pero también envuelve a quienes tratan con materiales, como por ejemplo los grandes vendedores. La emotividad puede afectar a la persona carismática que atrae la asignación de importancia por parte de otros. Puede ser difícil de evaluar en figuras populares que logran sus posiciones merced a unas habilidades y conocimientos superiores, en los que la emotividad es reducida, y que se abren camino a base de reputación, en la cual la asignación de importancia es elevada. La relación médico-paciente abarca un ancho rango de emotividad. En un extremo, puede ser casi todo servicio y poca relación, y en el otro el componente emocional es elevado. El médico que adopta una postura que refleja, «No tenga miedo, aquí está el médico», está asumiendo gran importancia, y a su vez la utiliza para calmar la ansiedad. El médico que dice, «si los médicos pudieran ser solamente la mitad de importantes de lo que creen sus pacientes», está funcionando con una consciencia y una menor asunción de importancia. La emotividad es suficientemente importante en la medicina como para que sea habitual, en la investigación seria, la provocación del efecto placebo con objeto de comprobar el factor emocional.

La psicoterapia es un servicio que enfrenta un nivel de emotividad más elevado que el existente en una relación médico-paciente normal. El grado de importancia asumida y asignada es excesiva. El terapeuta experto conoce técnicas para alentar al paciente a asignarle una importancia fuera de lo común que interpreta al paciente como parte de la terapia. Se da cuenta de las «curas» de la transferencia, pero también los aspectos perniciosos de la contratransferencia cuando llega a implicarse excesivamente en lo emocional con el paciente. Posiblemente conozca las reglas operativas que gobiernan el tipo adecuado de relación terapéutica, intentando encajar al paciente con la personalidad del terapeuta, eludiendo tratar a un paciente que no le «gusta», o recordando a un terapeuta hombre o mujer para ciertos tipos de problemas. El psicoterapeuta no entra en una emotividad de rango espiritual, pero enfrenta permanentemente un alto grado de emotividad. El terapeuta experto maneja bien estas fuerzas emocionales, pero el campo de la psicoterapia, que está experimentando un cambio acelerado, comprende a muchos individuos que carecen de esta pericia. La formación de terapeutas puede traer consigo la selección de aspirantes que posean la personalidad adecuada para una buena «relación terapéutica». El grado de emotividad que reina en el campo dificulta la evaluación de los resultados de la psicoterapia.

Entro con tanto detalle en la relación terapéutica porque los conceptos referentes a ésta y la opinión de que la psicoterapia es *el* tratamiento para la enfermedad emocional son enseñanzas básicas en la formación de profesionales de la salud mental. La tendencia es probablemente mayor en individuos desligados de la medicina que no tienen que aprender la parte médica de la psiquiatría. Los profesionales de la salud mental están tan indoctrinados en estos conceptos fundamentales que encuentran dificultad en oír otra forma de pensar. Es por eso que mi propia teoría es incomprensible para quienes no pueden pensar a través de su básica enseñanza y práctica temprana. Muy pronto en mi carrera profesional me convertí en estudioso de la relación terapéutica. En la psicoterapia de la esquizofrenia los esfuerzos se orientaron a eliminar de la relación terapéutica la importancia asumida y asignada. Cuanto más éxito obtenía en esta tarea, más fácilmente podía lograr resultados felices después que otros habían fracasado. Los demás solían interpretar que estos buenos resultados estaban relacionados con ciertas características indefinidas de mi personalidad, o que se trataba de una coincidencia. Un resultado exitoso podía venir acompañado de un comentario como, «Algunos esquizofrénicos salen de su regresión de un modo automático». Manejar adecuadamente la transferencia en la esquizofrenia permitió manejar automáticamente la transferencia, más leve, en la neurosis. El cambio hacia la investigación sobre la familia proporcionó una nueva dimensión para enfrentarse a la relación terapéutica. Llegó a ser teóricamente posible abandonar la intensidad de la relación entre los miembros familiares originales y evitar entrar en detalles que hacen perder el tiempo. Empecé a esforzarme por evitar la transferencia. Cuando comencé a hablar de «permanecer al margen de la transferencia», la respuesta corriente era, «Usted no quiere decir que se permanezca al margen de la transferencia; lo que quiere decir es que se maneje bien». Es decir, mi afirmación tropezó con otra más dogmática aún, y seguir con el asunto solo abocaba a debates emocionales polarizados.

La opinión que prevalece entre los terapeutas que operan con la relación terapéutica es que yo manejo bien la transferencia. No obstante, un terapeuta que tenga conocimientos sobre los hechos inherentes a la teoría sistémica, y particularmente conocimientos sobre triángulos (tratados abajo) puede sustentarse principalmente en la realidad y los hechos, y eliminar gran parte del proceso emocional que puede acompañar a la transferencia. Realmente, es posible reproducir rutinariamente una versión operativa de la misma pericia en un buen porcentaje de profesionales en formación. Esto contrasta con los métodos de formación habituales en que el resultado formativo depende de las cualidades intuitivas e intangibles del aspirante más que del conocimiento. Nunca se alcanza el punto de dejar de ser vulnerable a retroceder automáticamente a la emotividad de la transferencia. Aún empleo mecanismos para reducir la excesiva importancia asumida y asignada que puede darse a una relación. Cuando se adquiere una reputación en cualquier campo, se adquiere al mismo tiempo un aura de superimportancia asignada que va más allá de la realidad. Entre los medios que barajo está cobrar unos honorarios corrientes, que contribuye a evitar los escollos emocionales inherentes a cobrar honorarios elevados. La labor terapéutica es tan diferente de la terapia convencional que he adoptado otra terminología para referirme al proceso terapéutico; por ejemplo, hablo de «supervisar» el esfuerzo que la familia hace por sí misma, y de «instruir» a un miembro familiar para tratar con su propia familia. Afirmar que hay cierta emotividad en toda relación es acertado, pero también es acertado decir que se puede reducir la emotividad a un nivel bajo, mediante el conocimiento de los sistemas emocionales.

LA RELACION TERAPEUTICA EN LA TERAPIA FAMILIAR

La separación entre la teoría y la terapia dentro de la mayor parte de la terapia familiar es mayor que la que se puede dar en la terapia individual. La vasta mayoría de terapeutas familiares partieron de una orientación previa en terapia individual o grupal. Su terapia familiar desciende casi directamente de la terapia grupal, la cual está extraída de la teoría psicoanalítica poniendo un singular énfasis en la teoría de la transferencia. La terapia grupal condujo a muchas más diferencias de método y de técnicas que la terapia individual, y la terapia familiar se presta a más diferencias que la terapia de grupo. Me he referido a esto como al «estado de caos desestructurado» de la terapia familiar.

Los terapeutas familiares tratan la relación terapéutica de formas diversas. Algunos grandes terapeutas familiares, que eran duchos en utilizar la transferencia en la terapia individual o grupal, extienden su pericia a la terapia familiar. Utilizan la teoría psicoanalítica para comprender los problemas del individuo, y la teoría de la transferencia para entender las relaciones. Hay quienes hablan de «entrar y salir» de relaciones intensas con los miembros familiares individuales. Ponen la confianza en su habilidad y capacidad para operar con libertad dentro de la familia. Se basan en la intuición más que en cualquier cuerpo particular de conocimientos. Su terapia es difícil de imitar y reproducir para quienes se forman en ella. Muchos terapeutas usan alguna versión de la terapia grupal en el esfuerzo de mantener las relaciones «extendidas» y manejables. Otro grupo utiliza coterapeutas generalmente del sexo opuesto; su fundamento lógico se deriva de la teoría psicoanalítica de que esto dota a la familia de un modelo hombre-mujer. La función del coterapeuta es conservar cierto grado de objetividad mientras el otro terapeuta va quedando atrapado emocionalmente en la familia.

Otros emplean un enfoque de equipo en que todo un equipo de profesionales de la salud mental se reúne con una familia o grupo de familias en un método de terapia grupal centrada en el problema. El equipo o «grupo terapéutico» está compuesto por miembros de las diversas profesiones de la salud mental. Las reuniones de grupo-equipo se usan frecuentemente para «entrenar» a profesionales sin experiencia que aprenden mediante la participación en las reuniones de equipos, y que pueden ganar bastante pronto la condición de «terapeuta familiar». Los alumnos empiezan por observar, tras lo cual se les insta para que formen parte del grupo expresando sus «sentimientos» en las reuniones terapéuticas. Se trata de sujetos que nunca han recibido mucha formación en la teoría, o en la disciplina emocional de aprender los intrincados ingredientes de la transferencia y la contratransferencia. La teoría no suele ser explícita, pero el formato implícito transmite que la enfermedad emocional es producto de sentimientos contenidos y una comunicación mediocre, que el tratamiento supone la libre expresión de los sentimientos y una comunicación abierta, y que un terapeuta competente es aquél que es capaz de facilitar el proceso. La terapia familiar también ha atraído a terapeutas que nunca han alcanzado éxito con la terapia individual, pero que encuentran un sitio en una de las numerosas clases de métodos terapéuticos de grupo que se utilizan en la terapia familiar. Estas exageraciones aceptadas transmiten cierta idea de la gran diversidad de métodos y técnicas de terapia familiar en uso.

La terapia grupal ha funcionado durante mucho tiempo como si careciera de teoría. Pienso que esto se debe a que en su mayor parte la terapia familiar desciende de la terapia grupal, a que la primera ha cursado variaciones, tanto en el método como en la técnica, que no son posibles en la terapia grupal, y a que la separación entre la teoría y la práctica es mayor en la terapia familiar que en cualquiera de las otras terapias. Todas estas circunstancias pueden explicar el hecho de pocos terapeutas familiares tienen grandes conocimientos teóricos.

Mi enfoque difiere de la corriente principal de la terapia familiar. He aprendido más de las complejidades de la relación terapéutica puestas de manifiesto en la investigación familiar que del psicoanálisis o la psicoterapia de la esquizofrenia. La mayoría de las cosas las aprendí gracias al estudio de los triángulos. La responsabilidad emocional automática que opera permanentemente en todas las relaciones es igual a la de la relación terapéutica. Tan pronto como un extraño vulnerable entra en contacto emocional viable con la familia, forma parte de ella, sin importar cuanto protesta en contra. El sistema emocional opera a través de los cinco sentidos, y particularmente mediante los estímulos visuales y auditivos. Además, existe un sexto sentido que puede incluir la percepción extrasensorial. Todos los seres vivos aprenden a procesar estos datos muy temprano y los utilizan en su relación con los demás. Más aún, el ser humano dispone de un lenguaje verbal sofisticado que usa tan a menudo para negar el proceso emocional automático como para confirmarlo. Creo que el proceso emocional automático es mucho más importante para establecer y mantener las relaciones que el lenguaje verbal. El concepto de los triángulos proporciona una vía para leer la responsabilidad emocional automática de manera que controle la participación emocional automática propia en el proceso emocional. A este control lo he denominado destriangular. Nadie queda fuera nunca, ahora bien, un conocimiento de los triángulos hace posible salirse de la propia iniciativa, al tiempo que permanecer emocionalmente en contacto con la familia. Lo que es más importante, los miembros familiares pueden aprender a observarse a sí mismos y a sus familias, y controlarse a sí mismos mientras interactúan con la familia sin tener que retirarse. Un miembro familiar que se siente motivado para aprender a controlar su propia responsabilidad puede influir sobre las relaciones de todo el sistema familiar.

El esfuerzo de permanecer fuera del sistema emocional familiar, o seguir siendo efectivamente objetivo en un campo emocional intenso, tiene muchas aplicaciones. Las relaciones familiares son apreciablemente distintas cuando se introduce un extraño en el sistema. Una familia alterada siempre está a la busca de un extraño vulnerable. Sería más saludable si lo resolvieran entre ellos, pero el proceso emocional se extiende alcanzando a otros. Desde hace un cuarto de siglo hay un debate en la investigación familiar acerca de las formas de hacer observaciones objetivas sobre la familia libres de influencias extrañas. Conocidos investigadores como Erving, Goffman y Jules Henry han insistido en que las observaciones objetivas se hagan en el hábitat natural de la familia —el hogar— por un observador neutral. Basado en mi experiencia con sistemas emocionales, estoy seguro de que cualquiera de esos observadores se fusionaba con la familia tan pronto como entraba en la casa, que la familia se volvería automáticamente distinta, y que su creencia de que estaban siendo objetivos era errónea. La objetividad completa es imposible, pero pienso que se puede lograr la mejor versión de objetividad con otros significativos que conocen los triángulos. Recientemente se ha emitido un estudio producido por televisión sobre una familia, que fue realizado por un equipo de cine que entró en la casa para filmar la familia tal como era realmente. Desde mi punto de vista, el equipo de rodaje se convirtió automáticamente en un otro significativo que contribuyó a impulsar a los padres hacia el divorcio. Esta situación podía haberse encontrado con otro triángulo, que habría hecho las mismas funciones como fuerza triangular.

LA TEORIA EN EL DESARROLLO DE LA TERAPIA FAMILIAR

El movimiento familiar en la psiquiatría nació a mediados de los años cincuenta merced a varios psiquiatras distintos que trabajaron independientemente durante varios años, antes de que empezaran a oír cosas acerca de los otros. He expuesto mi versión en otros artículos (1966, 1971, 1975). Entre aquéllos que comenzaron con la investigación familiar sobre la esquizofrenia figuran Lids y su grupo en John Hopkins y Yale (Lids, Fleck y Cornelison, 1965), Jackson y su grupo en Palo Alto (Bateson et. al. 1956), y Bowen y su grupo en Bethesda (1960, 1961). El principio psicoanalítico de proteger la intimidad de la relación paciente-terapeuta posiblemente explique el hecho de que el movimiento familiar quedara a la sombra durante varios años. Había normas estrictas contra la posibilidad de que el terapeuta contaminara la transferencia al ver a otros miembros de la misma familia: el trabajo primitivo con la familia se hizo en privado, tal vez para evitar las críticas de los colegas que podían considerarlo irresponsable hasta que fuera legitimado con el nombre de investigación. Empecé con la investigación formal en 1954 tras varios años de labor preliminar. Durante 1955 y 1956 cada uno empezó a oír cosas acerca de los otros y a reunirse. Ackerman (1958) había estado pensando y dirigiendo sus esfuerzos hacia conceptos de familia en las agencias de servicios sociales y clínicas. Bell, que se mantuvo apartado del grupo durante algunos años, había tenido un comienzo diferente. Escribió su primer artículo (1961) unos siete u ocho años después de haber empezado. Hubo otros que ya he mencionado en resúmenes anteriores.

Para mí, el período que va de 1955 a 1956 fue de júbilo y entusiasmo. La observación de familias enteras viviendo juntas en el pabellón de investigación suministró un orden completamente nuevo de datos clínicos jamás registrados antes en la literatura profesional. Sólo los que estaban allí fueron capaces de apreciar el impacto que las observaciones nuevas produjeron en la psiquiatría. Otros investigadores familiares estaban observando las mismas cosas, pero estaban empleando modelos conceptuales distintos para describir sus hallazgos. ¿Por qué se habían ensombrecido estos descubrimientos, ahora tan corrientes, en las observaciones anteriores?. Creo que hay dos factores que explican esta ceguera observacional. Uno fue la sustitución de lentes de observación para el individuo por lentes de observación para la familia. El otro es la incapacidad humana de ver lo que está delante de sus ojos a menos que encaje en su marco de referencia teórico. Antes de Darwin, el hombre consideraba que la Tierra había sido creada tal como aparecía ante sus ojos. Llevaba siglos avanzando y dando traspiés sobre los huesos de los animales prehistóricos sin verlos, hasta que la teoría darwiniana le permitió empezar a ver lo que había estado allí todo el tiempo.

Desde hacía años había ponderado las discrepancias existentes en la teoría psicoanalítica sin encontrar nuevos indicios. Ahora disponía de una abundancia de indicios nuevos que podían conducirme a una teoría completamente distinta sobre la enfermedad emocional. Jackson fue otro de los fundadores que compartió el potencial teórico. Lidz estaba más establecido en su práctica psicoanalítica que Jackson y que yo, y estaba más interesado en describir minuciosamente sus descubrimientos que en la teoría. Ackerman también estaba instalado en la práctica y la formación psicoanalítica y su interés estaba volcado sobre el desarrollo de la terapia y no de la teoría. Por mi parte, había constituido un método de terapia individual como diseño experimental para estudiar a las familias. Al cabo de seis meses, pareció evidente que algún método de terapia para los miembros familiares juntos estaba indicado. Nunca había oído hablar de terapia familiar. En contra de las fuertes admoniciones teóricas y clínicas del momento, seguí los dictados de la evidencia científica y, después de una planificación muy cuidadosa, empecé mi primer método de psicoterapia familiar. Posteriormente, oí que también otros habían pensado en la terapia familiar. Jackson se había estado acercando a un nivel y Ackerman a otro. En 1956 oí que Bell había estado haciendo algo denominado terapia familiar, pero no lo conocí hasta 1958.

La primera sección familiar de un congreso nacional fue organizada por Spiegel en el congreso ortopsiquiátrico americano celebrado en Chicago en Marzo de 1957. Era el presidente del comité para la familia del grupo para el avance de la psiquiatría y acababa de oír las primeras noticias acerca del progreso de los trabajos sobre la familia. Resultó un congreso tranquilo y poco concurrido. Se presentaron informes sobre investigaciones llevadas a cabo por Spiegel, Mendell, Lidz y Bowen. En mi informe, me referí a la «psicoterapia familiar» utilizada en mis investigaciones desde finales de 1955. Creo que aquélla fue probablemente la primera vez que se usó la expresión en un congreso nacional. No obstante, fijaría la fecha de la explosión de la terapia familiar en Marzo de 1957. En Mayo de 1957, se preparó una sección sobre la familia en el congreso de psiquiatría americana, celebrado también en Chicago. En los dos meses anteriores a dicho congreso, surgió un fervor creciente en torno a la terapia familiar. Ackerman fue el secretario del congreso y Jackson también estuvo presente. Las ideas sobre la familia generadas allí llevaron a Jackson a publicar su obra, *The Etiology of Schizophenia* (La etiología de la esquizofrenia), publicado finalmente en 1960. En el congreso nacional de 1958, las sesiones sobre familia estuvieron dominadas por docenas de nuevos terapeutas ansiosos por comunicar su terapia familiar del año anterior. Aquello supuso el comienzo de la terapia familiar, que es bien distinta de la investigación sobre la familia de los años anteriores. La gente nueva, atraída por la idea de la terapia familiar, había estado desarrollando técnicas y métodos empíricos basados en la teoría psicoanalítica del individuo y la psicoterapia grupal. La investigación sobre la familia y el pensamiento teórico que había dado a luz a la terapia familiar se perdieron en la confusión.

La desbandada general que sufrió la terapia familiar en 1957 y 1958 produjo una clase de terapia que reflejaba gran desorientación, lo que he denominado un «saludable estado de caos desestructurado». Surgieron casi tantos métodos y técnicas diferentes como nuevos terapeutas. Consideré saludable la tendencia basada en las creencias de que los nuevos terapeutas descubrirían las discrepancias de la teoría convencional, y de que el dilema conceptual planteado por la terapia familiar conducía a conceptos nuevos y en definitiva a una teoría nueva. Esto no ocurrió. No advertí el grado de ardor terapéutico que dejaba a los psiquiatras inconscientes de la teoría. La terapia familiar se convirtió en un método terapéutico injertado en los conceptos fundamentales del psicoanálisis, y particularmente en la teoría de la transferencia. Los nuevos terapeutas tendían hacia el evangelismo terapéutico, y formaban a generaciones de nuevos terapeutas que a su vez tendían hacia visiones simplistas del dilema humano y la terapia familiar como la panacea del tratamiento. La terapia familiar no solo heredó la vaguedad y la falta de claridad teórica de la psiquiatría convencional, sino que añadió nuevas dimensiones a su cosecha. El número de pequeñas diferencias y escuelas de pensamiento es mayor en la terapia familiar que en la individual, y alberga ahora a su propio grupo de eclécticos que solucionan el problema mediante el eclecticismo.

Jackson y yo fuimos los únicos, dentro de los investigadores familiares originales, que prestamos un interés especial a la teoría. El grupo de Jackson incluía a Bateson, Haley y Weakland. Empezaron con un modelo sencillo de comunicación de las relaciones humanas, pero enseguida extendieron el concepto a todo el conjunto de la interacción humana. Por aquel entonces, Jackson falleció, en 1968, se había orientado hacia un modelo sistémico bastante sofisticado. Creo que mi teoría descansaba sobre una base más sólida que una teoría conectada con un motor instintivo. Jackson se apoyó más en la fenomenología, aunque se estaba desplazando hacia una teoría inconfundiblemente distinta. Sólo podemos intuir por dónde hubiera dirigido sus pasos de haber vivido.

En la última década, han ido apareciendo lentamente algunas tendencias teóricas nuevas. No podemos quedarnos a un nivel conceptual general y hacer justicia al trabajo de los individuos, y en este sentido no podemos hacer más que estudiar el campo de los conceptos generales. La noción de la teoría sistémica comenzó a ganar popularidad hacia mediados de los años sesenta, pero la aplicación de los sistemas en la psiquiatría sigue estando en una etapa primitiva. A un nivel, no se trata más que del uso de una palabra en lugar de otra. A otro nivel, denota el mismo significado que un sistema de transporte o un sistema circulatorio. A un nivel más sofisticado, se refiere a un sistema de relaciones, que es un sistema de comportamiento humano. A un nivel general, las personas piensan que un «sistema» es algo que se deriva de la teoría general sistémica, que a su vez es un sistema de pensamiento sobre los conocimientos existentes. En mi opinión, el intento de aplicar la teoría general sistémica a la psiquiatría, tal como se entiende ésta actualmente, equivale al intento de aplicar el método científico al psicoanálisis. Posee un potencial, una ventaja a largo plazo si las cosas salen bien. Sin embargo, la pausada aparición de algo que va en la línea sistémica es una de las nuevas evoluciones del campo familiar. Han surgido innovaciones fascinantes en conceptos que aún retienen gran parte de la teoría psicoanalítica fundamental. Entre ellos figura el concepto de Paul (1975) referente a las reacciones de pena irresueltas, que contiene un método terapéutico que se ajusta al concepto teórico, e interviene de un modo efectivo el proceso emocional básico. Boszormenyi-Nagy (1973) es uno de los maestros teóricos del campo. Sostiene un conjunto bastante completo de abstracciones teóricas que un día probablemente proporcionen un puente teórico entre el psicoanálisis y una teoría familiar distinta. Una de las nuevas orientaciones más singular es la de Minuchin (1974). Evita cautelosamente los conceptos complejos de la teoría, pero utiliza la expresión *terapia familiar estructural* para bautizar un método terapéutico diseñado para cambiar a la familia mediante la modificación del sistema de feedback en las relaciones. Presta más atención a la terapia que a la teoría.

LA TEORIA FAMILIAR SISTEMICA

La evolución de mi pensamiento teórico tiene su origen en la década anterior al comienzo de mi investigación sobre la familia. Surgieron muchas preguntas relativas a las explicaciones generalmente aceptadas acerca de la enfermedad emocional. Los intentos de encontrar respuestas lógicas abocaron a preguntas más incontestables aún. Un ejemplo sencillo es la opinión de que la enfermedad mental es consecuencia de una deprivación materna. La idea parecía ajustarse al caso clínico del momento, pero no a un gran número de gente normal que, por lo que se podía estimar, había estado expuesta a una deprivación maternal mayor que la de aquéllos que estaban enfermos. También se planteaba la cuestión de la madre esquizofrénica. Se hicieron descripciones minuciosas de padres esquizofrénicos, pero se dieron pocas explicaciones de cómo los mismos padres podían tener otros niños que no sólo eran normales, sino que parecían supernormales. Se produjeron menos discrepancias en las hipótesis populares que vinculaban los síntomas emocionales con un acontecimiento traumático aislado del pasado. De nuevo parecía que esto era lógico en casos concretos, pero no explicaba el vasto número de personas que habían sufrido un trauma sin desarrollar síntomas. Había una tendencia a crear hipótesis especiales a partir de casos individuales. El cuerpo entero de la nomenclatura diagnóstica se basaba en la descripción de síntomas, salvo el reducido porcentaje de casos en que los síntomas podían estar conectados con una patología real. La psiquiatría actuaba como si conociera las respuestas, pero no había sido capaz de elaborar diagnósticos coherentes con la etiología. La teoría psicoanalítica se inclinaba por definir la enfermedad emocional como el producto de un proceso entre padres e hijos en una sola generación, sin dar muchas explicaciones de cómo se podían originar tan rápidamente los problemas graves. Las ciencias básicas criticaban las explicaciones psiquiátricas que eludían el estudio científico. Si el cuerpo de conocimientos era razonadamente fáctico, ¿Por qué no podíamos ser más científicos hacia él?. Se suponía que la enfermedad emocional era consecuencia de las fuerzas de socialización, a pesar de que la misma enfermedad emocional básica estaba presente en todas las culturas. La mayoría de los supuestos entendían que la enfermedad emocional era específica del ser humano, cuando estaba demostrado que se hallaba presente un proceso similar en las formas inferiores de vida. Estas y muchas otras preguntas me llevaron a leer extensamente sobre la evolución, la biología y las ciencias naturales como parte de una búsqueda de indicios que pudieran conducir a un marco de referencia teórico más amplio. Mi sospecha era que la enfermedad emocional proviene de esa parte del hombre que comparte con las formas inferiores de vida.

Mi investigación inicial sobre la familia se basó en una extensión de las formulaciones teóricas referentes a la simbiosis madre-hijo. La hipótesis sostenía que la enfermedad emocional del hijo es consecuencia de un problema menos severo de la madre. Describía las fuerzas de contrapeso que mantenían la relación en equilibrio. Era un buen ejemplo de lo que ahora se llama sistema. Enseguida se vio claro que la relación madre-hijo constituía un fragmento dependiente de una unidad familiar mayor. El diseño de la investigación fue modificado al objeto de que los padres y los hermanos normales convivieran en el pabellón con las madres y los pacientes esquizofrénicos. Esto desencadenó un orden completamente nuevo de observaciones. Había otros investigadores que estaban observando las mismas cosas, pero utilizaban una diversidad de modelos distintos para conceptualizar los descubrimientos, incluyendo modelos que partían del psicoanálisis, la psicología, la mitología, la física, la química y las matemáticas. Existían algunos denominadores comunes que se agrupaban en torno a la «unidad adherida», los vínculos, los lazos y la interacción de unos miembros familiares con otros. También surgieron otros conceptos para explicar las fuerzas de contrapeso, como los de complementariedad, reciprocidad, campos magnéticos y fuerzas hidráulicas y eléctricas. No obstante lo exacto que pudiera ser descriptivamente cada concepto, los investigadores estaban empleando modelos distintos.

Recién comenzada la investigación, adopté algunas decisiones basadas en mi pensamiento teórico anterior. La investigación sobre la familia estaba produciendo un orden completamente nuevo de observaciones. Había una gran riqueza de indicios teóricos nuevos. Bajo la premisa de que la psiquiatría podría convertirse al fin en una ciencia reconocida, quizás en una o dos generaciones del futuro, y siendo conscientes de los últimos problemas conceptuales del psicoanálisis, resolví utilizar sólo conceptos que fueran congruentes con una ciencia reconocida. Hice esto con la esperanza de que los investigadores del futuro pudieran ver las conexiones entre la conducta humana y las ciencias aceptadas con más facilidad que nosotros. Así, preferí utilizar conceptos que fueran congruentes con la biología y las ciencias naturales. Era fácil pensar en términos de los conceptos habituales de la química, la física y las matemáticas, pero excluí cuidadosamente todos aquéllos que trataban de cosas inanimadas, y estudié la literatura profesional buscando conceptos sinónimos con la biología, es decir, empleé conceptos biológicos para describir el comportamiento humano. El concepto de simbiosis, extraído originalmente de la psiquiatría, habría sido descartado de no ser utilizado en la biología, donde la palabra posee un significado específico. Se eligió el concepto de diferenciación porque contiene significados específicos en las ciencias biológicas. Cuando hablamos de «diferenciación de self» nos referimos a un proceso semejante a la diferenciación de unas células de otras. Lo mismo se aplica al término *fusión*. *Instintivo* se usa exactamente como en la biología, más que en el significado restrictivo y particular que posee en el psicoanálisis. Hay algunas excepciones poco importantes en este plan global, que se mencionarán más adelante. Por la época cuando yo estaba leyendo biología, un íntimo amigo mío psicoanalista me aconsejó que abandonara el pensamiento «holístico» antes de que fuera «demasiado lejos».

Entre el personal científico se llevó a cabo otro plan a largo plazo, basado en el concepto de que los indicios que apuntan hacia descubrimientos importantes están justo delante de nuestros ojos, siempre que podamos desarrollar meramente la capacidad de ver lo que nunca hemos visto antes. Los observadores científicos únicamente pueden ver lo que han sido adiestrados a ver a través de sus orientaciones teóricas. El personal científico había sido formado en psicoanálisis, por lo que tendían a ver confirmaciones o extensiones del psicoanálisis. Con la premisa de que verían mucho más, si eran capaces de ir más allá de su ceguera teórica, diseñé un plan para ayudar a que todos abriéramos los ojos a las nuevas observaciones. Los investigadores requirieron un prolongado ejercicio para evitar el uso de la terminología psiquiátrica convencional y sustituirla por simples palabras descriptivas. Era un buen ejercicio emplear un lenguaje sencillo en lugar de expresiones tales como «paciente-histérico-depresivo-compulsivo-obsesivo-esquizofrénico». El objetivo global era ayudar a los observadores a borrar de sus cabezas las ideas preexistentes y mirar de una forma nueva. Aunque gran parte de esta labor podría clarificarse como un ejercicio o un juego de semántica, contribuyó a abrir más la perspectiva. El equipo de investigación desarrolló un lenguaje nuevo. Después vinieron las complicaciones de comunicación con los colegas, y la necesidad de traducir nuestro nuevo lenguaje a una terminología que los demás pudieran entender. Me sentía incómodo al usar diez palabras para describir «un paciente», cuando todo el mundo conocía el significado correcto de «paciente». Nos criticaron el que acuñáramos términos nuevos cuando los viejos eran mejores, pero durante el ejercicio habíamos descubierto la medida en que los profesionales expertos empleaban las mismas expresiones de modo diferente, mientras imaginaban que todos las entendían de la misma forma.

El núcleo de mi teoría tiene que ver con el grado hasta el cual las personas son capaces de distinguir entre el proceso *sentimental* y el *intelectual*. Muy pronto en la investigación, averiguamos que los padres de los esquizofrénicos, que en la superficie parece que funcionan bien, tienen dificultad para distinguir entre el proceso de sentimientos subjetivos y el proceso de pensamientos, más objetivo. Es más marcado en una relación personal íntima. Esto condujo a que investigáramos el mismo fenómeno en todos los grados de las familias, desde las más perturbadas, pasando por las normales, hasta las personas de funcionamiento más óptimo que pudimos encontrar. Hallamos que existen diferencias entre los modos cómo los sentimientos y el intelecto se fusionaban o se diferenciaban entre sí, y esto nos llevó a desarrollar el concepto de diferenciación de self. Las personas que poseen la fusión mayor entre sentimiento y pensamiento son las que funcionarán más pobremente. Heredan un alto porcentaje de problemas vitales. Los que tienen la mayor capacidad para distinguir entre sentimiento y pensamiento, o quienes poseen la mayor diferenciación de self, se caracterizan por tener la mayor flexibilidad y adaptabilidad en afrontar las tensiones vitales, y la mayor libertad frente a problemas de cualquier tipo. El resto de los individuos se sitúan entre los dos polos, tanto en el entramado de sentimiento y pensamiento como en sus ajustes vitales.

Sentimiento y *emoción* se utilizan casi como sinónimos en el uso popular y también en la bibliografía profesional. Asimismo, poca distinción se hace entre la subjetividad de la verdad y la objetividad del hecho. Cuanto más bajo es el grado de diferenciación, menos capaz es una persona de distinguir entre los dos. La literatura no diferencia con claridad entre *filosofía, creencia, opinión, convicción* e *impresión*. A falta de directrices en la literatura, empleamos definiciones extraídas del diccionario para esclarecerlos con vistas a nuestros propósitos teóricos.

El presupuesto teórico sostiene que la enfermedad emocional es un trastorno del *sistema emocional*, una parte íntima del pasado filogenético del hombre que éste comparte con todas las formas inferiores de vida, y que se rige por las mismas leyes que gobiernan todos los seres vivos. La literatura alude a las emociones queriendo decir mucho más que estados de contento, agitación, miedo, llanto y risa, aunque también se refiere a estos estados en las formas inferiores de vida: contento después de comer, dormir y el apareamiento, así como estados de agitación en la lucha, el vuelo y la búsqueda de alimento. Para los propósitos de esta teoría, se considera que el sistema emocional abarca todas las funciones anteriores, más todas las funciones automáticas que rigen el sistema nervioso autónomo, y que es sinónimo del instinto que gobierna el proceso vital en todos los seres vivos. Se utiliza la expresión *enfermedad emocional* para sustituir expresiones anteriores, como enfermedad mental y enfermedad psicológica. Se considera que la enfermedad emocional es un proceso profundo que envuelve el proceso vital básico del organismo.

El *sistema intelectual* es una función de la corteza cerebral que apareció al final del desarrollo evolutivo humano, y establece la diferencia principal entre el hombre y las formas inferiores de vida. La corteza cerebral implica la capacidad de pensar, razonar y reflexionar y permite al hombre conducir su vida, en ciertas materias, de acuerdo con la lógica, el intelecto y la razón. Cuanto mayor experiencia voy adquiriendo, más me convenzo de que las fuerzas emocionales automáticas gobiernan mucho más de la vida de lo que el hombre está dispuesto a reconocer. El *sistema de sentimientos* se concibe como enlace entre los sistemas emocional e intelectual, a través del cual se representan determinados estados emocionales en la percepción consciente. El cerebro humano constituye un fragmento de su totalidad protoplasmática. Mediante la función de su cerebro, el hombre ha conocido muchos de los secretos del universo; también ha aprendido a crear tecnología para modificar su entorno, y para ganar control sobre la mayoría de las formas inferiores de vida. No ha tenido tanto éxito al utilizar su cerebro para estudiar su propio funcionamiento emocional.

Gran parte de la primera investigación sobre la familia se centró en la esquizofrenia. Como las observaciones clínicas de aquellos estudios no se habían descrito anteriormente en las publicaciones profesionales, se pensó en principio que las pautas de relación eran típicas de la esquizofrenia. Después se descubrió que precisamente las mismas pautas se hallaban presentes también en familias con problemas a nivel neurótico, e incluso en familias normales. Poco a poco, se vio cada vez más claro que las pautas de relación, tan nítidas en las familias con esquizofrenia, estaban presentes en todas las personas hasta cierto punto y que la intensidad de las pautas que se estaban observando estaba relacionada con la ansiedad del momento, más que con la gravedad de la enfermedad emocional objeto de estudio. Este hecho de los primeros días de las investigaciones sobre la familia refleja cierta idea de la situación de la teoría psicológica de hace veinte años, que no es valorada por cuantos no formaron parte de la escena de aquella época. Los estudios familiares de la esquizofrenia fueron tan importantes que estimularon varios estudios científicos de familias normales a finales de los años cincuenta y principios de los sesenta. La influencia de la investigación de la esquizofrenia sobre la terapia familiar fue tan significativa que ésta siguió considerándose como una forma de terapia para tratar la esquizofrenia, hasta diez años después de haber comenzado el movimiento familiar. Se podrían resumir los resultados de los primeros estudios con familias normales diciendo que las pautas, que originalmente se pensaron eran típicas de la esquizofrenia, están presentes en todas las familias algún tiempo y en algunas familias la mayor parte del tiempo.

Empecé a dirigir mis esfuerzos hacia una teoría distinta, tan pronto como observamos que las pautas de la relación se repetían una y otra vez, y adquirimos cierta noción de las condiciones bajo las cuales se repetían. Los primeros artículos se dedicaron principalmente a la descripción clínica de las pautas. Para 1957, las pautas de relación de la familia nuclear estaban definidas tan suficientemente que estaba dispuesto a titular un artículo importante, «Un *concepto* familiar de la esquizofrenia». Jackson, que utilizaba con gran precisión la palabra *teoría*, había sido coautor de un artículo de 1956 con el título de, «Hacia una teoría de la esquizofrenia» (Bateson et al.). Me instó a que empleara el término *teoría* en el artículo de 1957, que se publicó finalmente en 1960, pero me negué alegando que no era más que un concepto en un campo mucho mayor, y quería evitar el uso de *teoría* para una teoría parcial o un concepto. A finales de los años cincuenta, la situación no podía ser para mí más placentera. Satisfizo mi sospecha teórica de que la esquizofrenia y la psicosis formaban parte del mismo continuo junto a los problemas neuróticos, y de que las diferencias entre la esquizofrenia y la neurosis eran cuantitativas más que cualitativas. El psicoanálisis y el resto de los sistemas teóricos entienden la psicosis como el producto de un proceso emocional, y la neurosis como el producto de otro proceso emocional. Aún hoy, dentro de la psiquiatría, una mayoría de personas probablemente sigue sosteniendo la opinión de que la esquizofrenia y la neurosis son cualitativamente distintas. Es corriente que los profesionales de la salud mental hablen de la esquizofrenia como una cosa, y de la neurosis como otro tipo de problema; también siguen hablando de familias «normales». No obstante, sé que todas ellas forman parte de la dimensión humana en su totalidad, que oscilan desde el nivel más bajo posible de funcionamiento humano al más alto. Pienso que quienes defienden que existe una diferencia entre la esquizofrenia, la neurosis y lo normal parten de una teoría psicoanalítica básica sin percatarse particularmente de ello, y que fundamentan la diferencia en la respuesta terapéutica, más que en la teoría sistémica. Creo que la psiquiatría llegará a interpretar algún día que todas estas condiciones forman parte del mismo continuo.

La sección central de esta teoría familiar sistémica evolucionó de un modo bastante rápido durante un periodo de aproximadamente seis años, entre 1957 y 1963. Ninguna parte era la primera. Ya en los primeros artículos descriptivos se decía algo de un concepto sobre el sistema emocional de la familia nuclear así como de otro sobre el proceso de proyección familiar. Para cuando se pudieron comparar las pautas de la esquizofrenia con el rango total de los problemas humanos, éstas ya estaban bastante claras. La concepción de que todos los problemas humanos se asientan en el mismo continuo dio origen, a principios de los años sesenta, al concepto de diferenciación de self. La noción de los triángulos, uno de los conceptos fundamentales de la teoría global, había surgido en 1957 cuando se la llamó la «triada interdependiente». El concepto se desarrolló lo bastante como para ser utilizado en la terapia para 1961 aproximadamente. El concepto de proceso de transmisión multigeneracional se empezó a usar como hipótesis científica muy temprano en 1955, pero la investigación que arrojó una luz apreciablemente esclarecedora tuvo que esperar hasta 1959-1960, cuando hubo un volumen mayor de familias que estudiar. El concepto de posición entre los hermanos estaba definido precariamente desde finales de los años cincuenta, pero tuvo que aguardar hasta que la obra de Toman *Family Constellation* (La constelación familiar) (1961) le dotó de una estructura. Para 1963, estos seis conceptos entrelazados se definieron lo suficiente como para que estuviera dispuesto a reunirlos en la teoría familiar sistémica, que satisfizo una definición bastante estricta de la teoría. No fue incluida en la obra de Boszormenyi-Nagy y Framo (1965) *Intensive Family Therapy* (Terapia familiar intensiva), que fue publicada en 1965, ya que habían pedido concretamente un capítulo sobre esquizofrenia. Finalmente en 1966 se publicaron los seis conceptos, integrados en un sistema teórico coherente. Después de 1966, se produjeron numerosos cambios en la terapia, si bien la teoría se ha conservado en gran medida como se presentó en 1966, con algunas extensiones y refinamientos. Por último, en 1975, se sumaron dos conceptos nuevos. El primero, la interrupción o aislamiento emocional (emotional cutoff en el original), no era más que un refinamiento y un nuevo énfasis de los principios teóricos anteriores. El octavo y último concepto, la regresión de la sociedad, para 1972 se había definido bastante bien, y se añadió por fin como concepto separado en 1975. Además, el nombre de *teoría* familiar sistémica se cambió formalmente en 1975 por el de *La teoría de Bowen*.

Toda relación que se vea afectada por fuerzas compensatorias y contrafuerzas en permanente funcionamiento constituye un sistema. La noción de *dinámica* sencillamente no es adecuada para describir la idea de un sistema. Para 1963, cuando los seis conceptos entrelazados estaban definidos, ya utilizaba el concepto de sistema como instrumento taquigráfico para describir la compleja tarea de equilibrio que comportan las relaciones familiares. Finalmente se expuso esta idea con minuciosidad en el artículo de 1966 que versaba sobre la teoría. Mediada la década de los sesenta, se empleaba el término *sistémico* más frecuentemente; algunos terapeutas lo extrajeron de mis escritos, y otros de la teoría familiar sistémica, que fue definida por primera vez en los años treinta. En la década pasada, este término se ha popularizado y se ha visto sometido a tal abuso, hasta el punto de quedar vacío de sentido. Se ha confundido la teoría familiar sistémica con la teoría general sistémica, que goza de un marco de referencia mucho más amplio y no tiene una aplicación específica al funcionamiento emocional. Es realmente difícil aplicar los conceptos generales sistémicos al funcionamiento emocional, salvo que se haga de una manera global general. Mi teoría familiar sistémica consiste en una teoría específica sobre los hechos funcionales del funcionamiento emocional.

Es groseramente inexacto considerar a la teoría familiar sistémica como sinónimo de la teoría general sistémica, aunque es correcto entender que la primera encaja de alguna manera en el extenso marco de la segunda. Hay quienes piensan que la teoría familiar sistémica se desarrolló a partir de la teoría general sistémica, pese a mis explicaciones en contra. En el momento que se gestó mi teoría, no sabía nada de la teoría general sistémica. Remontándonos a los años cuarenta, asistí a una conferencia pronunciada por Bertalanfly, que no entendí, y otra por Norbert Wiener que era quizás algo más comprensible. Ambas trataban acerca de los sistemas *de* pensamiento. Es debatible la medida en que lo que vi en aquellas conferencias influyó en mi forma de pensar ulterior. Durante aquellos años, estaba fuertemente influenciado por la lectura y las conferencias que versaban sobre aspectos de la evolución, la biología, el equilibrio de la naturaleza y las ciencias naturales. Trataba de contemplar al hombre como una parte de la naturaleza, en vez de estar separado de ella. Es probable que mi orientación sistémica siguiera el modelo de los sistemas de la naturaleza, e improbable que los sistemas de pensamiento desempeñaran papel alguno en la teoría. No obstante se desarrolló. La teoría familiar sistémica, tal como la he definido, consiste en una teoría particular sobre el funcionamiento de las relaciones humanas, que en este momento se ha llegado a confundir con la teoría general sistémica y el uso popular e inespecífico de la palabra *sistémico*. Durante mucho tiempo me he opuesto al uso de nombres propios en la terminología, pero en orden a denotar la especificidad que se ha construido en el uso de la teoría familiar sistémica, la denomino ahora la teoría de Bowen.

La emotividad, los sentimientos y la subjetividad son los ingredientes principales que el teórico ha de conceptualizar, el investigador tiene que organizar en un determinado tipo de estructura, y el clínico debe afrontar en el ejercicio de su práctica. No es fácil encontrar hechos verificables en el mundo de la subjetividad. La psiquiatría convencional se centra en el porqué de la conducta humana. Todos los miembros de las profesiones de la salud mental están acostumbrados a las explicaciones causales. La búsqueda de razones causales lleva formando parte del pensamiento humano causa-efecto desde que el hombre se convirtió en un ser pensante. Una vez que el investigador comienza a preguntar por qué, se ve confrontado por una masa compleja de variables. Fue la búsqueda de hechos fiables sobre el funcionamiento emocional lo que condujo al pensamiento sistémico en los comienzos de la investigación sobre la familia. Gracias a este esfuerzo se gestó un método de separar los hechos funcionales de la subjetividad de los sistemas emocionales. El pensamiento sistémico se centraba en lo que había ocurrido, y cómo, cuándo y dónde había ocurrido, hasta el punto de que estas observaciones podían fundamentarse en hechos observables. El método eludía cautelosamente las explicaciones causales y los razonamientos discrepantes ulteriores. Se desarrollaron varias fórmulas bastante eficaces para convertir la subjetividad en hechos científicos observables y verificables. Por ejemplo, una de estas fórmulas podía ser: «Ese hombre sueña que es un hecho científico, pero lo que sueña no es un hecho necesariamente», o, «Ese hombre habla de forma científica, pero lo que dice no es fáctico necesariamente». La misma fórmula puede aplicarse a casi toda la gama de conceptos subjetivos, tales como, «Ese hombre piensa (o siente) que es un hecho científico, pero lo que piensa (o siente) no es fáctico necesariamente». Esta fórmula es un poco difícil de aplicar cuando se trata de estados emocionales intensos, como amor u odio, pero en tanto el investigador se atenga a los hechos de amar u odiar y eluda el contenido de estas emociones intensas, está orientando sus esfuerzos hacia el pensamiento sistémico.

El intento de concentrar la atención en los hechos funcionales de los sistemas de relación es una labor difícil y metódica. Es fácil perder de vista el hecho e involucrarse emocionalmente en el contenido de la comunicación. La razón principal que justificaba este intento radicaba en las intenciones de la investigación. Los conceptos centrales de la teoría de Bowen se desarrollaron a partir de los hechos funcionales de los sistemas de relaciones. En este intento científico metódico, se averiguó que un método de terapia basado en los hechos funcionales era superior a la terapia convencional. Resulta tan difícil que la mayoría de los terapeutas se desplacen de la terapia convencional hacia este método de terapia familiar sistémica que nadie consigue más que éxitos parciales. Cuando la ansiedad es intensa, hasta el pensador sistémico más disciplinado retornará automáticamente al pensamiento causa-efecto y a las explicaciones causales. Sin embargo, es posible que los terapeutas conserven perfectamente su capacidad para pensar en conceptos sistémicos. Cuanto más capaz he sido de inclinarme hacia el pensamiento sistémico, mejor se ha vuelto mi terapia. El cambio hacia el pensamiento sistémico requiere que el terapeuta abandone muchos de sus antiguos conceptos. Un intercambio reciente experimentado por un terapeuta imbuido de investigación psicoanalítica ilustra el dilema de hacer tal cambio. Declaró que podía entender la idea de procurar encontrar hechos en la subjetividad, pero que sencillamente era incapaz de abandonar las contribuciones terapéuticas de los sueños y el análisis del inconsciente. Repliqué que yo podía respetar su convicción mientras él pudiera respetar la mía acerca de la ventaja definitiva de un enfoque sistémico total. Una gran ventaja de la teoría y la terapia sistémicas estriba en que ofrece opciones no disponibles anteriormente. Los profesionales jóvenes pueden elegir entre proseguir con la teoría y terapia convencionales, incorporar algunos conceptos sistémicos, o intentar adoptar por completo el pensamiento sistémico. Creo que es mejor unos pocos conceptos sistémicos que ninguno.

La teoría de Bowen no contiene ideas que no hayan formado parte de la experiencia humana a través de los siglos. Opera sobre un orden de hechos tan sencillo y obvio que cualquiera los conoce en todo momento. La singularidad de la teoría tiene que ver con los hechos que engloba, y los conceptos que se excluyen en particular. Dicho de otra manera, la teoría atiende a un lejano resonar de tambores que la gente ha oído siempre. A menudo este resonar de tambores distante se ve apagado por la insistencia estridente del repiqueteo de tambores de primer plano, pero está siempre allí, y cuenta su propia historia transparente a quienes pueden captar el tono del ruido y continuar concentrados en el lejano resonar de tambores. La teoría de Bowen es muy sencilla para quienes pueden oírla, y el sencillo abordaje terapéutico viene determinado por la teoría.

LA TEORIA DE BOWEN

La teoría de Bowen engloba dos variables importantes. Una es el grado de ansiedad y la otra es el grado de integración de self. Existen varias variables que tienen que ver con la ansiedad o la tensión emocional. Entre ellas están la intensidad, la duración y las distintas clases de ansiedad. Hay muchas más variables relacionadas con el nivel de integración de la diferenciación de self. Este es el aspecto principal de esta teoría. Todos los organismos se adaptan en cierto modo a una ansiedad aguda. El organismo dispone de unos mecanismos internos para enfrentarse a repentinos estallidos de ansiedad. Es la ansiedad sostenida o crónica la que nos servirá de mayor utilidad a la hora de determinar la diferenciación de self. Si la ansiedad es lo bastante pequeña, casi todos los organismos pueden mostrarse normales en el sentido de estar libres de síntomas. Cuando la ansiedad crece y permanece crónica durante un tiempo determinado, el organismo desarrolla la tensión, bien internamente, bien en el sistema de relaciones, y éste desencadena síntomas, disfunción o enfermedad. La tensión puede producir síntomas fisiológicos o enfermedad física, disfunción emocional, enfermedad social caracterizada por impulsividad o retirada, o conducta antisocial. También se da el fenómeno del contagio de ansiedad, por el que ésta puede extenderse rápidamente a través de la familia, o a través de la sociedad. Existe un tipo de nivel medio de diferenciación para la familia que posee unos grados determinados de diferencias menores en los individuos que pertenecen a la misma. Diré, para que el lector lo piense, que siempre existe la variable del grado de ansiedad crónica que puede producir que alguien aparezca como normal a un grado de ansiedad, y anormal a otro grado más alto.

Tres de los ocho conceptos de la teoría se aplican a las características generales de la familia. Los otros cinco se centran en detalles particulares de ciertas áreas de la familia.

La diferenciación de self

Este concepto es una piedra angular de la teoría, y si mi argumentación se hace reiterativa apelo a la indulgencia del lector. El concepto define a los individuos de acuerdo con el grado de *fusión*, o *diferenciación*, entre el funcionamiento emocional e intelectual. Esta característica es tan universal que se puede emplear como medio para categorizar a todas las personas sobre un mismo continuo. En el polo inferior están aquellos cuyas emociones e intelecto se hallan tan fusionados que sus vidas quedan dominadas por el sistema emocional automático. Sea cual sea el intelecto del que dispongan está a merced del sistema emocional. Se trata de los sujetos que son poco flexibles, poco adaptables, y más dependientes emocionalmente de los que le rodean. Fácilmente son afectados por una disfunción, y les resulta difícil recobrarse de ella. Heredan un alto porcentaje de todos los problemas humanos. En el otro polo están los sujetos más diferenciados. Para ellos no es posible más que una separación relativa entre el funcionamiento emocional e intelectual, pero aquéllos cuyo funcionamiento intelectual puede retener una autonomía relativa en momentos de estrés son más flexibles, más adaptables y más independientes de la emotividad que los que le rodean. Afrontan mejor los momentos difíciles, los cursos de sus vidas son más regulares y satisfactorios y están considerablemente exentos de problemas humanos. Entre los dos polos existe un número infinito de mezclas entre el funcionamiento emocional e intelectual.

Esta concepción elimina el concepto de *normal* que la psiquiatría nunca ha definido con éxito. No se puede definir como *normal* cuando el objeto a definir está cambiando permanentemente. Por razones prácticas, la psiquiatría ha denominado a las personas normales cuando se hallan libres de síntomas emocionales y la conducta está dentro de un rango medio. El concepto de diferenciación no tiene conexión directa con la presencia o ausencia de síntomas. Los individuos con la mayor fusión sufren la mayor parte de los problemas humanos y quienes ostentan la mayor diferenciación, la menor; ahora bien, puede haber personas con una fusión intensa que se las arreglan para guardar en equilibrio sus relaciones, que nunca se ven afectadas por un estrés intenso, que nunca desarrollan síntomas y que parecen normales. Sin embargo, sus ajustes vitales son tenues, y si sufren una disfunción, el daño puede ser crónico o permanente. También hay gente bien diferenciada que puede sufrir una disfunción, pero que se recupera prontamente.

En el polo que en el espectro corresponde a la fusión, el intelecto está tan inundado por la emotividad que el curso vital está determinado en su totalidad por el proceso emocional, y por lo que «se siente como correcto», más que por creencias u opiniones. El intelecto opera como un apéndice del sistema emocional. Puede funcionar relativamente bien en matemáticas o física, o en materias impersonales, pero al tratarse de cuestiones personales su funcionamiento está controlado por las emociones. En la hipótesis se prevé que el sistema emocional forma parte de las fuerzas instintivas que gobiernan las funciones automáticas. El hombre es proclive a dar explicaciones y a poner de relieve que es distinto de las formas inferiores de vida, y a negar su relación con la naturaleza. El sistema emocional procede en base a estímulos previsibles, conocibles que rigen la conducta instintiva de todas las formas de vida. Cuanto más gobernada está una vida por el sistema emocional, más sigue el curso de todas las conductas instintivas, a pesar de las explicaciones intelectuales en contra. A elevados niveles de diferenciación, la fusión de los sistemas emocional e intelectual puede distinguirse más claramente. Existen las mismas fuerzas emocionales automáticas que rigen la conducta instintiva, pero el intelecto es suficientemente autónomo como para hacer razonamientos lógicos y adoptar decisiones basadas en el pensamiento. Cuando empecé a exponer por primera vez este concepto, empleé la expresión *masa de ego familiar indiferenciado* con la finalidad de describir el «aglutinamiento» de las familias. Aunque esta frase consistía en una colección de palabras extraídas de la teoría convencional, y por ende no se ajustaba con el plan de emplear conceptos coherentes con la biología, describía con bastante exactitud la fusión emocional. La utilicé durante unos años debido a que había más gente dispuesta a oír el concepto, cuando se decía con palabras que ellos entendían.

Cuando empecé a exponer el concepto de una persona bien diferenciada como aquélla cuyo intelecto podía funcionar independientemente del sistema emocional, era normal que los profesionales de la salud mental interpretaran que el sistema intelectual equivalía a la intelectualidad que es empleada como defensa contra la emotividad en los pacientes psiquiátricos. La crítica más frecuente era que una persona diferenciada se mostraba más fría, distante, rígida e insensible. Resulta difícil que los profesionales capten la idea de la diferenciación cuando han pasado sus vidas de trabajo creyendo que la libre expresión de los sentimientos representa un nivel elevado de funcionamiento y la intelectualización, una defensa perniciosa contra él. Una persona con una diferenciación mediocre está atrapada en un mundo emocional. Los esfuerzos que hace por lograr la comodidad de una intimidad emocional pueden intensificar la fusión, y ésta a su vez incrementar su alienación de los demás. Hay un esfuerzo que dura toda la vida por conseguir que la vida emocional alcance un equilibrio que sea soportable. Un segmento de estos individuos atrapados emocionalmente utilizan verbalizaciones casuales incoherentes, que suenan a intelectuales para justificar hábilmente su difícil situación. Una persona más diferenciada puede participar libremente en la esfera emocional sin el miedo de llegar a fusionarse demasiado con los demás. También es libre de volverse tranquilo y razonar lógicamente para tomar decisiones que rijan su vida. El proceso intelectual lógico es radicalmente distinto de las verbalizaciones incoherentes, intelectualizadas de la persona fusionada emocionalmente.

En artículos anteriores, expuse esto hablando de una «escala de diferenciación de self». Lo hice así para transmitir la idea de que las personas poseemos todas las gradaciones de diferenciación de self, y que los individuos situados a un nivel tienen estilos de vida considerablemente distintos de los que están a otros niveles. Esquemáticamente, expuse una escala que iba de 0 a 100, en la que 0 representa el nivel de funcionamiento humano más bajo posible y 100 una idea hipotética de la perfección a la que el hombre podía aspirar si su cambio evolutivo se mantenía en esta dirección. Quería que el espectro fuera lo bastante extenso como para cubrir todos los grados posibles de funcionamiento humano. Con el fin de esclarecer el hecho de que las personas son diferentes entre sí, en términos de funcionamiento emocional-intelectual, diseñé perfiles de sujetos que oscilaban de 0 a 25, de 25 a 50, de 50 a 75, y de 75 a 100 puntos. Aquellos perfiles siguen siendo asombrosamente precisos diez años más tarde. En aquel primer artículo, expuse también la idea de niveles funcionales de diferenciación que pueden desplazarse de un momento a otro, o mantenerse moderadamente constantes durante casi toda la vida. Expuse algunas de las variables más importantes responsables del cambio al objeto de esclarecer el concepto y categorizar la aparente complejidad del funcionamiento humano en forma de marco de trabajo abordable. El marco esquemático y el empleo del término *escala* suscitaron cientos de cartas pidiendo copias de «la escala». La mayoría de los que escribieron no habían captado el concepto ni tampoco las variables responsables de los niveles funcionales de las diferenciaciones. Las cartas inhibieron mi intento de desarrollar una escala más definida que pudiera tener uso clínico. Lo más importante es el concepto teórico. Elimina las barreras entre la esquizofrenia, la neurosis y la normalidad; además trasciende categorías tales como genio, clase social, y diferencias culturales-étnicas. Se aplica a todas las formas de vida humanas. Podría aplicarse hasta a formas sub-humanas si las conociésemos simplemente lo suficiente. El conocimiento del concepto permite el fácil desarrollo de todo tipo de instrumentos científicos, en cambio el intento de utilizar la escala sin conocer el concepto puede abocar al caos.

Otra parte importante de la diferenciación de self tiene que ver con los niveles de *self sólido* y *pseudoself* de una persona. En momentos de intimidad emocional, dos pseudoselfs pueden fusionarse, perdiendo uno self a expensas del otro, que gana self. El self sólido no participa en el fenómeno de la fusión. Dice, «Soy quien soy, lo que creo, lo que defiendo, y lo que haré o no haré», en una situación dada. Está constituido a base de creencias, opiniones, convicciones y principios vitales definidos con claridad. Se incorporan al self a partir de las experiencias vitales de una persona, mediante un proceso de razonamiento intelectual y la consideración minuciosa de las alternativas implicadas en la elección. Al elegir, uno se hace responsable del self y de las consecuencias. Cada creencia y principio vital es coherente con todos los demás, y el self llevará a cabo acciones congruentes con los principios incluso en situaciones de alta ansiedad y compulsión.

El pseudoself se gesta por la presión emocional, y también puede ser modificado por ella. Cada unidad emocional, ya sea la familia o la sociedad en su conjunto ejerce presión sobre los miembros del grupo para que se conforme a los ideales y principios del grupo. El pseudoself se compone de una vasta combinación de principios, creencias, filosofías y conocimientos adquiridos porque el grupo lo requiere o considera acertado. Como los principios son adquiridos bajo presión, son superficiales, incoherentes entre sí, y el individuo no tiene consciencia de la discrepancia. El pseudoself es añadido al self, a diferencia del self sólido que es incorporado al self tras un razonamiento lógico, minucioso. El pseudoself es un self «fingido». Fue adquirido para conformarse al entorno, y contiene principios discrepantes y variados que fingen estar en armonía emocional con una diversidad de grupos sociales, instituciones, compañías, partidos políticos y grupos religiosos, sin que el self se dé cuenta de que los grupos son incongruentes entre sí. La incorporación a los grupos está motivada más por el sistema de relaciones que por el principio implicado. El individuo puede «sentir» que algo no va bien en alguno de los grupos, pero no es consciente intelectualmente. El self sólido es consciente intelectualmente de la incompatibilidad de los grupos, y la decisión de incorporarse o rechazar la participación implica un proceso intelectual fundamentado en un contrapeso de las ventajas y las desventajas.

El pseudoself es un actor y como tal puede representar muchos selfs distintos. La lista de papeles es extensa. Puede fingir ser más importante o menos importante, más fuerte o más débil, más atractivo o menos atractivo, de lo que es en realidad. Para la mayoría de las personas no es difícil detectar los casos exagerados de fingimiento, aunque hay bastante del impostor dentro de cada uno de nosotros como para que resulte difícil detectar grados menores del impostor de los demás. Por otro lado, un buen actor puede parecer tan real que resulte difícil que él mismo o que las otras personas, sin conocimientos precisos sobre cómo funcionan los sistemas emocionales, descubran la línea divisoria entre el self sólido y el pseudoself. Esto se aplica también a los terapeutas, los profesionales de la salud mental, y a los investigadores que pueden intentar estimar el grado de diferenciación en sí mismos o en otros. El grado de self sólido es estable. El pseudoself es inestable, y responde a una diversidad de presiones y estímulos sociales. El pseudoself es adquirido por orden del sistema de relaciones y en éste es donde se puede negociar.

Basado en mi experiencia con este concepto, pienso que el grado de self es inferior, y el de pseudoself es muy superior en todos nosotros más de lo que imaginamos. Es el pseudoself el que está involucrado en la fusión y las numerosas formas de dar, recibir, prestar, pedir prestado, negociar, e intercambiar self. En todo intercambio, uno cede un poco de self al otro, que adquiere una cantidad idéntica. El mejor ejemplo es una relación amorosa cuando cada uno trata de ser como el otro quiere que sea el self, y a cambio cada uno exige al otro que sea diferente. Esto no es otra cosa que fingir y negociar con el pseudo self. En un matrimonio, dos pseudoselves se fusionan en una nostridad en la cual uno de los cónyuges se convierte en la figura dominante que toma las decisiones, o la más activa en la toma de iniciativa en nombre de la nostridad. El cónyuge dominante gana self a expensas del otro, que lo pierde. Es posible que el consorte adaptativo ceda voluntariamente self al dominante, que lo acepta, o probablemente el intercambio se resuelva a través de un regateo. Cuanto más puedan alterar los esposos estos roles, más sano será el matrimonio. El intercambio de self puede producirse en un corto espacio de tiempo o al revés, a lo largo de mucho tiempo. El préstamo y comercio del self puede tener lugar de forma automática en un grupo laboral en que el proceso emocional conduce a una situación en la cual el empleado ocupa la posición inferior o se queda sin self (de-selfed), mientras el otro gana self. Este intercambio de pseudoself es un proceso emocional automático que se produce cuando las personas se manipulan entre sí a través de posturas vitales sutiles. Los intercambios pueden ser breves - por ejemplo, las críticas que pueden hacer que uno se sienta mal durante unos días; o puede convertirse en un proceso prolongado en que el esposo adaptativo termina quedándose sin self, él o ella ya no es capaz de tomar decisiones y se bloquea en una disfunción de desinterés- o abocar a una psicosis o una enfermedad física crónica. A niveles de diferenciación mejores, o cuando hay poca ansiedad, estos mecanismos son mucho menos intensos. No obstante, el proceso de pérdida y ganancia de self, por parte de las personas, en una red emocional es tan complejo, y la intensidad de los cambios tan considerable, que es imposible estimar niveles de diferenciación funcionales a menos que se haga un seguimiento de una pauta vital a través de largos períodos de tiempo.

El perfil de los niveles bajos de diferenciación

Este es el grupo que antes describía como perteneciente al intervalo de 0 a 25, el nivel más bajo de diferenciación. La fusión emocional es tan intensa que las variables se extienden más allá de la masa de ego familiar indiferenciado hasta la masa indiferenciada del ego de la sociedad. Las complejidades de la fusión y la diferenciación se hacen más claras en individuos con niveles moderados de fusión, en los cuales se definen más fácilmente los diversos procesos. Hay algunas características generales llamativas de los niveles bajos de diferenciación. Los sujetos que se hallan en el nivel más bajo viven en un mundo dominado por los sentimientos, en el que es imposible distinguir los sentimientos de los hechos. Están orientados totalmente por la relación. Se consume tanta energía buscando amor y aprobación, y conservando la relación en cierto tipo de armonía, que no queda para llevar una vida enfocada hacia metas. Si no consiguen la aprobación, posiblemente pasen sus vidas en continua lucha y retirada del sistema de relación en el cual sufrieron este fracaso. El funcionamiento intelectual está tan sumergido que no puede decir «Pienso que..» o «Creo que..». En su lugar, manifiestan, «Siento que..» cuando sería más exacto expresar una opinión o creencia. Considera honesto y franco decir, «siento», y falso e insincero expresar una opinión suya. Se toman decisiones importantes sobre la vida basadas en lo que sienten que está bien. Pasan sus vidas en una batalla día a día encaminada a mantener el sistema de relaciones en equilibrio, o en un esfuerzo de lograr algún grado de confort y quedar libres de ansiedad. Son incapaces fijar objetivos distantes salvo en términos generales vagos, como «Quiero tener éxito o ser feliz, o tener un buen empleo, o seguridad». Crecen como apéndices dependientes de sus padres, tras lo cual buscan otras relaciones igualmente dependientes de las que puedan tomar prestada la fuerza suficiente para funcionar. Una persona carente de self que le encanta complacer a su jefe puede ser un empleado mejor que otro que tenga un self. Este grupo está compuesto por personas preocupadas por mantener en armonía sus relaciones dependientes, que han fracasado y van de una crisis sintomática a otra, y que se han rendido en el fútil esfuerzo de adaptarse. En el nivel inferior están quienes no pueden vivir fuera de las paredes protectoras de una institución. Este grupo hereda una considerable porción de los problemas graves de salud, financieros y sociales que hay en el mundo. Los ajustes vitales son tenues como mucho, y cuando caen en disfunción, la enfermedad o la «mala suerte» puede hacerse crónica o permanente. Tienden a sentirse satisfechos con el resultado de una terapia si proporciona un módico confort.

El perfil de niveles moderados de diferenciación de self

Se trata del grupo expuesto anteriormente como situado entre 25 y 50. Existe una incipiente diferenciación entre los sistemas emocional e intelectual y el self se expresa mayormente en forma de pseudoself. Las vidas aún están guiadas por el sistema emocional, pero los estilos vitales son más flexibles que los niveles inferiores de diferenciación. La flexibilidad confiere una visión mejor de la interacción entre la emotividad y el intelecto Cuando hay poca ansiedad, el funcionamiento puede parecerse al de los niveles elevados de diferenciación. Cuando hay mucha, a los niveles bajos. Sus vidas están orientadas por las relaciones, y gran parte de la energía vital se dedica a amar y ser amado, y a buscar aprobación de los demás. Los sentimientos se expresan más abiertamente que en los sujetos de niveles inferiores. La energía vital se dirige hacia lo que piensan los demás y a ganar amigos y aprobación más que hacia una actividad dirigida a metas. La autoestima depende de los demás. Puede remontarse a las alturas con un cumplido o quebrantarse por una crítica. El éxito en la escuela está orientado a aprender el sistema y a agradar al profesor, más que al objetivo primero de aprender. El éxito en los negocios o en la vida social no depende del valor inherente de su trabajo, sino que depende de complacer al jefe o al líder social, de a quién se conoce y del estatus de relaciones adquirido. Su pseudoself está montado sobre una suerte de principios discrepantes, creencias, filosofías e ideologías que utilizan a través de posturas fingidas con objeto de armonizar con los distintos sistemas de relaciones. Al carecer de un self sólido, es habitual en ellos el uso de «Siento que..» cuando exponen sus filosofías a partir del pseudoself; eluden adoptar posiciones del tipo «Pienso» o «Creo» acudiendo a otra persona o cuerpo de conocimientos como autoridad cuando hacen afirmaciones. Al carecer de una autoconvicción firme sobre el conocimiento del mundo, hacen manifestaciones desde el pseudoself, tales como, «La normativa dice..» o «La ciencia ha demostrado..» sacando la información fuera de su contexto para apoyar sus opiniones. Cabe que dispongan de suficiente intelecto de funcionamiento flotante para haber dominado los conocimientos académicos relacionados con materias impersonales; emplean estos conocimientos en el sistema de relaciones. Sin embargo, falta el intelecto referido a los asuntos personales, y sus vidas personales están en caos.

El pseudoself puede adoptar una disciplina ajustada que finge estar en armonía con una filosofía particular o serie de principios, o cuando se ve frustrado puede asumir la postura contraria en forma de persona rebelde o revolucionaria. El rebelde carece de un self propio. Su postura de pseudoself es sencillamente la cara opuesta a la opinión de la mayoría. El sujeto revolucionario se levanta contra el sistema imperante, pero no tiene nada que ofrecer en su lugar. La semejanza de las oposiciones polarizadas en las situaciones emocionales me ha llevado a definir la revolución como una convulsión que impide el cambio. Se trata de una energía orientada hacia la relación que va y vuelve pasando por los mismos puntos; quedando determinada la cuestión en cada lado por la posición del otro, sin ser ninguno capaz de adoptar una posición no determinada por el otro.

Los individuos que ostentan un rango de diferenciación moderado manifiestan las versiones más intensas de sentimiento abierto. Su enfoque de la relación los sensibiliza ante los demás y ante la expresión directa de los sentimientos. A lo largo de toda la vida van en busca de la relación ideal con un acercamiento emocional hacia los demás y una comunicación directa, abierta a los sentimientos. En su dependencia emocional manifiesta de los demás, están sensibilizados a estudiar estados, ánimos, expresiones y posturas del prójimo, y a responder abiertamente con una expresión directa de los sentimientos o una acción impulsiva. Están a la persecución de la relación íntima ideal a lo largo de todas sus vidas. Cuando se logra la intimidad, aumenta la fusión emocional frente a la cual reaccionan con distanciamiento y alienación, que luego puede estimular otro ciclo de aproximación. Si no consiguen la intimidad, es posible que terminen por retirarse y deprimirse, o ponerse a buscar la intimidad en otra relación. Los síntomas y los problemas humanos emergen a la superficie cuando el sistema de relaciones está desequilibrado. Los sujetos de este grupo cursan con un elevado porcentaje de problemas humanos, abarcando toda la gama de enfermedades físicas, enfermedades emocionales y disfunciones sociales. Su enfermedad emocional contiene problemas interiorizados a nivel neurótico, y problemas conductuales y de tipo trastorno caracterial; se ven envueltos en un uso creciente de alcohol y drogas a fin de aliviar la ansiedad del momento. Sus trastornos sociales engloban todos los grados de comportamientos impulsivos e irresponsables.

El perfil de diferenciación del self moderado a bueno

Se trata del grupo que ocupa el rango de 50 a 75. Son individuos con una diferenciación básica suficiente entre los sistemas emocional e intelectual de modo que ambos funcionan paralelos a modo de equipo cooperativo. El sistema intelectual se halla suficientemente desarrollado como para soportar su propio funcionamiento y operar de forma automática sin ser dominado por el sistema emocional cuando aumenta la ansiedad. En los sujetos que se encuentran por debajo de 50, el sistema emocional dice al intelectual lo que pensar y decir, y qué decisiones debe tomar en las situaciones críticas. El intelecto es un intelecto fingido. El sistema emocional autoriza que el intelecto se retire a su rincón y se dedique a pensar en cosas lejanas de forma que no interfiera en las decisiones comunes que afectan a todo el curso vital. Por encima de 50, el sistema intelectual está lo bastante desarrollado como para empezar a tomar algunas decisiones por sí solo. Ha advertido que el sistema emocional controla una forma de vida eficaz en muchas áreas de funcionamiento, pero además que en situaciones críticas las decisiones emocionales automáticas desencadenan complicaciones duraderas en el organismo total. El intelecto advierte que para anular el sistema emocional requiere de un poco de disciplina, pero la ganancia a largo plazo bien merece el esfuerzo. Los individuos situados por encima de 50 han alcanzado un nivel apreciable de self sólido con respecto a la mayor parte de las cuestiones esenciales de la vida. En momentos de calma, han empleado el razonamiento lógico para desarrollar las creencias, los principios, y las convicciones que utilizan para anular el sistema emocional en situaciones de ansiedad y pánico. La diferenciación entre emociones e intelecto se produce a través de gradaciones sutiles. Las personas que pertenecen a la parte inferior de este grupo son aquéllas que *saben* que hay una forma mejor; pero su intelecto está formado pobremente, y terminan procediendo con cursos de vida semejantes a los que se hallan por debajo de 50.

Los individuos de la parte superior de este grupo son aquéllos que poseen un self más sólido. Individuos con un sistema intelectual funcional, que ya no son prisioneros del mundo sentimental-emocional. Son capaces de vivir con más libertad y crecer emocionalmente de una forma más satisfactoria dentro de un sistema emocional. Pueden participar por entero en acontecimientos emocionales conscientes de que podrán desligarse mediante el razonamiento lógico cuando surja la necesidad. Posiblemente existan momentos de laxitud en que permiten que el piloto automático del sistema emocional tome el control absoluto, pero cuando aparecen problemas lo recuperan, apaciguan la ansiedad y evitan una situación de crisis vital. Las personas que gozan de mejores niveles de diferenciación están menos orientados hacia las relaciones y son más capaces de perseguir metas vitales independientes. No son conscientes del sistema de relaciones, pero el curso de sus vidas puede estar determinado a raíz de ellos mismos más que de lo que piensen los demás. Tienen más claras las diferencias entre emoción e intelecto, y son más capaces de afirmar sus propias convicciones y creencias sosegadamente sin atacar las creencias de sus semejantes o sin tener que defender las suyas. Están más dotados para evaluarse adecuadamente a sí mismos en relación con los demás sin las fingidas posturas que abocan a una sobrevaloración o infravaloración propia. Se casan con personas de niveles de diferenciación idénticos. Un estilo de vida de un consorte que reflejara un nivel suficientemente distinto se consideraría emocionalmente incompatible. El matrimonio es una sociedad en funcionamiento. Los esposos pueden disfrutar todos los diversos grados de intimidad emocional sin peligro de que su self sea apropiado por el otro. Pueden constituirse en self autónomos juntos o separados. La esposa es capaz de funcionar enteramente como mujer y el marido como hombre sin tener que debatir las ventajas y desventajas que corresponden a sus roles biológicos y sociales. Los esposos más diferenciados pueden permitir que sus hijos crezcan y desarrollen sus propios self autónomos sin una ansiedad excesiva y sin forjar a sus hijos a su imagen. Ambos, progenitores e hijos, son más responsables, y no tienen necesidad de culpar a los demás de los fallos de acreditar sus éxitos ante los demás. Los sujetos con mejores niveles de diferenciación son capaces de funcionar satisfactoriamente con otras personas, o solos, según la situación lo requiera. Sus vidas son más regulares, son más capaces de manejar con éxito una gama más extensa de situaciones humanas, y se encuentran considerablemente libres de la gama entera de problemas humanos.

En artículos anteriores he explicado un nivel entre 75 y 100, que es más hipotético que real, y que transmite una impresión errónea del fenómeno humano a pensadores partidarios de lo concreto que están a la busca de otro instrumento que mida el funcionamiento humano. En vez de seguir la hipótesis de los extremos superiores de diferenciación, me extenderé en algunos comentarios generales relativos a la diferenciación. Un error frecuente es igualar la persona mejor diferenciada con un «individualismo acentuado». Considero que el individualismo acentuado es la postura fingida exagerada de una persona que lucha contra la fusión emocional. La persona diferenciada siempre tiene en cuenta a los demás y es consciente del sistema de relaciones que le envuelve. Existen tantas fuerzas, contrafuerzas y pormenores en la diferenciación que tenemos que obtener una visión panorámica amplia del fenómeno humano global si queremos ser capaces de observar la diferenciación. Una vez que se puede contemplar el fenómeno, ahí está, a plena vista, delante de nuestros propios ojos. Cuando podemos observar el fenómeno, es cuando podemos aplicar el concepto a cientos de situaciones humanas distintas. Tratar de aplicarlo sin conocerlo es un ejercicio fútil.

La terapia basada en la diferenciación ya no es terapia en el sentido habitual. Se trata de una terapia tan diferente de la terapia convencional como la teoría lo es de la teoría convencional. La meta general es ayudar a los miembros de la familia por separado a desembarazarse de la unión emocional que nos ata a todos. La fuerza instintiva que tiende hacia la diferenciación se gesta en el seno del organismo, precisamente como las fuerzas emocionales que se oponen a ella. El objetivo es propiciar que el miembro familiar motivado de un paso microscópico hacia un nivel mejor de diferenciación, pese a las fuerzas de unión que se resisten. Cuando un miembro familiar puede por fin lograr esto, entonces otros miembros familiares darán automáticamente pasos parecidos. Las fuerzas de unión mantienen tan fuertemente la situación que cualquier pequeño paso hacia la diferenciación tropieza con una desaprobación vigorosa por parte del grupo. Este es el momento en que un terapeuta o guía, puede prestar una ayuda decisiva. Sin ella, el individuo que se está diferenciando retrocede a la unión para conseguir una armonía emocional momentánea. La terapia convencional está enfocada para resolver, o expresar el conflicto. Esto contribuye efectivamente para conseguir el objetivo de reducir el conflicto de ese momento, pero también puede privar al individuo de su intento incipiente de lograr un poco más diferenciación de la unión familiar. Existen muchos escollos en el esfuerzo hacia la diferenciación. Si el individuo lo intenta sin mucha convicción propia, seguirá ciegamente el consejo de su terapeuta y se verá atrapado en una unión autoderrotadora con el terapeuta. Pienso que el nivel de diferenciación de una persona está determinado principalmente por el momento en que abandona la familia parental e intenta vivir su vida. Después de eso, tiende a repetir el estilo de vida de la familia parental en todas las relaciones futuras. En cualquier momento no es posible hacer más que pequeños cambios en el nivel básico del self de un sujeto; ahora bien merced a la experiencia clínica puedo afirmar que se pueden hacer cambios pausados, y cada pequeño cambio propicia el nuevo mundo de un estilo de vida distinto. Según lo veo ahora, se pasa la etapa crítica cuando el individuo puede empezar a conocer la diferencia entre los funcionamientos emocional e intelectual, y cuando ha desarrollado formas de emplear el conocimiento para la solución de problemas futuros en un esfuerzo personal que dura toda la vida. No es fácil evaluar la diferenciación durante los momentos de calma. Desde el punto de vista clínico, hago estimaciones a partir del nivel de self funcional medio según se desenvuelve a través de momentos de tensión y de calma. La prueba decisiva que muestra la estabilidad de la diferenciación llega cuando la persona se ve sujeta otra vez a un estrés crónico grave.

Es considerablemente apropiado comparar el funcionamiento de los sistemas emocional e intelectual con la estructura y función del cerebro. Concibo que existe un centro cerebral que controla las emociones y otro que controla las funciones intelectuales. La fusión hace pensar en centros que están situados uno al lado del otro con cierto grado de fusión, o crecimiento conjunto. Desde el punto de vista anatómico, sería más exacto considerar que los dos están conectados por tractos nerviosos. En los individuos cuyo funcionamiento es mediocre, los dos centros están estrechamente fusionados, de manera que el centro emocional tiene casi total dominancia sobre el intelectual. En sujetos con mejor funcionamiento, hay una separación más funcional entre ambos centros. Cuanto mayor sea la separación, más capaz, es el centro intelectual de bloquear, o interponer una pantalla, a un espectro de estímulos provenientes del centro emocional, y de funcionar de forma autónoma. El proceso de interponer una pantalla, que puede ser de carácter bioquímico, opera óptimamente cuando el nivel de ansiedad es bajo. El centro emocional controla el sistema nervioso autónomo y todo el resto de funciones automáticas. El centro intelectual es el asiento del intelecto, el razonamiento. El centro emocional maneja miles de estímulos sensoriales, desde los digestivos, circulatorios, respiratorios hasta el resto de sistemas orgánicos que hay dentro del cuerpo, así como estímulos procedentes de todos los órganos sensoriales que perciben el entorno y las relaciones con los semejantes. En momentos de calma, cuando el centro emocional está recibiendo menos estímulos procedentes de su red sensorial, el centro intelectual se halla más libre para funcionar de una forma autónoma. Cuando el centro emocional está inundado de estímulos, hay poco funcionamiento intelectual que no está gobernado por el centro emocional. En ciertas áreas, el intelecto se pone al servicio del centro emocional.

Existen abundantes ejemplos clínicos que ilustran la dominancia emocional sobre el intelecto a la hora de determinar un curso vital. El centro intelectual o bien se suma, o bien es dirigido por el centro emocional. En los diversos estados psicóticos y neuróticos, el intelecto queda o bien destruido o bien distorsionado por la emotividad. Puede haber situaciones ocasionales en que quede una isla de actividad intelectual medianamente intacta, como sucede en el enfermo psicótico que conserva una mente de computador. En los distintos estados neuróticos el intelecto está dirigido por la emotividad. Existe el caso del sujeto intelectualizador cuyo intelecto aparente está dirigido por el proceso emocional. Hay problemas conductuales en que la acción impulsiva automática está dirigida por la emotividad, y el intelecto trata de explicar o justificarla después de la acción. Esto puede variar desde la mala conducta infantil hasta la acción criminal. Los padres y los sistemas sociales preguntan por qué, pretendiendo encontrar una respuesta lógica. El organismo responde con una excusa instantánea que parece de lo más aceptable para el self y para los otros. En la misma categoría se incluye el tipo de conducta denominada por el centro emocional que a menudo se denomina autodestructiva. Esta conducta persigue apaciguar la ansiedad del momento y el impulso hacia el alivio inmediato anula la consciencia de las complicaciones a largo plazo. Sus consecuencias más graves se producen en los casos de abuso de drogas y alcohol. Hay situaciones en que el intelecto socorre a la conducta dirigida emocionalmente, como por ejemplo, la planificación intelectual que contribuye a perpetuar un crimen dirigido emocionalmente. Un extenso grupo de personas elige sus filosofías e ideologías debido a la presión del sistema emocional. En otro grupo, una sección del intelecto funciona adecuadamente cuando se trata de cuestiones impersonales; pueden ser brillantes desde el punto de vista académico, mientras sus vidas personales dirigidas emocionalmente son caóticas. Incluso en individuos que exhiben cierto grado de separación entre emoción e intelecto, en los cuales el intelecto puede permanecer autónomo interviniendo el sistema emocional la mayor parte del tiempo en ciertas áreas, existen períodos de estrés crónico en que el sistema emocional es dominante.

Los triángulos

Me puse a trabajar sobre este concepto fundamental en 1955. Para 1956 el grupo de investigación ya estaba pensando y hablando de «triadas». Cuando el concepto evolucionó, llegó a abarcar muchas cosas más de lo que el significado del término convencional *triada* transmite, y a continuación tropecé con el problema de comunicarlo a quienes presuponían que conocían el significado de la palabra. Elegí el término *triángulo* al objeto de transmitir que este concepto posee un significado específico que trasciende el que está implicado en el de triada. La teoría sostiene que el triángulo, una configuración emocional compuesta de tres personas, es la molécula del cimiento básico de todo sistema emocional, ya sea en la familia o en cualquier otro grupo. El triángulo constituye el sistema estable de relaciones más reducido. Un sistema de dos personas puede ser estable mientras esté en calma, pero cuando aumenta la ansiedad, envuelve inmediatamente a la otra persona más vulnerable para construir un triángulo. Cuando la tensión del triángulo es demasiado grande para el trío, envuelve a otros de suerte que aparece una serie de triángulos interrelacionados.

En períodos de calma, el triángulo está formado por un estrecho dúo que se siente cómodo y un extraño, menos cómodo. El dúo se esfuerza por conservar la unión, para que uno no se sienta incómodo y forme una unión mejor en otro sitio. El extraño busca la manera de formar una unión con alguno del dúo, y todos conocemos la gran cantidad de movimientos que se orientan a conseguir esto. Las fuerzas emocionales que surgen en el seno del triángulo están continuamente en movimiento, hasta en momentos de calma. Los estados moderados de tensión del dúo son sentidos de una forma particular por uno de ellos, mientras el otro ignora lo que está pasando. El que se siente incómodo es el que inicia un nuevo equilibrio enfocado hacia una unión más confortable para el self.

En períodos de estrés, la posición externa es la posición más cómoda y deseada. Con el estrés, cada individuo se esfuerza por ocupar la posición externa para escapar a la tensión del dúo. Cuando no es posible producir un cambio en las fuerzas del triángulo, un componente del dúo implicado envuelve en el triángulo a una cuarta persona, dejando a la anterior tercera persona al margen para reincorporarla más adelante. Las fuerzas emocionales repiten exactamente las mismas pautas en el nuevo triángulo. Con el tiempo, las fuerzas emocionales continúan moviéndose de un triángulo activo a otro, quedando por fin en uno principalmente, en tanto el sistema global queda casi en calma.

Cuando las tensiones son muy intensas en las familias y se han acabado los triángulos familiares disponibles, el sistema familiar forma triángulos con figuras externas a la familia, tales como agentes de policía y agentes sociales. Se produce una exteriorización satisfactoria de la tensión cuando los trabajadores externos entran en conflicto con la familia mientras ésta está más tranquila. En sistemas emocionales como el formado por personal de una oficina, las tensiones que surgen entre los dos administradores superiores pueden verse envueltas en triángulos una y otra vez hasta que el conflicto es puesto de manifiesto entre los dos que ocupan la posición inferior de la jerarquía administrativa. Frecuentemente los administradores establecen este conflicto al quitar o bien al excitar a un integrante del otro conflicto, después de lo cual el conflicto estalla en otro dúo.

Un triángulo en tensión moderada tiene de modo característico dos lados cómodos y uno en conflicto. Como las pautas de un triángulo se repiten una y otra vez, los integrantes llegan a adoptar roles fijos con relación a cada uno del resto. El mejor ejemplo lo constituye el triángulo padre-madre-hijo. Las pautas varían, pero una de las más comunes es la existencia de una tensión básica entre los padres, de tal forma que el padre ocupa la posición externa —por lo que a menudo se le llama pasivo, débil y distante— dejando que el conflicto se desenvuelva entre madre e hijo. La madre —a la que frecuentemente se la llama agresiva, dominante y castrante— conquista al hijo, quien avanza otro paso hacia una perturbación funcional crónica. Esta pauta se describe como el proceso de proyección familiar. Las familias repiten el mismo juego triangular una y otra vez a lo largo de los años, como si el ganador se quedara dudoso, pero el resultado final es siempre idéntico. Con el paso de los años el niño acepta el resultado de perder siempre con más facilidad, incluso llega a desear voluntariamente esta posición. Una variante es la pauta en que al final el padre ataca a la madre, dejando al hijo en la posición externa. Luego este niño aprende las técnicas para ganar la posición externa enfrentando a los padres entre sí.

Cada pauta estructurada de los triángulos es susceptible de movimientos y resultados previsibles en las familias y los sistemas sociales. El conocimiento de los triángulos aporta una forma mucho más exacta de comprender el triángulo padre-madre-hijo que las complejas explicaciones edípicas tradicionales. Los triángulos proporcionan varias veces más flexibilidad en el tratamiento de dichos problemas desde el punto de vista terapéutico.

El conocimiento de los triángulos contribuye a disponer de la perspectiva teórica mediadora entre la terapia individual y este método de terapia familiar. En la relación típica de paciente y terapeuta es inevitable la aparición de una relación en la que la emotividad está involucrada. En teoría, la terapia familiar comporta una situación en que las relaciones intensas pueden permanecer en el seno de la familia al tiempo que el terapeuta es capaz de permanecer relativamente al margen del complejo emocional. Es una premisa teórica adecuada que difícilmente se consigue en la práctica. Si no se hace un esfuerzo particular, es fácil que la familia se envuelva emocionalmente alrededor del terapeuta, le instale en una posición todopoderosa, le haga responsable del éxito o fracaso, y se ponga a esperar pasivamente que cambie a la familia. Ya he abordado las formas cómo otros terapeutas han enfrentado la relación terapéutica, así como mi continuo esfuerzo de proceder desde el exterior del sistema emocional de la familia. Inicialmente eso incluía hacer responsables a los miembros de la familia unos de otros, con el fin de evitar la tendencia familiar a asignar importancia, y también no prometer más beneficios que los que se producirían como consecuencia del propio esfuerzo de la familia por aprender de sí misma y cambiarse a sí misma. Lo más importante era el intento sostenido de lograr y mantener la neutralidad emocional con los individuos miembros de la familia. Aquí se esconden muchas sutilezas. Además de este intento, fue el conocimiento de los triángulos lo que proporcionó el avance decisivo en el esfuerzo de permanecer al margen del complejo emocional.

Hubo una experiencia, sobre todas las demás, de importancia capital para aprender cosas acerca de los triángulos. Era un momento en que gran parte de mi terapia familiar abordaba a ambos padres y un hijo adolescente con problemas conductuales. Se podía contemplar el funcionamiento del triángulo formado por los padres y el hijo con un detalle a nivel microscópico. Cuanto más capaz era de permanecer al margen del triángulo, más nítidamente se podía contemplar el sistema emocional familiar ya que operaba a través de circuitos emocionales muy definidos entre el padre, la madre y el hijo. Desde el punto de vista terapéutico, la familia no cambió sus pautas originales. El padre pasivo se volvía menos pasivo, la madre agresiva menos agresiva, y el niño sintomático se volvía asintomático. La familia motivada, normal, proseguía con treinta o cuarenta citas semanales y acababa deshaciéndose en alabanzas por el «resultado satisfactorio». En mi opinión, la familia no había cambiado, pero yo había aprendido muchas cosas de los triángulos. Se podía observar una familia y saber el movimiento siguiente que había en ella antes de que sucediese.

Desde el conocimiento de los triángulos, he planteado la hipótesis de que la situación sería distinta si excluyéramos al hijo y limitáramos la terapia a ambos padres y terapeuta. En vez de tratar con las generalidades de permanecer fuera del sistema emocional familiar, estaba en ese momento armado de un conocimiento específico sobre los movimientos triangulares de los padres dirigidos a involucrar al terapeuta. En el aspecto terapéutico, los resultados fueron muy superiores a cualquier otro hasta entonces. Este ha seguido siendo el único método terapéutico fundamental dede principios de los años sesenta. A un nivel teórico-terapéutico general, siempre que el terapeuta sea capaz de mantenerse en un contacto emocional viable con los dos miembros más significativos de la familia, normalmente ambos padres o ambos esposos, y pueda permanecer relativamente al margen de la actividad emocional de este triángulo central, la vieja fusión entre los miembros de la familia comenzará lentamente a resolverse, y el resto de los miembros familiares cambiarán automáticamente con relación a ambos padres en el marco del hogar. Esto constituye la teoría y el método fundamentales. El proceso puede desenvolverse sin que intervenga el contenido o el objeto de discusión. El aspecto crítico es la reactividad emocional entre los esposos, y la habilidad del terapeuta para mantenerse relativamente destriangulado de la emotividad. El proceso puede desarrollarse con cualquier tercera persona que sea capaz de mantenerse destriangulado, pero sería difícil encontrar una relación externa de esta calidad. Este método tiene tanto éxito como otros en situaciones de crisis breves. En los primeros años, ocupaba activamente a la familia en cuanto a lo emocional en consultas y situaciones de crisis breves. Es más efectivo un enfoque destriangulador sosegado y poco emotivo llevado a la práctica en una o varias consultas.

El sistema emocional de la familia nuclear

Este concepto describe las pautas de funcionamiento emocional de una familia en una sola generación. Ciertas pautas básicas entre el padre, la madre y los hijos son réplicas de las generaciones pasadas y están destinadas a repetirse en las generaciones venideras. Existen algunas variables bastante claras que determinan la manera de funcionar la familia en la generación actual, que pueden medirse y validarse mediante la observación directa. Desde una historia minuciosa, en conexión con el conocimiento de los detalles de la generación actual, se puede llevar a cabo una reconstrucción bastante apreciable de la manera cómo operó el proceso en las generaciones pasadas. A partir del conocimiento de datos sobre la transmisión de las pautas familiares a lo largo de diversas generaciones, se puede proyectar el mismo proceso a las generaciones futuras, y dentro de unos límites, hacer predicciones bastante exactas sobre ellas. Nadie vive lo suficiente como para comprobar la precisión de las predicciones del futuro, pero existe en la historia un conocimiento suficientemente detallado sobre algunas familias como para hacer una comprobación aceptable del proceso predictivo. Partiendo de la experiencia en la investigación familiar, las predicciones de hace diez y veinte años han resultado ser bastante exactas.

El principio de una familia nuclear, en una situación normal, es el matrimonio. Hay excepciones, como siempre, que forman parte de la teoría global. El proceso fundamental de las situaciones excepcionales es parecido al patrón más caótico que caracteriza a los sujetos mediocremente diferenciados. Ambos cónyuges empiezan el matrimonio con patrones de estilos de vida y niveles de diferenciación desarrollados en sus familias de origen. El emparejamiento, el matrimonio y la reproducción están gobernados en grado significativo por fuerzas emocionales-instintivas. Las maneras cómo se las arreglan los esposos para quedar y para vivir el noviazgo, y para calcular y planificar el matrimonio aportan los mejores indicios del nivel de diferenciación de los esposos. Cuanto más bajo es el nivel de diferenciación, mayores son los problemas potenciales que encontrarán en el futuro. Las personas eligen cónyuges que tienen los mismos niveles de diferenciación. La mayoría de los cónyuges posiblemente establecen las relaciones más íntimas y abiertas de sus vidas adultas durante el noviazgo. La fusión de dos pseudoselves en un self común tiene lugar en el momento de comprometerse de un modo permanente, ya sea el del acuerdo sobre la fecha de la boda, la propia boda o cuando se establecen en su primer hogar juntos. Es habitual que las relaciones de convivencia sean armoniosas, y los síntomas de la fusión se acentúen cuando por fin se casan. Es como si la fusión no prosperase mientras todavía les queda la opción de cortar la relación.

Cuanto más bajo es el nivel de diferenciación, más intensa es la fusión emocional del matrimonio. Mientras un cónyuge se convierte en la figura dominante que toma las decisiones por el self común, el otro se adapta a la situación. Es uno de los mejores ejemplos de préstamo e intercambio de self en una relación estrecha. Se podría sospechar que quien hace las veces de dominante obliga al otro a ser adaptable, o que el que desempeña el papel de adaptable fuerza al otro a ser dominante, lo que aboca al conflicto; o el rol adaptable, lo que desencadena una parálisis de decisión. El esposo dominante gana el self a expensas del más adaptable, que lo pierde. Los esposos más diferenciados poseen menores grados de fusión, y menos complicaciones. Las posiciones dominante y adaptable *no* están relacionadas directamente con el sexo del cónyuge. Están determinadas por la posición que cada uno de ellos tuvo en sus familias de origen. De acuerdo con mi experiencia, existen tantas mujeres dominantes como hombres, y tantos hombres adaptables como mujeres. Estas características desempeñaron un papel decisivo en la elección original recíproca como pareja. La fusión desencadena ansiedad en uno o en ambos esposos. Hay todo un espectro de reacciones por parte de los cónyuges para enfrentarse con los síntomas de la fusión. El mecanismo más universal es el distanciamiento emocional mutuo. Está presente en todos los matrimonios en cierta medida, y en un elevado porcentaje de ellos en gran medida.

Aparte de la distancia emocional, hay tres áreas importantes en que la cantidad de indiferenciación de un matrimonio llega a manifestarse en forma de síntomas. Estas tres áreas son el conflicto conyugal; la enfermedad o disfunción de un esposo; y la proyección de los problemas a los hijos. Es como si existiese una acumulación cuantitativa de indiferenciación que hubiera de ser absorbida en la familia nuclear, que pudiera, o bien concentrarse principalmente en un área o repartirse en diversas cantidades entre las tres

Las diversas pautas que adoptan para manejar la indiferenciación derivan de las pautas seguidas en sus familias de origen, y de las variables implicadas en la mezcla del self común. Seguidamente presentaremos las características generales de cada una de las tres áreas.

El conflicto conyugal

La pauta fundamental de los matrimonios conflictivos consiste en que ninguno cede ante el otro, o es capaz de adoptar el rol adaptable. Estos matrimonios son intensos en el sentido de la cantidad de energía invertida por cada uno en el otro. Puede ser energía en el pensamiento o en la acción, positiva o negativa, pero el self de cada uno de ellos se centra principalmente en el otro. La relación se repite circularmente a través de períodos de intensa intimidad, conflicto que provoca un período de distancia emocional, y reconciliación, la cual pone en marcha otro ciclo de intensa intimidad. Los esposos conflictivos probablemente son los que establecen las relaciones más visiblemente intensas. La intensidad de la irritación y los sentimientos negativos que aparecen en el conflicto es tan notable como los sentimientos positivos. Cada uno está pensando en el otro incluso cuando se hallan distantes. El conflicto conyugal por sí mismo no daña a los hijos. Hay matrimonios en que la mayor parte de la diferenciación se expresa en el conflicto marital. Los esposos están tan volcados el uno en el otro que los hijos quedan generalmente al margen del proceso emocional. Cuando se juntan el conflicto conyugal y la proyección del problema a los hijos, lo que perjudica a éstos es el proceso de proyección. La acumulación cuantitativa de conflicto conyugal que está presente reduce la cantidad de indiferenciación que se concentra en otro sitio.

La disfunción de un cónyuge

Se produce como resultado de que una cantidad significativa de indiferenciación es absorbida por la postura adaptable de un cónyuge. El pseudoself del sujeto adaptable se va convirtiendo en el pseudoself del dominante, que asume cada vez más responsabilidad sobre la pareja. El grado de adaptabilidad de un cónyuge viene determinada por la pauta prevalente de funcionamiento mutuo, más que por las comunicaciones verbales. Cada uno de ellos se adapta en algo al otro y suele creer que él o ella cede más que la pareja. Aquél que funciona durante largos períodos en la posición adaptable va perdiendo gradualmente la capacidad de funcionar y tomar decisiones por sí mismo. En ese momento, basta un ligero aumento del estrés para precipitar al esposo adaptable a una disfunción, que puede cursar con una enfermedad física, emocional o social, como por ejemplo la bebida, conductas acting out, y comportamientos irresponsables. Estas enfermedades tienden a hacerse crónicas y de difícil remisión.

La pauta de sobrefuncionamiento de un esposo en relación al infrafuncionamiento del otro puede aparecer en todos los grados de intensidad. Puede surgir como fenómeno episódico en familias que emplean una mezcla de los tres mecanismos. Cuando se utiliza como medida principal para controlar la indiferenciación, la enfermedad puede hacerse crónica y muy difícil de remitir. El individuo enfermo o inválido está demasiado perturbado para empezar a recuperar sus funciones junto a un esposo que está sobrefuncionando y de quien depende. Este mecanismo es asombrosamente eficaz para absorber la indiferenciación. El único inconveniente es la disfunción que sufre uno de los esposos, que será compensada por el otro. Es posible que los hijos apenas se vean afectados por tener un padre que disfunciona, en tanto exista alguien que funcione en su lugar. El problema principal de los hijos es que heredan una pauta vital como cuidadores del padre enfermo, que se proyectará en el futuro. Estos matrimonios son permanentes. La enfermedad crónica y el invalidismo, ya sea físico o emocional, pueden ser la única manifestación de la intensidad de la indiferenciación. El cónyuge que funciona de una forma pobre agradece el cuidado y la atención, y el que sobrefunciona no se queja. El divorcio es casi imposible en estos matrimonios a menos que la disfunción esté combinada además con el conflicto conyugal. Hemos tenido familias en que el esposo que sobre-funcionaba ha fallecido inesperadamente y el menos capaz ha recuperado el funcionamiento milagrosamente. Si se produce un casamiento ulterior, sigue la pauta del anterior.

La perturbación de uno o más hijos

Esta es la pauta que consiste en que los padres proceden desde una nostridad que proyecta la indiferenciación a uno o más hijos. Es un mecanismo tan importante dentro del problema humano en general que hemos preferido describirlo como un concepto separado, el proceso de proyección familiar.

Hay dos variables principales que gobiernan la intensidad de este proceso en la familia nuclear. La primera es el grado de aislamiento emocional, o arrinconamiento, de la familia extensa, o de otros miembros importantes del sistema de relaciones. Trataré esto más adelante. La segunda variable importante tiene que ver con el nivel de ansiedad. Cualquiera de los síntomas de la familia nuclear, ya sea conflicto conyugal, disfunción de un cónyuge, o síntomas de un hijo, son de menor intensidad cuando la ansiedad es poca y más intensos cuando la ansiedad es alta. Algunos de los esfuerzos de la terapia familiar más importantes están dirigidos a disminuir la ansiedad y a abrir el aislamiento de la relación.

El proceso de proyección familiar

El proceso a través del cual la indiferenciación de los padres daña a uno o más hijos se desenvuelve dentro del triángulo padre-madre-hijo. Gira en torno a la madre, quien representa una figura clave en la reproducción y es normalmente la principal cuidadora del pequeño. Desemboca en la primera perturbación emocional del hijo; o puede sobreponerse por sí mismo para terminar expresándose en algún defecto o alguna enfermedad física crónica o incapacidad. Se da en todas las gradaciones de intensidad, desde aquéllas en que el daño es mínimo hasta aquéllas en que el hijo queda gravemente afectado de por vida. El proceso es tan universal que se halla presente en cierta medida en todas las familias.

Un conjunto de familias con versiones moderadamente severas del proceso de proyección servirá para proporcionarnos la mejor comprensión de la forma cómo funciona el proceso. Es como si existiese una cantidad fija de indiferenciación que fuera absorbida por el conflicto conyugal, la enfermedad de un cónyuge y la proyección sobre los hijos. La cantidad que absorbe el conflicto o la enfermedad de un esposo reduce la cantidad que será dirigida hacia los hijos. Hay pocas familias en que la mayor parte de la indiferenciación recae en el conflicto conyugal, esencialmente nada en la enfermedad de un cónyuge y relativamente pocas cantidades en los hijos. Los casos más llamativos han sido las familias con hijos autistas o gravemente perturbados, en que existe poco conflicto conyugal, ambos esposos están sanos, y todo el peso de la indiferenciación recae sobre un solo hijo máximamente perturbado. Nunca he visto una familia en que no hubiera alguna proyección sobre un hijo. La mayoría utilizan una combinación de los tres mecanismos. Cuanto más se desplaza el problema de una zona a otra menos posibilidades hay de que el proceso sea paralizante en una sola.

Las pautas que sigue la indiferenciación al distribuirse a los hijos son definidas. Primero se centra en un hijo. Si la cantidad es demasiado grande para ese hijo, el proceso seleccionará a otros a los que afectará en un grado menor. Hay familias en que la cantidad de indiferenciación es tanta que puede perjudicar gravemente a la mayoría de los hijos, y dejar a uno o dos relativamente libres del proceso emocional. Esta familias están expuestas a tanto desorden y caos, que no es fácil captar los pasos regulares del proceso. Jamás he visto una familia en que los hijos estuvieran implicados por igual en el proceso emocional familiar. Puede haber excepciones en el proceso descrito aquí, pero las pautas generales son claras, y la teoría explica las excepciones. Sospechamos la forma cómo los hijos se convierten en objetos del proceso de proyección. A un nivel simple, está relacionada con el grado de encendido o apagado emocional (idénticos ambos en términos de sistemas emocionales) que la madre siente por el hijo. Se trata de un proceso emocional automático que no se cambia actuando al revés. A un nivel más específico, se relaciona con el nivel de indiferenciación de los padres, la cantidad de ansiedad en el momento de la concepción y el nacimiento, y el enfoque de los padres hacia el matrimonio y los hijos.

Los primeros pensamientos acerca del matrimonio y los hijos destacan más en la mujer que en el varón. Empiezan a tomar forma antes de la adolescencia. Una mujer que primeramente piensa en el marido con el que se casará tiende a tener matrimonios en los cuales concentra su mayor energía emocional en el marido, y éste se centra en ella, de modo que los síntomas tienden a polarizarse en el conflicto conyugal y en la enfermedad de un cónyuge. Aquellas mujeres cuyos primeros pensamientos y fantasías se inclinaban más hacia los hijos que van a tener, que hacia el hombre con quien se casarán, tienden a convertirse en madres de hijos afectados. En algunas mujeres el proceso puede ser tan intenso que el papel del marido en él es puramente incidental. Los esposos de niveles inferiores de diferenciación son menos concretos en cuanto al matrimonio y los hijos. Los hijos seleccionados por el proceso de proyección familiar son aquéllos que fueron concebidos y nacieron bajo el estrés de la vida materna; el primer hijo, el niño o la niña mayor, un hijo único de cualquier sexo, el que supone algo emocionalmente especial para la madre, o el que la madre cree que es especial para el padre. Entre los niños especiales figuran comúnmente los hijos únicos, un hijo mayor, un hijo de un sexo entre varios del sexo opuesto, o un hijo con algún defecto. También son importantes los niños especiales que desde el principio fueron inquietos, sufrieron cólicos, o fueron rígidos e indiferentes ante la madre. La cantidad de entrega emocional que se invierte inicialmente de un modo especial en estos niños es enorme. Un buen porcentaje de madres exhiben una preferencia de base por los niños o las niñas, según la orientación de su familia de origen. Es imposible que las madres dediquen una entrega emocional idéntica a dos cualesquiera de sus hijos, por mucho que éstos reclamen igualdad para todos.

A un nivel más hondo, el proceso de proyección gira alrededor del instinto maternal y de la manera cómo la ansiedad le permite funcionar durante la reproducción y la infancia del niño. El padre normalmente desempeña un papel de apoyo en el proceso de proyección. Es sensible a la ansiedad materna, y tiende a apoyar su opinión y a ayudarla en la aplicación de sus esfuerzos ansiosos en lo que concierne a la maternidad. El proceso parte de la ansiedad de la madre. El niño responde ansiosamente a la madre, lo cual es malinterpretado por ella como un problema del hijo. La labor ansiosa de los padres se convierte en una energía sobreprotectora, solícita y compasiva, que está dirigida por la ansiedad de la madre más que por las necesidades reales del hijo. Establece una pauta que infantiliza al hijo, quien se va quedando poco a poco más perturbado y más necesitado. Una vez que el proceso se ha iniciado, se puede ver motivado tanto por la ansiedad de la madre como por la del hijo. En la situación corriente, posiblemente tome forma de episodios sintomáticos en momentos de estrés durante la infancia, que paulatinamente se acrecientan transformándose en síntomas mayores durante o después de la adolescencia; o quizá surja una fusión emocional intensa entre la madre y el hijo en la que la relación entre ambos se mantiene en un equilibrio positivo, libre de síntomas, hasta el periodo adolescente, cuando el hijo intenta valerse por sí mismo. En ese momento, la relación del hijo con la madre, o con ambos padres, puede volverse negativa y desarrollar éste síntomas graves. Las formas más intensas de fusión madre-hijo pueden permanecer relativamente libres de síntomas hasta los primeros años de la vida adulta, momento en el que el hijo puede hundirse en una psicosis al tratar de funcionar lejos de los padres.

El patrón fundamental de proyección familiar es siempre el mismo, salvo pequeñas variantes en forma e intensidad, ya sea una perturbación final del hijo que le acarrea una grave disfunción para toda la vida, u otra que cursa sin síntomas graves y que nunca es diagnosticada. Los individuos más afectados por el proceso de proyección son aquéllos que no se abren camino en la vida con facilidad y que exhiben niveles de diferenciación inferiores a los de sus hermanos, y probablemente pasen varias generaciones antes de producir un niño que termine gravemente afectado desde el punto de vista sintomático. Esta teoría entiende que la esquizofrenia es el resultado de varias generaciones de creciente perturbación sintomática, con niveles de diferenciación cada vez más bajos, hasta que nace una generación que produce la esquizofrenia. En la práctica clínica, hemos llegado a utilizar la expresión *el hijo triangulado* (the triangled child) para referirnos a aquél que constituyó el foco principal del proceso de proyección familiar. Casi todas las familias tienen un hijo más triangulado que los demás, y cuyo ajuste vital no es tan bueno como el de ellos. Al analizar las historias familiares multigeneracionales, es relativamente sencillo prever el proceso de proyección familiar e identificar al hijo triangulado si nos fijamos en datos históricos sobre los ajustes vitales de cada hermano.

Desconexión emocional

Este concepto se incorporó a la teoría en 1975 tras haber sido durante varios años una extensión definida mediocremente de otros conceptos. Se acordó dotarle de un status propio como concepto separado a fin de contener en él detalles que no cabían en otro lugar, y de disponer de un concepto aislado para explicar el proceso emocional intergeneracional. La pauta vital de las desconexiones está determinada por la manera de manejar las personas sus vinculaciones emocionales irresueltas con sus padres. Todos tenemos algún grado de vinculación emocional irresuelta con nuestros padres. Cuanto más bajo es el nivel de diferenciación, más intensa es la vinculación irresuelta. El concepto refiere la manera cómo las personas se separan del pasado en orden a iniciar sus vidas en la generación actual. Pensamos mucho en la selección de un término que describiera adecuadamente este proceso de separación, aislamiento, retirada, huida, o negación de la importancia de la familia de los padres. Si bien el término *desconexión* tal vez suene como un vulgarismo informal, no conseguí encontrar otra palabra más precisa para describir el proceso. La labor terapéutica está orientada a convertir la desconexión en la diferenciación sistemática de un self a partir de la familia extensa.

El grado de vinculación emocional irresuelta con los padres equivale al grado de indiferenciación que debe ser manejada de alguna manera en la propia vida de una persona y en las generaciones futuras. La vinculación irresuelta está controlada por el proceso intrapsíquico de negación y aislamiento del self mientras vive próximo a los padres; o mediante la huida física; o por una combinación de aislamiento físico y distanciamiento emocional. Cuanto más intensa es la desconexión con el pasado, más probable es que el individuo se vea afectado por una versión exagerada del problema de su familia original con su propio matrimonio, y más probable es que sus hijos desconecten de él más drásticamente en la generación siguiente. Se dan muchas variaciones en la intensidad del proceso fundamental y en la forma cómo se maneja la desconexión.

La persona que huye de su familia de origen es tan dependiente, desde el punto de vista emocional, como la que nunca abandona el hogar. Ambos necesitan proximidad emocional, pero son alérgicos a ella. El que permanece en la escena y maneja la vinculación a través de mecanismos intrapsíquicos tiende a tener cierto grado de contacto de apoyo con los padres, a experimentar un proceso global menos intenso, y a desarrollar síntomas más interiorizados bajo tensión, como enfermedad física y depresión. Una versión exagerada de este caso sería la de un individuo gravemente perturbado que se desmorona en una psicosis, quedando aislado intrapsíquicamente mientras vive con los padres. Aquél que huye geográficamente lejos se muestra más inclinado hacia la conducta impulsiva. Tiende a interpretar que el problema radica en los padres y que la huida es un método de ganar independencia de ellos. Cuanto más intensa es la desconexión, más vulnerable se halla para duplicar la pauta seguida con los padres con la primera persona disponible. Es posible que resuelva casarse de una forma impulsiva. Cuando surgen problemas en el matrimonio, tiende a su vez a escapar de él. Probablemente continúe casándose de nuevo varias veces, para recurrir al final a relaciones de convivencia más temporales. Hay versiones exageradas que tienen lugar en relaciones de nómadas, vagabundos y ermitaños que, o bien tienen relaciones superficiales, o abandonan y viven solos.

En los últimos años, como el viejo proceso de desconexión se ha vuelto más pronunciado como consecuencia de la ansiedad que sufre la sociedad, se ha denominado a la desconexión emocional como la brecha generacional. Cuanto mayor es el nivel de ansiedad, mayor es el grado de brecha generacional en los individuos escasamente diferenciados. Se ha producido un incremento del porcentaje de aquéllos que huyen del hogar, y acaban envueltos en arreglos de convivencia y situaciones de vida comunal. Estas familias sustitutivas son muy inestables. Están compuestas de personas que escapan de sus familias; cuando en una familia sustitutiva crece la tensión, cortan con ella y se trasladan a otra. Bajo condiciones adecuadas, la familia sustitutiva y las relaciones externas son sustitutos mediocres de las familias originales.

Existen todas los grados de desconexión emocional. Una situación familiar corriente en nuestra sociedad es aquélla en que la gente mantiene una relación distante y formal con las familias de origen, volviendo al hogar para visitas de cumplido a intervalos poco frecuentes. Cuanto más mantiene una familia nuclear algún tipo de contacto emocional viable con las generaciones pasadas, más sistemática y asintomáticamente se desenvuelve el proceso vital en otras generaciones. Comparemos dos familias con niveles de diferenciación idénticos. Una familia mantiene el contacto con la familia original y permanece relativamente libre de síntomas durante toda la vida, a la par que el nivel de diferenciación no cambia mucho en la generación siguiente. La otra familia desconecta con el pasado, desarrolla síntomas y disfunciones y un nivel de diferenciación inferior en la generación sucesiva. La familia nuclear sintomática que se ha desconectado emocionalmente de la familia de origen puede entrar en una terapia cíclica y prolongada sin ningún tipo de mejora. Si uno o ambos padres son capaces de restablecer el contacto emocional con sus familias de origen, el nivel de ansiedad disminuye, los síntomas se suavizan y se hacen más controlables, y la terapia familiar puede llegar a ser productiva. Decir meramente a la familia que retorne a la familia de origen presta una ayuda escasa. A algunas personas les angustia mucho el hecho de volver a sus familias. Sin una supervisión de los sistemas, se puede complicar el problema. Otras son capaces de volver, continuar el mismo aislamiento emocional que empleaban cuando se hallaban en la familia y no conseguir nada. Las técnicas diseñadas para ayudar a las familias a restablecer el contacto se han desarrollado bastante como para que constituyan actualmente un método de terapia familiar por sí mismo. Esta diferenciación de un self en la propia familia se ha expuesto en otro artículo (1974b). Está basada en la experiencia de que un cónyuge capaz de lograr con éxito una diferenciación de self en su familia original habrá conseguido más de lo que obtendría si se sometiera a una terapia regular junto con su esposa.

El proceso de transmisión multigeneracional

El proceso de proyección familiar se prolonga a lo largo de varias generaciones. En toda familia nuclear, existe un hijo que es el primer objeto del proceso. Este niño emerge con un nivel de diferenciación inferior al de los padres y no le va tan bien en la vida. El resto de los hijos, mínimamente implicados con los padres, emergen aproximadamente con los mismos niveles de diferenciación que éstos. Quienes crecen relativamente al margen del proceso emocional familiar desarrollan niveles de diferenciación superiores a los de los padres. Si seguimos de cerca al hijo más afectado a través de generaciones sucesivas, observaremos una línea descendente de individuos que van mostrando niveles de diferenciación cada vez más bajos. El proceso puede avanzar velozmente en pocas generaciones, permanecer estático durante una generación o así, y luego acelerarse de nuevo. Una vez afirmé que era preciso que pasaran tres generaciones por lo menos para que apareciera un niño tan afectado como para colapsarse y entrar en la esquizofrenia. Me basaba en la idea de un punto de partida que suponía un funcionamiento aparente bastante adecuado y un proceso que se desenvolvía a toda velocidad, a través de las generaciones. No obstante, desde que sé que el proceso puede frenarse o mantenerse estático una generación o dos, diría ahora que precisaría de ocho a diez generaciones para producir el nivel de daño que comporta la esquizofrenia. En esto consiste el proceso que da lugar a los individuos de pobre funcionamiento que componen gran parte de las clases sociales bajas. Si una familia tropieza con un estrés serio, tal vez en la quinta o sexta generación de un proceso de una duración de diez generaciones, puede producir un fracaso social cuyas consecuencias no son tan graves como las sufridas por un sujeto esquizofrénico. El grado de perturbación de la esquizofrenia depende de aquellos individuos escasamente diferenciados que son capaces de mantener el sistema de relaciones en un equilibrio relativamente libre de síntomas durante varias generaciones más.

Si seguimos la línea de hijos que emergen con niveles de diferenciación idénticos, observamos una constancia apreciable de funcionamiento familiar a través de las generaciones. La historia habla de tradiciones familiares, ideales familiares, etcétera. Si hacemos un seguimiento del linaje multigeneracional sobre aquéllos que emergen con niveles de diferenciación más elevados, observamos una línea de funcionamiento altamente adecuado y gente con mucho éxito. Posiblemente una familia situada a un nivel altísimo de diferenciación tenga un hijo que empieza la escala desde abajo. Una familia situada a un nivel bajísimo probablemente tenga un hijo que comienza desde el tope superior de la escala. Hace muchos años describí la esquizofrenia desde una perspectiva fenomenológica como un proceso natural que contribuye a mantener la fuerza de la estirpe. La debilidad de la familia se fija en una persona, que no es muy probable que se case y tenga hijos, y sí lo es, en cambio, que muera joven.

La posición ocupada entre los hermanos

Este concepto está adaptado de la obra de Toman sobre los perfiles de personalidad que corresponden a cada una de las posiciones ocupadas entre los hermanos. Su primer libro, aparecido en 1961, estaba considerablemente cerca de la dirección que seguían algunas partes de mi investigación. El había trabajado desde un marco de referencia individual y exclusivamente con familias normales, pero había ordenado sus datos como nadie más podía haberlo hecho, y era sencillo incorporarlos a la diferenciación de self y al proceso de proyección familiar. Su tesis fundamental sostiene que a la posición entre hermanos en la que una persona crece le corresponden características de personalidad definidas. Sus diez perfiles fraternos básicos permiten conocer automáticamente el perfil de cada posición entre hermanos y, *permaneciendo constantes todas las cosas,* disponer de un cuerpo entero de conocimientos hipotéticos acerca de cualquiera de ellos. Sus ideas suministraron una nueva dimensión hacia la comprensión de cómo es elegido un hijo en particular como objeto del proceso de proyección familiar. La medida en que un perfil de personalidad se ajusta a la normalidad proporciona una vía para entender el nivel de diferenciación y la dirección tomada por el proceso de proyección de generación en generación. Por ejemplo, si el mayor resulta que se parece más al pequeño, hay pruebas evidentes de que es el hijo más triangulado. Si el mayor es un autoritario, hay una fuerte evidencia de que posee un nivel moderado de funcionamiento perturbado. Un hijo mayor que funciona calmada y responsablemente es una buena prueba de que ostenta un mejor nivel de diferenciación. El uso de los perfiles de Toman, junto con la diferenciación y la proyección, hace posible reunir perfiles de personalidad hipotéticos fiables sobre personas pertenecientes a generaciones pasadas, sobre las cuales carecemos de datos verificables. Saber en qué medida las personas se ajustan a los perfiles nos proporciona datos predictivos acerca de cómo los cónyuges manejan la mezcla en un matrimonio, y cómo dirigen sus esfuerzos en la terapia familiar. Partiendo de mi investigación y mi terapia, pienso que ningún elemento de los datos es tan importante como conocer la posición que ocupan las personas entre sus hermanos, en las generaciones presentes y pasadas.

La regresión de la sociedad

Este octavo y último concepto de la teoría de Bowen se definió por primera vez en 1972 y se incorporó formalmente a la teoría en 1975. Siempre he tenido interés en entender los problemas de la sociedad, pero la tendencia de los psiquiatras y los científicos sociales a hacer generalizaciones radicales, a partir de un número mínimo de datos particulares, terminó consiguiendo que mi interés quedara al margen, salvo en lo que respecta a lecturas personales. La investigación sobre la familia aportó un orden nuevo de hechos acerca del funcionamiento humano, ahora bien, he evitado el impulso tentador de generalizar a partir de ellos. En la década de los sesenta, había cada vez más pruebas de que el problema emocional en la sociedad era semejante al problema emocional en la familia. El triángulo existe en todas las relaciones, y eso constituía una pequeña pista. En 1972 la agencia de protección ambiental me invitó a elaborar un documento sobre la reacción humana ante los problemas ambientales. Yo esperaba escribir un artículo sobre hechos diversos, a los que había llegado merced a mis años de experiencia con la gente, que se relacionaban con cuestiones más amplias acerca de la sociedad. Aquel documento me condujo a un año de investigaciones y un regreso a viejos archivos, con objeto de confirmar los datos. Por fin descubrí un vínculo entre la familia y la sociedad que era lo bastante verosímil como para que extendiera la teoría básica sobre la familia al terreno, más general, de la sociedad. La relación tenía que ver, en principio, con el joven adolescente delincuente, que es responsabilidad tanto de los padres como de la sociedad y luego, con cambios en la manera cómo los padres y los agentes de la sociedad se enfrentan con el mismo problema.

Aún no he podido poner por escrito todo esto con detalle, pero la estructura general del concepto ya la presenté en forma de esbozo (1974a). El concepto afirma que cuando una familia se ve sujeta a una ansiedad sostenida, crónica, empieza a perder el contacto con sus principios determinados intelectualmente y a recurrir cada vez más a decisiones determinadas emocionalmente, para aliviar la ansiedad del momento. Las consecuencias del proceso son los síntomas y una regresión final a un nivel de funcionamiento inferior. El concepto de regresión de la sociedad postula que en ella se está produciendo una evolución del mismo proceso; que vivimos una época de creciente ansiedad social crónica; que la sociedad responde frente a ésta con decisiones determinadas emocionalmente con objeto de aliviar la ansiedad del momento; de todo lo cual se desprenden los síntomas de la disfunción; que los intentos de aliviar los síntomas abocan a una legislación «tirita» más emocional, que acrecienta el problema; y que el ciclo sigue repitiéndose, precisamente igual que la familia, a través de ciclos parecidos hasta los estados que llamamos de enfermedad emocional. En los primeros años de mi interés por los problemas de la sociedad, pensaba que todas las sociedades pasan momentos buenos y malos, que siempre experimentan un esplendor y una decadencia, y que el fenómeno cíclico de los años cincuenta formaba parte de otro ciclo. Como parecía que el desasosiego de la sociedad se inclinaba a identificar los problemas durante la década siguiente, me puse a buscar maneras para explicar la ansiedad crónica. Estaba buscando conceptos congruentes con el hombre como ser instintivo, más que como ser social. Mi formulación actual interpreta que la ansiedad crónica es el producto de la explosión de la población, la reducción de suministros de alimentos y materias primas necesarias para mantener la forma de vida humana sobre la tierra y la contaminación del ambiente que está amenazando lentamente el equilibrio vital necesario para la supervivencia humana.

Este concepto procede, atravesando pasos lógicos, desde la familia, pasando por grupos sociales cada vez más grandes, hasta el conjunto de la sociedad. Es demasiado complicado para exponerlo aquí con detalle. Lo esbozo en este apartado para señalar que los conceptos teóricos de la teoría de Bowen permiten ciertamente hacer una extensión lógica hacia una teoría incipiente sobre la sociedad como sistema emocional.

RESUMEN

La mayoría de los miembros pertenecientes a profesiones de la salud mental prestan poco interés, o toman poca conciencia, sobre la teoría que intenta explicar la naturaleza de la enfermedad emocional. He elaborado una teoría familiar sistémica del funcionamiento. Durante unos diez años he estado tratando de exponer la teoría, definiéndola lo más claramente que he podido. Sólo un reducido porcentaje de personas son realmente capaces de entenderla. En los primeros años, consideraba que el mayor problema radicaba en la dificultad a la hora de comunicar mis ideas, de manera que otros pudieran entenderlas. Con el paso de los años, he llegado a pensar que la mayor dificultad estriba en la incapacidad que tiene la gente de despegarse lo bastante de la teoría convencional como para poder escuchar los conceptos sistémicos. En cada exposición, aprendo un poco más sobre qué aspectos no logra entender la gente. He dedicado casi la mitad de esta presentación a algunos aspectos generales de fondo que esperaba sirvieran de base para que la gente entendiera más de lo que ha entendido anteriormente y para esclarecer algunas de las cuestiones que relacionan mi teoría familiar sistémica con la teoría general sistémica.

Nunca me he quedado satisfecho con mis esfuerzos al exponer mi propia teoría. La tengo muy clara en mi pensamiento, pero siempre está el problema de comunicarla a los demás de forma que puedan entenderla. Si se queda demasiado corta, la gente interpreta que la teoría es excesivamente estática y simplista. Si trato de rellenar los conceptos con más detalle, tiende a parecer sobrecargada de palabras y repetitiva. En definitiva, espero exponerla de modo que cada concepto teórico quede ilustrado con un ejemplo clínico, aunque esa tarea conllevaría un libro largo y complejo. Pienso que una parte de la teoría sistémica proporcionará una nueva y brillante promesa para comprender la enfermedad emocional. Está por ver si la teoría sistémica definitiva es ésta u otra. Después de cerca de veinte años de experiencia con esta teoría, tengo mucha confianza en ella. Ello significa ciertamente que el terapeuta tiene que conservar en su cabeza al mismo tiempo todo el espectro de variables; si bien, tras cierta experiencia, la operación gracias a la cual se conocen las variables lo suficientemente bien como para saber cuál queda fuera de juego se vuelve automática.

CAPITULO 17

Una entrevista con Murray Bowen

Berenson: La primera vez que oí hablar a Murray Bowen, no estaba seguro de qué estaba hablando. Sabía que tenía algo que ver con no acusar a tu propia familia de haber llegado a ser como eres y con aceptar la propia responsabilidad. Me impactó mucho lo que dijo, y me llevó cerca de dos años para prepararme a adoptar una visión más cercana. Finalmente le entendí, y en este momento me hallo en la afortunada, o desafortunada, posición de contemplar que todas aquellas ideas confusas que el Dr. Bowen ha estado exponiendo son completamente obvias y evidentes.

Al parecer ha habido otros observadores que han tenido la misma experiencia. Dr. Bowen, a la gente ya no le sobresaltan tanto las cosas que dices y cada vez se te aprecia más abiertamente. ¿Hay algún inconveniente asociado al hecho de ser aceptado?

Bowen: Personalmente no. Me alegra que la gente llegue a conocer realmente la teoría, pues así pueden aceptarla por su precisión en vez de por una creencia ciega.

Berenson: ¿Qué opinas sobre el hecho de que no sólo se está empezando a aceptar lo que dices, sino que además se empieza a tratar en cierto modo como un dogma?

Bowen: Llevo veinte años intentando construir una teoría que refleje una representación fáctica del fenómeno humano, que pueda quedar abierta a los nuevos conocimientos de las ciencias reconocidas, y que pueda elevarse sobre el dogma. Me disgusta que se trate como dogma, pero es ya una realidad que un porcentaje de gente seguirá haciéndolo.

Berenson: ¿Hay peligro en este momento de que la gente acepte sin críticas el cuerpo de conocimientos? ¿Has pensado en una situación en que la gente puede llegar a creer cualquier cosa que digas sin siquiera comprenderlo?

Bowen: Sí, desde luego. Desde el principio me han preocupado los individuos que se convierten en discípulos aceptando la teoría sin pensar por sí mismos. Con el paso de los años me he esforzado duramente por luchar contra esto, con bastante éxito. Una variable a tener en cuenta es la medida en que mi teoría, o cualquier teoría, constituye un sistema cerrado de creencias. Y otra variable es la medida en que la gente la trata erróneamente como un sistema cerrado. Por ejemplo, considero que el psicoanálisis es un sistema cerrado de creencias como lo es una filosofía, la religión, o el dogma. Existe un considerable peligro de que mi teoría se convierta en un sistema cerrado de creencias. Creo que hay una forma de evitar esto definitivamente, siempre que funcione como espero que lo haga.

Permíteme que retroceda un poco para intentar explicar lo que quiero decir. Al principio de mi profesión psiquiátrica empecé a cuestionarme ciertas incoherencias de la teoría psicoanalítica y a dudar de las explicaciones convencionales sobre la motivación y el comportamiento humano. La pauta fundamental de incoherencia señalaba un problema en los presupuestos básicos, más que un fallo en la definición de los detalles. Esto me indujo a leer extensamente sobre ciencias sociales, y también sobre evolución, biología, y ciencias naturales. Me daba la impresión de que la enfermedad emocional era un fenómeno más profundo de lo que refleja la explicación de las relaciones perturbadas de una sola generación. Tenía el presentimiento de que la enfermedad emocional se relaciona de algún modo con los aspectos que el hombre comparte con el resto de formas de vida, más que constituir un fenómeno peculiar humano. No había pistas firmes que sustentaran esta idea por lo que permaneció en un trasfondo lejano durante casi toda una década. Por aquella misma época, también trataba de entender los fracasos de la psiquiatría por convertirse en ciencia y qué era necesario para lograrlo.

Ahora déjame que te introduzca algunas ideas sobre el psicoanálisis que influyó en las futuras decisiones. Creo que el descubrimiento de Freud del psicoanálisis fue uno de los hitos más significativos del siglo pasado. Elaboró una teoría completamente nueva acerca de la naturaleza y el origen de la enfermedad emocional. Básicamente entendía que era la consecuencia de unas relaciones tempranas perturbadas. La teoría se fue desarrollando según los pacientes recordaban sus experiencias vitales tempranas, y conforme iban comunicando este material dentro del contexto de una relación emocional intensa con el analista. En el curso del análisis se descubrió que los pacientes mejoraban, y que la relación atravesaba etapas predecibles hacia un mejor ajuste vital. Si bien en los siglos pasados se ha tenido muy en cuenta el «hablar de los problemas», fue Freud quien dio estructura conceptual a la relación terapéutica, la cual a su vez dio origen a la psicoterapia. Considero que Freud, junto con los primeros psicoanalistas hicieron dos contribuciones monumentales. Una fue la teoría que definía la enfermedad emocional como la consecuencia de las relaciones interpersonales perturbadas. La segunda fue el descubrimiento y la conceptualización de la relación terapéutica, que desde entonces se ha venido considerando como un tratamiento casi universal para la enfermedad emocional.

Creo que el principal punto débil de Freud, si es que podemos llamarlo así considerando la época en que vivió, fue la manera de conceptualizar sus hallazgos. Estaba enfrentándose a la enfermedad *funcional* mucho antes que existiera un concepto de enfermedad sin etiología estructural. Se había formado como neurólogo. Para describir sus descubrimientos, empleó el modelo de la enfermedad médica en tanto en cuanto éste daba de sí. Su concepto de *psico*patología constituye un ejemplo de ello. Luego utilizó una combinación de otros modelos para exponer observaciones adicionales, incluyendo modelos de las artes y la literatura. Un ejemplo es el conflicto edípico tomado de la literatura. Averiguó un nuevo orden de hechos importante acerca del funcionamiento humano. Sus descubrimientos fueron lo bastante sólidos como para que finalmente se incorporaran a los fundamentos teóricos de la psiquiatría y las ciencias sociales que enfrentaban la motivación y el comportamiento humanos. El pensamiento psicoanalítico también adquirió un fuerte atractivo en el terreno de las artes. Este hecho quedó reflejado con la temprana aparición de temas psicoanalíticos en la literatura y las producciones artísticas. En resumen, el psicoanálisis nació como un importante orden nuevo de hechos sobre el funcionamiento humano que fue enmarcado en un dilema conceptual. Se trataba de un cuerpo compartimentado de conocimientos que quedaba fuera del contacto conceptual con la medicina o con cualquiera de las ciencias reconocidas. Los sucesores de Freud aceptaron los conceptos como «verdades fundamentales» que impidieron más aún el contacto con las ciencias y el aprovechamiento de los nuevos descubrimientos científicos a la hora de extender y modificar la teoría. Funcionalmente, estaba constituido como un sistema cerrado de creencias semejante a las religiones, las filosofías y los dogmas que operan desde *la verdad*, pero que son incapaces de generar conocimientos nuevos desde dentro, además de no permitir que accedan conocimientos nuevos del exterior.

En mi opinión, uno de los mayores problemas residía en el empleo que hizo Freud de modelos teóricos discrepantes, lo que dificultó la tarea de sus sucesores de *orientar su pensamiento* hacia la medicina o cualquiera de las ciencias reconocidas. El siglo veinte ha estado envuelto en un debate acerca de si el psicoanálisis es una ciencia o no. *Es* una ciencia en el sentido de que define un orden de hechos relativos al funcionamiento humano jamás descrito anteriormente. *No* lo es por cuanto nunca ha sido capaz de tomar contacto con, ni ser aceptado por las ciencias conocidas. El uso del método científico ha sosegado al psicoanálisis y a la psiquiatría en la creencia de que algún día se convertirán en ciencia. El método científico representa una manera de ordenar datos aleatorios y discrepantes de un modo científico a la búsqueda de denominadores comunes y hechos científicos. Los investigadores se han pasado décadas estudiando y volviendo a estudiar los hechos dentro del psicoanálisis, hallando algunas unidades nuevas de información sin salirse de un compartimiento cerrado, ahora bien no han sido capaces de entrar en contacto con las ciencias reconocidas. El uso del método científico no transforma un cuerpo de conocimientos en ciencia.

Los conocimientos recientes derivados de la teoría sistémica acumulan soportes a la convicción de que el psicoanálisis constituye un sistema cerrado de creencias. Conforme pasa el tiempo, y aumenta la tensión en el seno de un sistema cerrado, los individuos que lo componen empiezan a discrepar entre sí, a dividirse y a separase, y a formar diferentes sectas, a crear diversas denominaciones y escuelas de pensamiento. Terminan tan embrollados con sus diferencias que ni siquiera perciben ya que provienen de las mismas raíces básicas. No es necesario recordar la familia de distintas escuelas de pensamiento en que se ha dividido el psicoanálisis y la psiquiatría en los últimos cincuenta años. Un buen ejemplo lo constituye el debate sobre las diferencias entre la transferencia y el resto de formas de relación terapéutica. Un psicoanalista puede mantener un debate hasta el infinito fijándose en aspectos más sutiles de la diferencia. Existen ciertamente diferencias documentables, pero en el debate sobre ellas ambas partes pierden el contacto con el hecho de que nacieron de raíces comunes. Hay docenas de pequeñas diferencias en el psicoanálisis y la psiquiatría. Mantener el foco en éstas da lugar a un proceso cerrado. En el proceso los profesionales pierden de vista el extenso cuadro teórico, los presupuestos básicos empiezan a considerarse como verdades y hechos probados, el pensamiento se desplaza de la teoría al dogma, y aquéllos acaban por no ser capaces ya de cuestionar los presupuestos básicos ni de mirar los nuevos hechos que no encajan en el sistema de creencias. El debate sobre las diferencias entre la psiquiatría y el psicoanálisis se ha vuelto popular. En los últimos cincuenta años la psiquiatría ha incorporado los conceptos fundamentales del psicoanálisis. En la actualidad ambos se han acercado de tal manera que son casi idénticos, salvo por pequeñas diferencias. El creciente número de escuelas de pensamiento ha conducido a la era del eclecticismo. Los nuevos investigadores que se incorporan al campo se ven incapaces de abarcar tantas diferencias. Cada vez hay más que se profesan eclécticos, lo que significa que eligen las ideas que mejor se ajustan a sus personalidades, antes que elegir aquéllas que encajen mejor con los problemas clínicos. Las diferencias en la terapia de grupo son interesantes. Pienso que la terapia grupal, con todas sus modificaciones y ramificaciones, nació directamente de la teoría original de Freud sobre la relación terapéutica. Los terapeutas de grupo se centran en conceptos derivados de la teoría de la relación terapéutica, aunque en el trasfondo de su pensamiento habita el cuerpo principal de la teoría psicoanalítica. Estoy convencido de que el pensamiento que subyace a la psiquiatría y a todas las ciencias sociales tiene sus raíces en dos conceptos fundamentales del psicoanálisis.

Creo que la teoría es mucho más importante de lo que generalmente se reconoce. Hubo una época en que los hombres de la medicina primitiva pensaban que el problema era consecuencia de espíritus diabólicos. Mientras se mantenía aquella creencia básica, los esfuerzos terapéuticos se orientaban a liberar a la persona de estos espíritus malévolos. Hoy se aplica el mismo principio. La teoría define los pensamientos que se tienen acerca de la naturaleza y el origen del problema. Aún cuando es posible que el médico haya perdido de vista la teoría básica, todavía controla la elección de los métodos terapéuticos y los esfuerzos de la sociedad encaminados a modificar el problema.

Berenson: ¿Quieres decir que la mayoría de los profesionales de salud mental no son conscientes de la teoría a partir de la cual operan?

Bowen: Así es. Un porcentaje muy elevado de profesionales de salud mental tienen escasos conocimientos de teoría. Pienso que probablemente constituya una parte del proceso a través del cual con el paso del tiempo se ha llegado a aceptar gran parte de la teoría psicoanalítica como una verdad. Numerosos profesionales de salud mental son capaces de citar algo de teoría, pero ésta no forma parte de ellos. Es como si estuvieran recitando algo que se les ha exigido aprender en los primeros meses de su adiestramiento profesional. Si adoptamos una óptica teórica amplia, sin enredarnos en el debate emocional sobre las pequeñas diferencias, todos nosotros descendemos de la teoría psicoanalítica que explica la naturaleza de la enfermedad emocional y de la teoría sobre la relación terapéutica.

Berenson: ¿Incluido tú?

Bowen: Incluido yo. El pensamiento psicoanalítico trasciende la psiquiatría y la psicoterapia. Es la forma predominante de pensar acerca de los problemas humanos en todo el mundo. Forma parte de la deformación de la sociedad. Determina las normas y las leyes que gobiernan los tribunales, las escuelas, al agencias de asistencia social, y el resto de nuestras instituciones sociales. Considerado a este nivel, no es solamente la verdad, sino también la ley. La aceptación de la teoría por parte de la sociedad contribuye a que se constituya como dogma. Llevo pensando en la teoría desde hace treinta años y orientando mis esfuerzos hacia una teoría distinta desde que comencé formalmente la investigación sobre la familia en 1954. No se puede descartar inmediatamente una forma de pensar y adoptar otra, particularmente cuando la nueva está definida precariamente.

Berenson: Cuando empezabas a desarrollar una teoría nueva, ¿Hubo algún momento en que todavía intentaras encajar en la primera forma de pensar, la orientación psicoanalítica? ¿Cuánto tardaste en darte cuenta de que no encajaría?

Bowen: Unos seis años. Al principio trabajé con la esquizofrenia y me hallaba profundamente entregado al psicoanálisis. Finalmente pensé que la investigación sobre la familia podría contribuir a enriquecer la teoría psicoanalítica en su aplicación a la esquizofrenia. No pude imaginar que la investigación tomara la dirección que tomó. Estas cuestiones no son tan simples como para tener una respuesta unifactorial. Los cambios que se produjeron formaron parte de un proceso evolutivo con muchos determinantes. Intentaré tocar brevemente algunas de las principales tendencias. Por ejemplo, desde finales de la década de los cuarenta sospechaba en el fondo que la enfermedad emocional se relaciona de algún modo con esa parte que el hombre comparte con las formas inferiores de vida, pero no pude encontrar la manera de implementar esta idea y no desempeñó ningún papel en la primera investigación familiar. Un orden de cambios fundamental estaba teniendo lugar en mí, y en los que empezaban a hacer investigación sobre la familia, en los años anteriores a su comienzo. Los grandes cambios empezaron a producirse poco después de comenzar la investigación. Los primeros investigadores familiares de la etapa que va de 1954 a 1956 estaban describiendo un orden completamente nuevo de observaciones jamás reflejadas en la literatura profesional anteriormente. Pienso que estaba relacionado con la capacidad de desplazar por fin la forma de pensar de un marco de referencia individual a uno familiar. La gente que no estuvo allí implicada, y que no era consciente de la teoría, no puede apreciar adecuadamente el impacto que tuvo la investigación de la familia sobre la teoría y la terapia. En lo que respecta a mi labor investigadora, el cambio llegó como una intuición repentina poco después de reunir a los pacientes esquizofrénicos con sus familias para vivir juntos en la sala de investigación. Fue a continuación cuando pudimos contemplar realmente por primera vez el fenómeno familiar. Luego pudimos observar este fenómeno en la esquizofrenia, y después automáticamente lo captamos en diversos grados en todas las personas. ¿Por qué se retrasó tanto esta importante observación? Llevaba trabajando con los mismos tipos de pacientes y sus familias muchos años sin verlo. Seguramente esto tenía que ver en parte con la intensidad del proceso emocional que se desenvuelve en la esquizofrenia y con la estrecha relación que se establece entre el personal y las familias. Pienso que el factor crucial fue la «ceguera teórica» que me impidió ver lo que había estado allí todo el tiempo. Durante los meses y años anteriores mi orientación teórica se había ido desplazando poco a poco hacia un enfoque familiar. Una vez que el pensamiento hubo evolucionado lo suficiente, y los estímulos objeto de observación se hicieron lo suficientemente patentes, pudimos ver por fin una vista completamente nueva anteriormente ensombrecida por el pensamiento convencional. He empleado el ejemplo de Darwin y su teoría de la evolución para ilustrar este aspecto. La evidencia de la evolución había estado ahí todo el tiempo, pero nadie había sido capaz de verla. La investigación familiar sobre la esquizofrenia desempeñó un papel fundamental en el inicio del movimiento familiar, el desarrollo de la terapia familiar y la evolución de la teoría. En 1957 la idea de *terapia* familiar empezó a atraer a cientos de jóvenes terapeutas. Cada uno empezó su método particular de terapia superpuesto al pensamiento teórico anterior. Califiqué esta situación de «estado saludable de caos desestructurado». Lo consideré «saludable» en la creencia de que la exposición continuada a las familias les permitiría contemplar pronto el fenómeno familiar, y traería consigo nuevos desarrollos teóricos. Esto no ocurrió. Después de casi veinte años, sólo unos pocos han sido capaces de entender y llegar a interesarse por la teoría. Considerando el campo global, la terapia familiar aún sigue siendo un método empírico insertado en la vieja forma de pensar. Es una historia demasiado compleja para ser tratada aquí.

Por mi parte, el periodo de 1954-1956 fue una época de optimismo teórico. Antes de la investigación sobre la familia, dediqué varios años a buscar pistas teóricas con escaso éxito. De pronto surgió tal cantidad de pistas que no podía saber cuál era más importante o cuál merecía mayor prioridad para ser investigada. Creí que gracias a esta riqueza de pistas daríamos por fin con una teoría absolutamente distinta sobre la adaptación humana, siempre que pudiéramos estructurar estos indicios de una forma sistemática. Otro de los primeros investigadores tuvo esta misma impresión acerca del potencial de una nueva teoría. Era Don Jackson, quién había dedicado también varios años a trabajar con la esquizofrenia antes de iniciar su investigación familiar. Desde entonces hasta su fallecimiento en 1968 dirigió sus esfuerzos firmemente hacia una teoría sistémica basada en conceptos de comunicación. Lidz fue uno de los autores que más contribuyó en el campo desde principios de los años cincuenta hasta mediados de los sesenta. Era un psicoanalista convencido antes de empezar la investigación sobre la familia y conservó su pensamiento teórico en ese campo. Ackerman era un formador de psicoanálisis y uno de los más dotados e innovadores de todos los terapeutas antes de desarrollar su particular método intuitivo de terapia familiar. Fue uno de los grandes pioneros de la terapia familiar aunque su pensamiento teórico continuó siendo psicoanalítico. Bell elaboró uno de los primerísimos métodos de terapia de grupo familiar basado en la teoría de la terapia grupal que provenía del psicoanálisis. Los terapeutas familiares que se incorporaron al campo después de 1957 tendieron a desarrollar métodos terapéuticos basados en la teoría psicoanalítica. Algunos de ellos se mueven ahora hacia la teoría sistémica.

Al principio de la investigación familiar adopté algunas decisiones tajantes que han influido sobre el curso de mi pensamiento teórico. Los primeros investigadores familiares empezaron a utilizar diversos modelos teóricos discrepantes para describir sus observaciones. Se trataba de modelos mecánicos bastante sencillos, como por ejemplo «el balancín», «los engranajes», «los interfaces» y «las juntas» que servían para explicar las pautas generales, y había modelos energéticos más complejos tomados de la física para describir las fuerzas que atraían y repelían al mismo tiempo, o las fuerzas que se complementaban u oponían entre sí. También se construyeron modelos a partir de las matemáticas, la química, la literatura y la mitología. Los observadores científicos pensaban automáticamente con los modelos que extraían de los campos de conocimientos con los que estaban más familiarizados. Podía ser tan efectivo comparar un fragmento de conducta humana con el tema de una ópera, como con el comportamiento animal, con circuitos electrónicos, con conceptos matemáticos, o con los sucesos psíquicos que tienen lugar cuando uno mira su imagen en el espejo, aunque la secuencia racional que se estimula en el oyente o lector es distinta con cada modelo. En cuanto a mi investigación he tomado algunas determinaciones pensando en el empleo de los modelos discrepantes, y en la sospecha interna de que la enfermedad emocional está asociada con la parte que el hombre comparte con las formas inferiores de vida. Preferí utilizar modelos coherentes tomados de las ciencias biológicas-naturales, y excluir los modelos provenientes del mundo de las artes y la literatura y también los modelos surgidos de las ciencias de cosas inanimadas. Me basaba en la creencia de que si un día la psiquiatría entra en contacto conceptual con las ciencias reconocidas, será con las ciencias que tratan con los seres vivos. Tenía la esperanza de que el empleo de modelos coherentes orientados hacia la biología ayudaría a los investigadores a volver sus pensamientos hacia las ciencias, y en pocas generaciones futuras sería más fácil que encontraran la manera de establecer un contacto viable con las ciencias reconocidas y elevar a la psiquiatría al status de ciencia reconocida. Estas decisiones no gobernaron más que el trasfondo del pensamiento del personal investigador. El esfuerzo está produciendo resultados más rápidos de los que esperaba. En menos de veinte años mis ayudantes están encontrando analogías entre mi teoría y la biología, la biología celular, la inmunología, y la virología. Una simple analogía no es un contacto conceptual viable pero creo que la dirección del pensamiento es saludable.

Otra decisión se refería a la «ceguera teórica» de los observadores científicos. Tenían antecedentes psicoanalíticos y todo lo que podían ver en las familias resultaba ser una confirmación de la teoría psicoanalítica. Presumía que les quedaba mucho por ver si querían limpiar sus mentes de prejuicios teóricos y ver realmente lo que estaba teniendo lugar. Creo que esto tiene aplicación a todos nosotros, en todo momento. ¿Cómo podemos limpiar nuestras mentes de prejuicios teóricos? Un prolongado ejercicio estaba encaminado a hacer uso de jerga psiquiátrica en informes científicos. Se pedía a los observadores que tradujeran los términos psiquiátricos a un lenguaje descriptivo sencillo. Uno podía apreciar la magnitud de esta labor al intentar eliminar una palabra tan sencilla como es *paciente*. La mayor parte del personal se vio desafiada a realizar este ejercicio de eliminar palabras como *deprimido, esquizofrenia, enfermo, histérico, obsesivo, paranoide, catatónico, inconsciente, yo, ello, superyo, padre pasivo, madre dominante,* y todas las demás. Algunos se quejaban, «Estás haciendo juegos semánticos. Sigue siendo un esquizofrénico le llames como le llames». En gran medida era un juego semántico pero ayudaba a pensar y a ver. Al principio parecía extravagante y fuera de lugar evitar una palabra como «paciente». Finalmente se convirtió en algo natural y adecuado evitar el término, y fuera de lugar emplearlo. Con el tiempo desarrollamos un lenguaje nuevo y más preciso. Esto se convirtió en un problema luego más tarde al redactar artículos y exponer a las personas del exterior que no comprendían nuestro lenguaje. Era absurdo e incómodo utilizar media docena de simples palabras para evitar un término sobradamente conocido. Había que traducirlo al lenguaje que pudiera entender un editor o un auditorio. Con este propósito desarrollamos un lenguaje mediano con el uso controlado de vocablos convencionales, a menudo modificado con adjetivos que los hicieran ligeramente más precisos. Es difícil evaluar el resultado a largo plazo de este ejercicio. Probablemente servía más para ayudarme a mí y a mi personal a orientarnos hacia una forma diferente de pensar.

Hay otro tema más antes de que convierta esto en un monólogo. Desde 1948 hasta 1960 fui candidato para institutos psicoanalíticos, con algunas etapas de adiestramiento interrumpido por algún movimiento y por actividades investigadoras. Cada detalle de la teoría se debatía largamente incluso antes del traslado a Washington en 1954. Aprendí más teoría psicoanalítica de la discusión sobre la investigación que de los cursos que recibí en el instituto. Cualquier teórico psicoanalítico comprendía el tema pero carecía de ideas sobre cómo proceder. El problema principal no estribaba en la teoría sino en aquéllos que la practicaban, que eran incapaces de ver más allá del dogma. El debate entró en un círculo cerrado e improductivo y así emplearon el tiempo que la investigación requería. Mi pertenencia al grupo se convirtió en una polémica entre los que me apoyaban y los que se oponían. Los partidarios querían que aceptara integrarme y seguir por tanto con la investigación. Un analista experto manifestó, «Renuncio a mi preocupación sobre usted y el psicoanálisis. Ahora le necesita a usted más de lo que usted le necesita a él». Finalmente un partidario me pidió que celebrara más encuentros de debate. Me pareció bien. El día siguiente me llamó para liberarme de la promesa. Un día más tarde presenté mi dimisión. Esta etapa duró unos seis años. Podía haber dedicado toda una vida al psicoanálisis logrando un progreso mínimo. Decidí dejar el problema en manos de las generaciones futuras para ver si, incorporando nuevos hechos el psicoanálisis, se vuelve definitivamente productivo. He invertido grandes esfuerzos en permanecer sobre el curso de mis propios sistemas y evitar una posición «anti». Una teoría psicoanalítica «anti» *es* psicoanalítica en que adopta su punto de referencia del psicoanálisis. He actuado adecuadamente evitando una posición «anti», ahora bien no ha impedido que los psicoanalistas me perciban como un antipsicoanalista. Este fenómeno forma parte de la polarización de los sistemas emocionales que supone que, «Si no estás conmigo, estás contra mí».

Berenson: Esta pregunta necesita una modificación en la siguiente línea: ¿Supondría tu concepto de *masa de ego familiar indiferenciado* un ejemplo de traducción al lenguaje tradicional? He observado que ya no lo utilizas mucho.

Bowen: En cierto sentido eso fue. Lo utilicé por primera vez en un congreso con el fin de comunicar la idea a una audiencia. Se trataba de un ensamblaje de palabras de la teoría convencional que la gente entendía y admitía. Se hizo popular de manera que continué empleándolo durante un tiempo. Más recientemente lo he evitado, debido a que no es correcto conceptualmente. Años más tarde se produjo un hecho digno de mencionar con relación a esta expresión. Los alumnos de una clase de psicología pidieron permiso para no asistir a una conferencia acerca de la «masa de ego familiar indiferenciado». El profesor replicó que no permitiría que nadie dejase de asistir a una conferencia sobre psicoanálisis.

Existe otra confusión corriente que debería ser mencionada. Muchos piensan que la teoría familiar sistémica, tal como yo la he desarrollado, proviene de la teoría general sistémica. Eso es completamente incorrecto. No sabía nada de la teoría general sistémica cuando empecé mis investigaciones. Es una manera de «pensar sobre pensar» que ocupa la misma posición con relación a las teorías divergentes que el método científico con respecto a hechos divergentes y contradictorios. En la década de los cuarenta asistí a una conferencia pronunciada por von Berfalanffy de la que no recuerdo nada, y otra de Norbert Wiener de la que recuerdo muy poco. Saber si algo de aquellas conferencias se hizo sitio en mi pensamiento no es más que mera conjetura. Me entregué profundamente a leer biología, evolución, y ciencias naturales, que es lo que pienso me condujo a mi formulación de la teoría emocional sistémica sobre el modelo de los «sistemas» de la naturaleza.

Permíteme que vuelva a algunas ideas sobre la psiquiatría y la ciencia. La psiquiatría, las ciencias sociales, y las ciencias del comportamiento que abordan la conducta humana, están lejos de convertirse en ciencias aceptadas. Existen hechos que se pueden definir, predecir y reproducir relativos a la conducta humana y, puesto que son hechos, es potencialmente posible presentar un conjunto de hechos en forma de ciencia. Periódicamente los psiquiatras se advierten entre sí que «sean más científicos», lo que significa volver a la ciencia médica en tanto forma parte de la ciencia del cuerpo. No conciben que la conducta humana se convierta en ciencia. Cuando el hombre empieza a reflexionar acerca de su propia conducta introduce subjetividad, motivación, sentimientos, libre albedrío y otros fenómenos intangibles en la combinación con las realidades. Mi meta a largo plazo ha sido orientarme hacia una teoría basada en hechos conocibles del comportamiento humano y posteriormente construir sobre eso. El presentimiento sobre la parte biológica del hombre no era más que una sospecha refinada. La elección de modelos conceptuales biológicos servía para apoyar la refinada sospecha. Simplemente intento manifestar lo que he tratado de hacer, sin decir que sea esto lo que se debería hacer.

Los conceptos *diferenciación* y *fusión* son vocablos generales que poseen un uso y significado específicos en la biología. Utilicé originalmente el concepto *simbiosis* tal como ha sido empleado en psiquiatría para referirse a la intensa interdependencia madre-hijo. Durante el curso de las investigaciones consideré abandonar el vocablo hasta que estuviera seguro de su mismo significado específico en la biología. Desde entonces he venido usándolo exactamente tal como se utiliza biología, donde se ha refinado hasta el punto de distinguir más de treinta etapas separadas entre el parasitismo y la simbiosis. En el parasitismo una forma vive enteramente de la otra y no aporta nada al anfitrión. Así se atraviesan muchas fases hasta la simbiosis, donde las dos formas se complementan entre sí. El vocablo *instinto* posee un significado especial en psicoanálisis que lo iguala con una fuerza primitiva de la libido. En esta teoría he empleado *instinto* e *instintivo* exactamente del mismo modo que en la biología y en las ciencias naturales. Algunos términos son meramente descriptivos sin connotaciones de ningún cuerpo especial de conocimientos. Algunos ejemplos serían el proceso de proyección familiar y el de transmisión multigeneracional, implicando un proceso natural.

Berenson: ¿De dónde sacaste los triángulos? No se ajustan fácilmente a la biología. Parece algo matemático.

Bowen: Cierto. Probablemente es mi término más desafortunado. Mucha gente cuando lo oye piensa en la geometría. Comencé a pensar en este tema en 1956 con el empleo de la expresión *triada interdependiente* para describir la «unión aferrada» entre un padre, una madre y el hijo esquizofrénico. El término *triada* estaba bien definido en la bibliografía profesional y se hallaba dentro de los límites de una terminología aceptada para la investigación. Continuamos empleando *triada* durante unos dos años. Los trabajos realizados en base a este concepto se desarrollaron velozmente conforme contemplábamos a los miembros de la familia, y al personal del pabellón, formar y disolver diversas configuraciones para volver a crear otras nuevas. En condiciones terapéuticas observé que la formación de grupos no era la misma cuando el terapeuta quedaba al margen de la reactividad emocional. A partir de ahí surgió la idea de aprovechar los conocimientos extraídos en las observaciones científicas para aplicarlos a la terapia. Habíamos traspasado enseguida el significado de *triada* tal como se define en la bibliografía, para utilizarla como una precisa técnica terapéutica. La gente respondió a nuestro empleo de *triada* como si conocieran qué significaba. Mientras tanto nos habíamos puesto a revisar la bibliografía a fin de encontrar una terminología más precisa con la que describir estas fuerzas emocionales cíclicas y la manera cómo operaban en un sistema de relaciones. No la encontramos. Estaba el movimiento microscópico Browniano y todas las clases de movimiento de animales unicelulares y de otras formas mayores pero nada parecía adecuado. Finalmente reemplacé la palabra *triada* con *triángulo* para transmitir que existe una diferencia importante. Si hubiera tenido que hacerlo de nuevo, seguramente habría encontrado otra palabra, aunque todavía no sé cual. El concepto de triángulo surgió a partir de la observación de la gente cuando baila, hace un entrenamiento o sigue un patrón fijo de movimientos. Se mantiene hasta que la ansiedad se acrecienta, o disminuye. De pronto, a partir de una señal observable, marchan en sentido contrario o siguen otro patrón fijo. Todo esto es algo que puede observarse, conocerse y predecirse. Es tan preciso que el terapeuta puede introducir la señal emocional adecuada para iniciar la siguiente secuencia en el sentido opuesto. Desde los primeros días de las investigaciones he afirmado que si las observaciones que realizamos fueran suficientemente exactas, conociéramos verdaderamente el sistema y pudiéramos controlar nuestros propios inputs emocionales, podríamos controlar el sistema. En el mundo de los «triángulos» esto se puede predecir de manera tan precisa como preciso es el sistema. No puedo probarlo pero creo que las fuerzas emocionales del «triángulo» deben aplicarse a todas las formas de vida. La danza protoplasmática es demasiado precisa como para ser de otra manera. Cuando empecé a pensar en los «triángulos», pensé en el flujo y reflujo emocional. No anticipé eso que muchos han entendido como geometría.

Berenson: Sigamos con los «triángulos». En tus escritos nunca tengo claro un aspecto. Algunas veces hablas de una interacción diádica que conduce ocasionalmente a la formación de triángulos. Otras planteas el triángulo como el cimiento básico de la familia. A veces estoy confuso acerca de si el triángulo es una «forma de ser natural» o si es un fallo de la interacción diádica.

Bowen: Para las personas un «triángulo» es una «forma de ser natural». No es correcto pensar que el triángulo es un fallo de la relación entre dos personas, ahora bien se trata de una visión estrecha del sistema de relación más grande. Cuando la ansiedad es baja y las condiciones externas son ideales, los vaivenes en el flujo de la emoción de una pareja pueden ser tranquilos y cómodos. Podríamos referirnos a esta situación como el estado ideal o «normal» de una relación entre dos personas. Sin embargo, la situación humana no permanece ideal mucho tiempo, ni siquiera bajo las mejores condiciones de clara estabilidad de ambas personas. La relación creada entre dos personas es inestable en cuanto es poco tolerante a la ansiedad y se enturbia fácilmente debido a las fuerzas emocionales que surgen en el seno de la pareja y debido a las que influyen desde el exterior. En el momento en que aumenta la ansiedad, se intensifica el flujo emocional en la pareja y la relación se vuelve incómoda. Si la intensidad alcanza un cierto nivel en la pareja, puede predecirse que automáticamente envuelve a un tercero vulnerable en el problema emocional. Podría suceder que la pareja se «extendiese» y agarrase a la otra persona, o que las emociones desbordaran a la tercera persona, o bien que ésta quedara emocionalmente programada para iniciar el envolvimiento. Con el envolvimiento de la tercera persona, el nivel de ansiedad decrece. Es como si la ansiedad se diluyera al cambiar de uno a otro en las tres relaciones de un triángulo. El triángulo es más estable y flexible que la pareja. Soporta mucha más tolerancia a la ansiedad y es capaz de manejar un buen porcentaje de la tensión vital. Cuando cesa la ansiedad en el triángulo, la configuración emocional recupera la forma de una pareja tranquila y un extraño. La ansiedad puede disminuir hasta el punto de aparecer tres individuos funcionales independientes. Por otro lado, la ansiedad puede aumentar más allá de la capacidad del triángulo para afrontarla. En este momento, una de las personas implica a otro extraño. Entonces las fuerzas emocionales siguen las mismas pautas triangulares que se desarrollaron entre los dos individuos originales y el extraño. El otro miembro del triángulo original se vuelve emocionalmente inactivo. Si la ansiedad sigue siendo elevada, el proceso emocional puede envolver todavía a otro extraño, o retroceder al triángulo inicial. Si la ansiedad continúa creciendo, la extensión triangular puede salirse de la familia y alcanzar a vecinos, amigos y personas de las escuelas, de las instituciones sociales y de los tribunales. Siempre que la ansiedad cesa, retrocede al triángulo original.

Desde un nivel descriptivo general, una relación de dos personas es emocionalmente inestable, con una adaptabilidad limitada para hacer frente a la ansiedad y la tensión vital. Se convierte automáticamente en un sistema emocional triangular con un nivel mucho más elevado de flexibilidad y adaptabilidad con el que tolera y hace frente a la ansiedad. Cuando la ansiedad alcanza a más de tres personas, la configuración se extiende en una serie de triángulos entrecruzados. Cuando un grupo grande o una multitud queda envuelta por una cuestión emocional, se agrupan varias personas en cada esquina del triángulo y las fuerzas emocionales continúan desenvolviéndose siguiendo las pautas triangulares fundamentales. Pienso que una auténtica relación de dos es aquélla en la que dos personas se entregan mutuamente de forma intensa. Existen pocas así y es una tarea difícil alcanzar el punto de balanceo que las mantenga equilibradas. La mayoría de las denominadas relaciones de dos constituyen el lado apacible de un triángulo que ya está funcionando en el que la calma se mantiene a expensas de una relación negativa con la otra esquina del triángulo.

Berenson: Algunos dicen que empleas un concepto triangular porque es más sencillo para tu propia mentalidad. Lo que estás diciendo aquí es que así es como la gente funciona realmente.

Bowen: También hay quienes dicen que toda la teoría es producto de mi imaginación. Creo que ya he respondido a gran parte de lo que recogen este tipo de comentarios. Siempre me ha sorprendido lo poco que conoce la gente mi teoría y lo mucho que usa erróneamente la terminología. Hay quienes dicen, «Tengo una teoría» cuando lo exacto sería decir, «Tengo una idea». Las críticas principales relativas a la teoría global provienen de aquéllos que consideran el psicoanálisis como la verdad y que no pueden admitir otra forma de pensar. Una teoría válida es una formulación conceptual abstracta acerca de sucesos naturales verificables. Un teórico no puede abarcar todos los hechos en su teoría. Formula hipótesis y supuestos que le ayudan a elegir los hechos que construirán al unirse el mosaico de su teoría. Toda teoría tiene sus excepciones. Para que una teoría sea válida, debe ser capaz también de explicar las excepciones. La persona que afirma que el concepto de triángulo es producto de mi pensamiento no puede entender los triángulos. Vivimos nuestras vidas en redes de fuerzas emocionales que siguen pautas triangulares. Existen dos razones principales que explican que la gente sea incapaz de captar los triángulos. La primera es que el sistema esté en calma y el triángulo inoperante. La razón por la que es más probable que no se capten los triángulos es que las personas se hallan tan emocionalmente envueltas en la «danza de la vida» automática que no pueden ver. Para ver es preciso antes convertirse en un observador. La incapacidad para ver es bastante común en los profesionales que se están iniciando, que no han sido capaces de controlar su propia emotividad lo suficiente como para observar y que no pueden percibir un triángulo si no salta y les pega. Recuerdo un joven profesional que dijo, «Creo que he descubierto un triángulo en mi familia».

Berenson: Hay una parte de tu teoría que la gente parece que encuentra difícil, y termina rechazándola o aceptándola excesivamente. Me refiero a la «escala de diferenciación de self». No la entienden, y escriben para pedir una copia. Me pregunto si podrías aclararnos esto.

Bowen: Este concepto constituye el corazón de la teoría y con frecuencia también se malinterpreta. En los primeros años supuse que no me había expresado claramente, cuando lo que pasaba era que los demás no habían comprendido. Posteriormente advertí que gran parte del fallo radicaba en los sesgos intelectuales del oyente o lector. En el esfuerzo de comunicarme con mayor claridad, me volví demasiado simplista al exponerlo a través de la *escala* de diferenciación de self. No intentaba explicar otra cosa que las personas son categóricamente distintas unas de otras en el modo de manejar la combinación del funcionamiento emocional y cognitivo, y que la diferencia se expresaba en un continuo desde la mayor intensidad hasta la menor. Utilicé la palabra *escala* para ilustrar un continuo de 0 a 100. En el extremo inferior del continuo se situaban los sujetos más indiferenciados y en el opuesto los más diferenciados. Había cuatro perfiles detallados para describir a las personas de cada segmento de la escala. En aquel artículo puse especial cuidado al señalar las sutiles diferencias entre los niveles de funcionamiento básico y funcional y la imprecisión inherente a intentar hacer una estimación del nivel de diferenciación si no se evaluaba la vida durante largos periodos de tiempo, o incluso durante toda una vida. La gente reaccionó ante la palabra *escala*. Empecé a recibir cartas pidiendo una copia de la escala. Estaba claro que o bien no habían leído el artículo original o no lo habían comprendido. Si hubieran sido unas pocas cartas el tema hubiera pasado inadvertido, pero el número seguía creciendo. No me había percatado del punto hasta el cual nuestra sociedad está inclinada al empleo de «escalas» e «instrumentos» para juzgar y categorizar a los demás. Los estudiantes graduados, presionados por sus consejeros académicos, están constantemente en busca de «instrumentos» de investigación. Los estudiantes no son reacios a pedir material y tiempo. Un grupo de cartas queda representado por el estudiante de una facultad que quería «administrar la escala» a los pacientes de la sección de crónicos de un hospital estatal con objeto de determinar cuánto habían mejorado durante un verano de actividad social. Un psicólogo escolar quería aplicar la escala a padres de estudiantes problemáticos para determinar si su nivel de «diferenciación» se correspondía con la conducta del chico. Otro grupo de cartas quedaría ilustrado con el director de una investigación psiquiátrica que estaba reuniendo un archivo de «instrumentos» para medir la madurez y que quería una copia de mi «escala» para sus archivos. Otro gran grupo de cartas provenía de estudiantes graduados que querían disponer de un «instrumento» para sus investigaciones. La gran mayoría mostraba no haber captado el concepto. Imagino que algún bibliotecario llegaría a introducir mi escala en un ordenador dentro de la lista de otros «instrumentos» y los estudiantes la encontrarían en ella. Otro conjunto de estudiantes puso de manifiesto haber leído y entendido partes del artículo haciendo preguntas bastante inteligentes. Contesté a las cartas simplistas lacónicamente. A las peticiones más atentas, respondí normalmente mandando la reimpresión o copia de un artículo. Algunos de éstos escribieron de nuevo pidiendo más detalles. A aquéllos que formularon preguntas más eruditas les contesté con respuestas eruditas. Algunos de éstos ahora están haciendo terapia familiar sistémica. En la época de las cartas, ya había realizado gran parte del trabajo encaminado a identificar diversos niveles de diferenciación. Sería un caos dejar un «instrumento» en manos de personas que desconocen la teoría. Interrumpí la tarea de definir los diversos niveles de la escala, y abandoné la palabra *escala* del concepto. Recientemente me he ocupado de llegar a una descripción más cautelosa del concepto. Resulta difícil llegar a comunicarlo suficientemente bien, incluso a quienes son bastante eruditos y que hacen esfuerzos por entender. La malinterpretación de la «diferenciación» es tan importante que a menudo deseo no haber oído nunca el vocablo, pero el problema está en el proceso emocional que el término define y no en el término.

Una premisa fundamental inherente a este concepto es que la neurosis y la esquizofrenia, así como todo el resto de variaciones de la adaptación humana, pueden expresarse en el mismo continuo. La diferencia existente entre la neurosis y la psicosis es un aspecto clave entre los profesionales de la salud mental. La mayoría sigue estando a favor de la premisa de que se trata de procesos distintos. Siguen las directrices de las asociaciones profesionales, la actitud de la sociedad y la asignación de fondos para la investigación. El psicoanálisis establece una diferencia fundamental entre la neurosis y la esquizofrenia pero también tiene un método de psicoterapia psicoanalítica para la esquizofrenia. Entre el estado de deterioro sintomático conocido claramente como esquizofrenia y el estado sintomático más leve definido como neurosis existen muchas tonalidades de gris. Hay personas que pertenecen al rango neurótico que terminan siendo psicóticas y personas que parecen sufrir una grave esquizofrenia que se recuperan inmediatamente. Desde los primeros días hemos trabajado a fondo sobre las «zonas grises», principalmente con el objetivo de desarrollar nuevas categorías diagnósticas y la habilidad para discriminar un estado de otro. Se emplearon expresiones como *esquizofrenia incipiente, esquizofrenia latente,* y el más popular *estados borderline.* Las psicosis menos severas a su vez se subdividieron en nuevas categorías. Los psiquiatras se volvieron expertos en diagnósticos minuciosos y un grupo de psicólogos se hizo experto en detectar pequeños rasgos diferenciadores a partir de los tests psicológicos.

Berenson: Y también basados en si a uno le gustaba o no la persona.

Bowen: Algo de eso había también. Antes incluso de dedicarme a la investigación sobre la familia pensaba que la diferencia se basaba en diversos niveles de intensidad del mismo proceso básico. La investigación sobre la familia añadió una dimensión nueva, centrándose en todo el conjunto familiar en vez de en el paciente. Me entusiasmaba la novedad de las observaciones que se iban realizando con la investigación sobre la familia, y la capacidad automática que adquiríamos para detectar las mismas pautas de relación que se iban repitiendo, en diversos grados de menor intensidad, en todas las familias. Me parecía suficientemente obvio que tanto la esquizofrenia como la neurosis pertenecían al mismo continuo. Ya no tenía que preocuparme de cuánto se diferenciaba la esquizofrenia de la neurosis, o de cuánto se diferenciaban las neurosis de «la normalidad». Algunos profesionales reaccionaron de otra manera. Por una parte, un experto en investigación sobre la esquizofrenia nacionalmente conocido quedó impresionado con mis investigaciones hasta que descubrimos que estos hallazgos se hallaban también presentes en familias sin esquizofrenia. Otros se sintieron estimulados para investigar sobre familias «normales» para verificar si las pautas de relación también aparecían allí. El resultado final de los diversos estudios consistía en que las pautas se hallaban también presentes en las familias «normales». La psiquiatría nunca ha definido adecuadamente el concepto de «normalidad». Generalmente se define como la ausencia de síntomas, o el éxito en la consecución de metas vitales, o alguna combinación de los dos. No es fácil para los investigadores estudiar «la normalidad» sin fijarse en lo que hay de «enfermedad» en la persona. Yo pienso que es imposible definir «la normalidad» dentro de un marco conceptual convencional.

Gracias a la investigación sobre la esquizofrenia descubrimos algo que más tarde constituyó el núcleo del concepto de diferenciación. Se trataba de un hallazgo que probablemente no hubiéramos advertido de no haber sido posible contemplarlo primero en sus formas más intensas en la esquizofrenia. Tenía que ver con el grado en que la familia se ve envuelta en la intensidad del proceso sentimental que se centra en el paciente. La familia vive en un mundo dominado por los sentimientos. Les resulta imposible tomar decisiones guiadas por principios que chocan con los sentimientos. Las decisiones que adoptan persiguen aliviar la ansiedad del momento cuando se dan cuenta, si es que son capaces de pensar al mismo tiempo, de las graves complicaciones vitales que se derivarán de tales decisiones. Cuando se suceden varios años de decisiones basadas en sentimientos la familia se convierte en un enredo de complicaciones. Una vez que la investigación sobre la familia estuvo en marcha, empecé a estudiar familias con todos los grados de problemas de menor intensidad, familias «normales» y las familias más integradas que pude encontrar. Las personas eran marcadamente distintas entre sí en la manera de fusionarse o diferenciarse relativamente en sus funciones intelectuales-emocionales. En un extremo del espectro figuraban aquéllos cuyo funcionamiento intelectual quedaba en su mayor parte eclipsado por el proceso emocional que rige sus vidas. En esta categoría algunos se desenvuelven en la vida libres de síntomas, pero sus ajustes son tenues y fácilmente desencadenan disfunciones. Las personas con una diferenciación mínima sufren un elevado porcentaje del conjunto de problemas que se pueden tener en la vida, desde una enfermedad emocional o física hasta inadaptación social y fracasos. En otro extremo del espectro están las personas cuyas funciones intelectuales-emocionales están más diferenciadas y son más autónomas. Tanto su funcionamiento emocional como el intelectual les permite actuar con más libertad. Tienen más éxito en la vida, muchos menos problemas, pueden dedicar más energía a dirigir el curso de sus propias vidas y sus relaciones emocionales son más espontáneas e íntimas. El resto nos encontramos entre estos dos extremos. Cuando se me ocurrió la idea de la «escala», el objetivo era concebir todo el rango del funcionamiento humano, desde el nivel más bajo posible hasta el nivel de perfección más elevado, mediante un solo continuo. Los tres perfiles más bajos fueron elaborados a partir de la observación directa, tras una práctica extensa de terapia familiar con todos los grados de problemas, y a partir de las investigaciones llevadas a cabo con personas «normales» y con las que pude encontrar con los mejores niveles de funcionamiento. El cuarto perfil, referido a quienes poseen los niveles de diferenciación más altos, representaba una proyección hipotética creada a partir de las características designadas en los otros perfiles. La «diferenciación» completa es práctica y teóricamente imposible, no obstante quería contar con el perfil superior para completar el concepto global.

Ha habido varios problemas a la hora de concebir el concepto de diferenciación de self, además de los que han surgido con los que han intentado aprenderlo, emplearlo y trasmitirlo a los demás. En el lado positivo, ha servido para ampliar las miras sobre el fenómeno humano en su conjunto más que ninguna otra cosa que yo conozca. Al principio esperaba que toda la población quedaría distribuida de un modo más uniforme a lo largo de la escala. Esto no ha evolucionado. Por experiencia, cerca del 90 por ciento de la población se ubica en la mitad inferior de la escala y no más de un 10 por ciento aproximadamente en el tercer segmento. Hasta aquí no veo inconvenientes en tratar de modificar la «escala». El único problema importante para mí ha sido cambiar del pensamiento convencional al sistémico. Hace diez años creía que había conseguido un cierto dominio del pensamiento sistémico. Los cambios que han ido aconteciendo desde entonces han señalado que todavía queda mucho por aprender. El principal problema a la hora de transmitir y enseñar esta teoría ha sido la tendencia automática de las personas a pensar en el modo de la teoría convencional, y combinar los conceptos sistémicos con los antiguos. Esta teoría no contiene ideas nuevas. Opera sobre un orden de realidades tan simple que cualquiera las conocería al instante. La singularidad de la teoría tiene que ver con las realidades que contiene, y las que excluye específicamente. He comparado a la teoría con un «sonar de tambores» lejano que la gente siempre ha oído. Frecuentemente el sonar de tambores lejano queda apagado por un ruidoso sonar de tambores de primer plano, pero está siempre allí y cuenta su propia y simple historia a quienes son capaces de mantener la atención en los tambores distantes y no hacer caso del ruido insistente de los tambores próximos. Esta teoría excluye concretamente ciertos aspectos de la teoría convencional que equivalen al sonar de tambores próximo. Lo más fácil es que la gente nueva empieza a escuchar el ruido cercano creyendo que sigue en el marco sistémico. Los conceptos teóricos convencionales poseen su relevancia propia pero tienden a anular la especial efectividad de la historia simple que se deriva de la más amplia perspectiva sistémica. Siempre se elige una combinación de conceptos pero existe todo un nuevo mundo fascinante de teoría y terapia a disposición de los que se sienten con la motivación y la disciplina necesarias para ver por fin por sí mismos.

El principal problema inherente a la conceptualización del fenómeno humano que utiliza un concepto de diferenciación de self consiste en la extensión de los cambios que se producen en los niveles funcionales de self. Los nuevos profesionales tienden a ser concretos a la hora de intentar hacer una estimación de la «diferenciación» propia y de los demás. He empleado las expresiones *self sólido* y *pseudoself* para transmitir una variable importante. El self sólido está compuesto de creencias, convicciones, opiniones y principios vitales definidos con claridad. Cada uno queda incorporado al self, a través de la propia experiencia, tras un razonamiento intelectual y una evaluación del peso de cada alternativa minuciosos, así como tras la aceptación de la responsabilidad de la propia elección. Cada creencia y principio es coherente con el resto y el self asumirá la acción responsable en base a los principios incluso en situaciones de elevada ansiedad. El pseudoself se adquiere bajo presión emocional y puede cambiar con ésta. Se compone de creencias y principios aleatorios y discrepantes, adquiridos por necesidad, o porque son las cosas correctas que hay creer y hacer, o bien para mejorar la imagen del self en la amalgama social. El self sólido es consciente de la incoherencia en las creencias, en cambio el pseudoself no. El self sólido se incorpora al self mientras que el pseudoself queda anexionado a éste. El pseudoself consiste en un self «fingido». Se adquiere a fin de conformarse con el ambiente, o para luchar contra él, y finge estar en armonía con todos los tipos de grupos, creencias e instituciones discrepantes. La lista de «fingimientos» es extensa. Se puede fingir ser más o menos importante, más fuerte o más débil, o más o menos atractivo en vez de ser coherente o realista. Es fácil detectar ejemplos burdos de fingimientos pero cada uno de nosotros contiene lo suficiente de fingidor como para que no sea tan fácil detectar grados menores de lo impostores que pueden ser los demás. De la experiencia adquirida con este concepto vemos que el nivel de self sólido es muy inferior, y el nivel de pseudoself mucho más elevado, en todos nosotros de lo que normalmente queremos aceptar. Se trata del pseudoself implicado en la fusión emocional con los demás, con la pérdida o ganancia en self «funcional» que conlleva la transacción. El pseudoself implicado en las operaciones de dar, recibir, prestar, pedir prestado, negociar y regatear self con los demás con objeto de sacar algún partido; y el que emplea maniobras sutiles, manipulaciones, intrigas y conspiraciones a fin de obtener algún provecho de un self a expensas de otro. Es la actividad del pseudoself que aboca a falsas lecturas cuando se intenta hacer una estimación de los niveles de diferenciación. Se pueden hacer estimaciones más o menos precisas evaluando un curso vital durante prolongados espacios de tiempo, o durante toda una vida, siempre que se considere en el contexto de las generaciones pasadas y el resto de las actuales.

Hay otro conjunto de variables en mi teoría que resulta para algunos complicado de entender. A nivel general, existen dos variables relevantes en la teoría. Una tiene que ver con el nivel de integración de self de una persona. Este se asocia con el concepto de diferenciación de self. La otra variable es el nivel de ansiedad. Una persona escasamente diferenciada puede parecer «normal» en un terreno carente de ansiedad, pero es la primera en desarrollar sus habituales síntomas cuando aumenta la ansiedad. Los que poseen los mejores niveles de diferenciación son los que se muestran menos reactivos a la ansiedad y los que con menor probabilidad llegarán a desarrollar síntomas en una situación de ansiedad. El conocimiento de la reactividad a la ansiedad proporciona información a la hora de evaluar el funcionamiento de una persona, y pistas que resultan útiles para la terapia.

En esta argumentación he tratado de hablar sobre la teoría sin llegar a describirla con principios más generales. Los detalles se pueden encontrar en la bibliografía. Me gustaría volver a la pregunta con la que empezamos, que se refería a si la teoría puede convertirse en un sistema cerrado de creencias o un dogma. He intentado apuntar la teoría en la dirección de las ciencias, confiando en que las generaciones futuras puedan continuar la investigación básica que finalmente entrará en contacto con las ciencias de forma que pueda emplear los nuevos descubrimientos de éstas para extender y refinar la teoría. Creo que la investigación básica, dirigida hacia las ciencias aceptadas, la mantendrá «abierta» durante mucho tiempo. Si alguna vez llega a un contacto viable con las ciencias, será entonces capaz de compartir los conocimientos con ellas, y contribuir en las otras ciencias, y tendrá que convertirse en ciencia. En este punto, la mayor parte de la gente que ha aprendido la teoría y la está poniendo en práctica, sigue dependiendo de mi formulación de la teoría como su fuente de referencias. Si esto llega a seguir sucediendo en el futuro, entonces esta teoría también llegará a convertirse en un sistema cerrado de creencias.

Berenson: Tengo una última pregunta. Un estereotipo que la gente se ha formado es que la escala de diferenciación de self de Bowen, con lo emocional a un lado y lo intelectual al otro, aboca a personas que piensan todo el tiempo y que son insensibles, frías e impasibles. Sé que esto no es lo que estás diciendo, pero me gustaría que aclararas de nuevo este punto.

Bowen: Esta ha sido la crítica más frecuente de la teoría y del método terapéutico. Empecé a escucharla a principios de los años sesenta cuando el concepto de diferenciación estaba lo bastante estructurado como para comenzar a hablar sobre él. A nivel teórico, la pregunta proviene de una persona cuyo pensamiento es psicoanalítico y que entiende la relación terapéutica como el tratamiento para todos los problemas emocionales. Se la plantea la persona que no ha entendido la teoría y que se halla profundamente envuelto en el sistema emocional con el paciente. Este profesional interpreta mi concepto de «intelecto» como algo parecido al concepto habitual de «intelectualización» empleado en el psicoanálisis que se define como un mecanismo de defensa contra las emociones. En esa orientación, se contempla la expresión de las emociones como algo saludable y la intelectualización es la defensa patológica. El sistema intelectual tal como yo lo he definido es completamente distinto del mecanismo defensivo denominado intelectualización. Mientras dicho profesional permanezca en esta orientación teórica, no hay forma de que entienda esta idea. Es interesante que esta eterna cuestión, que se pregunta en el contexto de la teoría, se basa generalmente en la técnica terapéutica. No dispongo de respuestas fáciles para esta pregunta. Pienso que el problema fundamental consiste en que algunos de mis supuestos teóricos chocan con las verdades básicas que sostienen los cuestionadores y no puede haber contacto conceptual hasta que éstos sean capaces o bien de escuchar mis supuestos o bien de aceptar el hecho de que sus verdades no son más que supuestos. Nunca he considerado productivo discutir sobre este tema tal como se expone. Doy mi explicación y el cuestionador deja de hacer preguntas aunque no cambia su forma de pensar.

Berenson: Hay muchas cosas más en las que me gustaría entrar, como el proceso de la familia extensa y el proceso de las tres generaciones. A continuación dedicaremos unos cinco minutos a preguntas del auditorio.

Pregunta: El Dr. Bowen ha estado hablando sobre sintomatología. ¿Qué piensa de la etiología de la neurosis y de la psicosis?

Bowen: La pregunta de la etiología se deriva de un marco de referencia psicoanalítico. Usted se encuentra en una longitud de onda, yo en otra. No veo la manera de abordar esto en pocos minutos.

Pregunta: ¿Equipararía el aumento del nivel de self con el poder?

Bowen: No, no están en el mismo campo de juego. La idea del «poder» es algo a lo que he dedicado mucha atención en los últimos veinte años. La noción de «poder» se usa corrientemente en un sentido relacional, asociado a los otros, y particularmente tiene que ver con ejercer control y dominación sobre los demás. Es un término relacional que tiene que ver con las otras personas. El concepto de diferenciación tiene que ver con el self y no con los otros. La diferenciación trata del trabajo con el propio self, el autocontrol, el llegar a ser una persona más responsable, y permitir a los demás ser ellos mismos.

Pregunta: ¿Por qué unas personas están más diferenciadas que otras?

Bowen: Una respuesta simple sería, «Porque así es como ha evolucionado el hombre como forma de vida». De otra manera, sería correcto decir que su nivel de diferenciación viene determinado por el grado de diferenciación que ostentaban sus padres cuando nació, su sexo y cómo todo eso ha encajado en el plan familiar, la posición entre sus hermanos, la normalidad o falta de ella en su composición genética, el clima emocional que reina en cada uno de sus padres y el que había en su matrimonio antes de darle a luz, la calidad de la relación que cada uno de sus progenitores guarda con sus familias de origen, el número de problemas reales contenido en las vidas de sus padres durante el periodo anterior a su nacimiento y los inmediatamente posteriores, la capacidad de sus padres para enfrentarse a los problemas emocionales y reales de su época, y otros detalles inherentes a la configuración global. Además, el nivel de diferenciación de cada uno de sus padres quedó determinado precisamente por el mismo orden de factores que afectaron al entorno en el que ellos nacieron y crecieron, y los grados de diferenciación de cada abuelo fueron determinados por los mismos factores en sus familias de origen, y así sucesivamente en las generaciones pasadas. Según lo veo ahora, la programación biológica, genética y emocional que acompaña a la reproducción y al nacimiento es un proceso considerablemente estable, aunque se ve influido en cierta medida por la suerte, las desgracias y las circunstancias fortuitas que acontecen cuando las cosas van mal. Si todas las cosas permanecen igual, se crece con el mismo nivel básico de diferenciación que el de los padres. Esto queda determinado por el proceso que tiene lugar antes de su nacimiento y en la situación que acompaña a los primeros años y la primera infancia. A continuación sufre ciertas modificaciones con las fortunas y las desgracias de la infancia y la adolescencia. Permaneciendo todo igual, el nivel de diferenciación básico queda finalmente establecido más o menos cuando el joven adulto establece su self separadamente de su familia de origen. Estoy hablando de niveles de diferenciación básicos que proceden a lo largo de las generaciones como un proceso estable. Por encima y por debajo existen muchos niveles de diferenciación funcionales que se sobreponen sobre el nivel básico. Cuanto más bajo es el nivel de diferenciación básico, más marcadas son las adaptaciones funcionales. El grado de diferenciación funcional está influido por numerosos factores que hemos llegado a conocer con cierto detalle, que provocan una amplia fluctuación del mismo. En la terapia sistémica hablamos de aumentar el grado de diferenciación. La mayor parte de las veces nos referimos a los niveles de diferenciación funcionales. Si podemos controlar la ansiedad, y la reactividad a la ansiedad, el nivel funcional mejorará. Yendo más lejos, creo que es posible, tras un largo periodo de tiempo, incrementar el nivel básico hasta cierto punto. La terapia sistémica no pude rehacer lo que la naturaleza creó, pero entendiendo la manera como el organismo opera, controla la ansiedad, y aprende a adaptarse mejor a los éxitos y desgracias de la vida, puede ofrecer a la naturaleza una mejor oportunidad.

Pregunta: ¿Qué tiene que ver esto con la genética?

Bowen: En un sentido estricto, no tiene nada que ver con la genética. Mi concepto, el del proceso de transmisión multigeneracional, define un patrón muy amplio en el que determinados niños crecen con niveles de diferenciación inferiores a los de los padres, y otros con niveles superiores, mientras que la mayoría siguen casi el mismo nivel que el de sus progenitores. Los que crecen con niveles inferiores han sido expuestos a más del promedio de desgracias vitales, y los de niveles superiores han tenido un mayor número de oportunidades de buena suerte en la vida. Los éxitos y las desgracias están afectados por el proceso emocional de la familia más que por las ventajas e inconvenientes que plantea la sociedad. Desde una definición rigurosa de la genética, este proceso sigue una pauta de tipo genético aunque no tiene que ver con los genes tal como se definen actualmente. En la década pasada han aparecido varias concepciones distintas sobre los genes. La nueva especialidad médica, el consejo genético, es una prueba de los cambios que se están produciendo en este campo. En la última década los sociobiólogos han estado refiriéndose a la conducta animal programada que se transmite de generación en generación, puesto que está genéticamente determinada. Con el paso de los años he terminado empleando la expresión «conducta programada» para explicar dichos fenómenos. En este momento los sociobiólogos están utilizando un concepto «genético» para tratar el mismo tema. Esto no significa que hayan descubierto o identificado genes nuevos. Significa que entienden que los genes son determinantes de esta conducta. Ahora hay desacuerdos sobre la cuestión en el terreno de la genética. Lo que esto significa para mí es que los científicos de las ciencias biológicas y naturales están trabajando en la extensión de sus cuerpos de conocimientos, y están orientando sus esfuerzos en la dirección de varios de los conceptos que yo he definido en mi teoría. El proceso de transmisión multigeneracional es uno de los conceptos en los que menos me he detenido, y que necesita la mayor atención. Estoy buscando un investigador-terapeuta para mi programa de Georgetown con suficiente interés por la genética como para aprenderla, y que sea capaz de montar una investigación familiar que pueda «dar alcance» a los nuevos desarrollos de la genética. A esto me refería anteriormente. Si podemos seguir dando alcance a las ciencias, seguramente algún día conseguiremos un firme contacto conceptual con las ciencias aceptadas, y entonces la psiquiatría habrá llegado a convertirse en ciencia. Hasta este momento nuestras teorías sobre la conducta humana no han sido capaces de ir más allá del estatus de sistemas cerrados de creencias. Por el momento, no puedo hacer más que afirmar que los niveles de diferenciación se transmiten de generación en generación en una pauta de tipo genético que no tiene nada que ver con la genética tal como ésta se define actualmente.

CAPITULO 18

Sociedad, crisis y teoría sistémica

Esta es una versión ligeramente retocada de mi primer artículo sobre el proceso emocional en la sociedad. En 1972 se me invitó a través de la Environmental Protection Agency (Agencia de Protección Ambiental) a escribir un artículo titulado «Cultural Myths and Realities of Problem Solving» (Mitos culturales y realidades de la solución de problemas) para un simposio sobre la crisis ambiental. El simposio reunía a científicos de varios campos diferentes directamente relacionados con los problemas ambientales. Los otros presentaron artículos sobre la explosión demográfica, la crisis energética, la contaminación del aire y el agua, y los problemas de provisión de alimentos a una población subdesarrollada. Se me requirió que escribiera sobre las reacciones humanas previsibles a las situaciones de crisis. Tenía muchas ideas diferentes sobre el tema, pero no estaban organizadas dentro de un marco conceptual sistemático. Había pensado organizar el documento en torno a ideas que no estaban conectadas entre sí. La escritura del capítulo me catapultó a una zona de pensamiento que siempre había evitado debido a la complejidad y enormidad de la tarea.

Llevaba interesado en los asuntos sociales suficientes años como para guardar archivos de artículos profesionales y populares acerca de la materia. Pensé que el pensamiento sistémico abriría algún día una nueva senda hacia los problemas de la sociedad, aunque me parecía que no disponía de bastantes datos y quería evitar el escollo de hacer generalizaciones dramáticas a partir de escasos datos. Creo que éste era el principal defecto de muchos de los esfuerzos realizados al aplicar la teoría psicoanalítica a los problemas de la sociedad. La redacción de este artículo me ocupó meses. Hubo múltiples giros distintos a lo largo de este periodo. Cada cambio contenía errores conceptuales notorios, que probablemente no se hubieran notado en el simposio ambiental, pero que yo no podía aceptar. Volví a los viejos archivos a la búsqueda de pistas para resolver las diferencias. En el proceso de ir y venir entre la redacción y los viejos gráficos y el material clínico, descubrí un eslabón perdido que hizo posible construir un puente conceptual lógico entre el proceso emocional que tiene lugar en la familia y el proceso emocional que tiene lugar en la sociedad. El eslabón surgió del estudio de las anotaciones clínicas relativas a familias con hijos adolescentes delincuentes. Un problema de delincuencia comienza como un problema familiar multigeneracional que puede progresar hasta envolver a las escuelas, las instituciones sociales, la policía, los tribunales, el proceso judicial y todo el tejido de la sociedad que trata con problemas humanos. Las notas clínicas cubrían un lapso de tiempo de dieciséis años. Durante aquel periodo se produjo un cambio en el modo cómo la familia, y toda la sociedad en general, había entendido y tratado las transgresiones contra la sociedad. Encontramos aquí pruebas fácticas de un proceso cambiante en la familia y un cambio complementario en la sociedad. Me entusiasmaba haber encontrado un eslabón perdido entre el proceso emocional familiar y el de la sociedad, pero la fecha límite para el artículo estaba próxima. Estaba ocupado en una línea de pensamientos que requería un conocimiento minucioso de la teoría familiar sistémica y el artículo tenía que adaptarse a personas que tendrían dificultades para comprender las premisas teóricas de la teoría sistémica. En las últimas dos semanas anteriores a la fecha tope, di otro giro en el artículo centrándome en cuestiones teóricas generales que establecían una línea de base conceptual entre la teoría convencional y la teoría sistémica. Mis ideas sobre la reactividad emocional se basaban en una forma de pensar distinta y yo quería transmitir el razonamiento lógico de la teoría sistémica, sin el cual las conclusiones no encajarían. El giro final de «Cultural Myths and the Realities of Problem Solving» resultó un éxito inesperado. Supuso más un éxito para mí que para el propósito para el que fue escrito. Había un desajuste entre el título y el contenido. Me sorprendía que los científicos pudieran entender el pensamiento sistémico mejor que los profesionales de la salud mental. Para el auditorio se profundizó en demasiados pormenores acerca de los problemas emocionales que tienen lugar en la familia y se habló poco de las cuestiones que afectan a la sociedad. Para mí, supuso uno de los artículos más importantes de mi carrera. Me había ayudado a ver claro el vínculo entre el proceso emocional de la familia y el de la sociedad, a pesar de que no tuve tanto éxito como esperaba en transmitir esta idea.

En los meses posteriores a la experiencia de la Agencia de Protección Ambiental, la mayor parte del tiempo la ocupé en clarificar las cuestiones que denominé «La regresión de la sociedad». En el Simposio anual sobre la familia de Georgetown en 1973 realicé mi primera presentación de este tema a profesionales de la salud mental. La exposición era demasiado breve y el auditorio no tan sofisticado con relación a la teoría sistémica como había imaginado. El público reaccionó emocionalmente a la noción de «regresión» y esto hizo imposible que pudieran entender realmente.

En 1975 según se acercaba la publicación de los artículos de los simposios de 1973 y 1974, intenté escribir el artículo sobre la sociedad con suficiente detalle como para que lo pudiera entender cualquiera que conociese un poco la teoría sistémica. Es incorrecto pensar en la regresión de la sociedad sin el proceso opuesto que es la progresión de la sociedad. Se cambió el título a «Emotional Process in Society» (El proceso emocional en la sociedad). El manuscrito entró en tantos detalles como un libro, de modo que no quedó tiempo suficiente para acabarlo. Una vez que hubo pasado la fecha límite de la publicación, me vi profundamente envuelto en la planificación y puesta en marcha de nuestro nuevo Centro de la Familia de Georgetown y el manuscrito quedó a un lado durante casi un año. En 1976 hubo un intento de resumirlo procurando que no perdiera en comprensión, pero no hubo suficiente tiempo para lograr mi objetivo y pasó otra fecha límite. En 1977 me he visto demasiado ocupado con los artículos sobre la esquizofrenia y la diferenciación de self en la propia familia de origen como para dedicar mucho tiempo al proceso emocional de la sociedad. No me es posible tratar adecuadamente la complejidad de los temas relativos a la sociedad sin un espacio de tiempo libre de todo el resto de presiones. Mi meta es presentar el concepto del proceso emocional de la sociedad tan exactamente como sea posible, con los conocimientos que actualmente están ahí y después, pasar a otras áreas que demandan atención.

Con objeto de continuar y llegar a publicar el volumen de artículos del simposio que deberían haber salido en 1975, sin más retraso para el resto de autores cuyos artículos están en dicho volumen, he aceptado publicar esta primera versión del artículo escrito a principios de 1973. No se publicó más que en una forma extractada, jamás estuvo disponible para los profesionales de la salud mental, y entra en bastantes detalles acerca los conceptos fundamentales de la teoría familiar sistémica sobre la que se basa el concepto del proceso emocional de la sociedad.

Una perspectiva sistémica del ser humano representa un orden de pensamientos distinto de lo que se refleja en las teorías convencionales. Primero expondré algunas de las diferencias más relevantes entre el pensamiento sistémico y el convencional. Para el hombre resulta difícil cambiar de un pensamiento convencional *hacia* un pensamiento sistémico. No estoy seguro si puede llegar a cambiar *a* el pensamiento sistémico, cuando está pensando sobre sí mismo. En el esfuerzo de hacer la presentación más clara posible de las diferencias entre uno y otro, mencionaré algunas experiencias personales en mi intento de orientarme hacia la teoría sistémica. A continuación explicaré los conceptos teóricos claves que se entrecruzan para componer esta teoría familiar sistémica global. Seguidamente, para dar a la teoría un poco más de vida, describiremos algunos perfiles clínicos que la ilustrarán. A continuación nos referiremos a algunas de las numerosas pautas de relación desarrolladas en la sociedad que tienen su paralelo en las pautas de relación familiares. Finalmente, haremos un resumen de las reacciones emocionales predecibles del ser humano frente a las situaciones de crisis, la dificultad de encontrar soluciones que no están determinadas emocionalmente, la tendencia de las soluciones determinadas emocionalmente a preservar simplemente el status quo y cómo las soluciones determinadas emocionalmente pueden intensificar el problema. El pensamiento sistémico no ofrece respuestas mágicas, pero sí proporciona una manera distinta de concebir los problemas humanos. Ofrece una evaluación más realista de la dificultad de cambiar las pautas básicas de cualquier dilema humano y sugiere vías para evitar algunos de los sesgos del pensamiento convencional y para iniciar un progreso orientado hacia objetivos a largo plazo.

DIFERENCIAS ENTRE EL PENSAMIENTO CONVENCIONAL Y EL PENSAMIENTO SISTEMICO

El objetivo de esta sección es introducir al lector en algunos de los conceptos generales sobre los que se basa el pensamiento sistémico. Esta teoría se centra en *los hechos de funcionamiento* de los sistemas de relaciones humanas. Se fija en *qué* ocurrió, *cómo*, *cuándo* y *dónde* ocurrió, en cuanto que las observaciones se basan en la *realidad*. Pone especial cuidado en evitar la preocupación automática humana de preguntarse *por qué* ocurrió. La inclusión del pensamiento *causal* en la teoría sistémica aboca automáticamente a una vuelta a la teoría convencional y a la pérdida de la ventaja singular que aportan los conceptos sistémicos. La teoría sistémica se centra en lo que el hombre hace o no hace con sus explicaciones verbales sobre por qué lo hace.

Mi esfuerzo orientado hacia una teoría distinta de la enfermedad emocional tuvo su punto de partida hace casi veinte años en las investigaciones sobre la familia con pacientes esquizofrénicos jóvenes muy dañados, e ingresados en instituciones, en las que tanto el paciente como su familia entera vivían en una sala hospitalaria de investigación durante temporadas indefinidas. La experiencia de convivencia reveló un nuevo mundo de observaciones clínicas que nunca se han reflejado en la literatura profesional. Los escritos existentes se basaban en el estudio de una persona aislada y no explicaban el fenómeno de la relación. Algunos otros centros estaban realizando distintas versiones de investigación sobre la familia. Los investigadores de este nuevo campo tendían a comunicar sus descubrimientos como extensiones de la teoría existente, o los transmitía descriptivamente. Durante varios años antes de las investigaciones, había estado leyendo extensamente acerca de todas las ciencias y especialmente sobre evolución, biología y ciencias naturales, en una búsqueda vana de alguna pista que pudiera permitir que la psiquiatría pudiera encontrar un sitio firme entre las ciencias aceptadas. Las teorías actuales han empleado modelos científicos para entender el funcionamiento psíquico y emocional orientándose hacia lograr la objetividad científica, y las ciencias médicas han intentado extender la neurofisiología para abordar las funciones emocionales, pero no existe un puente estable entre ambos campos. Las teorías sobre la enfermedad emocional aún contienen un cuerpo de conocimientos separado del resto de las ciencias. En la esperanza de que estas nuevas observaciones fascinantes puedan proporcionar algún indicio que ayude definitivamente a la psiquiatría a convertirse en ciencia aceptada y de que ayude a ensanchar la perspectiva de los observadores de las investigaciones, hemos trabajado sobre algunos supuestos generales que guiarán la dirección global de las investigaciones. Todos los observadores habían sido adiestrados dentro de la teoría psiquiátrica convencional y tendían a ver solamente lo que la teoría les había enseñado a ver. Se esperaba que los supuestos generales podrían ayudar a los observadores a ver a través de una lente de mayor aumento y «ver» otros fenómenos que estaban ahí delante de sus ojos. Dedicaremos el resto de esta sección a algunos de los supuestos generales y hipótesis de fondo.

SUPUESTOS E HIPOTESIS DE FONDO

Se llegó al primer supuesto en los comienzos de la investigación. Provenía del estudio y experiencia anteriores y se basaba en la idea de que la enfermedad emocional es algo más profundo que el producto de una generación de relaciones padre-hijo; en que tenía casi la misma incidencia en distintas culturas con prácticas de crianza muy diferentes, si tomamos en consideración las diferentes maneras de enfrentarse las culturas con las personas perturbadas emocionalmente; en que hay sugerencias que parten incluso de la vida animal salvaje; y en que sería provechoso contar en el fondo con este supuesto general. Los otros supuestos se definieron de la forma más amplia posible, pero se relacionaron más directamente con las primeras observaciones de la investigación. Los modelos científicos sobre las relaciones más precoces se basaban en el pensamiento sistémico, aunque no había una conciencia particular sobre él durante esta época. Con el paso del tiempo, el término *sistémico* empezó a ser utilizado espontáneamente para referirse al comportamiento automático que se podía predecir entre los miembros de la familia.

1. Que la enfermedad emocional se relaciona directamente con la parte biológica del ser humano. Esto se basó sobre el supuesto de que el hombre se relaciona más íntimamente con las formas inferiores de vida de lo que se reconoce en general, y que la enfermedad emocional es una disfunción de aquella parte del hombre que es compartida por éste y las formas inferiores. Antes de Darwin, el hombre asumía que la tierra fue creada exactamente como es ahora y todo el pensamiento teórico se basaba sobre la singularidad humana. Darwin expuso su obra precisamente hace aproximadamente un siglo. Apareció por tanto unos sesenta años antes de que el hombre pudiera entenderla y tomarla en serio. Las estimaciones de la cantidad de tiempo que pasó desde que se formó la tierra, y la del proceso evolutivo, son distintas, y son revisadas permanentemente, aunque cualquier calendario es tan vasto que las cifras quedan fuera de la comprensión ordinaria. Es fácil creer que la evolución es un proceso lento, pero se ha producido rápidamente si uno observa la medición de tiempo en su conjunto. Si la tierra se formó hace quizá 4.000 millones de años, y la vida apareció por primera vez sobre la tierra hace unos 500 millones de años, entonces la tierra ha estado siete octavos de su existencia sin vida. Si el primer hombre que anduvo derecho evolucionó hace aproximadamente 750.000 años, y si el hombre se convirtió en un ser pensante hace unos 200.000 años, y un ser «civilizado» hace unos 20.000 años, y aprendió a leer y escribir hace aproximadamente 10.000 años, y si a la tierra todavía le quedan de 10 a 15 miles de millones de años antes de convertirse en un planeta muerto, nos vemos enfrentados con unos porcentajes pasmosos. Si contáramos el lapso de tiempo de 4 miles de millones de años como siglo, una unidad de tiempo que podemos comprender con mayor facilidad, significaría que la tierra se formó hace 100 años, que la primera forma de vida primitiva apareció hace unos 12 años, que el primer

hombre que anduvo derecho apareció hace unos 7 días, que el hombre se volvió un ser pensante hace unos 4 días, que mostró señales de civilización hace unas 4 horas, que aprendió a leer y escribir hace unas dos horas, que Cristo vivió una fracción de segundo hace tan sólo 24 minutos, que Colón descubrió América hace 6 minutos, y que a la tierra le quedan aún 350 años para convertirse en un planeta sin vida.

El hombre es una de las formas de vida más altamente desarrolladas hasta el momento. Su evolución más rápida es el veloz incremento del tamaño de su cerebro. La hipótesis formulada sobre la superespecialización afirma que las formas que más se desarrollan son las que se extinguen más prontamente. Hace veinte años, cuando estudié este fenómeno a fondo, mantenía que el cerebro humano, un desarrollo superespecializado del protoplasma particular que denominamos células cerebrales, representaría el desarrollo evolutivo responsable de conducir al hombre a la extinción. Naturalmente no compartía algunas de las teorías populares de aquella época que defendían que como el hombre había desvelado tantos secretos de la naturaleza, sería capaz de adquirir un dominio sobre su ambiente y sería capaz de perpetuarse a sí mismo. Hace veinte años, el excesivo crecimiento demográfico no contaba entre las variables consideradas en estos postulados. Exponemos estas ideas sobre la evolución, no porque tengan una relación directa con este artículo o la teoría sistémica, sino para comunicar que esta teoría sistémica ha realizado un esfuerzo permanente para contemplar al hombre como una parte en evolución integral de la vida sobre la tierra.

2. Que la enfermedad emocional constituye un proceso multigeneracional. Se hicieron varias experiencias y observaciones para apoyar ese supuesto general de trabajo. Posteriormente se definió minuciosamente y se incorporó como uno de los conceptos teóricos a la teoría global. Postulaba que el problema del paciente era consecuencia de las imperfecciones de los padres, y los padres consecuencia de las imperfecciones de los abuelos, retrocediendo así durante muchas generaciones, y que cada generación hacía lo que podía considerando las tensiones y los recursos disponibles. La función más relevante de este postulado era ayudar a los observadores a salirse de los estrechos límites de la teoría individual que culpaba a los padres de los problemas del hijo y a adquirir una perspectiva global más objetiva.

3. Que existe una fuerte discrepancia entre lo que el hombre hace y lo que dice que hace. Esta idea surgió de las primeras observaciones llevadas a cabo en la investigación. Se trataba de otro principio orientador que permitía a los observadores adquirir cierta distancia y empezar a ver cierto orden en la multiplicidad de mensajes y acciones que tienen lugar después de varias

horas de observaciones. Al segundo año un miembro del equipo investigador escribió un artículo, «The Action Dialogue in an Intense Relationship» (El diálogo de la acción en una relación intensa), que contaba una historia basada en la acción sola, que parecía tener más validez que el diálogo verbal.

4. Estructurar conceptos «difíciles de definir» en hechos funcionales. Constituía parte del trabajo de encontrar una estructura y *hechos* en el mundo cambiante y subjetivo de la experiencia humana. Ya es bastante difícil entender la subjetividad al tratar con una persona. En un sistema de relaciones familiares resulta mucho más complejo. Tras un lapso de tiempo, empezamos a desarrollar una fórmula que contribuyó a trasladarnos más rápidamente hacia el pensamiento sistémico y a obtener observaciones científicas más objetivas y medibles. La incorporación de conceptos funcionales a la terapia ha producido resultados terapéuticos muy superiores a la terapia convencional. Por ejemplo, un concepto decía, «Que el hombre sueñe es un hecho científico, pero lo que sueñe no es necesariamente un hecho». La misma fórmula se aplicaba a una amplia gama de conceptos funcionales, tales como «Que el hombre sienta (o piense, o hable) es un hecho científico, pero lo que siente (o piensa o dice) no es necesariamente un hecho». Esta misma fórmula produjo resultados interesantes al aplicarla al hecho de amar, y también al de odiar. La gente habla elocuentemente del amor como si fuera una entidad bien definida. Se trata más acertadamente de un estado de sentimiento subjetivo que tiene lugar como respuesta a una variedad de estímulos, que se experimenta en todo un espectro de formas, y en una escala de intensidad, y que también opera en el sistema de las relaciones. Después de mucha experiencia con los miembros de la familia, como ellos emplean la palabra y reaccionan frente a ella, llegué a la siguiente definición funcional de amor en tanto realidad propia de una relación. Era, «No soy capaz de precisar la definición de amor, pero es una realidad que habla a otra persona importante acerca de la presencia o ausencia de amor en sí mismo, o en el otro, produciendo predeciblemente una reacción emocional en la relación».

5. Pensamiento causa-efecto. El hombre ha sido un pensador causa-efecto desde que se convirtió por primera vez en ser pensante y empezó a buscar causas para explicar los acontecimientos de su vida. Podemos revisar el pensamiento del hombre primitivo y hacer chanza de las fuerzas diabólicas y malévolas a las que acusaba de sus desgracias, o bien podemos repasar la historia de los siglos recientes y reírnos de los errores en la atribución de la culpa que se producía como consecuencia de la carencia de conocimientos científicos, mientras nos aseguramos a nosotros mismos con aire de suficiencia que los nuevos adelantos científicos y el razonamiento lógico

nos permite en la actualidad atribuir *causas* exactas a la mayor parte de los problemas humanos.

El pensamiento sistémico que esta investigación ha tratado de implementar en las relaciones humanas, está dirigida a ir más allá del pensamiento causa-efecto hacia una visión sistémica del fenómeno humano. En el curso de tratar de implementar la teoría y la terapia sistémicas, nos hemos topado con la intensidad y la rigidez del pensamiento causa efecto de las ciencias médicas y de todos nuestros sistemas sociales. El hombre está profundamente adherido al pensamiento causa-efecto en todas las áreas que tienen que ver consigo mismo y la sociedad. El pensamiento sistémico no es nuevo para el hombre. Primero empezó a utilizarlo en las teorías sobre el universo. Mucho más tarde lo aplicó a las ciencias naturales, y también a las ciencias físicas. Se produjo un rápido crecimiento del pensamiento sistémico con el advenimiento de la era del ordenador, hasta que ahora oímos acerca de los esfuerzos de implementarlo en muchas áreas nuevas de las ciencias aplicadas. El modelo médico ha sido una de las piedras angulares probadas de la buena práctica médica. Se basaba en el pensamiento causa-efecto y los principios de un examen minucioso, el establecimiento de la etiología (causa), hacer un diagnóstico preciso, y decidir un tratamiento particular dirigido a la etiología. El modelo médico ha contribuido satisfactoriamente a la medicina y a la sociedad para afrontar todas las enfermedades internas a la persona del paciente. La teoría y la práctica de la psiquiatría también emplea el modelo médico y el pensamiento causa-efecto. La teoría, basada en el estudio del individuo, aborda la enfermedad de un paciente que se desarrolla en el seno de la relación con los padres y otros miembros familiares próximos. Requiere un diagnóstico, y el tratamiento se dirige al paciente. El modelo «culpa» a los padres de la enfermedad, incluso aunque probablemente el psiquiatra niegue que está culpando a los padres, y el modelo excluye a otros miembros de la familia del proceso de tratamiento. Y de esta manera, el modelo médico dio origen al dilema cuando se aplicó a la enfermedad emocional (funcional). Las investigaciones sobre la familia se dirigieron a intentar encontrar una respuesta a este dilema. El desarrollo de la teoría y la terapia sistémicas ha sido superior a la hora de tratar los problemas emocionales pero no guarda el paso conceptualmente ni terapéuticamente con la medicina y la psiquiatría convencional. Los centros médicos en los que una orientación familiar ha tenido más éxito son aquéllos donde la psiquiatría convencional no ha sido demasiado estricta en potenciar el modelo médico y los terapeutas familiares no han intentado sobrevender su punto de vista.

La reactividad emocional de una familia, u otro grupo que vive o trabaja junto, va de un miembro de la familia a otro siguiendo un patrón de reacción en cadena. El patrón global es parecido al de los circuitos electrónicos en que cada persona está «enlazada», o conectada por radio, a todo el resto de personas con quienes mantiene relaciones. Cada una de las personas se convierte entonces en un punto nodal o un centro electrónico a través del cual los impulsos pasan en rápida sucesión, o bien varios al mismo tiempo. Una variable relevante es la que tiene que ver con diferentes tipos de impulsos, cada tipo experimenta variaciones en un amplio espectro de intensidad, y en el grado de importancia. Un conjunto de variables más significativo es el que está asociado con la manera como cada punto nodal, o persona, funciona dentro del sistema. Cada persona está programada desde el nacimiento para cumplir con una determinada serie de funciones y cada cual «siente» lo que se exige o espera, más a raíz de la forma cómo funciona el sistema en torno a él que a partir de mensajes verbales que manifiestan que se siente libre para funcionar como le place. Toda persona, o punto nodal, experimenta diversos grados de capacidad para manejar los impulsos (capacidad innata), estilos para manejar los impulsos (características de personalidad), un estrecho margen de elección para rechazar o transmitir impulsos, y una conciencia intelectual (inteligencia) para comprender el funcionamiento del sistema. Existe otro conjunto importante de variables relacionadas con la manera de funcionar junta la unidad familiar. Cada persona llega a percatarse de su dependencia de todo el resto de puntos nodales. Hay que recordar que cada punto nodal está «enlazado» con los otros con circuitos de doble vía. Existe una extensa variedad de alianzas sutiles para ayudarse mutuamente, rechazar la ayuda, o herir al otro. La unidad mayor puede castigar a un miembro aislado, y un miembro aislado ubicado en una posición clave puede dañar a la unidad entera. Otra pauta previsible es la atribución de «culpa» por no funcionar (pensamiento causa-efecto) y la pauta de acusar al otro o a sí mismo. Bajo tensión, todas las personas tienden o bien a situar la «culpa» fuera de sí mismo (acusador), o dentro de sí mismo (autoacusador), o a alternar entre ambos, que sería la pauta del pensamiento causa-efecto. Si la cabeza de la unidad familiar está en calma, toda ella puede permanecer tranquila y el sistema electrónico se desenvuelve suavemente. Cuando la cabeza sufre pánico y transmite un impulso de pánico, el resto devuelve mensajes de pánico que alimenta más aún el miedo de la cabeza, en un ciclo acumulativo de pánico, con un mediocre control de los mensajes, mensajes desordenados y conflictivos y con un aumento de la parálisis de funcionamiento. Cualquier unidad puede recuperarse de un pánico transitorio o de situaciones de sobrecarga, pero cuando el pánico se vuelve crónico una o más unidades individuales puede colapsarse (enfermar), y existen diversas variables para manejarlo. Hay otro conjunto de variables importantes que tienen que ver con la manera de estar enlazada la unidad familiar con otras familias y con sistemas sociales mayores, y con el sistema global de la sociedad entera.

Parece que el modelo electrónico dispone del potencial y la flexibilidad para explicar exactamente casi cualquier detalle de las relaciones humanas que puede estructurarse en forma de hechos de funcionamiento, *excepto lo que está determinado por la biología, la reproducción y la evolución.* Creo que probablemente éste es el punto al que han llegado los científicos informáticos hace una década o dos al teorizar acerca de la construcción del cerebro humano. Esta teoría familiar sistémica mantiene que todas las características descritas bajo la noción de «reactividad emocional», incluyendo todas aquellas «elecciones» que parece que el hombre hace, pertenecen a esa parte que el hombre comparte con las formas inferiores de vida. Todos estos detalles pueden comprenderse como hechos de funcionamiento e integrarse en el modelo electrónico. Posee ciertamente una capacidad superior a *otras* vidas protoplasmáticas, que es la capacidad para observar, pensar, abstraer, y ver el orden natural, para comprender los secretos de la naturaleza, y gobernarse a sí mismo de forma un poco distinta. No obstante, un porcentaje desmesuradamente elevado de cerebros están tan embebidos en el sistema emocional que su pensamiento está regido principalmente por la emotividad. Hasta tal punto lo más objetivo de todo el pensamiento se realiza con células cerebrales que constituyen sobrecrecimientos protoplasmáticos del protoplasma global, que es imposible que el hombre llegue alguna vez a ser completamente objetivo, y el futuro del cerebro vendrá determinado en última instancia por el orden natural.

¿Qué es la «reactividad emocional» y cómo opera?. He empleado la expresión *reflejo emocional* que es acertada e implica un acercamiento a la biología. Es de lo más fácil observar reflejos emocionales en una relación intensa entre dos personas, como un matrimonio, donde ambas operan principalmente dentro de la pareja, sin la introducción de variables procedentes del sistema mayor. Los reflejos se hacen más observables a ciertos niveles de tensión. Si la tensión es reducida no son observables, y si es elevada, son demasiado caóticos como para ver mucho orden. El vocablo *reflejo* es acertado en tanto tiene lugar automáticamente y fuera de la consciencia, pero así como un reflejo puede obtenerse bajo una observación limitada y bajo un control consciente restringido, del mismo modo podemos controlar un reflejo patear con una energía específica. Los reflejos operan con antenas que son como extensiones de todas las modalidades sensoriales, aunque un alto porcentaje opera a partir de estímulos visuales y auditivos. Por ejemplo, es posible que un cónyuge regrese de trabajar con un nivel de tensión superior al normal, reflejado en una «apariencia» abatida, que fomenta tensión en el otro y que se refleja en un incremento del tono de la respuesta verbal en una octava o dos. El primero se muestra sensible a los sonidos, lo que provoca una tensión mayor, etc. La terapia sistémica encaminada a ayudar a los cónyuges a descubrir los reflejos que puedan dotar a cada uno de algo de control sobre la reactividad emocional automática. La habilidad de observar y «captar» los reflejos emocionales depende del nivel de tensión emocional. Un científico molecular que conoce los sistemas por su trabajo, y que en él va más lejos del pensamiento causa-efecto, perderá toda objetividad y volverá al pensamiento causa-efecto al tratar con los sistemas emocionales. Un terapeuta familiar sistémico que conoce bastante bien los sistemas emocionales puede ser capaz de mantenerse objetivo, sin «acusar» siempre que la tensión emocional esté dentro de unos límites normales, pero volverá inmediatamente a su anterior pensamiento causa-efecto cuando la tensión aumente de grado.

Aunque quizás el hombre ha adquirido conocimientos sobre el pensamiento sistémico a partir de las ciencias, es aún un pensador causa-efecto sobre todo lo que se refiere a su sistema emocional. La tesis comunicada aquí es que, en tanto el hombre sea un pensador causa-efecto, que es la mayor parte del tiempo en momentos de calma y todo el tiempo en épocas tensas, seguirá siendo impreciso, irrealista, irracional y demasiado recto en la atribución de causalidad a sus problemas en comparación con sus antecesores, que se veían perseguidos por una clase diferente de influencia diabólica, que destruyeron distintos tipos de brujas y dragones, y que construyeron distintos tipos de templos para influir sobre los espíritus benévolos.

CONCEPTOS TEORICOS

Mencionar algunos antecedentes de la teoría ayudará a entender los conceptos separados. Se trata de una teoría sobre el funcionamiento del sistema emocional humano. En términos generales, se concibe el *sistema emocional* como función de las fuerzas vitales heredadas de su pasado filogenético, que comparte con las formas inferiores, y que gobierna la parte sub-humana del hombre. Sería sinónimo de instinto, si se considerara que el instinto incluye las fuerzas que operan automáticamente. El *sistema intelectual* se entiende como función de su córtex cerebral altamente desarrollado. El sistema emocional y el *sistema sentimental* están interconectados, influyéndose mutuamente. El *sistema sentimental* constituye un puente entre los sistemas emocional e intelectual a través del cual se registran estados subjetivos pertenecientes a los niveles más altos del sistema emocional en el córtex cerebral. Esta teoría mantiene que la vida y el comportamiento del hombre están gobernados por fuerzas emocionales automáticas más de lo que el hombre está dispuesto a admitir.

Algunas de las observaciones sobre los sentimientos y pensamientos obtenidos en los comienzos de las investigaciones con familias se extendieron posteriormente para dar lugar a un concepto central en la teoría. Se referían a aquellas personas con perturbaciones emocionales que no distinguían entre el proceso sentimental subjetivo y el proceso de pensamiento intelectual. Es como si su intelecto estuviera tan inundado de sentimientos que eran incapaces de pensar que estaba separado de ellos. Solían decir, «Siento que...», cuando lo correcto era decir, «Pienso que ...», o, «Creo que ...», o, «Mi opinión es ...». Extraían los principios que habrían de regir sus vidas de otros principios de personas cercanas expresados en forma de «sentimientos» de acatamiento como acuerdo o desacuerdo airado a la hora de manejar las relaciones con los demás. Consideraban que era sincero y honesto hablar de sentimientos, e insincero y deshonesto hablar de pensamientos, creencias y convicciones. Luchaban siempre por la unidad en las relaciones con los otros y evitaban las afirmaciones en primera persona que les establecerían como individuos separados de los demás. Esto se producía de una forma más llamativa en los padres de los pacientes perturbados que carecían de self en términos de las propias creencias y convicciones, aunque eran tan hábiles en llevarse bien con sus semejantes que conseguían el éxito en sus negocios, en sus profesiones y en sus vidas sociales. Esta experiencia condujo al estudio minucioso de estas características en toda la gama de familias con problemas emocionales menos severos y en familias normales. Llevó al desarrollo de la escala de diferenciación de self como un importante concepto de esta teoría. Distribuye a la gente a lo largo de una escala según el grado de fusión de su self con los demás en las relaciones íntimas, o el grado de capacidad para funcionar independientemente del sistema emocional incluso en estados sentimentales intensos. En la terapia, se dirigen los primeros esfuerzos a ayudar a las personas a distinguir estados sentimentales y el funcionamiento intelectual y a ayudarles a atreverse a elaborar opiniones, creencias y convicciones más firmes, a pesar de la presión ejercida por el sistema de relaciones que les retiene en el antiguo nivel de amorfo estado de carencia de self.

La teoría postula dos fuerzas vitales básicas opuestas. Una es una fuerza interna de crecimiento vital hacia la individualidad y la diferenciación de un «self» separado, y la otra hacia una proximidad emocional igualmente intensa.

La teoría familiar sistémica está compuesta de seis conceptos teóricos distintos interconectados, cada uno con características que se aplican a todo el sistema, o a segmentos particulares del sistema. Los conceptos más importantes para los sistemas sociales se exponen con más detalle.

1. Diferenciación de self. Este concepto es una piedra angular de la teoría. Define a todo el mundo, desde los niveles más bajos hasta los más altos posibles del funcionamiento humano, de acuerdo con un solo denominador común. Tiene que ver con la manera de manejar el ser humano la interrelación entre el funcionamiento emocional y el intelectual. En el nivel más elevado están los que poseen la mayor «diferenciación» entre ambos funcionamientos. Son más libres para vivir sus vidas emocionales al máximo, y además poseen la capacidad para tomar decisiones en base al intelecto o al razonamiento cuando se ven desafiados por los problemas de la realidad. La gente de los niveles inferiores poseen la emoción y el intelecto tan «fusionados» que el funcionamiento intelectual está sumergido en la emotividad de manera que sus vidas se mueven al dictado de ésta. Probablemente son capaces de «pensar» sobre los asuntos de fuera, o pensar sobre ellos mismos cuando sufren poca ansiedad, pero bajo condiciones de estrés su pensamiento queda reemplazado por la reactividad emocional automática. Existen niveles de diferenciación bastante fijos llamados «self sólido» que vienen determinados por fuerzas provenientes de dentro del self, y zonas enormes de «pseudoself» o self funcional que vienen determinadas por fuerzas provenientes de las relaciones. Se puede asignar un nivel funcional de self a un individuo, o a una familia entera a partir del nivel de self del cabeza de familia, o al conjunto de la sociedad a partir de las fuerzas ambientales reinantes.

2. Triángulos. Este es un concepto clave que describe la pauta previsible que pueden adoptar las fuerzas surgidas entre tres personas. Un triángulo, la unidad emocional estable más pequeña, ha sido denominada la molécula de los sistemas emocionales. Una relación entre dos personas es inestable ya que automáticamente se convierte en un sistema de tres bajo condiciones de estrés. Cuando la tensión aumenta, y envuelve a más personas, las fuerzas emocionales continúan la acción iniciada en los tres polos del sistema. Un sistema emocional se encuentra en un estado permanente de movimiento

cuando el que se siente más incómodo intenta establecer un estado más confortable de distancia-proximidad emocional. Cuando el incómodo logra el equilibrio, altera el contrapeso existente entre los otros dos y la actividad afecta sutilmente al otro más incómodo. El término *triángulo* define el hecho de que las fuerzas emocionales fluyen de un lado a otro entre los tres polos. El movimiento se repite una y otra vez en desplazamientos tan precisos y previsibles que un experto en triángulos puede predecir el siguiente paso antes de que ocurra. El conocimiento de los triángulos se ha aprovechado para desarrollar un método de terapia tan previsible como lo son los mismos triángulos. El terapeuta puede emplear sus conocimientos para introducir señales emocionales, que producirán cambios previsibles en el flujo emocional. Estas fuerzas emocionales, que operan automáticamente y fuera de la consciencia, se han incorporado dentro de un concepto teórico que describe la organización microscópica de los sistemas emocionales. En grupos muy grandes, o en la sociedad en general, operan las mismas fuerzas emocionales automáticas que hacen que numerosas personas tomen partido por cada cuestión emocional.

3. El sistema emocional de la familia nuclear. Este concepto describe el patrón de fuerzas emocionales que se desarrolla a través de los años en la familia nuclear. La intensidad del proceso está gobernada por el grado de indiferenciación, por el grado de desvinculación con las familias de origen y el grado de tensión que haya en el sistema. Con el paso del tiempo, el problema emocional se pone de manifiesto en forma de a) distancia emocional entre los esposos; b) disfunción de un cónyuge en forma de enfermedad física, emocional o social; c) conflicto conyugal; o d) proyección del problema a uno o más hijos. La proyección del problema familiar a los hijos es tan importante que hemos acordado considerarlo como un concepto teórico separado.

4. Proceso de proyección familiar. Este concepto se refiere a los detalles del proceso mediante el cual los problemas de los padres se proyectan a uno o más hijos. Como parte de la teoría global, este concepto describe la manera más común por medio de la cual el proceso emocional familiar se transmite de una generación a la siguiente.

5. Proceso de transmisión multigeneracional. Este concepto trata del patrón que sigue el proceso emocional familiar al ser transmitido a través de varias generaciones. En cada generación el hijo más implicado emocionalmente se desplaza hacia un nivel de diferenciación de self más bajo y el menos implicado hacia un nivel más satisfactorio.

6. Posición entre hermanos. Este concepto contiene modificaciones de la obra fundamental de Toman sobre los perfiles de personalidad de los

hijos que crecen en diferentes posiciones entre sus hermanos. Mientras no aparezcan variables que impidan que tenga lugar el proceso, los niños desarrollan ciertos rasgos de personalidad fijas según la posición que ocupan entre sus hermanos. El conocimiento de estos rasgos es importante a la hora de determinar la parte que toca a cada hijo en el proceso emocional familiar, y al predecir los patrones familiares de la generación siguiente, así como a la hora de ayudar a una familia a reconstituirse en la terapia.

Se añadieron otros dos conceptos a la teoría oficialmente en 1975. Uno era (7) la *desvinculación emocional*, que trata el mecanismo predominante implicado en el proceso emocional entre las generaciones. Anteriormente se había incluido en parte en el proceso emocional de la familia nuclear, y en parte en el proceso de proyección familiar. Se consideró suficientemente importante como para constituir un concepto distinto. El último concepto, (8) el *proceso emocional de la sociedad*, contiene las ideas presentadas parcialmente en este artículo. Se refiere a la extensión del proceso emocional a sistemas sociales más grandes y la totalidad de la sociedad.

PERFILES CLINICOS Y EJEMPLOS

Perfil clínico de una familia

Exponemos estos ejemplos clínicos con la idea de que sirvan para ilustrar el valor de la escala de diferenciación de self para estimar los problemas actuales y para predecir los problemas futuros de una familia. Es imposible dar valores para un mes o un año pero se pueden hacer estimaciones de los niveles generales de diferenciación para un espacio de varios años, y a partir de ellos se pueden hacer predicciones bastante acertadas de las cosas que pueden pasar. Empezaremos con una mujer con dos chicos jóvenes, uno que crece con un nivel de diferenciación pobre y otro con un buen nivel de diferenciación. La misma madre puede tener dos hijos completamente diferentes. Exageraremos las diferencias aquí para ver más clara la situación.

La madre concibió su primer hijo cuando su vida todavía no estaba asentada y sufría ansiedad. Tanto la ansiedad como la discordia conyugal disminuyeron durante el embarazo. (Esto representa una prueba evidente de que el proceso de proyección familiar ya está en marcha). El bebé, una niña, estaba tensa e inquieta y requería más atención materna de la normal. Dieciocho meses más tarde nació un segundo hijo. El embarazo se desarrolló sin incidentes salvo la preocupación materna por la reacción de la niña mayor hacia un hermano. Se preguntaba si podría proporcionar un cuidado adecuado al bebé sin «herir» a la niña mayor. (Otra prueba más de un proceso de proyección). La madre advirtió algo distinto. Lo mencionó a su pediatra y a sus amigos quienes le aseguraron que no era poco habitual cuando se trataba de los primeros bebés. Llegó a la conclusión de que el problema desaparecería si conseguía calmarse, y ser una madre paciente y «entregada». (Proyección de la ansiedad de la madre sobre el hijo, que hace que se trate como un problema del hijo, lo que contribuye a perpetuar el problema en él. Un enfoque más satisfactorio sería trabajar sobre la relación con su marido, o con su propia madre). El segundo bebé, un niño, resultó un bebé fácil. (Señal de que la mayor parte del problema básico estaba siendo *absorbido* por la mayor). La madre continuó intentando resolver la estrecha vinculación del primer bebé.

Un ejemplo de los años preescolares destacará las cualidades críticas de la relación de la madre con cada hijo. Al vestir a los niños para jugar fuera, el más pequeño se mostraba ansioso por vestirse el primero, mientras que la mayor era desesperadamente lenta. Afuera, el pequeño se adelantaba corriendo para explorar y jugar solo. La atención por la mayor se debía a que estaba demasiado preocupada por si tenía energía para jugar. La madre intentaba ayudar a la hija a empezar el juego. Funcionaba bien mientras la madre estaba allí. Cuando intentaba escabullirse, la niña dejaba de jugar y corría hacia la madre. La hija mayor, cuyo self estaba tan invertido en la madre como el de la madre en ella, era capaz de *leer* las expresiones faciales de la madre, el tono de voz, la postura corporal, y los pasos. (Son ejemplos de un hijo dirigido-al-logro en un hijo orientado-por-la-relación).

El primer momento crítico sobrevino cuando los chicos empezaron la escuela. La mayor sufría una suave «fobia a la escuela». Le tenía miedo, preguntaba constantemente que sucedería allí. La madre intentó prepararla caminando junto a ella hacia la escuela para enseñarle el edificio y los alrededores. Cuando empezaron las clases, los lloriqueos y miedos que suscitaban la partida cesaron cuando una profesora permitió que la madre se sentara en la clase unos días, mientras aquélla dedicaba una atención extraordinaria a la niña. La madre quedó contenta cuando concluyó su misión. En casa, los pensamientos de la madre todavía seguían a la hija. Se levantó el ánimo manteniendo frecuentes conversaciones por teléfono con la profesora, y se alegró muchísimo cuando vio los resultados satisfactorios. El pequeño no sufrió ansiedad alguna cuando le llegó la edad de ir al colegio. Estaba interesado en saber cuándo podría ir por fin y cuándo podría aprender a leer y escribir. Tuvo la misma *comprensiva* profesora que su hermana.

La profesora y la madre mantuvieron una buena relación hablando sobre la hija. La madre creyó en el consejo de la profesora al ayudarla a resolver los problemas de la niña. La profesora informó sobre el pequeño «no tiene problema alguno. Tiene más interés por aprender que por mí».

Para la niña mayor, este momento supuso una suave transición de casa a la escuela. Continuó la misma pauta de relación con la profesora que la desarrollada con su madre. La profesora era una mujer tímida con un nivel pobre de diferenciación y orientada-por-la-relación en su propia vida. Se decía que «manejaba bien» a los niños tímidos. De la mayor dijo, «Me llevo bien con los niños como éste. Les ayudo a adquirir confianza. *Les doy algo, y me dan algo a cambio*, nos va bien». La niña estaba apegada a la profesora y ésta contribuyó a asignar a la niña profesores «comprensivos» a medida que progresaba en los seis años que pasó en aquella escuela. En sus reuniones en la asociación de padres y profesores y en las funciones escolares, la profesora siempre preguntó acerca de la hija mayor, pero nunca por el hijo más pequeño quien estaba automotivado y a quien le iba bien académica y socialmente. Tenía numerosos amigos entre los otros chicos y era un realizador en los boy scouts. La niña también respondió bien académica, pero era menos consistente. Cuando estaba con un profesor le gustaba esforzarse a fondo por complacerle y así conseguía ser la primera de la clase. Cuando los profesores le dedicaban menos atención (menos «entrega y recepción» mutua orientada-por-la-relación), no le iba tan bien en clase, a menudo faltaba debido a alguna enfermedad, se quejaba del profesor, se volvía más dependiente de su madre, y disminuía su rendimiento escolar. La madre echó la culpa de los años malos al tiempo perdido debido a la enfermedad y a que los profesores eran demasiado «severos con ella». Esta niña descubrió que le era más fácil relacionarse con adultos que con los otros niños en los años de escuela primaria (una característica común de niños superapegados a los padres). La madre estaba preocupada y se hizo jefa de un grupo de niñas scouts con idea de ayudarla a cultivar amigas entre las otras niñas. Ella participaba sumisamente cuando su madre estaba presente en las actividades de las niñas scout, pero encontró razones para no participar cuando no estaba allí.

El primer cambio importante de la vida de la niña se produjo bastante repentinamente cuando estaba en séptimo curso, el primer año de la primera parte del bachiller. El problema salió a la superficie a mediados de año, aproximadamente cuando se acercaba su decimotercer cumpleaños. Se produjeron dos avances por aquella misma época. Desde la infancia, la madre había sostenido una relación «abierta» y honesta con la niña, quien contaba a la madre «todo» en una relación de «entrega y recepción» con la que ambas disfrutaban. Al empezar el séptimo curso, la niña empezó a confiar cada vez menos. La madre echó de menos estas conversaciones de corazón a corazón, y además, se preguntó qué le podía estar pasando. La ansiedad de la madre aumentó y cuanto más presionaba indagando información, más breves eran las respuestas de la niña y más frecuentemente se retiraba a su habitación. La madre intentó tranquilizarse, diciéndose a sí misma que la niña nunca le había mentido, que se trataba de una racha y que pasaría. El segundo avance llegó con una cartilla de pobres resultados. La madre comenzó de nuevo a tratar de averiguar qué podía suceder, y por primera vez tuvieron un intercambio airado de palabras. La niña se apartó cada vez más y empezó a hablar largamente con sus amigas por teléfono. Era el principio de un conflicto patente entre la madre y la hija. La madre no quería hacer demasiadas preguntas por miedo de provocar una pelea. Contenía su ansiedad todo lo que podía, pero leía tan hábilmente sus expresiones faciales, tonos de voz, y acciones, y cuando «sentía» que la hija se hallaba disgustada o nerviosa, que solía presionar de nuevo pidiendo explicaciones. La hija aprendió a volverse evasiva y distante, y descubrió que las «mentiras blandas» calmarían la ansiedad inmediata de la madre. Las calificaciones escolares de la niña eran irregulares, pero con un pequeño esfuerzo antes de los exámenes, podía conseguir notas suficientes en la mayoría de las asignaturas. Socialmente la niña entró a formar parte de un grupo de niñas «rápidas» al que la madre echó la culpa del comportamiento de la hija que se volvió cada vez más extrema y antifamiliar. Periódicamente, cuando se producía un episodio de ansiedad, la madre solía pedir información y consejo a la escuela pero ya no había un profesor único; y el consejero escolar, quien tenía un contacto directo escaso con la niña, aseguró al principio a la madre que esto era normal y después sugirió que acudiera a un psiquiatra. Cuando la madre mencionó esto a la niña, provocó la respuesta más enojada de todas. La madre misma consultó a un psiquiatra que le explicó la rebelión adolescente y el conflicto sexual del adolescente y le sugirió una evaluación y una posible psicoterapia para ayudar a la madre a encontrar las respuestas en ella misma. El rechazo de la niña a todo lo que tuviera que ver con un «psiquiatra» puso fin a aquel esfuerzo.

La etapa adolescente pasa velozmente y con dificultades para un hijo orientado-por-la-relación. La niña comenzó su vida con una fusión bastante intensa de su self con la madre. Gran parte de la energía psíquica de la madre, que incluía preocupación, inquietud, «amor», ira, etc., estaba invertida en la niña, y ésta invertía una cantidad idéntica de sí misma en la madre. Esta inversión de self, o fusión, tiene lugar en todos los grados de intensidad que siguen en paralelo a los niveles de diferenciación de self sobre la escala. Una vez que un hijo es «programado» en una cierta medida de «entrega y recepción», con la madre, este nivel permanece relativamente fijo a lo largo de la vida. El hijo puede establecer una relación «abierta y amorosa» solamente cuando se cumplen las condiciones para ese nivel de inversión de self mutua. Hay determinadas variables que rigen las «condiciones» que se tratan en otra parte. El grado de indiferenciación de la madre que se fusiona con el hijo viene determinado por su cantidad total de indiferenciación y por la cantidad absorbida en alguna otra parte. Si la indiferenciación de la madre es absorbida en este hijo, sus relaciones con los otros hijos serán más normales. La madre no estaba excesivamente preocupada o inquieta por el otro hijo. Existe un espectro de familias en las que los otros hijos «crecen» fuera de la fusión paterna con el hijo implicado y se ven libres para desarrollar sus vidas orientadas-a-objetivos.

Esta madre «tuvo éxito» al manejar un relación relativamente tranquila con la niña a lo largo de la infancia. Se encontró con una situación escolar extremadamente favorable para mantener a la hija libre de síntomas. La profesora poseía un nivel de diferenciación igual de bajo y encajó bien como figura de relación para los siguientes seis años. Un «ajuste» menos favorable habría traído consigo más síntomas en los primeros años escolares, y probablemente más síntomas cuando la niña pasó a los años de enseñanza general básica. La niña se las arregló para conseguir mejores resultados que la media en sus tareas escolares. Un ajuste escolar mejor habría sido aquél en el que el niño se convierte en un empollón que invierte el trabajo necesario para sobresalir académicamente en orden a «recibir» aprobación por parte de profesores y padres. Otro niño con aproximadamente el mismo nivel de diferenciación y un intelecto algo menos libre para poder aplicarlo en la escuela podría convertirse en un alumno con problemas al objeto de aliviar la presión del éxito académico, y recibir aún una cantidad aceptable de energía psíquica dirigida a los pobres resultados escolares. Los problemas de los jóvenes pobremente diferenciados que son académicamente brillantes se abordarán más adelante en este artículo. La dificultad que tiene un niño como éste a la hora de relacionarse con los otros niños es corriente. El niño pequeño normal no es capaz de relacionarse con los otros niños y un niño perturbado tiene poca energía fuera de las fuentes de «entrega y recepción» del adulto. El fallo en conseguir éxito en el momento del ajuste escolar se produjo al principio de la primera etapa del bachillerato, que es un momento de fracaso común para los niños perturbados. Ya no hay más una única clase y un profesor único. Los chicos se desplazan de una clase a otra con distintos profesores para cada asignatura. El sistema funciona bien para los niños mejor integrados, pero las oportunidades no son tan favorables para un niño perturbado que busca una relación eficaz de «entrega y recepción» con un profesor. Los niños además están madurando físicamente, lo que les hace separarse de los padres.

La combinación de la edad y las circunstancias somete a los estudiantes al primer proceso de «selección natural» al escoger a los amigos personales. Aquí hay un grupo numeroso y un alto porcentaje de ellos posee un apego dependiente significativo a sus padres a quienes manejan apartándose de ellos. Forman grupos en función del estilo vital de la «entrega y recepción» en que han sido programados por sus madres. Los que ostentan el nivel más bajo de self funcional actúan con el rechazo de los padres más radical, y por tanto poseen las mayores «necesidades» emocionales por satisfacer en el grupo. Hay otros grupos compuestos de niveles de integración sucesivamente mejores. Los grupos se organizan en torno a «líderes» y a los principales «mejores amigos». El grupo se convierte rápidamente en una red activa de triángulos. Todos los estudiantes han sido bien adiestrados en la experiencia orientada-por-la-relación, y en la búsqueda y entrega de «amor» y aprobación. Ponen tanta energía en las relaciones dentro del grupo como la que dedicaron anteriormente a sus madres, centrando su energía principalmente en el «mejor amigo» actual, con el que existe un contacto frecuente e interminables llamadas telefónicas. En general, los grupos son «antipadres» y «secretos» y cada uno desarrolla su propia clase particular de actividad en función de la intensidad de «desvinculación» negativa con los padres. El grupo prescribe el lenguaje, la forma de vestir, y el comportamiento. Se necesita una mínima cantidad de comportamiento excesivo para ser aceptado, pero el miembro más admirado es aquél que se muestra más «frío» en tentar las oportunidades de ser cogido. Hay premio para quien «hace frente a» los padres y a las autoridades, y resiste resueltamente a cualquiera que implique hacer o decir algo que «provoque una reacción» por parte de los padres. Proporciona una satisfacción conmover y provocar reacciones en los padres, no porque disfruten haciendo daño (como se presume comúnmente), sino por la satisfacción de «ser un self adulto». Esta es la naturaleza de los pensamientos del que posee este nivel de indiferenciación.

Hay un aspecto importante de los grupos de adolescentes que tiene que ver con las relaciones con los padres en casa. Todavía son *económicamente dependientes de los padres* y los padres *emocionalmente dependientes* del joven, quien aún posee la capacidad de disolver los selfs de los padres. Es fácil que los padres cedan a la satisfacción de sus excesivas demandas de dinero y privilegios, en la esperanza de que el joven cambie de una vez.

La hija de este perfil clínico pertenecía a los grupos de tipo medio de su escuela. Había cosas que iban contra lo establecido que su grupo no haría, que eran corrientes en grupos de un nivel inferior. Había actividades en su grupo que grupos mejor integrados no harían. En la primera etapa del bachillerato sus actividades consistían en permanecer tarde fuera de casa, pasar toda la noche con su «mejor amigo» sin decírselo a los padres, celebrar fiestas «descaradas», hacer raterías, o emplear palabras de cuatro letras que chocaban a cualquiera. El grupo adjudicaba una alta aprobación a los que contaban sus escapadas con cerveza, vino y marihuana, y a quienes conseguían con mayor éxito en «arreglárselas» con los chicos. Durante el bachillerato su forma de vestir se volvió más extrema, y verse implicada en asuntos de sexo, uso de drogas y lenguaje obsceno era corriente. Había escapado para vivir con su novio tantas veces, después de pelearse con su madre, que la familia apenas reaccionó frente a ello. Era algo adicta a drogas duras suministradas por su novio. Sufría hepatitis debido a las inyecciones de droga, y sufrió dos colisiones graves de automóviles. Vivía junto con su novio cuando consiguió sacar el bachillerato. Intentó la universidad pero abandonó y entonces recorrió el país con su novio hasta un lugar donde disponían de un coche, un apartamento, y se las arreglaron para vivir sin trabajar excepto en algunos trabajos parciales en una actividad que iba contra lo establecido.

Mientras tanto, el hijo joven dirigido-a-objetivos llevó una vida regular. Alcanzó una graduación de honor en el bachillerato y no se vio afectado funcionalmente por el curso irregular de su hermana. Mantenía un estrecho contacto con sus padres sin verse afectado por la implicación emocional de éstos con su hermana. Ahora está finalizando sus estudios en la universidad, que continuará con un curso de post-grado. Tiene una novia duradera que conoció en los días del colegio y que fue a otra facultad, y tienen pensado casarse cuando su situación educativa y financiera lo permita.

Es importante tocar un último aspecto en este perfil clínico. El novio de la hija, también un refugiado de su propia familia, sigue la pauta exacta de inversión de self en el otro como la hija tenía al principio con su madre, y como ella ha tenido en las relaciones subsiguientes. Podían «leer» los sentimientos de la pareja a partir de las expresiones faciales, la voz, y el movimiento; cada uno siente pena por el otro a la mínima señal de pena interna, y de algún modo son capaces de guardar la «entrega mutua» en equilibrio mientras ninguno trabaje y cada uno de ellos dedique el self completamente al otro. Observando su relación en el pasado se puede inferir que ninguno es capaz de afrontar una enfermedad grave, una herida, u otra necesidad real seria, y cualquiera de los dos escapará del que resulte incapacitado. Su núcleo emocional puede seguir bastante estable mientras puedan mantener toda la inversión mutua, y mientras ninguno trabaje de modo que el núcleo pueda ser amenazado por fuerzas internas o externas. Esta niña podía haber sido una enferma con necesidad de ser hospitalizada periódicamente, una paciente mental marginalmente ajustada si hubiera nacido en una generación anterior.

Pautas vitales previsibles con la teoría sistémica

Un conjunto significativo de pautas vitales puede ser predecido con bastante exactitud con los conocimientos actualmente disponibles sobre la teoría sistémica. Está demostrado que el ámbito y exactitud de la predictibilidad puede extenderse ampliamente con relativamente poca investigación. Cuanto más conoce el hombre acerca del fenómeno humano, más capaz debería ser de utilizarlo en los problemas monumentales que le despojan de la elección consciente en decisiones que le afectan a él y a su ambiente.

Las pautas previsibles sobre el curso futuro de una familia, a partir de la información disponible cuando dos personas contraen matrimonio, transmitirán alguna idea de las posibilidades y las tendencias actuales en la sociedad. La información más importante sería una estimación medianamente precisa de los niveles de diferenciación de self de cada cónyuge. La segunda información más importante sería una estimación precisa del funcionamiento emocional de las familias de origen de donde proviene cada esposo, la función que cada uno desempeñaba en dicha familia, y la eficiencia con la que él o ella funcionaban. La siguiente información sería conocer las pautas de funcionamiento globales desarrolladas dentro de cada cónyuge. La dificultad llega a la hora de obtener estimaciones medianamente precisas. Es imposible hacer una estimación de una diferenciación de self a menos que se estudie a lo largo de varios años o todo un segmento de una vida. Existen demasiados niveles de self funcionales distintos en los que el self funciona mejor que el nivel básico o por debajo de éste. Los cambios funcionales de los que ostentan los niveles de self más bajos son tan grandes, y operan durante temporadas tan largas de tiempo, que es difícil encontrar una línea de base media. Los cambios de función incluyen adherir un self a otro, o permitir que los selfs de otros se adhieran al self de uno. No obstante, las estimaciones de niveles de funcionamiento normales, durante prolongados espacios de tiempo, son precisas para la mayor parte de los propósitos clínicos y teóricos.

Una de las pautas funcionales más importantes de una familia tiene que ver con la intensidad de apego emocional irresuelto a los padres, más frecuentemente a la madre de tanto hombres como mujeres, y con la manera cómo el individuo maneja el apego. Todo el mundo experimenta un apego emocional a sus padres que es más intenso de lo que la mayoría se permite creer. En un extremo están aquéllos que siguen viviendo dentro del campo emocional paterno. Hay quienes niegan la existencia del apego mientras viven cerca de los padres y quienes consiguen «desvinculaciones» más claras de los padres que otros que viven a distancia. En el otro extremo están aquéllos que se desvinculan de los padres y abandonan el hogar y nunca vuelven ni se comunican con ellos de nuevo. Hay quienes se desvinculan de sus padres y se adhieren a las familias de sus cónyuges. La pauta más corriente es la desvinculación parcial en la que la familia nuclear vive lejos y mantiene un contacto simbólico con los padres. Sin embargo la cuestión está manejada, *el negado apego emocional al pasado tiene su réplica con el cónyuge y con los hijos. Dicho de otra manera: Cuanto más se niega el apego al pasado, menos elección queda para determinar la pauta que habrá de seguirse con el propio cónyuge e hijos* (como si tuviera mucho con lo que empezar). También puede decirse acertadamente que un divorcio o una amenaza de divorcio, o un problema emocional de un hijo, es una prueba implícita de un apego emocional irresuelto a las familias de origen.

Hay pautas globales en una familia que pueden ser previstas antes del matrimonio. El grado de indiferenciación de los cónyuges predecirá el grado de fusión emocional en los primeros tiempos del matrimonio, cuando los dos «pseudoselfs» se fusionen en una «nostridad». Los síntomas de la fusión aparecen al casarse o poco después. Hay una forma que casi todos utilizan en un grado u otro. Se trata de la *distancia emocional* del otro, que es difícil de mantener en el tiempo. Existen tres pautas importantes que se relacionan con esto. Una es el *conflicto conyugal* que les permite guardar una aceptable distancia emocional la mayor parte del tiempo y una construir una intensa proximidad durante los momentos de reconciliación. Otra pauta es la *continuación de la fusión*. Un cónyuge decide voluntariamente o es obligado a ocupar la posición dependiente o «el número dos», dejando al otro como el que ha de tomar las decisiones por los dos. El que figura en la posición dependiente probablemente se sienta bastante cómodo careciendo de self, pero si continúa así durante mucho tiempo, sufrirá una disfunción ya sea enfermedad física, emocional, o una disfunción social como por ejemplo la bebida o el comportamiento irresponsable. La tercera pauta es la *transmisión del problema al hijo*. Esta será tratada en la próxima sección.

ya que es importante para la familia y la sociedad. Todas estas pautas representan los modos que utiliza el hombre para enfrentarse a la excesiva proximidad. Todas tienen que ver con la manera cómo la familia afecta a otros miembros de la familia en el esfuerzo de mantener el espacio vital para el self. La negación y la desvinculación del contacto emocional con las familias paternas y extensas incrementa la intensidad de los síntomas de una familia. La apertura de relaciones significativas con las familias paternas y extensas reduce automáticamente la tensión y los síntomas en toda la familia nuclear. Esto tiene implicaciones para el hombre y su espacio vital en la sociedad.

Proceso de proyección familiar

Aquí el objetivo es elaborar la descripción teórica mencionada en la última sección. Descriptivamente, el proceso de proyección familiar es un proceso emocional triangular a través del cual dos potentes personas del triángulo reducen su propia ansiedad e inseguridad sacando un defecto a la tercera persona, diagnosticando y confirmando el defecto como algo lamentable, afirmando la necesidad de una atención benevolente y a continuación satisfaciendo esta necesidad, lo que hace que el débil se vuelva más débil y el fuerte más fuerte. Está presente en todo el mundo hasta cierto punto, potenciado por las excesivas prestaciones de ayuda benevolentes que benefician al fuerte más que al receptor, y se justifica en nombre de la bondad y la virtud autosacrificada. La continuidad del proceso en la sociedad señalaría que se hace daño a los otros más en servicio de un pío deseo de ayudar que en nombre de un intento malévolo.

Es un proceso a través de cual muchos padres perjudican constantemente a uno o más de sus hijos en cierto grado. Particularmente, empieza con una madre demasiado ansiosa dedicada a ser la mejor madre posible para el hijo más maravilloso. El hijo se vuelve ansioso en respuesta a la ansiedad de la madre. En vez de controlar su propia ansiedad, intenta desesperadamente aliviar la ansiedad del hijo con atenciones maternas más ansiosas, que a su vez intranquilizan más al chico, quien alimenta más aún el desasosiego materno, etc. Nunca puede calmarse lo suficiente para entender su parte. Por el contrario, busca las causas del problema en el hijo y acude a médicos en busca de un diagnóstico positivo y una nueva vía para estructurar y concentrar su función materna. En momentos de tranquilidad, podría llegar a olvidar las necesidades reales del hijo. El proceso prosigue a través de los años hasta que el hijo queda funcionalmente dañado. Esto se produce de la forma más intensa con el hijo que más tarde desarrolla una esquizofrenia, la forma más grave de enfermedad mental. Finalmente acude a un psiquiatra que, aplicando los principios sólidos de la medicina, examina al paciente, diagnostica su enfermedad, y conviene en tratar la enfermedad como una patología del paciente. El modelo médico vuelve a presentar otro paso en el proceso de proyección familiar. Un ingrediente esencial del proceso es la percepción compasiva que tiene la madre del niño. Para cuando este serio proceso ha alcanzado una etapa avanzada, el paciente está tan perturbado y tan programado para representar el papel de pobrecito que el proceso es irreversible. El padre desempeña un papel pasivo en las relaciones madre-hijo, acompañando con su aprobación las acciones de ella. Al principio, el proceso toma la forma de un triángulo compuesto de la madre como la persona fuerte que solicita y consigue la aprobación de la otra persona fuerte para emprender una acción definitiva que afecta al tercero. En el proceso del compromiso, los dos padres actúan como un único agente, solicitando y consiguiendo la aprobación de otro, el psiquiatra y el procedimiento de compromiso legal, a fin de emprender la acción que ha de afectar al paciente.

Existen procesos de proyección familiar mucho menos severos en los que un dijo queda menos gravemente dañado. En estos, resulta bastante sencillo apartar al hijo del proceso de proyección pidiendo a los padres que asuman la premisa de trabajo de que el problema radica en los padres y no en el hijo, y en la que nunca se ve a éste como «paciente». En el acto de ver al hijo, existe en cierta medida una confirmación automática de que el niño está «enfermo». Aunque este enfoque de trabajo es criticado por la psiquiatría convencional, ha sido la experiencia que hemos obtenido reiteradamente con la terapia sistémica cuyos resultados son más satisfactorios y más rápidos, siempre que el hijo nunca se vea envuelto en ningún proceso encaminado a modificar a los padres.

La energía que impulsa el proceso de proyección familiar es intensa. Se trata de una fuerza emocional automática que funciona de modo que mantiene al paciente enfermo. Todo el poder de la energía queda más patente a través del «lenguaje de acción» de familias con pacientes gravemente perturbados, cuando la ansiedad de la familia es alta. La familia se relajará para no hacer nada por el paciente mientras dure su tratamiento. Ha sido una experiencia corriente en hospitales mentales privados caros ver cómo las familias agotan sus reservas económicas en fútiles esfuerzos por lograr alguna mejora del paciente. Hay muchas que nunca se quejan del coste y que apoyan los esfuerzos del hospital mientras los pacientes no mejoran. Las mismas familias pueden llegar a disgustarse y retirar al paciente del hospital si experimenta efectivamente alguna mejora. El proceso se puede describir adecuadamente con la siguiente analogía. La familia se dirige al psiquiatra con un problema de un miembro de la familia, que desde una perspectiva sistémica, es consecuencia de años de «fallos» a lo largo de toda la familia. El grupo se muestra inexorable en sus exigencias de que la consecuencia de los «fallos» ha de ser arrancada sin hacer nada que altere las pautas familiares.

En la psiquiatría opera el mismo proceso de proyección. En la literatura profesional han aparecido artículos sobre la terapia familiar desde hace casi veinte años. Uno de los mejores estudios de investigación sobre la familia de la década pasada estaba encaminado a mantener a los pacientes mentales fuera de los hospitales. Se diseñó cuidadosamente y se controló. Demostró que cerca del ochenta por ciento de los pacientes que obtuvieron aprobación para ser admitidos en un hospital mental público podían permanecer en casa, ser tratados con una fracción del personal profesional, del tiempo y los gastos requeridos para el grupo de control, y que el resultado final después de un seguimiento de cinco años era muy superior al grupo tratado convencionalmente. Los informes científicos que aludían a ello aparecían periódicamente hasta que la documentación final se publicó hace cinco años. Las revisiones del trabajo en las revistas profesionales lo describían como «interesante y merecedor de mayor estudio», etc. Se podía aseverar que las innovaciones en las ideas y los procedimientos requerían tiempo para ser aceptados. Está demostrado que esta fuerza de la psiquiatría forma parte de la misma fuerza de todas las familias, y de la sociedad también. Probablemente la sociedad gaste más tiempo y energías el intentos fútiles de retirar las consecuencias de los «fallos» que en intentar parar lo «fallos».

Pautas clínicas durante la terapia

Los cambios que tienen lugar en una terapia con buenos resultados son esenciales para entender todas las clases de funcionamiento en los sistemas emocionales. Cuando un miembro clave de un sistema emocional es capaz de controlar su propia reactividad emocional y observar minuciosamente el funcionamiento del sistema, así como la parte que le toca a él, y es capaz de evitar el contraataque cuando se siente provocado, y cuando puede mantener una relación activa con los otros miembros claves sin retirarse o encerrarse en el silencio, todo el sistema experimentará cambios en un orden de pasos previsibles. Esta es la esencia del cambio en los sistemas emocionales, el cual está demostrado es incluso más efectivo que dedicarse a trabajar con varios miembros familiares al mismo tiempo. Constituye un método que consiste en enseñar a una persona el funcionamiento previsible de los sistemas y en supervisar su intento de modificar su funcionamiento en las relaciones que siguen existiendo. No se trata de «terapia» en el sentido corriente. Se han empleado con éxito estos principios fundamentales con una diversidad de sistemas sociales pequeños.

En general, todas las pautas que se siguen en un sistema aparecen más pronunciadas cuando la ansiedad es elevada. Esto afecta a todas las pautas, desde las pautas triangulares más pequeñas, pasando por las más grandes que desembocan en conflictos emocionales y síntomas, hasta las más amplias implicadas en el proceso de proyección. Del mismo modo, todo proceso que haga disminuir la ansiedad reduce la intensidad de las pautas. Por ejemplo, el funcionamiento de las pautas triangulares no puede observarse en un sistema completamente en calma. Una de las formas más efectivas que hay para calmar un sistema en tensión es mediante una figura clave motivada del sistema, generalmente el cónyuge que se halla más motivado. Cuando un cónyuge inseguro, cambiante es capaz de armarse de mayor seguridad sobre sus propios principios de actuación, y puede afirmar con desasosiego su posición sin tratar de forzar a los demás, la tendencia tranquilizadora se hace con frecuencia más intensa. Lo mismo se aplica a los jefes de los grupos sociales y de trabajo de pequeño tamaño. Un sistema ansioso es aquél en el que los miembros del grupo están aislados entre sí, y la comunicación entre ellos se produce a un nivel de murmuración subterránea. Cualquier cosa que favorezca un comunicación abierta reducirá la tensión, como paso inicial hacia esfuerzos más categóricos encaminados a modificar el sistema.

Probablemente hay un principio relacionado con el cambio de diferenciación que es más importante que todos los demás. La diferenciación empieza cuando un miembro de la familia comienza a definir más claramente y a afirmar más abiertamente sus propios principios vitales y convicciones internas. A diferencia de los principios derivados del resto de la familia. Llegar a estar medianamente seguro dentro de uno mismo puede requerir varios meses o incluso más tiempo. El resto de la familia se opone a su esfuerzo diferenciador con una poderosa contrafuerza emocional, que va siguiendo unas etapas sucesivas: 1) «Eres fuerte», con cantidad de razones que apoyan esta afirmación; 2) «Vuelve atrás y te aceptaremos de nuevo»; y 3) «Si no lo haces, éstas son las consecuencias», que en ese momento se enumeran. Las acusaciones lanzadas más corrientemente se refieren a indiferencia, mezquindad, desamor, egoísmo, frialdad, la desconsideración sádica hacia los demás, etc. Cuando el individuo que se diferencia se defiende, o contraataca, o permanece en silencio, desciende hacia atrás entrando en el viejo equilibrio emocional. Cuando es capaz por fin de permanecer con su curso de acción pacífico, pese a las fuerzas que buscan la unión, las acusaciones alcanzan un pico e inmediatamente ceden. La oposición entonces se manifiesta en forma de una simple afirmación de que se aprecia la convicción y la energía de la persona que se diferencia y todo el grupo se alza hasta el nuevo nivel alcanzado por el primero. Posteriormente, otro miembro del grupo iniciará su propio esfuerzo por lograr una mejor definición del self. La oposición de la unidad contra la individualización, o diferenciación, es tan previsible que ésta no se producirá si no tiene lugar aquélla.

Padres excesivamente indulgentes.

Parece que el padre permisivo está reemplazando al padre rigurosamente autoritario en nuestra sociedad. Independientemente de las fuerzas que intervengan, los padres excesivamente indulgentes tienden a culpar a la sociedad de la mala conducta de sus hijos. Esto incluye echar la culpa a las escuelas, acusar a las autoridades de no saber eliminar plagas perjudiciales como la de la droga, y de no ayudar a las instituciones a superar pronto el problema. Los padres autoritarios tienden a echarse la culpa unos a otros. Los hijos de padres permisivos tienden a echar la culpa a los padres debido a falta de cariño, y los hijos de padres autoritarios los acusan de crueldad. El resultado final es la tendencia creciente a culpar a la sociedad del problema y a confiar que la sociedad encuentre las soluciones. Estas son las tendencias generales.

La pauta básica de la familia excesivamente indulgente es parecida a la que se ha explicado en el primer perfil clínico. Normalmente estos padres son inteligentes, enteramente dedicados, que han hecho con sus vidas un proyecto de proporcionar lo mejor a sus hijos. Han estudiado, leído e intentado aplicar las mejores prácticas educativas. Al principio las madres procuran librar al hijo de los síntomas derivados de una total entrega de cariño, que constituye el núcleo del proceso de proyección familiar. El proceso sigue la misma pauta ya sea el punto de llegada una psicosis o problemas conductuales. Es un poco más acentuada en aquéllos que se vuelven psicóticos. Los sentimientos de deprivación y las demandas de cariño son menos visibles en la psicosis. El niño con problemas conductuales se siente privado de algo si no recibe el amor total para el que fue programado. El proceso perdura hasta que la familia se agota intentando satisfacer las demandas. La misma pauta se extiende a la sociedad, donde el niño «siente» sus ataques como una justificación ante el error de la sociedad de no respetar sus «derechos» fundamentales. Las actitudes de la sociedad participan en el proceso. Un padre puede declarar que un hijo se halla «fuera del control paterno» y el tribunal de menores puede descargar a los padres de su responsabilidad, manteniendo la atención en el niño.

Desde el punto de vista teórico es importante hacer una observación interesante. Un progenitor que ocasionalmente se conduce con excesiva indulgencia, normalmente el padre, intentará mantenerse «firme» frente a un problema conductual del hijo. Un individuo con este grado de integración emocional no comprende ni la diferenciación ni el desarrollo dirigido a metas de sus propios principios vitales. Es una persona orientada-por-la-relación que percibe el «control» como el control de la vida de otro. Intenta controlar a su hijo por medio de la fuerza física y se vuelve tan punitivo y despreciable por un lado como exageradamente indulgente lo había sido por el otro. El grado de indulgencia no violenta por un lado puede transformarse en el mismo grado indiferenciado de mezquindad violenta y cruel por el otro. Esto es importante a nivel social.

PROBLEMAS DE LA SOCIEDAD DESDE UNA PERSPECTIVA EMOCIONAL SISTEMICA

Todas las personas que fueron, o son, miembros de familias repiten las mismas pautas emocionales en la sociedad. Las fuerzas emocionales correspondientes a la familia y las correspondientes a la sociedad guardan un equilibrio recíproco, influenciándose mutuamente. Esta sección estará dedicada a un espectro de pautas sociales.

Nivel de diferenciación de self funcional

Sólo hay unas pocas parcelas en que las pautas de la sociedad son ligeramente distintas de las pautas familiares. La mayoría de éstas tienen que ver con la manera de erigirse los líderes, o de ser seleccionados, para asumir la responsabilidad política. En los últimos veinticinco años, parece que la sociedad ha estado descendiendo a un nivel de diferenciación funcionalmente inferior, o ha sufrido una regresión emocional. Se han producido avances y retrocesos con un marcado descenso durante casi toda la década de los sesenta, y un aparente ascenso a principios de los setenta. Estas observaciones se basan en el mismo criterio empleado en estimar el funcionamiento de la familia, que es la cantidad de self determinado por principios en comparación con la «orientación sentimental» que lucha por una solución sentimental inmediata y a corto plazo para afrontar la ansiedad del momento. El modo general de funcionamiento en la década pasada ha sido parecido al del padre inseguro, exageradamente indulgente, «carente de self» que se enfrenta con las exigencias emocionales de su inmaduro hijo adolescente. La pauta pertenece al rango medio entre la familia escasamente diferenciada que aún sigue un curso bastante regular y medianamente exento de síntomas, y la familia caótica paralizada e inundada por sentimientos e impulsos. Esta pauta de orden medio se parece al triángulo intenso formado por los padres y un hijo excesivamente atendido, que fluctúa entre una amabilidad sumisa, discursos intelectuales superficiales sobre sus derechos y una cantidad moderada de venganza y amenazas. Al principio, la fusión afectaba sobre todo a la madre, quedando el padre en la periferia. La perspectiva de éste se separaba de la de la madre, pero sus pseudoprincipios e ideas no eran lo suficientemente firmes como para hacer frente a las potentes fuerzas emocionales que se generaban cuando entraba en el terreno emocional del lado materno. Perdía su pseudoself ante la madre en la intensa polarización que surgía entre los padres y el hijo. Sus opiniones acerca de la responsabilidad eran barridas en este campo emocional más intenso.

El proceso de formación de triángulos en una familia grande servirá para ilustrar el proceso que acontece en la sociedad. Puede empezar con un conflicto entre uno de los padres y el hijo. Cuando otro toma partido, queda potencialmente atrapado en el triángulo. Cuando habla (o influye sobre los demás) o emprende alguna acción basada en los sentimientos, es atrapado activamente por el triángulo. Toda persona que queda envuelta puede envolver a otros hasta que un buen porcentaje del grupo está tomando partido activamente. La controversia se define en términos de «bien» y «mal», y con frecuencia se habla de victimarios y víctimas. En un conflicto que tiene lugar en la sociedad, los que se ponen de parte de la «víctima» adoptan y demuestran más fácilmente posturas activistas. Los que «se sienten más responsables» de todo el grupo apoyarán el lado paterno. Con mayor probabilidad permanecen callados o actúan escribiendo cartas a la editorial, o haciendo frente activamente a los activistas. Un grupo curioso de activistas está compuesto de miembros pertenecientes a organizaciones profesionales y científicas que intentan emplear sus conocimientos y estatus social para enmarañar todavía más el sistema emocional triangular. Para resumir el proceso, empieza con la tensión emocional provocada en una situación bipolar, se extiende envolviendo a otros individuos emocionalmente vulnerables, es alimentado por la reactividad emocional y la respuesta a la negación y la acusación y entra en reposo cuando la energía emocional se agota. Hay diversos modos de iniciarlo, intensificarlo, suavizarlo y detenerlo. Puede ser iniciado por una persona que, intencionadamente o no, aprieta un gatillo emocional en un segundo. La persona afectada o bien se defiende de un modo característico o contra ataca añadiendo pólvora emocional. Puede ser suavizado o detenido por una persona tranquila que se mantiene en un contacto de «tonalidad menor» sin defenderse o contra atacar. Las palabras utilizadas en el intercambio emocional triangular, basadas en el pensamiento racional, generalmente no son oídas por el otro salvo para defenderse o preparar una refutación. Sólo pueden oírse una vez que la emoción ha disminuido. El sistema emocional triangular es especialmente intenso cuando hay mucha ansiedad. Desaparece cuando el sistema está en calma.

Hay otra prueba de que el nivel de diferenciación funcional de la sociedad ha sido inferior en las últimas décadas. Sería el número y la intensidad de formas de interrupciones emocionales, como por ejemplo los delitos mayores, los disturbios, etc. Si el nivel de diferenciación funcional, o la madurez, o la responsabilidad es inferior, ¿cómo podemos explicarlo?. De hecho, el nivel de funcionamiento de un individuo puede variar de un día para otro, o puede mantenerse alto durante toda la vida, o bajo. Existe también el nivel de funcionamiento de la unidad familiar que puede fluctuar de buenos a malos momentos. Está bastante demostrado que el hombre funciona óptimamente bajo condiciones adversas o cuando es desafiado. Hasta mediados de la década de los sesenta, consideraba que el retroceso de la sociedad era un fenómeno funcional, y quizá cíclico, relacionado con la depresión de los años treinta o con la Segunda Guerra mundial, y que tras ésta el hombre se volvió holgazán y codicioso ya que había disfrutado del momento más grande de abundancia material y libertad de toda su existencia. Suponía que había encontrado otro reto y se había alzado para la ocasión. Pasada la mitad de la década de los sesenta se puso de manifiesto en la sociedad un nivel de funcionamiento aún más bajo. Las personas actuaban más orientados-por-los-sentimientos y menos fruto de una planificación de principios duraderos, más en base a pensamientos que giraban en torno a los «derechos» y menos en torno a la «responsabilidad». Las pautas generales se acercaban más a las de la familia que contiene un hijo problemático, entregada a las exigencias emocionales, esperando que el problema desapareciese.

Parece que la sociedad se asemeja mucho más a una familia con una intensa «masa de ego familiar indiferenciado», que a la fusión emocional menos intensa de hace veinticinco años. Los componentes de la sociedad están fusionados entre sí y son más dependientes emocionalmente unos de otros, manteniendo el individuo una autonomía operativa menor. Los acontecimientos emocionales se parecen más a los que tienen lugar «dentro de una fusión yoica» que a los que se producen entre personas relativamente autónomas. Un self moderadamente diferenciado puede vivir una vida más regular ya sea solo, o en medio de la masa humana. Un sujeto escasamente diferenciado no es productivo solo. Las potentes fuerzas de «unión» emocionales le arrastran a la tensión de la fusión, con el efecto que el self tiene sobre el self y los mecanismos que se resisten a tener que enfrentarse a una proximidad excesivamente estrecha. La sociedad ha estado gravitando en torno a los cúmulos humanos en los grandes núcleos urbanos donde el individuo puede llegar a estar más alienado de sus semejantes que antes. La actividad grupal, incluyendo en ella los grupos de encuentro y la promiscuidad sexual se han convertido en aterradoras excusas para vencer la alienación provocada por la excesiva fusión y proximidad. En el pasado, el hombre ha utilizado la distancia física para aliviar la tensión de la fusión emocional. La distancia física es más difícil de conseguir en una población creciente.

Pienso que el conjunto de problemas asociado con la explosión demográfica desempeña un papel esencial en las ansiedades más profundas del hombre. Aparecen los obvios problemas en espiral del avance vertiginoso de la tecnología, dotando a cada vez más gente de un alto estándar de vida gracias a la tecnología, manteniendo una economía en la que las masas proporcionan al mercado los productos que mantienen operativa a la tecnología, el veloz agotamiento de los recursos naturales mundiales que suplen la tecnología, y la contaminación del ambiente con los derivados de la tecnología y del hombre. El proceso ha alcanzado un punto en que determinados recursos naturales están próximos a la extinción, el equilibrio de la naturaleza está siendo alterado, y la vida humana pronto estará en peligro. Estos son algunos de los problemas que abordan otros expertos.

La idea principal que presentamos aquí es que parece que la sociedad está funcionando a un nivel emocional menos diferenciado que hace veinticinco años y que esto puede estar relacionado con la desaparición de las fronteras territoriales. Desde hace mucho tiempo el hombre se ha servido de la distancia física para «alejarse» de las presiones emocionales internas. Para él era importante saber que había una nueva tierra, aunque nunca fuera a ella. El término de la Segunda Guerra mundial significó un hito importante en un proceso en el que el mundo se empequeñeció funcionalmente a un ritmo más veloz. Esto ocurrió antes de que el hombre fuera del todo consciente del crecimiento demográfico. Después de la guerra, las potencias coloniales comenzaron a otorgar la independencia a sus colonias, y se hizo más difícil para los ciudadanos marcharse a una colonia. Después de la guerra se produjeron los rápidos avances tecnológicos de la comunicación instantánea y del transporte veloz. Si un año no era suficiente para comprender esto sin dificultad, no necesitaba esperar mucho para la venida del siguiente adelanto que no podía ser ignorado. En poco más de una década el transporte aéreo se desarrolló tan velozmente que llegó a ser raro que se cruzara un océano en barco, en tanto la televisión había acercado sucesos muy lejanos a su sala de estar.

El hombre es capaz de «conocer» algo intelectualmente mucho antes de «saber» que forma parte de su ser total. Las principales modalidades que operan en la reactividad emocional de las relaciones son la visión y la audición. Podría ser que la televisión, que requiere ambas modalidades, fuera el factor más importante a la hora de hacer al hombre intelectual y emocionalmente consciente de su tierra. Era más difícil dudar que su tierra era una «colonia» después de 1969 cuando su pantalla de televisión le llevó por un tour audiovisual sobre la luna, contemplando a su planeta Tierra al fondo.

En fin, volvamos al hombre y a su reactividad emocional cuando empezó a «conocer» que la última frontera territorial se había borrado y ya no podía «largarse» de lo viejo hacia algo nuevo. Es importante el concepto de diferenciación de self. En el extremo de la escala más diferenciado se sitúa la persona que puede «conocer» gracias a su intelecto, y que puede también «conocer», o «ser consciente de», o «sentir» la situación gracias a su sistema emocional. Posee una capacidad aceptable para mantener una distinción operativa entre el intelecto y las emociones y para actuar en base al razonamiento intelectual, que se opone a sus sentimientos y a la verdad de la subjetividad. Este nivel de diferenciación lo posee un pequeño porcentaje de la población. Mencionaremos el ejemplo de una persona situada en un punto más bajo en la escala de diferenciación para ilustrar otro nivel funcional. Esta persona posee un intelecto que funciona bien, pero éste está íntimamente fusionado con su sistema emocional, y sólo una parte bastante pequeña de su intelecto está realmente diferenciada de su sistema emocional. Es capaz de «conocer» con exactitud realidades que son aprehendidas a un nivel personal, como por ejemplo aquéllas que tienen que ver con las matemáticas o las ciencias físicas, pero la mayor parte de su «intelecto» está bajo el control operativo del sistema emocional, y gran parte de su conocimiento total se clasificaría más apropiadamente como una «conciencia» intelectual emocional, sin mucha diferenciación entre el intelecto y los sentimientos. Es posible que haya adquirido alguna conciencia intelectual distante, en la escuela y los museos de ciencias, de que la tierra es un planeta, pero su primera «consciencia» real se produjo cuando pudo «experimentarla» con su intelecto y todo su self emocional, celular, todo al mismo tiempo, durante el programa espacial del Apollo. La persona situada en este nivel de diferenciación normalmente no tiene formada una idea clara de la realidad, o de las diferencias entre la verdad y el hecho, o entre el hecho y el sentimiento, o entre la teoría y la filosofía, o entre los derechos y la responsabilidad, u otras distinciones críticas entre el funcionamiento intelectual y emocional. La filosofía personal y social se basan en la verdad de la subjetividad y las decisiones vitales se basan más en los sentimientos que en el mantenimiento de la armonía subjetiva. Un alto porcentaje de la población, quizá la mayoría, está en diversos subgrupos de esta amplia categoría. En los niveles más bajos de diferenciación se encuentran aquéllos cuyo intelecto está tan sumergido en el sistema emocional que opera más al servicio de las emociones que separadamente. Llegan a casi «experienciar» el mundo a través del lado emocional de su sistema fusionado intelectual-emocional, más que a «conocer» mediante su intelecto. Aprenden mejor mediante la «experiencia» de situaciones nuevas. Probablemente son más exactos si dicen, «Siento que ...» cuando expresan una opinión o convicción intelectual que si manifiestan «Pienso que...». Viven en mundos subjetivos en los que sus vidas son vulnerables a los síntomas cuando la ansiedad es alta. Un alto porcentaje de la población, quizá por encima del tercio, pertenece a los subgrupos de esta categoría.

Cuando desarrollé por primera vez la escala de diferenciación de self a finales de los años cincuenta, imaginé que las personas se agruparían más uniformemente a lo largo de ella de lo que había supuesto por la experiencia. Al adquirir una mayor experiencia con un extensa gama de personas, está demostrado que la mayor parte de la población queda en la escala por debajo del 50. La población se distribuye con el mayor número en el intervalo de 20 a 45, un pequeño porcentaje por encima de 50, y un grupo cada vez más pequeño se sitúa en los niveles más altos entre 65 y 70.

El nivel de diferenciación funcional de la sociedad es más bajo que hace veinticinco años. Se ha pensado que se trata de un cambio «funcional» que tiene relación con la ansiedad humana suscitada por la desaparición de las fronteras territoriales, la cual ha traído consigo una mayor consciencia de la «disminución del tamaño de la tierra» y de las pruebas cada vez mayores del crecimiento demográfico. La reacción del hombre frente a ser atrapado en la tierra es parecida al proceso emocional de sentirse «atrapado» en otras situaciones. Frecuentemente se alude a la proximidad emocional del matrimonio en términos de ser *atrapado* o *cogido*. Existe el famoso síndrome denominado «la neurosis del fin de semana», «la fiebre de la cabina», etc., para referirse a la incomodidad de una «proximidad excesiva» entre el marido y la mujer. Es corriente ver que ambos anhelan pasar juntos estos momentos, para que después uno los disfrute mientras el otro se muestra alérgico, y para que toda la experiencia se convierta en algo molesto. Parecidas experiencias se viven en grupos mayores, cuando se juntan en vacaciones, etc. Podríamos describir esto con el comentario de un grupo que se protege del mal tiempo en un hotel provisional. «Esto ha sido como la multitud en un crucero. No hay forma de escaparse de esta gente hasta que alcancemos el próximo puerto». En los últimos veinticinco años el hombre ha encontrado otros modos de hacer frente a la ansiedad provocada por la excesiva proximidad. La población se ha vuelto más móvil. Las familias ahora tienen opciones de trabajo que exigen frecuentes traslados para toda la familia, u otros empleos que requieren que uno de los esposos viaje la mayor parte del tiempo. Quedan muy pocas oportunidades en la tierra para nuevas «colonias» dondequiera que se vaya.

El proceso de proyección en la sociedad

El proceso de proyección familiar se desarrolla tan vigorosamente en la sociedad como en la familia. Los ingredientes esenciales son la ansiedad y la existencia de tres personas. Dos individuos se unen y mejoran su funcionamiento a expensas de un tercero, la «víctima propiciatoria». Los científicos sociales emplean la expresión «víctima propiciatoria». Yo prefiero hablar de *proceso de proyección* para indicar que hay un proceso recíproco en el que la pareja puede forzar al tercero a someterse, o en el que el proceso puede ser más compartido, o en el que el tercero puede forzar a los otros dos a tratarle como inferior. El grupo más grande de víctimas propiciatorias en la sociedad está constituido por los cientos de miles de enfermos mentales ingresados en instituciones. Las personas pueden ser retenidas allí en contra de sus deseos, o permanecer voluntariamente, o pueden forzar literalmente a la sociedad a conservarlos allí como objetos de lástima. Toda la sociedad gana algo de la postura benevolente ante este segmento de la población. Un buen porcentaje de «inquilinos» están demasiado perturbados para salir alguna vez fuera de la institución donde aguardarán toda la vida como objetos del proceso de proyección dañados permanentemente.

A continuación expondremos un ejemplo para ilustrar un principio importante que puede ayudar a entender el fenómeno de las víctimas propiciatorias. A un enfermo mental hospitalizado se le concedió un permiso para ir a la ciudad. De vuelta al hospital, unas alucinaciones en forma de voces le dejaron inmóvil al tratar de subir a un autobús abarrotado. La compañía de autobuses presentó una queja por permitir el hospital la estancia de pacientes «enfermos» en la ciudad. Un enfoque psiquiátrico corriente habría manifestado que el paciente estaba «demasiado enfermo» para ir a la ciudad y que los permisos habrían de ser suspendidos hasta que se encontrara «mejor». En su lugar, se le dijo a este paciente que los pases para la ciudad serían suspendidos hasta que aprendiera a comportarse en público. Practicó con esfuerzo intentando aprender a actuar normalmente a pesar de las voces. A la semana pidió otro permiso. El viaje a la ciudad corrió sin incidencias y a la semana siguiente ya estaba fuera del hospital de regreso a casa para sostener a su familia, sin que las mismas voces le abandonaran. Las voces desaparecieron tras un breve periodo de terapia ambulatoria. Si se le hubiera dicho que se le suspendían los pases debido a la «enfermedad» hasta que estuviera «mejor», habría estado confrontado con dos condiciones que escapaban a su control directo. Cuando se tradujo en términos de «comportamiento» que ofendía a los demás, contó con una situación que podía controlar, y así lo hizo. Al verse confrontado con la «enfermedad» y el encontrarse «mejor», podía haber entrado en una enfermedad crónica, esperando pasivamente la mejoría. Un enfoque sistémico que elude el diagnóstico ha aportado resultados superiores en un amplio margen de problemas. La mayoría de las veces las personas son internadas en hospitales mentales debido a conductas extrañas o incontrolables. La hospitalización ha sido palpablemente más corta en los que son ingresados por «conducta inaceptable» que en pacientes parecidos ingresados por «enfermedad».

Los pasos convencionales en los exámenes, diagnóstico, hospitalización y tratamiento de los «enfermos mentales» son tan fijos como parte de la medicina, la psiquiatría, y todos los sistemas médicos, legales y sociales interrelacionados que es difícil el cambio. Existen otros procesos de proyección. La sociedad está creando más «enfermos» de la gente que posee disfunciones funcionales cuyas disfunciones son producto del proceso de proyección. El alcoholismo es un buen ejemplo. Al mismo tiempo que se estaba entendiendo que el alcoholismo era un producto de las relaciones familiares, el concepto de «alcoholismo como enfermedad» terminó finalmente siendo aceptado de forma generalizada. Probablemente ofrece alguna ventaja tratarlo como enfermedad en vez de una ofensa social, pero etiquetar con un diagnóstico invoca los males del proceso de proyección en la sociedad, ayuda a fijar el problema en el paciente, y absuelve a la familia y a la sociedad de su contribución. Otras categorías de disfunciones funcionales se derivan del proceso de la denominación de enfermedad.

Los más interesantes del grupo nuevo de gente «enferma» son los delincuentes. La sociedad ha seguido la misma pauta al tratar a los individuos que ofenden gravemente a la sociedad, a la de los padres ansiosos que se enfrentan con un hijo adolescente difícil. Como los padres, la sociedad (la gente que compone la sociedad) desarrolla una implicación general excesivamente emotiva con relación a los niños dañados que contribuye a crear la orientación del ulterior comportamiento delictivo. Cuando se produce el primer acto antisocial, la sociedad sigue el mismo procedimiento provisional tipo «tirita», guiado por los sentimientos, que el de los padres que esperan que el problema se alejará. La misma postura se mantiene a través de sucesivas ofensas, muchos arrestos, pruebas, encarcelamientos, «programas de rehabilitación» que fracasan, etc. Durante los últimos veinte años, una sociedad exageradamente permisiva ha aprobado leyes y establecido normas que animan aún más el desarrollo y mantenimiento de los delincuentes. Se contempla la tendencia general como consecuencia de un nivel de self en la sociedad más bajo. Siempre que, y cuando, la sociedad se eleve a un grado de funcionamiento más alto, estas cuestiones sufrirán automáticamente modificaciones para adecuarse al nuevo nivel de diferenciación. El debate de un tema tan particular sobre la sociedad, con la cantidad de intensa emotividad que despierta, conduciría a una polarización poco productiva y a la mayor fijación de la política y los procedimientos actuales.

Un objetivo universal del proceso de proyección es la creación de víctimas propiciatorias a partir de grupos minoritarios vulnerables. Los ingredientes necesarios para que esto se produzca son la ansiedad y la gente. Durante casi un siglo, la población negra ha sido el principal objeto del proceso de proyección sobre las minorías. Ahora que este panorama se ha modificado radicalmente, el proceso encontrará nuevos objetos. Parece que el proceso se centrará en otro grupo de «desdichados».

Los nuevos grupos más vulnerables a convertirse en objeto del proceso de proyección son probablemente los destinatarios del bienestar y los pobres. Estos grupos encajan con el mejor criterio de la proyección prolongada que suprime la ansiedad. Son vulnerables a convertirse los objetos lastimosos del segmento benevolente y extremadamente compasivo de la sociedad que mejora su funcionamiento a expensas de los desdichados. Del mismo modo que el hijo menos ajustado de una familia puede quedar más dañado cuando se convierte en objeto de la ayuda lastimosa y excesivamente compasiva de la familia, así el segmento más bajo de la sociedad puede ser dañado crónicamente por la misma atención puesta en ayudar. No importa lo efectivos que sean los principios que respaldan tales programas, es del todo imposible aplicarlos sin las complicaciones inherentes al proceso de proyección. Estos programas atraen a los trabajadores que son extremadamente compasivos con la gente menos afortunada. Automáticamente colocan a los destinatarios en una posición inferior, un escalón más abajo, y o bien los mantienen allí, o se enfadan con ellos.

Recientemente se presentó una propuesta para ser considerada en la legislación que contenía una fuerza potencial para mantener un proceso de proyección extensivo a la sociedad. Se trataba de un Acta de Defensa del Niño desarrollada tras larga deliberación por parte de expertos en temas infantiles, que constituyó el centro de atención de una Conferencia en la Casa Blanca en 1971. Proponía una extensa y cara red de centros para el cuidado y tratamiento infantil, en orden a proporcionar el mejor cuidado posible a todas las clases de problemas infantiles. Se consideró todo problema concebible en los niños, a un nivel altamente profesional. Su centro de atención ignoró la fuerte influencia de la sociedad en el niño, que algunos expertos señalaron perjudicaba a la sociedad. Desde una orientación sistémica, intentaría diagnosticar y tratar los innumerables problemas infantiles que son consecuencia del proceso de proyección familiar, evitaría el contacto con los padres a través del cual los problemas son más reversibles, y dispondría de un alto potencial para repetir el proceso de proyección familiar en la sociedad.

Funcionarios públicos excesivamente permisivos en la sociedad

En general, el porcentaje de funcionarios excesivamente permisivos en la sociedad ha seguido de cerca el aumento de padres excesivamente permisivos. Aquí incluimos a las administraciones de los colegios, facultades universitarias, tribunales, instituciones públicas, etc. Estos funcionarios abordan los problemas sociales con la misma orientación general hacia los sentimientos de las relaciones que utilizan los padres. Esto hace plantearnos la cuestión de si las pautas familiares influyen en la sociedad o al revés. Una hipótesis es que o bien la sociedad elige a los funcionarios que operan al mismo nivel que ella, o bien la sociedad presiona a los funcionarios para que funcionen de la manera como lo hace aquélla. Los disturbios universitarios de los últimos años representan buenos ejemplos. La mayoría de los presidentes eran ineficaces a la hora de hacer frente a las crisis lo mismo que los padres excesivamente permisivos en sus hogares. Se supone que los agitadores elegían las universidades con administraciones inseguras y que los disturbios podían no haber ocurrido en otras universidades. Algunos presidentes veían su campo de acción restringido debido a la ocupación del claustro por parte de los miembros excesivamente permisivos. La mayor parte de las pruebas apoyan la tesis de que la orientación emocional es establecida por la sociedad y se obliga a dichos funcionarios a entrar en ese molde. Hay un grupo de jueces cuyas decisiones son atacadas continuamente por las fuerzas sociales que exigen una orientación más guiada por los sentimientos, «carente de self». La policía ocupa un lugar especial en el sistema social. Se les acusa de mantener la ley y el orden en una sociedad que es cada vez más una sociedad sin leyes. Se necesitaría una persona con un alto nivel de diferenciación para satisfacer las exigencias de una justicia absolutamente sólida. Conseguiríamos gente lo bastante bien diferenciada para lograr esto sólo si la sacamos de otras profesiones. Una persona menos diferenciada optaría automáticamente por la permisividad o la crueldad. Sería imposible que la policía fuera efectiva si no funcionara con cierta crueldad contrarreactiva. La sociedad es rápida a la hora de condenar la «brutalidad» y a obligar a la policía a entrar en el molde.

Humanitario, interesado, sensible

Hoy en día la sociedad pone énfasis en estas cualidades de los funcionarios públicos. Todos estos vocablos se aplican al sistema de relaciones formado entre una madre y su hijo al que se siente emocionalmente entregada del todo. Se consideraría «humanitario» a invertir gran parte del self en otra persona, «interesado» a conocer automáticamente las necesidades del otro, y «sensible» a estar constantemente pendiente de los sentimientos. Todas estas son denominaciones orientadas-por-la-relación que ignoran el campo de la actividad orientada a metas. Una persona bien diferenciada disfrutaría automáticamente de estas cualidades, pero centrarse en ellas excluye una orientación a metas y pone más de manifiesto un nivel de diferenciación inferior en la sociedad. Por la experiencia con familias, la persona orientada-por-la-relación, si conserva su manera de actuar durante bastante tiempo, sufrirá al final una crisis en la que funciona con un nivel de crueldad castigadora que representa el opuesto recíproco de la permisividad. Quizá esto explica parte de las atrocidades criminales de la guerra.

Resumen

¿Qué clase de pruebas hay para apoyar la idea teórica de la diferenciación, y para proponer que es mejor un nivel más alto de diferenciación?. Tanto la teoría como la terapia sistémica se ha empleado con cientos de familias durante un periodo de veinte años. El progenitor que carece de self es un fenómeno constante en toda familia que posee síntomas graves determinados emocionalmente en cualquier región de la familia. Sólo una fracción de familias con alteraciones se sienten motivadas por el estrés emocional para moverse hacia una diferenciación mayor. Los que son capaces de lograr una mejor diferenciación llegan a funcionar mucho mejor que el nivel de la sociedad, y descubren modos de vivir tranquila y productivamente en el sistema emocional de la sociedad.

EL HOMBRE Y SU CRISIS AMBIENTAL

El pensamiento sistémico no es nuevo en su aplicación a la astronomía, la naturaleza, y las ciencias físicas, pero sí lo es aplicado al funcionamiento emocional del hombre y a sus relaciones. Muy pocos conocen esta región del pensamiento sistémico, a pesar de que está presente en la literatura profesional desde hace quince años. De la extensa experiencia adquirida exponiendo esta teoría sistémica a auditorios profesionales, no más de un tercio puede realmente «oír». La mayoría del resto reacciona emocionalmente con dudas o antagonismo. Por eso, he abordado esta exposición con desafío y agitación. La agitación proviene en parte de la dificultad inherente a la exposición ante cualquier auditorio, aunque principalmente del esfuerzo de extender el pensamiento sistémico a los sistemas de relaciones en la sociedad. He tenido poca experiencia directa con sistemas sociales grandes y puede ser pretencioso incluso conjeturar dentro de ese terreno. No obstante, «sé» que el pensamiento sistémico se aplica también a la sociedad. Para mí era suficiente reto intentarlo lo más fuertemente posible, con la esperanza de que podría estimular a otros a buscar respuestas más definitivas. En el esfuerzo de hacer una presentación lo más nítida posible a un nuevo auditorio, dediqué un tiempo considerable a reunir antecedentes para proporcionar las bases sobre las cuales se desarrollan las ideas. La sección principal del artículo puede sonar a informe clínico psiquiátrico, pero el objetivo aquí era exponer el material del que se podían extraer analogías.

Este enfoque sistémico mantiene que el problema ambiental ha sido creado por el hombre biológico (a diferencia del hombre intelectual) ya que ha evolucionado, se ha desarrollado y propagado; que el hombre ha permitido que el problema ambiental creciera hasta el punto de que está empezando a amenazar su propia existencia futura; que la parte del hombre orientada por lo biológico-instintivo-emocional no suministrará una ayuda consistente a la hora de encontrar soluciones; y que las soluciones constructivas al problema dependerán del más elevado funcionamiento intelectual del hombre al dirigir al hombre total hacia las situaciones. Un enfoque sistémico persigue contemplar el problema ambiental como una parte funcional de otros problemas de la sociedad, más que separado de ellos.

En este artículo he expuesto la hipótesis de trabajo que afirma que la sociedad está en un estado de regresión, que puede ser de naturaleza cíclica aunque se encuentra en una curva gradual descendente en lo que se refiere a la diferenciación de self desde la Segunda Guerra mundial. Independientemente de lo que depare este bajo funcionamiento, representa un factor crítico en todo esfuerzo en equipo del conjunto de la sociedad.

Desde una postura sistémica, ¿Cuáles son los aspectos que la sociedad podría abordar para modificar el problema ambiental y cuáles son algunos de los resultados previsibles razonables de los diversos enfoques?. El enfoque más frecuentemente adoptado por la sociedad es el de las medidas de emergencia, orientadas-por-los-sentimientos y fragmentadas dirigidas a mitigar el síntoma del momento. Puede conducir a la ilusión de que el problema está resuelto, una satisfacción que le permite continuar lo que está haciendo, y abocar por tanto al agrio despertar de crisis nuevas y más graves, mientras el problema fundamental va a peor. Estas son algunas de las características de los esfuerzos realizados a través de las medidas correctoras que empeoran el problema cada vez más. Actualmente es fácil entender la actividad correctiva, que en su mayor parte es adecuada, y ver que ataca un síntoma aquí y otro allí, que conduce a la gente a creer que están trabajando sobre una solución, mientras el problema fundamental sigue igual. Los diversos programas «ecológicos» creados para limitar el uso de pesticidas, controlar la contaminación del aire y del agua, reciclar los productos de desecho, destruir la basura, etc, son todos positivos, pero todo programa dirigido a los síntomas cuando éstos se manifiestan puede muy bien llevar a confundir más las cuestiones fundamentales y a «empeorar el problema» por más tiempo aún.

Toda aproximación al problema ambiental debe tener en cuenta el actual nivel más bajo de funcionamiento de la sociedad. Cualquiera de las cuestiones que son debatidas públicamente y desembocan en una acción del Congreso reflejarán automáticamente el nivel medio de la sociedad y emergerán con una acción correctiva determinada emocionalmente. La sociedad tiende a elegir funcionarios públicos, a nivel local o de Congreso, que reflejan el funcionamiento medio de la sociedad. Existen algunas excepciones notables, pero la mayoría representa la forma de proceder normal de la sociedad, que está determinada emocionalmente. Suceda lo que suceda, todas las soluciones propuestas deberían proceder de los mejores cerebros y de los más altos niveles de funcionamiento técnico y emocional de la sociedad que puedan presentar y establecer un ejemplo. Exponer los problemas críticos al nivel medio emocional de la sociedad sería exponer todo el programa a un nivel más bajo de pensamiento causa-efecto determinado emocionalmente. Quizás una agencia parecida a la Agencia Espacial podría cumplir la misión.

Es posible que haya algunas líneas generales en el esfuerzo prolongado hacia la diferenciación en una familia. Al principio, cuando los síntomas son intensos, podría ser indicado utilizar medidas que alivien la ansiedad, tales como reuniones con toda la unidad familiar o con los padres, los cabezas de la unidad, para restablecer la comunicación y recuperar la armonía. Si la meta que se persigue es lograr una estabilidad duradera y la diferenciación del self, al final se trata del esfuerzo de una persona que puede dedicar una atención prioritaria al self. Esto implica el principio de que todos los miembros de la familia desempeñan un papel en todo lo que pasa en la familia. Nunca es posible cambiar realmente a una persona, pero es posible cambiar la parte que le afecta al self. La modificación del self requiere que la persona esté segura del self en todos los principios vitales que le afectan a él y a su familia, para tener el coraje de actuar en base a sus convicciones, y dedicar una atención especial a convertirse en la persona más responsable posible. La mayor parte de los individuos actúan a partir de principios mal definidos y nunca han dedicado mucho tiempo a sus propias creencias. Hay principios reiterativos que son difíciles de esclarecer. En esos momentos de indecisión, es corriente que la gente discuta los problemas con sus esposos u otros miembros familiares íntimos que aprovechan esta oportunidad para vender sus propios valores, la cual, si es aceptada, modifica el self del que se está diferenciando moviéndolo hacia un «self familiar». En estas circunstancias, si surge alguno que puede triunfar en la diferenciación de un self, la discusión habrá de tener lugar con los que se separan emocionalmente de la familia, o bien puede recurrir a la literatura, o a aislarse para trabajar por sí mismo. Una persona que se orienta a alcanzar la responsabilidad del self, está siempre pendiente de su responsabilidad ante los demás. Al tiempo que dedica una energía especial al self, se vuelve automáticamente más responsable ante los demás, y menos irresponsablemente implicado en exceso en los demás. Según el individuo que se diferencia se mueve hacia una mayor diferenciación, los demás atraviesan un momento breve de ataques, encaminados a restablecer el antiguo grado de unión. Cuando el sujeto que se diferencia atraviesa su primer punto decisivo, enseguida alcanza otro, y otro, y el resto de miembros de la familia empiezan a realizar el mismo tipo de esfuerzo. Una familia así es un organismo mucho más sano, que disfruta de una liberación de los viejos síntomas regresivos. La familia está en calma, con un nivel de unión nuevo y más maduro y una nueva capacidad para manejar responsablemente los problemas según van apareciendo.

Una sociedad más diferenciada no sufriría un problema ambiental tan grave como el que tenemos en nuestros días. Si la sociedad funcionara a un nivel más alto, tendríamos un porcentaje mayor de personas inclinadas a responsabilizarse de sí mismas y de otros, y del ambiente, y un porcentaje menor centrados en los derechos y en la fuerza y en los mecanismos legales para garantizar los derechos. Una sociedad más diferenciada podría afrontar el actual problema ambiental y encontrar soluciones mejores de las que son posibles en nuestro actual estado menos diferenciado.

Implementar la diferenciación de self al nivel de la sociedad sería una tarea difícil. En una familia, la diferenciación empieza gracias a la intervención de un miembro responsable de la familia que se encuentra situado en una posición clave. Cuando esta persona se alza hacia un nivel de funcionamiento más elevado, entonces otro, y luego los demás hacen automáticamente lo mismo. Esta familia, cuyos componentes centran su atención en la responsabilidad del self, se vuelve automáticamente más responsable frente a los demás. Siendo cada uno responsable del self, ya no se forman triángulos emocionales intensos que afectan a determinados miembros de la familia, ni un proceso de proyección familiar en el que los miembros más fuertes mejoran su energía funcional a expensas del débil que se vuelve más débil. En nuestra sociedad, todo el conjunto de clases medias y altas emplea un buen porcentaje de su tiempo, energía y dinero en preocuparse por intentar ser más útil para los menos afortunados. Este esfuerzo activa el proceso de proyección familiar y el segmento acomodado de la sociedad, a través de él, perjudica aún más a los menos afortunados. El hombre tiene una responsabilidad ante sus semejantes con menos fortuna. El hombre responsable cumple con dicha responsabilidad automáticamente. Si el segmento más influyente de la sociedad, pudiera orientar sus esfuerzos hacia la diferenciación del self, se extendería inmediatamente a los segmentos menos influyentes y beneficiaría realmente al segmento menos afortunado, elevando así el nivel funcional de toda la sociedad. Las potentes fuerzas de unión de la sociedad se resisten a todo esfuerzo encaminado a la diferenciación de self. Cuanto más bajo es el nivel de diferenciación, más difícil es iniciar el esfuerzo diferenciador. En el presente las fuerzas de unión son intensas. Sin embargo, cualquier diferenciación que se ponga en marcha en cualquier persona clave influirá sobre los demás. Cualquiera que dé un paso en esta dirección beneficia a la sociedad.

El crecimiento demográfico es un factor de suma importancia en lo que concierne al problema ambiental y se halla bajo control directo del sistema emocional humano. El sexo en cuanto reproducción es un instinto. Esto debe ser tenido en cuenta a la hora de realizar cualquier esfuerzo para controlar el crecimiento demográfico. El actual descenso del índice de natalidad está interrelacionado con numerosos factores, como lo están la mayoría de los diversos aspectos de los problemas ambientales.

Finalmente, creo que la palabra *crisis* debería ser extraída de la expresión *crisis ambiental* y ser sustituida por algún término que haga alusión a un proceso a largo plazo. Nuestra sociedad se inclina por el empleo del pensamiento causa-efecto y por proponer soluciones a las crisis enfocadas en los síntomas, soluciones que dan un respiro a la gente en la creencia de que el problema se ha solucionado. La falta de armonía entre el hombre y su ambiente constituye un proceso evolutivo de larga duración que si continúa el hombre puede llegar a exterminarse a sí mismo. La tesis que aquí exponemos es que el hombre no va a cambiar el ambiente lo bastante como para corregir la falta de armonía y que el cambio definitivo exigirá un orden de cambios en el hombre que todavía no es capaz de contemplar.

CAPITULO 19

Problemas de práctica médica presentados en familias con un miembro esquizofrénico

Por Robert H. Dysinger, M.D.,
y Murray Bowen, M.D.

La práctica de la medicina general en una sala psiquiátrica especial tropezó con dificultades lógicas que parecían manifestaciones de procesos emocionales que se ajustaban a patrones establecidos. La práctica médica era una parte de los servicios clínicos que se ofrecían a un conjunto de grupos familiares con un hijo o una hija esquizofrénicos que participaba en un proyecto dedicado a estudiar los problemas emocionales de la unidad familiar desde la posición estratégica de una psicoterapia de larga duración. La consideración de las dificultades que pueden surgir en la situación médica condujo a realizar un esfuerzo de describir y conceptualizar los modos característicos de relacionarse los miembros de la familia, en gran parte del mismo modo que se estudian las dificultades que aparecen en la psicoterapia como derivados de los procesos emocionales.

El proyecto llevado a cabo, del cual forma parte este trabajo se ha descrito en otra parte (Bowen 1957, 1959, 1960). Participó una serie de siete grupos familiares compuestos de ambos padres y un hijo o hija esquizofrénicos durante períodos que iban de cuatro a treinta y tres meses. El trabajo clínico se centró en una psicoterapia dedicada a la unidad familiar. Durante el momento del tratamiento las familias habitaron una sala psiquiátrica especial atendida por personal del proyecto.

El trabajo médico se llevó a cabo en una sala clínica atendida por un psiquiatra perteneciente al personal del proyecto. Este servicio estuvo acompañado como se ha indicado por consultas y otros servicios clínicos disponibles fácilmente en un gran centro de investigación médica. La clínica estaba estructurada de forma que pudiera funcionar preferentemente como servicio ambulatorio. Se definieron minuciosamente las responsabilidades de la clínica para distinguirlas de las funciones psiquiátricas. Cuando se presentaba un problema emocional para ser atendido médicamente, se consideraba que, una vez identificada la naturaleza del problema, se descargaba la responsabilidad de la clínica. El tratamiento de los problemas emocionales constituía una responsabilidad psiquiátrica. Muchas cosas que se atendían corrientemente desde el ángulo sintomático en la práctica médica constituían, en esta situación, objeto de atención de la psicoterapia. El médico se encargaba de los problemas emocionales cuando era necesario, porque perjudicaban el funcionamiento médico del centro. La experiencia adquirida durante unos tres años nos indicó que existían de modo permanente fuerzas emocionales intensas que podían originar dificultades de esta índole.

La situación clínica en su conjunto nos permitió realizar observaciones directas continuas del funcionamiento de cada individuo en relación con su familia y con otras personas tanto en la psicoterapia como en la sala; esto permitió entender el funcionamiento familiar continuado en el que las relaciones que se formaban en la situación médica podían observarse en su contexto actual. Parecía que la vuelta al empleo de los servicios médicos significaba curiosamente que con frecuencia se activaba un proceso emocional que tomaba la forma de un interés por el diagnóstico médico y el tratamiento.

La presencia de dicho problema era de una relevancia práctica, ya que los problemas médicos significativos mal definidos no eran infrecuentes, especialmente en los padres y a menudo, era muy indicado acudir a un servicio médico eficiente. El empleo del marco médico que hacían los miembros familiares con propósitos emocionales era frecuentemente tan intenso que hacía difícil al doctor responder responsablemente como médico. Se trataba de saber si había o no problemas médicos significativos, aunque en las pocas ocasiones de emergencia médica real resultaron mínimos. El proceso de señalar aspectos médicos incluso triviales de una forma satisfactoriamente sensible era a menudo una tarea laboriosa y ardua. Estas dificultades eran características en el tratamiento médico de los padres y los hijos o hijas esquizofrénicos, pero raramente se presentaban con los hermanos normales. Las historias clínicas indicaron que el empleo por parte de las familias de los servicios médicos en el pasado ha estado involucrado con la aparición de problemas emocionales.

Un ejemplo de la cuestión:

> Una de las madres había evitado recurrir a la consideración médica seria de un dolor abdominal bajo asociado con la menstruación, que aumentaba en intensidad paulatinamente con el paso de los años. Estaba ansiosa y le tentaba la idea de acercarse a la clínica para ver qué pasaba. Pidió a un especialista en ginecología que la examinara. Encontró un bulto en la pelvis y recomendó un examen bajo anestesia, un D&C y una laparotomía si fuera indicado. Sin decir nada a la sala hospitalaria, la madre consultó varios ginecólogos practicantes durante sus visitas a la cuidad. Un médico llamó para explicar su experiencia. Manifestó que la madre no estaba dispuesta a contar su historia clínica y que le había pedido su opinión profesional en base al examen exclusivamente. Afirmó que lo había hecho lo mejor que sabía en condiciones difíciles y pedía que se le informara de los hallazgos si se le intervenía quirúrgicamente para comprobar sus impresiones clínicas. Posteriormente se practicó una laparotomía y fue extraído con éxito un útero fibroide bastante considerable.

Las numerosas dificultades encontradas en la situación médica pueden controlarse cuando se entienden como manifestaciones de procesos emocionales particulares. Muchas observaciones permitieron deducir que tanto los padres como el hijo esquizofrénico discriminaban poco los fuertes sentimientos de indefensión y ansiedad por un lado de las manifestaciones de existencia de problemas médicos por otro. Daba la impresión de que gran parte de su funcionamiento se derivaba del supuesto de que sentir indefensión era equivalente a estar enfermo, y no sentirla significaba estar sano. Por ejemplo, una persona podría notar algo físico e imaginar que no tendrá consecuencias. Esta presuposición puede ser acertada o no, pero mientras tanto, está en gran parte al servicio de una negación de los sentimientos de indefensión.

Al definir las maneras características que los miembros de la familia adoptaban para tratar los fuertes sentimientos de indefensión en la situación médica, se identificaban dos modos de funcionamiento generales. El primero y más común es el que se describe como activación de los sentimientos de indefensión, el segundo como activación de la negación de dichos sentimientos. El primer modo de funcionamiento era típico de las madres y los hijos o hijas esquizofrénicos y también era frecuente en los padres. Podía ser tan tosco o tan sutil como para hacerse pasar por una acción sensible. La persona se refería a sí mismo en cada paso de sus tratos con el médico de tal forma que acentuaba la indefensión. Podía evitar tomar la decisión de acordar una cita y buscar atención médica fuera de la clínica. Entonces tomaba forma de alusiones vagas en torno a cosas de la salud en el contexto de un saludo social, actuando como enfermo o hablando de los síntomas en presencia del médico, y se difundían mensajes sobre achaques vagos que llegaban a oídos del doctor en forma de rumor difundido por otros. Éste podía descubrir más tarde que su respuesta o la falta de ella había dado paso a una opinión profesional. En tales circunstancias, no estaba claro si la persona estaba tratando con el doctor en su calidad de profesional o no. Con frecuencia esta ambigüedad se hallaba presente en las consultas clínicas también cuando la persona se refería a sí mismo como si estuviera en una situación social.

Al hablar de su problema la persona hacía hincapié en su enfermedad. Se elaboraban las experiencias y las incapacidades físicas más lejos de la dificultad real. Se utilizaban los vocablos médicos con autoridad como si definieran acertadamente la situación. Se distorsionaban las historias pasadas y se introducían opiniones y diagnósticos pasados para documentar un cuadro de enfermedad grave. El tono emocional era comúnmente inexorable, urgente y grave, y podía volverse imperiosamente exigente, imperturbable o sencillamente insistente. Este sentimiento era infeccioso y podía tender a precipitar al médico a ver que el problema era realmente una urgencia. Las indagaciones médicas sobre aspectos específicos y los intentos de confirmar las impresiones a menudo tropezaban con estupideces, imprecisiones, elaboraciones irrelevantes, una insensibilidad indefensa, o presiones para recibir tratamiento.

Cuando el médico declaraba una impresión clínica inicial, el paciente a menudo se ponía pensativo y a veces decidía posponer el trabajo médico. Una declaración de que el estudio del diagnóstico revelaba la ausencia de problemas médicos solía venir seguido de un momento crítico en la relación clínica. Cuando se llegaba a un diagnóstico definitivo se tendía a concebirlo como la fuente de todos los problemas. El tratamiento médico a menudo se complicaba debido a la imprecisión de los síntomas y a las presiones que se ejercían a fin de prolongar el uso de medicación. Al finalizar el tratamiento, se alcanzaba frecuentemente otro momento crítico en la relación clínica. En estas situaciones decisivas la persona podía crear una impresión inconfundible que el médico encontraba insatisfactoria. Esto funcionaba en forma de fuerte presión que alteraba la opinión médica para acomodarse a los objetivos emocionales. Parecía que el médico tenía que encarar la elección de perder el contacto de trabajo o comprometer su mejor juicio. Cuando se alcanzaba un punto como éste, el alcance del uso emocional de la situación médica era inequívocamente aparente. Este encuentro cargado de ansiedad entre el proceso emocional y el juicio médico podía resolverse entonces a favor de una identificación más adecuada de los problemas reales.

Durante toda la relación terapéutica, parecía que la indefensión activada mantenía una presión emocional encaminada a inducir al médico a asumir una enorme responsabilidad por los fuertes sentimientos en virtud del diagnóstico de enfermedad. La persona funciona como si las instrucciones fueran, «Me siento intensamente indefenso, por tanto estoy enfermo. El doctor debe reconocerlo, y una vez que lo acepta, entonces tengo una respuesta a mi problema». El descubrimiento de cualquier condición física es una de las cosas que el médico puede hacer de manera que parezca que al menos existe una concurrencia de indicios.

Un ejemplo típico:

> Una madre de cincuenta y tantos años concertó una consulta varias semanas después de llegar la familia. En las primeras semanas pasadas en la sala había hecho frecuentes comentarios acerca de diversos achaques. En la consulta inicial mencionó toda una suerte de dolores de cuello irresistibles. Con empeño, el médico consiguió elaborar una historia bastante verosímil a partir de la gran cantidad de charla difusa. Tras un examen local se informó sobre una impresión clínica preliminar. La madre respondió reiterando su propio diagnóstico como si buscara la aprobación del médico. Cuando éste replicó que su impresión difería en cierto modo, la madre expuso otro problema. Posteriores estudios diagnósticos realizados durante varias semanas revelaron un problema médico crónico de escasa importancia que no era responsable de las tensiones arraigadas desde mucho tiempo atrás de las cuales se quejaba, lo que apoyó la opinión de que éstas tenían un fundamento emocional.

La presentación que la madre hizo de sí misma como mujer indefensa y enferma crónica dificultó la tarea de evaluar su condición médica real.

Se explica un segundo modo de funcionamiento como la activación de una negación de sentimientos de indefensión. Era característico de los padres, también tenía lugar en las madres, pero nunca se observó en el hijo o la hija. Los problemas se presentaban de manera que se hacía hincapié en la salud de la persona. Los síntomas y la incapacidad eran minimizados con respecto a la proporción de dificultad real. Se distorsionaban las historias pasadas, se resaltaban los hallazgos negativos de los chequeos médicos anteriores, y el valor de los esfuerzos médicos anteriores era minimizado a fin de reforzar un cuadro de salud física. Se destacaba la posibilidad de que se tratara de un problema psicológico. El tono emocional era normalmente informal, amistoso, alegre y encantador. Tendía a sosegar al médico inclinándole a pensar que no había ningún problema. La indagación médica tropezaba con una imprecisión sobre hechos simples, explicaciones plausibles, comentarios tranquilizadores para que el doctor no tuviera que preocuparse, y cuando la ansiedad se acumulaba, se producía de hecho la retirada. Cuando se expresaba una opinión que defendía que existía un problema médico se provocaba un momento de ansiedad en la relación clínica. La negación activada podía mantenerse durante toda la situación de tratamiento en forma de despreocupación hacia las medidas de tratamiento e informes de progreso poco fidedignos.

Parecía que las presiones emocionales lograban inducir al médico a asumir la responsabilidad de los problemas con sentimientos de indefensión en virtud de un diagnóstico de salud. La persona actúa como si transmitiese el mensaje, «Estoy casi seguro de que no estoy indefenso, por tanto estoy perfectamente sano; un doctor debe admitir esto y cuando lo acepte, entonces tendré clara mi respuesta al problema». Un caso curioso de la historia médica de un padre:

> Después de un espacio de varias semanas durante el que había notado algo raro en un órgano sensorial importante, se lo contó casualmente a un amigo médico. Su amigo, sintiendo que el asunto requería de alguna atención, lo examinó e inmediatamente identificó un problema grave. Enseguida se dispuso recurrir a la atención oportuna de un destacado especialista. Las indicaciones señalaban que el

resultado era una seria pérdida de función, la cual se había producido principalmente como consecuencia del retraso en procurarse una atención médica apropiada.

En muchas ocasiones surgían dos o más miembros de la familia que se mostraban activos con relación a una cuestión médica. En estas situaciones se podía identificar una versión de la activación de los sentimientos de indefensión, que difería en que se consideraba que el problema existía en otra persona en vez de en sí mismo. La forma más común era la acción emprendida por uno de los padres debido a su preocupación por su hija o hijo esquizofrénico, la madre más frecuentemente que el padre. Las preocupaciones manifestadas por la madre acerca del padre también tenían su importancia.

En algunas situaciones la preocupación por el otro desembocaba en una consulta médica. En otras situaciones, el tratamiento médico ya iniciado por uno de los miembros podía convertirse en el foco del proceso que se activaría en un segundo miembro. Éste podía incluso desplazar al otro de su posición hablando con el médico sobre su problema. De una manera más suave podía simplemente invitarle a estar también presente en la consulta. El miembro cuya salud se estaba cuestionando podía aceptar la preocupación del segundo miembro como suya; podía seguir adelante sin aceptarlo; oponerse a ella defensivamente, o en ocasiones mantener su propia opinión. El médico era requerido muy a menudo para resolver las intensas diferencias.

Parecía que la presión emocional ejercida por esta otra persona servía para inducir al médico a asumir una tremenda responsabilidad por los sentimientos de indefensión en virtud de un diagnóstico de enfermedad en el otro. La persona procede como si estuviera diciendo, «Me siento indefenso, porque está enfermo; un doctor debe estar de acuerdo conmigo, y cuando así sea, entonces tendré una respuesta a mi problema». Las más destacadas e intensas de todas las situaciones que implicaban a más de un miembro fueron aquéllas en que uno o ambos padres manifestaban intensos sentimientos de indefensión exteriorizándolos como un problema médico observado en el hijo o la hija.

RESUMEN Y CONCLUSIONES

La práctica médica realizada con un grupo de siete familias con sus respectivos hijos o hijas esquizofrénicos tropezó sistemáticamente con dificultades a la hora de aplicar las evaluaciones médicas y el tratamiento. La utilización de los servicios médicos por parte de los padres y del hijo o hija respectivos formaba parte claramente de varios procesos emocionales intensos. Hemos hablado de dos modos de relacionarse: la manifestación de sentimientos de indefensión y la manifestación de una negación de estos sentimientos. Hemos señalado una versión en la que la manifestación de sentimientos de indefensión adopta la forma de preocupación por otro.

Las presiones emocionales tendían a llegar a un diagnóstico excesivamente exhaustivo e impreciso y a un tratamiento exagerado como respuesta a la manifestación de sentimientos de indefensión y a estimaciones médicas inexactas de que había una buena salud como respuesta a la manifestación de una pauta de negación. Cuando los hallazgos médicos diferían de la opinión emocional, la relación clínica alcanzaba un momento difícil. Parecía que el problema de las experiencias médicas era una neta evidencia de que los procesos generales estaban invadiendo la vida emocional de la familia.

CAPITULO 20

Hacia la diferenciación de self en sistemas administrativos

Esto es un resumen del artículo que presenté en el Simposio sobre la familia celebrado en Georgetown en 1972. En el programa figuraba con el título de «Hacia la diferenciación de self en la 'familia' Georgetown». Hubiera sido más explícito, «Mis propios esfuerzos para poner en práctica los principios de la diferenciación de self en mis funciones administrativas como Jefe de la facultad de la familia y de los programas familiares llevados a cabo en la universidad de Georgetown». Intentaba poner de manifiesto el hecho de que los principios de la diferenciación de self se aplican a todos los órdenes de relaciones ya sean dentro de la familia, o en las relaciones sociales o laborales. Quería exponer este punto a través de la demostración más que a través de la explicación. Si un esfuerzo hacia la diferenciación ha de fructificar, es preciso que tenga lugar una acción, como resultado de una planificación privada minuciosa, y sin anunciar previamente los propios planes. En 1972 el tema era oportuno. El simposio ofreció la ocasión para hablar acerca de la diferenciación en los sistemas administrativos en general, hablando sobre mis propios esfuerzos para diferenciarme de la gente que estaba asociada conmigo en Georgetown, con la facultad de la familia que contenía un auditorio de unas 1.100 personas. Los resultados finales no fueron satisfactorios más que parcialmente. El ánimo era elevado. Se había reflejado en el simposio un alto grado de entusiasmo por la terapia sistémica, excesivamente positivo. Incluso durante mi presentación aún trataba de inclinar los sentimientos hacia la realidad. Parte del público «oía» el mensaje pero la mayoría estaban reaccionando emotivamente sin oír. Ahora, pasados dos años, supongo que hay más gente que puede entender el tema de aquel artículo.

Las pautas de relación básicas que se siguen al adaptarse a la familia parental durante la infancia se mantienen en todas las demás relaciones que se sostienen a lo largo de la vida. Las pautas básicas seguidas en las relaciones sociales y laborales son idénticas a las pautas relacionales desarrolladas en la familia, salvo en intensidad. En general, el proceso emocional inherente a los sistemas sociales y laborales es menos intenso que el de la familia original. Esto es más pronunciado en las personas que poseen niveles de diferenciación más bajos que los que ostentan niveles más altos de vinculaciones emocionales irresueltas con sus padres. Con vistas a funcionar como adultos, los individuos niegan sus apegos y se inclinan por introducir una distancia emocional entre ellos y sus padres. El distanciamiento emocional se logra por medio de mecanismos internos cuando se vive junto a los padres, o mediante lejanía física, o una combinación de ambos. Los que utilizan el alejamiento físico en el «aislamiento» de los padres tienden a sostener las relaciones más intensas con los que se hallan fuera de la familia. Un amplio espectro de personas descubre que las relaciones laborales son más provechosas que las relaciones sociales para satisfacer la «necesidades» emocionales. Estas relaciones intensas a menudo están más encubiertas que manifiestas al observador de turno. El individuo mejor diferenciado tiene intereses dirigidos a metas a fin de motivar el trabajo que le sostiene en la vida. Una persona menos diferenciada tiende a buscar en el trabajo relaciones que satisfagan sus necesidades emocionales. El proceso de buscar relaciones laborales, en lugar de relaciones familiares, para satisfacer necesidades emocionales, se ve más intensificado en la policía estatal y en los jefes que fomentan una actitud favorable hacia la «familia feliz» en la situación laboral. Mi tesis es que podría parecerse a una familia, pero *no* es una familia. La tendencia a emplear el vocablo *familia* al referirse a sistemas laborales conduce al empleo del término *familia* tal como se ha concebido en el título original de este documento.

Los sujetos con mejores niveles de diferenciación guardan con cierto control las «necesidades» emocionales de los miembros de la familia dentro de la misma, de modo que no hay una gran necesidad de dirigir las necesidades emocionales hacia relaciones externas a la familia. Los padres con mejores niveles de diferenciación son las personas más equilibradas, están más seguros de sí mismos y tienen clara la responsabilidad propia y la responsabilidad frente a cada uno de los demás. Con ellos las decisiones importantes que afectan a la familia se basan en la realidad de la situación más que en la emoción del momento. Estos padres adoptan decisiones «administrativas» en la familia con los mismos principios seguidos por los buenos administradores de las situaciones laborales. Es acertado pensar que en las situaciones administrativas se dan todos los niveles de diferenciación de self lo mismo que en las familias. Los jefes no muy bien diferenciados están inclinados a tomar decisiones sobre la base de los sentimientos circunstanciales más que sobre principios y sobre la realidad, como sucede con padres poco diferenciados en el terreno de la familia.

En Georgetown he aprovechado los conocimientos y experiencia que me han aportado la investigación, la teoría y la práctica de la terapia familiar en mi esfuerzo por funcionar al mejor nivel posible de diferenciación. La Facultad de la familia de Georgetown y los diversos programas de enseñanza y adiestramiento sobre la familia han crecido paulatinamente en torno a mí y a mi trabajo desde 1959. Esta es la clase de sistema administrativo más vulnerable a verse implicado en todo tipo de alianzas e intensos procesos emocionales que lo hacen parecerse más a una familia. Un alto porcentaje de organizaciones parecidas no perduran muchos meses o muchos años sin que aparezcan roces y divisiones en la organización central, lo mismo que sucede en las familias escasamente diferenciadas. Para mí ha supuesto un reto fascinante encontrar el camino hacia la consecución de un nivel aceptable de diferenciación entre colegas profesionales, que son para mí mucho más importantes que la mayoría de los empleados lo serían en otras situaciones. He procurado aprovechar los principios, tal como los hemos definido en la teoría familiar sistémica, que he encontrado útiles al trabajar con las familias en la situación clínica. El objetivo es ser tanto «self» como me sea posible, para centrarme todo lo que pueda en mí y en mi funcionamiento, y permitir a los demás la mayor libertad posible para el desarrollo de sus selfs. Además de los principios bien conocidos de un correcto funcionamiento administrativo, como los que se derivan de los contratos claramente definidos, hemos descubierto algunos principios orientadores gracias al repaso de la investigación sobre la familia realizada en los años cincuenta, y a partir del trabajo clínico ulterior con las familias. En las primeras etapas de la investigación familiar, dedicaba un alto porcentaje de mi tiempo a pensar en los problemas que afectaban al personal y a las familias, y ofrecer soluciones. Esto dio buen resultado aunque todos dependían de las soluciones que yo sugería, por lo que el personal no se estaba desarrollando en la dirección de asumir la responsabilidad de sus propias soluciones. Fue entonces cuando me di cuenta de que estaba sobrecargado de responsabilidad frente al personal en ciertos temas, y que de hecho estaba siendo irresponsable con mi propio funcionamiento en otras áreas. Intenté aclarar los límites de mi responsabilidad como jefe de la investigación, y funcionar de forma responsable allí, sin asumir la responsabilidad de otros. Enseguida advertí que si existía alguna cuestión emocional en la organización, yo tenía mi parte en ella, y que si podía modificar el papel que estaba desempeñando, los demás harían lo propio. Hemos utilizado este principio a través de los años en mi propia familia, en mi trabajo clínico y en mis funciones administrativas. Toda vez que un miembro clave de una organización podía hacerse cargo de la responsabilidad propia, el problema se resolvía.

Mencionar una cuestión bien definida de la Facultad de la familia de Georgetown servirá para ejemplificar la manera cómo puede transmitirse la ansiedad a los becarios. El síntoma inicial solía empezar a manifestarse cuando la facultad se volvía hipercrítica con los becarios en uno de los diversos programas de adiestramiento. La facultad realiza una evaluación rutinaria del progreso de los becarios, pero cuando la tensión emocional crece en el sistema, la facultad suele tender a volverse hipercrítica con ellos. Noté esto por primera vez cuando me di cuenta de que tendía a criticar a la facultad por ser demasiado severa con los becarios, en vez de ofrecer ayuda. En ese momento me esforcé por contener mi impulso a volverme crítico con la facultad, asumiendo que estaba interviniendo en una parte del proceso ansioso, y me dediqué a trabajar en mí mismo. Otra manera de detectar que la ansiedad está aumentando en el sistema es escuchar el «lenguaje de los triángulos». Cuando la tensión se acumula se produce una incidencia de cuestiones emocionales entre las personas; la gente tiende a retirarse del grupo y a volverse callado, o bien forma camarillas o alianzas entre los miembros de la facultad, o habla y chismorrea sobre algún miembro ausente de la facultad. El objetivo es escuchar la incidencia de estos fenómenos, más que atender al contenido de lo que se dice. Siempre intento evitar la concentración inconsciente en el contenido de los temas, y llevar la atención hacia el proceso. Algunas veces me «sorprendo» a mí mismo pasando de una noticia a otra referidas a un miembro ausente. La meta principal en estas situaciones es considerar mi propia manera de funcionar y esforzarme en modificarla. A menudo ya sé en qué regiones mi funcionamiento no ha sido tan responsable como debería. Frecuentemente me comprometo tanto con mi propio trabajo que tiendo a perder el contacto con determinados miembros de la facultad. Otras veces no he sabido afirmar mi posición, o no he sabido cómo escaparme del triángulo en el que estaba implicado con otros miembros de la facultad con respecto a algún asunto emocional. Uno siempre tiene que estar alerta ante los avatares emocionales de la vida de un miembro de la facultad que están siendo transmitidos al grupo. Incluso en esas situaciones, si la facultad funciona correctamente, ella misma puede manejar este problema sin intervención administrativa. Uno de los mayores riesgos de un principio que reza, «Sé responsable de ti mismo y la cuestión emocional se resolverá sola» tiene que ver con la orientación interna del self. Resulta fácil para una persona que se ve en una posición como ésta manifestar que la situación es consecuencia de un «fallo» suyo y aceptar la «culpa» sin hacerse responsable. Hay una línea de demarcación delgada entre aceptar la parte de responsabilidad que le toca al self en una situación y aceptar la «culpa» correspondiente.

El propósito general de este artículo era indicar que las cuestiones emocionales que se originan en las organizaciones administrativas siguen las mismas pautas básicas que las que aparecen en la familia, que es acertado pensar en niveles de diferenciación cambiantes en las situaciones laborales lo mismo que en la familia y que los principios que orientan hacia la diferenciación de self en las situaciones de trabajo pueden ser tan efectivas como lo son en la familia. En un marco laboral, el sujeto que se esfuerza por lograr la diferenciación de self no tiene por qué ser el jefe o el director de toda la organización. Su esfuerzo puede ser eficaz en el área en que posee responsabilidad administrativa. He esbozado algunos de los esfuerzos básicos realizados a través de mis intentos por llevarlos a la práctica en la organización de Georgetown. El resultado de mi esfuerzo, en mi propia familia y en Georgetown, siempre ha dejado mucho que desear. Ha supuesto un esfuerzo desafiante y estoy bastante satisfecho con el resultado como para proseguir trabajando en mí mismo. Es acertado concluir que si el self es capaz de trabajar aceptablemente en la definición del problema, y de lograr algún avance en la modificación del self, los problemas contenidos dentro de su esfera de responsabilidad tenderán a resolverse automáticamente.

CAPITULO 21

Sobre la diferenciación de self

En los meses anteriores a la conferencia sobre la investigación de la familia, me preguntaba cómo hacer una presentación breve y efectiva sobre mi teoría familiar y mi método de psicoterapia familiar que pudiera ser «escuchada» por más gente. Mi experiencia pasada me había enseñado que muchos de los que asisten a mis conferencias oyen las palabras que acompañan a la teoría sin captar realmente la idea y que frecuentemente perciben la psicoterapia como un método intuitivo que armoniza con mi personalidad, más que como un método determinado por la teoría. Al adiestrar a terapeutas familiares he averiguado que algunos de ellos captan enseguida la teoría, mientras que otros nunca llegan a «conocer» la teoría ni siquiera después de períodos extensos. Creo que una parte esencial de este problema radica en la orientación teórica y en el funcionamiento emocional de los terapeutas. Mi teoría se comprende mejor si el terapeuta es capaz de escuchar, observar y proceder desde una posición por lo menos externa al campo emocional en que se mueve la familia. La teoría y la psicoterapia convencionales enseñan y adiestran a los terapeutas a trabajar «dentro» del campo funcional con el paciente o con la familia. En este artículo espero comunicar con más nitidez mi versión de lo que significa estar «dentro» o «fuera» de un sistema emocional. La conferencia sobre la investigación de la familia, compuesta de gente importante del mundo de la familia, era suficiente estímulo para mí para molestarme en encontrar una manera efectiva de exponer mis ideas.

En los meses que precedieron a la conferencia, había estado trabajando intensamente en una nueva fase de una larga tarea de diferenciación de mi propio «self» de mi familia parental y extensa. Dicho esfuerzo había alcanzado un momento decisivo precisamente un mes antes de la conferencia. A la semana siguiente consideré, y a continuación rechacé enseguida, la idea de hacer una presentación acerca de mi propia familia. Según pasaban los días, los factores que favorecían tal presentación empezaron a pesar sobre los que se oponían. La presentación contendría una aplicación práctica de los conceptos más importantes de mis sistemas teórico y terapéutico y, ya que sabía más sobre mi familia que sobre cualquier otra, decidí utilizarla como ejemplo. Yo creo y enseño que normalmente el terapeuta sufre en su propia familia precisamente los mismos problemas que están presentes en las familias que atiende profesionalmente y que tiene la responsabilidad de definirse en su propia familia si es que quiere funcionar adecuadamente en su trabajo profesional. Además, esta presentación constituiría un buen ejemplo de la «psicoterapia familiar con un solo miembro de la familia». Se había atendido a las presentaciones anteriores que giraban en torno a este tema con muy poco interés. Según pasaban los días se iba haciendo cada vez más atractivo otro aspecto de esta empresa. Llevaba varios años dándome cuenta de la existencia de la «masa de ego familiar indiferenciado» entre los terapeutas familiares más destacados. En la «familia» de los terapeutas existía el mismo sistema emocional que operaba en las familias «enfermas» que ellos describían en las reuniones. En una sala de conferencias, hablando sobre las pautas de relación de familias «enfermas», los terapeutas se hacían las mismas cosas entre sí que los miembros de aquéllas. Incluso se hacían las mismas cosas al relacionarse entre sí al tiempo que estaban hablando sobre lo que las familias hacían entre ellas. Por fin, la determinación definitiva sobre la forma de presentación se basó en mi intento permanente de diferenciar mi «self» de la «familia» de terapeutas familiares. Sabía, entre paréntesis, que obtendría de los participantes en la conferencia las mismas reacciones de los miembros de mi propia familia.

Al planificar la presentación, pensaba en dos objetivos principales. El primero era exponer el material clínico sin dar ninguna explicación de la teoría o al menos sin seguir paso a paso de forma planificada lo que llevaba a ella. Había hechos que apoyaban la finalidad de este objetivo. En los treinta minutos que me concedían para hacer la presentación no daba tiempo a revisar la teoría. Aunque no había muchos participantes que «conociesen» de verdad mi teoría o mi método de psicoterapia familiar, llegué a presuponer conscientemente que habían oído hablar o habían leído mis artículos anteriores. Además, esperaba que la presentación del material clínico sin explicaciones podría lograr indirectamente mayor concienciación acerca de la teoría que otro artículo sobre ella. El segundo objetivo era el elemento de sorpresa esencial para que un paso diferenciador tenga éxito. En vez de explicarlo aquí, dejaré que el lector lo recuerde según avanza. No comenté el plan ni siquiera con los amigos de confianza. Preparé un artículo didáctico rutinario sobre la teoría familiar y antes del congreso remití las copias requeridas para los que participarían en el debate. Estaba ya en la etapa de o bien ofrecer un artículo formal o bien relatar la experiencia de mi propia familia. La noche anterior a la presentación estaba nervioso e insomne. El intelecto estaba a favor de la presentación de la familia pero las emociones pedían que abandonara esta estúpida idea y siguiera el camino fácil de leer el artículo formal. La ansiedad que estaba experimentando era motivo suficiente para que abandonara el proyecto, de no ser porque me acordé de haber sufrido una ansiedad parecida antes de afrontar cada esfuerzo diferenciador con mi familia. La tentación de leer el artículo formal no me abandonó hasta el mismo momento de la presentación. Incluso durante la exposición me notaba más nervioso de lo que había previsto. Por la experiencia pasada, esta ansiedad estaba relacionada con el desplazamiento «secreto» de los otros terapeutas familiares más que con la revelación de los «secretos» de mi familia.

Al preparar este artículo para su publicación han surgido unos problemas especiales. Esta versión final se escribió en 1970, tres años después de la conferencia. Las fuerzas emocionales que operaban en cada una de las etapas de la diferenciación habían intervenido en el paso inmediatamente anterior a la publicación. Más adelante nos referiremos a estas fuerzas particularmente. Por una parte estaba la ansiedad del director y el editor original suscitada por la idea de publicar un material personal y, por otra parte, su comprensible postura defensiva y preocupación excesiva por el peligro que suponía. Para mí es más importante una postura positiva que pueda facilitar una mayor diferenciación que una publicación. La autoría anónima ayudó a resolver los problemas.

Cada versión del artículo ha supuesto una nueva barrera emocional para mí porque tenía que respetar las circunstancias de la publicación y al mismo tiempo mantenerme en una postura esencial. Había un propósito especial en la presentación en la conferencia del material clínico sin acompañarlo de explicaciones. Publicarlo así como fue presentado, que fuera leído por gente que carecía de conocimientos sobre la situación particular, sin conocimiento de la teoría que guiaba los años de trabajo con mi familia y con una diversidad de orientaciones teóricas, abocaría a las inevitables interpretaciones y mal interpretaciones basadas en los sesgos teóricos de cada lector. El propósito de este artículo escrito es exponer la teoría y el método de psicoterapia basado en la teoría y a continuación utilizar el ejemplo de mi familia para ilustrar la aplicación clínica de la teoría.

ANTECEDENTES TEORICOS

Descripción global

La teoría completa se compone de seis conceptos interrelacionados, de los que sólo uno, el «triángulo», será tratado en este momento. Uno de los conceptos fundamentales considera que el «triángulo» (sistema de tres personas) es la «molécula» de todo sistema emocional, ya sea en la familia o en un sistema social más grande. Se eligió el término *triángulo* en lugar del más habitual *triada* que ha llegado a tener connotaciones fijas que no se aplican a este concepto. El triángulo es el sistema de relación estable más pequeño. Un sistema compuesto de dos personas es un sistema inestable que adopta forma de triángulo en condiciones de estrés. Cuando hay más de tres personas éstas forman series de triángulos entrecruzados. Las fuerzas emocionales que operan dentro de un triángulo están en constante movimiento, de minuto a minuto y de hora a hora, en una serie de movimientos de reacción en cadena tan automáticos como los reflejos emocionales. Conocer el funcionamiento de los triángulos hace posible modificarlos cambiando la función que desempeña en ellos una persona. El sistema terapéutico está dirigido a modificar el funcionamiento del triángulo más importante del sistema familiar. Si el triángulo central cambia, y permanece en contacto con los demás, todo el sistema cambiará automáticamente. En realidad, todo el sistema puede cambiar con relación al cambio de *cualquier* triángulo, pero es más fácil que el sistema ignore un triángulo periférico o menos importante. Las pautas de relación, basadas en el funcionamiento de los triángulos a lo largo de los años en el sistema familiar completo, se describen en los conceptos restantes de la teoría. Como el ejemplo clínico, desarrollado en la última parte de este artículo, no será comprensible sin el conocimiento de los triángulos, dedicaremos más adelante una parte de esta sección teórica a profundizar en ellos.

Principios de fondo

Algunos de los principios fundamentales que intervinieron en el desarrollo de esta teoría y método de psicoterapia familiar ayudarán a entender la teoría. Mi principal esfuerzo estaba dirigido a elaborar una psicoterapia lo más científica y predecible posible. Al principio en la psiquiatría me molestaba que se utilizara la «intuición» y el «juicio clínico» para cambiar el curso de un plan psicoterapéutico y otras formas de tratamiento psiquiátrico. En tiempos de crisis sucedieron casos burdos cuando el personal, reaccionando emocionalmente, acordaba introducir un cambio en el tratamiento en base a «sensaciones» y a «sospechas clínicas» más que a los conocimientos científicos y los principios teóricos. Es frecuente que los psicoterapeutas introduzcan cambios basados en sus percepciones emocionales y en su subjetividad que en hechos clínicos y en la objetividad.

La teoría se desarrolló en el curso de la investigación sobre la familia. El foco inicial era la relación simbiótica entre la madre y el paciente esquizofrénico. La primera hipótesis de investigación, basada en los años anteriores de experiencia clínica, *conocía* que el origen y el desarrollo de la esquizofrenia eran consecuencia de la relación dual madre-paciente. Se elaboró la hipótesis con tal detalle que anticipó todo problema de relación y toda situación clínica que pudiese surgir. Se formularon y crearon los principios y las técnicas psicoterapéuticos idóneos para cada situación clínica. La hipótesis también predecía los cambios que se conseguirían con la psicoterapia. Cuando las observaciones científicas no eran congruentes con la hipótesis, ésta se modificaba de modo que se ajustara a los nuevos hechos, la psicoterapia se modificaba para ajustarse a la hipótesis y se aventuraban nuevas predicciones sobre los resultados de la psicoterapia. Cuando aparecía una crisis clínica inesperada, se manejaba con un criterio de «juicio clínico», ahora bien se consideraba que la hipótesis había fallado por no «conocer» la situación con anterioridad y por no disponer de un principio terapéutico predeterminado. La terapia nunca se cambiaba para ajustarse a la situación salvo en emergencias. La meta era modificar la hipótesis para explicar la crisis inesperada, cambiar la terapia para ajustarse a la hipótesis y realizar nuevas predicciones sobre la terapia. Cualquier desacierto al introducir un cambio en la psicoterapia constituía tanto una razón para volver a examinar y cambiar la hipótesis como cualquier otro cambio imprevisto. La adhesión rigurosa a este principio dio como resultado un sistema teórico-terapéutico que fue desarrollado como una unidad integrada, en la que la psicoterapia estaba determinada por la teoría. Una ventaja destacable era la utilización sistemática del cambio en la psicoterapia como criterio de formación de hipótesis. El inconveniente era que requería un grado más consistente y más alto de psicoterapia que el que generalmente teníamos disponible. No obstante, la disciplina de la investigación mejoró la habilidad de los terapeutas. Se formularon hipótesis y observaciones semejantes sobre el comportamiento del personal y de los terapeutas con relación a las familias.

El plan de la investigación estaba diseñado de modo que se ajustaba lo más estrechamente posible al resto de investigaciones científicas estructuradas. Un ejemplo sería el principio aplicado al desarrollo del programa espacial nacional. La primera prueba espacial se basó en los mejores conocimientos científicos disponibles entonces. La prueba acarreó nuevos hechos científicos que habían de ser incorporados al cuerpo de conocimientos y al avance de la tecnología de un modo participativo.

Nuestra primera hipótesis acerca de la relación madre-paciente demostró ser sorprendentemente acertada a la hora de predecir los pormenores de dicha relación, pero había omitido por completo las observaciones que tenían en cuenta la forma de relacionarse ambos con otros. Se pensó en una extensión de la hipótesis que comprendiera a los padres; se admitió en la investigación a nuevas familias con sus padres y se inventó un método de psicoterapia familiar que encajara con la hipótesis. En ésta se habían considerado las pautas relacionales observadas en las familias con esquizofrenia, entendiendo que éstas eran específicas de la esquizofrenia. Una vez que nos fue posible «ver» por fin las pautas en las familias con esquizofrenia, pudimos observar las mismas pautas en una forma menos intensa en todos los niveles de personas con menor perturbación emocional. Pudimos contemplar las pautas hasta en familias «normales», en el personal y en nosotros mismos. Este desarrollo constituyó un cambio decisivo en la investigación, que procedía de la esquizofrenia pero se aplicaba a todos los grados de problemas menores y a la gente sin problemas clínicos. Ofreció nuevas perspectivas para las hipótesis nuevas. Como los individuos que tienen problemas menores cambian más velozmente en la psicoterapia familiar, se sucedieron aceleradamente nuevas observaciones y más cambios en las hipótesis. La teoría que presentamos aquí es por tanto una exposición de la hipótesis de investigación original, modificada y extendida cientos de veces, de manera que cada modificación se ha comprobado muchas veces dentro y fuera de la situación clínica. Cuando un cuerpo de pensamiento teórico es lo bastante preciso como para no requerir más modificaciones significativas, es apropiado a la hora de describir y predecir el fenómeno humano, y puede explicar las discrepancias así como las congruencias, se denomina «concepto». El término *teoría* no se ha empleado a la ligera. Desde el momento que hay varios conceptos congruentes, sirve para referirse al sistema teórico global.

LOS CONCEPTOS TEORICOS

Esta teoría familiar se compone de seis conceptos esenciales interrelacionados. Los explicaremos todos en la medida suficiente como para que se pueda entender que forman parte de la teoría global. Nos detendremos más en aquéllos que son más relevantes para esta presentación. Al final, incluiremos el debate sobre los triángulos.

La escala de diferenciación de self

Esta escala responde al intento de clasificar todos los grados de funcionamiento humano, desde los más bajos posibles hasta los potenciales más altos, sobre una única dimensión. En términos generales sería parecido a una escala de madurez emocional, aunque trata con factores distintos de los conceptos de «madurez». La escala elimina la necesidad de contar con el concepto de «normal». No tiene nada que ver con la salud, la enfermedad o la patología emocional. Hay personas que pertenecen a las regiones bajas de la escala que guardan sus vidas en equilibrio emocional libres de síntomas psicológicos, y hay otros situados en zonas superiores que desarrollan síntomas en condiciones de fuerte tensión. No obstante, la gente situada en la parte inferior de la escala es más vulnerable al estrés y, para ellos, la recuperación a partir de los síntomas puede ser lenta o imposible mientras que los que se sitúan en regiones más altas tienden a recuperarse en seguida. La escala no tiene una correlación directa con la inteligencia o los niveles socioeconómicos. Hay individuos intelectualmente brillantes muy abajo en la escala y otros menos brillantes en la parte superior. La mayoría de los que pertenecen al grupo socioeconómico más bajo se hallan en regiones bajas, pero hay quienes, perteneciendo a grupos sociales bajos, ascienden bien alto en la escala y quienes, perteneciendo a grupos sociales altos, están en la parte más baja.

Se trata de una escala que sirve para evaluar el nivel de «diferenciación de self» desde el nivel más bajo posible de «indiferenciación», que estaría en el 0, hasta el nivel teórico más alto posible de «diferenciación», que estaría en el 100. Cuanto mayor es el grado de indiferenciación (carencia de self), mayor es la fusión en un self común con otras personas (masa de ego indiferenciado). La fusión tiene lugar en el contexto de una relación personal o compartida con otras personas y alcanza su mayor intensidad en la interdependencia emocional de un matrimonio. El estilo vital y las formas de pensar y sentir de los sujetos situados en un nivel de la escala son tan distintos de los de sujetos situados en otros niveles, que las personas eligen como esposos o como amigos íntimos a aquéllos que poseen idénticos niveles de diferenciación. En la proximidad del matrimonio los dos «selfs» parciales se fusionan en un «self» común; el grado de fusión depende del nivel de diferenciación básico que tuvieran antes del matrimonio. Ambos consortes desean la dicha emocional de la fusión pero es extremadamente difícil mantener este equilibrio. Uno de los selfs del self común se vuelve dominante y el otro sumiso o adaptable. Dicho de otra manera, el dominante adquiere un nivel de self funcional más alto y parece más «fuerte», a expensas del adaptable que cede self y se vuelve funcionalmente «más débil». Existe todo un espectro de mecanismos en las relaciones de los esposos para adaptarse a la fusión. Tocaremos estos mecanismos en el concepto que trata de la dinámica del sistema familiar nuclear. Cuanto más bajo es el nivel de diferenciación o «self básico» en los cónyuges más difícil se vuelve mantener un equilibrio emocional aceptable y más crónica la incapacidad cuando los mecanismos adaptativos fallan.

La escala de diferenciación representa un intento de evaluar el nivel de self básico de una persona. El self básico es una cualidad definida ilustrada por la adopción de posturas tales como «la posición desde el yo» reflejada en: «Estas son mis creencias y convicciones. Esto es lo que soy, quien soy, y lo que haré o no haré». Se puede cambiar el self básico desde *dentro* del self a partir de la adquisición de conocimientos nuevos y experiencia. El self básico *no es negociable en el sistema de relaciones* en el sentido de que no se puede cambiar con la coacción o la presión, o para ganar aprobación, o reforzar la posición propia frente a los demás. Existe otro nivel de self fluido, cambiante que he denominado «pseudoself», que hace difícil la asignación de valores fijos al self básico, y que se comprende mejor con conceptos funcionales. El pseudoself está compuesto de una masa de hechos, creencias y principios heterogéneos adquiridos a través del sistema de relaciones en la emoción que prevalece. Esto incluye los hechos aprendidos, porque se supone que uno los conoce y las creencias que se apropia de los demás o acepta, a fin de realzar su posición con relación a los otros. *El pseudoself, adquirido bajo la influencia del sistema de relaciones, es negociable en él. El* pseudoself puede aceptar una filosofía sólida plausible bajo la influencia emocional del momento, o puede adoptar fácilmente de la misma forma una filosofía opuesta que haga frente al sistema de relaciones. Se trata del pseudoself que se fusiona con otros en un campo emocional intenso. Se produce tanto préstamo e intercambio de pseudoself entre los que se sitúan en la mitad inferior de la escala que solamente se pueden estimar valores definidos a partir de observaciones que cubren meses o años, o una pauta que dura toda la vida.

Las personas de la mitad inferior de la escala viven en un mundo controlado por las «emociones» en el que los sentimientos y la subjetividad prevalecen sobre el proceso del razonamiento objetivo la mayor parte del tiempo. No distinguen los sentimientos de los hechos, y basan las decisiones vitales más esenciales en lo que «sienten» como correcto. Los primeros objetivos de la vida están orientados en torno al amor, la felicidad, el confort y la seguridad; estos objetivos se aproximan a la realización cuando las relaciones con los demás están en equilibrio. Se invierte tanta energía en la búsqueda de amor y aprobación, o atacando al compañero por no proporcionárselo, que queda muy poca para la autodeterminación, la actividad dirigida a metas. No distinguen entre la «verdad» y el «hecho», y el estado emocional interno es la expresión más exacta posible de la verdad. Se considera a una persona sincera cuando puede comunicar libremente el proceso emocional. Un principio vital importante es «dar y recibir» amor, atención y aprobación. La vida puede mantenerse en un ajuste exento de síntomas mientras el sistema de relaciones guarde un equilibrio confortable. La tensión y la ansiedad aparecen con acontecimientos que interrumpen o amenazan el equilibrio de la relación. La interrupción crónica del sistema de relaciones desemboca en una disfunción y una alta incidencia de problemas humanos, incluyendo la enfermedad física y emocional y la disfunción social. Los individuos que ocupan la mitad superior de la escala poseen un nivel de self básico cada vez más definido y menos pseudoself. Cada persona tiene un self más autónomo; hay menos fusión emocional en las relaciones íntimas, se necesita menos energía para mantener el self en las fusiones, queda más energía disponible para la actividad dirigida a metas y se deriva más satisfacción de ésta. Al desplazarse hacia la mitad más alta de la escala nos encontramos con sujetos que poseen una capacidad cada vez mayor para diferenciar entre los sentimientos y la realidad objetiva. Por ejemplo, los que se hallan en el segmento entre 50 y 75 mantienen convicciones y opiniones cada vez más definidas sobre quienes les rodean y algunas decisiones se basan en los sentimientos para no arriesgar la desaprobación de las otras personas importantes.

Según esta teoría, existe cierto grado de fusión en las relaciones íntimas, y cierto grado de «masa de ego familiar indiferenciado» en cualquier nivel de la escala por debajo de 100. Cuando se diseñó la escala por primera vez, el nivel 100 se reservó para el ser que era perfecto en todos los niveles del funcionamiento emocional, celular y fisiológico. Supongo que seguramente hay alguna figura extraordinaria en la historia, o posiblemente algunas personas vivas que se aproximarían a una cota en torno al 95. La creciente experiencia adquirida con el estudio de la escala señala que todas las personas poseen áreas de buen funcionamiento y áreas esenciales en que el funcionamiento vital es pobre. Todavía no hemos podido comprobar la escala en quienes poseen un nivel extremadamente alto, pero mi impresión es que 75 es un nivel alto y que quienes superan el 60 constituyen un porcentaje reducido de la sociedad.

Las características de la gente situada en las regiones altas de la escala transmiten un importante aspecto del concepto. Son funcionalmente claras al diferenciar los sentimientos y los pensamientos, y están habituados a tomar decisiones partiendo de la base de los pensamientos del mismo modo que los de bajo nivel operan a partir de los sentimientos. La relativa separación de sentimientos y pensamientos permite tener la vida bajo el control de pensamientos deliberados, a diferencia de la gente de bajo nivel en la escala cuya vida es un instrumento del flujo y reflujo del proceso emocional. En las relaciones con los demás, las personas de la parte alta de la escala se ven libres para ocuparse en una actividad encaminada a metas, o para perder «self» en la intimidad de una relación estrecha, a diferencia de las de la parte baja que o tienen que evitar las relaciones si no quieren deslizarse automáticamente hacia una fusión molesta, o no tienen más remedio que proseguir la búsqueda de una relación estrecha para obtener la gratificación de sus «necesidades» emocionales. La persona de la zona superior de la escala es menos reactiva a la alabanza o a la crítica y realiza una evaluación más realista de su propio self a diferencia de quien pertenece a la zona inferior cuya evaluación está ya por encima ya por debajo de la realidad.

La escala es muy importante como concepto teórico para entender todo el fenómeno humano y como instrumento fiable para hacer una evaluación global del curso de una vida, así como predicciones precisas acerca de las posibles direcciones futuras de la vida de una persona. No se pueden hacer evaluaciones diarias o semanales de los niveles de la escala, debido a los amplios vaivenes que experimenta el nivel funcional del pseudoself de las personas que ocupan la región inferior de la escala. Un cumplido puede elevar el nivel de funcionamiento del self y una crítica puede reducirlo. Se pueden hacer estimaciones generales bastante acertadas a partir de una información que cubra meses o años. Por ejemplo, una historia minuciosa de los cambios funcionales producidos dentro de una familia durante un periodo de varios años puede contener una pauta bastante exacta de los miembros de la familia en su relación mutua. La escala posibilita definir numerosas diferencias entre las personas situadas a diversos niveles. El estilo de una persona ubicada en un nivel es tan distinto de alguien situado solamente unos pocos puntos más allá en la escala que no se escogen entre sí para entablar relaciones personales. Hay muchas experiencias vitales que pueden elevar o reducir los niveles de self *funcionales, si bien hay pocas que puedan cambiar el nivel de diferenciación básico adquirido en la convivencia con la familia parental.* A menos que se produzca alguna circunstancia extraña, el nivel básico procedente de la familia parental se consolida en el matrimonio, después del cual el único cambio que pueda producirse será funcional. Los cambios funcionales pueden ser llamativos. Por ejemplo, una mujer que tenía un nivel funcional en el matrimonio idéntico al de su marido puede quedar desposeída del self hasta el punto de entrar en un alcoholismo crónico. Ella entonces funciona muy por debajo de su nivel original. Muchos de estos niveles funcionales están lo bastante consolidados como para que puedan parecer a los inexpertos muy semejantes a los niveles básicos.

Sistema emocional de la familia nuclear

Este avanzado concepto trata de las pautas emocionales que tienen su comienzo con los primeros planes para el matrimonio y luego perduran durante éste, los tipos de relaciones que mantienen con las familias de origen, el ajuste mutuo de los cónyuges antes de tener niños, la adición del primer hijo, el ajuste de los tres en una relación de tres personas, y la adición de los niños subsiguientes. El nivel de diferenciación del self de los esposos desempeña un papel importante en la intensidad de las pautas. Al principio empleaba la expresión *masa de ego familiar indiferenciado* para describir la «adherida unión» emocional o fusión que tenía lugar en la familia nuclear. La expresión todavía es apropiada cuando se aplica a la familia nuclear, pero es menos feliz para referirnos al mismo fenómeno en las familias extensas, y queda violento si lo aplicamos al mismo fenómeno en los sistemas emocionales en el ámbito del trabajo o en los sistemas sociales. Más recientemente se ha empleado la expresión *sistema emocional* para designar las mismas pautas emocionales triangulares que operan en todas las relaciones estrechas, con una expresión adicional que indica la localización del sistema, por ejemplo, un sistema emocional de la *familia nuclear.*

El nivel de diferenciación de self determina el grado de fusión emocional en los esposos. La manera como éstos manejan la fusión determina las áreas en que la indiferenciación será absorbida y las áreas en que los síntomas se manifestarán en condiciones de estrés. Hay tres áreas dentro de la familia nuclear donde se expresan los síntomas. Éstas son: a) el conflicto conyugal, b) la disfunción de un cónyuge, y c) la proyección sobre uno o más hijos. Existe un cúmulo cuantitativo de indiferenciación, determinado por el nivel de diferenciación de los cónyuges, que puede ser absorbido por una o por una combinación de las tres áreas. Hay matrimonios donde se concentra una gran cantidad en una sola área, absorbiendo las otras los «excedentes» de la principal. La mayor parte de las familias utilizan una combinación de las tres áreas. El conflicto conyugal tiene lugar cuando ninguno de los cónyuges «cede» ante el otro en la fusión, o cuando el que ha estado cediendo o adaptándose se niega a continuar. El conflicto absorbe enormes cantidades de indiferenciación.

Uno de los mecanismos más corrientes es aquél por el que dos pseudoselfs se fusionan en un self común, cediendo uno pseudoself a la unión y ganando el otro un nivel de self funcional más elevado gracias a ella. Esto evita que se provoque el conflicto y permite mayor proximidad. Frecuentemente el individuo dominante que gana self no advierte los problemas del adaptable que cede. Éste es candidato a la disfunción, que adoptará forma de enfermedad física o emocional, o disfunción social como puede ser la bebida o el comportamiento irresponsable. La disfunción que sirve para absorber la indiferenciación tiene difícil remisión. Normalmente se produce en un cónyuge, el otro gana fuerza en el intercambio emocional. La disfunción de un cónyuge puede absorber grandes cantidades de indiferenciación, de modo que las otras áreas quedan protegidas de síntomas.

La tercera área es el mecanismo mediante el cual la indiferenciación es proyectada sobre uno o más hijos. Creo que está presente en todas las familias hasta cierto punto. Este mecanismo es tan importante que se explica en el siguiente concepto separado. El concepto general que aquí describimos está referido a una cantidad particular de inmadurez de indiferenciación que ha de ser absorbida dentro de la familia nuclear, que es fluida y cambiante en cierto grado, y que aumenta hasta un nivel sintomático durante el estrés. El préstamo y comercio de pseudoself que caracteriza a la relación con otras personas situadas en este nivel de indiferenciación es el aspecto que queremos enfatizar aquí.

Proceso de proyección familiar

Este es el proceso por el que los padres proyectan parte de su inmadurez sobre uno o más hijos. La pauta más frecuente es aquélla que se desarrolla en la madre a través del mecanismo que permite a ésta volverse menos ansiosa centrándose en el hijo. El estilo vital de los padres, circunstancias fortuitas como sucesos traumáticos que irrumpen en la familia durante el embarazo o aproximadamente al año del nacimiento, y relaciones especiales con los hijos o las hijas son algunos de los factores que ayudan a determinar la «selección» del hijo que será objeto de este proceso. La pauta más corriente es aquélla en que un hijo es el receptor de una porción grande de la proyección, mientras que los otros niños quedan relativamente al margen. El hijo que se convierte en objeto de la proyección es el más apegado emocionalmente a los padres, y el que termina con un nivel más bajo de diferenciación de self. Un hijo que crece relativamente ajeno al proceso de proyección familiar puede emerger con un nivel de diferenciación básico más elevado que el de los padres.

Proceso de transmisión multigeneracional

Este concepto explica la pauta que se desarrolla a través de varias generaciones cuando los hijos emergen de la familia parental con niveles de diferenciación básicos más altos, iguales o más bajos que los de los padres. Cuando un hijo emerge con un nivel de self inferior al de los padres y se casa con una persona de igual diferenciación de self, y este matrimonio produce un hijo con un nivel inferior que a su vez se casa con otra persona de igual nivel, y de este otro matrimonio nace otro hijo con un nivel inferior que se casa a ese nivel, se crea un proceso que se mueve, generación a generación, hacia niveles de indiferenciación cada vez más bajos. Según esta teoría, los problemas emocionales más graves, como una esquizofrenia profunda, son el producto de un proceso que se ha venido gestando descendiendo a niveles de self cada vez más bajos a lo largo de varias generaciones. Junto a quienes caen más bajo en la escala de diferenciación de self están quienes permanecen aproximadamente al mismo nivel y quienes progresan en su ascensión por la escala.

Perfiles de la posición entre hermanos

Los perfiles de personalidad de cada posición entre los hermanos, tal como los describió Toman (1961), han añadido una dimensión importante a esta orientación teórica y al sistema terapéutico. He descubierto que los perfiles de Toman son considerablemente congruentes con mis observaciones de hermanos «normales». En sus trabajos iniciales, no estudió al hijo «anormal» que se convierte en receptor del proceso de proyección familiar. Cuanto más intenso es el proceso de proyección, más se vuelve este hijo como el chiquillo más infantil, independientemente de la posición que ocupa entre los hermanos con relación al nacimiento. Al evaluar una familia, una anotación acerca de la posición entre hermanos de cada uno de los padres y acerca de si el perfil de cada padre es o no medianamente típico, añade una información inapreciable sobre la forma de adaptarse la familia a la vida, a las fuerzas emocionales de la familia y al trabajo sobre su problema en la psicoterapia familiar. Por ejemplo, una mezcla de «fusión de selfs» compuesta de una hija mayor y un hijo menor transmite automáticamente una riqueza de información sobre la familia, «permaneciendo todas las cosas igual». Además, esta combinación se comporta diferentemente en situación de conflicto, en la disfunción de un cónyuge y en el proceso de proyección familiar. Los numerosos detalles de este concepto son de interés secundario para esta presentación.

Los triángulos

El concepto de los triángulos suministra un marco teórico para entender el funcionamiento microscópico de todos los sistemas emocionales. Más importante, la comprensión paso a paso de los triángulos ofrece una inmediata respuesta efectiva que puede ser aprovechada por el terapeuta, o por cualquier miembro de la familia, para cambiar previsiblemente el funcionamiento de un sistema emocional. La pauta de funcionamiento de los triángulos es idéntica en todos los sistemas emocionales. Cuanto más bajo es el nivel de diferenciación, más intensas son las pautas, y cuanto más importante la relación, más intensas las pautas. Las mismas pautas son menos intensas a niveles de diferenciación más altos y en relaciones que son más periféricas.

Un sistema emocional compuesto de dos personas es inestable en el sentido de que, en condiciones de estrés, pasa a formar un sistema de tres. Un sistema mayor de tres personas se configura en series de triángulos.

interconectados. Seguidamente expondremos algunas de las características del funcionamiento de un triángulo aislado. Conforme se acumula la tensión en un sistema de dos personas, es habitual que uno se sienta más cómodo que el otro, y que el que está molesto «introduzca en el triángulo» a una tercera persona contando a la segunda una historia sobre aquélla. Esto alivia la tensión entre los primeros dos, y la desplaza hacia el segundo y el tercero. Un triángulo en estado de calma consiste en una pareja cómoda y un extraño. La posición preferida es la de ser miembro de la pareja, dejando al otro como extraño. De esta manera las fuerzas que se desarrollan dentro del triángulo se desplazan y mueven de un momento a otro y durante extensos períodos de tiempo. Cuando el triángulo se encuentra en un estado de tensión, la posición externa es la preferida, en una postura que manifiesta, «Vosotros dos pelearos y permitidme que quede al margen». Añadamos esta dimensión extra de ganar proximidad, o escapar de la tensión, y nos formaremos hasta una idea gráfica de las fuerzas cambiantes, moviéndose cada una constantemente para conseguir un poco más de proximidad agradable o para retirarse de la tensión y requiriendo cada desplazamiento un movimiento compensatorio por parte del otro. En un estado de tensión, cuando el triángulo no puede mover convenientemente las fuerzas que se originan dentro de él, dos miembros de la pareja original encontrarán una tercera persona idónea (envuelven en el triángulo a otra persona) y en ese momento las fuerzas emocionales recorrerán los circuitos de este nuevo triángulo. Los circuitos del anterior triángulo estaban entonces parados pero disponibles para ser usados de nuevo en cualquier momento. En épocas de tensión muy elevada, un sistema envolverá en los triángulos a cada vez más extraños. Un caso común es el de una familia con un estrés tremendo que utiliza el sistema triangular para implicar a vecinos, escuelas, agentes de policía, clínicas y todo un espectro de gente extraña y convertirlos en participantes del problema familiar. La familia por tanto reduce la tensión interna, y puede crearse realmente una situación en la que la tensión es provocada por personas externas.

Durante largos períodos de tiempo, un triángulo adoptará posturas y posiciones funcionales prolongadas frente a cada uno de los demás. Una pauta corriente es aquélla en que la madre y el hijo forman la pareja íntima y el padre es el extraño. En este triángulo, el proceso minuto a minuto de fuerzas emocionales se desplaza en torno al triángulo, pero cuando las fuerzas se detienen, siempre queda cada uno en la misma posición. Un triángulo posee típicamente dos lados positivos y uno negativo. Por ejemplo, un miembro de la pareja íntima siente una inclinación emocional positiva hacia el extraño mientras que es posible que el otro miembro sienta rechazo por él. El concepto del triángulo es considerablemente más fluido para comprender un sistema de tres personas que los conceptos más convencionales del complejo edípico. Por ejemplo, el conflicto entre hermanos consiste casi universalmente en un triángulo formado entre la madre y dos hijos en el que la madre sostiene una relación positiva con cada niño y el conflicto estalla entre ellos. El concepto del triángulo suministra muchas más pistas para saber qué hay que hacer para modificar la situación entre los hermanos que las que arroja la teoría edípica. Hasta en el triángulo más «fijo», las fuerzas positivas y negativas se mueven de un lado para otro constantemente. El término *fijo* se refiere a la posición más típica. Un sistema de tres personas da lugar a un triángulo, un sistema de cuatro a cuatro triángulos primarios, y sistema de cinco personas da lugar a nueve triángulos primarios, etc. Esta progresión se multiplica rápidamente según crecen los sistemas. Además existe una diversidad de triángulos secundarios cuando dos o más se agrupan junto a una esquina del triángulo para una cuestión emocional, mientras la configuración se modifica sobre otra cuestión.

Hay características del triángulo que se prestan particularmente a la psicoterapia, o a cualquier esfuerzo encaminado a modificar el triángulo. Las fuerzas emocionales que operan dentro de un triángulo son tan previsibles como un reflejo emocional. La reactividad opera en forma de reacción en cadena, una reacción seguida de otra en una secuencia previsible. El sistema terapéutico se basa en ser capaz de observar exactamente la parte que desempeña el self y controlar conscientemente esta reactividad emocional programada. La observación y el control son igualmente difíciles. La primera no es posible hasta que uno puede controlar las propias reacciones lo suficiente como para ser capaz de observar. El proceso de observación permite más control, que a su vez, en una serie de etapas lentas, permite más observación. El proceso de ser capaz de observar tiene un lento comienzo que es dar el primer paso pequeño hacia la retirada de uno mismo «fuera» de un sistema emocional. Unicamente cuando uno puede salirse un poco es posible empezar a observar y empezar a modificar un sistema emocional. Cuando por último hay uno que puede controlar su sensibilidad emocional, no toma partido por ninguno de los otros dos y se mantiene constantemente en contacto con ellos, la intensidad emocional que habita dentro de la pareja disminuirá y ambos se desplazarán hacia un nivel de diferenciación más alto. Si la persona que queda dentro del triángulo no puede permanecer en contacto emocional, la pareja envolverá en el triángulo a alguna persona más.

EL SISTEMA TERAPEUTICO

Presentaremos una rápida revisión del sistema terapéutico con objeto de suministrar una visión global del lugar de la presentación clínica próxima dentro de los sistemas teórico y terapéutico totales. El sistema teórico entiende que existe una masa de ego familiar indiferenciado y que el sistema terapéutico tiene como misión ayudar a un miembro de la familia, o a más de uno, a elevarse hacia un nivel de diferenciación más alto. Los conceptos de los triángulos proporcionan otra dimensión teórica, que sostiene que un sistema emocional se compone de una serie de triángulos entrecruzados. El principio terapéutico más importante, que se repite de una manera sistemáticamente previsible, afirma que cuando se modifica una pauta emocional triangular en un solo triángulo importante de la familia, y los miembros del triángulo permanecen en contacto emocional con el resto de la familia, otros triángulos cambiarán automáticamente con relación al primero.

La psicoterapia familiar con ambos padres o ambos esposos

Esta es la configuración familiar principal para practicar la psicoterapia familiar con cualquier familia. El método terapéutico emplea el concepto de diferenciación de self y el del sistema emocional triangular que opera en la familia. El objetivo es dirigir los esfuerzos hacia la modificación del triángulo más importante de la familia y, por la experiencia, hemos encontrado que éste procede de los dos padres o los dos esposos. He averiguado que la forma más rápida de modificar el triángulo central es constituir un triángulo nuevo con los dos miembros más destacados de la familia junto con el terapeuta. Cuando el triángulo familiar envuelve a tres o más miembros de la familia natural, el sistema emocional recorre sus propios circuitos emocionales internos y es preciso mucho más tiempo para que la familia observe o modifique las pautas triangulares. Si la configuración familiar lo permite, la psicoterapia familiar se lleva a cabo generalmente con ambos esposos o ambos padres, ya sea el problema inicial un conflicto conyugal, una disfunción de un cónyuge, o un problema de un hijo. Si se pueden modificar las pautas emocionales de este triángulo central, entonces todo el resto de miembros familiares cambiarán automáticamente.

El único principio básico de este método de psicoterapia implica que el terapeuta ha de mantenerse «fuera del triángulo» o emocionalmente al margen del campo emocional que envuelve a la pareja conyugal. Automáticamente estas dos personas utilizan con el terapeuta los mecanismos que utilizaban al tratar con cualquier tercer persona. Si el terapeuta es capaz de permanecer ajeno al campo emocional y no responder como hacen los demás a la pareja emocional, entonces las pautas originadas entre ellos llegan a modificarse más rápidamente. Pienso que este método funcionaría independientemente del contenido de la discusión, en tanto en cuanto el terapeuta permaneciese relativamente «fuera del triángulo» y mientras la pareja se enfrentase con problemas que revelaran la existencia de triángulos críticos.

Con los dos esposos o los dos padres hago principalmente cuatro cosas. La primera es conservar el sistema emocional en que están envueltos lo bastante activo como para que sea significativo y lo bastante atenuado como para que puedan enfrentarse con él objetivamente, sin la reactividad emocional indebida. El terapeuta se muestra activo haciendo preguntas constantemente, primero a un cónyuge y luego al otro, buscando que los pensamientos de uno reaccionen frente a lo que el otro había comunicado al terapeuta. Esto evita los intercambios emocionales entre los esposos y capacita a cada uno a «escuchar» al otro sin la atadura emocional automática que se crea en los intercambios mutuos. Una segunda función es mantener el self «fuera del triángulo» del proceso emocional existente entre los dos miembros familiares. Esta función tiene muchos matices. La tercera función es establecer lo que he denominado una «posición desde el yo», que forma parte de la diferenciación de un self. El terapeuta adopta posiciones emprendedoras con relación a ellos, lo que permite entonces que empiecen a hacer lo mismo en su relación mutua. La cuarta función es enseñarles cómo funciona el sistema emocional y animarles a cada uno a dirigir sus esfuerzos hacia la diferenciación de self con relación a sus familias de origen. Esta etapa tiene muchos pormenores importantes. Es preciso que la psicoterapia se lleve a cabo de modo que no encierre al terapeuta en el sistema emocional de los esposos. Con este método, cada uno puede diferenciar un self del otro en tanto el terapeuta no quede implicado en el proceso y en tanto sea capaz de mantenerlo activo.

La psicoterapia familiar con un cónyuge para preparar la psicoterapia familiar con ambos cónyuges

Este método se dedica a las familias en que un esposo se muestra negativo y reacio a participar en la psicoterapia familiar. La primera parte es semejante a la que se explicará en la sección próxima sobre la psicoterapia familiar con un miembro de la familia. La finalidad de este método es ayudar al cónyuge motivado a entender la parte que desempeña el self en el sistema familiar, hasta que el cónyuge desmotivado esté dispuesto a incorporarse a la terapia en un esfuerzo cooperativo.

La psicoterapia familiar con un miembro motivado de la familia

Este método se ha venido utilizando regularmente durante cerca de ocho años. Estaba enfocado para jóvenes solteros adultos que vivían lejos de sus padres, o cuyos padres se negaban a formar parte del esfuerzo terapéutico. Se trata de un método tan parecido al que seguidamente describiremos con mi propia familia que sólo haremos una breve mención. Las sesiones iniciales se dedicaban a hacer postulaciones sobre la parte que le toca a un solo miembro en el sistema global. A continuación se dedicaba tiempo a aprender a observar las pautas de las propias reacciones emocionales en el sistema parental. Este plan implicaba un contacto relativamente frecuente con las familias de origen, a fin de comprobar las postulaciones y desarrollar formas de modificar las reacciones. Da mejores resultados con los hijos mayores quienes normalmente se sienten más responsables de sus familiares y quienes están más motivados para dedicarse a tal esfuerzo. Requiere que los miembros aisladamente puedan autovalerse, de lo contrario nunca contarían con el coraje emocional para el cambio que podría amenazar la actitud familiar hacia ellos. Una distancia óptima de las familias es aproximadamente de 200 a 300 millas, que es bastante próxima para mantener un contacto frecuente y suficientemente grande como para estar fuera de la esfera emocional inmediata de la familia. Las consultas son espaciadas cuando la distancia de la familia no permite hacer visitas frecuentes. También se pueden utilizar los sistemas de relaciones laborales y sociales para aprender las propiedades de los sistemas emocionales. Una persona joven normalmente motivada necesitará cerca de 100 horas repartidas en un periodo de cuatro o cinco años para realizar un esfuerzo semejante. Acordar consultas más frecuentes no sirve para incrementar la capacidad de observar y controlar la sensibilidad emocional. El resultado medio de este método ha sido superior a los resultados obtenidos con psicoterapia convencional.

EL INFORME CLINICO

El objeto de este artículo es referir una experiencia clínica que cubrió un periodo de varios meses en el que conseguí importantes logros en la diferenciación de un self de mi familia de origen. Esa experiencia vino precedida de un esfuerzo que duró doce años intentando entender a mi familia dentro del marco de la teoría familiar. Durante los últimos siete u ocho años de ese periodo de tiempo había realizado un intento activo de modificarme a mí mismo con relación a mi familia. Este lento esfuerzo de ensayo y error estuvo entrelazado con las etapas de mi trabajo profesional en la investigación sobre la familia, la teoría familiar y la psicoterapia familiar. Desde que alcancé esta etapa evolutiva con mi propia familia, he sido capaz de «adiestrar» a terapeutas familiares motivados a orientarse hacia una diferenciación significativa en sus familias parentales en tan sólo dos o tres años. Se consigue el objetivo ayudándoles a centrarse en las áreas productivas y sortear los obstáculos que hacen perder tiempo. En el intento de ayudar al lector a entender la esencia de este esfuerzo, presentaremos el material en sucesivas etapas, explicando cada una en términos de la teoría que ya ha sido expuesta.

Información sobre antecedentes personales

Había muy pocas cosas de mi formación psiquiátrica convencional que me proporcionaran un entendimiento práctico de mi propia familia. Muchos de los conceptos útiles procedieron de mi experiencia en las investigaciones sobre la familia. No obstante, tuve algunas experiencias tempranas que puede que hayan intervenido en el desarrollo de mis ideas; las resumiremos brevemente. Como muchos hacen preguntas acerca de los motivos para trabajar sobre la propia familia, empezaré con algunas tendencias muy tempranas de mi vida. Durante mi infancia poseía dos cualidades que intervendrían en las elecciones futuras. Una consistía en una habilidad extraordinaria para resolver difíciles rompecabezas e inventar soluciones prácticas para problemas aparentemente insolubles. La otra era mi habilidad manual. Antes de cumplir los doce años había decidido ser un profesional y las alternativas con el mismo peso eran derecho y medicina. Después de los doce años la elección se inclinaba más hacia medicina. A los quince sucedió un incidente que provocó mi firme decisión por la medicina. Era auxiliar de ambulancia y tenía que llevar a una joven adolescente que estaba inconsciente a un hospital universitario. La chica siguió inconsciente toda la tarde y antes de anochecer estaba muerta. El vívido recuerdo de la sala de urgencias y los médicos que parecían aturdidos, inseguros y torpes me incitó a ayudar a la medicina a encontrar respuestas mejores. En la escuela de medicina, mi interés gravitaba automáticamente en torno a temas con los problemas irresueltos más urgentes. Primero fue la neurología, luego la neurocirugía y después el reto de los diagnósticos diferenciales en la medicina. El reto intelectual de las técnicas especiales de la cirugía no me fascinaron hasta ser residente. Una serie de muertes quirúrgicas me llevó a construirme un tosco corazón artificial y a ser aceptado como miembro de una sala quirúrgica, e inmediatamente después estuve en el ejército durante cinco años. El alcance de las disfunciones psiquiátricas que observé en el personal militar y la ausencia de soluciones adecuadas para estos problemas me llevó a decidirme por recibir formación psiquiátrica. Inmediatamente me vi involucrado en el estudio de la esquizofrenia y por eso exploré toda teoría y tratamiento conocidos sobre la esquizofrenia hasta que mi interés se estableció en la familia. Las hipótesis sobre la familia me llevaron a dedicarme todo el tiempo a la investigación psiquiátrica de la familia unos pocos años más tarde.

Cuando me metí en la psiquiatría ignoraba bastante los conceptos psicológicos y psicoanalíticos. Los conocimientos superficiales sobre estos conceptos se habían aparcelado en la aplicación a quienes no estaban «enfermos». Mi agradable familia más cercana había estado libre de conflictos, problemas conyugales, problemas de bebida, o cualquier otro problema neurótico o conductual diagnosticable en todas las generaciones de las que yo tenía conocimiento. Mi relación familiar parental y mi relación matrimonial eran consideradas felices, normales e ideales. Mi primer año o mis dos primeros años dedicados a la psiquiatría fueron una etapa de auténtico optimismo cuando oí aquellas explicaciones que sonaban lógicas acerca del comportamiento humano. La alegría empezó a desaparecer al descubrir las lógicas discrepancias que había en la teoría y que los expertos no podían explicar. La mayoría de los psiquiatras no parecían molestarse con las contradicciones que formaron el núcleo de mi ulterior investigación.

En esencia, aquellos primeros años en la psiquiatría, y mi propio psicoanálisis, contribuyeron a volverme atento ante un nuevo mundo fascinante de motivaciones y conflictos ocultos. Aprendí los conceptos y me volví un adepto en su aplicación al self, el personal, los amigos, la familia y hasta a personas destacadas en las noticias que me llegaban. Todos eran «patológicos», y aquéllos que lo negaban eran más «patológicos» aún. La tarea de pensar en los miembros de mi familia adoptó la forma de analizar su psicodinámica y diagnosticarlos. Este panorama tendió a intensificar mi postura anterior frente a mi familia de origen. Como hijo mayor y como médico había sido desde hacía mucho tiempo el sabio experto que predicaba a los no instruidos, hasta cuando esto se hacía bajo el disfraz de expresar una opinión o dar un consejo. La familia solía escuchar educadamente y dejarlo a un lado como «no es más que psiquiatría». En el transcurso de mi psicoanálisis hubo suficiente presión emocional como para implicar a mis padres en una confrontación airada acerca de las quejas infantiles que habían salido a la luz en el cómodo abrigo de la transferencia. En ese momento consideré que estas confrontaciones significaban una emancipación emocional. Es posible que haya habido alguna ventaja inmediata en conocer mis sentimientos un poco mejor y aprender a «quejarme» a mis padres, pero el resultado a la larga era una intensificación de las pautas anteriores. El resultado neto era la convicción de que mis padres tenían sus problemas, y yo los míos, que *nunca cambiarían, y que no se podía hacer nada más. Me sentía justificado para guardar una distancia formal y mantener relaciones superficiales. No* traté de trabajar sobre las relaciones con mi familia de origen hasta después del desarrollo de mis nuevos conceptos formulados en la investigación sobre la familia.

Hay un fenómeno emocional que se produce en un sistema externo a la familia que es de vital importancia para el concepto de familia. Trabajé en una gran clínica conocida donde el sistema emocional de la «familia» del personal y los empleados era idéntico al sistema emocional de cualquier familia. Las pautas de todos los sistemas emocionales son las mismas ya sea en sistemas familiares, sistemas laborales o sistemas sociales, la única diferencia está en la intensidad. El sistema emocional en que yo trabajé proporcionó la posibilidad de realizar observaciones valiosas. Noté que, cuando estaba fuera de viaje, veía más claro y con más objetividad las relaciones laborales, y que la objetividad se perdía al volver al trabajo. Una vez que advertí esto por primera vez, obtuve observaciones del fenómeno con más cautela. La objetividad podía llegar cuando el avión estaba a una hora de distancia. A la vuelta, la objetividad se perdería tan pronto atravesara la puerta principal de regreso al trabajo. Era como si el sistema emocional «se me acercara rodeándome» según entraba en el edificio. Este es el fenómeno emocional que más tarde denominé la «masa de ego familiar indiferenciado». Me preguntaba qué había que hacer para lograr mantener la objetividad emocional en medio del sistema emocional. Un «self diferenciado» es aquél que puede mantener la objetividad emocional mientras permanece en medio de un sistema emocional agitado, y al mismo tiempo es capaz de relacionarse activamente con las personas claves del sistema. Realicé otras observaciones sobre el sistema emocional en el trabajo. Después de un viaje, cuando regresaba a la ciudad el sábado, solía mantener la objetividad hasta que volvía a trabajar el lunes por la mañana. Hubo una ocasión en que la perdí durante una conversación telefónica con un miembro del personal antes de volver al trabajo. En otras ocasiones la objetividad solía perderse al saludar a un miembro del personal en el aparcamiento antes de entrar en el edificio. Esta «fusión» con el sistema emocional funcionaba más intensamente con quienes se hallaban más metidos en el sistema de chismorreos en el trabajo. Los rumores son uno de los mecanismos principales para «encerrar en triángulo» a otra persona, introduciéndola en el campo emocional que hay entre dos personas. Entraremos en los matices de este fenómeno en otra parte de esta exposición. En aquel sistema laboral gran parte de la tarea de «encerrar en triángulo» tenía lugar en los descansos para tomar café, en las reuniones sociales y en las sesiones rutinarias donde los «comprensivos»«analizarían» y hablarían acerca de quienes estaban ausentes. Este mecanismo se representaría con, «Nos entendemos perfectamente (el lado del triángulo que favorece la unión). Coincidimos con relación a esa tercera persona patológica». En las reuniones sociales la gente se aglutinaba en pequeños grupos, hablando cada uno de alguna persona ajena al grupo e ignorando aparentemente que todos los grupos estaban haciendo el mismo trabajo de rumores que «encierran en triángulo» a los que le rodean.

Pienso que mi implicación en aquel sistema emocional laboral ha supuesto una de las experiencias más afortunadas de mi vida. Dio la casualidad de que fue lo suficientemente intenso como para que las observaciones mereciesen la pena. Tras haber observado el fenómeno allí, resultó más fácil ver el mismo fenómeno en todos los sistemas laborales restantes. Suministró una especie de «control» para el mismo fenómeno de mi familia de origen. Durante años trabajé muy duramente por «diferenciar un self» en mi familia de origen. Solía volver de vez en cuando al viejo sistema laboral para hacer una visita. Algunos de mis mejores amigos todavía seguían allí. En la visita regular, aunque hubiera estado lejos dos o tres años, no tardaba más de treinta minutos en encontrar a alguien importante del sistema y «fusionarme» inmediatamente, tomando partido en los asuntos emocionales del mismo. Finalmente, después de haber dominado la experiencia con mi propia familia que aquí se menciona, regresé al antiguo sistema laboral para hacer una visita prolongada y fui capaz de relacionarme íntimamente con quienes eran importantes para el sistema sin un solo episodio de «fusión».

LA HISTORIA FAMILIAR

El caso clínico de esta presentación es mi propia familia de origen. Soy el mayor de cinco hermanos de una familia alegre y unida que ha vivido en la misma población pequeña durante varias generaciones. Mis padres, ahora bastante ancianos, participan activamente en la vida comunitaria y ambos trabajan en el negocio familiar. Mi perfil de personalidad es el de un hijo mayor superresponsable. Me casé con la segunda de tres hijas, que funciona más como la mayor. Tenemos cuatro hijos, que van de los 14 a los 20 años. Mi primer hermano, dos años menor que yo, es un hombre de negocios enérgico y emprendedor que se estableció en otro Estado justo después de salir de la universidad. Se casó con una compañera de clase de la facultad que es socialmente activa desde niña. Tienen una hija. El tercer chico, mi segundo hermano, tres años menor que mi primer hermano, está al frente del negocio familiar y funciona en casa como el jefe del clan. Contrajo matrimonio con un segundo descendiente e hija mayor mientras cumplía el servicio militar. Tienen dos hijos y una hija. El cuarto hijo de mi familia de origen, la hija mayor, es dos años más pequeña que el tercer hijo. Ella es la que está más encerrada en el triángulo del sistema familiar, la única que no fue a la universidad y la que ha desarrollado el ajuste vital más pobre. Se casó con un empleado del negocio familiar y tienen una hija y un hijo. El quinto descendiente es una hija cuatro años menor que el cuarto. Después de la universidad se marchó a otra ciudad donde se casó; tiene una hija. Después de varios años su marido vendió su negocio y volvió al hogar familiar donde trabaja en el negocio de la familia. Nunca ha habido ninguna enfermedad incapacitante, accidentes, o heridas en ninguno de los cinco hijos, en sus esposas o en sus chicos.

La secuencia paso a paso de los acontecimientos de este campo emocional familiar cubre un periodo de unos cincuenta años. Mi padre fue un hijo único que ha funcionado como un hermano mayor responsable. Su padre murió cuando era un chiquillo. Fue criado por su madre hasta los doce años, cuando ésta se casó de nuevo y tuvo otros hijos. Desde la infancia se valió por sí mismo. Mi madre fue una hija mayor responsable, siete años mayor que su hermano. Su madre murió cuando tenía un año, seguidamente ella y su padre volvieron a vivir con los padres de éste hasta que cumplió seis años, cuando su padre se casó otra vez. Vivió los siguientes diecisiete años con su padre, su madrastra y un hermanastro que nació un año más tarde. Mis padres se conocieron bien por primera vez cuando ambos trabajaban en la ciudad. Se casaron cuando él era agente de la estación de ferrocarril y ella trabajaba con su padre en el negocio familiar, unos grandes almacenes fundados por el padre de éste. Después de casarse, mis padres vivieron en su propio hogar en la ciudad durante los siguientes cinco años. Yo nací un año y medio después de la boda y mi primer hermano nació dos años más tarde.

Poco después del nacimiento de mi hermano comenzó una secuencia de acontecimientos que influyó profundamente en el futuro de la familia. El hermano de mi madre iba a la universidad a varios centenares de millas de distancia. La salud del padre de ella empezó a fallar y mi padre empezó a dedicar cada vez más tiempo al negocio, además de la jornada completa de su trabajo. Mi abuelo había sido un hijo mayor responsable de una gran familia. Su muerte, cuando mi primer hermano tenía dos años, supuso un punto decisivo en la historia de la familia. Mi padre abandonó su antiguo trabajo, el hermano de mi madre dejó la facultad para quedarse en casa y mi padre y mi tío se hicieron socios en el negocio familiar. Mis padres se mudaron a la casa parental de mi madre donde la familia estaba formada por mis padres, entonces cercanos a los treinta años, mi hermano y yo, mi abuela, que entonces tenía cincuenta y tantos años y mi tío, con más de veinte. Los perfiles de personalidad de la familia reflejarán algo del campo emocional familiar. Mi padre es un hijo mayor orientado hacia la acción y mi madre una hija mayor «activa». Ellos están entre ese porcentaje de «antiguos» que conducen el matrimonio como una sociedad que funciona suavemente. Mi abuelo, como un antiguo, se había casado con dos hijas jóvenes adaptables. Mi abuela, su segunda esposa, era tranquila y servicial. Mi tío, un hijo único funcional en virtud de los siete años que le distanciaban de mi madre, fue el único hijo que tuvo su madre. Emergió con el perfil de un hijo pequeño brillante. Estos perfiles de personalidad particulares compusieron una familia que congeniaba, con un bajo nivel de conflicto.

Unos cinco meses después de la muerte de su padre, mi madre quedó embarazada de su tercer niño, mi segundo hermano. Pocos meses más tarde, mi tío estaba entre los primeros que fueron llamados para la guerra, y mi padre asumió la responsabilidad del negocio. Mi segundo hermano fue concebido dentro de los meses posteriores a la muerte de mi abuelo, la reorganización de la empresa y la fusión a una sola familia. Mi segundo hermano nació dentro de los meses posteriores a la partida de mi tío. Es como si hubiera nacido para hacerse cargo del negocio familiar. Mi hermano y yo habíamos nacido cuando mis padres tenían su propio hogar, por tanto fuimos los únicos que nos mudamos y que no tuvimos conexión con el negocio. No hubo ninguna presión particular sobre nadie ni para irse ni para quedarse. Simplemente pasó que mi primer hermano y yo nos marchamos. Mi tío volvió de la guerra casi dos años más tarde, aproximadamente cuando mi madre se quedó embarazada de su cuarto retoño, que sería la hija mayor. Mi madre había deseado mucho tiempo una niña, por eso esta hija llegó a ser «especial» y estar superprotegida, la más involucrada en el proceso emocional familiar y la más afectada por él. Hay un hijo como éste en casi todas las familias. Aunque el daño que sufrió mi primera hermana no fue más lejos de un funcionamiento general pobre en el curso de su vida, la pauta emocional es idéntica a otras familias en las que el hijo más involucrado queda severamente perturbado. Con una diferenciación básica menor en mis padres y más tensión en el sistema emocional familiar, esta hija podía haber desarrollado ulteriormente graves deficiencias emocionales o problemas físicos. ¿Por qué las pautas emocionales afectaron a una hija en vez de a un hijo, y por qué a ella?. Pienso que esta pauta se puede predecir en las familias y además, dentro de la obra de Toman, hay sugerencias sobre la probabilidad de que el implicado sea un hijo o una hija. En mi familia, hubo factores reales que entraron en juego en el proceso emocional. Mi padre era la figura responsable y activa del negocio familiar y mi madre asumía la responsabilidad de la familia en los quehaceres domésticos. Siempre había faena y necesidad de ayudas extraordinarias en casa y en el negocio y, por supuesto, todos los hijos colaboraban. La separación clara entre el trabajo de los hombres y el de las mujeres contribuyó a que mi hermana conservara una categoría especial. Mi hermana mayor ha permanecido emocionalmente dependiente de mis padres. El colegio fue una etapa difícil para ella y era la única que no quería ir. Tenía el perfil de personalidad de la hija menor dependiente, que resulta ser la más implicada en el proceso emocional familiar. El quinto retoño, otra hija, nació cuatro años después que la cuarta. Creció más separada del sistema emocional familiar y posee el perfil de una hija mayor responsable.

La etapa posterior al nacimiento del último vástago, cuando la composición familiar es relativamente estable, generalmente proporciona la mejor panorámica del funcionamiento familiar. Los tres chicos teníamos aproximadamente idénticos niveles de ajuste. Pasábamos bastante tiempo con mi padre en el trabajo y en las diversiones mientras que mi madre se ocupaba de las advertencias sobre el trabajo duro, el juego decente, la ayuda a los demás y el éxito. Mi madre era la figura activa y responsable de la casa. Mi abuela ayudaba en quehaceres determinados, y dedicaba una atención especial a mi tío. El triángulo principal en esta combinación de casa y negocio era el formado por mi padre, mi madre y mi tío. Todo miembro de un triángulo medianamente definido percibe su self como «cogido». Mi padre estaba cogido entre su esposa y su hermano, mi tío entre su hermana y el marido de ésta, y mi madre entre su esposo y su hermano. Mi padre era el más activo en el negocio y también en la actividad comunitaria y cívica. En la empresa representaba la expansión y el «progreso». Mi tío representaba la precaución, y funcionaba como la fiel oposición que cuestionaba el «progreso». En los momentos de calma, un triángulo funciona a través de una pareja cómoda y un extraño. Mi tío era el extraño, que no se veía afectado por problemas ya que mantenía una relación estrecha con su madre, que quedaba relativamente al margen de los asuntos del negocio. En momentos de tensión, un triángulo tiene dos lados positivos y uno negativo. El lado negativo de este triángulo estaba entre mi padre y mi tío en el negocio, expresado normalmente como descontento que se comunicaba a través de mi madre. La tensión, sin embargo, raramente alcanzaba un punto de ira manifiesta entre ellos.

El triángulo familiar ilustra una diferencia notable entre la teoría familiar y ciertos conceptos psiquiátricos convencionales. Hay quienes dirían que las diferencias entre mi padre y mi tío representaban una hostilidad profundamente sepultada, controlada por una represión inadaptada, y que se lograría una adaptación más saludable si se sacaba a la luz y se expresaba abiertamente la hostilidad. La teoría familiar diría que el lado negativo del triángulo no es más que una expresión sintomática de un problema familiar global y que centrar la atención en las cuestiones de una relación no sirve más que para perder de vista la identificación del problema, para transmitir la impresión de que el problema radica en esta única relación, y para hacer que el triángulo quede más fijo y menos reversible. Es posible que se consiga un alivio pasajero de la ansiedad con la expresión directa de la ira, pero concentrarse en esta dimensión convierte a la familia en inadaptada. La expresión de ligeros síntomas solamente en condiciones de estrés es una prueba de que existe un buen nivel de compensación emocional.

El siguiente cambio destacable de la familia se produjo cuando mis hermanos y yo marchamos a la facultad. Mi abuela murió repentinamente unos meses antes de que mi segundo hermano se fuera al servicio militar. En los cinco años siguientes hubo varios cambios. Mi tío se casó y estableció su propio hogar, mis padres y mis dos hermanas se mudaron a otra casa de la ciudad, y la vieja casa familiar fue alquilada. Mi primer hermano, que se estaba estableciendo lejos del hogar, se casó inmediatamente después de entrar en el servicio militar. Unos meses más tarde mi hermana mayor se casó y se fue a vivir con su marido que estaba lejos en la industria de la guerra. Mi hermana menor iba al colegio en los años de la guerra. Mis padres se quedaron solos en casa. Era difícil encontrar empleados durante la guerra, por eso mi madre dedicó todo su tiempo a ayudar a mi padre y a mi tío a llevar el negocio. Allí se desarrolló una versión distinta del triángulo familiar, una versión habitual en los sistemas familiares. Mi tío y su esposa constituían un vértice del triángulo. Ella tendía a verbalizar su descontento fuera de la familia.

Después de la guerra se necesitaban nuevas ideas y energías para reconstruir el negocio, que simplemente se había mantenido durante la guerra. Mi segundo hermano volvió con su familia para empezar como empleado con la idea de que a la larga tendría su participación en el negocio. A su vez, mi hermana mayor y su marido regresaron, y él reanudó su empleo en la empresa. Unos años después, mi hermana menor y su marido se mudaron volviendo para ayudar en el negocio. Mi segundo hermano, tan energético en el negocio y en la actividad cívica como nuestro padre, representaba la fuerza estimulante en el crecimiento próspero del negocio. Las fuerzas emocionales estaban operando para que este hermano se convirtiera en el «jefe del clan» y para que mi hermana menor sucediera a mi madre en la posición de mujer responsable de la siguiente generación. Dentro de la familia había una diversidad de triángulos y alineamientos emocionales cambiantes en torno a las cuestiones sin importancia, pero la pauta triangular original no variaba con relación a las cuestiones vitales. En ese momento el triángulo estaba formado por mi padre y mi hermano en un vértice, mi madre y mi hermana menor en otro, y mi tío y su esposa en el otro. Durante las épocas de estrés las cuestiones negativas eran expresadas entre mi padre y mi hermano por un lado y entre mi tío y su mujer por el otro. Se produjo bastante tensión en torno al tema de la expansión del negocio y cuando mi hermano presionaba para adquirir su participación en el mismo. Como la familia vivía en cinco hogares separados, se tenía la tendencia de confiar los asuntos familiares a amigos externos a la familia. Con cada momento de tensión solía abrirse una discusión acerca de la división del negocio, se hacía algún reconocimiento nuevo a la contribución de mi hermano, y terminaba con un nuevo periodo de tranquilidad. Se mantuvo esta secuencia hasta que llegó un día, en un nuevo momento de tensión, en que mi tío vendió su mitad a mi segundo hermano y se retiró. El negocio se reorganizó en forma de sociedad anónima, mi hermano ostentaría la mitad del almacén y mi padre y mi madre ostentarían cada uno una cuarta parte. La familia tendía a contemplar el nuevo arreglo como la solución final. Esta es otra característica previsible de los sistemas emocionales: Cuando el foco del síntoma desaparece del sistema, éste actúa como si el problema estuviera resuelto. Si el sistema pudiera pensar en vez de reaccionar, conocería que la salida a la superficie del síntoma en cualquier sitio sería sólo cuestión de tiempo. Esto aconteció en mi familia después de que yo hube aprendido muchas cosas sobre las familias gracias a la investigación, pero antes de empezar mi esfuerzo activo por aprovechar los conocimientos en mi familia de origen. No obstante, elaboré varias postulaciones sobre la siguiente región en la que se desarrollarían los síntomas. La próxima parte de la presentación clínica tratará del curso de acontecimientos que tuvieron lugar durante los diez años posteriores a la reorganización del negocio.

La postura que adopté ante mi familia de origen durante este periodo fue la de hacerme creer a mí mismo que estaba «separado», era «objetivo» y «quedaba al margen del problema familiar». Esta postura es la visión más errónea que tienen las personas cuando empiezan por primera vez a tratar de ser mejores observadores y menos reactivos emocionalmente en sus propias familias. En realidad, yo estuve casi tan involucrado emocionalmente como siempre, ya que utilizaba el distanciamiento emocional y el silencio para crear una ilusión de no sensibilidad. La distancia y el silencio no engañan a un sistema emocional.

CONCEPTOS IMPORTANTES EN LA DIFERENCIACION DE UN SELF

Los conceptos nuevos originados a partir de la investigación familiar y la psicoterapia familiar abrieron caminos nuevos y apasionantes para entender mi propia familia, que habían estado vedados con los conceptos individuales. Cuando se formularon aceptablemente bien las ideas nuevas, las aplicamos a mi propia familia y al resto de sistemas emocionales inmediatos. Las observaciones y experiencias obtenidas en mi propia situación vital contribuyeron también al avance de la investigación familiar. La mayor parte del esfuerzo se concentró en mi familia nuclear (mi mujer y mis hijos), que constituye una historia por sí misma. Pensé que mi familia de origen era importante para comprender mi familia nuclear, pero no tanto para ayudar a que ésta resolviera sus problemas. En los primeros momentos del trabajo clínico, intenté correlacionar cada pauta de mi familia nuclear con pautas semejantes de la familia de origen. Esta tarea vino seguida de una breve etapa de concentración minuciosa sobre mi familia nuclear, con la premisa de que fijar la atención en la familia de origen eludía las cuestiones más importantes de mi familia nuclear. Poco a poco fui centrándome cada vez más en mi familia de origen, culminando el esfuerzo actual que exponemos aquí. Seguidamente desentrañaremos una serie de conceptos que son importantes para entender el esfuerzo de diferenciar un self de mi propia familia de origen.

Historia familiar multigeneracional

El esfuerzo inicial que realicé a este respecto estaba motivado por un interés investigador. Al principio de la investigación familiar inicié unos estudios estructurados con el fin de trazar la transmisión de los rasgos familiares de una generación a otra. Constituía parte de la tarea de definir el «proceso de transmisión multigeneracional», uno de los conceptos de la teoría. Luego puse un especial interés en la transmisión de las pautas de enfermedad de generación en generación. Cada faceta del estudio suministraba nuevas indicaciones interesantes que seguir. Miles de horas se consumieron en la realización de un estudio microscópico de unas pocas familias, en el que retrocedí algo así como 200 o 300 años, además de las historias que tracé de muchas familias retrocediendo 100 años o más. Todas las familias parecían tener las mismas pautas básicas. Este trabajo consumía tanto tiempo que decidí que era más sensato estudiar mi propia familia. Mi objetivo era obtener información fáctica a fin de comprender las fuerzas emocionales que se desarrollan en cada familia nuclear, por eso retrocedí tantas generaciones como pude. Hasta este momento no tenía un interés especial en la historia familiar o en la genealogía. En menos de diez años, trabajando unas cuantas horas a la semana, he adquirido un conocimiento del árbol familiar que comprende cerca de veinticuatro familias de origen, incluyendo pormenores acerca de una sobre la que seguí la pista retrocediendo 300 años, otras 250 años, además de varias a las que seguí el rastro de 150 a 200 años atrás. Esta tarea me puso en contacto con genealogistas que quedaron sorprendidos de que estuviera tan interesado en los miembros de la familia que funcionaban regular y en aquéllos que lo hacían bien. Fue un trabajo tedioso al principio, pero una vez emprendida la tarea se obtiene una cantidad asombrosa de detalles.

Es difícil estimar cuánto contribuye directamente la información histórica familiar en la comprensión de la familia propia en el presente. Creo que las contribuciones indirectas son lo bastante significativas como para garantizar el esfuerzo de cualquiera que aspire a llegar a ser un serio estudioso de la familia. En sólo 150 o 200 años un individuo es descendiente de 64 a 128 familias de origen, cada una de las cuales ha contribuido en algo al self propio. Con todos los mitos, las pretensiones y los informes y opiniones emocionalmente sesgados, resulta difícil llegar a conocer de verdad el «self» o a los miembros de la familia actual o recién pasada. Según uno reconstruye los hechos de un siglo o dos hacia atrás, va resultando más sencillo ir más allá de los mitos y descubrir los hechos. Seguir una familia nuclear de hace 200 años desde el matrimonio a través de la adición de cada nuevo hijo, y luego seguir el curso vital de cada hijo, puede suministrarnos una visión del fenómeno humano distinta de la que puede proporcionarnos el examen de las urgencias del presente. Es más fácil observar las pautas emocionales tal como operaban entonces. De este modo, se puede captar un sentido de continuidad, de historia e identificar lo que de otra forma no es posible. Conocer algo más de nuestras familias de origen lejanas puede ayudarnos a darnos cuenta de que no hay ángeles ni demonios en una familia; son seres humanos, cada uno con sus puntos fuertes y sus debilidades, reaccionando de forma previsible a la cuestión emocional del momento, haciendo todo lo que puede con su vida. La tarea de estudiar mi historia familiar multigeneracional estaba en curso mientras trabajaba en este artículo.

Masa de ego indiferenciado en la familia de origen

Ya he mencionado las primeras observaciones sobre el fenómeno emocional en que trabajé, que más tarde llegaría a denominar la masa de ego familiar indiferenciado. En las visitas que hacía a mi familia de origen se operaban los mismos mecanismos. Realicé cada vez más observaciones sobre el fenómeno pero no encontraba indicios de una acción eficaz que permitiera mantener la objetividad mientras guardaba el contacto con la familia. Había probado desde hacía mucho tiempo las formas convencionales para enfrentarme a las situaciones emocionales familiares, como hablar abiertamente a los miembros de la familia acerca de los problemas, tanto individualmente como en grupo. El modelo de este método fue tomado de las primeras experiencias con psicoterapia familiar en las que parecía que la discusión abierta sobre los problemas facilitaba las cosas. Parecía que la discusión sobre los asuntos familiares tranquilizaba el sistema familiar, aunque intensificaba las fusiones y era más difícil después recuperar la objetividad. Cuando la familia estaba tranquila podían pasar varias horas o un día sin que se tomara partido en las cuestiones emocionales. Si la familia se encontraba en tensión, la fusión podía ocurrir al primer contacto con una persona clave del sistema familiar. Recuperaba la objetividad normalmente a la hora o dos horas después de la visita, de regreso a casa. Después surgió la noción teórica de la «masa de ego familiar indiferenciado» y algunos de los primeros principios sobre «la diferenciación de un self». Estos principios serán ampliados más adelante. Con la experiencia he aprendido que la tarea de definir o diferenciar un self es más eficaz si uno está «fuera» del sistema emocional, o antes de llegar a estar fusionado al sistema. Como los viajes a casa eran infrecuentes, el objetivo era mantener la objetividad tanto como fuera posible y encontrar modos de salirme de la fusión, todo ello durante la misma visita. Uno de los esfuerzos consistía en dejar a mi esposa e hijos en casa mientras iba a la ciudad a visitar a la familia extensa. Cuando llegaba a estar «fusionado» en el sistema regresaba a casa y me relacionaba intensamente con mi familia nuclear, con la esperanza de que así me saldría de la fusión y sería posible otra etapa de objetividad con la familia extensa. Este plan nunca funcionó. En las discusiones, mi esposa contaba alguna cosa terrible que había dicho o hecho una hermana o mi cuñada, indicando que mi familia nuclear también se había «fusionado al sistema familiar», a pesar de que estaba bastante aislada del sistema familiar más grande. Normalmente recupero la objetividad dentro de la hora o las dos horas después de que ha terminado la visita. Apoyado en esta experiencia, probé otra técnica para sacarme a mí mismo. Planeé realizar visitas de dos días a la familia extensa, tras las cuales me «marcharía» con mi mujer y mis hijos a pasar unas minivacaciones de dos días a 100 millas o así; esta técnica perseguía sacarme a mí mismo de la «fusión» y conseguir otro periodo de objetividad para una segunda visita. Este plan tampoco funcionó jamás. Era como si no pudiera salirme hasta que aquella visita se acababa y yo estaba a una hora o así de vuelta a casa. Hice un esfuerzo final utilizando esta técnica. Esta vez me basé en la experiencia de que me resultaba más fácil ir solo que con la mujer y los niños. Cuando los viajes profesionales lo permitían, hacía una visita de un día más o menos a mi familia parental antes de la reunión a la que tenía que asistir en algún Estado lejano, y después hacía una breve visita después de la reunión. Ésta funcionó de algún modo mejor que el plan de minivacaciones con mi mujer y mis hijos, pero nunca recuperé del todo la objetividad hasta una hora o dos después de haber terminado la segunda visita. Durante los años que probé estas técnicas diversas, también trabajé en la «definición de un self» a través de cartas y llamadas telefónicas a mi familia de origen, mientras a su vez trabajaba en la «definición de un self» en otros sistemas emocionales, como el esfuerzo realizado con la «familia» de terapeutas familiares. Lograr un éxito parcial en un sistema emocional más periférico contribuía algo al empeño con mi familia de origen, aunque el éxito significativo tenía que esperar hasta que obtuviera un mejor dominio del concepto de los triángulos.

Mi propia experiencia con la fusión en la masa de ego indiferenciado de mi familia de origen concuerda notablemente con lo que he observado en una amplia gama de familias considerablemente bien integradas con las que he trabajado en mis sesiones prácticas y formativas. Nunca he visto una familia en la que no estuviera presente el fenómeno de la «fusión emocional». En teoría, la fusión emocional es universal en todas las personas salvo en la completamente diferenciada, que todavía no ha nacido. Normalmente, la mayoría de la gente no se da cuenta del fenómeno. Hay quienes pueden llegar a percatarse si son capaces de observar más y reaccionar menos a sus familias. Hay otros que están tan intensamente «fusionados» que probablemente no conocerán nunca el mundo de la objetividad emocional que media entre él y sus padres. Poca gente puede ser objetiva con sus padres, verlos y pensar en ellos como personas, sin degradarlos o sobrevalorarlos. Algunos individuos se sienten tan «cómodamente» fusionados y otros tan «incómodamente» fusionados que utilizan el odio o una actitud negativa encubierta (también una señal de fusión) para evitar el contacto con los padres. Hay quienes manifiestan una «fusión positiva» permaneciendo tan apegados que nunca abandonan el hogar. Hay también quienes se engañan a sí mismos creyendo que han «resuelto» la relación con los padres y quienes hacen cortas vistas formales a casa sin comunicación personal; utilizan como prueba de madurez el que no ven a sus padres. En mi trabajo con familias, el afán es ayudar a la gente a cobrar conciencia del fenómeno y luego a hacer cortos viajes frecuentes a casa para observar y trabajar en la diferenciación. Las visitas cortas frecuentes son muchas veces más efectivas que las visitas prolongadas infrecuentes.

La diferenciación de un self

Cada pequeño paso dado hacia la «diferenciación» de un self se ve resistido por fuerzas emocionales tendentes a la «unión», que mantienen el sistema emocional detenido. Las fuerzas de unión definen a los miembros de la familia como semejantes en términos de creencias importantes, filosofías, principios vitales y sentimientos. Las fuerzas hacen hincapié constantemente en la unión utilizando el «nosotros» para definir lo que «nosotros pensamos o sentimos», o las fuerzas definen el self de otro con, por ejemplo, «Mi mujer piensa que...», o las fuerzas emplean el indefinido «ello» para definir valores comunes, como en, «Está mal» o «Es lo que hay que hacer». La amalgama formada por la unión está estrechamente ligada debido a que se atribuye un valor positivo a pensar en el otro antes que en el self, viviendo para el otro, y sintiéndose responsable del confort y el bienestar de los demás. Si el otro no se siente feliz o está molesto, las fuerzas de unión se sienten culpables y preguntan, ¿Qué he hecho para que estés así? y culpa al otro de la falta de felicidad o del fallo propio.

Las fuerzas diferenciadoras ponen énfasis en el «yo» a la hora de definir las características precedentes. La «posición desde el yo» define el principio y la acción en términos de, «Esto es lo que pienso o creo» y, «Esto es lo que haré o no haré», sin que afecte a los propios valores o las creencias sobre los otros. Se trata de que el «yo responsable» asuma la responsabilidad de su propia felicidad y confort, y evite pensar que tiende a culpar o a hacer a los demás responsables de su infelicidad o sus fallos. El «yo responsable» evita el «yo irresponsable» que exige a los otros con, «quiero, merezco, tengo el derecho o el privilegio». Una persona medianamente diferenciada es capaz de preocuparse genuinamente por los demás sin esperar algo a cambio, aunque las fuerzas de unión tratarán su diferenciación como egoísta y hostil.

Un sistema familiar en equilibrio emocional está libre de síntomas a cualquier nivel de diferenciación. El sistema se ve alterado cuando cualquier miembro familiar se desplaza hacia la regresión. El sistema se activará entonces para restaurar ese nivel de equilibrio libre de síntomas, si es que es posible. El sistema familiar también se ve perturbado cuando cualquier miembro familiar se desplaza hacia un nivel de diferenciación ligeramente superior, y se moverá de la misma manera automática a fin de devolver al sistema familiar a su equilibrio anterior. Por tanto, cualquier pequeño desplazamiento hacia la diferenciación está acompañado por una pequeña sacudida emocional del sistema familiar. Esta pauta es tan previsible que la ausencia de una reacción emocional es una prueba evidente de que el empeño diferenciador no tuvo éxito. En la reacción familiar a la diferenciación se pueden predecir tres pasos: a) «Estás equivocado», o alguna versión parecida; b) «Vuelve al principio», que puede ser comunicado de varios modos; y c) «Si no lo haces, estas son las consecuencias». Si el individuo que se está diferenciando es capaz de seguir adelante sin defenderse o contraatacar, la reacción emocional suele ser breve y el otro entonces expresa aprecio. Los ejemplos más nítidos de los pasos que se dan en la diferenciación tienen lugar en la psicoterapia familiar con un marido y su esposa. A continuación presentamos un ejemplo: Una pareja que se sometió a terapia familiar dedicó varios meses a resolver temas relacionados con la unidad en el matrimonio.

Hablaban sobre la satisfacción de las necesidades del otro y de tomar decisiones conjuntas. Conforme el proceso avanzaba descubrieron nuevas diferencias de opinión. Luego el marido dedicó unas cuantas semanas a pensar sobre sí mismo, su carrera, y sobre cómo se situaba con relación a ciertos temas centrales que le afectaban a él y a su esposa. Centrar la atención en sí mismo provocó una reacción emocional en la mujer. Su episodio de ansiedad duró cerca de una semana, ya que le suplicó retornar a la unión, y luego se dedicó a entablar un ataque emocional enfadado y lloroso en el que le acusaba de ser egoísta, centrado en sí mismo, incapaz de amar a nadie y un marido inadecuado. Ella estaba segura de que la única solución era el divorcio. El se mantuvo tranquilo y fue capaz de permanecer cerca de ella. Al día siguiente la relación estaba en calma. En la sesión terapéutica siguiente manifestó dirigiéndose a su marido, «Me gustaba lo que estabas haciendo pero me volvía loca. Quería controlar lo que estaba diciendo pero tenía que salir. Te miraba todo el tiempo, esperando que no cedieses. Me alegra tanto que no me dejaras cambiarte». Volvieron a una nueva unión pero a un nivel menos intenso, al que siguió el comienzo de un proceso determinado por el self por parte de la mujer, esta vez reaccionando emocionalmente el marido a su empeño por diferenciarse.

En este ejemplo, el afán del marido representaba un pequeño avance hacia un nivel de diferenciación mejor. Si él se hubiese rendido ante las demandas de ella, o atacado, habría retrocedido inexorablemente al nivel de ella. Cuando se mantuvo en su posición, la reacción emocional de ella supuso un empujón hacia el nivel de él. Esta orientación teórica considera que esta secuencia constituye un aumento básico de la diferenciación bilateral que no puede volver al nivel anterior. En el nivel nuevo ambos tienen actitudes distintas respecto a la unión y a la individualidad. Dicen cosas como, «Estamos mucho más separados pero nos sentimos más cerca. Se ha ido el viejo amor. A veces lo echo de menos, pero el amor nuevo es mejor y más tranquilo. Sé que parece una locura pero se así».

El proceso de la diferenciación no es tan suave y tan regular cuando una persona lo intenta sola en su familia de origen. Por una parte esto se debe a la diversidad de temas sobre los que cada uno puede adoptar la «posición desde el yo». La diferenciación no puede tener lugar en el vacío. Tiene que ocurrir en la relación con los otros, en torno a cuestiones importantes para ambas personas. Un matrimonio contiene un surtido interminable de cuestiones importantes para los dos esposos si es que son capaces de desenredarse del sistema emocional a fin de definir los temas. La diferenciación además tiene que hacerse en el contexto de una relación significativa en la que el otro tiene que respetar la creencia y la postura activa que afirma. Una persona que afirma un «self» en torno a cuestiones que pueden ser ignoradas en seguida es etiquetada como estúpida. Resulta más difícil encontrar cuestiones significativas en una familia de origen cuando uno tiene poco o ningún contacto con sus miembros.

Los esfuerzos prolongados por definir mi propio self en mi familia de origen han tenido unos efectos notables, aunque los resultados año a año han sido decepcionantes. Toda la familia solía ignorar demasiado a menudo el esfuerzo. De todas formas, mis intentos sí que dieron lugar a principios que aplicaría con éxito en la práctica profesional y que más adelante utilizaría con mi familia de origen en el ejemplo clínico que discutiremos más adelante. Un sistema familiar que guarda un apacible equilibrio emocional es menos proclive a la discusión de cuestiones emocionales o al cambio, que un sistema familiar en tensión o estrés. Mis visitas más significativas habían sido las que hice durante una enfermedad o una hospitalización de un miembro importante de la familia. Al entrenar a otros a trabajar con sus familias, incitaba a realizar visitas cuando el sistema era emocionalmente fluido o durante trastornos familiares como fallecimientos, enfermedades graves, reuniones, bodas y otros sucesos familiares significativos o estresantes.

La nostridad parental

Antes de tener experiencia en la investigación familiar, me suscribía al principio de que los padres deberían «presentar un frente unido a sus hijos». Esta creencia es tan común que ha llegado a considerarse un principio psicológico fundamental. Efectivamente he oído esto bastante a menudo durante mi propia formación profesional y se expone corrientemente como un principio bien fundado en la bibliografía sobre la crianza de los hijos. El razonamiento mantiene que es necesario el frente unido para «impedir que el hijo contraponga a un padre contra el otro». Antes de la investigación familiar pensaba que los padres tendían a dividirse en su manera de tratar a los hijos y que era necesario recordarles que discutieran las diferencias sobre ellos en privado y que presentaran un frente unido cuando hablaran con ellos. Con la investigación familiar he llegado a la conclusión de que este dictado es uno de los principios psicológicos menos fundados.

Todas las familias con las que he tenido experiencia han llegado al principio del frente parental unido por su cuenta. Las familias más sofisticadas lo presentan como un principio moderno de la crianza infantil y las menos sofisticadas lo presentan como un principio impuesto por la cultura que persigue que los niños obedezcan a sus padres. Está claro que los padres invocan automáticamente este principio porque les permite estar más cómodos y no porque sea bueno para el hijo. Hay numerosas variaciones de este principio en el triángulo formado entre los padres y el hijo, pero la pauta más frecuente es aquélla en que la madre se vuelve insegura de sí misma con relación al hijo y busca la aprobación y el apoyo del padre. La observación de las familias en la psicoterapia familiar indica que los padres tienden a desarrollar más relaciones individuales con el hijo cuando la familia mejora.

Este fenómeno se puede considerar desde varios niveles distintos. A un nivel clínico, la «nostridad parental» se presenta al hijo con una amalgama parental que ni es masculina ni femenina y priva al hijo de conocer a los hombres por no tener una relación individual con su padre, y de conocer a las mujeres por no tener una relación con su madre. Desde el punto de vista de los triángulos, la «nostridad parental» se presenta al hijo con una situación cerrada de «dos contra uno» que no proporciona ninguna flexibilidad emocional a no ser que él pueda de algún modo arreglárselas para forzar una grieta en el otro lado del triángulo. Desde una óptica teórica, los selfs pobremente definidos de los padres se fusionan en un self común y esto es lo que se convierte en la «nostridad parental». Al principio de la psicoterapia familiar empecé a orientar mis esfuerzos hacia el desarrollo de una relación individual entre cada padre y el hijo. De este principio no derivó nada que no fuera satisfactorio. Una vez que el empeño se dirige hacia el desarrollo de una relación individual entre cada uno de los padres y el hijo, se puede observar la intensidad del esfuerzo parental por restablecer la «nostridad parental». Hay algunas situaciones en que los padres se fusionan en un self común de un modo tan automático que resulta difícil establecer relaciones individuales. Cuando se puede separar la nostridad parental pronto, el cambio del hijo suele ser rápido y llamativo. Hasta un niño pequeño es capaz de manejar un relación con cualquiera de los padres.

Muy pronto tras averiguar el principio de que cada padre ha de tener una relación individual con cada hijo, empecé a aplicarlo en mi familia nuclear. Sin embargo, no advertí todas las implicaciones de este principio hasta que conocí el principio de la relación «persona-a-persona» y adquirí un conocimiento más profundo de los triángulos. Los resultados de estos esfuerzos en mi familia de origen serán expuestos en otra sección.

La relación persona-a-persona y los principios asociados

Abordaremos la relación persona-a-persona en conjunción con otros principios de los que ésta se deriva. En seguida en la investigación familiar observé el cambio rápido y asombrosamente apacible de las familias cuando un miembro familiar podía empezar a «diferenciar un self» en familias caóticas y alteradas. Este fenómeno solía ocurrir después de que la familia ansiosa había estado sumergida en síntomas y paralizada por la incapacidad de llegar a una decisión conjunta que les moviera a la acción. Finalmente un miembro, incapaz de hablar en nombre de toda la familia, empezaba a definirse manteniéndose en su posición respecto a alguna cuestión y respecto a lo que pretendía hacer y no hacer. Casi inmediatamente toda la familia se calmaba un poco. Luego otro miembro de la familia iniciaba una versión del mismo proceso. Aquellas familias estaban demasiado perturbadas para que cualquier miembro mantuviera esta posición activa durante extensos períodos de tiempo, pero las observaciones ofrecían ideas para la teoría y la experimentación clínica en familias menos perturbadas. En medio de estas observaciones sobre las familias, noté disturbios caóticos dentro del personal investigador; los miembros del personal se quejaban entre sí y los empeños de resolver las diferencias en las discusiones grupales no tenían éxito. Utilizando un principio desarrollado en la investigación, yo, el director, me dispuse a definir mi rol, y manifesté mis planes e intenciones a largo plazo lo más claramente posible. Las reuniones grupales de «unión» se habían terminado. En el transcurso de este excitante cometido autoimpuesto, me di cuenta del grado hasta el que había infantilizando a los miembros del personal dándoles instrucciones e incluso funcionando en su lugar, mientras había sido irresponsable al no cumplir otros cometidos que caían dentro de mi área. Casi inmediatamente la tensión del personal cesó y seguidamente uno y después otro de los miembros del personal empezaron a definir sus responsabilidades. Después de eso hubo algunos trastornos en el personal que pudieron resolverse en horas en vez de días. Se ha utilizado este mismo principio frecuentemente desde entonces en todas las clases de situaciones clínicas, laborales y familiares.

El principio de definir un self se utilizó más adelante en una forma modificada dentro de mi red familiar extensa completa. Las varias familias nucleares que componen el sistema de la familia extensa tienden a reunirse en grupos emocionales y la comunicación a menudo va de «grupo a grupo» en vez de individuo a individuo. Era corriente que las cartas se dirigieran al «Sr. y Sra. --- y familia», o a «Sr. y Sra.---», y frecuentemente cada familia nuclear tenía su escribiente de cartas que acostumbraba a escribir en nombre de toda la familia. Yo había usado papel carbón para copiar las cartas y diseminar la información familiar por todos los numerosos miembros de la familia. Utilicé este método durante la etapa que trabajé en la historia familiar multigeneracional, pues tenía más ocasión de escribir que normalmente. El nuevo plan consistía en definirme como una persona lo más posible y comunicarme individualmente a una amplia gama de miembros de la familia extensa. Intenté establecer tantas relaciones individuales dentro de la familia como me fue posible. Aprovechaba cada oportunidad para escribir cartas personales a todas las sobrinas y sobrinos. Los segmentos de la familia menos diferenciados aún tendían a contestar con cartas dirigidas a toda mi familia, pero cada vez más algunos empezaron a escribir cartas personales con la dirección de mi oficina, y como me las dirigían a mí personalmente, mi familia nunca las vio. La contrapartida de este empeño es como un dividendo duradero; ha modificado mi imagen dentro de toda la familia.

Otro proyecto fue el desarrollo de una relación «persona-a-persona» con cada uno de mis padres, además de con cuanta gente como pude de la familia extensa. Una relación «persona-a-persona» está concebida como un ideal en el que dos personas pueden comunicarse libremente sobre todo tipo de asuntos personales que les conciernen. La mayoría de la gente no puede tolerar más que unos minutos a un nivel personal. Cuando cualquier parte se pone nerviosa, empieza a hablar acerca de una tercera persona (encierra en triángulo a otra persona), o la comunicación se vuelve impersonal para empezar a hablar sobre cosas. Mi meta inmediata era orientarme hacia una relación persona-a-persona con cada uno de mis padres. Aunque hice algún esfuerzo en desarrollar este tipo de relación con miembros de la familia extensa escribiendo cartas a los individuos, el esfuerzo que dediqué a mis padres fue más intenso. En dicho empeño, uno tropieza con rechazos, alianzas y resistencias que están presentes en los sistemas emocionales en cualquier lugar. Al disciplinar al self a llevar esto a cabo, se desarrolla una versatilidad y una valentía emocional en todas las relaciones, se aprende más de la gente en la mayoría de los intentos y la familia se beneficia también. En algunas situaciones familiares los resultados positivos eran profundos, tanto para la familia como para quien iniciaba el esfuerzo. Estas experiencias se han utilizado en la práctica clínica, la cual a cambio ha contribuido a la tarea emprendida con mi propia familia. La mayoría de las pautas detectadas en mi familia están presentes en todas las familias en algún grado. En la práctica, por ejemplo, una familia nuclear fuera de contacto significativo con las familias de origen es más vulnerable a sufrir síntomas intensos y los problemas tienden a ser más crónicos que en familias que mantienen contacto con las familias parentales. La familia nuclear suele ser reacia a encarar las fuerzas emocionales que conducen al aislamiento, pero si son capaces de entender que el establecimiento satisfactorio de un contacto emocional significativo (una rara visita de cumplido no es un contacto significativo) normalmente reduce la tensión en la familia nuclear, se sienten más motivados para realizar el esfuerzo. En la familia que está en contacto con las familias de origen el progreso es varias veces más rápido que en la familia nuclear que se halla aislada.

Relaciones persona-a-persona en el triángulo parental

En el trabajo clínico con otras familias, he descubierto que la pauta detectada en mi familia es la más común en todas las familias. Mi madre era el cónyuge más activo en la mayoría de los asuntos que tenían que ver con sus hijos. Ella hacía sus pesquisas para conocer lo que pasaba en cualquier lugar con sus hijos. Mi padre desempeñaba un rol más secundario salvo en ciertos temas que entraban dentro de su esfera de actividad. Él se ocupaba de las cuestiones del dinero, aunque dentro de las reglas del sistema estaba establecido que había que hablar con mi madre antes de hablar con mi padre. Siempre tomaba cartas en el asunto cuando surgían cuestiones difíciles entre mi madre y los hijos, e intervenía con comentarios y acciones que aliviaban la ansiedad de mi madre. Desde la más tierna infancia yo participé en actividades especiales con mi padre en las que no estaba incluida mi madre. La mayor parte giraban en torno a faenas del trabajo, aunque muchas veces también nos íbamos de caza y de pesca, y a mis diez años acompañaba en el coche a mi padre en bastantes viajes de negocios. Sosteníamos largas conversaciones sobre temas de especial interés, pero dedicábamos una pequeña porción de tiempo a asuntos personales. Él tenía conocimientos ilimitados sobre la naturaleza y hacía observaciones sobre la vida salvaje, poco de todo ello ha quedado en mi memoria después de mis años de vida urbana. Mi madre era la que escribía las cartas. Las cartas de mi padre solían ser concisas y hasta el punto de que, cuando estaba en la universidad, solían centrarse en torno a cuestiones monetarias. Cuando salí de la universidad sus cartas eran menos frecuentes. Mi madre escribía en nombre de la familia y firmaba con su nombre. Mis cartas a mis padres tenían como destinatario «Sr. y Sra.».

Era una idea teórica, más que una experiencia personal, lo que guiaba mi esfuerzo durante muchos años por diferenciarme de mi familia de origen y por utilizar la relación persona-a-persona como una parte central del empeño. Por aquel entonces sabía poco de «triángulos» y no disponía de muchas técnicas para sacarme a mí mismo del sistema familiar. Se necesitaba mucho más que la relación persona-a-persona para quedar libre de los vínculos del triángulo, pero eso lo trataremos más adelante. Mi primer empeño con relación a mis padres consistió en escribirles cartas individuales a cada uno de ellos. Este método no modificó la pauta básica. Aunque las cartas de mi madre llegaron a ser una pizca más personales, seguía escribiendo por los dos. Luego me empeñé en hacer llamadas telefónicas. Cuando llamaba, la secuencia habitual era que mi padre contestaba y a los pocos segundos llamaba a mi madre quien sostenía la mayor parte de la conversación desde una extensión. Mi objetivo era ocuparle en la conversación más tiempo, pero esto nunca funcionó. Ensayé el diálogo preparado para hablar directamente con él, pero en seguida o bien se refería a algo para que lo comentara ella, o ella le cortaba para hablar en su lugar. Si le pedía que la dijera que se callase para que pudiéramos hablar, ella empezaba un diálogo en torno a eso. Nunca he sido eficaz en el uso del teléfono para este fin. Siempre estaba el problema de que se ponían otros en las extensiones y no podía obtener una retroalimentación efectiva.

Es esencial dedicar un tiempo a cada padre para establecer una relación individual, pero con la mera charla privada con un padre aislado poco se puede lograr. Tenemos que ser conscientes de que hemos sido «programados» dentro del sistema desde hace mucho tiempo y que es automático que ambas partes vuelvan a caer en las pautas familiares. Una condición óptima para una relación así es encontrar un tema que interese a ambos y que no implique al resto de la familia. Cada persona tiene su propia resistencia interna a trabajar en una relación como ésa. He enviado a gente a cumplir misiones especiales con sus familias parentales y lo que he conseguido es que me cuentan que es imposible separar a sus padres, o que no encontraron el «momento ideal» para hablar, o que habían demorado el esfuerzo para última hora, cuando ya era inútil. La experiencia vivida con mis padres sigue de cerca muchas de aquéllas. Con mi padre, era difícil encontrar asuntos personales y penoso mantener una conversación viva. Cuando llegaba a introducir un tema personal, él invocaba a la nostridad parental y respondía, «Tu madre cree ...». Con mi madre resultaba fácil mantener despierta la conversación, pero ella invocaba a los triángulos hablando sobre otras personas, de modo que resultaba igual de difícil sostener la discusión a un nivel de persona-persona.

Mi meta global era mantener la conversación viva con mi padre y eliminar los triángulos con mi madre. Con mi padre, intenté preparar con tiempo largas listas de temas, pero ésta no era la solución. A muchas cuestiones respondía con un comentario escueto, la lista se agotaba, y de nuevo volvía el incómodo silencio.

Había algunas ocasiones especiales en que avanzaba más en las relaciones persona-a-persona que todas las otras veces juntas. Dos de ellas ocurrieron en momentos de enfermedad. La primer ocasión se presentó cuando mi padre estaba en el hospital tras un ataque al corazón algo severo. Esta ocasión ofreció la oportunidad de hablar sobre sus miedos a la muerte, su filosofía de la vida, y las metas y aspiraciones vitales que no habría expresado de otro modo. Otra ocasión sucedió cuando mi madre tuvo una operación quirúrgica electiva importante. Pasé varios días en el hospital con ella y varias noches con mi padre solo en casa. Fue allí también cuando descubrí el valor de la historia pasada como tema para la comunicación personal. A la mayoría de la gente le ilusiona hablar sobre sus experiencias vitales tempranas a quienes se muestran interesados a escuchar. Por aquella época estaba trabajando en la historia familiar multigeneracional y ansiaba todo lo que pudiera ser recordado. La siguiente oportunidad vino un año o dos más tarde, esta vez con mi madre. En mis estudios sobre las generaciones pasadas había descubierto un segmento completo del lado de su familia que ella desconocía. Cubría un periodo que iba desde 1720 hasta 1850 fecha en la que este segmento se trasladó al oeste. El nombre de la familia se recordaba bien en la región y había cementerios donde estaban enterrados, iglesias donde habían rezado, tierras que habían poseído, casas que habían construido, y otras pertenencias de interés personal y familiar. Organicé un viaje de una semana en automóvil con ella para visitar todos estos lugares. Fue una semana compacta de contacto persona-a-persona intenso en la que hablamos muy poco de los demás. Este viaje que realicé con mi madre lo mencionaré en la experiencia personal que contaré más adelante.

Además del afán de desarrollar una relación persona-a-persona con mis padres, había continuado también el esfuerzo de «destriangularme» del triángulo parental. Como la tarea de salir del triángulo fue mucho más ardua en los ulteriores acontecimientos familiares, describiremos ese proceso brevemente. El proceso de «diferenciar un self» de una familia parental implica dos etapas importantes. La primera es desarrollar las relaciones persona-a-persona. Esta etapa ayuda a avivar más las relaciones, contribuye a reconocer las viejas pautas que habían desaparecido de la vista, y sobre todo, provoca una respuesta familiar más vivaz frente al esfuerzo de salir del triángulo o cambiar las pautas antiguas. Una familia parental puede ignorar tales movimientos destrianguladores si las relaciones son distantes. En este artículo, he hecho más hincapié en la relación persona-a-persona con respecto a los triángulos que el que hago en mi actual trabajo «entrenando» a otros con sus familias. Hay dos motivos para este énfasis. El primero es la importancia de la relación persona-a-persona como parte del esquema total. El segundo es que el método de la relación persona-a-persona ya se utilizaba antes de que se comprendiera bien el proceso de salir del triángulo.

Hasta este punto del esfuerzo realizado con mi familia, he presupuesto incorrectamente que podía diferenciar un self de mi familia de origen diferenciando un self de mis padres. Pienso que si lograra esta etapa bien no tendría que molestarme con los otros triángulos en que mis padres estaban inmersos. La idea de los triángulos entrelazados se ha venido utilizando desde hace casi diez años, pero yo no había integrado este aspecto de la teoría en el trabajo con mi familia. Cuando adquirí una facilidad cada vez mayor con los triángulos, y puesto que no había logrado el resultado esperado, se puso de manifiesto que era necesario alguna clase de esfuerzo distinto.

La observación original sobre la masa de ego familiar indiferenciado de mi familia de origen suponía siempre una guía general. Mi meta global, recordamos, era ser capaz de hacer una visita completa a la familia sin quedar fusionado en el sistema emocional. Aunque el resultado de todos los diversos esfuerzos que realicé con la familia habían sido satisfactorios, especialmente el dedicado a desarrollar relaciones persona-a-persona, todavía seguía sin haber aumentado de forma significativa el tiempo que pasaba antes de quedar «fusionado» al sistema familiar cuando hacía una visita, ni había encontrado la manera de sacarme a mí mismo antes de que terminara la visita. El resto de este artículo representa una nueva era en el esfuerzo familiar.

LA HISTORIA DE LA FAMILIA-CONTINUACION

Después de la reorganización del negocio familiar, no habían desavenencias claras en el triángulo principal formado por mi padre, mi madre y mi segundo hermano. Mi postulado original era que el lado negativo del triángulo correspondía a mi hermano y mi madre, pero esta predicción se fundaba enteramente sobre la teoría y los conocimientos sobre triángulos, pero no sobre la experiencia del pasado o cualquier cosa observada en la familia. La relación entre mi padre, mi madre y mi segundo hermano había sido siempre tan agradable que era difícil pensar que pudiera haber fricciones entre ellos. Pese a que había llegado a ser un especialista tan notable como para ser asesor de problemas organizacionales en la empresa a tiempo parcial, e incluso había conseguido un contacto bastante estrecho con la familia y con mi predicción acerca de cuál sería la siguiente zona de desavenencias, no podía obtener pruebas definitivas que confirmaran mi postulado, ni podía proponer alguna alternativa. Se expresaban descontentos superficiales aquí y allá entre los hijos y sus esposos, o entre los primos, pero no existía una pauta definida y parecía que estos problemas pertenecían más a las cosas cotidianas que a aspectos básicos del triángulo familiar central. Hasta busqué una pauta común a partir de mis estudios multigeneracionales; se había predicho que el conflicto entre hermanos sería perpetuado por los descendientes de estos hermanos en muchas generaciones futuras. Me llevó cierto tiempo llegar a definir una pauta en mi familia. Hay varios factores que afectan a la aparición de una pauta, a saber, la adaptabilidad básica de la familia (no se origina conflicto entre la gente si hay una buena adaptabilidad), la ausencia de tensión en suficiente grado como para causar síntomas manifiestos y el número de subtriángulos que absorben los pequeños brotes de desavenencias.

Esta pauta de mi familia es idéntica a muchas otras que se detectan en las empresas y en el personal de las instituciones, en donde el problema básico que alcanza al nivel administrativo más alto es envuelto en triángulos una y otra vez hasta que el conflicto sale a la superficie entre dos empleados de la parte baja de la jerarquía. Estas tres áreas donde la «indiferenciación» es absorbida en una familia nuclear son el conflicto conyugal, la enfermedad o disfunción de un cónyuge y la proyección a uno o más hijos. La cantidad total de indiferenciación, determinada por el nivel básico de diferenciación de la familia, se distribuye principalmente a un área, o a una combinación de las tres. En mi familia parental el nivel de conflicto es muy bajo, el mecanismo principal es la proyección a un hijo (el ajuste más bajo de la hermana mayor), y el otro mecanismo es la enfermedad física, normalmente una enfermedad médica o una intervención quirúrgica breve. Estas áreas descubren pistas sobre los síntomas que aparecen cuando se acumula el estrés familiar.

Aparte de los pequeños subsistemas de ansiedad y preocupación de cada familia nuclear, el estrés predominante de toda la familia estaba conectado con el negocio. Al principio de esta época, mi segundo hermano desarrolló un síntoma fugaz que señalaba algo maligno. Como el «poder» de la familia descansaba sobre él, creció mucho la ansiedad durante una semana hasta que se excluyó la posibilidad de malignidad. Después de eso, el estrés se relacionó más con los problemas de salud de mis padres y la disposición del negocio en caso de su muerte. Mis padres se estaban haciendo bastante viejos y cada enfermedad aparentemente seria en cualquiera de ellos hacía saltar una especie de alarma, precipitando algún tipo de reacción familiar. La reacción fundamental tenía lugar en el triángulo familiar central, es decir, mi padre en una esquina, mi madre, mi hermana menor y su marido en otra, y mi segundo hermano junto con su familia nuclear en la otra. Uno de los primeros cambios que se produjeron en la época postorganizacional (desde mi punto de vista) fue un frío distanciamiento entre mi segundo hermano y yo, iniciado por él. Ambos habíamos estado siempre próximos y así continuamos, me doy cuenta retrospectivamente, hasta que el negocio se reorganizó. Después de eso, se mostraba bastante agradable en nuestros breves encuentros, pero sus negocios y actividades cívicas eran exigentes. Durante aquella época me dediqué a las relaciones persona-a-persona, él era el único miembro importante de la familia con quien no pude entablar una relación. El tiempo planeado para verle a solas solía servir de ocasión para convertirlo en acontecimiento social. Cuando se hizo evidente que me estaba evitando, me volví insistente en mis esfuerzos por verlo, y él se volvió igualmente persistente en evitarme. Un día fui a casa en un viaje de verano, él y su mujer se marcharon lejos de vacaciones todo el tiempo que duró mi visita. Aquí teníamos una situación en la que dos de las figuras más importantes del sistema familiar ¡no podían estar juntos! Él era importante en casa y yo era importante debido a mi posición de «el mayor» y porque me había hecho valer a través de mis varios esfuerzos. Como la distancia entre mi segundo hermano y yo aumentaba, crecieron las historias sobre él. Me estaba enterando de todo sobre él y él probablemente se enteraba de todo sobre mí gracias a la red familiar, pero no podía verlo. Era extraño que él escribiera cartas, por tanto la comunicación se cortó. Un verano me propuse concertar el esfuerzo de encontrarme con mi segundo hermano. Esperando que podría salir de nuevo durante mi visita, esperé hasta el último momento posible, unos dos días antes, para anunciar mi visita. Él y su mujer se fueron de viaje al día siguiente y volvieron unas pocas horas antes del momento que tenía programado salir mi familia, justo el tiempo suficiente para intercambiar saludos y comentarios superficiales. La tendencia de los sucesos que constituyen el tema de esta exposición comenzaron aproximadamente seis semanas más tarde.

Un triángulo en funcionamiento en este momento era el formado por mi madre, mi segundo hermano y yo. He invertido muchos esfuerzos en el triángulo creado por mis padres y yo, pensando que así solucionaría mi problema. Esta vez se ha desplazado una nueva versión del problema a otro triángulo nuevo. Cuando aparecían conflictos en el negocio, mi madre me comunicaba por algún medio, si no directamente, que yo estaba a su lado, y mi hermano reaccionaba como si esto fuera verdad. Empecé a percibir esta evolución en los viajes. El proceso se desenvolvía tomando forma de historias tipo rumores en las que el sistema emocional comunicaba, «Nosotros dos coincidimos respecto a este tema. Estamos de acuerdo con relación a esa tercera persona». Una de las mejores maneras de desengancharse de una comunicación «secreta» triangular como esa es ir a la tercera persona y transmitirle el mensaje de un modo neutral. Entonces estaba lejos de un contacto eficaz con mi segundo hermano, por lo que el único movimiento que podía hacer era decirle a mi madre que yo era neutral. Ella decía que respetaba mi postura por lo que yo suponía que ella estaba actuando de un modo neutral hacia mí con los demás. Dejaba la ciudad, y la familia reaccionaba como si yo estuviera de su lado.

Cuando las palabras no sirven para lograr destriangularse en los sistemas emocionales hay que actuar. Mi madre siempre ha utilizado comunicaciones «secretas» para favorecer su posición en el sistema emocional. Una de mis primeras respuestas a sus comunicaciones era escuchar, de manera que pensé que podía escuchar sin tomar partido. Retrospectivamente, esta maniobra era uno de los disparadores claves que provocaba mis fusiones iniciales en el sistema emocional. Escuchar aquellas comunicaciones, pretendiendo creer que uno no se está involucrando, no despista a un sistema emocional. Cuando me di cuenta de que la «no respuesta» no era efectiva, empecé a utilizar comentarios como, «Esa es una de las mejores historias». Este método era un poco más efectivo. Retrospectivamente, estaba respondiendo indudablemente mientras me engañaba a mí mismo pensado que era neutral. Había trabajado mucho más activamente en el triángulo de mi padre, mi madre y yo y había sido más eficaz a la hora de destriangularme de él. Se han producido varios intercambios que han cambiado la suerte de esa área. El primero fue una carta en la que mi madre me comunicaba alguna historia negativa sobre mi padre. En el siguiente correo escribí a mi padre para decir que su mujer me acababa de contar su historia y me preguntaba por qué me la contaba ella en vez de contarla él. Él le enseñó la carta y ella armó un lío por no haber podido confiar en mí. Varias cartas parecidas a ésta, más intercambios semejantes cuando estaba con ambos padres, llegaron a ser bastante eficaces para destriangularme de ellos. Durante aquella época, mi madre hacía comentarios de que yo leía demasiado entre líneas, y yo hacía comentarios de que ella escribía demasiado entre líneas.

La pauta triangular de mi familia de origen, que es la habitual de todos los sistemas emocionales, se intensificaba durante los momentos de estrés. Varios miembros de la familia se agrupaban en las esquinas del triángulo primario, aunque la agrupación era de algún modo distinta, dependiendo de las cuestiones emocionales. Los dos que se situaban en el lado unido del triángulo hablaban acerca del extraño. Al discutir varias versiones de distintos temas en cuatro viviendas, y al mantener un contacto relativamente estrecho por mi parte con todas ellas, fue posible disponer de una buena lectura de la tensión emocional familiar. Mi primer hermano apenas ha sido mencionado en este artículo. Su posición en la familia a lo largo de su vida se ha caracterizado por una moderada implicación y una actuación descomprometedora, declarando que estaría dispuesto a ayudar en cualquier momento en que se le necesitara pero que no quería «sólo hablar».

LA EXPERIENCIA FAMILIAR

Prólogo

La secuencia de sucesos importante comenzó cuando el hermano de la mujer de mi segundo hermano murió súbitamente de un ataque cardíaco. Él, como mi segundo hermano, era un hombre de negocios vigoroso, también «jefe del clan» de su familia en otro Estado. Su muerte dejó a la mujer de mi hermano como el miembro más responsable de su familia de origen. La muerte de un miembro de la familia tan importante puede «sacudir» un sistema familiar durante meses. Este era el fenómeno de la «onda de conmoción» que había estudiado en los comienzos de la investigación, en la que una muerte podía venir seguida de una serie de problemas humanos sin relación aparente a lo largo de todo el sistema familiar. Esta situación actual poseía las características propias para que se pudiera dar tal reacción. Yo razonaba que, secuencialmente, esta muerte «sacudiría» a la mujer de mi segundo hermano, éste la ayudaría a asumir la responsabilidad de su familia, él se vería implicado en la profunda ansiedad de ella, mi familia reaccionaría a la ansiedad de él, y la ansiedad amplificaría los problemas pequeños tornándolos enormes en puntos vulnerables de mi familia. Mi primer pensamiento fue observar atentamente y posiblemente prestar alguna ayuda si sucedía tal cosa efectivamente. Unas dos semanas más tarde hubo una comunicación indirecta a través de unos amigos de que mi hermana mayor estaba en un estado agitado, ansioso. Ella está tan en armonía con las fuerzas emocionales de la familia que un síntoma en ella es a menudo una primera señal de tensión en el sistema familiar. Había indicios de que probablemente estaba respondiendo a la presión del sistema familiar mayor más que a su propia familia nuclear. El hecho se notaba. Aproximadamente a las dos semanas después de aquello, se inició un episodio de desacuerdo manifiesto en el triángulo central de la familia de la intensidad suficiente como para que se convirtiera en un tema «vivo» en toda la familia. Mi segundo hermano estaba presionando a mis padres para conseguir un pequeño bloque de almacén que le daría el control del negocio familiar. Mi padre, en el lado unido del triángulo con mi segundo hermano, estaba de acuerdo, pero mi madre se oponía. Había esperado que la «onda ansiosa» apareciera ese otoño expresándose principalmente en forma de enfermedad, y me preguntaba cómo me enfrentaría con esa clase de ansiedad si surgía la necesidad. Es más fácil enfrentarse con el conflicto que con síntomas interiorizados, pero es raro el conflicto manifiesto en nuestra familia. Mis pensamientos empezaron a girar en torno a cómo podía utilizar este episodio conflictivo para interrumpir la onda ansiosa que invadía a la familia, y también para utilizarlo como medio para aumentar mi «diferenciación de self». En un momento de onda ansiosa como éste, la persona con el corazón más vulnerable puede sufrir un ataque cardíaco, puede estallar una enfermedad, un adolescente puede destrozar un coche o romperse un hueso, o cualquiera de los muchos otros síntomas que puede desarrollar cualquier miembro de la familia. El conflicto manifiesto presentaba ideas y retos nuevos, pero no establecí un plan claramente definido. Programaron mi viaje a casa con una anterioridad de dos meses, así que tuve tiempo para pensar a fondo en el problema y diseñar un plan de trabajo. Esto es lo maravilloso de los triángulos. Uno puede construir hipótesis asombrosamente precisas de las que se puede prever un resultado esperado si la persona que se está diferenciando es capaz de contener su funcionamiento emocional de forma que pueda llevar a cabo su esfuerzo. A las tres semanas aproximadamente del brote conflictivo, mi segundo hermano quedó inmovilizado para varias semanas con síntomas de una hernia de disco vertebral.

El plan

La gente trata las familias con gran precaución para que el equilibrio no se altere. Hay situaciones que automáticamente agitan a las familias, de la misma manera que las tormentas agitan un lago, pero si uno se propone intencionadamente agitar la superficie de un lago, descubre lo difícil que es. Los planes particulares cuidadosamente trazados para mi visita a la familia estuvieron en preparación cerca de ocho semanas. En mis años de investigación y terapia familiar, había dibujado diagramas y trazado bosquejos en los que señalaba mi camino a través de los tejidos triangulares de muchas otras familias y quería realizar especialmente esta labor con mi propia familia. La meta global era centrarme en el triángulo que comprendía a mi madre, a mi segundo hermano y a mí, y preferiblemente, también a mi padre. Con esta configuración tendría el triángulo original sobre el que había hecho la mayor parte de la tarea, mis padres y yo, además del triángulo nuevo donde se desarrollaba el conflicto. Mi segundo hermano y mi madre eran figuras centrales.

Mi hermano había estado evitándome durante varios años. La cuestión de entablar contacto con un miembro de la familia que se retira y que rechaza comprometerse con los problemas, me había interesado particularmente desde hacía tiempo. Un objetivo inmediato para este proyecto, pues, era crear una situación en que mi hermano buscaría contactar conmigo. Fue la aparición del conflicto entre mi madre y mi hermano lo que primero motivó este plan; es mucho más sencillo enfrentarse con el conflicto que emplear otros mecanismos en una labor semejante. Mi meta era disponer de algún tema conflictivo sobre el que trabajar. El reciente conflicto referente al negocio seguiría suficientemente vivo durante la visita, pero detenerse en él haría del asunto un problema de la *realidad* más que una manifestación de un sistema emocional. Además, yo sería más vulnerable a ser encerrado en el triángulo con relación a ese problema. Así pues, tracé el plan de remover el sistema emocional, aprovechando los viejos temas pasados en torno a los que trabajaría. Dicho de otra manera, el propósito era agitar «una tempestad en la taza de té» a partir de temas pasados que iluminarían las pautas emocionales existentes entre todos los miembros importantes de la familia. Había otro aspecto de la planificación que constituía un foco primario. En el pasado me fue bien en la tarea de salirme de un triángulo, lo único es que cuando había tensión caía en otro triángulo; esta pauta ha sido la causa de mi fracaso. Al preparar el plan con todos los triángulos periféricos potenciales que pudieran alinearse en torno a cuestiones y demostraran ser problemáticos, lo tracé de manera que no permitiera «aliados» en mi labor. En otras palabras, se trataba de intentar mantener a la familia completa encerrada en un gran grupo emocional, y destriangular a todo aliado que intentara ponerse de mi lado para llevar a cabo este proyecto. Había utilizado esta razón antes con sistemas emocionales más pequeños en mi práctica y sabía que el principio era operativo. Una parte final del plan consistía en implicar a mi primer hermano. El representa una figura destacada de la familia por lo que quería encontrar una forma de incluirle también. Al comienzo de la planificación le llamé para hablarle de un «conflicto terrible» en la familia; que se necesitaba su ayuda; que yo iba a ir a casa un día determinado; y le urgí para que volviera a casa para formar parte de esta tarea familiar. Estaba seguro de que seguiría su pauta habitual de tratar la transferencia del almacén como un asunto real, pero me había preparado para enfrentarme al momento en que introduciría el tema de los abogados para determinar qué lado tenía razón.

Dediqué mi mayor empeño a preparar una carta extensa a mi segundo hermano. Primero hice una lista de viejas cuestiones emocionales que se centraban en mi relación recíproca con él, en la relación del sistema familiar con él y conmigo, y en las relaciones internas de su familia nuclear. Mi propósito era disponer de un tema para cada miembro clave de la familia, especialmente temas que afectarían a cada relación distintamente. Escribí la carta y la volví a escribir a fin de eliminar comentarios hostiles o despectivos. Si el sujeto que se está diferenciando se vuelve hostil o irritado se hace vulnerable a perder la objetividad y a defenderse o contraatacar cuando los problemas se tornan contra él. Representé y volví a representar estos problemas tantas veces que terminé siendo bastante objetivo respecto a cada uno de ellos. Cuanto más hacía esto, más difícil se me hacía llegar a enfadarme con alguno. De hecho, solamente había aumentado el respeto por mi segundo hermano, quién había funcionado tan bien como «jefe del clan» en casa. Desarrollé una técnica especial por medio de la cual evitaba criticarle. Esta técnica consistía en relatar «historias» que yo había oído acerca de él, para decirle que todos conocían estas historias menos él, afirmar que la familia avisaba a todo el mundo que no se lo contase para no disgustarlo, y preguntar por qué no se había molestado en saber lo que la gente estaba diciendo sobre él. Esta secuencia está presente en todo sistema familiar -el sistema habla sobre el individuo ausente y tiene reglas definidas sobre la conservación de los rumores «secretos». En mi carta, mi postura hacia las «historias» era decir que llevaban circulando desde hacía años, que algunas eran interesantes pero la mayoría aburridas, que parecían estar más adornadas durante los momentos agitados, que ya hacía tiempo que había dejado de intentar separar los hechos de la ficción en tales historias, que estaba cansado de que me aconsejaran lo que tenía que contarle y lo que tenía que evitar contarle, y que esta carta representaba mi derecho a comunicar lo que yo quisiera decirle directamente sin entrar en consideraciones sobre lo que el sistema pensaba que era bueno que oyese. Esta técnica, pensada para exponer el material en términos de «historias», demostró ser tan efectiva que desde entonces la he empleado corrientemente en mi práctica. Siempre se tiene un surtido adecuado de historias apropiadas para cada situación particular.

Empecé la carta diciendo que llevaba mucho tiempo deseando hablar con él pero, como había tenido que irse lejos durante mis recientes viajes, había recurrido a poner mis ideas en el papel. Mencioné que la gente estaba diciendo cosas sobre él en conexión con el negocio. Conté que no sabía como había sucedido esto, pero así era. Con el fin de hacer mella en su familia nuclear, referí que había una «historia» sobre él y su esposa sobre su preocupación por un problema que tenía su hijo, y que me habían avisado que no dijera una sola palabra del tema porque él y su mujer estaban muy sensibilizados ante él. En uno de los párrafos hice hincapié en que no tenía ningún interés en saber quién controlaba el negocio familiar pero que reconocía su contribución al negocio y a toda la familia. Luego escribí todo un párrafo lleno de «confrontaciones», que es un principio psicoterapéutico que he utilizado mucho tiempo para marcar un punto diciendo lo contrario. Esta técnica funciona del modo esperado si el terapeuta se halla «fuera» del sistema emocional y puede ser lo bastante accidental y desenvuelto. Luego estaba el hermano que trabajaba dieciséis horas al día para sí, para su familia nuclear, sus padres, todo el sistema de la familia extensa y todas las cosas que con él se relacionaban. Trabajaba maravillosamente bien, salvo en momentos de ansiedad que se volvía demasiado serio y emocionalmente «rígido». Si le decía que frenara, se lo tomara con calma y no cargara excesivamente con la responsabilidad de todos, no añadiría nada nuevo a lo que él se ha estado diciendo e intentando hacer sin éxito. De ahí, las «confrontaciones». Le escribí que estaba «cambiando las marchas de mi postura anterior», y que haría algo que no hacía ordinariamente - principalmente, iba a darle algún consejo fundado. Le imploré que fuera más responsable. Le dije que tenía la responsabilidad sobre sus padres y que éstos no lo habían apreciado bastante. Quizá no había trabajado lo bastante duro para atenderlos, o quizá el problema radicaba en que no les forzaba a que le valoraran mejor. En cualquier caso, debía calentar su espalda y darle el buen entrenamiento de los viejos tiempos en la universidad. Escribí que tenía que resolver todos los problemas del negocio, poner las cosas en orden con sus padres, su mujer y sus hijos necesitaban más atención, tenía problemas adicionales en la familia de su mujer, y había un problema inmediato con el abatimiento de su hermana. Terminé la carta asegurando que estaría en casa en una fecha determinada, pero que como ya había dicho todo lo necesario en la carta, no sería necesario verlo a menos que él tuviera algo que decirme. La firmé, «Tu entrometido hermano».

Haciendo cálculos, esta carta fue echada al correo exactamente dos semanas antes de mi viaje al hogar. En el mismo correo escribí a mi primer hermano para decirle la fecha exacta que estaría en casa y le insinué que si le preocupaba su familia tenía que arreglárselas para estar en casa a tiempo para ayudar a aclarar esta terrible situación. En todas estas cartas, empleé palabras como terrible, horroroso, urgente y horrible para describir la inquietante situación de la familia. Todas estas palabras perseguían remover la «tempestad en la taza de té» para facilitar los propósitos de la visita. También escribí a mi hermana mayor para decir que había recibido noticias de su molesto trastorno y que había escrito a su hermano para que la ayudase mientras yo llegara. Firmé aquella carta, «Tu preocupado hermano». Luego esperé exactamente una semana para llamar a mis padres con el pretexto de averiguar a quién me encontraría en el avión cuando llegara a la semana siguiente. En realidad, quería obtener una opinión de los resultados de la carta. Mi madre dijo que mi hermano estaba furioso por «aquella» carta que le había escrito. Fingí no saber qué carta podía ser, pues no me había escrito desde hacía mucho tiempo y no le debía ninguna carta. Manifestó que tenía varias páginas firmadas por mí, que él se las estaba enseñando a la gente, que iba a hacer fotocopias y que tendría cuidado de mí cuando yo llegase. Contesté que me apenaba oír que algo le hubiera alterado pero que estaría contento de verle cuando llegara. Con esta información nueva, escribí varias cartas más en la hora siguiente. Una para mi hermana pequeña, que vive cerca de mis padres y que funciona como la mujer responsable de la segunda generación. Escribí que acababa de hablar con nuestra madre y que me había enterado de que mi segundo hermano estaba disgustado por algo que yo había dicho en una carta. Manifesté que me resultaba difícil entender esto, ya que todo lo que había hecho era escribir algunos de mis pensamientos en un papel y después enviárselos. Escribí que me parecía un misterio ver cómo los pensamientos que salieron de mi cabeza podían alterarle. Si estaba trastornado, dije, me daba mucha pena porque podía alterar a toda la familia, y que ella, como «Gran Madre», tenía la responsabilidad de hacer lo que fuera necesario para tranquilizarlo con lo que las Grandes Madres hacen para calmar a la gente. Le pedí que, por favor, tratara mi carta como confidencial porque no quería disgustar a nuestra madre también, y que, por favor, me aconsejara inmediatamente qué podía hacer para corregir al hermano pequeño. Expresé que si mis pensamientos estaban alterando a mi segundo hermano, quizá podía elaborar pensamientos «correctos» o distintos. Firmé aquella carta, «Tu ansioso hermano». En el mismo correo, dentro de la hora, escribí a mi madre un mensaje exactamente opuesto. Le dije que había sabido lo de la carta todo el tiempo pero tenía miedo de que lo supiera porque se lo podría contar al hermano pequeño y arruinaría mi plan, que iba muy bien hasta ahora. Dije que desde que la conocía había confiado en ella (ella me había guardado miles de secretos en el pasado), le dejaría participar en la estrategia. Añadí que mi plan era conseguir que el hermano pequeño se enfadara de verdad conmigo para apagar el fuego de la situación familiar en el hogar. Le conté que había utilizado algunos pequeños problemas personales para que se acalorara, pero que tenía grandes asuntos preparados para encenderle del todo, por si llegaba a enfriarse durante la semana. Acabé la carta subrayando que era muy confidencial y que una «fuga» arruinaría la estrategia entera -cuando uno está planificando una estrategia no es recomendable invitar al «enemigo» a las sesiones sumarias. Aquella carta iba firmada, «Tu estratégico hijo». Posteriormente, me enteré de la reacción de mi madre ante esta carta, que fue decir, «Recibí la disparatada carta. No sabía qué hacer con ella, así que la quemé». El día anterior al viaje, recibí una carta de mi hermana menor que decía que mi segundo hermano había pasado unas dos horas con mis padres después de recibir la carta, pensaban que era horrible y que a primera vista parecía que los había ganado para su bando. Decía que tal vez esta era la única vez que el hermano menor no saldría de la ciudad cuando el hermano mayor venía a casa -que estaba lo bastante loco como para quedarse. Dijo que realmente iba a tener que afrontarlo cuando yo llegara y que el marido de mi hermana mayor me iba a «hacer retroceder hasta un rincón para probar las mentiras que había estado diciendo sobre su mujer». Luego añadió que efectivamente había revuelto a la familia y que esperaba que mi estrategia funcionara. Acabó con, «Te apoyaré si es que puedo servirte mi ayuda. Realmente estoy deseando ardientemente tu visita esta vez. Tiene que ser muy interesante».

Confío que el lector tenga claro el propósito de estos esfuerzos. Los mensajes conflictivos tenían por finalidad impedir que cualquier segmento de la familia se pusiera de mi «lado». Los mensajes van de un lado para otro en un sistema familiar como éste como si se tratara de telepatía. La única carta que no fue mostrada a un círculo de otras personas fue la carta del «estratégico hijo» a mi madre. Mi hermana pequeña era la única razonablemente apartada de la gravedad del sistema emocional familiar, como se reflejaba en su comentario acerca de desear la «interesante» visita. Una bandera roja se había izado sobre su comentario «Te apoyaré», que afronté diciéndole que iba a decir a la familia que ella me había invitado a ir a casa para ayudarla en el papel de gran madre. Ella prescindió de tomar partido junto a mí actuando como si los problemas que yo había levantado fueran todos muy serios.

En el aeropuerto nos encontramos mi mujer y yo a mi hermana menor junto a su marido y su hija. El viaje estaba programado de forma que pasaría dos días con mi familia, luego tres días en una reunión médica donde era deseable la presencia de mi mujer, y por último dos días de nuevo con mi familia. Mi mujer no tenía conocimiento directo de lo que yo estaba haciendo. Por una extensa experiencia, sabía que un intento de diferenciación falla normalmente si alguien más conoce algo de él. Para ser efectivo, cada acción y movimiento debe proceder de dentro de la persona que inicia el intento. Estas decisiones y acciones a menudo tienen que adoptarse instantáneamente y, para bien o para mal, el *individuo* tiene la responsabilidad. Discutir el plan con otra persona *que forma parte del sistema* invita de algún modo al fallo. La primera vez que mi mujer supo algo acerca de lo que estaba pasando fue cuando mi hermana pequeña empezó a hablar contando con pelos y señales todos los acontecimientos familiares después de nuestra llegada al aeropuerto. Mi mujer no hizo una sola pregunta ni intervino con comentarios positivos ni negativos sobre mi familia en todo el tiempo que duró el viaje. Esto nunca había sucedido anteriormente. Era sábado a medianoche cuando llegamos a la casa de mis padres. El único comentario que hizo mi madre sobre la familia ocurrió el domingo por la mañana cuando declaró que esperaba que las cosas se solucionasen sin malos sentimientos. Añadí que estaba contento de que seguía siendo una buena madre que se preocupa por sus hijos. No hubo más palabras en ningún segmento de la familia el domingo por la mañana. En las primeras horas de la tarde del domingo fuimos invitados a la casa de mi hermana pequeña para comer; también irían mis padres y mi hermana con su marido y su hija. Justo cuando acabamos el postre y el café, mi segundo hermano telefoneó para decir que había estado dando vueltas por la ciudad buscándome y que estaría allí en pocos minutos. Esta vez mi hermano me buscaba a mí en vez de perseguirle yo a él. La inclusión de él junto con su mujer convertía este grupo en el grupo perfecto para esta reunión ensayada y esperada con gran antelación. Allí estaban representados todos los triángulos importantes del sistema familiar. Había permanecido a propósito cerca de mis padres toda la mañana, esperando que facilitaran una reunión con muchas de estas personas, pero la suerte estaba conmigo cuando salió de esta manera. Mi objetivo inmediato era evitar defender alguna cosa o atacar algún asunto, es decir, ser capaz de evitar irritarme aunque fuese provocado y tener una respuesta fortuita instantánea para cualquier comentario.

Mi segundo hermano contó algunos chistes, pero al cabo de un minuto o dos sacó «la carta» y manifestó que estaba allí para discutir la epístola que yo había escrito borracho. Contesté que vivir en una región donde el alcohol estaba barato tenía que tener alguna ventaja y que si sus provisiones eran escasas, podía conseguirle buenos precios. La reunión duró cerca de dos horas y fue toda personal. Los protagonistas éramos mi hermano, su mujer y yo. Mi mujer y mi madre estaban ligeramente apartados del grupo. Mi madre se movía de un lado a otro por detrás del grupo principal. La mayor parte de la conversación se desarrollaba entre mi hermano y yo y mi madre, con algunos comentarios de la mujer de mi hermano. Mi hermano había reaccionado muy fuertemente ante una «historia» sobre él y amenazó con poner un pleito contra mí por difamación. Admití que era horrible empezar tales historias y pensé que él debía averiguar quién empezó aquélla y demandar en juicio a la persona hasta el último alcance de la ley. Hubo más conversación sobre las historias, y expresé mi sorpresa de que no conociese lo que los demás decían sobre él. Confié que prestaría más atención a las historias en el futuro, puesto que él vivía allí todo el tiempo y yo sólo las oía cuando iba de visita. Su mujer había reaccionado especialmente ante la historia sobre su hijo, sobre la cual manifestó, «Yo siempre digo cosas agradables acerca de vuestros hijos». Repliqué, «Yo también he oído historias agradables acerca de todos vosotros. Simplemente no había tiempo para recordarlas todas». Entonces mi hermano y su mujer empezaron a contar historias negativas sobre mí, a las que respondía con algo parecido a, «Esa ha sido bastante divertida, pero ha habido algunas realmente buenas sobre mí que conocerías si solamente prestarais atención y escucharais mejor». Mi madre se paseaba de un lado a otro en la parte de detrás, haciendo comentarios como, «Espero no morirme y dejar una familia dividida». Llegado un momento hacia el final de la reunión, mi hermano me acusó de estar confabulado con mi madre, y que todo empezó cuando ella y yo nos fuimos de viaje a ver las tierras de sus antecesores. Respondí, «¡Qué intuición tienes sobre algunas cosas! ¿Cómo lo supiste? Tienes razón. Es cuando ella y yo planeamos todo». Mi madre respondió vigorosamente, «¡Esa es la mentira más grande que he oído en mi vida! Ya no te diré nunca nada más». Me volví hacia mi hermano y dije, «Ya ves cómo ahora intenta enredar las cosas cuando se la coge con la verdad». Al final de la reunión cuando se iban mi hermano y su mujer, ella declaró, «Nunca he visto una familia igual en mi vida. Creo que tendríamos que hablarnos más *entre* nosotros y menos *sobre* los demás».

Cuando acabó aquella tarde de domingo sentí que había sido el momento más satisfactorio de toda mi vida. Había participado activamente en la emoción familiar más intensa y había permanecido completamente al margen de la «masa de ego» de ¡mi propia familia!. Había logrado pasar toda la visita sin ser envuelto en triángulos ni fusionado con el sistema emocional de la familia. Durante dos terceras partes de la reunión sabía que lo había logrado pues noté que el sistema familiar había perdido su vigor, y sabía que, si no sucedía algo inesperado, llegaría al término de la reunión sin quedar fusionado al sistema. Incluso si hubiera sido ligera o moderadamente afectado por un triángulo, habría logrado más de lo que constituía la misión de mi visita, que era detener la onda ansiosa que invadía la familia. *Sabía* que lo había conseguido cuando la reunión ya estaba bien avanzada. También *sabía* que mis postulados acerca de los triángulos entrecruzados eran exactos cuando empezó la reunión familiar. Haber completado la reunión sin ser envuelto en un triángulo fue una prueba más de que había alcanzado la excelencia técnica en conseguir que el sistema teórico funcionase. Todo el éxito de la operación fue sorprendente, estimulante, y agotador. Había empleado una docena de años en ponderar la estructura y la función de esta «masa de ego familiar indiferenciado» y estaba tan acostumbrado a que cada intento nuevo fuera un éxito parcial que casi no estaba preparado para el éxito total. Era equivalente a haber dominado por fin el secreto del sistema y haber llegado hasta la línea de meta en un intento. Como creía que el ajuste vital propio depende de conseguir un «self» en la propia familia de origen, era equivalente a haber alcanzado la cima después de cien intentos en vano. Para mí el logro duradero más importante era la prueba de que un sistema emocional tiene una estructura y una función conocibles y que uno puede encontrar las respuestas esperadas a sus problemas en una pizarra.

Sabía que había que hacer un seguimiento el lunes, el día posterior a la reunión. Para trabajar en un proceso de diferenciación, hay que continuar en relación con el sistema familiar. Dicho de otra manera, es necesario seguir hablando con el sistema. Este es el punto donde el sistema emocional dicta la retirada a una distancia cómoda, que abocará a que el sistema se vuelva hermético de nuevo. El lunes, sabía que mi hermano estaba enfadado y reactivo y que tendría que salir a buscarlo. No deseaba ir a verlo, pero sabía que tenía que hacerlo; la responsabilidad venció a los sentimientos. Por primera vez en años, lo encontré solo dispuesto a hablar. Hubo un intercambio de gracias superficiales y entonces, después de pasar suficiente tiempo como para que estuviera seguro de que no mencionaría la cuestión familiar con relación al negocio, le increpé, «¿Todavía estás furioso conmigo?». Contestó con un neutral, «¡Oh, no!». Entonces le conté que de camino a la ciudad había escuchado algunas historias nuevas sobre él y me preguntaba si le interesaba lo que los demás decían de él. Respondió, «no quiero oír más historias». Le expresé que me sorprendía que un hombre de su posición no quisiera conocer lo que la gente decía sobre él, y que para mantenerle informado estaba dispuesto a escribir las historias en un trozo de papel y enviárselo por correo. Replicó que devolvería mi correo sin abrir y sin reclamar. Afirmé que me parecía difícil entender su actitud, pero que la respetaba, y en su lugar le transmitiría un cumplido que oyera sobre él al cruzar la calle. Oí a alguien decir que casi siempre sus intenciones eran buenas. Rompió con una sonrisa ancha, la primera de sus viejas sonrisas «para ganar amigos» que había visto en meses. Después tuve la primera conversación persona-a-persona que había tenido con él en años. Habló sobre su esfuerzo con el sistema familiar mayor, sobre su propia familia y sobre los negocios. Durante esta conversación tocó el tema de nuestra hermana mayor y cómo había intentado ayudarla, y cómo ella parecía frustrar cada esfuerzo. En un momento dijo, «algunas veces pienso que es retrasada» Inmediatamente después de esta larga conversación con él, cogí el coche para ver a mi hermana mayor y empecé ...«Qué tal, hermana, he estado hablando con tu hermano acerca de vuestros problemas y me ha dicho que no quieres escucharle. ¿Qué demonios has hecho para hacer que hable de ese modo?». En los años anteriores mis intentos por salirme de los triángulos habían sido torpes y forzados. Esta vez fluían suave y automáticamente, y ya no tenía que ejercitarme para mantenerme en ellos. Realicé algunos esfuerzos suaves más con mis padres para salirme de los triángulos. Aquel mismo lunes escribí una carta especial a mi primer hermano, que no había venido para el fin de semana. Le reprendí por su maldad e irresponsabilidad hacia la familia y le comuniqué que había estado en casa todo el fin de semana intentando restaurar la paz y la armonía en la familia, pero que cuanto más lo intentaba más parecía trastornarlos. Le dije, «He estado intentando establecer comunicaciones libres y abiertas para tranquilizarles. Este fin de semana ha sido un fracaso completo y no sé dónde he fallado. Como yo he fallado, ahora depende de ti llegar a casa inmediatamente para resolver esta situación urgente». Luego descubrí que había estado a no más de 65 millas de casa ese fin de semana por un viaje de negocios, pero que la presión del trabajo no le había permitido acercarse por allí.

Mi esposa y yo estuvimos lejos de casa desde el martes temprano hasta el jueves a última hora de esa semana. Luego regresamos a casa hasta el sábado a mediodía. Por primera vez en mi vida, había estado fuera completamente de la masa de ego familiar toda la semana. Por mi parte no hice más esfuerzos aquellos últimos días, salvo simplemente algún movimiento casual de salida de triángulos en cada situación nueva que se presentaba. Mi hermana pequeña y su marido eran mucho más espontáneos e imparciales que antes. Hablaban de lo «interesante» y «divertido» que encontraban la secuencia de sucesos.

Mis padres todavía expresaban preocupación, pero estaban más calmados que nunca. La mujer de mi hermano me buscó, y tuve la primera conversación seria persona-a-persona con ella en muchos años. Justo antes de mi partida, el hijo pequeño de mi hermano vino a despedirse de mí, lo que era raro en él. Manifestó, «Muchas gracias por haber venido a casa esta semana». Una semana después del viaje, mi primer hermano llamó para hablar durante una hora. Hice mucho movimiento de salida de triángulos con él pero estaba claro que él y su mujer también eran espontáneos y se encontraban «fuera» de la seriedad de los problemas familiares. Más adelante su mujer me escribió varias cartas para preguntarme sobre mi «plan y estrategia». En el pasado había sido vencido por los consortes y no iba a tomarla en serio y correr el riesgo de estropear mi éxito. Le dije que me dolían sus indirectas de que había tratado enrevesar las cosas cuando había dedicado tanto tiempo a pensar cosas buenas sobre la gente y a hacer algo bueno por ellos. Le aseguré que mi único objetivo era restaurar el amor y la unidad básicos en la familia. A las dos semanas de la visita recibí una carta larga de mi madre en la que incluía un párrafo conciso acerca de la visita. En él decía, «Con todos sus altibajos, tu último viaje a casa fue el más genial de todos». Inmediatamente después de la visita, había escrito a mi hermana mayor otra vez, reprendiéndola por mis esfuerzos permanentes de conseguir que ciertos miembros de su familia «cuidaran de ella y de sus problemas». Tomándome el pelo respondió que yo decía a todo el mundo que la cuidaran, mientras yo no hacía nada por ayudar a cuidarla. Luego añadió que se consideraba perfectamente capaz de cuidarse sola, que no sabía dónde había estado los últimos cuarenta años, pero que tenía una nueva actitud y un nuevo contrato con la vida. El problema entre mis padres y mi hermano por el tema del almacén y el control del negocio familiar desapareció por completo después de aquella «experiencia familiar» de fin de semana.

En el ínterin de los casi tres años desde la experiencia familiar, la familia ha estado en el nivel de adaptación general mejor en muchos años. Ha habido ansiedades y pequeñas crisis, pero han sido menos intensas que antes. He llegado a tener un nuevo papel en la familia que yo llamo de «el individuo que se diferencia». He adquirido una experiencia cada vez mayor con este fenómeno con otros y la pauta normal es semejante a la de mi familia. Quien logra algún éxito en la diferenciación adquiere una especie de atractivo para toda la familia. Es como si cualquier miembro de la familia pudiera aproximarse a él y tener la ventaja de un punto de vista emocionalmente imparcial que a cambio le ayuda a ella o a él a desarrollar una perspectiva distinta. Se trata más de un asunto de acción que de palabras, ya que las palabras a menudo son negativas mientras que la acción de aproximación es marcadamente mejor. En cierto modo la familia llega a esperar que el individuo que se diferencia funcione siempre bien en su posición. Por ejemplo, ha habido otros períodos de ligera «tirantez»emocional en la familia en los que alguien me invitaba a participar o a volver para una visita y entonces daba un aviso terminante, «Pero asegúrate de que no haces o dices algo que altere a la familia». Este mensaje es una demanda sutil para que se produzca otro avance milagroso, pero la diferenciación es un esfuerzo automotivado, y autopropulsado y no puede salir airoso con estímulos externos.

Dos años después de «la experiencia» ocurrió un suceso curioso. En mi constante estudio de la historia multigeneracional de la familia, descubrí en un condado cercano, todo un segmento de la familia de mi padre del que nunca había tenido noticia. Organicé dos viajes para ir con él solo para ver la tierra que habían poseído y las casas donde habían vivido. Aunque creía haber logrado entablar una buena relación persona-a-persona con él desde los primeros años, el tiempo que pasé con él en esos largos trayectos de automóvil fue tan ameno que no había tiempo para hablar de todas las cuestiones que iban saliendo espontáneamente. Esta vez podía hablar sobre toda suerte de temas importantes sin evitaciones ni defensas, y desarrollamos una relación mucho mejor que cualquier otra anterior. Esta experiencia me trajo un nuevo conocimiento, que era que simplemente desconocía lo que constituía una relación persona-a-persona verdaderamente sólida. Un día después de aquellos viajes, mi segundo hermano me preguntó si tenía tiempo para tomar una copa antes de la cena. Pasamos otro momento entrando en asuntos importantes para los dos. Durante la charla me agradeció lo que había hecho por nuestro padre, y por todas las energías dedicadas a descubrir el segmento de su familia. Declaró, «Papá es ahora diez años más joven que cuando empezaste con todo esto». Mi opinión de la situación era ligeramente distinta. Creo que había hecho algo por cambiar la relación que yo tenía con mi padre, quien a su vez cambió su relación con todos con los que él tenía contacto. Creo en efecto, sin embargo, que el trabajo sobre su familia era el tema sobre el que cambió la relación.

Por último, tenemos la percepción familiar de un «paso hacia la diferenciación» tal como se describía aquí. No hay dos personas que no estuvieran presentes en aquella «experiencia familiar», o que participaran desde lejos, que puedan tener la misma opinión de lo ocurrido. Un paso hacia la diferenciación consta de dos lados. Sólo el individuo que se diferencia conoce la lógica, sabe que en un esfuerzo semejante es preciso reflexionar y planificar de una forma sistemática. Si alguien más conoce el asunto, entonces es dudoso que pueda tener buen resultado un esfuerzo hacia la diferenciación. El otro lado es el sentimiento, la respuesta emocional, y si esta reacción no ocurre, hay dudas razonables para pensar que no tendrá lugar ninguna diferenciación. La reacción inicial de la familia es negativa y adopta forma de sorpresa, ira, y una actitud que transmite «debes estar loco». Cuando una persona está dando un paso hacia la diferenciación la otra persona reacciona emocionalmente, y la gente no piensa mientras reacciona. Inmediatamente después del momento decisivo, aparecerán determinados miembros de la familia que ofrecerán un espontáneo «gracias». Si el individuo que se diferencia pide o exige una elaboración de la expresión de aprecio, la respuesta es automáticamente la contraria de la esperada. En este momento se harán comentarios en línea con las leyes de «unión» que rigen el lado emocional de la operación. Los comentarios consisten seguramente en devaluar o negar la importancia del suceso, o pueden incluso expresar una opinión crítica si se desea una respuesta de queja. Un esfuerzo hacia la diferenciación satisfactorio tiene que ser para el «self» solo. Si se hace para el self solo y resulta airoso, el sistema se beneficia también de una forma automática. Si se hace principalmente para ayudar a los demás o con la expectativa de que los demás lo aprobarán y expresarán aprecio, entonces el esfuerzo está orientado hacia la unión y no hacia la diferenciación; un sistema emocional no valora estas maniobras nefarias, llenas de tensión al servicio de la unión.

LA EXPERIENCIA CLINICA DE DESPUES DE LA CONFERENCIA

En los años previos a los progresos obtenidos con mi propia familia, había estado utilizando la teoría, los principios y las técnicas implicadas en la diferenciación de self en un método que denominé «psicoterapia familiar con un solo miembro de la familia». Este método contenía mi «adiestramiento» a otras personas que probaban versiones de la experiencia que he referido de mi propia familia. Los resultados fueron positivos, pero seguía considerando que la psicoterapia formal con marido y mujer juntos era el más efectivo de todos métodos. Animaba a miembros de profesiones de salud mental a hacer psicoterapia familiar formal con ellos mismos como la mejor preparación posible para la práctica de la psicoterapia familiar. Un alto porcentaje de mi práctica privada lo había dedicado a hacer psicoterapia familiar con miembros de profesiones de salud mental y sus cónyuges; consideraba esta terapia también como un entrenamiento para la práctica de la psicoterapia familiar.

Tras el avance experimentado en mi familia de origen, aproveché los conocimientos nuevos sobre la diferenciación, ilustrados con ejemplos de la experiencia de mi familia, en las sesiones formales de enseñanza con residentes psiquiátricos y otras personas en adiestramiento para aprender psicoterapia familiar. Bajo su propia iniciativa, algunos de los alumnos empezaron a probar varios principios y técnicas con sus familias de origen. Primero escucharía cómo progresaban sus esfuerzos al tropezar con las difíciles situaciones emocionales previstas y les pediría que consultasen para saber lo que había pasado y para «adiestrarles» para que se soltaran. Este asesoramiento se llevaba a cabo en las mismas reuniones didácticas en que impartía la enseñanza. Durante los meses siguientes, quienes habían tenido más éxito con sus familias desarrollaron una habilidad y una flexibilidad fuera de lo común como psicoterapeutas familiares. Eran expertos en evitar los enredos emocionales intensos con las familias en sus prácticas, y podían trabajar cómodamente con familias trastornadas y turbadas. Pensaban que su capacidad estaba relacionada con el trabajo que llevaban a cabo con sus familias, y con una nueva perspectiva sobre lo que significaba permanecer «fuera del sistema emocional familiar». No se había considerado el tema de hacer psicoterapia familiar con estos alumnos y sus cónyuges. Estaban funcionando extraordinariamente bien en su trabajo clínico, y como mi interés estaba centrado en su eficacia como terapeutas, presté poca atención a su funcionamiento emocional con sus cónyuges e hijos. Al cabo de un año o dos advertí que los alumnos que habían dedicado una atención predominante a sus familias de origen habían conseguido automáticamente tantos, o incluso más, progresos con sus cónyuges e hijos que los alumnos semejantes que se habían sometido a psicoterapia familiar formal con sus cónyuges por aquella misma época. La experiencia obtenida con este método proporciona potentes señales de que la psicoterapia, tal como la hemos conocido en el pasado, puede ser considerada algún día superficial.

Podría hacer algunas especulaciones tentativas sobre la eficacia de definir un self en la familia parental propia. Una es que resulta más sencillo obtener observaciones válidas de las fuerzas emocionales que se desarrollan en la familia parental, más agitadas pero igualmente importantes, que las que se desarrollan en la familia nuclear donde las necesidades propias están más íntimamente implicadas. También es más fácil mantener una postura activa en la familia parental que en la nuclear. Por mi experiencia, todo avance conseguido con la familia parental se traduce automáticamente a la nuclear.

Otra especulación es que el esfuerzo invertido en la familia parental requiere que el alumno acepte más rápidamente la responsabilidad de su propia vida, y requiere que acepte la idea de que a través de su esfuerzo puede modificar su propio sistema familiar. Un alumno aprovecha mejor sus recursos cuando se enfrenta con la reacción emocional de su propia familia que cuando se ve con su terapeuta y su cónyuge.

    Esta aproximación al adiestramiento de terapeutas familiares es demasiado novedosa para que haya algo más que primeras impresiones clínicas. El método no es para cualquiera ciertamente. Requiere trabajo duro y dedicación. No es posible que un alumno avance hasta que sea capaz de contener su propio funcionamiento emocional lo bastante como para *conocer* la distinción entre estar dentro o fuera de un sistema emocional. Hasta que el alumno no está parcialmente al margen del sistema, una técnica que persigue la diferenciación no es más que palabras huecas sin sentido o un asalto hostil al sistema. Un sistema emocional conoce la distinción y reacciona en consecuencia. Con los alumnos que están fuera del sistema sólo en parte, hemos podido ayudarlos a evitar escollos donde se pierde el tiempo, para centrarse en áreas productivas, y para lograr un comienzo aceptablemente adecuado en su proceso de diferenciación en una fracción del tiempo que requirió mi esfuerzo. En el momento de mi propio avance definitivo hacia la diferenciación, consideré que aquél era uno de los acontecimientos más significativos de mi vida personal. Ahora está demostrando ser un hito en mi vida profesional.

    La exposición ante la Conferencia de Investigación Familiar abarcó quince minutos de mi historia familiar junto con algunos principios que servían como antecedentes, seguidos de unos quince minutos de la experiencia clínica. Para los oyentes que no tenían un bagaje medianamente sólido de mi sistema teórico, la corta exposición supondría principalmente una experiencia emocional. Desde mi punto de vista, el objetivo de esta exposición tanto para mí como para mi familia fue un éxito notable. Éste no se consiguió dentro de la «familia» de terapeutas familiares pues la experiencia original había acontecido en mi propia familia, aunque los terapeutas familiares no son tan importantes para mí como mi familia, y no estaba motivado para trabajar con ellos tan a fondo[16]. Opino que la mayoría de los participantes reaccionaron emocionalmente a la exposición (estaba planeada de esa manera), y que la mayoría no tenía antecedentes para considerarla otra cosa que un enfoque audaz, imaginativo, concebido y ejecutado por una intuición que de algún modo sabía lo que hacer en cada momento. Espero que esta exposición haya transmitido suficientes datos adicionales para que la mayoría conozca que fue pensada minuciosamente como un sistema conceptual y que la capacidad para ejecutar los presupuestos teóricos se desarrolló con años de práctica constante y modificación de técnicas para ajustarse a la teoría. La mayor parte de los participantes a la conferencia reaccionaron tan positivamente a la exposición como lo hizo mi familia. Hubo quienes reaccionaron emocionalmente hasta el punto de considerar que la exposición fue egoísta, hostil e hiriente, pero incluso ellos fueron positivos sobre todo en reservarse una opinión global. De no ser así, la diferenciación no sería posible.

Desde la conferencia de 1967 se han suscitado algunas inquietudes de diversas fuentes sobre mi presentación pública de este informe personal sobre mi familia. En la creencia de que mi familia no es ni más ni menos que como todas las familias, y sabiendo que ella está de verdad agradecida por todos los dividendos que se han generado por mi asunción del rol de «alborotador», y en la creencia profunda de que cada uno hace las cosas a su modo, y cada uno con unas reservas distintas, estaría encantado de hacer un informe público sobre «todos nosotros», tengo pocos reparos para hacer este informe público. Cuando las familias se muevan desde este mundo de secretos y manías, dividido en compartimentos y poco maduro que ellos presumen que guardan a cubierto, hacia un mundo donde permitan que sus vidas privadas sean más abiertas y sirvan como posible ejemplo para que otras lo sigan, crecerán un poco cada día.

---

[16] Podría mencionar que había una persona presente en la conferencia que sintió que parte de la presentación estaba dirigida a la «familia» de los terapeutas familiares. Carl Whitaker, a quien considero uno de los terapeutas familiares más dotados y versátiles, inició su primer movimiento «de envolvimiento triangular» en la reunión con su comentario acerca de desear ser mi hermano (la gran unión), que yo afronté (saliendo del triángulo) diciendo que no podía ser mi hermano ya que Nathan Ackerman ya era mi hermano. Esto desembocó en ciertos comentarios bromistas sobre el mismo tema. Mi impresión es que el impacto emocional de la exposición hizo que se colocase tan fácilmente en una posición ventajosa con relación a los demás que pocos salvo Whitaker habían tenido una respuesta preparada.

DISCUSION

Nota: Los que participaron en la conferencia escucharon solamente la sección final de este artículo, titulado «La experiencia familiar». La discusión que sigue al discurso original se ha conservado en su forma original, aunque se refiere a una versión ligeramente distinta de la exposición, ya que los puntos tocados y las reacciones expresadas siguen ajustándose a la versión revisada. En particular esperamos que los comentarios revelen la frescura y sorpresa del material y su impacto en el auditorio que había estado esperando una clase de exposición muy distinta.

Presidente Watzlawick: Creo que hablo en nombre de todos los presentes en esta sala cuando expreso nuestra más sentida gratitud al Dr. Bowen por una conferencia ilustrada y también entretenida -los dos adjetivos no suelen ir juntos.

Personalmente, lo admiro por su capacidad de permanecer fuera de tales sistemas emocionales durante veinticuatro horas. Yo no aguanto más de quince minutos. Confirma el viejo dicho de que no se puede ser tan cauteloso en la elección de la familia. También me recuerda algo que dijo alguien, que si la gente define una situación como real, entonces para todos los intentos y propósitos se vuelve real.

¿Puedo ahora convocar a la mesa para discutir el artículo? Dr. Rubinstein, ¿tendría la amabilidad de empezar?

Dr. Rubinstein: Me gustaría empezar diciendo que ahora comprendo por qué se ha retrasado en escribirme.

Estoy fascinado porque he estado envuelto en triángulo durante toda su charla, y me he visto escribiendo notas y más notas, intentando salirme del triángulo. Creo que el concepto de triángulo, que tiene cierta continuidad con lo que estuvimos hablando ayer sobre las triadas y las diádas, es fascinante porque lleva nuestra experiencia clínica a la discusión. Yo también he procedido al margen de la idea de que la diada es un constructo abstracto y me he preguntado muchas veces, en la práctica clínica, si la diáda existe realmente como tal. Por ejemplo, en una relación madre-hijo esquizofrénico, uno se pregunta si no existe siempre una tercera parte presente. Es difícil concebir que dos personas puedan estar relacionadas tan intensamente de un modo simbiótico sin tener que diferenciarse ellos mismos como unidad frente a una tercera parte. La tercera parte opera como factor diferenciador que solidifica y asegura la existencia de la diáda. Estoy completamente de acuerdo contigo, por tanto, en que probablemente el soporte arquitectónico de la relación humana es el triángulo, la triada.

Al trabajar con parejas, me encontré con algunas de las ideas de Norman Paul acerca del proceso de luto, que influyeron en mi reflexión sobre las técnicas que utilizamos en la práctica clínica con terapia matrimonial. Aparte de cambiar las reglas del juego en la relación entre ambas figuras conyugales, una técnica valiosa ha tenido que abrir el sistema emocional en que cada uno opera encerrado en triángulos con sus padres, en presencia de la pareja. Al abrir estos sistemas emocionales hacia afuera, se crea una especie de respuesta empática en el otro cónyuge. Con suerte, la relación empática entre ambos esposos va a establecer una nueva clase de triángulo a un nivel distinto. Por esta razón me gustaría calificar su expresión «salir del triángulo». ¿Estamos deshaciendo el triángulo, estamos saliendo del triángulo o estamos cambiando los triángulos a un nivel de funcionamiento diferente?

Me pregunto en qué medida la formación de triángulos es realmente necesaria para crear empatía en la relación entre ambos esposos. El terapeuta que se convierte en parte del triángulo tiene que prepararse para orientarse hacia el proceso de separación. ¿Cómo puede salirse del triángulo o cambiar su función triangular a otro nivel? Espero que tengamos ocasión de charlar más sobre esto.

Presidente Watzlawick: Muchas gracias, David. John Weakland será el próximo participante.

Sr. Weakland: El Dr. Bowen empezó diciendo dos cosas ciertas. Dijo que iba a partir de su artículo preparado y que iba a aportar una experiencia. Creo que escuchar al Dr. Bowen es siempre una experiencia, pero hoy ha sido eso, incluso más.

Voy a ser breve, porque no quiero quitar nada al impacto directo de la experiencia que nos ha proporcionado. Creo que la ilustración de este área entra a nivel de experiencia y no solamente a nivel de ideas, por eso dedicaré sólo uno o dos minutos, dando marcha atrás a su evolución, para volver a su artículo preparado un poco por encima y hacer un par de comentarios generales.

Efectivamente, me dio el artículo para que lo leyera, y también el esbozo que yo pensaba se habría repartido a todos, hablaba extensamente acerca de la masa de ego indiferenciado y de los triángulos. Tengo que decir que no entendía de que estaba hablando hasta hoy - pero ahora creo que sí, porque lo ha ilustrado muy vivamente.

En mi opinión, lo más importante que dijo hoy, que no refería en el artículo preparado, fue subrayar la importancia de salirse de la masa de ego familiar pero seguir relacionándose con ella. Esta especie de ir en ambas direcciones recorre todo lo que nos ha estado contando hoy. Creo que esto es vital, no solo para las relaciones que surgen dentro de las familias que estudiamos sino para las relaciones que se desarrollan dentro de nuestras propias familias. Cualquiera que trabaje en el campo de la familia se fija ineludiblemente en su propia experiencia familiar, y se sirve de ella de una forma u otra para documentar su trabajo. Este no es el tipo de trabajo, desde luego, en el que puedas apartar alguna vez de ti la idea de que tu propia vida está implicada en él.

Por eso pienso que tanto distanciarse un poco del compromiso con la propia familia como seguir manteniendo alguna conexión es muy importante para todos nosotros. Esta idea se relaciona con un par de frases de su artículo preparado que me gustaría citar aquí. Decía que creía que, «las leyes que rigen la función emocional humana son tan regulares como las que rigen otros sistemas naturales, y nuestra dificultad para comprender el sistema no está tanto en la complejidad del sistema como en la negación por parte del hombre del sistema». Ahí establece un punto de partida. Pienso que esta negación está relacionada con los problemas que tenemos con nuestra implicación familiar. Parece que cuestiona más de lo que nosotros somos capaces cuando dice, «Ve con ella», y al mismo tiempo dice, «Guarda cierta distancia de ella». Si hacemos las dos cosas, nos irá mejor tanto en nuestro trabajo terapéutico como, por decirlo de algún modo, en nuestro trabajo conceptual. Por ejemplo, podríamos ser capaces de mirar hacia los sistemas y no descartar sus propiedades como extrañas, como hacemos una y otra vez con conceptos como «desorden mental» o «desorganización familiar». Todo nuestro trabajo ha consistido en mostrar cada vez más que hasta las familias más «desorganizadas» son altamente organizadas y sistemáticas. Si utilizamos semejantes expresiones y conceptos como «desorganización», no hacemos nada más que enturbiar el mismo orden que estamos buscando.

Presidente Watzlawick: Muchas gracias, John. ¿Puedo pedirle al Dr. Weiner que haga algún comentario?

Dr. Oscar R. Weiner: La charla del Dr. Bowen me ha parecido realmente sugestiva. He copiado su esquema y no he podido resistir la tentación de pensar qué podía significar esto en mí personalmente. Me he visto un poco distraído pensando en ir directamente a casa para intentarlo con mi propia familia. Quizá me ha dado algo que pueda encontrar útil con mi propia familia.

Espero que más tarde el Dr. Bowen podrá responder cómo se vio realmente a sí mismo en este sistema familiar completo. El pensamiento que vino a mi mente, que de alguna manera queda verificado por lo que le dijo su madre al final sobre lo que había significado el fin de semana para ella, era que quizás estaba siendo el sanador de la familia. No estoy del todo seguro, en términos del proceso de proyección familiar, qué había visto en sí mismo que era antes de esto.

Con relación a su discusión sobre el individuo que intenta diferenciarse conservando la relación con su familia, he descubierto que esta concepción es muy útil en mi propia práctica. Usted ha verbalizado lo que yo ya estaba haciendo. He encontrado muy valioso este procedimiento al tratar pacientes individuales que están luchando por diferenciarse y al mismo tiempo continúan mostrando grandes resistencias. También yo he empezado a enviar pacientes a sus familias para que se relacionen con ellas, y siento que, en cierto sentido, esto me saca de ese triángulo que existe entre el paciente, yo y la familia del paciente. Llegué a este procedimiento porque me encontraba cada vez más incómodo con el peso que sentía que los pacientes cargaban sobre mí. Me estaban limitando, se resistían al crecimiento, al desarrollo, al progreso o como queramos llamarlo, y he descubierto que enviándolos a sus propias familias me colocaban en cierto modo en una posición más idónea para tratar con ellos. A la larga es una experiencia mucho más gratificante para el paciente porque ambos quedamos fuera del triángulo y él establece una relación distinta con su propia familia.

Presidente Watzlawick: Dr. Whitaker ¿Desea hacer algún comentario?

Dr. Whitaker: ¿Que si deseo hacer algún comentario? ¡Chico, vaya pregunta! Dr. Bowen, ¡Ojalá fuese mi hermano!

Dr. Bowen: Lo es Ackerman.

Dr. Whitaker: Cuando decías que eras aburrido, estaba muy claro lo que querías decir. Este es el otro extremo de esa investigación de la que estuvimos hablando ayer, que es la que me gustaría estudiar.

Creo que otra de las cosas que dijiste, que nadie ha tenido riñones suficientes para decirlo antes, es que toda esa gente que va a la terapia familiar está compuesta de verdaderos manipuladores expertos. Toda esta cháchara a la que nos entregamos, «Vamos a ser sinceros y a representarnos a nosotros mismos», tiene su otra cara, que estamos asociados al sistema. Me intriga mucho pensar en la lucha que he entablado para intentar diferenciarme como un «apartado», como si estuviera intentando creer que yo no me estaba relacionando con este conjunto. Me pregunto si no hay entre nosotros dos grupos: los que intentan separarse de la familia o dejan el hogar y nunca vuelven, y los que se quedan en casa y nunca se van lejos, y cada uno de nosotros está intentando resolver el problema imposible de esta paradójica situación en la que vamos de un lado a otro.

Otra de las cosas que resulta muy inspiradora es que esta forma de pensar me ayuda a explicarme la importancia de mi funcionamiento con coterapeutas. No tengo que luchar con el problema del trabajo de dos, como usted. Para mí, trabajar con un coterapeuta es un gozo. Tengo la sensación de que tendría que enseñarse la psicoterapia trabajando con los cónyuges desde el principio. Lo que sucede cuando hago coterapia es que salgo de los triángulos mediante un proceso por el que los dos funcionamos en un aspecto como unidad y en otro como dos figuras separadas. De esta forma, estamos permanentemente libres para salirnos de los triángulos en cada momento.

Este asunto del que habla sobre abandonarse al pánico en casa es algo ante lo que cada vez me vuelvo más sensible como motivo de atención para lo que está pasando en la terapia. Recogí la idea por primera vez de un artículo periodístico del maestro americano del ajedrez que jugaba con el ruso quien ganó, y dijo que sabía en el momento que estaba confuso que había perdido. Cuando me sucede esto en la situación terapéutica, me alzo y echo mano de mi coterapeuta. Siempre he sentido, en términos del concepto de valla de caucho de Lyman Wynne, que el proceso de la terapia familiar consiste en permanecer arriba de la valla familiar con una pierna a cada lado. El problema es que no siempre es de caucho. Algunas veces es de acero la condenada y sigue elevándose y yo sigo preocupándome sobre lo que me voy a perder. Si tengo un coterapeuta, puedo entrar con los dos pies y agarrar su mano de manera que pueda saltar para atrás y salir; o puedo quedarme fuera y dejar que entre él, para tirar de él cuando quede atrapado.

Presidente Watzlawick: Muchas gracias. Dr. Bowen, ¿quiere responder a alguno de estos comentarios?

Dr. Bowen: Por si alguno de ustedes se pregunta por qué no les he escrito, acabo de pasar cerca de mil horas con mi familia. Poseo una carpeta llena de material, solamente las otras copias de las cartas sobre las que he hablado. He dedicado meses a este proyecto y quería aprovechar este trastorno familiar al máximo.

Estoy de acuerdo con muchas de las cosas que todos ustedes han dicho. No conozco sobre eso de la empatía. No he tratado mucho el tema de la empatía.

¿Quién sale de un triángulo? Hay una persona motivada para hacerlo, se trata de que puedas descubrirla. En la familia normal, si puedo conseguir que coopere la pareja, entonces lo hago con ellos, y si no puedo, entonces trabajo con el individuo más motivado.

Sobre la cuestión de cómo me veo en mi propia familia, bueno, cambia de un año para otro. Estaba acostumbrado a ser yo mismo y andar a mi manera, y en cierto modo a irme lejos para no volver. Pienso que este es uno de los errores más grandes que comete la gente. Creo que es uno de los mayores errores del psicoanálisis, pensar que la gente que ha resuelto los problemas que tenía con sus familias y con sus análisis ya no tiene que comprometerse con ellos nunca más.

Se habla de que esto suscita resistencias -es tremendo. Es decir, forzarme a hacerlo fue una de las tareas a las que más me he tenido que obligar. Sirve para entender un poco mejor la resistencia del miembro de la familia a decidirse. Después tener esta sesión con mi hermano, sabía que tenía que volver a él al día siguiente. Deseaba no tener que hacerlo, saben, pero sabía que tenía que ir, y que iría.

Esos son los comentarios que se me ocurren en este momento. A propósito, he recibido más noticias sobre la manera de estabilizarse la situación familiar. Por ejemplo, mi hermana mayor está bajo dieta y perdiendo peso. Jamás he visto a mis padres tan activos. Están animados y les va como a nadie. Lo mismo le pasa a toda la familia.

En lo que concierne a mi parte emocional en el asunto, si una persona que trabaja en un triángulo puede permanecer menos implicado que los demás, pienso que eso es lo deseable. En otras palabras, me sentía capaz de reírme tranquilamente de mi hermano mientras él me apuntaba agitando el dedo. Pero todavía soy emotivo. Me emociono hablando de ello aquí. No he descubierto la manera de escaparme de esta última.

Dr. Whitaker: Espero que no lo haga.

Presidente Watzlawick: Muchas gracias, Dr. Bowen. ¿Puedo invitar a que haga unos breves comentarios algún participante más orientado hacia la investigación que hacia la terapia?

Dr. Bell: Había una revisión bibliográfica muy interesante que retrocedía hasta 1916, el auge del psicoanálisis. Alguien escribió una reseña que señalaba que hiciera lo que hiciera Euclides, ya fuera coger un cuadrado o rectángulo, un paralelogramo, un círculo, la maldita cosa siempre volvía a los triángulos. Si ponemos dos puntos en un círculo y los unimos a un tercero ya tenemos un triángulo. Cogemos un cuadrado, lo dividimos y sale un triángulo, así surgió una moda en los días que se llevaba la encantadora «demostración» de la universalidad del complejo edípico. Pero dos triángulos no hacen un rectángulo, y un círculo es algo más que un conjunto de triángulos.

Imagino que mi pregunta al Dr. Bowen no supone realmente desafiar la utilidad de concebir estos fenómenos como triángulos, pero lo que me choca es que no hay triángulo que se pueda crear aquí sin tener en cuenta un contexto mucho más amplio. Otra posible estrategia sería hablar en términos de pautas mayores que los triángulos - una especie de análisis de agrupamientos o análisis de pautas. Pero estos pensamientos provienen de la parte de arriba de mi cabeza. Más abajo en la parte más emocional, comprendo y aprecio esta clase de representación emocional, aunque siempre tengo este problema como investigador de querer organizar las cosas un poco y luego ordenarlas en una clasificación, preferiblemente en una clasificación que pueda permitir algún tipo de confirmación operacional y verificación.

Lo que vino a mi mente fue el extenso trabajo de Caplow y otros, basándose en las investigaciones de Georg Simmel sobre los distintos procesos que tienen lugar en conjuntos de relaciones. Caplow ha hecho una elegante contribución a la teoría de la coalición en la triada.

El reto para mí aquí es saber si se puede identificar un número de variables, el poder, etc, y mostrar que lo que está pasando aquí es esencialmente lo que se ha venido a llamar las «costumbres» de los triángulos. No se trata meramente de relaciones personales; son conjuntos de relaciones de poder que también son relaciones afectivas. Probablemente podríamos clasificarlas y describirlas de una forma mucho más sistemática y quizá encontraríamos incluso alguna manera de probarlas.

Dr. Minuchin: No soy un investigador pero aún así quisiera hacer algún comentario. También me impresionó que, en realidad, el Dr. Bowen no hablara sobre un triángulo, porque no estaba tratando con geometría. Es tan veloz en su andar que, simultáneamente, en el momento en que estaba trabajando con un triángulo estaba utilizando otro triángulo que se sobreponía al primero. Así que estaba trabajando no sólo el rectángulo que forman los siete miembros de su familia, sino con los mil quinientos habitantes de su población.

No entendí por qué, para darnos una imagen de lo que estaba haciendo, ha empleado una metáfora geométrica. Lo que estaba haciendo, en realidad, era trabajar continuamente con todos los miembros de la familia, utilizándolos, manipulándolos activamente en el proceso de ayuda. Era casi como un escultor que trabaja con cera; algunas veces descubrimos al escultor de tal manera que cuando está modelando, está también deshaciendo o creando algo de nuevo.

La familia que describe es una familia que yo llamaría enredada. Está trabajando con esta familia enredada, en el proceso de separar y sacar de los triángulos, pero su estilo es un estilo completo que es el estilo de la familia. En el trabajo que hemos estado haciendo, diferenciamos dos tipos de familia. Evidentemente todas las familias de terapeutas son familias enredadas. Por esta razón nosotros hacemos eco inmediatamente a esta presentación, pero está también la familia descomprometida en la que el proceso no consiste en salir de los triángulos, diferenciarse, o permanecer fuera, sino en restablecer y crear unidades.

Dr. Levinger: Mi intervención será rápida, y para ello no hablaré de mi deleite escuchando el artículo. Quiero añadir que el concepto de triángulo se puede relacionar perfectamente con el trabajo sobre triángulos que han desarrollado un número de destacados psicólogos sociales, por ejemplo, El ABX de Newcomb, El POX de Heider, el trabajo de Osgood para entender la comunicación y la actitud hacia el cambio. Si A y B son dos personas y X es un tercer objeto —puede ser una actitud, un objeto, cualquier abstracción, la figura del terapeuta, un hermano o quien sea— este X entonces es algún objeto con el que tanto A como B se relacionan. Y los sentimientos de A y de B hacia X, y el equilibrio de estos distintos sentimientos, constituye un tema sobre el que ya hay una gran cantidad de investigación.

Me parece que cuando el Dr. Whitaker habla sobre «salir de los triángulos» está hablando sobre la posibilidad de ofrecer la alternativa X a A y a B. Si A y B penden de un particular X donde su conflicto puede encontrarse quizás en un callejón sin salida, entonces pueden ofrecerse alternativas. Esta podría ser una manera de relacionar estos conceptos a la teoría existente en la psicología social ....

Presidente Watzlawick: Muchas gracias. A continuación procederemos directamente al siguiente punto de nuestro programa, la exposición de una película realizada por el Dr. Ackerman.

El Dr. Ackerman va a decirnos algunas palabras ...

Dr. Ackerman: Nunca encontré al Dr. Bowen tan genial como esta mañana. No puedo decirles lo mucho que he disfrutado con ese exquisito brote sobre su familia. Voy a hablar con él privadamente sobre eso, especialmente porque me ha señalado como su hermano (risas).

CAPITULO 22

Hacia la diferenciación de self en la familia de origen propia

La premisa teórica más central de la teoría familiar sistémica alude al grado en que todos poseemos selfs pobremente «diferenciados», o el grado hasta el cual estamos «indiferenciados», o el grado de nuestros vínculos emocionales irresueltos con las familias de origen. Todos estos términos descriptivos distintos se refieren al mismo fenómeno. El objetivo más importante de la terapia familiar sistémica es ayudar a los miembros de la familia a orientarse hacia un nivel más alto de «diferenciación de self». La teoría evolucionó a partir de la investigación sobre la familia que se centraba en la unidad familiar nuclear completa. Los conceptos teóricos comprenden toda la gama de procedimientos por los que los miembros de la familia se «adhieren» emocionalmente entre sí, y las maneras cómo esta «adhesión-unión» sigue operando en el fondo, independientemente de cuánto lo nieguen las personas y de cuánto finjan estar separadas de los demás. El primer método de terapia familiar, desarrollado como parte de la investigación, se orientó hacia la unidad familiar completa. Aquel método resultó asombrosamente eficaz a la hora de aliviar síntomas pero no era productivo como método duradero para resolver la «adhesión-unión» subyacente en la familia. Finalmente una diversidad de modificaciones terapéuticas llevó a enfocar la atención sobre los dos padres y el descendiente sintomático. Esto resultó un poco más eficaz para aliviar los síntomas, pero el hijo o la hija cuando llegaban a la edad joven adulta poseían una capacidad reducida para separar un self de los padres y ninguno de los padres tenía mucha capacidad para separar un self de su pareja. Entonces llegó la concepción de los triángulos y el método de terapia familiar con el triángulo consistente en ambos esposos y el terapeuta. Este método resultó tan efectivo que ha sido el enfoque más consistente de la terapia familiar sistémica desde los primeros años sesenta. Había una base teórica fundada para afirmar que la «diferenciación de self», tal como se describía en esta teoría, solamente tiene lugar en un triángulo, y el método más eficaz estaba en el triángulo compuesto de los dos miembros de la familia más importantes (ambos esposos) y el terapeuta. Cuando el terapeuta podía permanecer relativamente «diferenciado» de los dos esposos, éstos podían iniciar el lento proceso de ir diferenciando cada uno un self del otro. Cuando el cónyuge es capaz de cambiar con relación a la pareja, otros miembros de la familia que conviven con ellos en casa cambian automáticamente con relación a ellos. Todos esto se ha descrito detalladamente en otros artículos (Bowen 1966, 1971, 1971a). La mayor parte de los trabajos presentados en este simposio anual sobre la familia de Georgetown se han dedicado a alguna faceta de la teoría relacionada con la «diferenciación de self» y a versiones de este método fundamental de la terapia familiar sistémica.

Desde hace tiempo se ha reconocido que el vínculo emocional entre los esposos es idéntico al vínculo emocional que cada esposo tenía en su familia de origen. En todo curso de terapia ha sido corriente animar a cada cónyuge a orientar su empeño sistemáticamente hacia la diferenciación de self en la familia de origen. En un curso normal de terapia había veces en que el foco primario estaba en la relación conyugal, a veces se hacía más hincapié en la diferenciación en la familia extensa. En general, se concebía el trato con la familia extensa como complementario al trato con el sistema de relaciones existente entre los esposos. Este artículo pretende revelar el asombroso cambio clínico que se opera cuando el esfuerzo se dirige sólo hacia la definición de self en la familia de origen. Esto fue resultado de un descubrimiento «accidental». La primera sección importante de este artículo explicará el suceso decisivo que condujo a la adopción de un enfoque familiar distinto; la sección siguiente abordará los principios generales que rigen la definición de un self en la familia de origen propia, y la última sección tratará de las ideas más recientes concernientes al éxito de este enfoque.

EL MOMENTO DECISIVO

El mensaje principal de este artículo giraba en torno a uno de los momentos decisivos más centrales de mi vida profesional. Empezó con un artículo presentado en la conferencia nacional celebrada en Marzo de 1967. En él explicaba mi empeño hacia mi propia diferenciación de mi familia de origen. Durante unos doce años había estado trabajando en una afán de ensayo y error, con los conocimientos que adquirí en la investigación sobre la familia acerca del proceso emocional familiar. Me había fijado en el triángulo central formado por mis padres y yo mismo. Cada intento de separarme emocionalmente había sido bloqueado siempre por los otros triángulos interrelacionados de mi familia de origen. Finalmente, consciente del funcionamiento de los triángulos interrelacionados, fui capaz de lograr un punto de avance espectacular en la tarea emprendida con mis padres. Este fue decisivo. No se puede diferenciar un self en ningún triángulo aislado sin emplear un método para tratar simultáneamente con los triángulos interrelacionados. Los conocimientos adquiridos en ese congreso nacional los reflejé en seguida en mi propia enseñanza en Georgetown. Llegó a ser automático emplear las nuevas ideas en la enseñanza a residentes psiquiátricos y a otros miembros de las profesiones de salud mental. Se puso otro énfasis en el triángulo formado por el self y los padres, que es el triángulo central más importante en la vida, y el único en el que una persona desarrolla pautas relacionales triangulares que se mantienen bastante fijas en todas las relaciones. También se hizo un nuevo hincapié en las sesiones formativas en las relaciones «persona a persona», en la capacidad de ver a la familia propia como compuesta de personas más que como imágenes dotadas de emociones, en la capacidad de observarse a sí mismo en los triángulos, y en los modos de hacer que el self «salga de los triángulos». Este nuevo énfasis no se planificó en la enseñanza. Simplemente se incorporó después de la conferencia de marzo de 1967.

Al cabo de pocas semanas los alumnos que asistían a las sesiones formativas empezaron a utilizar estos conceptos en las visitas que hacían a sus familias parentales. Esto llegó como una sorpresa, y ocurrió espontáneamente sin ninguna sugerencia por mi parte. Los alumnos anteriores no habían hecho esto. Tras una visita al hogar, volvían a la conferencia para informar sobre la visita, con los éxitos y los inevitables obstáculos que tenían lugar en ta empeño. Las visitas al hogar se discutían en las conferencias, a las que generalmente asistían quince o veinte residentes y otros alumnos, y se daban algunas ideas para la siguiente visita a las familias parentales. Este formato de enseñanza, iniciado en la primavera de 1967, se ha convertido desde entonces en un formato estándar para enseñar a los alumnos los concepto familiares.

Posteriormente en 1967 y en el comienzo de 1968 advertí que este grupo de residentes estaba realizando un trabajo clínico como terapeutas familiares mejor al de cualquier residente anterior. Al principio simplemente pens que se trataba de un grupo extraordinario de residentes aplicados. Con e paso del tiempo, llegué a percatarme de que la diferencia entre éstos y los residentes anteriores era demasiado grande como para conformarme con esta explicación. La diferencia parecía estar relacionada con algo que estaba haciendo, por lo que empecé a formular preguntas. Entonces se puso de manifiesto que eran precisamente los residentes que habían hecho todo lo que habían podido en el empeño con sus familias parentales los que también estaban dando los mejores resultados en su trabajo clínico. Los residentes aportaron varias pistas. Algunos manifestaron que para ellos la teoría familiar no era otra cosa que una teoría psiquiátrica más cuando la conocieron la primera vez. Después que pudieron contemplar cómo funcionaba en sus familias, se volvió viva y real. Otros afirmaron que era la experiencia con sus propias familias lo que les había posibilitado entender mejor a las familias y poder relacionarse con ellas en la clínica psiquiátrica. Aún otros decían que se podía ayudar a las familias a evitar hacer cosas improductivas y perjudiciales cuando se ha pasado por la misma experiencia con la familia propia.

Ninguno de estos residentes mencionó alguna vez tener problemas emocionales en sus familias nucleares. Retrospectivamente esto no era normal, ya que los residentes suelen ser rápidos para pedir consulta sobre sus propios problemas emocionales. Mi misión es adiestrar a terapeutas familiares competentes y los miembros de este grupo habían funcionado extraordinariamente bien como clínicos. Su rendimiento superior parecía relacionarse con el trabajo que estaban llevando a cabo con sus familias parentales, por lo que no había motivo para cuestionarse sobre el ajuste emocional que podían tener con sus cónyuges y sus hijos. Aproximadamente un año después del comienzo de este proceso, hacia el final de 1968 y el principio de 1969, me decidí a hacer preguntas sobre sus cónyuges e hijos. Revelaron los típicos problemas de los matrimonios y los hijos, pero para mi sorpresa, habían avanzado tanto a la hora de enfrentarse a sus problemas como los residentes semejantes a quienes trataba una vez a la semana en terapia familiar formal con sus parejas. Habían estado aplicando automáticamente lo que habían aprendido de sus familias parentales a las relaciones con sus parejas e hijos. Este avance espectacular supuso un momento decisivo en mi vida profesional.

Poseo una experiencia considerable en llevar a cabo terapia familiar formal con profesionales de salud mental y sus parejas. Comencé a principios de la década de los sesenta, cuando empecé a recomendar terapia familiar a los residentes y a sus consortes, en lugar de hacer psicoterapia o psicoanálisis individual, para tratar los problemas personales de los residentes. Durante cerca de ocho años he invertido un buen porcentaje de mi tiempo parcial de práctica privada en terapia familiar con profesionales de salud mental y sus consortes. He tenido una extensa experiencia tanto con los que evolucionaban bien, como con los que lo hacían regular, así como con los que pertenecerían a la media del grupo. Mediante la práctica con este grupo de gente altamente motivada que trabajaba seriamente en la terapia familiar formal, he llegado a conocer la cantidad media de tiempo que llevaba cada etapa del proceso terapéutico. Con el paso de los años se ha hecho un especial hincapié en estudiar el sistema de relaciones de la familia de origen, además del original objeto de atención, la relación conyugal. De hecho, se hizo tanto hincapié en la familia extensa que algunos preguntaron si podían deducir los gastos de desplazamiento a casa como gasto médico a efectos tributarios. Aunque incluso pensaba que este gasto «médico» era más legítimo que algunos de los que son concedidos, eludí debatir la cuestión con el Servicio de Ingresos Internos. En los primeros años de la década de los sesenta había un grupo de «control» en el que el foco de atención estaba puesto totalmente sobre la relación conyugal. La hipótesis sostenía que ya saldría en el curso de la terapia la necesidad de trabajar con la familia extensa. Los resultados fueron decepcionantes. Cerca del 25 por ciento de estas familias consiguió un cambio significativo en las familias de origen, pero la familia normal de ese grupo nunca llegó más allá de un intento simbólico. En realidad la mayoría se quedaba acusando a sus padres o perdonándolos con benevolencia. La mayoría tendían a involucrarse excesivamente en la relación conyugal, por eso la terapia o bien terminaba en seguida o se arrastraba indefinidamente. Salvo en el grupo de «control», se hacía un especial hincapié en enseñar cosas sobre la familia extensa y se animaba a los esposos a visitar a sus familias de origen con la mayor frecuencia posible. Para una familia resulta difícil «oír» la idea de la familia extensa cuando hay ansiedad y síntomas. Se suele dedicar la primera parte de este tipo de terapia a la relación conyugal y, una vez que la ansiedad ha cesado y hay más objetividad, se dedica cada vez más espacio de las últimas etapas de la terapia a la familia extensa.

La experiencia llevada a cabo con los residentes psiquiátricos en las sesiones formativas del periodo que va de 1967 a 1969 llegó como una revelación sorprendente en un momento en que yo confiaba en la idea de que el mejor cambio y el más rápido realizable en la psicoterapia dependía del desarrollo de la relación existente entre el self y la otra persona más importante en la vida de uno. Teníamos una experiencia que contradecía una premisa teórica y terapéutica central. Se trataba de un grupo, de unos quince o veinte alumnos que se reunían una vez a la semana, en el que el primer foco de interés era el triángulo central formado por el alumno y sus padres

Ninguno de los alumnos ni ninguno de sus consortes participaban en ninguna clase de «terapia». Estas conferencias no tenían un objetivo «terapéutico». La cantidad de tiempo dedicado a cada alumno sumaba no más de quince a treinta minutos cada mes o dos. No había más que un tiempo «privado» simbólico con cada residente. Solía tener lugar en lugares de paso, a menudo en los corredores del hospital, cuando un residente pedía una pista sobre cómo responder a una carta o a una llamada telefónica de la familia parental. Estos residentes, y otros alumnos del curso, estaban adelantando tanto o más en el cambio con sus consortes e hijos que residentes similares que yo estaba tratando semanalmente con terapia familiar formal. Las observaciones parecían válidas según la mayoría de los criterios de indagación que pude utilizar entonces. Tenía muchas preguntas, y solo disponía de unas pocas suposiciones fundadas para explicar estas observaciones. A partir de 1969 dediqué mucho esfuerzo a realizar observaciones minuciosas y a montar experimentos clínicos a fin de esclarecer algunas de las variables involucradas. He empleado el enfoque formativo en una extensa variedad de sesiones formativas con grupos grandes y pequeños así como en sesiones con una sola persona. La frecuencia de las sesiones ha sido variada desde reuniones semanales hasta algunas que se convocaban tres o cuatro veces al año. La mayor parte del trabajo ha tendido a apoyar la validez de las observaciones efectuadas en 1968 y 1969. Este trabajo está cambiando velozmente el curso de la «terapia» familiar tal como se practica en Georgetown. Esta presentación del simposio sobre la familia de Georgetown se realizó en Octubre de 1971. Este artículo está siendo redactado por segunda vez en Octubre de 1974, tres años después de la presentación original. En este momento hay muchos datos disponibles para apoyar este enfoque.

La escala de diferenciación de self es uno de los conceptos más importantes de toda la teoría. A un nivel simple revela que las personas son básicamente distintas entre sí y se pueden clasificar de acuerdo con estas diferencias. En el fondo de la escala se sitúan las personas con los niveles más bajos de diferenciación, o los más altos de indiferenciación. La parte superior está reservada para un nivel teórico de diferenciación completa. Las personas de cada nivel poseen distintos estilos vitales reconocibles en términos de la manera de funcionar con el intelecto y las emociones. Los individuos que pertenecen a las regiones inferiores de la escala pueden mantener sus vidas en equilibrio emocional y libres de síntomas, pero son vulnerables al estrés, los ajustes vitales son más difíciles de conseguir, y poseen una alta incidencia de enfermedades y problemas humanos. Los sujetos situados en la parte alta se adaptan mejor al estrés, tienen menos problemas vitales y, en general, afrontan mejor los problemas. La escala puede ser confusa en que las personas no se reparten uniformemente a lo largo de la misma, y no se puede emplear para hacer estimaciones día-a-día del nivel de funcionamiento. Los seres humanos son sensibles a los demás en el terreno emocional, por eso se producen desplazamientos frecuentes en el nivel funcional de diferenciación de self, en las situaciones vitales favorables o desfavorables. Se puede estimar el nivel básico de diferenciación que se ostentará durante largos períodos de tiempo, y esto permite el empleo de la escala para predecir cursos vitales generales. La noción de los triángulos constituye otro de los conceptos centrales de la teoría global. Tiene que ver con las formas previsibles de relacionarse la gente entre sí en un campo emocional. Los movimientos triangulares pueden ser tan tenues que apenas son observables en campos emocionales tranquilos. Cuando la ansiedad y la tensión aumentan, los movimientos triangulares crecen en frecuencia e intensidad. Las personas menos diferenciadas son movidas como peones por las tensiones emocionales. Los individuos mejor diferenciados son menos vulnerables a la tensión.

TRATAMIENTO DE LOS VINCULOS EMOCIONALES IRRESUELTOS

Las personas se enfrentan a los vínculos emocionales irresueltos que tienen con sus padres de muchas maneras distintas. Es preciso tener en cuenta que dichos vínculos existen en todos los grados de intensidad. El grado de vinculación emocional irresuelta equivale al grado de indiferenciación. Cuanto más bajo es el nivel de diferenciación, y más fuerte es el vínculo emocional irresuelto con los padres, más intensos son los mecanismos para enfrentarse a la indiferenciación. En un extremo están quienes utilizan la distancia emocional de los padres aislándose emocionalmente mientras viven físicamente cerca de sus padres. Estos mecanismos son mecanismos psicológicos y operan dentro de la persona. Cuando el estrés emocional es bajo, estas personas pueden relacionarse entre sí más espontánea y libremente. Cuando la ansiedad es más alta, se vuelven más reservados y más aislados de los demás. Estos mecanismos son necesarios para conservar el equilibrio emocional de la unidad familiar. Considerar dichos mecanismos como patológicos e intentar hacer desaparecer el «síntoma» sin atender a la unidad familiar total puede remover la ansiedad y el ajuste inadecuado de la unidad familiar. En el otro extremo están los sujetos que son tan sensibles a la presencia física de su semejante que necesitan cierto grado de distanciamiento físico para conservar el equilibrio. Estas personas se guían por el «Fuera de la vista, fuera de la mente». Como ejemplos extremos están los individuos que escapan de casa y nunca regresan, o lo hacen raramente. Existen todas las gradaciones de formas menos acusadas de distanciamiento físico. La mayoría de la gente utilizan combinaciones de mecanismos internos y la distancia física, con una preferencia por uno de los dos tipos de mecanismos. Por ejemplo, una persona podría manejar niveles de ansiedad normales con un mecanismo interno como el silencio o la negación a hablar y únicamente bajo niveles de ansiedad más altos utilizaría el alejamiento físico de salir de la habitación. Los clínicos están familiarizados con los cientos de combinaciones distintas de mecanismos internos y distancia física.

EL AISLAMIENTO EMOCIONAL

Hemos venido usando la expresión *aislamiento emocional* o sencillamente *aislamiento* para referirnos al distanciamiento emocional, ya sea aislamiento a base de mecanismos internos o de alejamiento físico. El modo de mecanismo utilizado para lograr la distancia emocional no es una indicación de la intensidad del grado de vinculación emocional irresuelta. La persona que escapa del hogar está tan emocionalmente apegada como la que permanece en casa y utiliza mecanismos internos para controlar el vínculo. El sujeto que escapa sigue ciertamente un curso de vida distinto. Necesita intimidad emocional pero es alérgico a ella. Corre precipitadamente engañándose a sí mismo de que esta logrando «independencia». Cuanto más intenso es el aislamiento de sus padres más vulnerable se vuelve a repetir la misma pauta en las relaciones futuras. Es posible que consiga establecer una fuerte relación en un matrimonio que él considera ideal y permanente en un momento determinado, pero la pauta de distanciamiento físico forma parte de él. Cuando la ansiedad se acumula en el matrimonio, recurrirá a la misma pauta de escapar. Puede que vaya de un matrimonio a otro, o que pase por múltiples arreglos de convivencia, o incluso sus relaciones pueden ser más fugaces. Un ejemplo acentuado de este caso es la relación «nómada» que se desplaza de una relación a otra, cortando cada vez las ataduras emocionales del pasado e invirtiendo el self en la relación actual. La misma pauta se puede aplicar a las relaciones laborales y a otras facetas de la vida susceptibles de que surja interdependencia emocional en las relaciones. La persona que alcanza la distancia emocional a base de mecanismos internos sufre un orden distinto de complicaciones. Es capaz de mantenerse en escena en momentos de tensión emocional pero es más proclive a sufrir disfunciones internas como por ejemplo enfermedades físicas; disfunciones emocionales como depresión; y disfunciones sociales como el alcohol y la irresponsabilidad episódica con relación a los demás. La depresión constituye uno de los mejores ejemplos. Cuanto mayor es la ansiedad en el ambiente, más se aísla emocionalmente de los otros en tanto sigue pareciendo mantener relaciones normales en los grupos. Un alto porcentaje de personas utiliza diversas combinaciones de mecanismos internos y distancia física para hacer frente a los vínculos emocionales irresueltos con sus padres.

La manifestación principal del aislamiento emocional es la negación de la intensidad del vínculo emocional irresuelto con los padres, haciendo ver y fingiendo ser más independiente de lo que se es, y consiguiendo crear la distancia emocional ya sea mediante mecanismos internos o alejamiento físico. Una manifestación del vínculo emocional irresuelto con los padres tiene lugar durante la adolescencia. Un alto porcentaje de individuos soporta una cantidad notable de vínculo emocional irresuelto con los padres. Este argumento está respaldado por la mayor parte de las teorías psicológicas que consideran que la agitación emocional es «normal» durante la adolescencia. La teoría familiar sistémica no apoya esta opinión. Una persona joven bien diferenciada que comienza un proceso ordenado de emancipación de sus padres en la infancia temprana seguirá un proceso de crecimiento suave y regular durante los años adolescentes. La etapa adolescente se convierte en un reto y una oportunidad para empezar a asumir la responsabilidad del self, más que una lucha contra el vínculo emocional irresuelto con los padres. Para muchos, en la etapa adolescente se produce la negación del apego a los padres y la adopción de ciertas posturas bastante radicales con el fin de pretender ser adulto. La intensidad de la negación y la pretensión en la adolescencia es un índice considerablemente exacto del grado de vinculación emocional irresuelta con los padres.

PAUTAS VITALES

El grado de vinculación irresuelta con los padres viene determinado por el grado de vinculación emocional irresuelta que cada padre tenía en su propia familia de origen, el modo de manejarlo los padres en su matrimonio, el grado de ansiedad experimentada en los momentos críticos de la vida, y en la manera de hacer frente los padres a esta ansiedad. El niño es «programado» en la configuración emocional muy temprano en la vida, después de lo cual la cantidad de vinculación emocional irresuelta queda relativamente fija salvo que se produzcan cambios funcionales en los padres. En condiciones favorables, y con buena suerte, la cantidad puede llegar a reducirse en la unidad familiar central. En condiciones catastróficas, con un alto nivel de ansiedad en los padres, la cantidad será mayor. Hay una variable que viene determinada por la manera de manejar los padres la ansiedad. En términos generales, la cantidad de ansiedad tiende a igualarse al grado de vínculo emocional irresuelto que hay en la familia. Por ejemplo, una familia con un nivel más alto de indiferenciación será una familia más desorganizada con niveles más altos de ansiedad, mientras que una familia con mejores niveles de diferenciación será más regular y sufrirá niveles más bajos de ansiedad. Las familias donde los padres manejan bien la ansiedad, y donde éstos son capaces de mantener un plan predeterminado a pesar de la ansiedad, saldrán adelante mejor que las familias donde los padres son más reactivos y los planes vitales cambian en función de la ansiedad. Manteniendo todo igual, el plan vital de una persona está determinado por la cantidad de vinculación emocional irresuelta, la cantidad de ansiedad que se deriva de ella y la forma de hacer frente a esta ansiedad.

Uno de los mecanismos automáticos más efectivos para reducir el nivel de ansiedad general en una familia es la creación de un sistema de relaciones considerablemente «abierto» en la familia extensa. Un sistema de relaciones «abierto», que es lo contrario de un aislamiento emocional, es aquél en que los miembros de la familia poseen un grado aceptable de contacto emocional mutuo. Siempre tenemos que tener presente que hay muchas variaciones en la frecuencia y la calidad de las relaciones tanto en los aislamientos como en las aperturas. La apertura relativa no aumenta el nivel de diferenciación de una familia, pero reduce la ansiedad, y un nivel de ansiedad bajo continuo permite que los miembros motivados de la familia empiecen a dar pasos lentos hacia una diferenciación mejor. Lo contrario también es cierto. En un campo emocional de ansiedad alta sostenida, el nivel de diferenciación general se desplazará paulatinamente hacia una mayor indiferenciación. Las ilustraciones clínicas que expondremos seguidamente contribuirán a transmitir cómo se manifiesta la ansiedad en un sistema más abierto. Es bastante corriente que las familias nucleares mantengan niveles relativos de aislamiento con las familias de origen. Se trata de personas que se comunican raramente con las familias parentales y que regresan al hogar aproximadamente una vez al año para una visita breve, superficial, «de cumplido». Las familias de esta categoría poseen niveles relativamente bajos de adaptabilidad al estrés, y relativamente altos de ansiedad y vulnerabilidad a la discordia conyugal, a los problemas con los hijos y a todo la gama de problemas humanos. Todo intento airoso que se orienta hacia la mejora de la frecuencia y la calidad del contacto emocional con la familia extensa, mejorará previsiblemente el nivel de ajuste familiar y reducirá los síntomas manifestados en la familia nuclear. Esto se produce de un modo más llamativo en las familias con aislamientos más completos de sus familias extensas. El nivel de adaptabilidad al estrés es más bajo, la ansiedad es mayor y la familia es *extremadamente* vulnerable a todo tipo de problemas humanos. Intentar que la terapia familiar se centre directamente en los problemas internos de la familia puede ser largo e improductivo. Probablemente le resulte difícil a una familia como ésta iniciar un contacto más emocional con la familia extensa, pero todo esfuerzo encaminado a reducir el aislamiento con la familia extensa suavizará la intensidad del problema familiar, reducirá los síntomas y hará cualquier tipo de terapia mucho más productiva. El mensaje central de este artículo es insistir en los esfuerzos clínicos encaminados a evitar completamente los problemas de la familia nuclear y a concentrarse en el desarrollo de relaciones con la familia extensa. Esta tarea es extremadamente difícil para el terapeuta y es imposible que algunas familias acepten esta premisa o emprendan alguna labor en esta dirección. En aquellas familias en que ha sido posible, los resultados están por encima de los obtenidos con otras formas de terapia que se centran directamente en el problema de la familia nuclear.

LAS RELACIONES FAMILIARES EN COMPARACION CON LAS RELACIONES SOCIALES

Los sujetos que se aíslan de sus familias parentales son las que se muestran más vigorosas a la hora de crear familias «sustitutas» a partir de las relaciones sociales. Hay una tendencia creciente hacia aislarse de familias parentales «malas» y buscar familias sustitutas «buenas». Desde mi perspectiva teórica, creo que esta tendencia es fruto de la fuerza emocional que mueve a la gente hacia el corte emocional con el pasado. Es una fuerza potente en un buen porcentaje de familias y en el conjunto de la sociedad. En cerca de veinte años de investigación sobre la familia y de terapia familiar, he tenido la experiencia de que las familias sustitutas son sustituciones mediocres de la familia propia, si es que ésta aún existe. Hay excepciones en las catástrofes, en las familias fragmentadas y en muchas otras situaciones sociales extremas. Yo me refiero más a las situaciones donde una familia que existe es rechazada por una familia sustituta que se ha buscado. Cuando las personas se aíslan de sus familias parentales, tienden a buscar relaciones más agradables entre sus relaciones sociales. Esto reduce la ansiedad inmediata y funciona bien por un tiempo.

Si las relaciones sociales llegan a ser relevantes, éstas se convierten en duplicados de las relaciones que tenían con sus familias parentales. Cuando se encuentran con estrés, y aumenta la ansiedad, cortan con la relación social y buscan otra mejor. Después de unos cuantos ciclos así, tienden a volverse cada vez más aislados. Un pequeño porcentaje de personas son capaces de sobrellevar vidas marginalmente productivas con numerosas relaciones superficiales, donde ninguna relación llega a ser intensa. Con los años he probado la «terapia familiar» con individuos envueltos en relaciones sociales duraderas, aparentemente estables. Entre ellas solían darse parejas de matrimonios civiles, solteros que vivían en apartamentos compartidos durante muchos años, compañeros de relaciones homosexuales prolongadas, individuos que han sido amigos íntimos de toda la vida, y un amplio espectro de hombres y mujeres envueltos en una extensa variedad de relaciones de «convivencia». Nunca he obtenido un resultado que estuviera dispuesto a llamarlo satisfactorio con ninguno de ellos, ni siquiera con los matrimonios civiles que habían tenido niños. Es como si no existiera la suficiente estabilidad del matrimonio para sostener el cambio. En estas situaciones, la terapia suele ser iniciada por el compañero sintomático. Lo corriente es que el otro alabe la idea, sin hacer nada práctico, al someterse a la terapia familiar, para más tarde encontrar un motivo para retirarse a las pocas consultas. La pareja normal que «convive» desea resolver los problemas de modo que puedan proceder a casarse, o quieren un consejo sobre si han de «separarse». Un pequeño porcentaje de estas parejas contrae matrimonio al término de unas pocas consultas. La mayoría de ellas sigue unas cuantas consultas y luego se separan, después de lo cual uno de ellos se siente motivado para continuar solo. En resumen, la relación no familiar puede proporcionar una existencia aceptablemente cómoda en tanto la relación esté en calma, pero tiene una baja tolerancia al estrés.

PRINCIPIOS Y TECNICAS PARA AYUDAR A LAS PERSONAS A DEFINIR UN SELF EN LA FAMILIA EXTENSA

Las expresiones *definir un self* o *trabajar hacia la individuación* son en el fondo sinónimos de *diferenciación*. El proceso de diferenciar un self se ha expuesto en otros artículos y es demasiado complejo para repasarlo detalladamente aquí. Requiere un conocimiento de la función que ejercen los sistemas emocionales en todas las familias y la motivación para realizar un estudio de investigación en la familia propia. El estudio exige que el investigador empiece a adquirir control sobre su reactividad emocional frente a su familia, que visite a su familia parental con la frecuencia indicada y que desarrolle la capacidad de convertirse en un observador objetivo de su propia familia. Cuando el sistema se torna más «abierto» y él es capaz de empezar a ver los triángulos, así como el papel que él desempeña en las pautas familiares de reacción, puede iniciar el proceso más complejo encaminado hacia la diferenciación de sí mismo de los mitos, imágenes, distorsiones y triángulos que antes no había visto. Esta es una orden y una misión que no se puede cumplir rápidamente. La labor de ayudar o de supervisar a alguien en este empeño es lo que he denominado «adiestramiento» (coaching) ya que es semejante a la relación de un entrenador con un atleta que se prepara para mejorar su capacidad atlética. El objetivo inicial es conseguir que el alumno empiece. La mayor parte del aprendizaje se consigue cuando el alumno trabaja por su objetivo. El alumno es consciente de que el avance depende de él. Este proceso es radicalmente distinto de los conceptos convencionales de terapia.

Las relaciones persona a persona

Se alienta a los alumnos a establecer relaciones «persona a persona» con sus familias. En términos generales, una relación persona a persona es aquélla en que dos personas se pueden relacionar personalmente entre sí con respecto a ellos mismos, sin hablar acerca de otros (encerrar en triángulos), y sin hablar de «cosas» impersonales. Pocas personas pueden hablar personalmente a alguien más de unos pocos minutos sin que la ansiedad aumente, pues cuando esto último sucede comienzan los silencios y se empieza a hablar acerca de los demás o de cosas impersonales. En última instancia, nadie puede saber del todo qué es una relación persona a persona, pues siempre se puede mejorar la calidad de cualquier relación. A un nivel más práctico una relación persona a persona tiene lugar entre dos personas notablemente bien diferenciadas que pueden comunicarse directamente, con un respeto mutuo maduro, sin las complicaciones que se generan entre personas menos maduras. La tarea de establecer relaciones persona a persona sirve para perfeccionar el sistema de relaciones de la familia y además es un ejercicio estimable para conocerse a sí mismo.

Para empezar a avanzar en esta labor, indico a la gente, «si eres capaz de establecer una relación persona a persona con cada componente vivo de tu familia extensa, ello contribuirá a que «crezcas» más que ninguna otra cosa que pudieras hacer en la vida» Esta advertencia es acertada salvo en que nadie es capaz de vivir lo bastante como para completar la tarea. El éxito también depende de la respuesta de los otros. Durante el proceso hacia la consecución de este objetivo, se aprenden cosas sobre los sistemas emocionales, la manera de engancharse unas personas a otras, los modos de vivir sin rumbo en los momentos de ansiedad y el poder del proceso emocional que se genera entre las personas que se rechazan y repelen mutuamente. Un consejo sencillo es sugerir que la persona entable una relación persona a persona con cada uno de sus padres. Algunos creen que ya han desarrollado tales relaciones con sus padres. Lo confunden con llevarse bien en familias tranquilas donde sus miembros se relacionan asumiendo los roles respetados por el tiempo que se les asignaron en un principio. No se dan cuenta de que las relaciones persona a persona con sus padres revelarán todos los problemas que han tenido los padres en sus relaciones, y los que ellos han sufrido en sus familias de origen.

En la tarea de desarrollar una relación individual con cada uno de los padres aparecen muchas clases distintas de problemas. Aquí es donde es deseable disponer de un «instructor» que haya pasado ya por la experiencia con su propia familia. Sin esta ayuda, se toman inconscientemente decisiones críticas basadas en la emotividad y se pueden desperdiciar en vano meses, metidos en callejones sin salida. Un «instructor» que ha tenido la experiencia puede por lo menos guiar al alumno sin que se pierda en un errar inútil experimentando por ensayo y error. Es mucho mejor que la gente vaya sola a visitar a sus familias. Una tarea diferenciadora es aquélla que tiene lugar en el self propio con relación al self de cada uno de los demás. Es corriente que se identifique a los miembros de la familia como formando parte de grupos y camarillas, y que las personas se relacionen con los grupos más que con los individuos. Es habitual que los padres escriban cartas firmando «Mamá y Papá» y que los hijos escriban dirigiéndose a «Queridos mamá y papá» o «Querida familia». Llevar al cónyuge y a los hijos a la visita a la familia parental conduce a que ésta se relacione con la familia del alumno como grupo, lo que impide más aún la tarea de crear relaciones persona a persona. Algunos interpretan equivocadamente las relaciones persona a persona como «llegar a conocer mejor a la familia propia». Algunos han llevado consigo al cónyuge y a los niños a visitar a las familias parentales y han terminado creando unas sesiones de terapia grupal modificada para hablar sobre «problemas». Esto puede por una parte hacer más agradable el clima emocional del hogar, o bien remover ansiedad. En cualquier caso impide la tarea de establecer relaciones persona a persona.

*Convertirse en un mejor observador y controlar
la propia reactividad emocional*

Estos dos cometidos están tan ligados entre sí que se presentan juntos. El afán de convertirse en un mejor observador y aprender más sobre la familia reduce la reactividad emocional, y esto a su vez contribuye a mejorar la capacidad de observación. Este es uno de los esfuerzos más provechosos que se pueden realizar. Nunca se llega a ser completamente objetivo y nadie se enfrenta al proceso hasta el punto de no reaccionar emocionalmente frente a las situaciones familiares. Un pequeño progreso en este sentido ayuda al alumno a empezar a salir un poco «fuera» del sistema emocional familiar, y esto a su vez contribuye a que el alumno adopte una visión distinta del fenómeno humano. Capacita al observador a ir «más allá de la acusación» y «más allá de la ira» para colocarse en un nivel de objetividad que requiere algo más que un ejercicio intelectual. Es bastante fácil que la mayoría de la gente acepte intelectualmente la noción de que no hay que acusar en las situaciones familiares, pero la idea se queda en el plano intelectual mientras no sea posible conocerla emocionalmente en la propia familia. La familia gana cuando un miembro es capaz de relacionase más libremente sin tomar partido y sin quedar enredado en el sistema emocional familiar. Es imposible decir a una familia lo que uno está intentando hacer y que siga funcionando. Contárselo a los demás puede abocar a desacuerdo con respecto al proceso y así construir una resistencia natural con obstáculos insuperables. Además puede originar una actividad grupal que impide el resultado diferenciador. En curso de esta labor con la familia, se llega a poseer un rol singular que es importante para todos, altamente respetado que ayuda a facilitar la individualidad y la responsabilidad. La persona que adquiere una mínima capacidad para convertirse en un observador y para controlar algo su reactividad emocional adquiere una habilidad que es útil en la vida para toda suerte de enredos emocionales. Puede vivir su vida la mayor parte del tiempo reaccionando con respuestas emocionales apropiadas y naturales, pero sabiendo que en cualquier momento puede retirarse de la situación, frenar su reactividad y realizar observaciones que le ayuden a controlarse a sí y a la situación.

Sacar al self de los triángulos en las situaciones emocionales

Si la meta es la diferenciación de self esto es absolutamente necesario. Todo el trabajo que llevan las relaciones personales, así como el aprender más sobre la familia mediante la observación y el control de la propia reactividad, contribuye tanto a crear un sistema de relaciones más «abierto» como a reactivar el sistema emocional colocándolo como estaba antes de producirse el propio aislamiento de él. En ese momento se pueden contemplar los triángulos en los que uno ha ido creciendo, y se puede actuar de forma distinta con relación a ellos. El proceso de salir de los triángulos es en el fondo lo que se ha descrito al hacer terapia familiar con dos esposos (Bowen 1971, 1971a). El objetivo final es estar en contacto permanente con un problema emocional que afecta a otras dos personas y al self, sin tomar partido, sin contraatacar o defender el self y ofreciendo siempre una respuesta neutral. Quedarse en silencio se percibe como una respuesta emocional. Este proceso tiene muchos matices. Una parte del proceso se consigue sencillamente estando en medio de la familia durante un problema emocional, siendo más objetivo y menos reactivo que los otros. La familia «conoce» esto cuando sucede. La diferenciación únicamente es posible en torno a un problema emocional sobre el cual tiene sentido relacionarse. Se recomienda a los alumnos, siempre que sea posible, que estén en casa cuando exista un problema emocional natural en la familia. Los viajes al hogar cuando hay una enfermedad grave o una muerte, una visita familiar o unas vacaciones, a menudo confieren los niveles de ansiedad familiar efectivos para relacionarse con la familia. Cuando ésta se halla tranquila, no solamente no hay cuestiones emocionales en torno a las que relacionarse, sino que el sistema familiar se ocupa a conciencia de impedir que los problemas salgan a la superficie. En estas situaciones, es preciso introducir pequeñas cuestiones emocionales del pasado, sin llegar a una pugna emocional. Probablemente uno de los mayores errores que se cometen al relacionarse con la familia extensa es la pugna emocional. Puede ser fugazmente eficaz para hacer creer al contendiente que ha conseguido algo, pero la familia reacciona negativamente y puede requerir meses, o incluso un año o dos, superar el aislamiento que la familia adopta con relación al contendiente.

Otras cuestiones

En la tarea de la diferenciación de la propia familia de origen hay muchas otras cuestiones, aunque se refieren más a la naturaleza de las técnicas que a principios generales. En toda familia, hay veces que el alumno se encuentra «encerrado» en el triángulo con sus padres. Cuando esto sucede, es contraproducente seguir luchando contra el bloque. Normalmente se puede proceder libremente fijando la atención en otros miembros de la familia que son emocionalmente importantes para los padres. Esta concentración se produce en un triángulo compuesto de un padre, el otro miembro de la familia y el self. Hay veces que el bloque puede ser abordado convenientemente a través de los hermanos del alumno. Otras veces esto no es productivo y puede ser ventajoso relacionarse con los miembros familiares de la generación de los padres, o componentes de la generación anterior a la paterna si son accesibles. Hay otras cuestiones interesantes que tienen que ver con los principios y técnicas utilizados cuando uno o ambos padres han fallecido. La mayoría de las personas tiene más parientes de los que cree. Se puede, aún cuando queden únicamente unos pocos supervivientes, utilizar este sistema teórico para reconstruir un sistema emocional familiar eficaz para la diferenciación de self. Los pormenores de situaciones como ésta aparecerán definitivamente en un artículo completo.

Resumen

El objetivo de esta sección ha sido exponer los principios generales y las técnicas que han demostrado ser más útiles en la tarea de ayudar a las personas a encaminarse hacia la diferenciación de un self en sus propias familias de origen. Los matices teóricos se han expuesto con más detalle en otros artículos. Otros pormenores de la teoría y la técnica están más allá del ámbito de esta breve exposición.

EXPLICACIONES ACTUALES DE LOS RESULTADOS

Las sorprendentes observaciones llevadas a cabo en las sesiones formativas que tuvieron lugar en el periodo que va de 1967 a principios de 1969 han sido objeto de debate y de experimentación clínica serios e intensivos. En el momento de la primera presentación ante el simposio de Georgetown en octubre de 1971, la mayor parte del trabajo subsiguiente tendió a apoyar la validez de las observaciones originales. Como este artículo está siendo redactado de nuevo en Octubre de 1974, el trabajo adicional tiende a añadir incluso más soporte a las observaciones. El método de enseñanza se ha empleado en una diversidad de situaciones formativas desde grupos pequeños de quince a veinte personas, que se reunían una vez a la semana, hasta encuentros mucho más numerosos de cincuenta a setenta y cinco personas que se reunían una vez al mes. Las reuniones están compuestas de profesionales de salud mental en un nivel de posgrado. Es imposible conocer suficientemente el porcentaje de los que llegaron a interesarse en trabajar seriamente con familias de origen, ya que los que venían habían tenido noticias sobre este enfoque y las reuniones atraían a gente ya interesada particularmente. Aproximadamente un cincuenta por ciento de los que participaban en los pequeños grupos semanales llegaron a interesarse como para intervenir regularmente comunicando sus progresos en la reunión. Ninguno de ellos está sometido a ningún tipo de terapia. Los resultados de este grupo concuerdan con las observaciones originales. Los grupos grandes se convocaban demasiado infrecuentemente como para que pudiera hacerme una idea clara de la respuesta global del grupo. A menudo los componentes de los grupos grandes exponían los resultados de una labor encomiable después de estar asistiendo durante un año o más sin decir nada. Me he quedado admirado de lo que pudieron hacer por sí mismos sin más ideas formativas que las que pudieron adquirir sentándose en una docena de sesiones de unas tres horas cada una. El cambio más espectacular se ha producido en mi práctica privada a tiempo parcial. He dedicado cada vez más tiempo a asesorar a los individuos sobre sus familias de origen. Se trata de personas que piden un «adiestramiento» práctico privado. Son miembros de profesiones de salud mental que han tenido noticias sobre este enfoque y quieren contribuir practicando con sus propias familias. A la mayoría los veo en sesiones de una hora aproximadamente una vez al mes. Algunos que viven en ciudades más distantes vienen dos horas cada dos o tres meses. El número de profesionales de salud mental que piden terapia familiar formal y empiezan con este enfoque está creciendo. Cada cónyuge es atendido separadamente cuando se trabaja sobre las familias de origen. Hay un número de interesados no profesionales en mi práctica que se han iniciado en este enfoque o se han cambiado a él. Dada esta amplia diseminación de la práctica y la enseñanza, no es fácil saber el número exacto de personas que se han expuesto a este enfoque, ni el de aquéllas que han trabajado seriamente sobre sus familias de origen. Además, muchos de los que recibieron formación en Georgetown están ahora poniendo en práctica sus propias versiones del método. Estimo que quizá son unos quinientos los que han estado aceptablemente expuestos a las ideas presentadas en las sesiones formativas y aproximadamente cien de éstos han expuesto regularmente sus experiencias en las sesiones formativas bajo mi supervisión directa. Dispongo de cifras exactas sobre mi práctica. El mayor problema que entraña la estimación de la práctica deriva del juicio de separar las familias donde el foco de las sesiones está exclusivamente en la familia de origen de aquéllas donde se presta una gran atención a la relación conyugal. Más o menos la mitad de mi práctica sigue dedicada a ambos cónyuges juntos, pero prestando una atención cada vez mayor a las familias de origen de cada esposo. Cuando profundice en el análisis de las cifras, será preciso que separe diferentes categorías. En general, puedo afirmar que mi práctica se ha inclinado fuertemente hacia una concentración de la atención sobre las familias de origen desde que se comunicó aquí la observación original. Hay que recordar que la terapia familiar anterior a ese momento se centraba en la interdependencia del matrimonio. La cuenta actual más exacta muestra que aproximadamente noventa y cinco familias han pasado por mi práctica privada desde 1969, las cuales han continuado durante más de un año y en las cuales el centro de atención ha sido casi exclusivamente la familia de origen, sin más que una consideración secundaria a la relación conyugal. Las impresiones reveladas aquí proceden tanto de las sesiones formativas como del adiestramiento práctico privado.

Al estimar los resultados, hay que advertir que hay quienes han conseguido resultados asombrosos con relativamente escaso esfuerzo y quienes han logrado un cambio mínimo después de un largo esfuerzo persistente. Hay familias donde el problema parecía demasiado difícil como para esperar mucho cambio, en las que se operó no obstante un cambio notable, así como otras donde parecía relativamente fácil en las que el cambio fue lento. En este grupo estoy hablando más de términos medios que de extremos. En general, la experiencia desde 1969 ha seguido de cerca las observaciones iniciales efectuadas en el periodo que va de 1967 a 1969. La conclusión global es que *las familias en las que el foco de atención está puesto sobre la diferenciación de self de las familias de origen consiguen automáticamente avanzar tanto o más, a la hora de trabajar en el sistema de relaciones establecido entre los cónyuges y los hijos, que las familias atendidas con terapia familiar formal en las que el centro principal de la atención está puesto en la interdependencia conyugal.* Mi experiencia me hace inclinarme por afirmar que la vía más productiva para el cambio, para familias que se sienten motivadas, está en la tarea de definir el self en la familia de origen, y evitar particularmente centrarse en los problemas emocionales de la familia nuclear. Todavía no estoy preparado para prescribir esto sin reservas, pero sí que tengo un grupo trabajando en ello que está dedicando un esfuerzo disciplinado por evitar centrarse en el proceso de la familia nuclear. Si esta impresión actual demuestra al final ser cierta, acarreará implicaciones para la teoría y para la práctica clínica de la terapia familiar. Tendrá aplicación para las personas que viven geográficamente apartadas de sus familias de origen. No se aplicará a quienes viven en el hogar de los padres, o a aquéllos cuyos padres vivan con ellos, o a quienes se ven íntimamente expuestos a la familia parental en la vida cotidiana. En la familia nuclear normal que vive alejada de la familia parental, los esposos están muy ligados íntimamente entre sí, y con los hijos, en las cuestiones reales y emocionales de la vida cotidiana. Los esposos están «fusionados» emocionalmente entre sí y con los hijos, y es complicado vencer la fusión o hacer algo más que reaccionar y contrarreaccionar emocionalmente. Los intentos de ganar objetividad y controlar la reactividad emocional en la familia nuclear pueden mantenerse durante mucho tiempo en el plano del juego emocional en el que los juegos de cada esposo anulan las ganancias potenciales de ambos.

Efectivamente se gana mucho centrando la atención en la interdependencia emocional del matrimonio. Veinte años de experiencia en terapia familiar corroboran esto. Ahora nos encontramos con ciertas pruebas sólidas que demuestran que si nos centramos en la familia de origen podemos ser incluso más productivos. ¿Por qué no centrarnos tanto en la interdependencia conyugal como en la familia parental y aunar las potenciales ventajas de ambos enfoques? Pienso que la potente fuerza emocional transgeneracional que conduce al aislamiento del pasado puede ser el factor determinante más importante en este dilema. Muchas experiencias clínicas apoyan la tesis de que las personas no se hallan motivadas para orientarse hacia el pasado cuando se ven envueltas en un proceso que ofrece una solución en la generación actual. Hay algunas personas a las que parece les va bien con un enfoque mixto, pero hay otras cuyos esfuerzos con sus familias de origen son poco más que intentos simbólicos que aportan poco o ningún progreso. Éstas últimas parecen volverse tan «adictas» a proseguir sus sesiones familiares regulares juntos que incitarles a poner más esfuerzo en las familias extensas aboca a poco más que otro intento simbólico. Se diferencian de las familias cuyo único esfuerzo está dirigido hacia la familia extensa. Todavía no he tenido el coraje y la convicción de centrarme exclusivamente en las familias de origen, salvo en las sesiones formativas. En parte esto tiene que ver con mi convicción desde hace mucho tiempo sobre la solución de los problemas en la relación existente entre los esposos. También influye mi búsqueda de una manera de combinar los dos enfoques con más éxito. Es un problema que queda por resolver para los años venideros.

Cuando empecé a considerar por primera vez como objeto de atención a las familias de origen, creía que únicamente un estrecho espectro de familias se mostraría motivado para probar este enfoque. Pensaba que no tendría sentido que una familia con un problema grave en la familia nuclear empezara a hablar sobre el estado de las relaciones en las familias de origen. Pero la resistencia familiar no ha sido tan fuerte como esperaba. Me viene a la memoria 1954, cuando empecé por primera vez a pensar en las formas de implicar a toda la familia en la investigación, cuando creía que los únicos padres que estarían dispuestos a participar serían los desempleados o los retirados. No pensé que implicar a los padres sería tan fácil como al final demostró serlo. En este momento no estoy seguro con qué extensión será aplicable este enfoque de la familia de origen. Desde luego la experiencia nos indica que será más sencillo de lo que pensemos al principio. Resulta difícil comparar los enfoques de terapia familiar más convencionales con este enfoque de la familia de origen. Para la familia, es inconmensurablemente más sencillo asistir durante un año o dos, o tres, a visitas periódicas de terapia familiar que afrontar el tiempo, los gastos y la agitación emocional que se derivan de las visitas a las familias parentales. Aunque las personas motivadas están realmente dispuestas a trabajar en esta empresa. Para el terapeuta, el enfoque de la familia extensa requiere mucha más habilidad, más trabajo continuado por parte del sujeto y más atención al detalle en comparación con la terapia más convencional. Por otro lado, requiere mucho menos tiempo directo con la familia. La frecuencia de las consultas con este enfoque viene determinada por la cantidad de trabajo que el miembro de la familia es capaz de realizar en el intervalo entre consultas. Algunos pueden mantener el esfuerzo vivo y productivo con una consulta al mes. Otros han sido atendidos nada más que una vez o dos al año. Los resultados generales obtenidos con las consultas muy infrecuentes no han sido valiosos. Las personas tienden a dejar transcurrir el tiempo y a hacer alguna clase de visita a sus familias justo antes de las consultas. En general, para una person motivada, media docena de consultas de una hora al año son más productivas que las consultas semanales de terapia familiar formal en las que se atiende a la relación entre los esposos.

Este artículo ha pretendido exponer una visión general de un enfoque distinto para lograr el cambio en las familias. Es un enfoque demasiado nuevo para aplicar soluciones claras o procedimientos definidos a un número de áreas. Una vez que haya más experiencia se comunicarán los oportunos informes.

RESUMEN

Este artículo refiere una experiencia clínica notable que sucedió durante un curso de adiestramiento especial dirigido a residentes psiquiátricos y a otros profesionales de salud mental. Las observaciones indicaban que alumnos que no estaban sometidos a ninguna clase de terapia avanzaban tanto, al enfrentarse a los problemas emocionales que tenían con sus cónyuges e hijos, como de otra manera lo hacían residentes comparables que participaban en sesiones semanales de terapia familiar formal con sus cónyuges. Esta observación extraordinaria ha conducido a cinco años de investigación clínica y a indagaciones en busca de datos que apoyen o refuten la observación. Las pruebas apoyan la validez de la observación inicial. Este artículo pretende explicar las condiciones que había en el momento de la observación, hacer un resumen de los principios implicados en la tarea de la diferenciación de un self en la propia familia de origen y exponer las impresiones actuales acerca de la experiencia acumulada durante los últimos cinco años.

BIBLIOGRAFIA

Ackerman, N.W. (1956). Interlocking pathology in family relationships. In *Changing Concepts of Psychoanalytic Medicine*, ed. S. Rado and G. Daniels, pp. 135–150. New York: Grune and Stratton.

Ackerman, N.W. (1958). *The Psychodynamics of Family Life*. New York: Basic Books.

Ackerman, N.W., and Behrins, M.L. (1956). A study of family diagnosis. *American Journal of Orthopsychiatry* 26:66-78.

Anonymous (1972). Differentiation of self in one's family. In *Family Interaction*, ed. J. Framo, pp. 111–173. New York: Springer. [chapter 21]

Balint, M. (1957). *The Doctor, his Patient and the Illness*. New York: International Universities Press.

Bateson, G., Jackson, D.D., Haley, J., and Weakland, J. (1956). Toward a theory of schizophrenia. *Behavioral Science, 1:251-164.*

Bayley, N., Bell, R.Q., and Schaefer, E.S. (n.d.). Research study in progress, Child Development Section, National Institute of Mental Health, Bethesda, Md.

Bell, J.E. (1961). *Family Group Therapy*. Public Health Monograph 64. United States Department of Health, Education and Welfare, Washington, D.C.

Benedek, T. (1949). The emotional structure of the family. In *The Family: Its Function and Destiny*, ed. R.N. Anshen, pp. 202–225. New York: Harper.

Benedek, T. (1952). *Studies in Psychosomatic Medicine, Psychosexual Functions in Women*. New York: Ronald.

Birdwhistell, R. (1952). *Introduction to Kinesics*. Louisville: University of Louisville Press.

Birdwhistell, R. (1969). *Kinesics and Context*. Philadelphia: University of Pennsylvania Press.

Boszormenyi-Nagy, I. (1962). The concept of schizophrenia from the perspective of family treatment. *Family Process* 1:103.

Boszormenyi-Nagy, I., and Spark, G. (1973). *Invisible Loyalties*. New York: Harper

Bowen, M. [with the collaboration of Dysinger, R.H., Brodey, W.M., and Basamania, B.] (1957). Study and treatment of five hospitalized families each with a psychotic member. Paper read at annual meeting of The American Orthopsychiatric Association, Chicago, March. [chapter 1.]

Bowen, M. (1957a). Family participation in schizophrenia. Paper read at annual meeting, American Psychiatric Association, Chicago, May.

Bowen, M., [with the collaboration of Dysinger, R.H., and Basamania, B.] (1959). The role of the father in families with a schizophrenic patient. Paper read at the annual meeting of the American Orthopsychiatric Association, San Francisco, May 1958. In: *American Journal of Psychiatry* 115 (11):1017–1020. [chapter 2]

Bowen, M. (1959a). Family relationships in schizophrenia. In *Schizophrenia— An Integrated Approach*, ed. A. Auerback, pp. 147–178. New York: Ronald. [chapter 3]

Bowen, M. (1960). A family concept of schizophrenia. In *The Etiology of Schizophrenia*, ed. D.D. Jackson, pp.346-372. New York: Basic Books. [chapter 4]

Bowen, M. (1961). Family psychotherapy. *American Journal of Orthopsychiatry* 31:40-60. [chapter 5]

Bowen, M. (1965). Family psychotherapy with schizophrenia in the hospital and in private practice. In *Intensive Family Therapy*, ed. I. Boszormenyi-Nagy and J.L. Framo, pp. 213–243. New York: Harper. [chapter 8]

Bowen, M. (1966). The use of family theory in clinical practice. Comprehensive Psychiatry 7:345-374. [chapter 9]

Bowen, M. (1971). Family therapy and family group therapy. In *Comprehensive Group Psychotherapy*, ed. H. Kaplan and B. Sadock, pp. 384–421. Baltimore: Williams and Wilkins. [chapter 10]

Bowen, M. (1974) Alcoholism as viewed through family systems theory and family psychotherapy. *Annals of the New York Academy of Sciences* 233:115–122.

Bowen, M. (1974b). Toward the differentiation of self in one's family of origin. In *Georgetown Family Symposium Papers*, I, ed. F. Andres and J. Lorio. Washington, D.C.: Georgetown University Press. [chapter 21]

Bowen, M. (1974a). Societal regression as viewed through family system theory. Paper presented at the Nathan W. Ackerman Memorial Conference Venezuela, February. [chapter 13]

Bowen, M. (1975). Family therapy after twenty years. In *American Handbook of Psychiatry*, vol. 5, ed. J. Dyrud and D. Freedman, pp. 367–392. New York: Basic Books. [chapter 14]

Brodey, W.M., and Hayden, M. (1957). Intrateam reactions: their relation to the conflicts of the family in treatment. *American Journal of Orthopsychiatry* 27:349–355.

Caplan, G. (1960). Emotional implications of pregnancy and its influences on family relationships. In *The Healthy Child: His Physical, Physiological, and Social Development*, ed. H. Stuart and D. Prugh, pp. 72–82. Cambridge: Harvard University Press.

Dysinger, R.H. (1957). The action dialogue in an intense relationship: a study of a schizophrenic girl and her mother. Paper presented at annual meeting, American Psychiatric Association, Chicago, May.

Dysinger, R.H. (1959). A family perspective on individual diagnosis. Paper presented at the American Orthopsychiatric Association Meeting, San Francisco, March.

Dysinger, R.H., and Bowen, M. (1959). Problems for medical practice presented by families with a schizophrenic member. *American Journal of Psychiatry* 116(pt. 1):514–517.

Fleck, S., Cornelison, A.R., Norton, N., and Lidz, T. (1957). Interaction between hospital staff and families. *Psychiatry* 20:343–350.

Flugel, J.C. (1921). *The Psycho-Analytic Study of the Family*. 10th impr. London: Hogarth Press, 1960.

Freud, S. (1909). Analysis of a phobia in a five year old boy. *Standard Edition* 10:3–152.

Freud, S. (1914). On narcissism: an introduction. *Standard Edition* 14:69-102.

Group for the Advancement of Psychiatry. (1970). *The Field of Family Therapy, Report Number 78*. New York: Group for the Advancement of Psychiatry.

Hill, L.B. (1955). *Psychotherapeutic Intervention in Schizophrenia*. Chicago: University of Chicago Press.

Jackson, D. (1958). Family interaction, family homeostasis, and some implications for conjoint family psychotherapy. Paper presented at the Academy of Psychoanalysis, San Francisco, May.

Jackson, D. (1966). The marital quid pro quo. In *Family Therapy for Disturbed Families*, ed. G. Zuk and I. Boszormenyi-Nagy. Palo Alto: Science and Behavior Books.

Jackson, D.D., and Bateson, G. (1956). Toward a theory of schizophrenia. *Behavioral Science* 1:251-254

Jackson, D. (1960). *The Etiology of Schizophrenia*. New York: Basic Books.

Jackson, D., and Lederer, W. (1969). *The Mirages of Marriage*. New York: Norton.

Kelly, V., and Hollister, M. (1971). The application of family principles in a community mental health center. In *Systems Therapy*, ed. J. Bradt and C. Moynihan. Washington, D.C.: Bradt and Moynihan.

Kvarnes, M.J. (1959). The patient is the family. *Nursing Outlook* 7:142-144.

Laquer, H.P., LaBurt, H.A., and Morong, E. (1964). Multiple family therapy. In *Current Psychiatric Therapies*, vol. 4, ed. J. Masserman, pp. 150-154. New York: Grune and Stratton

Lidz, R., and Lidz, T. (1949). The family environment of schizophrenic patients. *American Journal of Psychiatry* 106:332-345.

Lidz, R., and Lidz, T. (1952). Therapeutic considerations arising from the intense symbiotic needs of schizophrenic patients. In *Psychotherapy with Schizophrenics*, ed. E.B. Brody and F.C. Redlich, pp. 168–178. New York: International Universities Press.

Lidz, T. (1958). Schizophrenia and the family. *Psychiatry* 21:21–27.

Lidz, T. Cornelison, A., Fleck, S., and Terry, D. (1957). The intrafamilial environment of schizophrenic patients; II. marital schism and marital skew. *American Journal of Psychiatry* 114:241-248

Lidz, T., Cornelison, A., Fleck, S., and Terry, D. (1957). The intrafamilial environment of the schizophrenic patient: the father. *Psychiatry* 20:329-342.

Lidz, T., and Fleck, S. (1960). Schizophrenia, human integration and the role of the family. In *The Etiology of Schizophrenia*, ed. D. Jackson, pp. 323–345. New York: Basic Books.

Lidz, T., Fleck, S., and Cornelison, A.R. (1963). *Schizophrenia and the Family*. New York: International Universities Press.

Limentani, D. (1956). Symbiotic identification in schizophrenia. *Psychiatry* 19:231–236.

Macgregor, R., Richie, A., Serrano, A., and Schuster, F. (1964). *Multiple Impact Therapy with Families*. New York: McGraw-Hill.

Mahler, M. (1952). On child psychosis and schizophrenia. In *Psychoanalytic Study of the Child* 7:286–305.

Mendell, D., and Fisher, S. (1958). A multi-generation approach to treatment psychopathology. *Journal of Nervous and Mental Diseases* 126:523-52

Minuchin, S. (1974). *Families and Family Therapy*. Cambridge: Harvard University Press.

Middlefort, C.R. (1957). *The Family in Psychotherapy.* New York: McGraw-Hill.

Mittelman, B. (1948). Concurrent analysis of married couples. *Psychoanalytic Quarterly* 17:182-197.

Mittelman, B. (1956). Reciprocal neurotic patterns in family relationships. In *Neurotic Interaction in Marriage,* ed. V.W. Eisenstein, pp. 81–100. New York: Basic Books.

Paul, N., and Paul, B. (1975). *A Marital Puzzle.* New York: Norton.

Regensburg, J. (1954). Application of psychoanalytic concepts to casework treatment of marital problems. *Social Casework* 25:424–432.

Reichard, S., and Tillman, C. (1950). Patterns of parent-child relationships in schizophrenia. *Psychiatry* 13:247–257.

Richardson, H.B. (1948). *Patients Have Families.* New York: Commonwealth Fund.

Satir, V. (1964). *Conjoint Family Therapy.* Palo Alto: Science and Behavior Books.

Saxe, J.G. (1949). The blind men and the elephant. In *Home Book of Verse,* ed. B.E. Stevenson. New York: Holt, Rinehart and Winston.

Scheflen, A (1964). The significance of posture in communication systems. *Psychiatry* 26:316-331

Scheflen, A. (1968). Human communications: behavioral programs and their integration in interaction. *Behavioral Science* 13:1

Schilder, P. (1938). *Psychotherapy.* New York: Norton.

Searles, H.F. (1956). The effort to drive the other person crazy. Paper presented at Chestnut Lodge Symposium, Rockville, Md., October.

Sonne, J., and Speck, R. (1961). Resistances in family therapy of schizophrenia in the home. Paper presented at conference on Schizophrenia and the Family, Temple University, Philadelphia, March.

Speck, R. (1967). Psychotherapy of the social network of a schizophrenic family. *Family Process* 6:208.

Speck, R., and Attreave, C. (1973). *Family Networks.* New York: Pantheon Books.

Spiegel, J.P. (1957). The resolution of role conflict within the family. *Psychiatry* 20:1-16

Spiegel, J.P. (1960). Resolution of role conflict within the family. In *The Family,* ed. N.W. Bella and E.F. Vogel, pp. 361-381. Glencoe: Free Press.

Sterne, Laurence (1762). *The Life and Opinions of Tristram Shandy.* New York: Modern Library.

Toman, W. (1961). *Family Constellation*. New York: Springer Publishing Company.

Whitaker, C.A. (1967). The growing edge in techniques of family therapy. In *Techniques of Family Therapy*, ed. J. Haley and L. Hoffman, pp. 265-260. New York: Basic Books.

Wynne, L., Ryckoff, I., Day, J., and Hirsch, S.H. (1958). Pseudo-mutuality in schizophrenia. *Psychiatry* 21:205-220.

SOBRE EL AUTOR

Murray Bowen nació en Waverly Tennessee, en una familia que residía en Tennessee desde la Guerra de Independencia de Estados Unidos. En 1913, cuando nació el Dr. Bowen, Waverly, que se localiza a unas sesenta millas de Nashville, contaba con aproximadamente 1000 habitantes. El Dr. Bowen fue el mayor de 5 hijos del matrimonio formado por Jess Sewell Bowen y Maggie May Luff. Murray Bowen estudio la primaria y secundaria en Waverly, recibió su Licenciatura en Ciencias por la Universidad de Tennessee en Knoxville en 1934, y su titulo de Médico de la Escuela de Medicina de la Universidad de Tennessee, en Memphis, en 1937. Más adelante, hizo sus prácticas médicas en el Hospital Bellevue, de la Ciudad de Nueva York, en 1938, y en el Grasslands Hospital en Valhalla Nueva York) de 1939 a 1941.

Después de sus estudios de medicina, el Dr. Bowen participó en el ejército de Estados Unidos durante la Segunda Guerra Mundial, de 1941 a 1946 tanto en Estados Unidos como en el continente Europeo. Durante ese tiempo ascendió del rango de Teniente al rango de Mayor. El doctor Bowen había sido aceptado para una especialidad en cirugía en la Clínica Mayo, que comenzaría al terminar su servicio militar, pero sus experiencias en el ejercito lo motivaron a cambiar la cirugía por la psiquiatría.

Empezó sus estudios psiquiátricos en la prestigiosa Fundación Menninger en Topeka, Kansas en 1946. Aún antes de terminar sus estudios formales, el Dr. Bowen asumió responsabilidades dentro de la fundación, y al terminar recibió su nombramiento formal como empleado de la misma. El Dr. Bowen permaneció en Menninger hasta 1954. Posteriormente, comenzó una innovadora investigación, que desarrolló durante 5 años, en el *National Institute of Mental Health* de Bethesda (Maryland). Esta investigación se enfocaba en familias que tenían un hijo adulto con esquizofrenia. El diseño de la investigación proponía que la familia entera viviera en el hospital psiquiátrico por periodos prolongados de tiempo, para poder así observar las interacciones entre sus miembros.

Bowen dejó el NIMH en 1959 para convertirse en miembro del Departamento de Psiquiatría de la Universidad de Georgetown en Washington D.C. Fue nombrado Profesor Clínico y Director de los Programas de Familia. En 1975 fundó el *Georgetown Family Center* y permaneció como su director hasta su muerte. Además, continuó atendiendo pacientes en su consulta privada en Chevy Chase, Maryland.

El Dr. Bowen fue Profesor Visitante en varias universidades de Estados Unidos, como por ejemplo la Universidad de Maryland de 1956-1963. Fue Profesor Adjunto y Director del Departamento de Psiquiatría Social y de Familia del Colegio de Medicina de Virginia, con sede en Richmond, de 1964-1978. Como director de este último programa, fue pionero en el campo de la terapia familiar por el uso de un circuito cerrado de televisión, una estrategia con la que perseguía integrar la terapia familiar con la teoría.

Murray Bowen fue académico, investigador, médico, maestro y escritor. Trabajó sin cansancio para desarrollar una ciencia de la conducta humana, donde el hombre pudiera ser visto como parte de la naturaleza. Fue muy activo en las organizaciones profesionales, siempre buscando contribuir de alguna forma, usualmente teniendo que recordase que había limites a lo que podía hacer. Fue miembro de la *American Psychiatric Association*, de la *American Orthopsychiatric Association* y de *Group for the Advancement of Psychiatry* Fue el primer Presidente de la Asociación Americana de Terapia Familiar, cargo que ostentó durante dos periodos consecutivos. Sus actividades y sus escritos fueron prolíficos y recibió muchos reconocimientos y premios. Fue reconocido como ex-alumno de la Fundación Menninger en 1985 y recibió el premio de Ex-alumno Distinguido de la Universidad de Tennessee-Knoxville en 1986.

A Murray Bowen se le ha reconocido como uno de esos raros seres humanos que han aportado una idea verdaderamente innovadora. Tuvo el valor de oponerse a la corriente psiquiátrica y social, y tomar una postura sobre la conducta del ser humano basada en sus convicciones. Gracias a sus esfuerzos, el mundo tiene ahora una nueva teoría sobre la conducta humana, con un potencial para sustituir la teoría de Freud y con un método de psicoterapia, basado en la teoría, radicalmente diferente.

Made in the USA
Middletown, DE
24 February 2021